材料科学与工程基础

Fundamentals of Materials Science and Engineering

叶 飞　刘玮书 等 编著

化学工业出版社
·北京·

内容简介

《材料科学与工程基础》兼顾材料科学与材料工程两个分支学科，全面介绍了材料的结构、性能、制备和应用等方面的基础知识，涵盖金属材料、无机非金属材料、高分子材料以及半导体材料、能源材料、智能材料、生物材料等先进材料。书中分为结构与缺陷、形变与强化、扩散与相变、性能与应用四个部分，内容注重理论与实践的结合，通过丰富的实例，帮助读者深入理解材料科学与工程的基本概念和原理，掌握材料的力学、物理学、化学、生物学等方面的核心基础，了解材料在各个领域的应用和发展趋势。

本书是材料科学与工程专业或相关专业的本科、研究生教材和教学参考书，也适合工程技术人员学习使用。

图书在版编目（CIP）数据

材料科学与工程基础 / 叶飞等编著. -- 北京：化学工业出版社，2024. 8. -- (战略性新兴领域“十四五”高等教育教材). --ISBN 978-7-122-46456-9

Ⅰ. TB3

中国国家版本馆CIP数据核字第20242QW477号

责任编辑：陶艳玲　　文字编辑：张亿鑫
责任校对：王　静　　装帧设计：刘丽华

出版发行：化学工业出版社
（北京市东城区青年湖南街13号　邮政编码100011）
印　　装：北京缤索印刷有限公司
787mm×1092mm　1/16　印张27　字数632千字
2025年2月北京第1版第1次印刷

购书咨询：010-64518888　　售后服务：010-64518899
网　　址：http://www.cip.com.cn
凡购买本书，如有缺损质量问题，本社销售中心负责调换。

定　　价：89.00元

新兴领域
"十四五"高等教育教材

编写人员

主　编　叶　飞　刘玮书

参　编（按姓氏笔画排序）

王金龙　王海鸥　卢周广　叶曙龙　田颜清

田雷蕾　邬家臻　孙大陟　李保文　李贵新

李致朋　李艳艳　李慧丽　汪　宏　顾新福

郭传飞　温瑞涛　廖成竹　黎长建

序

FOREWORD

我们生活在一个科技日新月异、飞速发展的时代。材料作为人类社会进步的基石，在国家和社会发展中扮演着举足轻重的角色。南方科技大学（以下简称“南科大”）非常荣幸，能够参与战略性新兴领域“十四五”高等教育教材体系建设，编写这部《材料科学与工程基础》教材。希望通过我们的努力，为培养更多优秀的材料科学与工程人才贡献一份力量。

南科大是深圳在中国高等教育改革发展的时代背景下创建的一所高起点、高定位的新型研究型大学。自2010年成立以来，南科大一直在高等教育改革的道路上不断探索，致力于培养拔尖创新人才。在材料科学与工程专业教育上，以学生为中心，推行研究型教学，实现知识、素质、能力全方位一体化育人模式，形成师生互动、共同探求真理的教学过程。

“材料科学与工程基础”是材料类专业最重要的专业基础课程。通过这些年的教学探索，在新工科理念引领下，南科大在该课程的教学内容上形成了清晰的知识模块结构，并具备鲜明的特色。课程内容全面，兼顾科学与工程两方面，全面涵盖金属、陶瓷和高分子材料；兼顾人文和思政教育，介绍关键基础概念的科学发展史，帮助学生从源头上理解概念，同时开阔视野，认识科学发展规律。

在这些课程特色的基础上，南科大编写了这部《材料科学与工程基础》教材。在编写过程中，我们力求做到内容全面、深入浅出、理论与实践相结合，使读者能够全面系统地掌握材料科学与工程的基本理论和实践知识。同时，我们也非常注重教材的时效性和前瞻性。随着科技的不断发展，新材料、新工艺、新技术不断涌现，我们及时将这些最新的科技成果融入教材中。

本书由南科大材料科学与工程系举全系之力撰写，汇聚了材料科学与工程系近半数的教师，还有多位其他高校的教师加盟支持，形成了以院士、国家杰出青年、国家特聘教授等高层次人才为核心的写作团队。团队凝心聚力，充分发挥每位教授的专长，共同推进教材建设，实现知识、教材、课程与育人一体贯通。

衷心希望这部教材能够成为广大材料类专业学生的良师益友，为他们未来的学术研究和职业发展提供有力的支持和帮助。同时，我们也期待与广大读者携手共进，共同推动材料科学与工程领域的持续发展和进步。

谨以此序，向所有为材料科学与工程领域作出卓越贡献的人们致以最崇高的敬意！

南方科技大学讲席教授
中国工程院外籍院士
加拿大皇家科学院院士
加拿大工程院院士
加拿大矿业与石油学会会士

2024年5月

前言

PREFACE

“材料科学与工程基础”课程，以及一些名称和内容相近的课程如“材料科学基础”“工程材料基础”等，一直是材料科学与工程专业及相关专业最重要的专业基础课程，在各高等学校材料类专业的教学体系中均占据重要位置。通过多年的教学实践，教师对这门课的主体知识框架和教学内容已经基本达成共识。然而，由于材料科学与工程学科具有知识体系内涵和外延较宽的特点，教材编写过程中必然会融入大量相关学科的知识；同时，材料科学与工程学科在快速地发展，其具有旺盛的生命力，课程教学内容在追赶前沿知识的同时，知识也会越来越丰富。由此，不可避免地会产生以下疑问：作为一门基础课程，哪些知识是基础？在有限的教学学时中，如何取舍？

在深化新工科建设、加强高等学校战略性新兴领域卓越工程师培养的背景下，编者结合多年来从事材料科学与工程基础课程的教学实践经验和深入思考，基于以下原则对材料科学与工程基础教学内容进行取舍，也形成了本书的特色。

（1）融汇产学共识，兼顾材料科学与材料工程两个分支学科。材料科学主要关注材料的组织、结构与性能的关系，材料工程主要关注材料在制备过程中的工艺和工程技术问题。本书则全面讨论材料的组成、结构、生产过程、性能以及它们之间的关系。

（2）抓牢关键基础知识，紧跟新兴领域前沿。在涵盖金属材料、无机非金属材料、高分子材料的同时，介绍了多种先进材料的应用现状。由于材料的发展日新月异，新材料不断涌现，本书未能涵盖所有的材料类型。考虑到本课程为基础课程，需要做好与后续专业课程的衔接，因此对于将在后续课程中深入学习的复合材料、纳米材料、半导体材料、能源材料、智能材料、生物材料等先进材料，本书仅在第1章和第17章中简单介绍，以期拓宽学生的视野，为后续学习打下基础；对于通常没有后续课程的准晶、液晶等知识，本书则没有介绍。

（3）注重理论与实践结合。通过丰富的实例，帮助读者深入理解材料科学与工程的基本概念和原理，了解材料在各个领域的应用，展望未来发展趋势与挑战。

本书建立了模块化的知识结构，共包括四个部分：“结构与缺陷”部分介绍原子结构、固体结构、固体缺陷的知识；“形变与强化”部分介绍材料力学性能、材料形变和强化机理、材料失效的知识；“扩散与相变”部分介绍固态扩散、二元相图、平衡和非平衡相变的知识；

“性能与应用”部分介绍材料的物理学、生物学特性以及先进材料的应用。书中给出了与知识点相关的重要人物、历史事件或发现过程，以期帮助读者对材料人文有更多的了解，从历史中汲取走向未来的智慧。书中还提供了一些视频和课件等数字化素材，结合相关知识点进一步展示新材料的发展和应用。

本书由南方科技大学的多位教授以及西北工业大学李致朋教授、北京科技大学顾新福教授、深圳北理莫斯科大学叶曙龙教授共同撰写。具体分工如下：第1章，刘玮书；第2章，李致朋；第3章，顾新福；第4章，孙大陟；第5章，叶飞；第6章，廖成竹、王海鸥、李艳艳、李慧丽；第7章，叶曙龙；第8、9章，叶飞；第10章，郭传飞；第11章，叶曙龙、卢周广；第12章，汪宏、黎长建；第13章，李保文；第14章，邬家臻；第15章，李贵新；第16章，田雷蕾；第17章，王金龙、田颜清、卢周广、温瑞涛；第18章，刘玮书。叶飞和刘玮书负责全书内容设计，叶飞负责书稿整理，廖成竹、王海鸥、李艳艳、李慧丽4位老师协助制作数字化素材。

本书编写过程中参阅了很多国内外出版的文献，一并列在本书的最后。特别是引用了一些最新发表的学术论文，以充分展现材料领域的发展趋势，在此对这些文献的作者表示诚挚的敬意和衷心的感谢。

南方科技大学在智慧树网站已建设了与本书内容相关的《材料科学基础》和《材料科学与工程基础实验》慕课以及《材料科学与工程基础》虚拟仿真实验等线上资源，读者可以配合学习。

虽然各位编者付出了大量的时间和巨大的努力，但因水平有限，不当之处在所难免，恳请广大读者批评指正。

本教材出版得到了南方科技大学教材建设专项经费支持，在此表示感谢。

编著者

2024年5月

目录 CONTENTS

第4章 固体结构 -049-

第5章 晶体缺陷 -079-

第二部分 形变与强化

第6章 材料力学性能 -110-

第7章 变形和强化机制 -136-

第8章 材料的失效 -168-

第三部分 扩散与相变

第9章 固体中的扩散 -186-

第10章 相图 -196-

第11章 相变 -237-

第四部分 性能与应用

第12章 电学性能 -266-

第13章 热学性能

第14章 磁学性能

第15章 光学性能 -328-

第16章 生物相容性 -345-

第17章 材料的前沿应用 -356-

第 1 章 走进材料科学与工程

材料无处不在，为我们的生活带来各种丰富多彩的变化。观察日常的衣食住行就会发现，我们生活在一个极为丰富的物质环境中。这些物质不像自然环境那样以简朴的原生态形式存在，而是人们按照一定的思想进行设计，借助复杂的加工、处理、组合、安装等过程，制作成为各种设施、工具和器具。智能手机就是一个很好的例子，它的屏幕是玻璃，后盖是玻璃纤维与聚合物构成的复合材料，内部支撑结构是金属材料，芯片是硅基半导体材料，电池是由多种材料组合而成的锂离子电池。一部小小的智能手机，集成了当下各种最先进的材料，成为我们生活中极为重要的一部分。

本章主要讲述材料与人类文明的关系，讨论材料科学与工程的科学内涵，介绍材料的基本物理特性、材料的演化与分类，并以一些先进材料为例说明材料的发展趋势。

1.1 材料与人类文明

材料深入我们生活的每一个角落，悄无声息地改变着我们的衣、食、住、行，让日行千里不再需要珍贵的千里马，让嫦娥奔月不再是我们对神秘太空的畅想。材料的变革与演化正重新塑造着我们获取信息的方式，改变着社会，以及人与环境的可持续发展的关系。材料的演化也深入世界各民族的文化，中华民族以瓷器而得名“China”，歌曲所传唱的“天青色等烟雨”有着国人才能读懂的浪漫。大马士革钢刀上的花纹，是自然之美，大马士革钢刀成就了骁勇善战的古波斯人。

当你漫步在南方科技大学（简称南科大）校园的荔枝林栈道时，你一定会注意到小山丘脚下的商周墓葬遗址（图1-1）。如果移步到南科大人文社科中心的“陶说馆”，那里有商周或更早时期先民使用的陶器，展现当时的生活风貌。陶器的使用代表着人类已经从直接利用石头和木头等自然材料改善生活，发展到主动制造材料。陶器通过黏土烧结加工而成。事实上，黏土的烧结这项古老的技艺贯穿整个人类文明进程，现代陶瓷材料的烧结工艺可以追溯到石器时代。大批量烧制的砖是建造中国古代城市的主要材料，作为中华文明标志之一的万里长城也大量采用了烧制的青砖进行建造。黏土的成分主要有SiO_2和Al_2O_3，少量碱金属氧化物和碱土金属氧化物（CaO、MgO），以及少量Fe或者其氧化物等。烧制过程中，Fe完全氧化，生成的Fe_2O_3呈红色，这种砖即最常用的红砖；如果在烧制过程中加水冷却，使黏土中的铁不完全氧化，生成的FeO呈青色，即青砖。

图1-1　商周墓葬遗址

随着铜和铁等金属材料发现，人类文明进程开始进入快车道，人们的衣食住行发生翻天覆地的变化，也重新塑造着世界的格局。越王勾践剑（图1-2）以其精美的工艺和独特的文化意义而闻名于世，也为我们提供了关于青铜时代材料应用的信息。宝剑的剑身由锡、铜、铁等多种金属元素组成，经过精心配比和熔炼，达到了极高的硬度和锋利度。剑身上黑色菱形几何暗花纹的精美纹饰，如菱形纹、云雷纹等，是经过表面硫化处理形成，充分展现了青铜工艺的独特魅力。步入铁器时代，铁器迅速深入农业、军事和文化等方面。中国早期的铸造铁器沧州铁狮子始建于公元953年，俗称“镇海吼”，高5.48米，长6.1米，宽3.15米，重约40吨。它采用泥范明浇法铸造，是中国现存年代最久、形体最大的铸铁狮子，充分显示了古代工匠的智慧和创造力，在世界冶金史上占有重要地位，展现了中国古代铸造工艺的高度成就。

回到我们当下居住的城市，环顾四周高耸的摩天大楼，路上疾驰的新能源车，这些都是材料发展与演化给我们的生活带来的改变。修建高楼采用的钢筋混凝土是一个伟大发明，其中的胶凝材料水泥最早可以追溯到古埃及人使用的石膏，历经几千年的演化，人们不断改变材料组分和制备工艺，最后成就了我们城市中的巍峨“森林”。新能源车中锂离子电池的历史则相对短了很多。20世纪70～80年代，美国得克萨斯大学奥斯汀分校的John Goodenough教授发明了钴酸锂和磷酸铁锂正极材料，克服了传统铅酸电池容量低且笨重的弊

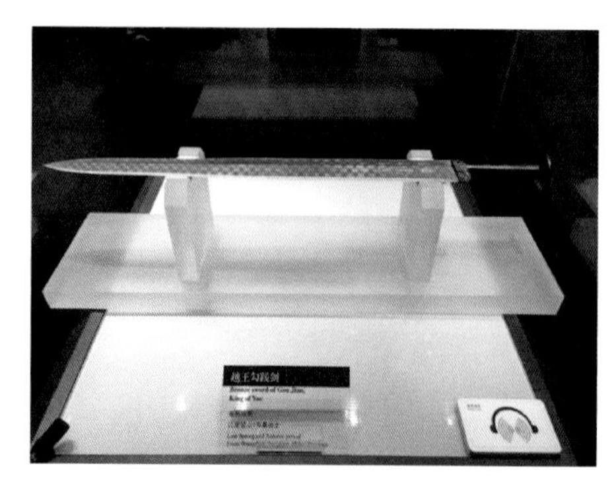

图1-2　越王勾践剑

（湖北省博物馆的镇馆之宝，1965年在湖北省江陵县望山1号墓出土）

端，使汽车工业从高度依赖化石能源的燃油车向新能源电动车转变，也带来了笔记本电脑、智能手机、电话手表等电子产品的繁荣。我们在享受新技术和新产品带来的便利的同时，也需要深刻认识到这些新技术和新产品背后材料的进步。当下的世界进入第四次工业革命，材料又一次站在历史变革的十字路口。我国提出的“双碳”目标与“人类命运共同体”的愿景，需要更多的新材料来支撑。

1.2 材料科学与工程的内涵

首先介绍**材料**的定义。广义上所有的物质都可以称为材料；狭义上，材料仅指可以用来制造某种构件、器件、物品、机械等，并满足人类需求的物质，或者说有用的物质就是材料。以沙漠中的沙子为例，对于秦汉时期行走在丝绸之路上的商人而言，沙子仅仅是一种自然存在，不是材料。如果我们将沙子中的SiO_2分离出来，并提取出作为芯片原料的Si，这时沙子就成为一种材料了。再举一个例子，1902年奥地利科学家马克斯·舒施尼（Max Schuschny）发明了塑料袋。这种包装材料既便利又结实，在当时相当于一场科技革命，人们外出购物时不再需要携带任何东西，因为商店、菜场都备有免费的塑料袋。塑料当然是材料，是有用之物。然而，当一个塑料袋完成使命，被丢弃到垃圾回收场，塑料就不再被视为材料了。因此，我们可以看到，材料的定义与材料功能、材料服役生命周期以及材料与人的关系等因素有关。

人类文明的进程就是人类不断地将大量无用之物变成有用之材的过程。这个过程涉及两个重要方面：①需要理解材料怎样更为有用，例如怎样使刀锋利而不容易折断；②怎样将无用之物改造成有用之材，例如对黏土原料进行研磨、成型、烘焙、烧结使之成瓷，又如对金属物料进行车、铣、刨、磨使之成器。前者可以视为材料科学的范畴，后者则属于材料工程的范畴，合起来称为材料科学与工程。**材料科学与工程**是研究材料组成、结构、生产过程、性能与使用性能以及它们之间的关系的学科。其中，**材料科学**研究材料的组成、结构与性能的关系，**材料工程**则研究材料在制备过程中的工艺和工程技术问题。相应地，材料科学与工程的学习不仅要动脑，还要动手。

材料的成分、结构、工艺、性能被称为材料科学与工程的四要素，四要素彼此的关系定义了材料科学与工程的内涵。材料学家的首要任务是针对具体研究和应用的材料，理解和掌握其四要素的复杂关系，并运用这些关系获得能够实现其有用价值的性能。例如作为结构支撑的金属材料要求具有高的力学强度，而作为能量存储材料的正负极材料则要求具有高的比容量，作为电子元件的热界面材料则追求高的热导率。接下来，将简述材料四要素所涉及的主要内容。

1.2.1 材料四要素之成分

成分指组成材料的化学元素。目前已经发现的化学元素有118种，根据美国化学文摘社（Chemical Abstracts Service，CAS）的统计，自19世纪初以来，在出版物中报道的1.95亿种有机和无机物质中，仅有少量被人们利用成为有用的材料。高分子材料主要由C、H、O、N等轻元素组成，金属材料主要来源于过渡元素，结构陶瓷多为金属氧化物或氮化物，半导体材料除了Si和Ge，还有大量由金属元素与硫族元素（S、Se、Te）和磷族元素（P、As、Sb、Bi）形成的化合物。

材料的成分对其性能有着关键的影响。例如，PbTe作为一种热电材料，可以实现热到电的直接转换，而GaAs被称为第二代半导体，因为其具有比Si更高的电子迁移率，被广泛应用于高频电子元件中。值得注意的是，高分子材料或其他有机化合物，虽然其组成元素的种类很少，但是种类要比无机材料多，并且主要的物理化学性质是由特定的官能团决定的，例如—OH、—CHO、—COOH、$—NO_2$、$—SO_3H$、$—NH_2$、RCO—、$—C_6H_5$等。这些由原子组成的官能团在材料中发挥着“准原子”属性，成为高分子材料的关键组成。近年来研发出的有机钙钛矿太阳能电池中的碘化铅甲胺（$CH_3NH_3PbI_3$）具有钙钛矿结构（ABO_3，A = Ca，B = Ti），但其A位主要由甲胺（CH_3NH_3—）官能团占据，类似一个“准原子”。以有机官能团为准原子，设计有机-无机杂化材料，为材料学家突破元素周期表的束缚提供了新的机遇。

价态又称化合价或原子价，是材料中一个原子或官能团与其他原子或官能团相互化合或成键的数目。价态有正负之分，给出电子的原子或官能团为正价，获得电子的为负价。正价常见于化合物中的金属元素，例如铁锈Fe_2O_3中的Fe就显现+3价。负价一般是化合物中非金属元素所显现的价态，例如NaCl中的Cl就显现−1价。元素的价态与所在材料中的局域原子环境有关，因此同种元素可能呈现不同的价态，例如锰元素可以呈现+2、+4、+6、+7价。价态反映了原子或官能团在组成化合物或材料的过程中得失电子的能力，这与原子的电子结构有密切关系，因此是重要的基础物理性能参数。例如，在半导体材料中，通过在硅中掺入硼获得以空穴为载流子的P型半导体，或者掺入磷制备以电子为载流子的N型半导体，就是利用了材料组成元素的价态知识。1932年，美国化学家莱纳斯·卡尔·鲍林（Linus Carl Pauling）引入电负性的概念，对原子在化合物中吸引电子的能力进行量化。电负性数值越大，表示原子在化合物中吸引电子的能力越强；电负性数值越小，相应的原子（稀有气体原子除外）在化合物中吸引电子的能力越弱。这对于材料的理论设计，特别是基于大数据驱动的新材料发现具有重要意义。

同位素是同一化学元素的两种或多种原子之一，在元素周期表上处于同一位置，化学行为几乎相同，但原子量或质量不同，导致其质谱行为、放射性转变和物理性质有所差异。^{57}Fe是铁的一种同位素，其中子数不同于自然界中丰富存在的^{56}Fe，其丰度仅有2%。^{57}Fe对特定波长的X射线产生高散射截面的核散射，会形成特殊的核布拉格衍射。同步辐射光源会采用这类含特定同位素的单晶，实现极高的能量分辨率。

1.2.2 材料四要素之结构

结构指材料中原子或官能团在空间上的排布。材料科学关注的材料结构可以简单地分为原子尺度、微观尺度、宏观尺度。这些尺度没有严格意义上的界限，通常原子尺度是10^{-1}nm到纳米量级的结构，微观尺度是从纳米到微米量级的结构，宏观尺度是毫米量级以上的结构。

原子尺度的材料结构主要由材料中原子或官能团之间的化学键决定。在金属材料和陶瓷材料中，原子通常具有较高的配位数，容易形成长程有序的原子结构。例如重要的半导体材料硅（Si），以一个Si原子与近邻的四个Si原子构成一个面心立方晶胞，在三维空间中呈周期性重复排列。人们通常把原子或官能团具有三维周期性重复排列的材料称为**晶体材料**，而高分子材料和玻璃等材料不具有该特点，被称为**非晶体材料**。晶体学是材料科学的重要内容，它研究晶体的空间对称性和空间群等属性，这些属性与材料宏观物理性能有重要联系。

微观尺度的材料结构，即**微观结构**，是由众多原子或官能团聚集在一起形成的空间形态，是借助显微镜才能观察到的形貌特征，也经常被称为**组织**（或微观组织、组织结构），例如晶界、位错、析出相、夹杂、空洞等。在晶体材料中，陶瓷和金属主要以多晶体的形式使用，多晶体是由大量单晶组成的，这些单晶被称为**晶粒**，它们之间的界面被称为**晶界**。这些材料的宏观性能，如力学强度、抗辐照损伤性能和电阻率等，主要由晶粒尺寸和晶界密度等微观组织特征决定。“位错”这一概念最早由意大利数学家和物理学家维托·伏尔特拉（Vito Volterra）于1905年提出。**位错**属于一种线缺陷，可视为晶体中已滑移部分与未滑移部分的分界线，其存在对材料的物理性能，尤其是力学性能，具有极大的影响。**析出相**常出现于多组元成分的材料中，是由于固溶极限的约束，在材料中出现的第二相，其结构可以与基体相同也可以不同，可以在基体的晶粒内部析出也可以在晶界析出。在高温合金体系中，普遍存在嵌在基体中的纳米颗粒组成的独特微观结构。以商业镍基高温合金为例，其组织是由γ相基体和长方体形貌特征的γ'纳米析出相构成。γ相与γ'相之间的晶格错配较小（$< 0.5\%$），可形成共格界面结构。在γ'相周围形成的晶格弹性应变场阻碍了位错的运动，从而提高了合金在高温下的强度和抗蠕变能力。因此该合金被广泛应用于制造飞机发动机和工业燃气轮机的高温结构件。**夹杂和空洞**是更大尺寸的材料缺陷，对结构材料通常是有害的。值得注意的是，上述微观组织的三维尺度形态和分布的定量信息对材料性能的精准调控至关重要。然而，当我们对材料的微观组织进行观测时，通常仅能依靠材料的二维截面信息，通过观察分析这些二维图像来推断三维空间组织的真实情况，这类研究形成了体视学（交叉学科）。

在宏观尺度，同一成分的材料也可能以不同的结构或形态存在。就空间维度而言，材料可以有粉体、丝、线、膜、板、块、多孔、人工超结构等形态。在自身的力学属性方面，材料的宏观结构可以有溶液、浆料、膏泥、凝胶、固体等明显差异。材料宏观结构的多样性带来了材料制备工艺的巨大差异。

1.2.3 材料四要素之工艺

工艺是指将原料转换成具有特定结构和性能的材料或制品的过程，属于材料工程的范畴。材料工艺通常是在一定的温度和压力条件下改变原料的微观结构与宏观形态，例如将金属原料熔铸成金属构件；或者将不同原料合成、混合、连接得到新的材料和构件，例如将水泥、石子、沙子和水混合制作成混凝土，浇筑成桥梁、路面和房屋等。材料工艺还可以通过集成或重复，制备具有复杂结构和强大功能的产品。例如芯片是半导体、金属、介电陶瓷和高分子材料按特定尺寸、形状和空间排布而形成的特殊“复合材料”。芯片制造工艺可以分为单晶硅片制造、前道工序和后道工序三部分，每部分包括多个工序（图1-3）。从晶圆到一颗高端芯片，往往需要上百种高纯耗材，多种高端设备，历经1000多道工序，耗时一个多月才能完成。

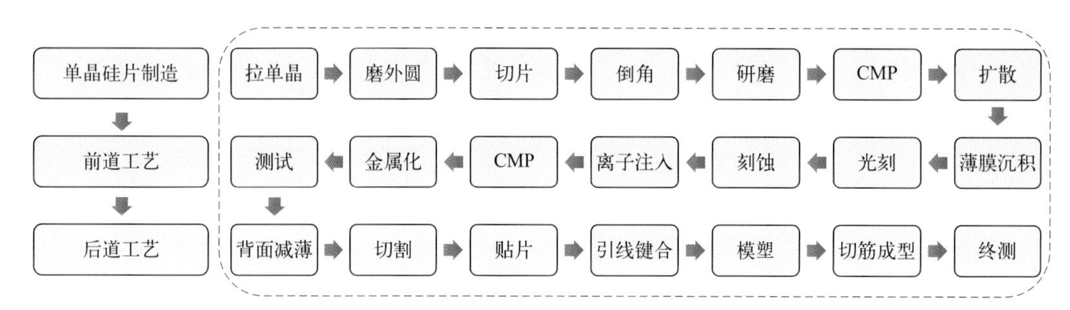

图1-3　芯片制造的主要工序

（CMP为化学—机械抛光）

材料工艺的目的之一是将原料转变成具有特定形状和特定用途的物体。接下来，我们以三种工艺为例进行说明，即切削、粉末冶金和增材制造（图1-4）。切削工艺是通过车、铣、刨、磨、钻、镗等材料去除工艺获取所设计形状的工艺的总称，在机械制造中一直占有重要的地位。**切削**工艺对加工工件材料的力学性能有一定的要求，通常铜、铁等金属材料比较适合该工艺。此外，切削工艺的发展增加了对高强高硬的切削刀具材料的需求。**粉末冶金**是以金属粉末或金属粉末与非金属粉末的混合物作为原料，经过成形和烧结，制造金属材料、复合材料以及各种类型制品的工艺技术。该工艺与生产陶瓷有相似的地方，通常需要借助模具和烧结获得所设计的形状。首先将粉末倒入模具中，然后通过压头施加压力将粉末压实，随后粉末压坯被挤压脱模出来并进行烧结。粉末颗粒在压力和高温作用下形成新的化学键以维持所设计的形状。**增材制造**，经常被称为3D打印（三维打印），通过逐层堆叠或添加材料，逐步构建三维物体，而不是像切削工艺那样，从一个块体材料中削减或去除材料以获得所需形状。增材制造工艺在构建复杂形状方面具有很大的优势，特别是在一些定制化需求场景具有明显的技术优势。

根据原料的差异，材料工艺可以分为熔融工艺、固体工艺、粉末工艺、分散或溶液工

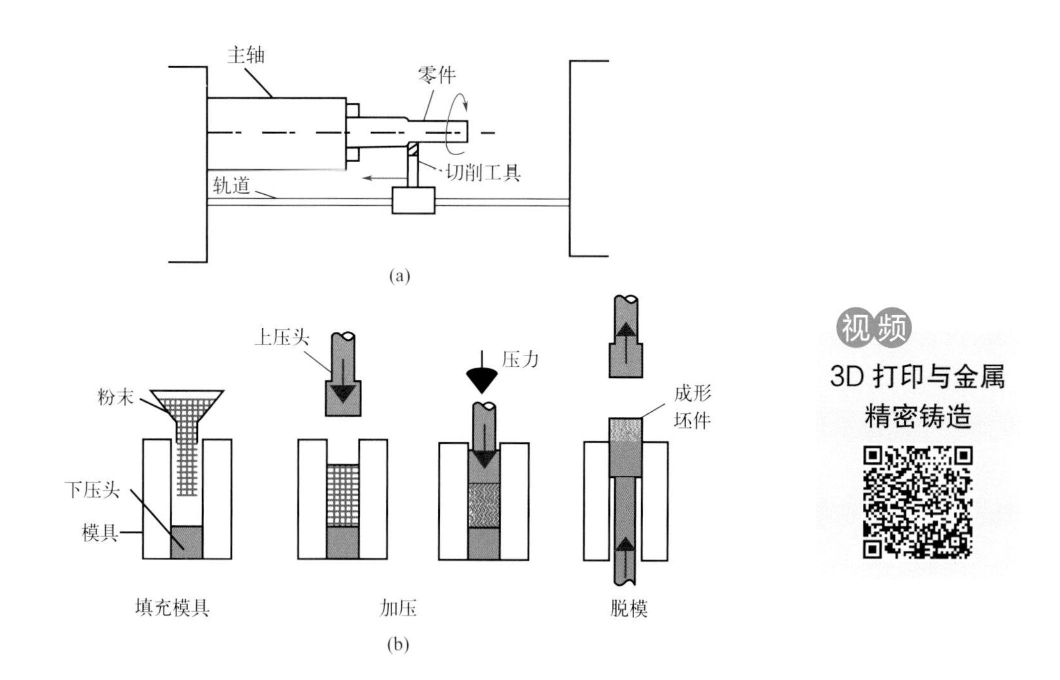

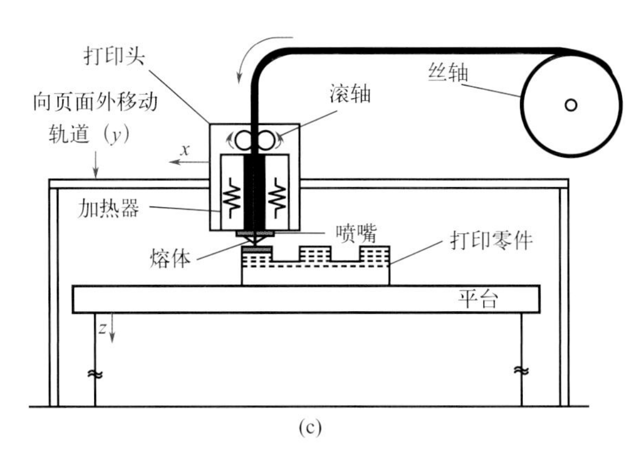

图1-4　将原料变成具有特定形状物体的三种代表性工艺

（a）切削；（b）粉末冶金；（c）增材制造

艺、气相沉积工艺等类型。

熔融工艺是将液态熔体转变成具有特定形状的固体。不同材料熔体的性质可能会有很大的差别。例如，金属熔体通常具有较低的黏度，可以像水一样流动，便于浇铸成形；热塑性的高分子材料通常黏度较高，需要借助外力才能促使其流动。在冷却过程中有些熔体可以发生快速的结晶，而有些则发生玻璃化转变。熔融工艺适合用于将金属、热塑性高分子材料、玻璃等材料制备成较复杂的结构。

固体工艺是将固体原料直接加工成新形状，主要包括切削和变形。古代工匠锻造刀剑的过程就是典型的固体工艺。根据变形过程中是否加热，可分为冷变形和热变形；根据所施加外力和变形的特征又可以分为拉拔、挤出、弯折、锻压、冲压等。例如，冲压是典型的冷变形工艺，依靠压力机和模具对板材、带材、管材等施加外力，使其产生塑性变形或分离，从而获得所需形状和尺寸的部件。相对于切削工艺，变形工艺能够大幅度降低生产成本。例如勺子、碗、盘子等金属餐具大多是采用冲压变形工艺进行大规模制造。值得注意的是，冷变形工艺对材料的塑性有较高的要求。

粉末工艺是将干的粉体材料加工成具有特定形状的固体，例如前面提到的粉末冶金工艺。粉体颗粒可以被认为是微小的固体材料，其尺度可以介于纳米到毫米之间，目前已经逐渐逼近分子水平。例如，C_{60}可以被认为是由60个碳原子构成的32面体原子团簇，呈现出粉体颗粒的特性。粉体材料作为粉末颗粒的聚集体，具有流动性，能够在重力或压力下充分填充模具空间，并最终获得具有特殊形状的构件。值得注意的是，粉末压坯通常呈现较高的孔隙率和较低的力学强度，特别是陶瓷粉体。因此，粉末工艺通常还需要通过高温烧结获得高的致密度和力学强度。

分散或溶液工艺是将组成固态构件的原料借助液体配制成悬浮浆料或者分子水平分散的溶液前驱体。液体的高流动性，使其能够制备具有更为精细结构的构件。悬浮浆料是由陶瓷、金属、高分子等粉体颗粒在分散溶剂（如水）中形成的，呈分散状态。为了获得更好的分散状态，也会使用一些分散剂来提高颗粒表面与介质间的亲和性，使颗粒在介质中达到易浸润又保持分散的状态；或在颗粒表面形成覆盖层，从而防止颗粒间团聚。溶剂是过渡的媒介，需要通过蒸发去除。与粉末工艺类似，分散或溶液工艺在得到最终的固体构件或涂层的过程中，也经常需要一些后处理工艺（例如热处理、光固化）。以聚合物涂层为例，可将聚合物溶解在有机溶剂中，随后将其沉积在基材上并干燥成固体聚合物涂层。单体和低聚物可以通过加热或更常见的能量聚合（例如紫外线固化）转化为聚合物涂层。高分子涂层中还可以添加陶瓷、金属颗粒或其他添加剂，提高涂层的耐久性、功能性或者美学属性。

视频
UV 固化胶的制备及应用

气相沉积工艺是制备薄膜材料的重要工艺，其薄膜厚度可以从原子尺度到微米尺度。气相沉积工艺的原料可以是固体或粉体，也可以是化学前驱体。这些材料通过蒸发，先转换成气相，然后沉积到衬底上。根据原料的差异，气相沉积工艺可以分为物理气相沉积和化学气相沉积。虽然气相沉积制备的各种陶瓷、金属、高分子薄膜可能薄到无法用肉眼分辨，但是它们在我们的生活中有重要的应用。我们使用的电脑、手机等电子产品中芯片的复杂电路主要通过该工艺制备。

1.2.4 材料四要素之性能

性能是材料在力、热、电、光、磁、声等外场激励下产生响应的量化属性，是定义材料功能的评价标准。与性能相近的术语是性质，性质是材料自身具有的特质，例如质量，而性能更强调环境的作用。与环境无关的“性能”很少，本书将围绕着材料的性能进行介绍和讨论，包括力学性能、热学性能、电学性能、光学性能、磁学性能等。材料的性能与成分和结构密切相关，例如金刚石和石墨的成分都是碳，但是它们在晶体结构上的差异导致其力学、电学、光学等性能完全不同。因此，金刚石被用于制造刀具、磨料、钻头等工具，以及作为珠宝首饰的材料，而石墨则广泛应用于铅笔芯、电池电极、润滑剂、导电材料等领域。

材料的力学性能包括强度、硬度、韧性、延展性等。这些性能决定了材料在受力时的表现，如抗拉强度、抗压强度、抗弯强度等。钢铁的抗拉强度很高，可以用于制造桥梁、建筑物等结构。橡胶的弹性很好，可以用于制造轮胎、密封垫等需要弹性的物品。

材料的热学性能包括热导率、热膨胀系数、热容等。高热导率材料，例如铜，常被用作散热器；低热导率材料，例如气凝胶和绝热棉等，常用于绝热保温。热障涂层是一种高温防护涂层，主要用于航空航天、能源、化工等领域的高温部件，如发动机叶片、燃气轮机叶片、喷嘴等，通常要求具有较低的热导率和较高的熔点。

材料的电学性能包括电导率、电阻率、介电常数等，体现材料在导电和绝缘方面的能力。根据导电性的差异可以将材料分为导体、半导体、绝缘体或电介质。集成电路芯片将多个电子元件（如晶体管、电阻、电容等）集成在一个小型的硅片上，制成微小的电路，充分利用了不同材料的电学性能。

材料的光学性能包括对光的吸收、反射、透过等。高折射率材料可以用于制造透镜、棱镜等光学元件。例如，玻璃的折射率约为1.5，是制造光学透镜的常用材料；石英玻璃的吸收系数很低，是制造光导纤维的常用材料。

材料的磁学性能包括磁化率、磁感应强度等。按照材料在磁场中表现出来的磁性强弱，可将其分为抗磁性、顺磁性、铁磁性、反铁磁性和亚铁磁性等材料。大多数材料是抗磁性或顺磁性的，它们对外磁场的响应较弱。人们日常生活中所说的磁性材料是具有强磁性的铁磁性物质和亚铁磁性物质。根据磁化的难易程度，一般分为软磁材料和硬磁材料。中国古人制备指南针采用的天然磁石就是硬磁材料，主要成分为Fe_3O_4。高磁化强度的材料可以用于制造永磁体。例如，钕铁硼永磁体具有很高的磁化强度，常用于制造电动机、发电机等。磁盘是一种利用磁性材料存储数据的设备，它具有较高的存储容量和较快的数据读写速度，是计算机中主要的存储设备之一。硬盘的盘片通常由铝合金或玻璃制成，并在表面涂覆一层磁性材料，如铁磁性薄膜或钴磁性薄膜。这些磁性材料具有较高的磁化强度和磁导率，能够在盘片上记录和存储数据。

材料的声学性能包括声速、声吸收等。这些性能决定了材料在声学方面的用途，如吸音材料、隔音材料等。

材料还在不同外场的交叉耦合中扮演着重要的角色，也因此形成了更加丰富的材料性能和新应用。不同能量场的交叉耦合是拓展材料性能的重要途径，也是材料学和物理学交叉的重要领域，如光伏效应、热电效应、压电效应、电致伸缩等。基于光伏效应的太阳电池成为人类直接从太阳能获取电能的新途径；基于热电效应的原子能电池帮助人类实现深空探测，了解太阳系结构的奥秘；压电效应和电致伸缩被广泛应用于各种传感器和驱动器，服务现代信息交互和智能制造。

1.3 材料演化与分类

随着对材料的认知不断深入，人们开始将材料分类。根据材料的成分，可以分为金属材料、无机非金属材料（陶瓷材料）、高分子材料；根据导电性能差异，可以分为导体材料、半导体材料、绝缘体材料；根据原子的排列是否有序，可以分为晶体和非晶体。为了更好地理解人们对材料的认知过程，本节将从材料的发现和演化的角度介绍材料的分类。图1-5总结了那些改变人类文明的重要材料及其被发现或发明的时间。

1.3.1 天然材料

人类文明的开端源于人类开始使用各种天然材料，改善衣、食、住、行。例如，利用石头和木头搭建房屋，利用动物的皮和植物纤维做成衣服。随着对这些材料的使用，人类逐渐了解到各种材料的力学性能差异。例如，虽然石头和木头都可以建造房屋，但是由于石头坚硬、抗冲击，而木材韧性好，所以人们开始使用石头建造墙体，或者城池围墙，而木材则用于建造屋顶和家具。随着人们对石头的抗压强度和抗拉强度差异的逐步认识，演化出了石拱结构，其成为人类文明长河中亮丽的里程碑之一。中国隋朝时期的赵州桥和欧洲古罗马时期塞戈维亚的水道桥都是这一结构的杰作。

1.3.2 人工材料

人工材料是指需要经过人为加工改变其微观组织结构，或者调整成分，以获得更优性能的材料。从皮到革便是一个很好的将天然材料转变为人工材料的例子。从动物身上取下的未经过加工的皮叫生皮，生皮很容易腐坏，直接晾干后像木板一样硬，穿戴起来并不舒服。鞣制是用鞣剂处理生皮，使生皮变成革的材料加工过程，可以使生皮永不腐坏并保持柔软。黏土烧结成陶瓷是另外一个将天然材料转变为人工材料的例子。虽然石头是很好的建筑材料，但是在河流冲积的平原地区，石材却不是容易直接获取的材料。将黏土烧结成砖，就成了更为方便的建筑材料。西安古城墙的城砖上还留有当时工匠的名字，这成为中

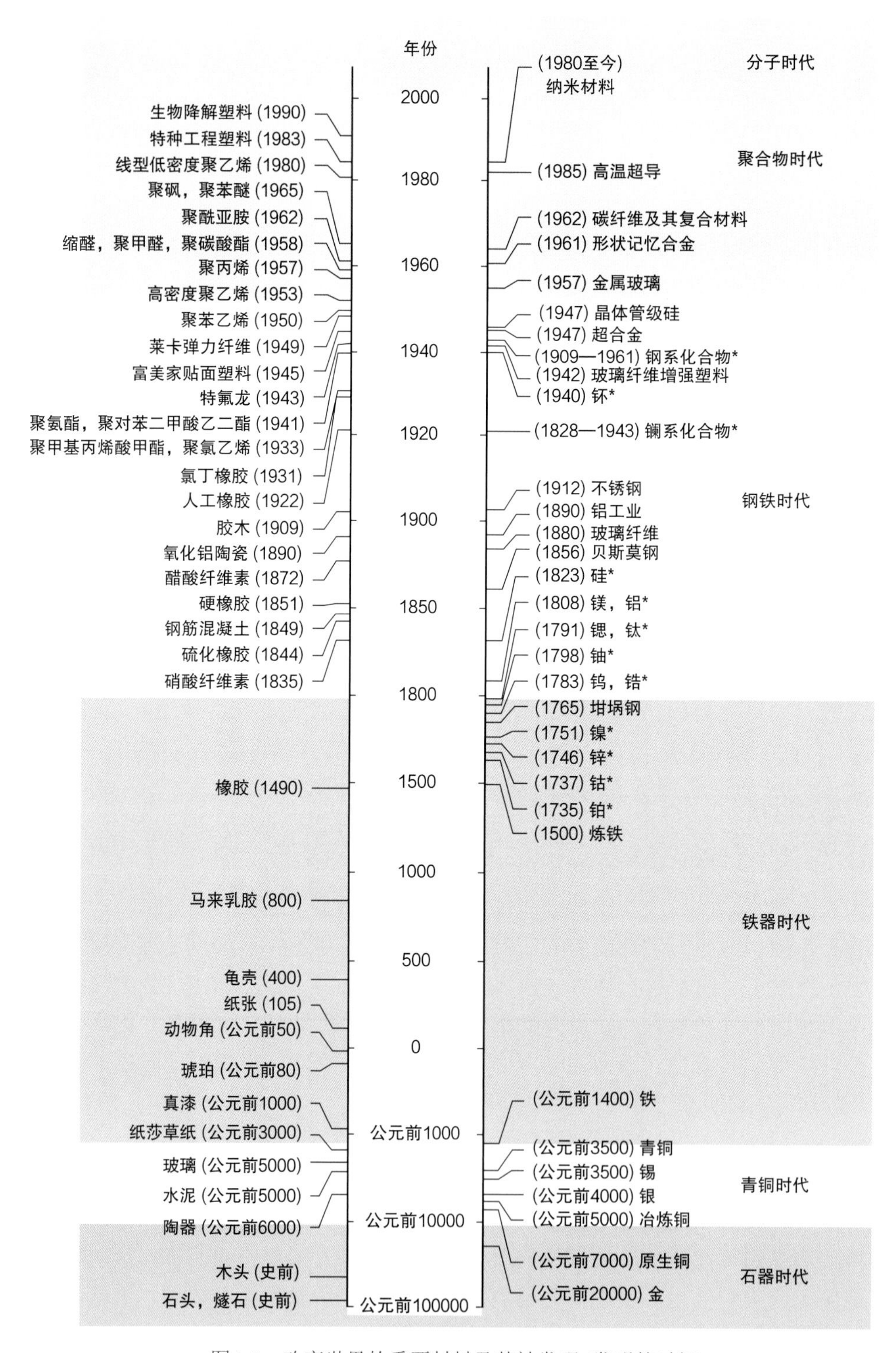

图 1-5 改变世界的重要材料及其被发现/发明的时间

（时间轴比例非线性；标注“*”表示该元素首次被确认时间，未标注“*”表示该材料被大量使用时间）

国古人大规模使用人工材料的证据。烧结改变了土坯的致密度，使黏土中SiO_2和Al_2O_3颗粒之间形成新的化学键，从而大大提高了力学强度。黏土由于在湿润状态下具有容易塑形的优点，因此也被广泛应用于制造各种陶器。随着人们更加深入地理解烧结温度对致密度的影响，古代工匠不断升级窑炉并调整黏土的成分，最终制作出致密度更高且色泽圆润的瓷器。通常土坯加热到700℃就可以烧结出质量良好的陶器，而优质瓷器则需要1300℃以上的高温。自东汉时期，中国就已经能够烧制青瓷。中国瓷器也沿着丝绸之路，大量出口至世界各地，成为中华民族对世界文明贡献的重要标志。

石灰和水泥是在新石器时代就被发现并且被广泛使用的人工材料，该类材料能够从浆料转变成具有一定强度的固体，也被称为胶凝材料。石灰可能源于古人不经意的发现，石灰石（主要成分为$CaCO_3$）在煅烧后会得到主要成分为CaO的白色粉末，与水反应后能再次凝固形成$CaCO_3$，这也被称为凝结现象。在仰韶文化时期（公元前4900—公元前2900），人类已经学会利用石灰浆料涂抹洞穴居所的地面和墙壁。石灰涂抹的墙壁，成就了中国建筑中白墙青瓦的浪漫，一直沿用至今。石灰也被直接用来作为砖、石之间的密封和连接材料。为了进一步提高砖墙的力学强度，中国历史上曾将石灰与糯米浆、柏油等有机物混合起来，应用在长城、赵州桥以及一些水利工程中。古罗马人发现火山灰和石灰混合后可以得到比石灰更好的胶凝材料，其被用于建造罗马的许多重要建筑，如万神殿和斗兽场等。

1756年，英国工程师约翰·斯密顿（John Smeaton）在建造灯塔的过程中，研究了“石灰石-火山灰-砂子”三组分砂浆中不同石灰石对砂浆性能的影响，发现含有黏土的石灰石经煅烧和细磨处理后，加水制成的砂浆能慢慢硬化，在海水中的强度比“罗马砂浆”高很多，能耐受海水的冲刷。黏土中的SiO_2和Al_2O_3与石灰石共同烧结能够得到硅酸钙和铝酸钙等胶凝材料，其与水反应后能够形成三维网络分子结构，因此具有更高的力学强度和耐腐蚀性能。斯密顿使用新发现的砂浆建造了举世闻名的普利茅斯港的埃迪斯通（Eddystone）大灯塔。1824年，英国建筑工人约瑟夫·阿斯谱丁（Joseph Aspdin）发明了波特兰水泥，其对城市的发展发挥了重要的推动作用。

金属材料在人类社会的发展中扮演了划时代的角色，人类的历史经历了铜器时代和铁器时代。尽管人类对金属的使用可以追溯到直接利用自然铜加工制品，然而金属材料作为人工材料的历史，则是从人们能够冶炼辉铜矿（Cu_2S）、黑铜矿（CuO），或者孔雀石[$Cu(CO_3)\cdot Cu(OH)_2$]获得铜开始。以黑铜矿为例，其大规模冶炼的方法是把矿石与木炭混合后加热，在高温下发生简单的反应：

$$2CuO + C \xrightarrow{高温} 2Cu + CO_2\uparrow \tag{1-1}$$

纯铜熔点较高，强度较低，不利于加工和使用。当铜中含有锡、铅等元素时，其熔点明显降低，且强度提高。铜锡合金也被称为青铜，中国在公元前1700～公元前1000年间进入青铜铸造的鼎盛时期。战国后期的《考工记》记载：“金有六齐：六分其金而锡居一，谓之钟鼎之齐；五分其金而锡居一，谓之斧斤之齐；四分其金而锡居一，谓之戈戟之齐；三分其金而锡居一，谓之大刃之齐；五分其金而锡居二，谓之削杀矢之齐；金锡半，谓之鉴燧之齐。”在这里铜被称为金，或者赤金。由此可见中国古人掌握了通过改变成分调控青铜力学性能的技术。在《吕氏春秋·别类篇》中记载：“金柔锡柔，合两柔则为刚，燔之则为淖。”这是历史上最早关于合金强化的文献记载。中国的铜器时代从商周一直延续至战国末期，出现了斧、锛、钻、削、锤、锯、钩、凿等工具，锄、铲、镰等农具，钏、笄、镜、管、爵、斝、盉、针、环、条、片、刀等各种生活用具，戈、剑、戟、矛、钺、镞等兵器，以及各种钱币。金属铜及其合金丰富了古人生产和生活所需的制品，成就了中华文明。在铜器时代，人们还掌握了锌、铅、锡、银等金属的冶炼。

铁的密度比铜低，强度和硬度比铜高，因此铁比铜坚固耐磨。中国在春秋战国之交时，正式进入铁器时代，这标志着新一代社会生产力的形成。铁器逐渐取代铜器成为主要的生产工具，各诸侯国的生产力也随之大大提高。冶铁技术在秦朝进一步发展，并发展出高炉炼铁方法。通过上部装料，下部鼓风，形成炉料下降和煤气上升的相对运动。燃料产生的高温煤气穿过料层上升，将热量传给炉料。西汉早期兴起了“百炼钢”技术，它的特点是增加了加热锻打的次数，大大提高了钢的质量。西晋刘琨写下“何意百炼钢，化为绕指柔”这一脍炙人口的诗句，成语“百炼成钢”“千锤百炼”由此而来。在西汉早期还出现了炒钢技术，这是继生铁冶铸之后，中国古代钢铁技术史上又一重大事件。炒钢的发明打破了先前生铁不能转为熟铁的界限，使原先不相关的两个工艺系统得以贯通，成为统一的钢铁冶炼技术体系，为汉朝的崛起提供了重要的军工支持。进入南北朝，我国出现了新的炼钢技术“灌钢”，将生铁炒成熟铁，然后同生铁一起加热。生铁的熔点低，易于熔化，可以“灌”入熟铁中，使熟铁增碳而得到钢。这种方法比炒钢容易掌握。北齐信州刺史綦毋怀文依此法炼造的宿铁刀，可一次砍断三十余块叠在一起的甲胄铁片。在近代炼钢法发明前，“灌钢”应该是古代最先进的技术，綦毋怀文也可以称得上中国有记载的材料学家第一人。在随后的唐、宋、元、明时期，“灌钢”也被进一步改进，例如明代的生铁淋口法，即利用熔化的生铁，作为熟铁的渗碳剂，将熟铁的刀口炼成钢铁，既节约了材料也更容易控制，提高了良品率。

在17世纪以前，中国在钢铁技术方面有一定的技术优势，但是后来的发展开始落后于西方。西方化学家如拉瓦锡、德贝赖纳、门捷列夫等对元素进行了深入研究，以及物理学家卡诺、焦耳、克拉贝龙、克劳修斯、德拜、吉布斯等建立了热力学，使材料研究逐渐从技术演变成为一门科学。1899年，英国冶金学家罗伯茨-奥斯汀（Roberts-Austen）在前人实验的基础上绘制了第一张铁碳相图，为材料科学的发展带来了划时代的影响，彻底改变了材料研究的范式。随后，人们逐步研发出Al合金、Mg合金、Ti合金、Ni合金等结构材料，以及TiAl形状记忆合金、零热膨胀的因瓦合金等功能材料。

19世纪，塑料的发现开创了人类制造高分子材料的新纪元。在1862年的伦敦国际工艺和艺术博览会上，英国人亚历山大·帕克斯（Alexander Parkes）展示了将火棉胶与樟脑混合在一起，产生了一种可弯曲的硬质材料（Parkesine）。这就是世界上第一种加热后可以变软的塑料，但是大家并不清楚这种新材料的用处。1869年，美国化学家约翰·韦斯利·海厄特（John Wesley Hyatt）发明了“赛璐珞（硝酸纤维素塑料）”，将其替代用于制作台球的既稀缺又昂贵的象牙，从此开启了塑料时代。1907年，比利时化学家列奥·亨德里克·贝克兰（Leo Hendrik Baekeland）在催化剂的作用下加热甲醛和苯酚，制取了一种被称为“电木”（酚醛树脂）的高硬度合成树脂。电木是一种特别耐热的塑料，是电气工业和制备清漆等涂料的理想材料。随着科学技术和工业的发展，合成高分子材料在二十世纪二三十年代以后获得迅速发展，相继出现了氯丁橡胶、聚乙烯、聚苯乙烯和聚酰胺等。例如1935年，美国化学家华莱士·休姆·卡罗瑟斯（Wallace Hume Carothers）成功制取了长链聚酰胺，俗称“尼龙”，彻底突破了人们不得不依赖天然高分子材料制造衣服的束缚。合成高分子材料不仅广泛应用于科学技术研究、国防建设、国民经济等领域，而且成为现代社会日常生活中衣、食、住、行、用各方面不可缺少的材料。

20世纪，半导体的出现开启了人类文明的信息时代。1946年美国宾夕法尼亚大学制造出了人类历史上的第一台电子计算机，其包含18000支真空电子二极管，重30余吨，占地约170m^2，变革了人类处理信息的方式。为了克服真空电子二极管笨重且能耗高的缺点，人们开始寻求新的技术方案。1947年，美国贝尔实验室的物理学家巴丁和布拉坦制造出了第一个半导体二极管，也称晶体管。半导体的电导率介于金属导体和绝缘体之间，其主要特点在于能够通过不同掺杂获取分别以电子或空穴为主要载流子的导电材料，并以此来构建以电的导通、阻断为特征的逻辑电路。半导体的种类很多，除了常见的硅和锗，还有Ⅲ-Ⅴ族化合物半导体、Ⅱ-Ⅵ族化合物半导体等。目前，硅基半导体仍是电子信息产业中用量最大的材料。半导体材料不仅应用于电子信息领域，还被用于新能源领域，例如太阳能光伏、热电材料等。

除了半导体材料，新材料改变世界的例子还有光纤、锂离子电池正极材料、GaN蓝光发光二极管（LED）、纳米量子点等。以电池为例，人类使用电池的历史已经超过200年，其中可循环充放电的铅酸电池在1882年就已经被商品化，但是电荷容量影响了其应用的范围。1980年，美国科学家Goodenough发现了新型锂电池正极材料$LiCoO_2$，为电池带来了跨时代的影响。1991年，索尼公司开发了分别以$LiCoO_2$和石墨为正极和负极材料的第一个商品化锂离子电池，该技术推动了无线电子设备的革命和新能源汽车的革命。

新材料的发现是推动产业变革的原动力，因此也有了“一代材料，一代装备，一代产业”的说法。随着工业化的逐渐深入，产生了一些新产业，例如电子信息产业、新能源产业、生物医药产业、航空航天产业等，不同产业装备的使用环境存在差异，对材料的要求也会很不一样。例如，在生物医用材料领域所使用的金属材料，与电子信息领域和航空航天领域会有很大的不同。因此人们也经常从材料服务的行业对材料进行分类，如电子信息材料、能源材料、生物医用材料、航空航天材料等。

1.3.3 发展趋势

在上一节中，我们根据历史的发展，简述了影响人类历史进程的一些关键材料的发现与发展，它们形成了以金属、无机非金属、高分子材料等为代表的具有明显成分、结构和用途差异的材料体系，也成为材料学科划分的依据。

近代材料的发展得益于数学、物理学和化学等基础学科的进步，新材料的发现当然也促进了基础学科的发展，例如YBaCuO高温超导材料的发现，以及单原子催化材料的发现，开辟了物理学和化学的新研究领域。如果把各种材料看成一个整体，材料学则是一门工学的基础学科。下面将从材料的结构特征角度，介绍几种代表性材料发展的趋势。这些材料的发展使传统意义上的结构材料与功能材料的分界逐渐消失，实现了材料的结构、功能一体化。

复合材料是将两种或两种以上性质不同的材料，通过一定的工艺混合得到的具有新性能的材料。复合策略的灵感可以追溯到古人在用泥巴糊墙时，在泥土里面混入稻草来抑制其干燥开裂，以及在石灰中混入糯米浆和柏油作为墙砖密封和连接材料。材料复合起源于

工程经验，钢筋混凝土的出现彻底改变了城市天际线，成了复合材料最为成功的例子。通过碳纤维及其织物增强的碳基体复合材料，具有低密度（$<2.0\text{g/cm}^3$）、高强度、高比模量、高导热性、低膨胀系数、耐磨性能好，以及抗热冲击性能好、尺寸稳定性高等优点，是能够在1650℃以上应用的少数备选材料之一，因此被认为是最有发展前途的高温材料之一，已被广泛应用于航空航天领域，如火箭发动机喷管及其喉衬、航天飞机的端头帽和机翼前缘的热防护系统、飞机刹车盘等。复合材料可以根据基体材料分为高分子基复合材料、陶瓷基复合材料和金属基复合材料，也可以根据结构特征分为纤维增强复合材料、层压复合材料、颗粒增强复合材料和纳米复合材料等。在热电材料领域，通过内禀析出第二相或者外引添加第二相可以解耦材料的电热输运，实现热电转换性能的提升，并协同提升材料的力学性能。如果复合的尺度进一步缩小到原子尺度，就可以得到金属合金，或者杂化的高分子材料。有机钙钛矿材料ABO_3结构的A位主要由甲胺官能团占据而不是传统的金属元素。这样原子尺度的复合不会被称为复合材料，但是可以认为是材料复合思想的延伸。

超构材料，又称**超材料**，是一种通过人工微结构在亚波长尺度内精确调控物理场的复合材料或结构阵列，是近年来由科学界兴起、被工程界广为关注的全新材料构建范式。这一概念由美国得克萨斯大学奥斯汀分校的Rodger Walser教授于2000年在美国物理学会春季年会上正式提出。超材料在宏观上展现出超越传统天然材料的奇异特性，通过人工结构实现天然材料中所没有的光学、声学、机械或射频特性。早在20世纪60年代，苏联科学家V. G. Veselago就设想了一种介电常数和磁导率均为负数的左手材料，并利用理论预测了该材料特有的负折射、逆多普勒效应和反向切连科夫辐射等新奇电磁现象。然而，由于当时无法合成这种特异材料，相关的科学研究也陷入沉寂。直到20世纪90年代后期，英国帝国理工学院的John Pendry提出用周期排列的细金属线和开口谐振环结构在微波段分别实现等效负介电常数和负磁导率的新思想。基于该思想，美国加州大学圣迭戈分校的David Smith教授在2001年首次制备了左手材料，并在实验中观测到负折射现象。这一突破常规物理认知的材料立即引起了物理学界与工程界的极大关注和广泛讨论。

超材料最早的研究应用是负折射材料，后来又出现了零折射率材料、双曲色散材料等。近年来，超材料的概念不仅仅被应用于光学领域，还被进一步拓展到声学、热学和力学领域。由于电磁波和声波具有共同或相似的波参数概念（例如波矢、波阻抗和能流等），并且均满足波动方程，因此研究者也将电磁超材料的设计思想移植到声学领域，由此诞生了声学超材料的全新概念。声学超材料是由亚波长人工结构经过特定设计而构建的新型复合声学材料，一经提出便引起了广泛关注。与传统声学材料相比，声学超材料允许研究者通过改变结构构型来实现对声波的灵活控制，并由此诞生了一系列原理创新和应用创新成果，例如声学隐身斗篷。力学超材料也称为机械超材料，是由声学超材料衍生出的超材料新分支，其新奇的力学特性源于人工单元排列的几何构型，可实现前所未有的力学性能，如超刚性、超拉伸性、负热膨胀和负压缩性等。与声和光的波动行为不同，热传导满足的是扩散方程，而扩散方程与波动方程的物理机制迥异，因此以扩散方程为主导的热学超材料研究起步较晚。借鉴电磁超材料的设计思想，热学超材料通过人工结构设计来实现热导率的按需分布，从而推动了新奇热学现象的实现和热学器件的研发。热学超材料一经提出便发展势头迅猛，在原理创新和应用创新方面均有突出贡献。例如，华人科学家李保文基于共振和非相性系统声子频率随温度改变的原理，提出了热二极管的理论模型。目前，热学超材料已初步建立了研究基础，未来有望在热学隐身、热学管理、热学信息器件等领域展现出应用潜力。

人们通过模仿动植物的结构、形态、功能和行为以获得灵感来解决材料领域面临的科学技术问题，是材料领域发展的又一趋势。**仿生材料**是通过仿照生命系统的运行模式和生物材料的结构规律而设计制造的人工材料。中国古代木匠使用的锯子便是一个很好的效法自然的例子。仿生材料的最大特点是可设计性，人们可以提取自然界的生物原型，探究其功能性原理，并通过该原理设计出能够有效感知外界环境刺激并迅速做出响应的新型功能材料。莲花因其不沾染泥土，始终保持高洁的姿态，自古以来便是文人墨客喜爱之物。诗人周敦颐在其《爱莲说》中称赞："予独爱莲之出淤泥而不染，濯清涟而不妖。"生活中，我们也可以观察到，水滴很难在荷叶表面停留，而且水滴在其表面快速滚落的过程中会带走表面的尘土和杂物。1977年，德国波恩大学W. Barthlott和C. Neinhuis揭示了荷叶的自清洁机理源于荷叶表面纳米级的突起结构，并将其命名为"荷叶效应"，这成为后来人们设计超疏水结构的理论基础。在自然材料中，牙齿、骨骼、贝壳等生物体中最坚硬的部分，表现出优异的力学性能，为生物体在生存、保护、支撑等方面提供良好的保障。以软体动物的贝壳珍珠层为例，其主要成分为约95%的无机碳酸钙和5%左右的有机物。经过漫长的矿化生长过程，两种组分通过复杂的相互作用形成自组装堆叠结构，类似于建筑上的砖泥结构，其中碳酸钙晶体单元为"砖"，有机物组分为"泥"（见图1-6）。这种"砖泥"结构具有更高的强度和硬度，能很好地分散外界压力，从而对生物体起到保护和支撑作用。在此启发下，中国科学家俞书宏院士团队在两周内成功"复制"珍珠母长达数年的自然形成过程，并制备了人工仿生珍珠母材料。该材料在成分和微观结构上均与天然珍珠母高度近似，在多个尺度上再现了天然珍珠母的微观结构和力学特性，在宏观上也同时展现出很好的强度和韧性。运用类似策略合成的人工骨骼或牙齿，有望高度重现人体骨骼的强度和韧性，并且因成分高度近似，可有效避免材料植入人体的排斥反应，也免去了以前金属构件植入人体还要取出的痛苦。大自然中的植物或动物为适应各种严苛的生存环境所进化出来的特殊功能结构，其复杂程度远超人类目前所能够制造的各种人工材料。因此，敬畏自然、效法自然将是未来材料发展的一大趋势。

图1-6　软体动物贝壳珍珠层及其微观"砖泥"结构

综上所述，材料科学的发展源于人类主动利用天然材料改善生存环境。早期的发展受益于工程经验的积累和大胆的尝试，17世纪以前，中国在陶瓷和钢铁技术方面保持的技术领先都可以归功于这些工程经验。后续材料科学的发展轨迹则很大程度得益于化学和物理学两大学科的进步，化学元素的系统发现及其规律的总结和各种新颖物理现象的发现推动了新材料的发现。温度的定义与精准测量对材料制备与研究具有划时代的意义。中国在金属材料领域落后于西方的主要原因之一是中国未能准确定义温度，导致无法对材料的制备和加工工艺进行精准控制。随后，在温度概念基础上逐渐建立的材料热力学使材料成为一门独立的学科，美国科学家Josiah Willard Gibbs提出的“相律”公式和相图理论成为材料科学的理论基石。20世纪末，随着电子计算机的出现，基于第一性原理、分子动力学、相场理论方法的计算材料学兴起，从物理学基本原理出发，融合精确的量子力学及各类多尺度计算方法，可以开展材料性能的推演与预测，从而使材料的研究不再是单纯的实验科学，而是成为一门兼顾理论计算和实验的科学。

今天，材料科学再一次站在一个新的历史风口上，大数据和人工智能算法正影响着材料研究新范式。材料科学已经成为连接物理、化学、生物学、计算机、数学等的交叉学科，它不仅成就了人类文明，还将继续对人类未来产生深远的影响。

习题

1. 南科大校园中有一栋民国时期用夯土建造的碉楼。夯土是我国古代常用的房屋墙体材料。请查阅资料，简述古人为了让夯土能够承受日晒雨淋，在材料的成分和工艺上都作过哪些改进。

2. 什么是材料？物质与材料有什么关系？

3. 说明材料科学与工程的定义。

4. 什么是材料科学与工程的四要素？

5. 什么是材料的性能？

6. 列举材料的几种分类。

7. 请查阅资料，简述改变人类文明进程的一种重要材料的发现历程。

8. 请查阅资料，说明风力涡轮机叶片、高尔夫球棍、冲浪板、军用防弹衣、航母阻拦索、钙钛矿太阳电池、燃料电池、原子能电池、医用防护服等物品都是用什么材料制成。

第一部分　结构与缺陷

第2章 原子结构与结合键

原子是构成物质的基本单元，其尺度为10^{-1}nm量级。原子结构是指原子的内部结构，特别是电子的状态。理解固体中的原子结构与结合键是非常重要的，原子间结合键的类型经常可以帮助我们解释材料的性能，并决定了原子的排列状况，并由此确定了纳米、微观、宏观等更大尺度上的材料结构。例如，碳原子能够以石墨、金刚石、碳纳米管、石墨烯、富勒烯等多种结构形式存在，它们具有完全不同的性能。石墨非常软，而金刚石却是我们所知道的自然界中最坚硬的物质之一；金刚石导电性差，而石墨却是良好的导体。这些差异可归结于石墨和金刚石中碳原子间键合方式的不同。

本章将介绍与原子结构相关的一些基本概念，列举原子间结合键的类型，建立原子结构和结合键与材料性能之间的关联。这些知识为后续讨论原子的几何排列和晶体结构做准备。

2.1 原子结构

2.1.1 原子的内部结构

随着科学研究的深入，我们已经清楚地知道，原子只是物质结构的一个层次，原子本身也是有结构的。原子由位于其中心的带正电荷的原子核以及分布在其周围的带等量负电荷的电子构成。原子核由带正电荷的质子和不带电荷的中子构成。每个质子所带正电荷量和每个电子所带的负电荷量相等，其值为1.60×10^{-19}C。原子的大部分质量集中在原子核的质子和中子上，二者质量几乎相等，均约为1.67×10^{-24}g，而电子的质量约为9.11×10^{-28}g，仅为质子或中子质量的1/1833。

任何一种化学元素都可以用原子核中的质子数或**原子序数**（Z）来表征。对于一个电中性或完整的原子，原子序数等于电子数。从原子序数为1的氢到自然界中存在的原子序数最高为92的铀都遵循这个规律。

对原子内部结构最为简单的理解是电子绕着原子核运动，如同天体中行星绕着太阳运动一样。这个原子结构的粗略描述尽管不准确，但是可以从中了解原子的大致构造。原子中原子核外电子的排列和运动方式不仅决定了单个原子的行为，也决定了原子如何与其他原子相结合，即形成什么样的结合键，而结合键决定了材料的种类（金属、陶瓷、聚合物），并对材料的某些性能起着决定性的作用。

2.1.2 原子结构模型

在19世纪后期，人们遇到了许多不能用经典力学解释的固体中的电子现象，这催生了一系列相关的原理和法则，这些理论被称为量子力学。充分理解电子在原子或者固体中的行为必然涉及量子力学，这里仅对一些原理进行简单的介绍。

2.1.2.1 玻尔原子模型

玻尔原子模型是科学家试图通过电子轨道和能量（量子化的能级）描述原子中电子行为的一个典型代表，是量子力学描述原子模型的早期产物之一。该模型假定电子围绕着原子核在分立的轨道上运动，所有电子都有其对应的轨道，如图2-1所示。

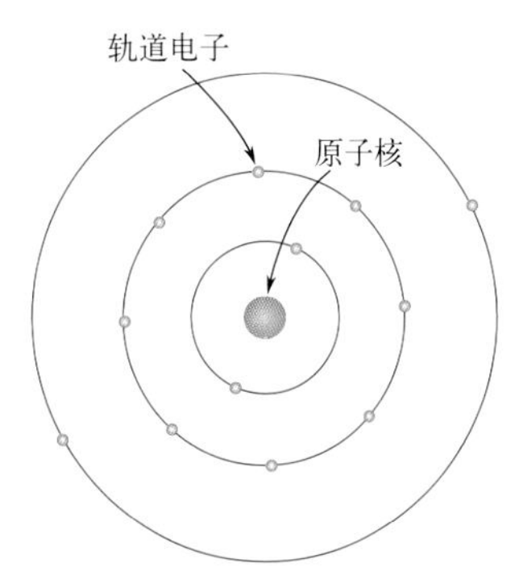

图2-1 玻尔原子模型

量子力学原理认为，电子的能量是量子化的，也就是说，电子有特定的能量值。电子的能量可能会发生改变，但这个改变必须是定量的。在电子跃迁到一个允许存在的更高或更低的能量状态时，伴随着能量的吸收或者释放。这些电子的能量状态被称为**能级**或**能态**。能级与电子轨道相对应，相邻的能级具有一定的能量差。图2-2（a）示意了氢原子的玻尔原子模型允许存在的能态，这些能态被电子占据而带负电。如果设电子处在未束缚或自由态时的能量为零，则各轨道电子的能量均为负值。当然，与氢原子有关的单电子只能填充其中一个能态。

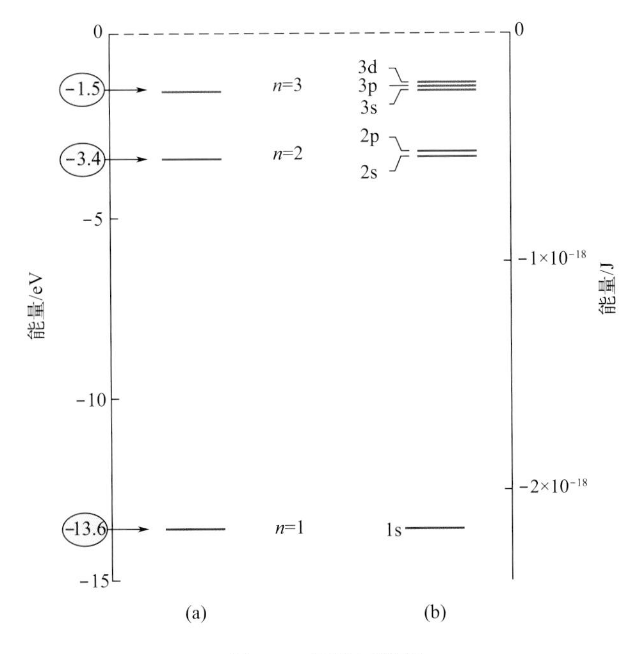

图2-2 氢原子模型

（a）玻尔原子模型中前3个壳层的电子能态；（b）波动力学模型中前3个壳层的电子能态

2.1.2.2 波动力学模型

玻尔原子模型被证明具有很大的局限性，而随后建立的**波动力学模型**很好地解决了这个问题。在波动力学模型中，电子被认为同时具有波动性和粒子性。电子不再被看作是一个在离散轨道中运动的粒子，相反，电子的位置被描述成电子在原子核周围出现的概率，电子以一定的概率分布在轨道的附近。换句话说，电子位置由概率分布或者电子云来描述。图2-2（b）示意了波动力学模型的电子能态，相比玻尔原子模型简单的电子能态，波动力学模型可能出现更多的电子能态。

2.1.2.3 量子数

在波动力学模型中，原子中的每个电子都可以用四个参数表征，这四个参数被称为**量子数**。电子概率密度分布（或者轨道）的形状和空间位向可以用这四个参数中的三个来表示。此外，玻尔能级分裂成电子亚壳层，量子数表示每一个亚壳层的状态数目。表2-1列出了量子数与轨道数和电子数之间的关系。

表2-1 量子数n、l、m_l与轨道数和每个轨道所容纳的最大电子数的关系

n	l	m_l	亚壳层	轨道数	电子数
1	0	0	1s	1	2
2	0	0	2s	1	2
	1	−1,0,+1	2p	3	6
3	0	0	3s	1	2
	1	−1,0,+1	3p	3	6
	2	−2,−1,0,+1,+2	3d	5	10
4	0	0	4s	1	2
	1	−1,0,+1	4p	3	6
	2	−2,−1,0,+1,+2	4d	5	10
	3	−3,−2,−1,0,+1,+2,+3	4f	7	14

通常用主量子数n来表示电子壳层，n取整数，并且从1开始。这些电子壳层也常用大写字母K、L、M、N、O等表示，它们与n的数值对应。显然，主量子数描述的电子壳层与玻尔原子模型的电子轨道对应，决定了电子轨道的尺寸，即电子与原子核的平均距离。

第二个量子数是角量子数l，它表示电子亚壳层。l受主量子数n的限制，是0到$n-1$范围内的整数值。每个电子亚壳层可以用小写字母s、p、d、f等表示，它们也与l的数值对应。l值还决定了电子轨道的形状，图2-3所示为L壳层（$n = 2$）原子轨道的形状，s轨道是以原子核为中心的球形；p亚壳层有3个轨道，每个轨道均为哑铃形，这3个轨道互相垂直，因此可以标记为p_x、p_y、p_z。

第三个量子数是磁量子数m_l，它决定了每个电子轨道亚壳层的数量。m_l可以取$-l$到$+l$之间的整数。当l=0时，m_l只能取0，对应一个s亚壳层，即仅有一个轨道。当l=1时，m_l可以取−1、0、+1共3个值，对应3个p轨道。类似地，d亚壳层有5个轨道，f亚壳层有7个轨道。当没有外部磁场时，每一个亚壳层中所有的轨道能量相同，但是当加入外磁场后，这些亚壳层能级分开，每个轨道的能量略有不同。

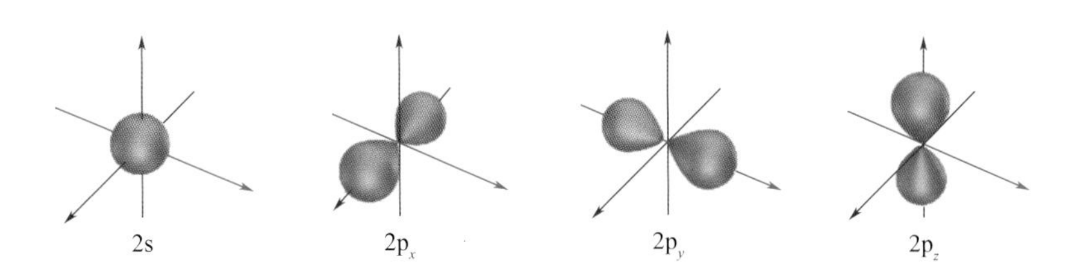

图2-3　2s、2p$_x$、2p$_y$、2p$_z$原子轨道的形状

第四个量子数是自旋量子数m_s，它与电子的自旋运动相关。电子自身会进行自旋运动，自旋方向定义为向上或者向下，相应地，m_s可取值为+1/2或−1/2。

图2-4给出了不同电子壳层和亚壳层的相对能级。从图中可以看出，主量子数越小，对应的能级能量就越低，例如1s能级的能量比2s能级低；在每个壳层中，亚壳层的能量随着角量子数l的增加而增加，例如3d能级的能量比3p能级的能量高，3p能级的能量比3s能级的能量高；一个壳层中的亚壳层能级与相邻的电子壳层中的亚壳层能级在能量上可能存在交叉，尤其是d能级和f能级，例如3d能级的能量通常要比4s能级的能量高。

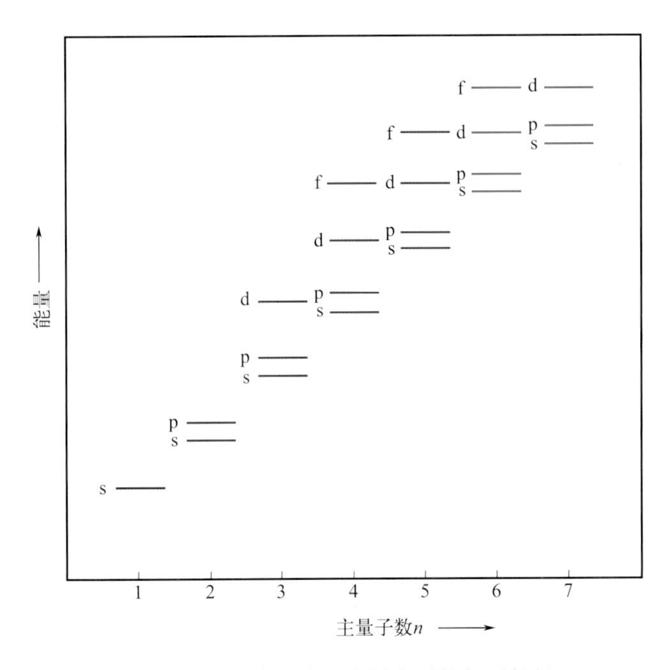

图2-4　不同壳层和亚壳层电子的相对能级

2.1.2.4　电子排布

实际原子结构中，电子会根据泡利不相容原理填充各个电子轨道。泡利不相容原理规定，每个电子轨道最多可容纳两个自旋相反的电子。因此，s、p、d和f电子亚壳层最多可分别容纳2、6、10和14个电子，表2-1给出了前四个电子壳层中每个轨道所能容纳的最大电子数。对于大多数原子，在电子壳层和亚壳层中，电子先填满能量最低的轨道，同时每个轨道能容纳两个自旋方向相反的电子。图2-5为一个钠原子的能级结构图，可见原子内层低能级轨道被填满，而外层未完全充满。

当所有的电子按照上述限制占据最低能量轨道后，可以认为这个原子处于基态。在外电场作用下，电子有可能向能量更高的状态跃迁。为表示一个原子的电子排布或结构，即电子占据轨道的方式，我们通常是在依次写出电子壳层和亚壳层后，在亚壳层的右上角书写每个亚壳层的电子数目。例如氢的电子排布为$1s^1$，钠的电子排布为$1s^22s^22p^63s^1$。

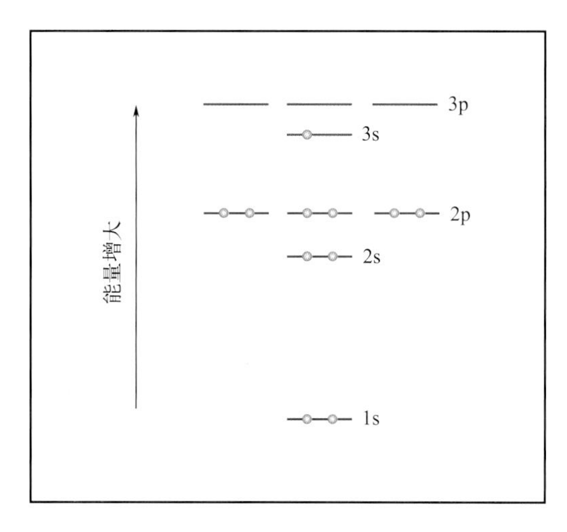

图2-5 钠原子的电子排布

一些原子具有稳定的电子排布，即最外层轨道或者价电子层被电子完全填充。这种情况一般对应最外层的s和p轨道共8个电子，如氖、氩、氪。氦是一个例外，因为它只含两个1s电子。这些元素都是惰性气体，几乎不会发生任何化学反应。

占据最外壳层的电子被称为**价电子**，固体材料的许多物理和化学性能都跟价电子有关，它们参与原子成键，形成原子和分子聚集体。一些价电子层未填充满的原子可以通过得到或失去电子形成带电离子，或通过与其他原子共享电子的方式来形成稳定的电子排布。

2.2 元素周期表

2.2.1 元素周期表的结构

元素周期表（图2-6）是根据原子核电荷数从小至大排序的化学元素列表。元素周期表是化学和材料学研究的重要工具，它揭示了元素性质与结构之间的内在规律，清晰地呈现了元素的性质、电离能、亲和能和电负性的差异及周期性变化。

元素周期表中横行称为**周期**，共有7个周期。竖排的各列称为**族**，同族元素具有相同的最外层电子数，元素周期表两侧的ⅠA、ⅡA、ⅢA……ⅦA分别对应最外层电子数1、2、3……7。0族元素是惰性气体，它们具有填满的电子壳层和稳定的电子排布。ⅦA族和ⅥA族的元素相对于稳定结构分别差一个和两个电子。ⅦA族元素（氟、氯、溴、碘和砹）被称为卤族元素。ⅠA族（锂、钠、钾）和ⅡA族（铍、镁、钙）被称为碱金属和碱土金属元素，相对于稳定结构分别多一个和两个电子。B族元素被称为过渡金属，它们的d电子壳层未填满，有些元素的一个或两个电子在更高的电子壳层。ⅢA族、ⅣA族、ⅤA族（硼、硅、锗、砷等）元素依据它们的价电子结构显示出介于金属和非金属之间的特征。

元素周期表

IUPAC 2013

氧化态(单质的氧化态为0，未列入；常见的为红色)

以 ^{12}C=12为基准的原子量(注✦的是半衰期最长同位素的原子量)

示例：+2 +3 +4 +5 +6 ／ 95 — 原子序数；Am — 元素符号(红色的为放射性元素)；镅▲ — 元素名称(注▲的为人造元素)；$5f^{7}7s^{2}$ — 价层电子构型；243.06138(2)✦

s区元素　p区元素　d区元素　ds区元素　f区元素　稀有气体

周期＼族	1 IA	2 IIA	3 IIIB	4 IVB	5 VB	6 VIB
1	−1 +1 1 **H** 氢 $1s^{1}$ 1.008					
2	+1 3 **Li** 锂 $2s^{1}$ 6.94	+2 4 **Be** 铍 $2s^{2}$ 9.0121831(5)				
3	−1 +1 11 **Na** 钠 $3s^{1}$ 22.98976928(2)	+2 12 **Mg** 镁 $3s^{2}$ 24.305				
4	−1 +1 19 **K** 钾 $4s^{1}$ 39.0983(1)	+2 20 **Ca** 钙 $4s^{2}$ 40.078(4)	+3 21 **Sc** 钪 $3d^{1}4s^{2}$ 44.955908(5)	−1 0 +2 +3 +4 22 **Ti** 钛 $3d^{2}4s^{2}$ 47.867(1)	0 ±1 +2 +3 +4 +5 23 **V** 钒 $3d^{3}4s^{2}$ 50.9415(1)	−3 0 ±1 ±2 +3 +4 +5 +6 24 **Cr** 铬 $3d^{5}4s^{1}$ 51.9961(6)
5	−1 +1 37 **Rb** 铷 $5s^{1}$ 85.4678(3)	+2 38 **Sr** 锶 $5s^{2}$ 87.62(1)	+3 39 **Y** 钇 $4d^{1}5s^{2}$ 88.90584(2)	+1 +2 +3 +4 40 **Zr** 锆 $4d^{2}5s^{2}$ 91.224(2)	0 ±1 +2 +3 +4 +5 41 **Nb** 铌 $4d^{4}5s^{1}$ 92.90637(2)	0 ±1 ±2 +3 +4 +5 +6 42 **Mo** 钼 $4d^{5}5s^{1}$ 95.95(1)
6	−1 +1 55 **Cs** 铯 $6s^{1}$ 132.90545196(6)	+2 56 **Ba** 钡 $6s^{2}$ 137.327(7)	57~71 **La~Lu** 镧系	+1 +2 +3 +4 72 **Hf** 铪 $5d^{2}6s^{2}$ 178.49(2)	0 ±1 +2 +3 +4 +5 73 **Ta** 钽 $5d^{3}6s^{2}$ 180.94788(2)	0 ±1 ±2 +3 +4 +5 +6 74 **W** 钨 $5d^{4}6s^{2}$ 183.84(1)
7	+1 87 **Fr** 钫▲ $7s^{1}$ 223.01974(2)✦	+2 88 **Ra** 镭 $7s^{2}$ 226.02541(2)✦	89~103 **Ac~Lr** 锕系	104 **Rf** 𬬻▲ $6d^{2}7s^{2}$ 267.122(4)✦	105 **Db** 𬭊▲ $6d^{3}7s^{2}$ 270.131(4)✦	106 **Sg** 𬭳▲ $6d^{4}7s^{2}$ 269.129(3)✦

周期＼族	7 VIIB	8 VIIIB(VIII)	9 VIIIB(VIII)	10 VIIIB(VIII)	11 IB	12 IIB
4	−2 0 ±1 +2 +3 +4 +5 +6 +7 25 **Mn** 锰 $3d^{5}4s^{2}$ 54.938044(3)	−2 0 ±1 +2 +3 +4 +5 +6 26 **Fe** 铁 $3d^{6}4s^{2}$ 55.845(2)	0 ±1 +2 +3 +4 +5 27 **Co** 钴 $3d^{7}4s^{2}$ 58.933194(4)	0 ±1 +2 +3 +4 28 **Ni** 镍 $3d^{8}4s^{2}$ 58.6934(4)	+1 +2 +3 +4 29 **Cu** 铜 $3d^{10}4s^{1}$ 63.546(3)	+1 +2 30 **Zn** 锌 $3d^{10}4s^{2}$ 65.38(2)
5	0 ±1 +2 +3 +4 +5 +6 +7 43 **Tc** 锝▲ $4d^{5}5s^{2}$ 97.90721(3)✦	0 +1 +2 +3 +4 +5 +6 +7 +8 44 **Ru** 钌 $4d^{7}5s^{1}$ 101.07(2)	0 ±1 +2 +3 +4 +5 +6 45 **Rh** 铑 $4d^{8}5s^{1}$ 102.90550(2)	0 +1 +2 +3 +4 46 **Pd** 钯 $4d^{10}$ 106.42(1)	+1 +2 +3 47 **Ag** 银 $4d^{10}5s^{1}$ 107.8682(2)	+1 +2 48 **Cd** 镉 $4d^{10}5s^{2}$ 112.414(4)
6	0 ±1 +2 +3 +4 +5 +6 +7 75 **Re** 铼 $5d^{5}6s^{2}$ 186.207(1)	0 +1 +2 +3 +4 +5 +6 +7 +8 76 **Os** 锇 $5d^{6}6s^{2}$ 190.23(3)	0 ±1 +2 +3 +4 +5 +6 77 **Ir** 铱 $5d^{7}6s^{2}$ 192.217(3)	0 +2 +3 +4 +5 +6 78 **Pt** 铂 $5d^{9}6s^{1}$ 195.084(9)	+1 +2 +3 +5 79 **Au** 金 $5d^{10}6s^{1}$ 196.966569(5)	+1 +2 +3 80 **Hg** 汞 $5d^{10}6s^{2}$ 200.592(3)
7	107 **Bh** 𬭛▲ $6d^{5}7s^{2}$ 270.133(2)✦	108 **Hs** 𬭶▲ $6d^{6}7s^{2}$ 270.134(2)✦	109 **Mt** 鿏▲ $6d^{7}7s^{2}$ 278.156(5)✦	110 **Ds** 𫟼▲ 281.165(4)✦	111 **Rg** 𬬭▲ 281.166(6)✦	112 **Cn** 鿔▲ 285.177(4)✦

周期＼族	13 IIIA	14 IVA	15 VA	16 VIA	17 VIIA	18 VIIIA(0)	电子层
1						2 **He** 氦 $1s^{2}$ 4.002602(2)	K
2	+3 5 **B** 硼 $2s^{2}2p^{1}$ 10.81	−4 +2 +4 6 **C** 碳 $2s^{2}2p^{2}$ 12.011	−3 −2 −1 +1 +2 +3 +4 +5 7 **N** 氮 $2s^{2}2p^{3}$ 14.007	−2 −1 8 **O** 氧 $2s^{2}2p^{4}$ 15.999	−1 9 **F** 氟 $2s^{2}2p^{5}$ 18.998403163(6)	10 **Ne** 氖 $2s^{2}2p^{6}$ 20.1797(6)	L K
3	+3 13 **Al** 铝 $3s^{2}3p^{1}$ 26.9815385(7)	−4 +2 +4 14 **Si** 硅 $3s^{2}3p^{2}$ 28.085	−3 −2 +1 +3 +5 15 **P** 磷 $3s^{2}3p^{3}$ 30.973761998(5)	−2 +2 +4 +6 16 **S** 硫 $3s^{2}3p^{4}$ 32.06	−1 +1 +3 +5 +7 17 **Cl** 氯 $3s^{2}3p^{5}$ 35.45	18 **Ar** 氩 $3s^{2}3p^{6}$ 39.948(1)	M L K
4	+1 +3 31 **Ga** 镓 $4s^{2}4p^{1}$ 69.723(1)	+2 +4 32 **Ge** 锗 $4s^{2}4p^{2}$ 72.630(8)	−3 +3 +5 33 **As** 砷 $4s^{2}4p^{3}$ 74.921595(6)	−2 +2 +4 +6 34 **Se** 硒 $4s^{2}4p^{4}$ 78.971(8)	−1 +1 +3 +5 +7 35 **Br** 溴 $4s^{2}4p^{5}$ 79.904	+2 +4 36 **Kr** 氪 $4s^{2}4p^{6}$ 83.798(2)	N M L K
5	+1 +3 49 **In** 铟 $5s^{2}5p^{1}$ 114.818(1)	+2 +4 50 **Sn** 锡 $5s^{2}5p^{2}$ 118.710(7)	−3 +3 +5 51 **Sb** 锑 $5s^{2}5p^{3}$ 121.760(1)	−2 +2 +4 +6 52 **Te** 碲 $5s^{2}5p^{4}$ 127.60(3)	−1 +1 +3 +5 +7 53 **I** 碘 $5s^{2}5p^{5}$ 126.90447(3)	+2 +4 +6 +8 54 **Xe** 氙 $5s^{2}5p^{6}$ 131.293(6)	O N M L K
6	+1 +3 81 **Tl** 铊 $6s^{2}6p^{1}$ 204.38	+2 +4 82 **Pb** 铅 $6s^{2}6p^{2}$ 207.2(1)	−3 +3 +5 83 **Bi** 铋 $6s^{2}6p^{3}$ 208.98040(1)	−2 +2 +3 +4 +6 84 **Po** 钋 $6s^{2}6p^{4}$ 208.98243(2)✦	±1 +5 +7 85 **At** 砹 $6s^{2}6p^{5}$ 209.98715(5)✦	+2 86 **Rn** 氡 $6s^{2}6p^{6}$ 222.01758(2)✦	P O N M L K
7	113 **Nh** 鿭▲ 286.182(5)✦	114 **Fl** 𫓧▲ 289.190(4)✦	115 **Mc** 镆▲ 289.194(6)✦	116 **Lv** 𫟷▲ 293.204(4)✦	117 **Ts** 鿬▲ 293.208(6)✦	118 **Og** 鿫▲ 294.214(5)✦	Q P O N M L K

★ 镧系	+3 57 **La**★ 镧 $5d^{1}6s^{2}$ 138.90547(7)	+2 +3 +4 58 **Ce** 铈 $4f^{1}5d^{1}6s^{2}$ 140.116(1)	+3 +4 59 **Pr** 镨 $4f^{3}6s^{2}$ 140.90766(2)	+2 +3 +4 60 **Nd** 钕 $4f^{4}6s^{2}$ 144.242(3)	+3 61 **Pm** 钷▲ $4f^{5}6s^{2}$ 144.91276(2)✦	+2 +3 62 **Sm** 钐 $4f^{6}6s^{2}$ 150.36(2)	+2 +3 63 **Eu** 铕 $4f^{7}6s^{2}$ 151.964(1)	+3 64 **Gd** 钆 $4f^{7}5d^{1}6s^{2}$ 157.25(3)
★ 锕系	+3 89 **Ac**★ 锕 $6d^{1}7s^{2}$ 227.02775(2)✦	+3 +4 90 **Th** 钍 $6d^{2}7s^{2}$ 232.0377(4)	+3 +4 +5 91 **Pa** 镤 $5f^{2}6d^{1}7s^{2}$ 231.03588(2)	+2 +3 +4 +5 +6 92 **U** 铀 $5f^{3}6d^{1}7s^{2}$ 238.02891(3)	+3 +4 +5 +6 +7 93 **Np** 镎 $5f^{4}6d^{1}7s^{2}$ 237.04817(2)✦	+3 +4 +5 +6 +7 94 **Pu** 钚 $5f^{6}7s^{2}$ 244.06421(4)✦	+2 +3 +4 +5 +6 95 **Am** 镅▲ $5f^{7}7s^{2}$ 243.06138(2)✦	+3 +4 96 **Cm** 锔▲ $5f^{7}6d^{1}7s^{2}$ 247.07035(3)✦

系	65	66	67	68	69	70	71
★ 镧系	+3 +4 65 **Tb** 铽 $4f^{9}6s^{2}$ 158.92535(2)	+3 +4 66 **Dy** 镝 $4f^{10}6s^{2}$ 162.500(1)	+3 67 **Ho** 钬 $4f^{11}6s^{2}$ 164.93033(2)	+3 68 **Er** 铒 $4f^{12}6s^{2}$ 167.259(3)	+2 +3 69 **Tm** 铥 $4f^{13}6s^{2}$ 168.93422(2)	+2 +3 70 **Yb** 镱 $4f^{14}6s^{2}$ 173.045(10)	+3 71 **Lu** 镥 $4f^{14}5d^{1}6s^{2}$ 174.9668(1)
★ 锕系	+3 +4 97 **Bk** 锫▲ $5f^{9}7s^{2}$ 247.07031(4)✦	+2 +3 +4 98 **Cf** 锎▲ $5f^{10}7s^{2}$ 251.07959(3)✦	+2 +3 99 **Es** 锿▲ $5f^{11}7s^{2}$ 252.0830(3)✦	+2 +3 100 **Fm** 镄▲ $5f^{12}7s^{2}$ 257.09511(5)✦	+2 +3 101 **Md** 钔▲ $5f^{13}7s^{2}$ 258.09843(3)✦	+2 +3 102 **No** 锘▲ $5f^{14}7s^{2}$ 259.1010(7)✦	+3 103 **Lr** 铹▲ $5f^{14}6d^{1}7s^{2}$ 262.110(2)✦

图2-6　元素周期表

2.2.2 元素性能的周期性规律

元素周期表中的大多数元素可以归为金属。它们有时被称为正电性元素，容易失去价电子成为带正电的离子。位于元素周期表右侧的元素容易得到电子形成带负电的离子，有时它们会与其他原子共享电子。

1932年，莱纳斯·鲍林（Linus Pauling）综合考虑了原子的电离能和电子亲和能，提出**电负性**的概念，它以一组数值的相对大小表示原子在分子中对成键电子的吸引能力。在元素周期表中，同一周期，随着原子序数增加，电负性从小到大变化；同一主族，随着原子序数增加，电负性从大到小变化。电负性取决于原子结构。当原子中的电子处在壳层未充满的状态时，其能量状态一定比壳层完全充满时高，因此在与其他原子结合时，原子倾向于失去自身的电子或得到外来电子使其壳层充满。

元素的物理性能因其在元素周期表中所处位置的不同而不同。例如，位于元素周期表中部的金属元素（过渡元素）大多是优良的电导体和热导体，而非金属元素是典型的电绝缘体和热绝缘体。金属元素展现不同程度的延展性。大多数非金属元素在自然界中呈现气态、液态或者很脆的固态。ⅣA族元素（碳、硅、锗、锡、铅），从上到下，电导率逐渐增加。ⅤB族金属（钒、铌、钽）都有很高的熔点，从上到下熔点逐渐提高。

材料史话2-1 门捷列夫与元素周期表

德米特里·伊万诺维奇·门捷列夫（Дмитрий Иванович Менделеев，1834—1907），俄国化学家。

门捷列夫在批判地继承前人工作的基础上，对大量实验事实进行了订正、分析和概括，总结出这样一条规律：元素（以及由它所形成的单质和化合物）的性质和性能随原子量的递增呈周期性变化，即元素周期律。他根据元素周期律编制了元素周期表，把已经发现的63种元素全部列入表中，从而初步完成了元素系统化的工作。他指出当时测定的某些元素原子量的数值有错误，在元素周期表中也没有机械地完全按照原子量数值的顺序排列元素。他还在表中留下空位，预言了类似硼、铝、硅的未知元素的性质，门捷列夫称它们为类硼、类铝和类硅，即后来发现的钪、镓和锗。若干年后，他的预言都得到了证实。门捷列夫工作的成功，引起了科学界的震动。人们为了纪念他的功绩，把元素周期律和元素周期表称为门捷列夫元素周期律和门捷列夫元素周期表。联合国大会宣布2019年为国际化学元素周期表年，旨在纪念门捷列夫在150年前建立元素周期表这一科学发展史上的重大成就。

2.3 原子间结合键

当原子相互接近时，由于电子的相互作用，原子间便产生了作用力，使原子结合在一起，形成结合键，或者说发生了键合。材料的性能很大程度上取决于原子结合键的类型。结合键可分为**化学键**和**物理键**两大类：化学键也被称为主价键或一次键，包括离子键、共价键和金属键；物理键也被称为次价键、二次键、分子键或范德瓦耳斯键。

化学键的形成必然涉及价电子，本质上取决于组成原子的电子结构。一般来说，这三种化学键都倾向于使原子达到稳定的电子结构，就像惰性气体一样，它们的最外层填满了电子。物理键在许多固体材料中存在，这些键的作用力比主价键要弱很多，但它们同样影响着材料的一些物理性能。

2.3.1　原子间作用力和结合能

对于原子间相互作用，最好的理解方式是采用双原子模型。在这个模型中，两个孤立原子从无穷远距离相互接近，产生相互作用力。原子的相互作用力有两种类型，包括吸引力F_A和排斥力F_R，它们的大小是原子间距r的函数，如图2-7（a）所示。吸引力来自两原子间发生的键合。当相邻的原子靠得很近，以至于它们内层电子云发生重叠时，相邻的原子间便产生巨大排斥力。

原子间的吸引力和排斥力是共存的，其合力为净力F_N，即

$$F_N = F_A + F_R \tag{2-1}$$

当F_A和F_R大小相等、方向相反时，净力$F_N = 0$。这时，原子处于平衡态，体系能量最低，也最稳定，对应的两个原子的平衡间距为r_0。对于多数类型的原子，当构成双原子系统时，r_0约等于0.3nm。两个原子之间的相互作用类似弹簧，当原子处于平衡位置时，任何试图将两个原子分开的力都会受到原子间吸引力的抵抗，而任何试图将两个原子靠近的力都会被原子间的排斥力所抑制。在大量原子结合成凝聚态时，原子间距就是r_0，其在晶体中成为表征晶体结构的一个特征物理量。

相比原子间作用力，有时用原子间相互作用的势能表示原子间的结合更为方便。这个势能是使原子间距离变化所需要做的功。在双原子体系中，原子间相互作用势能包括净能量E_N、吸引能E_A和排斥能E_R，它们之间的关系为

$$\begin{aligned} E_N &= E_A + E_R \\ &= \int_r^{\infty} F_A \mathrm{d}r + \int_r^{\infty} F_R \mathrm{d}r \\ &= \int_r^{\infty} F_N \mathrm{d}r \end{aligned} \tag{2-2}$$

图2-7（b）示意了这几种能量随原子间距变化的曲线。从式（2-2）可以得出，净能量曲线是吸引能和排斥能曲线之和。净能量的最小值被称为**结合能**，记为E_0，对应着平衡间距r_0，表示将两个原子分开到无穷远处所需要的能量。结合能反映了原子间键合的强弱，因此也被称为**键能**。结合能数据通常是通过测定固体的蒸发热得到的。表2-2给出了不同类型结合键的键能数据，可见键的类型不同，其键能也不同。离子键、共价键的结合能最大；金属键的结合能次之；范德瓦耳斯键、氢键的结合能较低，几十千焦每摩尔。

表2-2　不同材料的原子键结合能和熔点

键型	物质	结合能		熔点/℃
		kJ/mol	eV（原子，离子，分子）	
离子键	NaCl	640	3.3	801
	MgO	1000	5.2	2800

续表

键型	物质	结合能		熔点/℃
		kJ/mol	eV（原子，离子，分子）	
共价键	Si	450	4.7	1410
	C（金刚石）	713	7.4	＞3550
金属键	Hg	68	0.7	−39
	Al	324	3.4	660
	Fe	406	4.2	1538
	W	849	8.8	3410
范德瓦耳斯键	Ar	7.7	0.08	−189
	Cl_2	31	0.32	−101
氢键	NH_3	35	0.36	−78
	H_2O	51	0.52	0

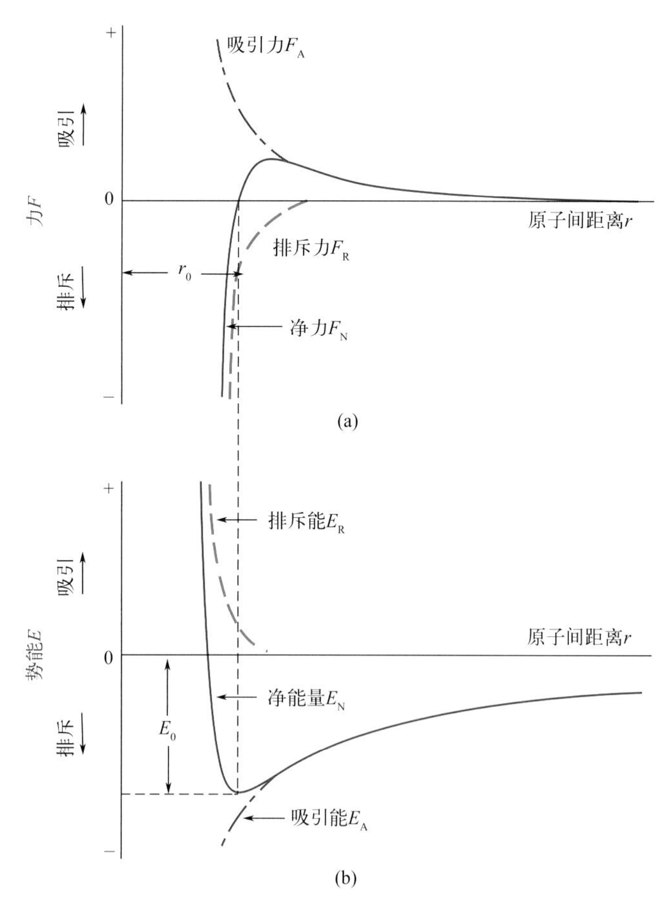

图2-7 孤立双原子之间的相互作用

（a）排斥力、吸引力和净力与原子间距离的关系；（b）排斥能、吸引能和净能量与原子间距离的关系

2.3.2 主价键

2.3.2.1 离子键

当元素周期表中相隔较远的正电性元素（金属原子）和负电性元素（非金属原子）相互接近时，正电性原子失去外层电子变成正离子，负电性原子获得电子变成负离子。正、负离子通过静电引力互相吸引，当引力与离子间的斥力相等时便形成了稳定的**离子键**。这种结合的基本特点是以离子而不是以原子为结合单元。图2-8为NaCl中离子键的示意图，钠原子通过转移3s轨道上的价电子给氯原子形成钠离子（Na^+），其电子结构与氖原子相同。相应地，氯原子得到电子形成氯离子（Cl^-），其电子结构与氩原子相同。因为离子键是正、负离子通过库仑力形成，所以其无方向性和饱和性。在离子键形成的离子晶体中，正、负离子相间排列，使异性离子间的吸引力达到最大，而同性离子间的斥力最小。

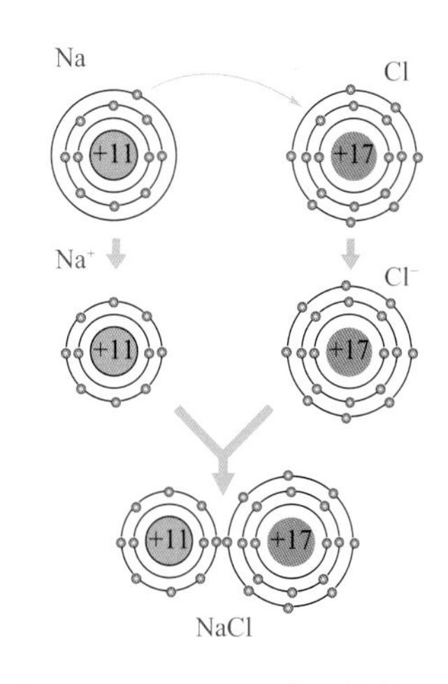

图2-8 Na^+和Cl^-及离子键的形成

陶瓷材料是离子键结合的典型例子。离子键结合力强，因此通过离子键结合的材料强度高、硬度高、熔点高、脆性大。由于离子难以移动、难以输送电荷，所以这类材料都是良好的绝缘体。当处于高温状态时，正、负离子在外电场的作用下可以自由运动，呈现离子导电性。另外，由于离子的外层电子被牢固束缚，难以被光激发，所以离子材料不能吸收可见光，是无色透明的。

2.3.2.2 共价键

同种元素的原子或者电负性相差不大的不同元素的原子相互作用时，原子通过共用电子来达到稳定的电子结构，从而形成**共价键**。图2-9示意了H_2中的共价键。氢原子只有一个1s电子，通过共用这个单电子，每个氢原子都可以获得与He原子相同的电子结构，即两个1s价电子。在两个原子结合的区域存在电子轨道的重叠，为使电子云达到最大限度的重叠，共价键就有了方向性。另外，当一个电子和另一个电子配对以后，就不再和第三个电子配对了，因此成键的共用电子对数目是一定的，即共价键具有饱和性。

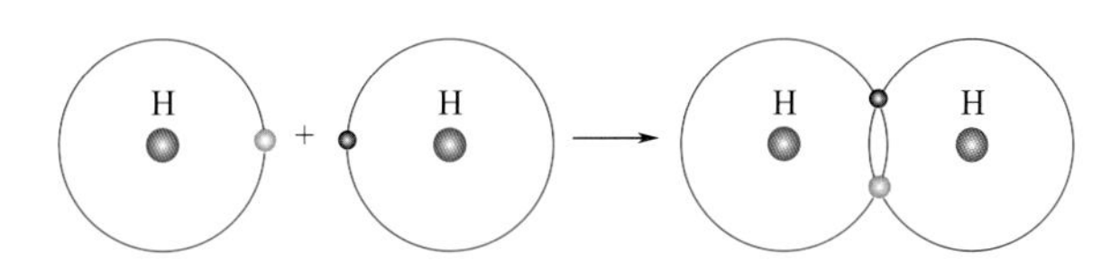

图2-9 氢分子形成共价键

共价键中的电子对数目因元素种类不同而不同，如Si中共价键含有一个电子对，而N_2中共价键含有三个电子对。一个原子也可以与几个原子同时共用外层电子，如甲烷分子（CH_4）或金刚石中，一个C与周围的四个H或C原子各形成一个电子对。这时，原子中两个或者更多的原子轨道混合（或者合并），产生的结果是在原子结合过程中有更多的轨道重叠，这个与共价键相关的现象被称为**杂化**，这种混合轨道称为**杂化轨道**。例如，碳的电子结构为$1s^22s^22p^2$。在某些情况下，2s和2p轨道混合，产生4个完全等价的sp^3轨道，分别位于四面体的四个顶点，这些轨道上电子自旋平行且能够与其他原子共价结合。甲烷分子（图2-10），碳原子的sp^3杂化轨道和4个氢原子的1s轨道通过共价键结合。

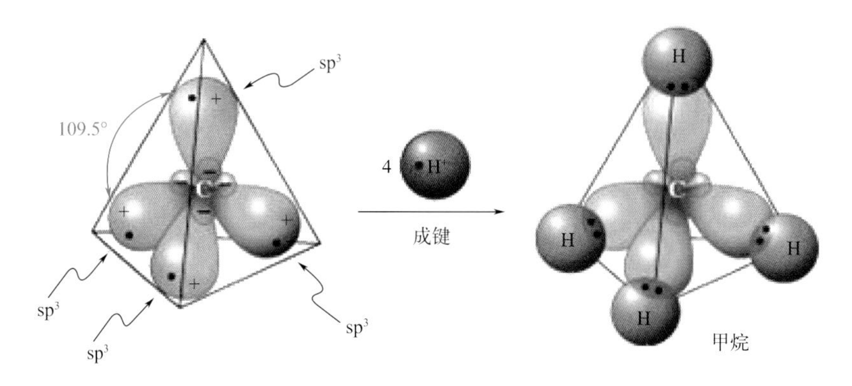

图2-10 甲烷分子中C原子的sp^3杂化轨道和4个H原子的1s轨道成键

许多非金属元素分子（如Cl_2、F_2）以及含有不同原子的分子（如CH_4、H_2O、HNO_3和HF）都是通过共价键结合。此外，固体单质（如金刚石、硅、锗）和其他位于元素周期表右侧的元素组成的固态化合物［如砷化镓（GaAs）、锑化铟（InSb）和碳化硅（SiC）等］也是通过共价键结合。

通过共价键结合的固体材料同样具有强度高、熔点高、脆性大的特点。例如金刚石，它非常硬，具有很高的熔点，熔点一般大于3550℃。由于参与成键的共用电子被原子紧紧束缚着，所以共价化合物材料通常为电绝缘体，有时也可能为半导体。

2.3.2.3 金属键

金属原子的外层电子少，很容易失去，因此金属原子之间不可能通过电子转移或共用来获得稳定的外层电子结构。当金属原子相互靠近时，其外层电子脱离原子，成为自由电子，而金属原子则成为正离子，自由电子在正离子之间自由运动，为各原子共有，形成电子云或电子气，其余非价电子和原子核形成离子实。金属原子通过正离子和自由电子之间的引力相互结合，这种结合键被称为**金属键**，如图2-11所示。

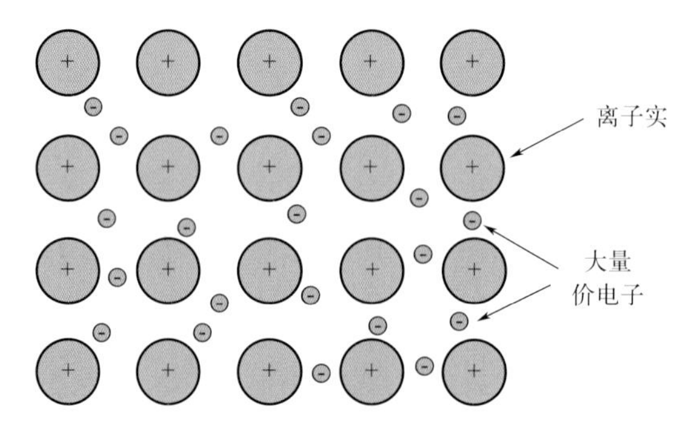

图2-11 金属键结合

自由电子将带正电的离子实从相互排斥静电力中屏蔽起来，因此金属键不具有方向性和饱和性，每个原子都有可能与更多的原子相结合，并趋于形成低能量的密堆结构。当金属受力而改变原子之间的相互位置时不会破坏金属键，所以金属具有良好的延展性。此外，自由电子的存在，使金属具有良好的导电性和导热性，并且使金属不透明并呈现特有的金属光泽。

2.3.3 次价键

当原子或分子本身已经通过上述化学键形成了稳定的电子结构时，这些分子之间仍然可以进一步凝聚成液体或固体，显然它们的结合键本质上不同于一次键，被称为次价键。次价键源自原子或分子的偶极子。当一个原子或分子的正电中心和负电中心之间存在一定的距离（或不重合）时就会产生电偶极子。如图2-12所示，一个偶极子正极与相邻偶极子负极间通过库仑吸引作用形成键合。

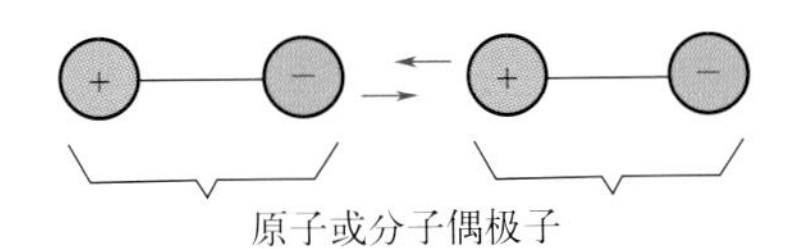

图2-12 两个偶极子之间的次价键

通常，在电对称的原子或分子中可能产生或者诱导形成偶极子。电对称的原子或者分子是指电子相对于原子核在整个空间中对称分布。所有原子都在平衡位置附近不断地振动，这可能会导致一些原子或者分子的电对称性发生瞬时而短暂的扭曲，产生微小的电偶极子。这些偶极子会依次使邻近的分子或者原子的电子分布发生位移，从而产生诱导偶极子。通过这样的过程形成次价键，从而使惰性气体以及其他电中性和电对称性的分子（如H_2和Cl_2）在某些情况下的液化和固化得以实现。

由于正负电荷区域分布的不对称，一些分子存在永久偶极矩，这样的分子被称为**极性分子**。相邻的极性分子之间也存在库仑力作用。极性分子间的键能明显大于诱导偶极子的键能。

氢键是最强的次价键，它是极性分子结合的一种特殊情况，其中氢原子起关键作用。在极性分子中，氢与氟（如HF）、氧（如H_2O）、氮（如NH_3）通过共价键结合。因为氢原子结构特殊，只由1个质子及1个电子构成，成键时氢原子中的单电子与其他原子共用，氢原子基本上成为一个裸露的带正电质子，没有被任何电子屏蔽。这种正电荷端能够强烈地吸引相邻分子的负电荷端。图2-13以HF为例显示了这种吸引作用。

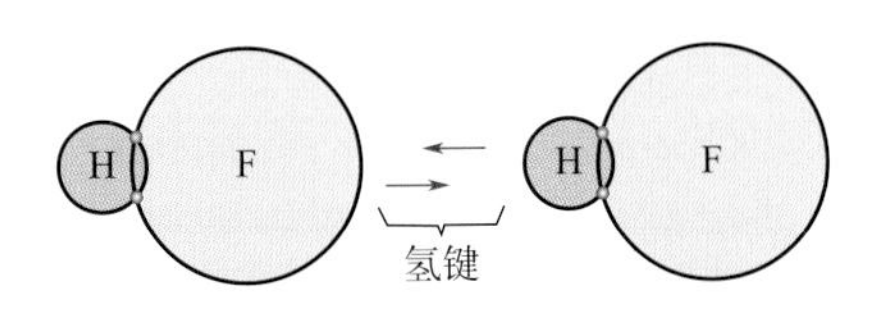

图2-13 HF中形成氢键

次价键没有方向性和饱和性。由次价键结合形成的固体材料的熔点和硬度都比较低。氢键的结合强度通常比其他次价键的高。因此，HF、NH_3和H_2O的分子量较小却拥有较高的熔点和沸点。由于没有自由电子存在，所以这类材料都是良好的绝缘体。

材料史话2-2 范德瓦耳斯

范德瓦耳斯（Johannes Diderik van der Waals，1837—1923）是荷兰物理学家。他对

气体和液体的状态方程作出贡献，他于1910年获诺贝尔物理学奖。

1873年，范德瓦耳斯在彼得·里克（Pieter Rijke）的指导下在莱顿获得博士学位，并于1876年被新成立的阿姆斯特丹大学任命为首位物理学教授。范德瓦耳斯的博士论文《论气态和液态的连续性》（*On the continuity of the gas and liquid states*）中给出了一个模型，其中物质的液相和气相以连续的方式相互融合，并基于这个模型得出了以他自己名字命名的状态方程。范德瓦耳斯在推导状态方程时，不仅假定了分子的存在（这在当时的物理学界是有争议的），还假定了分子的大小是有限的，并且相互吸引。因为范德瓦耳斯是最早提出分子间作用力的人，所以这种作用力被称为范德瓦耳斯力。

2.3.4 实际材料中的结合键

2.3.4.1 结合键与材料类型

在本章前面的讨论中，已经提及原子键类型和材料类型之间的关系。如图2-14所示，离子键常见于陶瓷材料；共价键在许多有机材料和无机材料中很常见，特别是在碳氢化合物等非金属元素化合物中；金属键则主要存在于金属材料中。

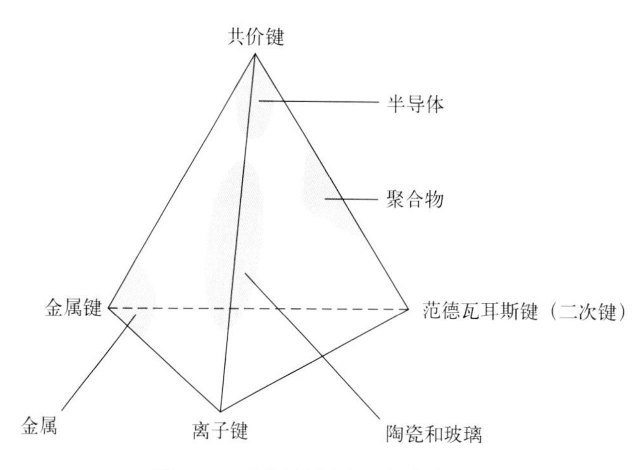

图2-14 实际材料中可能存在的键

实际材料中可能不只含有一种结合键。例如，陶瓷和玻璃中可能同时存在离子键和共价键，聚合物中可能同时存在共价键和分子键，半导体材料以共价键为主，其中也可能有离子键。

实际材料中的结合键还具有混合的性质，如共价-离子键、共价-金属键、金属-离子键等混合情况。例如共价-离子键，它们通常为共价键中含有一些离子键或者离子键中含有一些共价键。混合键中两种类型的键所占比例取决于组成原子在元素周期表中的相对位置或者它们的电负性差别。

2.3.4.2 结合键与材料性能

材料的许多性能都受到原子间结合键的影响，根据键能大小可以预测材料的许多性能，如熔点、弹性模量以及线膨胀系数等。

晶体的熔点很大程度上取决于原子之间结合键的强弱，这是因为熔化过程是破坏原子间结合键的过程。原子间结合键越强，键能越高，则晶体的熔点也就越高。表2-2中列出了典型材料中原子键的结合能和相应的熔点。一般来说，不同类型晶体的熔点从高到低依次为：原子晶体 > 离子晶体 > 金属晶体 > 分子晶体。原子晶体通过共价键结合，熔点最高；离子晶体的阴、阳离子通过离子键结合，熔点较高；金属晶体中金属键的键能有大有小，因此金属晶体的熔点有高有低；分子晶体的分子通过范德瓦耳斯力结合，熔点较低。

弹性模量是工程材料重要的性能参数。在宏观上，弹性模量是衡量物体抵抗弹性变形能力大小的参数；在微观上，弹性模量是原子、离子或分子之间键合强度的反映，代表着使原子离开平衡位置的难易程度，是表征晶体中原子间结合力强弱的物理量。原子间结合键越强，材料抵抗弹性变形的能力就会越强，其弹性模量就越大。金刚石一类的共价晶体由于其原子间结合力很大具有非常高的弹性模量；金属和离子晶体的弹性模量较低；分子键结合的固体，如塑料和橡胶等，其结合力更弱，弹性模量更低，通常比金属材料的弹性模量低几个数量级。

固体材料会随温度的升高或降低出现膨胀或收缩现象，其膨胀和收缩的能力也与原子间结合键有关。通常用线膨胀系数（单位长度的材料随温度每升高一摄氏度的伸长量）来表示固体材料膨胀或收缩的程度。固体材料热膨胀的本质是材料中原子间距随温度升高而增大，原子间结合键强的材料一般具有较低的热膨胀系数。

习题

1. 在元素周期表中，同一周期或同一主族元素的原子结构有什么共同特点？

2. 原子中一个电子的空间位置和能态可以用哪些量子数表达？

3. 原子间的结合键有哪些类型？

4. 简述主价键和次价键的本质区别。

5. 举例说明材料中的结合键与材料性能的关系。

6. 原子间产生排斥作用的原因是什么？

7. 共价键为什么有方向性和饱和性？

8. 从化学键的角度，解释为什么金属具有良好的延展性。

第3章 晶体结构基础

任何物质都是由原子构成的，而原子之间的结合方式和原子的排列方式决定了物质的性能。原子的排列方式被称为物质的结构，是理解许多有关材料问题的关键之一。工程使用的大多数材料通常为固态物质，其中许多材料以晶体形式存在，即材料内部数以亿计的原子或分子按照特定的方式周期排列。

本章着重讲解晶体材料中原子周期排列的特征及其描述方法，以及晶面和晶向的指数表达和相关的计算方法。随后介绍晶面和晶向的二维投影的表示方法。最后，作为对比，介绍非晶体的基本概念。

3.1 晶体

3.1.1 晶体的定义

晶体的本质特征是构成结构的原子或原子团在空间中呈有规则的周期排列，即**长程有序**。晶体可以分为单晶体和多晶体。只由一种周期性排列方式构成的晶体，称为**单晶体**。许多小的单晶体结合在一起形成**多晶体**，多晶体中的每个小单晶体称为**晶粒**。与晶体规则排列相对的是原子混乱排列，不具有长程的周期性排列，形成**非晶体**。不同材料的原子排列差异可以通过衍射实验区分。图3-1示意了透射电子显微镜（transmission electron microscope，TEM）的衍射花样，单晶体、多晶体和非晶体可以分别形成衍射斑点、衍射环和伴有漫散射的中心斑点。

图3-2为透射电子显微镜拍摄的$SrTiO_3$原子排列投影图，经常被称为高分辨像。图中原子衬度（亮度）与原子序数的平方成正比，最亮的为Sr原子，较弱的为Ti原子，O原子弱不可见。在照片中用正方形标记出多个位置，显示出完全相同的单元结构，并且与图（a）中原子排列投影的示意图相同，因此$SrTiO_3$为晶体。

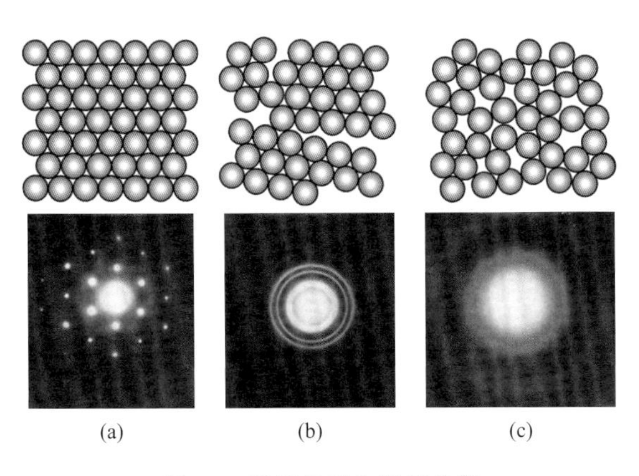

图3-1　原子排列和衍射花样

（a）单晶体；（b）多晶体；（c）非晶体

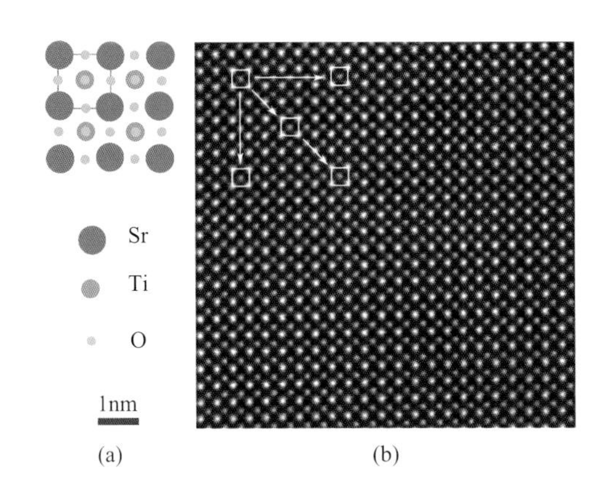

图3-2　$SrTiO_3$晶体中的原子排列

（a）原子排列投影；（b）TEM高分辨照片

3.1.2　晶体的基本特征

由于晶体结构中的原子呈三维周期排列，晶体具有如下特征。

① 自限性：晶体具有自发地形成规则几何外形的性质，天然晶体显示出规则的外形，如图3-3所示。这些可重复的规则外形是晶体内部原子周期性排列的外在反映。

四硼酸铝铼钕晶体

磷酸钛氧钾晶体

四硼酸铝钕晶体

图3-3　天然晶体显示出可重复的规则外形

② 均匀性：晶态物质任意部分所具有的性质是完全相同的，这也是晶体中原子具有三维周期排布的反映。图3-2中用正方形示意了几个等价的重复单元，由于晶体原子的三维周期排列，不同位置的原子结构相同。

③ 对称性：晶体结构在某些几何操作下结构不变，这种几何操作称为晶体的**对称操作**。例如将图3-2（a）旋转90°，原子排列与旋转前排列重合，这说明该晶体具有90°旋转对称性。

④ 各向异性：晶体中各方向原子排列不同，如图3-2中水平方向与对角线方向的原子排列有明显差异，因此物理性能一般也不同，例如热导率、磁导率、光折射率等性能。这种不同方向具有不同性能的现象被称为**各向异性**。若各方向性质相同则被称为**各向同性**。一般单晶体具有各向异性，非晶体具有各向同性，多晶体整体上是各向同性，但是每个晶粒是各向异性。

材料史话3-1　晶体结构的提出

晶体结构的提出和发展是科学史上逐步揭开自然界秘密的过程，它涉及多个学科的贡献，包括数学、物理学、化学和材料学等。下面按照时间顺序，以点代面，简单介绍晶体结构研究的历史脉络。

17世纪：开普勒（Johannes Kepler）在1611年对雪花的对称性和规则性进行了观察和描述，但是没有对晶体内部结构进行解释。

18世纪：斯坦诺（Nicolas Steno）在1669年提出了晶体的角度恒定定律，这是对晶体内部结构规则排列的第一个科学性暗示。

19世纪：晶体学开始形成一门学科，人们认识到晶体是由原子或分子在空间中按照一定的模式排列形成的，并提出了对称性和晶系的概念，确定了7种晶系和14种布拉维点阵。

20世纪早期：1912年，德国物理学家马克斯·冯·劳厄（Max von Laue）使用X射线照射晶体，观察到衍射图样，从而首次直接证明了晶体内部具有周期性的原子排列。威廉·亨利·布拉格（William Henry Bragg）和威廉·劳伦斯·布拉格（William Lawrence Bragg）提出了著名的布拉格定律，并建立了通过X射线衍射确定晶体结构的方法。

20世纪中叶至今：借助更先进的X射线衍射技术、电子显微镜和其他分析工具，科学家们能够更加深入地研究和验证各种类型的晶体结构。密度泛函理论等计算模拟方法被广泛用于研究晶体结构。纳米技术的发展让科学家能够在原子尺度上操纵材料，进而设计和制造具有特定晶体结构的材料。

3.2 空间点阵和晶胞

3.2.1 晶体结构与点阵

为了便于分析晶体中的原子或原子团在三维空间周期排列规律，可以将原子或原子团抽象为一个几何点，原子的三维周期排列就被简化为这些几何点的三维周期排列。抽象出来的点称为**阵点**或**结点**，阵点构成**空间点阵**。显然，这些阵点必然具有排列上的周期性。同时，它们还具有一致性，也就是说，这些抽象的阵点必须是等价点或等同点，各阵点代表的原子或原子团，及其几何环境应该完全相同。为了描述空间点阵模型，还经常用直线将所有阵点连接起来，形成三维空间网格，称为**晶格**。在实际应用中，点阵和晶格这两个术语经常不作明确的区分。

阵点代表的一个或多个原子通常称为**结构基元**。换句话说，点阵是由晶体的结构基元抽象出来的。通过寻找等同点就可以找出原子排布的周期性，即原子平移的周期性。每个等同点可以代表一个或多个原子，通过点阵的平移周期性，就能够还原实际晶体结构。因此，晶体结构与点阵和结构基元的关系可以表述为

$$晶体结构 = 点阵 + 结构基元 \tag{3-1}$$

图3-4为二维石墨烯晶体结构与点阵和结构基元之间的关系。石墨烯晶体由碳原子构成，选取箭头所指的原子为参考点，根据周期性和一致性的原则寻找与之等同的点，并将这些等同点用圆圈标记出来。每个标记原子周围的原子呈▽形，而每个未标记原子周围的原子呈△形，两者周围的环境不一样，因此这两类原子不能被认为是等同点。将等同点的

位置标记提取出来就是二维石墨烯的点阵。还可以用其他方式寻找等同点，例如可以选择石墨烯六元环的中心为参考点，所有环的中心为等同点，其点阵的周期性与前面方法得到的结果一致。在点阵的每一个阵点上放置图示的两个原子，就可以将实际的晶体结构重复出来，因此石墨烯的结构基元为两个原子。

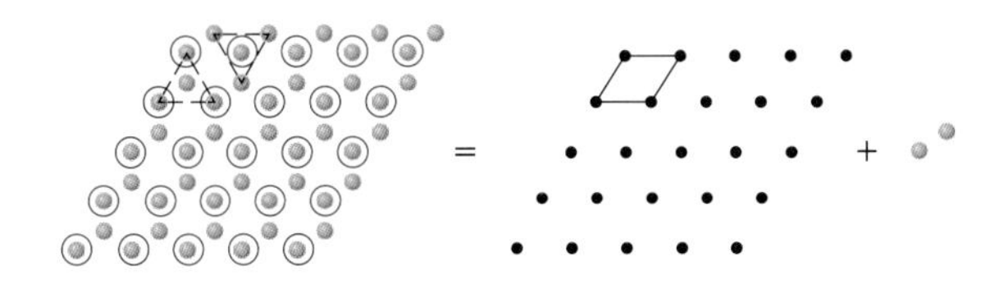

图3-4　二维石墨烯的晶体结构、点阵结构和结构基元

3.2.2 晶胞

空间点阵的分布可以通过选取初基矢量（简称“基矢”）来描述点阵平移矢量或点阵中的任意点。对于二维点阵，可以在两个不共线的方向上连接最近邻点的矢量$\boldsymbol{a}$和$\boldsymbol{b}$作初基矢量，这两个基矢构成的平行四边形称为**初基晶胞**，它只包含一个点。点阵的任意点，即任意平移矢量$\boldsymbol{r}$，可以用两个基矢来描述，即

$$\boldsymbol{r} = p_1\boldsymbol{a} + p_2\boldsymbol{b} \tag{3-2}$$

式中，系数p_1、p_2为整数。二维点阵（图3-5）中示意了4个晶胞结构。其中晶胞1～3标识的平行四边形均为初基晶胞，仅包含一个阵点；而晶胞4的基矢为$\boldsymbol{AB}$和$\boldsymbol{AC}$，面积为其他晶胞对应平行四边形的2倍，包含了2个阵点。这种包含两个或两个以上阵点的晶胞称为**复式晶胞**。

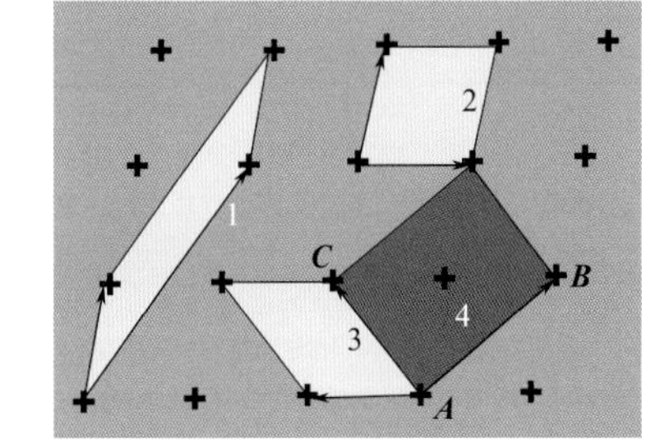

图3-5　二维点阵和晶胞

三维点阵也可以用类似的方式描述。这时需要选择非共面、非共线的三个方向上的最近邻阵点矢量$\boldsymbol{a}$、$\boldsymbol{b}$、$\boldsymbol{c}$，这三个矢量构成平行六面体。如果其中仅含一个阵点，这个平行六面体就是三维点阵的初基晶胞，这三个矢量即为初基矢量，如图3-6所示，a、b、c即为在x、y、z轴上的坐标值，也是三个基矢的长度。空间点阵还经常用基矢长度和基矢之间的夹角来定义，共需要6个参数，即图3-6中所示的三个基矢的长度（a、b、c）和三个夹角（α、β、γ）。这6个参数被称为**点阵常数**，是描述晶胞特征的基本参数。

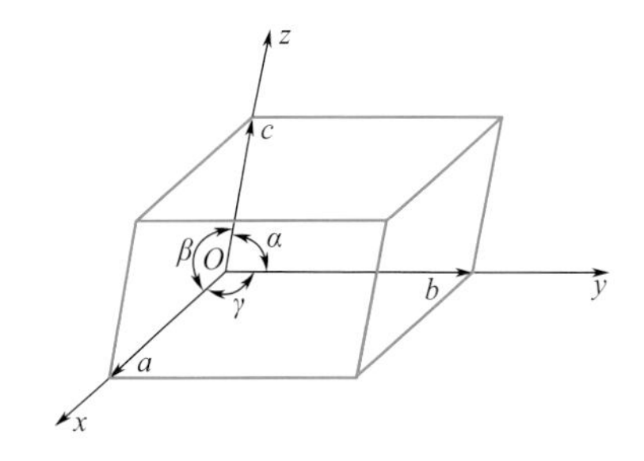

图3-6　晶胞及晶格常数

类似于二维点阵，在三维点阵中可以选定任一阵点作为原点，用基矢描述点阵中任一点，任意平移矢量$\boldsymbol{r}$为

$$\boldsymbol{r} = p_1\boldsymbol{a} + p_2\boldsymbol{b} + p_3\boldsymbol{c} \tag{3-3}$$

式中，p_1、p_2、p_3为整数。图3-7所示的三维点阵，通过直线将阵点连接起来形成晶格，从图中可以看出，点阵由晶胞周期性堆积构成。选择其中任意一个阵点为原点O，对于矢量

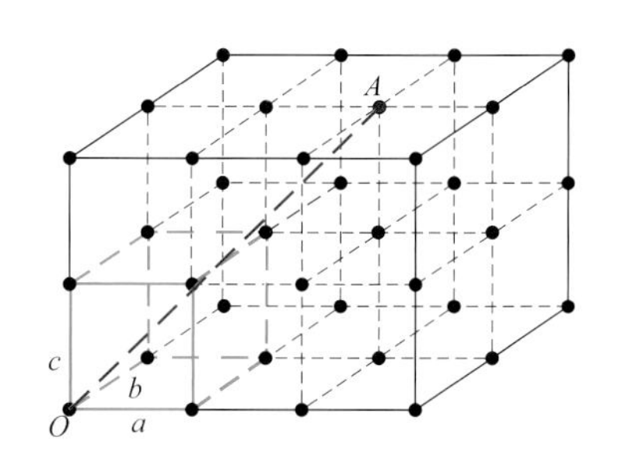

图3-7 三维点阵

$\boldsymbol{OA}$，可以表达为$\boldsymbol{OA}=2\boldsymbol{a}+\boldsymbol{b}+2\boldsymbol{c}$。类似地，图中的每个阵点都可以通过$\boldsymbol{a}$、$\boldsymbol{b}$、$\boldsymbol{c}$三个矢量的线性组合表示。

3.2.3 晶体的对称性

为了更好地理解晶体结构，下面简单介绍晶体对称性的几个重要概念。前面提到，**对称性**是一种几何操作，操作前后晶体结构没有差别。对于旋转对称，可定义旋转轴次n，与旋转角θ的关系为$\theta=2\pi/n$。例如$n=4$时，旋转角$\theta=\pi/2$，即90°，也就是说，每旋转90°就能与旋转前的原子排布重叠。晶体由于受平移周期性的限制，旋转对称操作只能是1、2、3、4和6次旋转对称操作。

晶体的对称美

将一个图形绕着某一点旋转180°后，如果它能够与另一个图形重合，那么就说这两个图形关于这个点对称或中心对称，记为$\overline{1}$。将中心对称与上述5种旋转对称性组合，可得到5种复合操作$\overline{1}$、$\overline{2}$、$\overline{3}$、$\overline{4}$、$\overline{6}$，将其称为旋转反演对称操作。5种旋转对称操作和5种旋转反演对称操作构成晶体所有的**点对称操作**，即操作过程中至少有一点不动。

为什么各种各样的晶体只有这样简单的几种旋转对称操作呢？我们用下面的几何分析进行说明。如图3-8所示，晶体点阵中两最近邻的阵点为O和A，两阵点之间的平移矢量长度记为t。假设晶体具有旋转对称性，旋转角为θ，则$\boldsymbol{OA}$矢量绕O点旋转θ角到阵点A'。类似地，$\boldsymbol{OA}$矢量绕A点旋转θ角到阵点O'。显然，平移矢量$\boldsymbol{O'A'}$平行于$\boldsymbol{OA}$，并且为了满足晶体的平移性质，其长度应为t的整数倍，即

$$O'A'=t-2t\cos\theta=Nt \tag{3-4}$$

式中，N为整数。由此可得旋转角θ满足

$$\cos\theta=(1-N)/2 \tag{3-5}$$

由于

$$|\cos\theta|=|1-N|/2\leqslant 1 \tag{3-6}$$

那么N可能为−1、0、1、2 或3，对应的θ为0°、60°、90°、120°或180°。相应地，晶体可能存在的旋转轴次n为1、6、4、3、2，没有5次及大于6次的旋转对称。

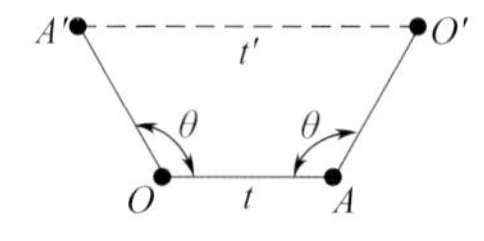

图3-8 分析晶体平移周期性对旋转角度的约束

3.2.4 晶系

图3-5中二维点阵的例子说明点阵的晶胞有多种选取方式。法国晶体学家奥古斯特·布拉维（August Bravais）提出晶胞的选择原则：晶胞必须能充分地反映空间点阵的对称性；在满足这个条件的前提下，再使晶胞的棱和棱之间的角度尽可能为直角；最后考虑选取单胞的体积最小。

根据布拉维提出的这些原则，考虑旋转对称对晶胞点阵常数的限制，从而得到7种晶系，其晶胞特征如表3-1和图3-9所示。我们还可以从对称性的角度深入理解这些结构，将相等关系看作晶体主要对称性对点阵常数的限制，如果对称性对点阵常数没有限制，则用≠表示。例如，三斜晶系中具有恒等操作1或者中心对称$\bar{1}$，该对称性对点阵常数没有限制，因而$a \neq b \neq c$，$\alpha \neq \beta \neq \gamma$。又如四方晶系，晶体的$c$轴为4次轴，即绕$c$轴具有旋转90°的对称性。$a$轴旋转90°到达$b$轴的位置，那么$a = b$，4次轴的对称性对$c$轴没有限制，因而在四方晶系中存在$a = b \neq c$。

表3-1　7种晶系的对称性和晶胞结构特征

晶系	对称性	单胞边长关系	边间夹角关系
三斜	1或$\bar{1}$	$a \neq b \neq c$	$\alpha \neq \beta \neq \gamma$
单斜	2或$\bar{2}$	$a \neq b \neq c$	$\alpha = \gamma = 90° \neq \beta$
正交	两个2次轴或$\bar{2}$	$a \neq b \neq c$	$\alpha = \beta = \gamma = 90°$
四方	4或$\bar{4}$	$a = b \neq c$	$\alpha = \beta = \gamma = 90°$
立方	至少两个3次轴或$\bar{3}$	$a = b = c$	$\alpha = \beta = \gamma = 90°$
菱方	3或$\bar{3}$	$a = b = c$	$\alpha = \beta = \gamma \neq 90°$
六方	6或$\bar{6}$	$a = b \neq c$	$\alpha = \beta = 90°$，$\gamma = 120°$

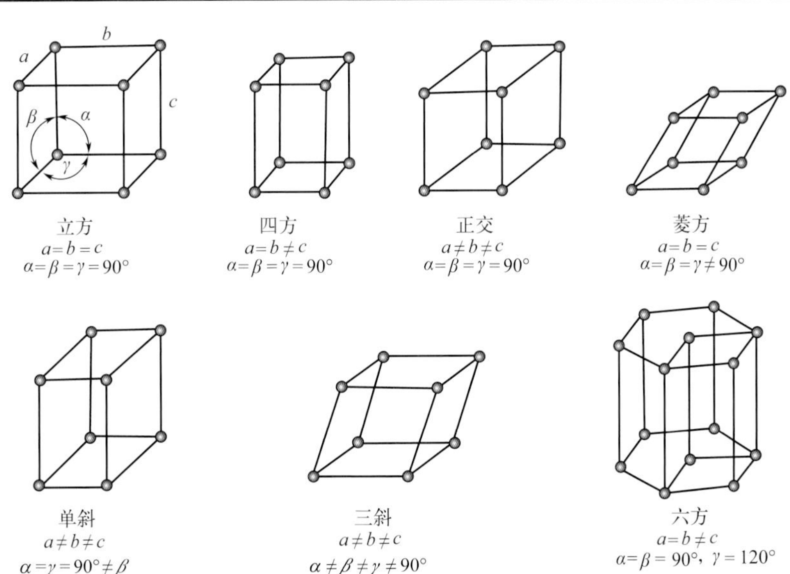

图3-9　7种晶系的晶胞结构

图3-9中的六方晶胞同时画出了平行六面体结构和六棱柱结构。这是因为从晶胞的定义看，六方晶胞应该是其中的平行六面体，但是为了更好地体现其结构的对称性，人们经常画出六棱柱结构。

3.2.5　布拉维点阵

图3-9中所示的晶胞只包含1个阵点，因此是初基晶胞，用符号P表示。在初基晶胞中的特殊位置加入阵点，且不破坏原来点阵的旋转对称性，又构成新点阵，形成复式晶胞。

这些初基晶胞和复式晶胞构成14种布拉维点阵，如图3-10所示。从图中可见，添加特殊点是一个有心化的过程。

① 体心化：在体心（1/2, 1/2, 1/2）的位置增加阵点，复式晶胞包含2个阵点，用符号I表示这种复式晶胞。

② 面心化：在所有面心增加阵点，复式晶胞包含4个阵点，用符号F表示这种复式晶胞。

③ 底心化：在一对面的中心加阵点，复式晶胞包含2个阵点，具体表示符号取决于在哪个面上添加。若在c轴对应的面上添加，记为C。类似地，在a轴或b轴对应的面上添加记为A或B。

双面心是不可能的，因为这样会破坏点阵的周期平移特性。如图3-11所示，在B面和C面上存在双面心，两个面心的连接矢量为$\boldsymbol{t}$。假设存在双面心是合理的，则$\boldsymbol{t}$矢量应为点阵的平移矢量。然而，原点位置的阵点经过$\boldsymbol{t}$矢量平移之后在A面心上出现了阵点，而原来A面上没有阵点，说明$\boldsymbol{t}$矢量不是点阵平移矢量，这与假设矛盾，因此双面心点阵不存在。

将7种晶系的P晶胞有心化后，共有$4 \times 7 = 28$种可能的结构。考察有心化的可行性，是否破坏原有晶系所需的对称性，是否与已有的有心化点阵重复，从而去除其中的一部分，最后得到14种布拉维点阵（图3-10）。

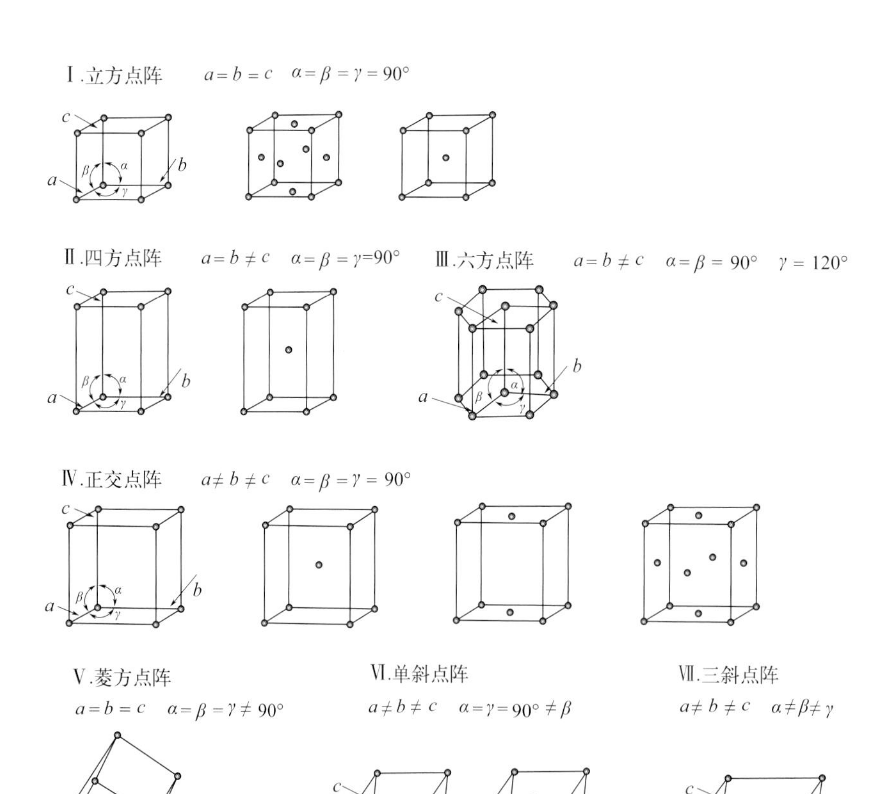

图3-10 14种布拉维点阵晶胞结构

图3-11 具有B和C面双面心的点阵

材料史话3-2　布拉维与布拉维点阵

奥古斯特·布拉维（August Bravais，1811—1863），法国结晶学家，以其晶体点阵理论的研究而闻名。此外，布拉维还对磁性、极光、气象、植物地理学、天文学和水文学等方面进行过研究。

布拉维的研究使人们对晶体的外部形态与内部结构的关系产生了兴趣。1845年，布拉维首次将数学群论的方法应用到物理学和晶体学研究中，他推导出了三维晶体原子排列的所有14种点阵结构。为了纪念他，后人称这14种点阵为布拉维点阵。在几何学和晶体学上，布拉维点阵是离散点的无限阵列，无论从哪个点观察阵列，它的排列方式都完全相同。布拉维的研究成果为固体物理学和现代晶体学的发展作出了奠基性的贡献。

3.3 晶向和晶面

晶体中的原子或原子团在三维空间中呈周期性分布，在不同方向上或不同面上具有不同的原子分布。讨论有关晶体生长、晶体缺陷、变形、相变等问题时，经常会涉及晶体中原子排列的位置和方向，以及原子构成的平面。因此，有必要定义晶体中方向和面的表示方法。

3.3.1 晶向指数

点阵中任何两个阵点的连线称为**晶向**。选择一个阵点为原点，根据式（3-3），原点到任一阵点的矢量$\boldsymbol{r}$都可以表述为

$$\boldsymbol{r} = m\boldsymbol{a} + n\boldsymbol{b} + p\boldsymbol{c} \tag{3-7}$$

式中，$\boldsymbol{a}$、$\boldsymbol{b}$、$\boldsymbol{c}$为晶胞的三个基矢；m、n和p为有理数。将m、n、p简化成三个互质的整数，分别为u、v、w，并且$u:v:w = m:n:p$，再把u、v、w写进方括号内，即[uvw]，它就是矢量$\boldsymbol{r}$的晶向指数。如果u、v、w这三个数中有负数，则在这个数字上面加一横线。例如，若$u = 1$，$v = -2$，$w = 3$，则晶向指数为[$1\bar{2}3$]。

以图3-12所示晶向为例。$\boldsymbol{OA} = 1\boldsymbol{a} + 0\boldsymbol{b} + 0\boldsymbol{c}$，因此$\boldsymbol{OA}$晶向表达为[1 0 0]。$\boldsymbol{OD} = 1\boldsymbol{a} + 0\boldsymbol{b} + 0.5\boldsymbol{c}$，其中$\boldsymbol{c}$的系数为小数，需要将其化为整数，因此$\boldsymbol{OD}$晶向表达为[2 0 1]。图中其他矢量可以按类似的方法确定，读者可以自行尝试。

需要注意的是，晶向指数代表着所有相互平行、方向一致的晶向。指数的互质化并不总是必需的。考虑晶向的矢量长度时（见3.3.4节），需要根据实际长度确定晶向指数的数值，这时，用小数表示晶向指数也是可以接受的。另外，还要注意晶向具有方向性，在图中用箭头表示，因此晶向有正反向之分，比如[2 0 1]的反向为[$\bar{2}$ 0 $\bar{1}$]。

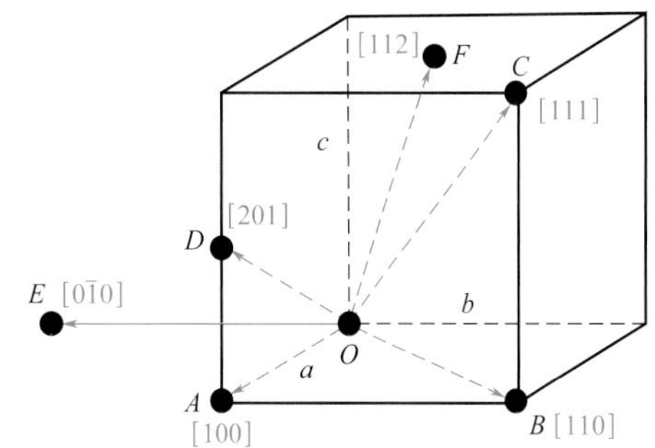

图3-12　立方晶胞中的晶向指数

由于晶体具有对称性，晶体中存在等价的方

向，其被称为**晶向族**，用尖括号表示，记为<*uvw*>，这表示等价方向的集合。例如，立方晶系<123>晶向族，因为立方晶系三个基矢等价，因此三个轴对应的指数可以互换和取反，可列出[123]、[$\bar{1}$23]、[1$\bar{2}$3]、[12$\bar{3}$]、[132]、[$\bar{1}$32]、[1$\bar{3}$2]、[13$\bar{2}$]，[213]、[$\bar{2}$13]、[2$\bar{1}$3]、[21$\bar{3}$]、[231]、[$\bar{2}$31]、[2$\bar{3}$1]、[23$\bar{1}$]，[312]、[$\bar{3}$12]、[3$\bar{1}$2]、[31$\bar{2}$]、[321]、[$\bar{3}$21]、[3$\bar{2}$1]、[32$\bar{1}$]，以及它们的反向，共48个等价的方向。又如立方晶系<111>晶向族，包括[111]、[$\bar{1}$11]、[1$\bar{1}$1]、[11$\bar{1}$]及其反向，共8个等价的方向。需要强调的是，对于非立方晶系的晶体结构，这样指数互换操作通常不能得到等价的晶向。

3.3.2 晶面指数

点阵中由阵点组成的平面又称为**晶面**。如图3-13所示，晶面在三个轴的截距分别是p_1a、p_2b和p_3c。如果晶面与某个轴平行，则截距为∞。晶面的截距通常以晶胞的晶格常数为单位，截距可简单记p_1、p_2和p_3。取三个截距的倒数，并按比例简化为互质整数*h*、*k*、*l*，写进圆括号内，即（*hkl*），这就是该晶面的晶面指数。若存在负数，则在数字上加一横表示。例如，若$h=1$、$k=-2$、$l=3$，则晶面指数为（1$\bar{2}$3）。

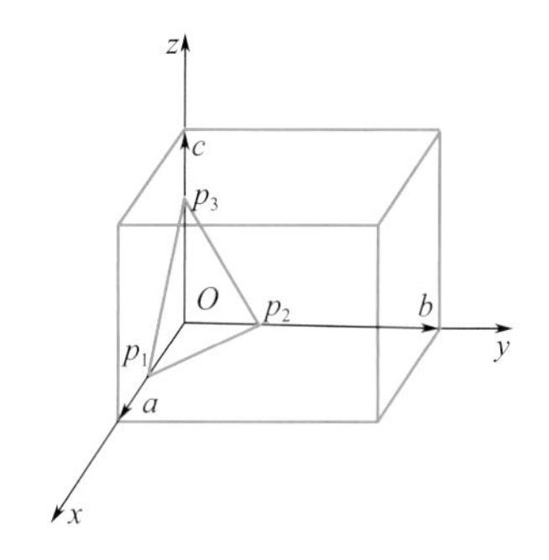

图3-13 晶面指数的确定

需要注意的是，一个晶面指数代表着一组相互平行的晶面，这一组晶面有特定的间距（见3.3.5节）。图3-14所示的一组（001）晶面，按照上述步骤，可以标示图中上方的晶面位置，同组中相邻的晶面为包含原点的面，按照这个间距可以得到一组周期性排列的晶面。

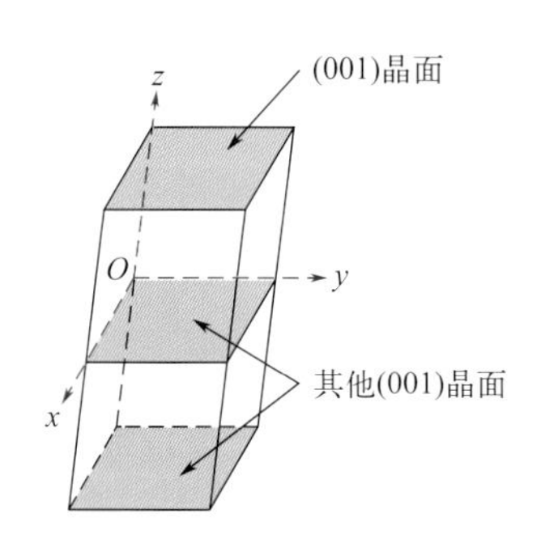

图3-14 周期排列的一组晶面

另外，还需要注意，类似于晶向指数，晶面指数的互质化同样不总是必需的。考虑晶面间距时，需要根据实际晶面间距确定数值。与晶向不同的是，晶面通常没有方向性，即晶面没有正反向之分，因此晶面指数数值取反表示的是相同的晶面。

晶体具有对称性，可将晶体学上等价的晶面称为**晶面族**，用大括号表示，如{*hkl*}。对称性越高，晶面族中包含的等价晶面越多。统计晶面族中等价晶面数目的方法与统计晶向族一样。若认为（*hkl*）和（$\bar{h}\bar{k}\bar{l}$）完全等同，则一个晶面族所包含的等价晶面数目是相同指数的晶向族数目的一半。

若几个晶面（$h_ik_il_i$）包含一个共同的方向[*uvw*]，这几个晶面被称为一个**晶带**，这个方向被称为**晶带轴**，如图3-15所示。晶带轴与晶带中的晶面满足**晶带定律**

$$h_iu+k_iv+l_iw=0 \tag{3-8}$$

即晶带轴方向与晶面法向垂直。如果将（$h_1k_1l_1$）、（$h_2k_2l_2$）和[*uvw*]看作矢量，则可以通过晶面指数的叉乘计算得到晶带轴方向，即

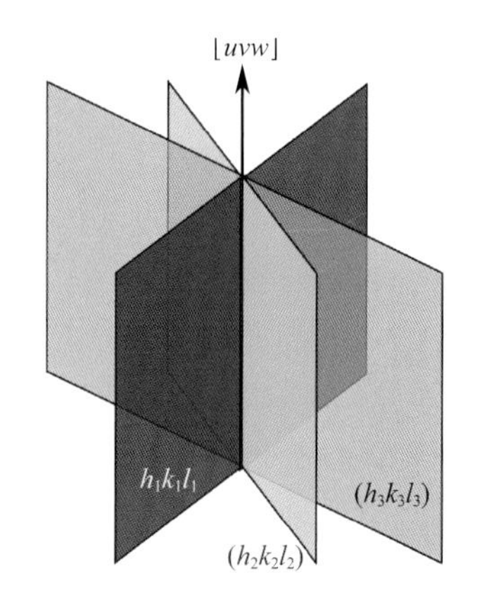

图3-15 晶带

$$[uvw] = (h_1k_1l_1) \times (h_2k_2l_2) \tag{3-9}$$

例如（111）面与（$11\bar{1}$ ）晶面的晶带轴可用上式计算为$[1\bar{1}0]$。

3.3.3 六方晶系的四轴指数

六方晶系，如上文所述，其晶胞同样是平行六面体，在图3-16（a）中，晶胞可以用$\boldsymbol{a}_1$、$\boldsymbol{a}_2$和$\boldsymbol{c}$三个轴定义。这时，图中$\boldsymbol{a}_1$、$\boldsymbol{a}_2$、$\boldsymbol{a}_3$这三个晶向的指数分别为[100]、[010]、$[\bar{1}\bar{1}0]$。然而，根据六方晶系的对称性，这三个晶向实际上是等价的，但是它们的指数并不类似。因此，用三轴坐标系表达的晶向不能反映其点阵的对称性，而我们总是希望等价的晶向应该具有类似的表达。六方晶系晶面指数的表达也有同样的问题。

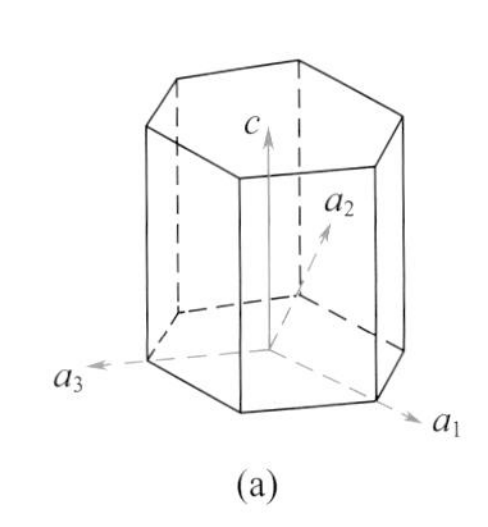

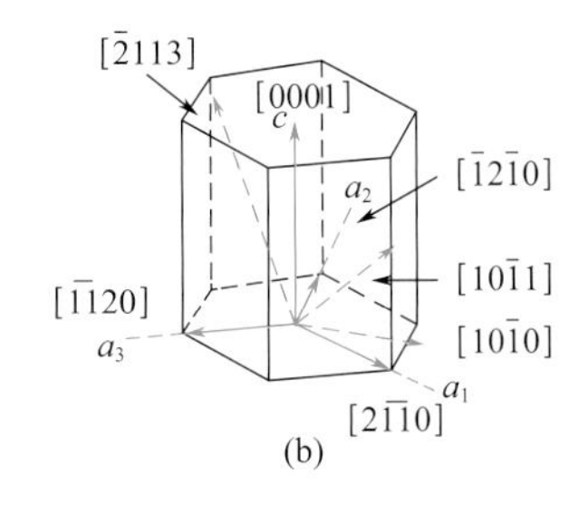

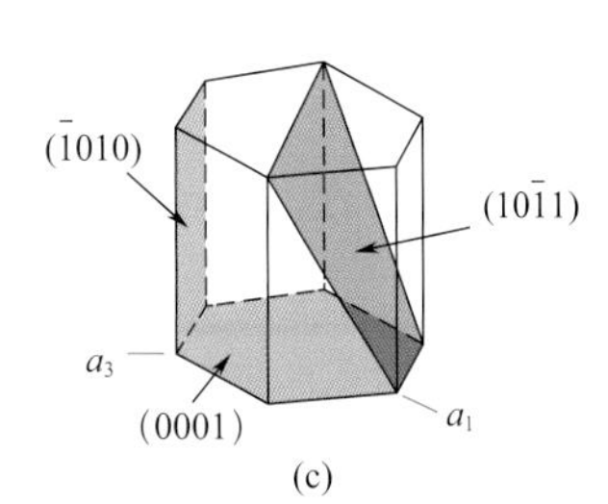

图3-16 六方晶系的四轴指数

（a）坐标系；（b）晶向指数；（c）晶面指数

为了克服这个缺点，充分体现六方晶系的对称性，在将六方晶系结构画成六棱柱的基础上，增加一个坐标轴$\boldsymbol{a}_3$，并且$\boldsymbol{a}_3 = -(\boldsymbol{a}_1 + \boldsymbol{a}_2)$，这样就形成了四轴坐标系，进而可以使用四轴坐标描述六方晶系的晶面和晶向指数。

在四轴坐标系中，晶向指数用$[uvtw]$表示。图3-16（b）是常见晶向的四轴指数表达，可见$\boldsymbol{a}_1$、$\boldsymbol{a}_2$、$\boldsymbol{a}_3$三个晶向的指数分别为$[2\bar{1}\bar{1}0]$、$[\bar{1}2\bar{1}0]$、$[\bar{1}\bar{1}20]$，这表明晶体学上等价方向用四轴指数可以表示相似的指数形式。

晶向的四轴指数并不像三轴指数那样，比较容易从图中看出晶向上点的坐标，因此不容易直接写出晶向指数。一个简单的方法是先写出晶向的三轴指数$[UVW]$，计算求出四轴指数$[uvtw]$。为此，需要找出三轴指数和四轴指数之间的关系。

因为四轴指数$[uvtw]$与三轴指数$[UVW]$指同一方向，所以

$$u\boldsymbol{a}_1 + v\boldsymbol{a}_2 + t\boldsymbol{a}_3 + w\boldsymbol{c} = U\boldsymbol{a}_1 + V\boldsymbol{a}_2 + W\boldsymbol{c} \tag{3-10}$$

根据$\boldsymbol{a}_3 = -(\boldsymbol{a}_1 + \boldsymbol{a}_2)$，可得

$$(u - t)\boldsymbol{a}_1 + (v - t)\boldsymbol{a}_2 + w\boldsymbol{c} = U\boldsymbol{a}_1 + V\boldsymbol{a}_2 + W\boldsymbol{c} \tag{3-11}$$

根据式中左右两侧矢量前面系数的对应关系，可以得到四轴指数转换为三轴指数的公式为

$$\begin{cases} U = u - t \\ V = v - t \\ W = w \end{cases} \tag{3-12}$$

设置约束条件

$$u + v + t = 0 \tag{3-13}$$

可以得到三轴指数到四轴指数的转换公式为

$$\begin{cases} u=(2U-V)/3 \\ v=(2V-U)/3 \\ t=-(U+V)/3 \\ w=W \end{cases} \tag{3-14}$$

四轴晶面指数可以表示为（$hkil$）。图3-16（c）给出了六方晶系中常见晶面的四轴指数表达。与三轴晶面指数的标定类似，四轴晶面指数也可以找出该晶面在四根轴上的截距长度，取它们的倒数，并进行互质整数化，即可获得指数（$hkil$）。四轴指数同样有约束条件

$$h + k + i = 0 \tag{3-15}$$

相应地，三轴晶面指数（hkl）与四轴晶面指数（$hkil$）可以简单地互相转换，只需要增加第三个指数i，且$i=-(h+k)$。反过来，四轴晶面指数转换为三轴晶面指数时，仅需将（$hkil$）中的第三位i去掉。例如，晶面（$2\bar{1}0$）、（$\bar{1}20$）和（110）可分别写为（$2\bar{1}\bar{1}0$）、（$\bar{1}2\bar{1}0$）和（$11\bar{2}0$），晶面（$1\bar{1}0$）和（100）可分别写为（$1\bar{1}00$）和（$10\bar{1}0$）。可见写成四轴晶面指数后，这些等价的晶面有类似的表达。

3.3.4 晶向长度和夹角

晶向长度是晶体中晶向矢量的长度。对于晶向$[uvw]$，其晶向长度为矢量$\boldsymbol{r}=u\boldsymbol{a}+v\boldsymbol{b}+w\boldsymbol{c}$的模，因此其长度$l$为

$$l=|\boldsymbol{r}|=\sqrt{(u\boldsymbol{a}+v\boldsymbol{b}+w\boldsymbol{c})\cdot(u\boldsymbol{a}+v\boldsymbol{b}+w\boldsymbol{c})} \tag{3-16}$$

上式只涉及晶体坐标轴$\boldsymbol{a}$、$\boldsymbol{b}$和$\boldsymbol{c}$之间的长度和夹角。对于立方结构，三个轴的长度相等且相互垂直，上式简化为

$$l=a\sqrt{u^2+v^2+w^2} \tag{3-17}$$

两个晶向$[u_1v_1w_1]$和$[u_2v_2w_2]$的夹角就是求解$\boldsymbol{r}_1=u_1\boldsymbol{a}+v_1\boldsymbol{b}+w_1\boldsymbol{c}$和$\boldsymbol{r}_2=u_2\boldsymbol{a}+v_2\boldsymbol{b}+w_2\boldsymbol{c}$矢量之间的夹角，因此可以利用矢量点乘计算矢量间夹角α，即

$$|\boldsymbol{r}_1||\boldsymbol{r}_2|\cos\alpha=(u_1\boldsymbol{a}+v_1\boldsymbol{b}+w_1\boldsymbol{c})\cdot(u_2\boldsymbol{a}+v_2\boldsymbol{b}+w_2\boldsymbol{c}) \tag{3-18}$$

上式同样只涉及晶体坐标轴$\boldsymbol{a}$、$\boldsymbol{b}$和$\boldsymbol{c}$之间的长度和夹角，对于立方结构，可得

$$\cos\alpha=\frac{u_1u_2+v_1v_2+w_1w_2}{\sqrt{u_1^2+v_1^2+w_1^2}\times\sqrt{u_2^2+v_2^2+w_2^2}} \tag{3-19}$$

3.3.5 晶面间距和夹角

晶面的相关计算涉及倒易矢量，其在后续固体物理、材料分析方法等课程应用较多，这里仅借助倒易矢量计算晶面间距。

定义特殊的矢量$\boldsymbol{a}^*$、$\boldsymbol{b}^*$和$\boldsymbol{c}^*$，它们与基矢$\boldsymbol{a}$、$\boldsymbol{b}$和$\boldsymbol{c}$满足正交关系，可以表述为

$$\boldsymbol{a}\cdot\boldsymbol{a}^*=\boldsymbol{b}\cdot\boldsymbol{b}^*=\boldsymbol{c}\cdot\boldsymbol{c}^*=1 \tag{3-20}$$

并且

$$\boldsymbol{a}^*\cdot\boldsymbol{b}=\boldsymbol{a}^*\cdot\boldsymbol{c}=\boldsymbol{b}^*\cdot\boldsymbol{a}=\boldsymbol{b}^*\cdot\boldsymbol{c}=\boldsymbol{c}^*\cdot\boldsymbol{a}=\boldsymbol{c}^*\cdot\boldsymbol{b}=0 \tag{3-21}$$

根据这个关系可以得到

$$\boldsymbol{a}^*=\frac{\boldsymbol{b}\times\boldsymbol{c}}{V},\ \boldsymbol{b}^*=\frac{\boldsymbol{c}\times\boldsymbol{a}}{V},\boldsymbol{c}^*=\frac{\boldsymbol{a}\times\boldsymbol{b}}{V} \tag{3-22}$$

式中，V为晶胞的体积，表述为

$$V=\boldsymbol{a}\cdot(\boldsymbol{b}\times\boldsymbol{c})=\boldsymbol{b}\cdot(\boldsymbol{c}\times\boldsymbol{a})=\boldsymbol{c}\cdot(\boldsymbol{a}\times\boldsymbol{b}) \tag{3-23}$$

这样计算得到的$\boldsymbol{a}^*$、$\boldsymbol{b}^*$和$\boldsymbol{c}^*$为**倒易矢量**，以它们为基矢构成的点阵称为**倒易点阵**。相对地，基矢$\boldsymbol{a}$、$\boldsymbol{b}$和$\boldsymbol{c}$构成的点阵称为正点阵。点阵常数为a的立方结构，可以得到

$$\boldsymbol{a}^*=\frac{\boldsymbol{a}}{a^2},\ \boldsymbol{b}^*=\frac{\boldsymbol{b}}{a^2},\ \boldsymbol{c}^*=\frac{\boldsymbol{c}}{a^2} \tag{3-24}$$

可以很容易看出，立方晶系的倒易点阵也是立方结构，基矢的长度为$1/a$。

任意晶面（hkl），以$\boldsymbol{a}^*$、$\boldsymbol{b}^*$和$\boldsymbol{c}^*$为基矢定义矢量

$$\boldsymbol{r}^*=h\boldsymbol{a}^*+k\boldsymbol{b}^*+l\boldsymbol{c}^* \tag{3-25}$$

因为晶面（hkl）与三个晶体坐标轴的截距分别为$\boldsymbol{a}/h$、$\boldsymbol{b}/k$、$\boldsymbol{c}/l$，所以（$\boldsymbol{a}/h-\boldsymbol{c}/l$）和（$\boldsymbol{b}/k-\boldsymbol{c}/l$）是该晶面上的两个矢量。可以验证这两个矢量与$\boldsymbol{r}^*$垂直，因此$\boldsymbol{r}^*$就是晶面法向，并且晶面间距为

$$d=\frac{1}{\left|\boldsymbol{r}^*\right|} \tag{3-26}$$

对于立方结构，上式简化为

$$d=\frac{a}{\sqrt{h^2+k^2+l^2}} \tag{3-27}$$

两个晶面（$h_1k_1l_1$）和（$h_2k_2l_2$）的夹角公式，即求解$\boldsymbol{r}_1^*=h_1\boldsymbol{a}^*+k_1\boldsymbol{b}^*+l_1\boldsymbol{c}^*$和$\boldsymbol{r}_2^*=h_2\boldsymbol{a}^*+k_2\boldsymbol{b}^*+l_2\boldsymbol{c}^*$矢量之间的夹角，则可以利用矢量点乘计算矢量间夹角$\alpha$，即

$$\left|\boldsymbol{r}_1^*\right|\left|\boldsymbol{r}_2^*\right|\cos\alpha=\left(h_1\boldsymbol{a}^*+k_1\boldsymbol{b}^*+l_1\boldsymbol{c}^*\right)\cdot\left(h_2\boldsymbol{a}^*+k_2\boldsymbol{b}^*+l_2\boldsymbol{c}^*\right) \tag{3-28}$$

上式同样只涉及倒易矢量$\boldsymbol{a}^*$、$\boldsymbol{b}^*$和$\boldsymbol{c}^*$之间的长度和夹角。对于立方结构，可得

$$\cos\alpha=\frac{h_1h_2+k_1k_2+l_1l_2}{\sqrt{h_1^2+k_1^2+l_1^2}\times\sqrt{h_2^2+k_2^2+l_2^2}} \tag{3-29}$$

材料史话 3-3　劳厄与 X 射线衍射

马克斯·冯·劳厄（Max von Laue，1879—1960），德国物理学家，是X射线晶体分析的先驱，他的博士导师是马克斯·普朗克（Max Planck）。劳厄最著名的研究是发现了晶体中的X射线衍射现象，借此不仅证明了X射线的波动特性，也证明了晶体的晶

格结构。凭借这一研究成果，劳厄获得了1914年的诺贝尔物理学奖。

1895年，伦琴发现了X射线，但X射线究竟是什么呢？1909年夏，在德国慕尼黑大学物理学院的一处会议室里，年轻的物理学教授马克斯·冯·劳厄激动地讲道："很多人都认为X射线是粒子流，但我还是认为它是电磁波，只是现在还没人能证明而已。"劳厄设想X射线是极短的电磁波，而晶体中原子是有规则的三维排列，若X射线的波长与晶体中原子排列的间距具有相同的数量级，那么当用X射线照射晶体时就应该能观察到干涉现象。虽然当时参与讨论的同事Sommerfeld和Wien等对此提出了反对意见，但是他与Sommerfeld的助手Friedrich和伦琴的学生Knipping对此进行了实验，在经历几次失败后，终于成功证明了这一想法的正确性。劳厄给出了这一现象的数学公式，并于1912年发表了这一发现。这一成果使人们可以通过观察衍射花样研究晶体的微观结构，是固体物理学中具有里程碑意义的发现，并且对生物学、化学、材料科学的发展起到了巨大的推动作用。

3.4 晶体投影

3.4.1 极射赤面投影

晶体投影是将三维空间中的晶面和晶向投影到二维平面，方便我们研究晶体中晶面和晶向的关系。晶体投影的方法很多，材料学科中最常用的是极射赤面投影图。

如图3-17（a）所示，设想将被研究的晶体放置在一个大球的球心处，这个球被称为**参考球**。这个晶体很小，可认为晶体中所有晶面的法线和晶向均通过球心。代表晶向的直线从球心出发向外延长，与参考球球面相交，交点称为晶向的**极点**；晶面扩展与表面相交，交线称为**大圆**。在图3-17（b）中，选择一个极点，在参考球中选定一个过球心且垂直于过该极点直径的赤道面为投影面，投影面与参考球相交的大圆被称为**基圆**。可以将半球中的点和圆投影，落在基圆内，从而得到晶体的极射赤面投影图。

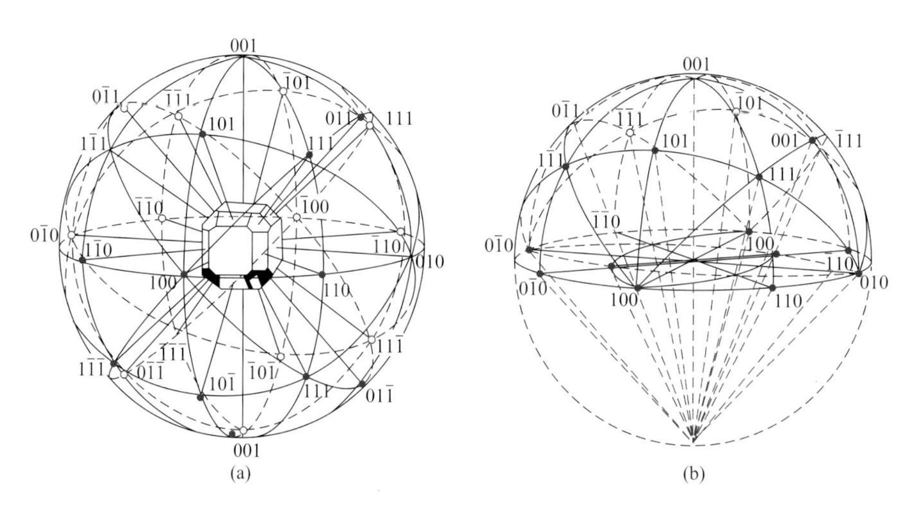

图3-17 立方晶体极射赤面投影的构建

（a）球面投影；（b）极射赤面投影

为了一目了然地看出晶体中所有重要晶向和晶面的相对取向和几何关系，通常让投影面平行于晶体的某个晶面，作出全部主要晶向和晶面的极射赤面投影图，这被称为**标准投影图**。立方晶系常用的投影面是（001）、（110）和（111），六方晶系则为（0001）。图3-18为立方晶系的（001）面的标准极射投影图。

在极射赤面投影图中，直线和曲线均代表晶面，点代表晶向。在线上的点，表示晶向躺在晶面上，因此多个线的交点表示多个面包含同一个晶向，因此这个点对应的晶向即为这些晶面的晶带轴。

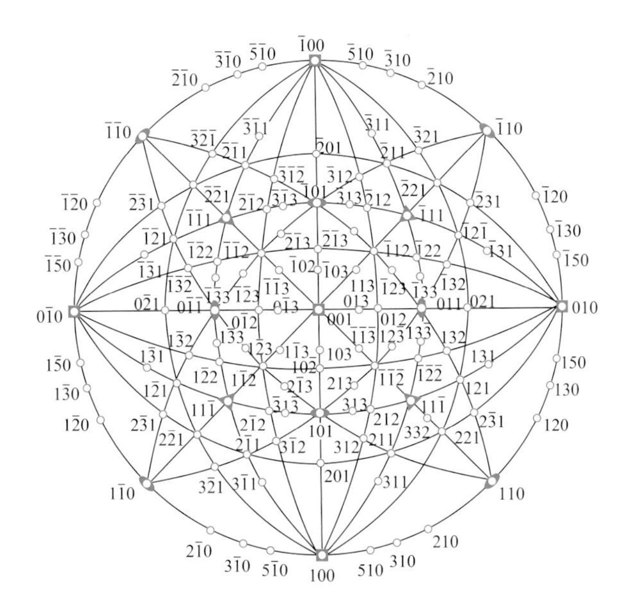

图3-18 立方晶体（001）标准投影图

在立方晶系的（001）标准投影图中，特别需要注意的是低指数面{001}、{011}、{111}构成的三角形，它们把基圆分割成24份，顶点为<001>、<011>、<111>，在图3-19（a）中用阴影示意了其中一个三角形。这些等价的三角形实际是由于晶体的对称性形成的，可将这些等价的部分表示到立方晶体上，如图3-19（b）所示。

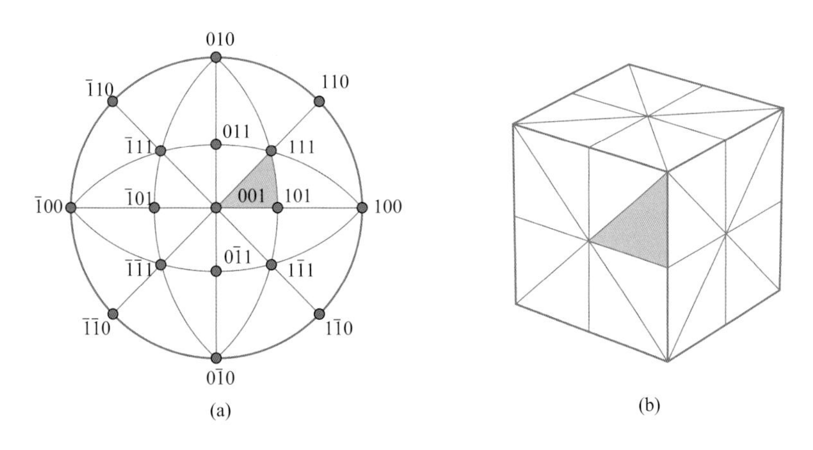

图3-19 立方晶系{001}标准投影图中低指数晶向和晶面构成的三角形

（a）标准投影图的三角形；（b）对应立方晶体中的三角形

3.4.2 乌氏网

乌氏网是参考球面上刻度的投影，常用作度量工具，例如测量两个极点之间的角度等。图3-20示意了乌氏网的构造方法。类似于地球仪上的经线和纬线，参考球面被划分成网格［图3.20（a）］，一是被过南北极的大圆分割成等角度（θ）的部分（经线），二是垂直于南北轴的纬线，具有相等的圆锥角α。将这些经线和纬线进行极射投影［图3-20（b）］，可将投影面分割成网格。

图3-20（c）显示了以5°为间隔的网格。如果选取南北极为投影点，参考球上的经线和纬线的投影如图3-20（d）所示。这两张图是乌氏网常见的两种表现方式。

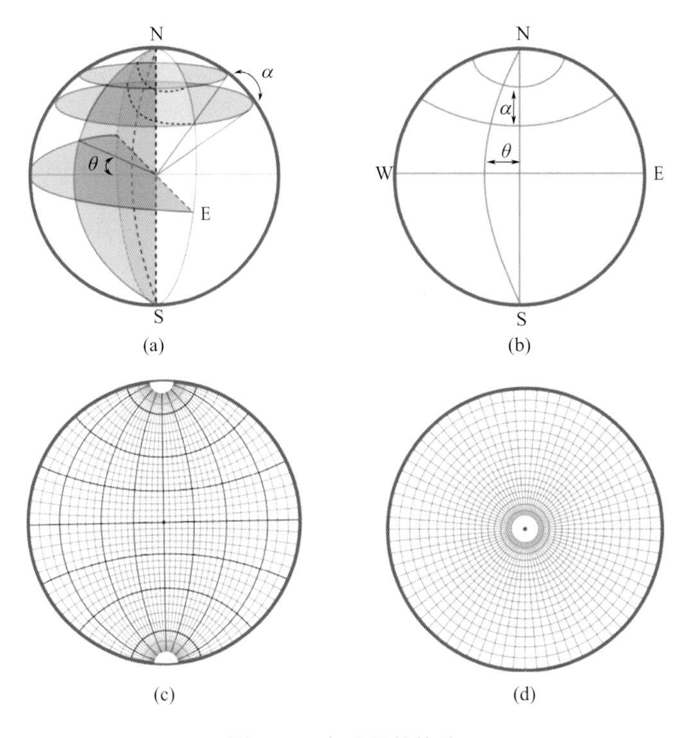

图3-20　乌氏网的构建

（a）空间均分角度的定义；（b）图（a）中球面迹线的投影；（c）间隔为5°的乌氏网；（d）以南北极为投影点的乌氏网

3.5 非晶体

非晶体是相对晶体而言的。既然晶体材料的结构特点是原子（离子或分子）在空间排列的长程有序，那么非晶体材料的结构特点自然就是原子（离子或分子）排列的长程无序。在较大原子距离范围内，非晶态固体缺乏系统、规则的原子排列。因为非晶体没有固定的形状，原子排列与液态相似，所以也把这种材料称作无定形态或过冷液体。

自然界存在着许多天然的非晶态固体材料，如琥珀、松香等，人类的许多食物也是非晶态物质。生物体如动物、植物也大多由非晶态物质组成。如今，非晶材料，如玻璃、凝胶、非晶态金属合金、非晶态半导体、无定形碳以及某些聚合物等，已经成为支撑现代经济的一类重要工程材料。

通过比较二氧化硅（SiO_2）的晶态结构和非晶态结构可以进一步理解非晶体的概念。二氧化硅可以有两种状态，晶态的二氧化硅也被称为石英，将石英制作成宝石，被称为水晶；非晶态的二氧化硅则是我们日常使用的玻璃的主要成分。图3-21显示了这两种结构的二维示意图，可以明显看到非晶态结构更加混乱。事实上，非晶体的结构并不是完全无序的，在几个原子的范围内存在着有规律的排列，即**短程有序**。例如，在图3-21中，两种结构都存在1个硅离子与3个氧离子链接，并且硅氧键夹角为120°。在实际的SiO_2结构中，基本结构单元是$(SiO_4)^{4-}$四面体，这些四面体组合形成晶态或非晶态空间网络，因此SiO_2被称为网络生成体。

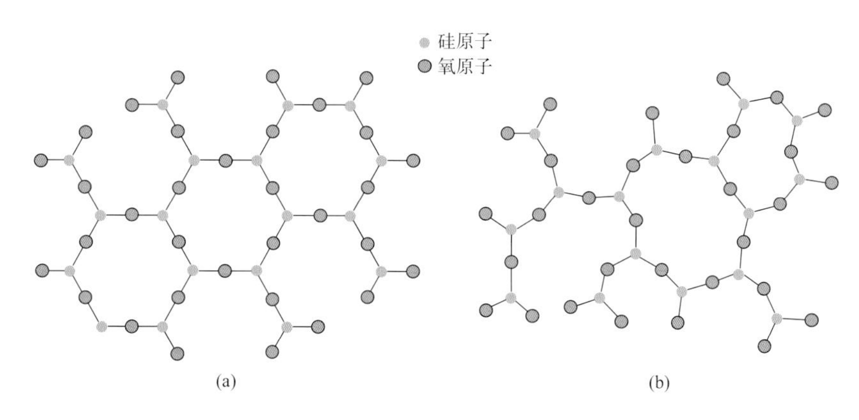

图3-21　二氧化硅的二维结构

（a）晶体；（b）非晶体

用于制作容器、玻璃等常见的无机玻璃的成分是添加了其他氧化物的二氧化硅玻璃。添加CaO和Na_2O时，这些氧化物不能形成多面体网络，而是由它们的阳离子混入并改变$(SiO_4)^{4-}$四面体结构，因此这些氧化物添加剂被称为网络修饰剂，例如图3-22所示的硅酸钠玻璃结构。添加其他氧化物（如TiO_2和Al_2O_3）时，其中的金属离子可以替代硅离子，成为网状结构的一部分，并稳定存在，它们被称为中间体。添加了这些氧化物会降低玻璃的熔点和黏度，并且使非晶态的玻璃能够在较低的温度下形成。

非晶态金属合金是非晶家族的新成员，又称为金属玻璃，是高温液态金属经过快速冷却得到的。非晶态金属合金具有许多不同于传统非晶态材料的独特性质，兼有玻璃、金属、固体和液体的某些特性。例如，它是迄今为止最强的材料，一根直径4mm的金属玻璃丝可以悬吊起3吨的重物；将它浸在强酸性或强碱性液体中，仍能完好无损；它具有接近陶瓷的硬度，但是在一定温度下能像橡皮泥那样柔软，像液体那样流动；它还是迄今为止发现的最强的穿甲材料，最理想的微纳米加工材料之一。

高分子聚合物材料大多是非晶态的或者是非晶体与晶体混合的半结晶状态，其结构将在第4章中详细介绍。

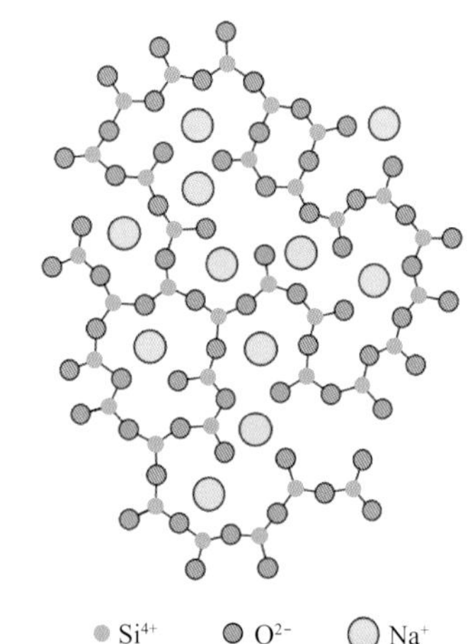

图3-22　硅酸钠玻璃离子位置的二维示意

习题

1. 阐述晶体结构的主要特征。

2. 根据图3-23所示的二维晶体结构，确定其点阵和结构基元。

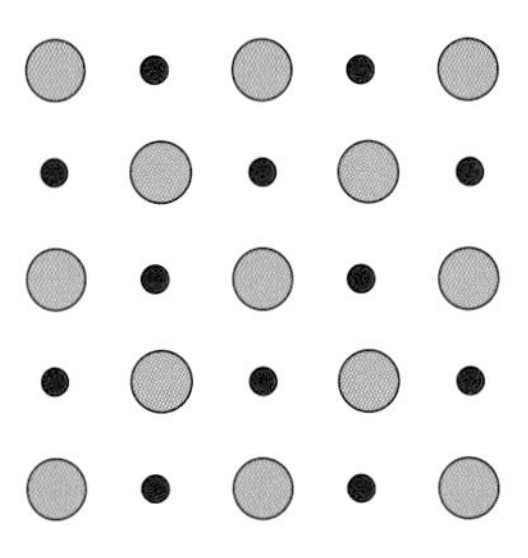

图3-23　二维晶体结构

3. 图3-24显示了3种立方结构晶体，它们具有相同的点阵结构类型，请确定该点阵结构类型，并指出其结构基元。

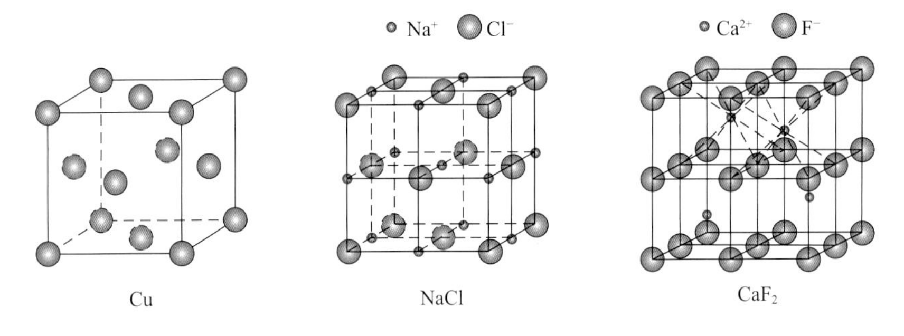

图3-24　三种晶体的结构

4. 在立方晶胞中画出指数为（001）、（111）、（112）的晶面。

5. 画出面心立方点阵结构中（001）、（111）晶面上的阵点分布，并标出这两个晶面上的<110>晶向。

6. 对于点阵常数为a的立方晶体，计算[001]和[110]晶向的长度以及它们之间的夹角。

7. 已知某晶体结构的点阵常数为$a=b=c$，$\alpha=\beta=\gamma=90°$，则该晶体结构属于什么晶系？

8. 在六方晶系中，为什么使用四轴指数表示晶向或晶面？四轴指数和三轴指数的转换关系是什么？

9. 利用晶体的平移周期性，编写画出二维六方点阵的计算机程序。

10. 编写画出立方晶体（001）标准投影图的计算机程序。

第4章 固体结构

材料根据其化学键可分为金属、陶瓷和高分子三大类，它们是当今应用最广泛的基础材料，是构成人类工业社会的基石。材料的性能与其晶体结构息息相关。例如，铜、金和银这样的金属材料具有相同的晶体结构，它们都具有高导电性和很好的延展性，而金属镁具有另一种晶体结构，它在常温下的塑性就要差很多。此外，具有相同成分的晶体材料与非晶体材料存在明显的性能差异。例如非晶陶瓷和高分子材料通常是透明的，而相同成分的晶体（或半结晶）材料往往是不透明的，或者是半透明的。

本章主要讨论金属、陶瓷和高分子三种基础材料的结构特征。其中金属材料和陶瓷材料仅讨论晶体结构，其非晶体结构在上一章中已经简要介绍。

4.1 纯金属的晶体结构

金属材料中原子间的化学键是金属键，没有方向性，因此对最近邻原子的数目和位置没有太多限制，这使得大多数金属晶体结构具有较多的最近邻原子和较密的原子堆积。因此，金属材料的晶体结构可以使用硬球模型或刚性球模型来表示。在这个模型中，同种金属原子用大小相同的不可压缩硬球表示，金属晶体由这样的硬球堆积而成。表4-1列出了一些金属材料的晶体结构和原子半径。大多数常见金属由3种相对简单的晶体结构构成：面心立方结构（face-centered cubic structure，FCC）、体心立方结构（body-centered cubic structure，BCC）和密排六方结构（close-packed hexagonal structure，HCP）。

表4-1　常用金属的原子半径（配位数为12的条件下）与晶体结构

金属	晶体结构	原子半径/nm	金属	晶体结构	原子半径/nm
铝	FCC	0.1431	钼	BCC	0.1363
镉	HCP	0.1490	镍	FCC	0.1246
铬	BCC	0.1249	铂	FCC	0.1387

续表

金属	晶体结构	原子半径/nm	金属	晶体结构	原子半径/nm
钴	HCP	0.1253	银	FCC	0.1445
铜	FCC	0.1278	钽	BCC	0.1430
金	FCC	0.1442	钛（α）	HCP	0.1445
铁（α）	BCC	0.1241	钨	BCC	0.1371
铅	FCC	0.1750	锌	HCP	0.1332

4.1.1 面心立方结构

在具有立方结构的晶胞中，原子位于立方体中八个顶角和六个立方面中心，这样的结构被称为FCC晶体结构。很多我们熟悉的金属材料，如铜、铝、银、金等（见表4-1），都具有这样的晶体结构。

图4-1（a）画出了FCC晶体结构的晶胞硬球模型，对应的点阵结构晶胞如图4-1（b）所示，每个阵点对应一个原子。这些原子以晶胞为单元周期性排列堆积，组成FCC晶体结构。在面对角线方向上，这些硬球或离子中心彼此贴近，因此点阵常数a与原子半径R的关系表达式为

$$a = 2\sqrt{2}R \tag{4-1}$$

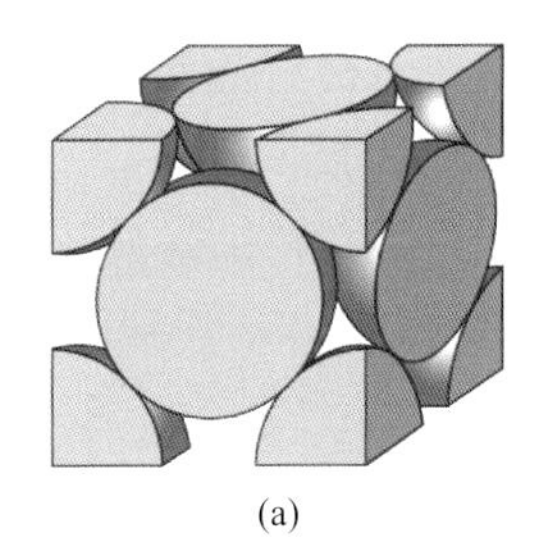

(a)

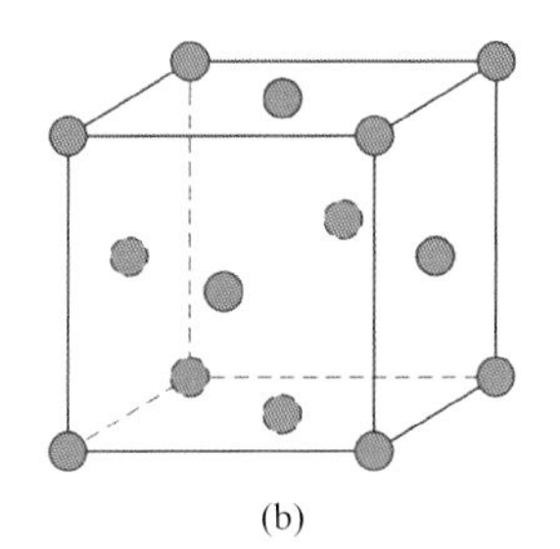

(b)

图4-1 面心立方晶体结构

（a）晶胞的硬球模型；（b）对应的点阵结构晶胞

晶体中每个晶胞里所包含的原子数是确定的。在计算原子数时需要考虑原子的位置，它可能与相邻的晶胞共用一个原子，也就是说，一个原子按一定比例分配给特定的晶胞。对于立方结构的晶胞，晶胞内的原子完全属于这个晶胞；在面上的原子与另一个晶胞共用，各占1/2；在顶角上的8个原子都要与其他的晶胞共用，各占1/8。每个晶胞包含的原子数N为

$$N = N_i + \frac{N_f}{2} + \frac{N_c}{8} \tag{4-2}$$

式中，N_i为晶胞内部原子数；N_f为面上原子数；N_c为顶角上原子数。

对于FCC金属晶体结构，晶胞共有6个面心原子（$N_f = 6$），8个顶角原子（$N_c = 8$），没有内部原子（$N_i = 0$）。因此，由式（4-2）可得

$$N = 0 + \frac{6}{2} + \frac{8}{8} = 4 \tag{4-3}$$

如图4-1（a）所示，在立方体的限制下，顶角和面心原子只有部分的硬球被表示出来，这些包含在立方体晶胞中所有原子球的体积相加，和为4整个原子的体积。

晶体结构的其他两个重要性质是配位数（coordination number，CN）和致密度（atomic packing factor，APF，也被称为紧密系数或堆垛密度）。晶体结构每个原子都有相同的邻近原子数或接触的原子数，这就是**配位数**。面心立方体的配位数CN = 12。例如，图4-1（a）中晶胞正面的面心原子，它有4个邻近的顶角原子，前面和后面各有4个面心原子（图中没有显示出）与之相接触。

致密度APF定义为一个晶胞中按照原子硬球模型计算所有原子球体积的总和与晶胞体积的比值，即

$$APF = Nv / V \tag{4-4}$$

式中，N为晶胞原子数；v为一个原子的体积；V为晶胞体积。对于FCC晶体结构，APF为0.74。

4.1.2 体心立方结构

另一种常见金属材料的晶体结构是BCC结构，该结构包括立方晶胞的8个顶角各一个原子，以及晶胞中间的一个原子。图4-2显示了BCC晶体结构的硬球模型和相应的点阵结构。从图中可以看出，体心原子和沿体对角线的顶角原子紧密接触，由此可得出晶胞边长a与原子半径R的关系为

$$a = \frac{4R}{\sqrt{3}} \tag{4-5}$$

表4-1中列出的铬、铁、钨等金属都具有BCC结构。

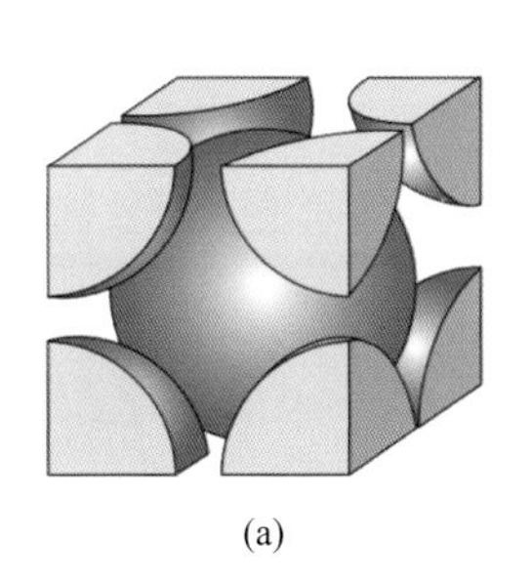

(a)

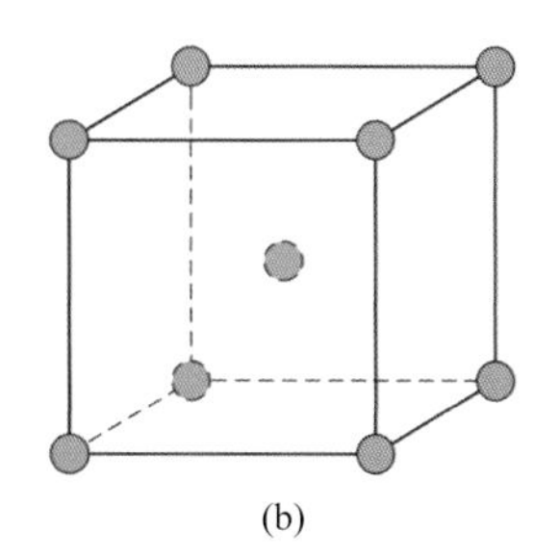

(b)

图4-2 体心立方晶体结构

（a）晶胞的硬球模型；（b）对应的点阵结构晶胞

每个BCC结构晶胞含有两个原子，一个原子来自八个顶角，每个角的原子由8个晶胞共用，还有一个单独在晶胞内的中心原子。这可以用式（4-2）计算，即

$$N = 1 + 0 + \frac{8}{8} = 2 \tag{4-6}$$

以BCC晶胞中心原子为例分析配位数，它与8个顶角原子接触且距离相等，因而体心立方晶格的配位数CN = 8。由于BCC结构的配位数比FCC结构的少，所以BCC结构的致密度较低，APF为0.68。

4.1.3 密排六方结构

并不是所有金属的晶胞都是对称性很高的立方体，常用金属晶体结构具有六方点阵结构。图4-3显示了HCP晶体结构和对应的点阵结构。如前文所述，虽然六方点阵结构的单胞也是平行六面体，但是为了充分体现结构对称性，常按照图4-3这样的六棱柱结构进行分析。在这个结构中，晶胞的顶面和底面由7个原子组成，1个原子在中间，6个原子围绕着中间原子形成规则的六边形。夹在晶胞顶面与底面中间的原子面由3个原子组成。中间面的原子与相邻两个面原子接触。表4-1中列出的具有HCP结构的金属有镉、钴、锌等。

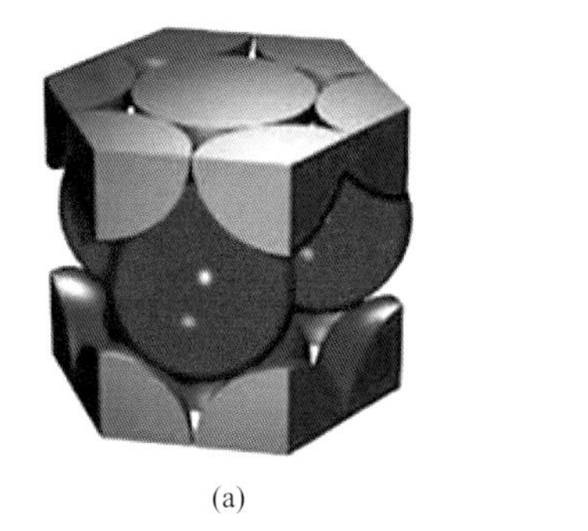

(a)

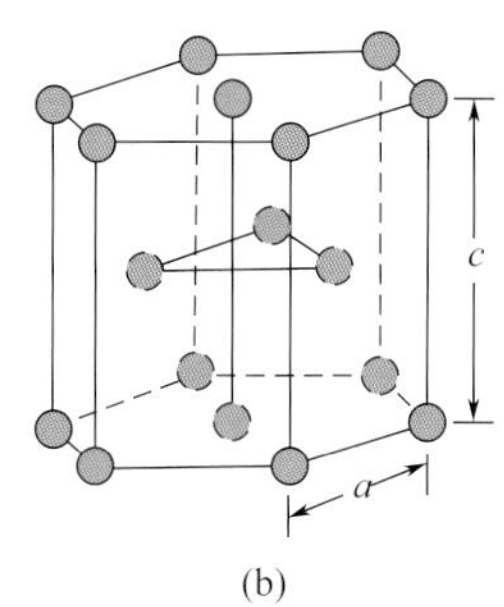

(b)

图4-3 密排六方晶体结构

（a）晶胞的硬球模型；（b）对应的点阵结构晶胞

如果用a和c分别表示晶胞短边和长边尺寸，c/a的理想比值应为$\sqrt{\frac{8}{3}}$（约1.633）。对于实际的HCP结构金属，c/a经常会偏离此理想值。

为了计算每个HCP晶体结构晶胞中的原子数，式（4-2）应改写为

$$N = N_{\mathrm{i}} + \frac{N_{\mathrm{f}}}{2} + \frac{N_{\mathrm{c}}}{6} \tag{4-7}$$

即每个顶角原子的六分之一将分配给这个晶胞（而不是立方结构的8个）。因为HCP结构的每个顶面和底面都有6个顶角原子，还有2个面心原子和3个中间原子，利用式（4-7）可得HCP晶体结构晶胞包含原子数为

$$N = 3 + \frac{2}{2} + \frac{12}{6} = 6 \tag{4-8}$$

因此，每个HCP的晶胞有6个原子。

HCP晶体结构的配位数和原子致密度与FCC结构相同，分别为CN = 12和APF = 0.74。

4.1.4 晶体的理论密度

若已知材料的晶体结构，可以计算其密度。因为这个计算是从晶胞结构出发，而不是实验测量，因此被称为**理论密度**。经过简单的推导可以得到计算公式为

$$\rho = \frac{NA}{VN_{\mathrm{A}}} \tag{4-9}$$

式中，N为每个晶胞中原子的数目；A为原子量；V为晶胞的体积；N_A为阿伏伽德罗常数（$6.022\times10^{23}\text{mol}^{-1}$）。

以金属Cu为例，Cu作为FCC结构的金属，晶胞中原子数为4，原子量为63.5，原子半径为0.128nm。根据式（4-1）和式（4-9），可以计算得到理论密度为8.89g/cm^3，接近实验测得密度8.96g/cm^3。

4.1.5 原子堆垛

4.1.5.1 密排面和密排方向

面密度是指单位面积晶面上的原子数，而线密度是指单位长度晶向上的原子数。从图4-1～图4-3可以看出，三种纯金属的晶体结构中均有一组原子密排面和原子密排方向，FCC结构为{111}和<110>，BCC结构为{110}和<111>，HCP结构为{0001}和<11$\bar{2}$0>。这些面和方向上原子排列的面密度和线密度列在表4-2中。

表4-2 典型金属结构中密排面和密排方向上原子排列的面密度和线密度

体心立方结构	密排面或密排方向	{110}	〈111〉
	原子排列	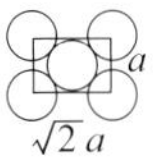 a；$\sqrt{2}\,a$	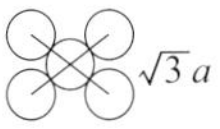 $\sqrt{3}\,a$
	面密度或线密度	$\dfrac{4\times\frac{1}{4}+1}{\sqrt{2}a^2}\approx\dfrac{1.41}{a^2}$	$\dfrac{2\times\frac{1}{2}+1}{\sqrt{3}\,a}\approx\dfrac{1.15}{a}$
面心立方结构	密排面或密排方向	{111}	〈110〉
	原子排列	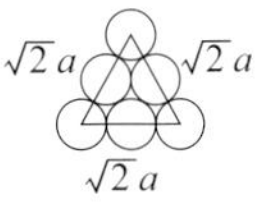 $\sqrt{2}\,a$；$\sqrt{2}\,a$；$\sqrt{2}\,a$	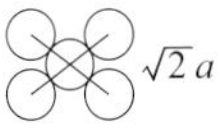 $\sqrt{2}\,a$
	面密度或线密度	$\dfrac{3\times\frac{1}{6}+3\times\frac{1}{2}}{\frac{\sqrt{3}}{2}a^2}\approx\dfrac{2.31}{a^2}$	$\dfrac{2\times\frac{1}{2}+1}{\sqrt{2}\,a}\approx\dfrac{1.41}{a}$
密排六方结构	密排面或密排方向	{0001}	〈1120〉
	原子排列	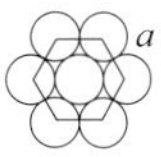 a	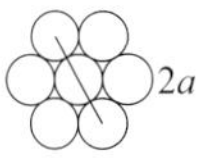 $2a$
	面密度或线密度	$\dfrac{6\times\frac{1}{3}+1}{6\times\frac{\sqrt{3}}{4}a^2}\approx\dfrac{1.15}{a^2}$	$\dfrac{2\times\frac{1}{2}+1}{2a}\approx\dfrac{1}{a}$

4.1.5.2 典型晶体结构中的原子堆垛

晶体结构中的密排面在空间中沿其法线方向一层层平行堆积起来便可构成上述三种晶体结构，这被称为**原子堆垛**。从原子堆垛的角度可以进一步理解晶体结构特征。在分析FCC和HCP结构时，我们发现它们有相同的致密度0.74，这是等尺寸硬球或原子最密集的堆垛排列方式。为什么两者晶体结构不同，却有相同的致密度？这可以从原子密排面的堆垛方式方面进行分析。

FCC结构和HCP结构的最密排面分别是{111}和{0001}，它们的原子排列情况完全相同。若将第一层密排面上原子排列的位置用字母A表示，则在*A*层上每三个相邻原子之间就有一个间隙，*A*层以上的原子都处于间隙位置，即位于由*A*层三个相邻原子构成的等边三角形中心正上方位置。在第二层（*B*层）原子占据*A*层上方的间隙位置后，第三层原子的排列决定了原子的堆垛方式是FCC结构还是HCP结构。如果第三层原子在图4-4（a）所示的*C*位置，则按照这个周期排列，密排面的堆垛顺序就为*ABCABC*……，这种堆垛方式就形成了FCC结构。如果第三层原子又重复了*A*层原子的位置，如图4-4（b）所示，则按照这个周期排列，密排面的堆垛顺序就是*ABAB*……，这种堆垛方式就形成了HCP结构。图4-5显示了两种堆垛顺序的原子结构，从图中可以清楚地看到两种结构的差异。

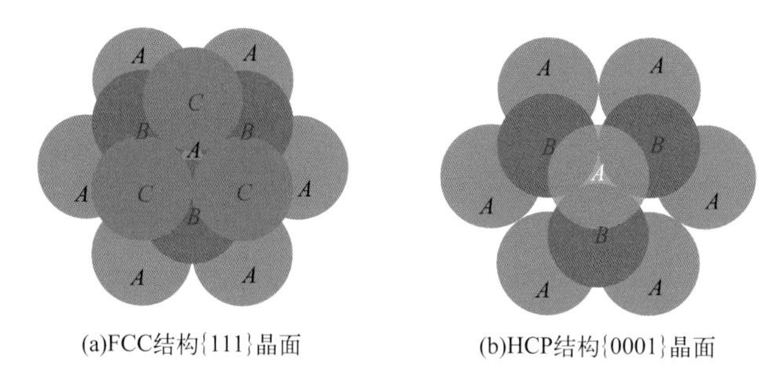

(a)FCC结构{111}晶面　(b)HCP结构{0001}晶面

图4-4　FCC结构{111}晶面和HCP结构{0001}晶面堆垛的俯视图

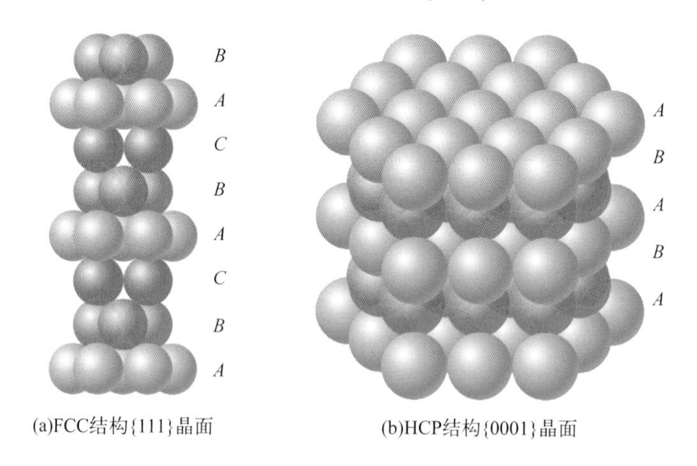

(a)FCC结构{111}晶面　(b)HCP结构{0001}晶面

图4-5　FCC结构{111}晶面和HCP结构{0001}晶面堆垛的原子结构

4.1.6 晶体结构中的间隙

从原子排列的硬球模型和对晶体结构致密度的分析可以看到，晶体中存在许多间隙，这些间隙对金属的性能、合金相结构和扩散、相变等都有重要影响。

图4-6示意了面心立方结构中的两种间隙结构。4个原子所组成的四面体中间的间隙称为**四面体间隙**，6个原子所组成的八面体中间的间隙称为**八面体间隙**。利用几何关系可求出每种晶胞结构中四面体间隙和八面体间隙的大小。设金属原子半径为R_A，定义间隙半径R_B为能放入间隙内的原子硬球的最大半径。对于四面体间隙和八面体间隙，R_B/R_A分别为0.225和0.414，因此八面体间隙能够容纳更大的间隙原子。图4-7为BCC、FCC和HCP这三种典型金属晶体结构的间隙位置示意图。

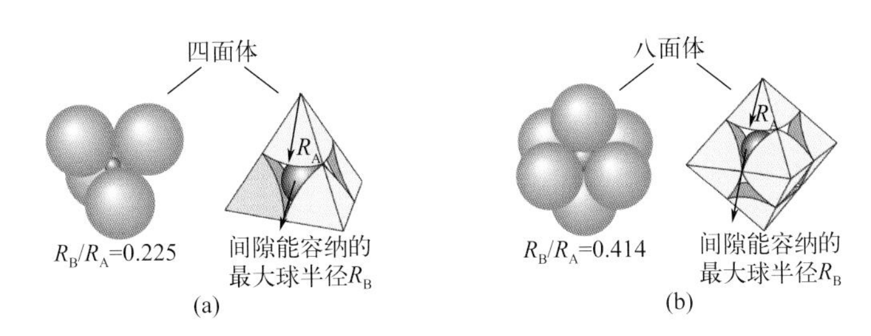

图4-6 FCC结构中间隙的硬球模型

（a）四面体间隙；（b）八面体间隙

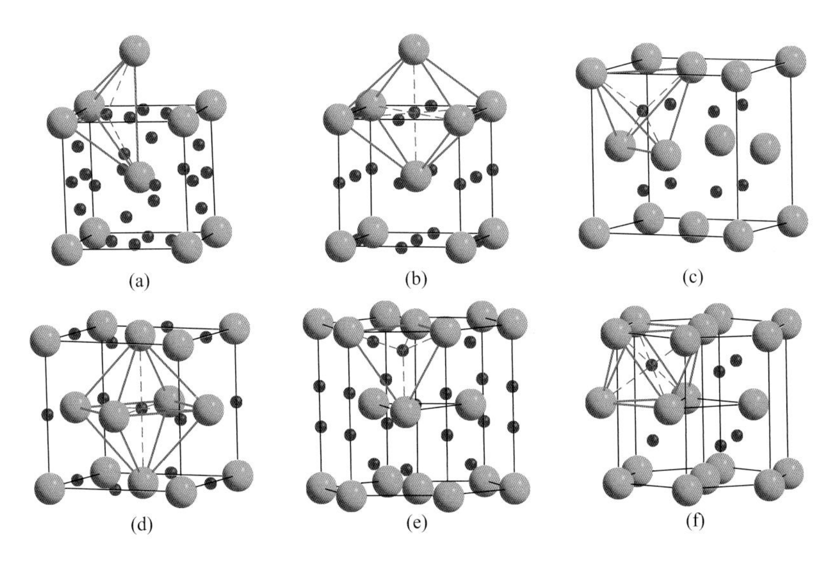

图4-7 四面体间隙和八面体间隙的位置

（a）和（b）BCC结构；（c）和（d）FCC结构；（e）和（f）HCP结构

4.2 合金的晶体结构

实际使用的金属材料绝大多数是合金。**合金**是指由两种或两种以上的金属或金属与非金属经熔炼、烧结或其他方法组合而成的具有金属特性的材料。组成合金的基本的金属元素、非金属元素或化合物称为**组元**。例如，碳钢和铸铁是由Fe和C组成的合金，黄铜是Cu和Zn组成的合金。根据结构特点的不同，可将合金分为固溶体和金属间化合物两类。金属与非金属形成的化合物主要含有离子键或者含有一定比例的共价键，并且具有非金属的性质。

4.2.1 固溶体

合金的晶体结构与组成元素之一的晶体结构相同的固相称为**固溶体**，通常用希腊字母α、β、γ等表示。一般把与合金晶体结构相同的元素称为溶剂，其他元素称为溶质。根据溶质原子在溶剂点阵中位置的不同，可将固溶体分为置换固溶体和间隙固溶体两类。

4.2.1.1 置换固溶体

溶质原子占据溶剂晶格某些结点位置而形成的固溶体称为**置换固溶体**。通常情况下，金属元素之间都能形成这类固溶体。溶质原子在固溶体中的极限溶解度称为**固溶度**。溶解度有一定限度的固溶体称为**有限固溶体**，组成元素无限互溶的固溶体称为**无限固溶体**。

为了预估置换式固溶体的固溶度，Hume-Rothery提出了以下经验规则。

① 如果合金组元的原子半径差超过14% ～ 15%，则固溶度较低。这一规则被称为15%规则。

② 如果合金组元的电负性相差很大，例如相差0.4以上，固溶度就较低。这一规则被称为负电（原子）价效应。

③ 两个给定元素的相互固溶度与它们各自的原子价有关，并且高价元素在低价元素中的固溶度大于低价元素在高价元素中的固溶度。这一规则称为相对价效应。

④ 虽然ⅡB ～ⅤB族溶质元素在ⅠB族溶剂元素中的固溶度会有差异，但是电子浓度e/a（合金中价电子数与原子数量的比值）接近。例如，Zn、Ga、Ge和As在Cu中的固溶度分别为38%、20.1%、12%和7%，Cd、In、Sn和Sb在Ag中的固溶度分别为42%、20%、12%和7%。尽管这些溶质组元在同一溶剂中的溶解度不同，但是从电子浓度角度考虑，这些极限固溶度合金的电子浓度都接近1.4，如图4-8所示。

这个现象是由于在单位体积内能容纳的价电子数是有限的，超过一个限度，电子的能量将急剧上升，从而引起结构的不稳定，甚至发生相变。因此固溶体的电子浓度有一极限值，FCC结构的固溶体合金的极限电子浓度为1.36，BCC结构的固溶体合金的极限电子浓度为1.48。

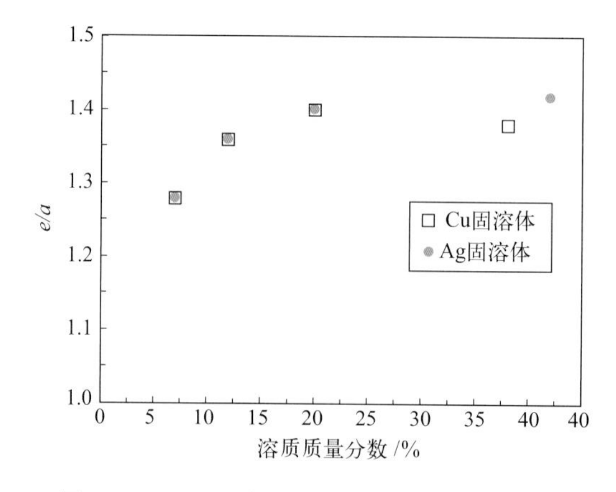

图4-8 Cu和Ag极限固溶度合金的电子浓度

⑤ 两组元形成无限固溶体的必要条件是它们具有相同的晶体结构。例如，Cu-Ni、Cr-Mo、Mo-W、Ti-Zr等形成无限固溶体的合金都符合此条件。

除了上述因素以外，固溶度还与温度有关。在大多数情况下，固溶度随温度升高而增加。

材料史话4-1 休姆-罗瑟里与休姆-罗瑟里定则

威廉·休姆-罗瑟里（William Hume-Rothery，1899—1968），英国金属学家，被公认为是牛津大学冶金系（现为材料系）的创始人。他前后花费了23年，提出了关于组元之间合金化以后物相选择的重要理论依据，被称为“休姆-罗瑟里定则”。

Hume-Rothery曾立志从戎（服兵役），并转学到Woolwich的皇家军事学院就读。不幸的是，在1917年初，因受到不明昆虫的侵害而感染，他患上了脑脊髓膜炎。尽管经过长期的医治得以康复，但其健康严重受损。最糟糕的是他听力完全丧失，从军的梦想也就此破灭。牛津材料系的Jack Christian教授曾经这样戏曰：“军队失去了一位未来的将军，而牛津却赢得了一个材料系。”

1925年秋，Hume-Rothery在伦敦的皇家矿业学院（Royal School of Mines）获得了博士学位，他博士学位论文的内容是研究金属间化合物的结构与性能。博士毕业后他到牛津大学工作。当时，他的工作环境十分简陋，只不过是一张工作台那样大小的小屋子。在那里，他对大量合金体系的组织结构和相图开展了研究，他预测了银基合金和铜基合金中可能存在的各种相，经验性地建立了预测一系列金属间化合物相的方法等，最终提出了著名的“休姆-罗瑟里定则”。

4.2.1.2 间隙固溶体

溶质原子嵌入溶剂晶格间隙所形成的固溶体称为**间隙固溶体**。形成间隙固溶体的溶质组元通常是原子半径较小的非金属元素，如H、C、B、F等，而溶剂组元一般为过渡元素。

在间隙固溶体中，因为间隙的数量是有限的，而且溶质原子会引起溶剂点阵产生畸变，所以间隙固溶体都是有限固溶体，而且固溶度较低。间隙固溶体的固溶度不仅与溶质原子的大小有关，还与溶剂晶体结构中间隙的形状和大小等因素有关。例如，C在FCC γ-Fe中的最大溶解度为摩尔分数9%（质量分数为2.11%），而在BCC α-Fe中的最大溶解度仅为摩尔分数0.096%（质量分数为0.0218%）。这是因为固溶于γ-Fe和α-Fe中的C均处于八面体间隙中，而γ-Fe的八面体间隙比α-Fe的大。另外，BCC结构中的四面体间隙和八面体间隙在结构上是不对称的，C原子进入BCC晶格间隙会引起更大的晶格畸变。

4.2.2 金属间化合物

金属与金属或准金属之间可以形成与组元晶体结构均不相同的新相，被称为**金属间化合物**。它们在二元相图上的位置总是位于成分轴的中间，也经常被称为**中间相**。它们可以是化合物，也可以是以化合物为基的固溶体。金属间化合物的原子结合方式大多数是金属键，并兼有离子键和共价键，金属间化合物通常具有高熔点、高硬度特性，常作为合金中的强化相。

和固溶体一样，组元的电负性、电子浓度和原子尺寸等因素对金属间化合物的形成和晶体结构都有影响。因此按照这些因素，将金属间化合物分为正常价化合物、电子化合物、原子尺寸因素化合物等。

4.2.2.1 正常价化合物

金属与元素周期表中ⅣA、ⅤA和ⅥA族的一些元素按照化学上的原子价规律所形成的化合物称为**正常价化合物**。它们的成分可用分子式来表达，即AB、A_2B（或AB_2）和A_3B_2等类型。正常价化合物包括从离子键、共价键过渡到金属键为主的一系列化合物，它们主要受电负性因素控制，电负性差越大，化合物越稳定，越趋于离子键结合。例如，Mg_2Si主要为离子键，熔点高达1102℃；Mg_2Sn为共价键，熔点为778℃；Mg_2Pb以金属键为主，熔点仅为550℃。换句话说，正常价金属间化合物与离子化合物之间没有明显的界线。实际上，正常价化合物更常见于陶瓷材料，其结构与相应分子式的离子化合物晶体结构相同。

4.2.2.2 电子化合物

电子化合物是Hume-Rothery在研究贵金属Cu、Ag、Au与ⅡB、ⅢA和ⅣA族元素（如Zn、Ga、Ge）形成的合金时发现的，后来又在Fe-Al、Ni-Al、Co-Zn等合金体系中发现，又称Hume-Rothery相。这类化合物的特点是电子浓度（e/a）是决定晶体结构的主要因素，凡具有相同e/a值的合金都具有相同的晶体结构类型。e/a = 21/14的电子化合物一般具有BCC结构，常称为β相，如CuZn、Cu_3Al、AgZn、NiAl等；e/a = 21/13的电子化合物具有复杂立方结构，常称为γ相，如Cu_5Zn_8、Cu_9Al_4、Ag_5Zn_8等；e/a = 21/12的电子化合物具有HCP结构，常称为ε相，如$CuZn_3$、Cu_3Sn、$AgZn_3$等。

电子化合物虽然可用化学式表示，但是不符合化合价规律，而且实际上其成分是在一定范围内变化，可视其为以化合物为基的固溶体，其电子浓度也在一定范围内变化。电子化合物中的结合键为金属键，它具有很高的熔点和硬度，但是脆性大，是有色金属中的重要强化相。

4.2.2.3 原子尺寸因素化合物

（1）间隙相

一些金属间化合物的类型与组成元素的原子尺寸有关。由原子半径较大的过渡金属元素和原子半径较小的非金属元素H、B、C、N、Si等形成的金属间化合物称为**间隙化合物**或**间隙相**。

需要注意的是，间隙相与间隙固溶体之间有着本质区别。间隙相是一种化合物，具有和组元完全不同的晶体结构，而间隙固溶体则仍保持着溶剂组元的晶格类型。间隙相中原子间结合键为共价键和金属键，间隙相具有明显的金属特性，而且间隙相有极高的熔点和硬度，但是很脆，是合金工具钢和硬质合金中的重要组成相。

间隙相通常可用一个化学式表示，并具有特定的结构，主要取决于非金属组元（X）和金属组元（M）的原子半径的比值R_X/R_M。当$R_X/R_M < 0.59$时，形成具有简单晶体结构的间隙相，如FCC或HCP，少数为BCC和简单六方结构。非金属原子在间隙相中占据什么间隙位置，也主要取决于组元的原子尺寸。当$R_X/R_M < 0.414$时，通常占据四面体间隙；当$R_X/$

R_M ≥ 0.414时，进入八面体间隙。简单间隙化合物的分子式一般为M_4X、M_2X、MX和MX_2四种，常见的简单间隙相及其晶体结构见表4-3。

表4-3 常见的简单间隙相及其晶体结构类型

分子式	间隙相举例	结构类型
M_4X	Fe_4N, Mn_4N	面心立方
M_2X	Ti_2H, Zr_2H, Fe_2N, Cr_2N, V_2N, W_2C, Mo_2C, V_2C	密排六方
MX	TiC, ZrC, VC, ZrN, VN, TiN, CrN, ZrH, TiH, TaH, NbH, WC, MoN	面心立方、体心立方、简单六方
MX_2	TiH_2, ThH_2, ZrH_2	面心立方

当R_X/R_M ≥ 0.59时，形成具有复杂晶体结构的间隙相。复杂间隙化合物通常具有复杂的晶体结构，且种类较多。合金钢中常见的复杂间隙化合物有M_3C型（如Fe_3C、Mn_3C）、M_7C_3型（如Cr_7C_3）、$M_{23}C_6$型（如$Cr_{23}C_6$）以及M_6C型（如Fe_3W_3C）等。

以铁碳合金中的一个基本组成相Fe_3C为例，其晶体结构如图4-9所示。Fe_3C晶体结构属于正交晶系。晶胞中共有16个原子，包括12个Fe、4个C，符合Fe : C = 3 : 1的关系。Fe原子接近密堆排列，将近邻的6个Fe原子连接成三棱柱，中间包含1个C原子，这可以看成Fe_3C的结构单元。

尽管间隙相可以用化学式表示，但其成分也在一定范围内变化，可将其视为以化合物为基的固溶体。例如，复杂间隙化合物中的金属元素常常被其他金属元素置换而形成以化合物为基的固溶体，如$(Fe,Mn)_3C$、$(Cr,Fe)_7C_3$等。

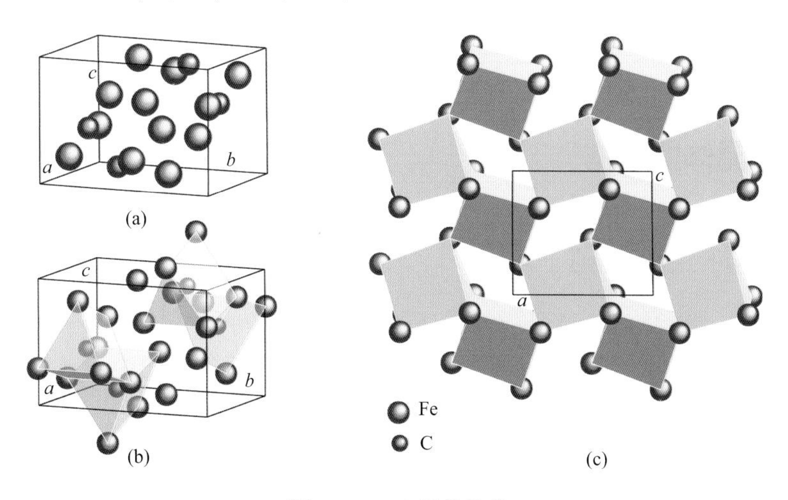

图4-9 Fe_3C晶体结构

（a）晶胞结构；（b）晶胞中4个C周围的Fe形成三棱柱结构；（c）Fe三棱柱相互连接（从略偏离b轴的方向观察）

（a = 0.50890nm，b = 0.67433nm，c = 0.45235nm）

（2）拓扑密堆相

拓扑密堆相是由两种大小不同的金属原子所构成的一类中间相，原子通过适当配合构成空间利用率和配位数都很高的复杂结构。这类结构具有拓扑学特点，故称为拓扑密堆相，以区别FCC和HCP几何密堆相。

拓扑密堆相通常由配位数CN ≥ 12的配位多面体组成，如CN12、CN13、CN14、

CN15和CN16（图4-10）。所谓配位多面体是以某一原子为中心，将其周围紧密相邻的各原子中心用一些直线连接起来所构成的多面体，每个面都是三角形。通常又称这样的配位多面体为团簇结构。

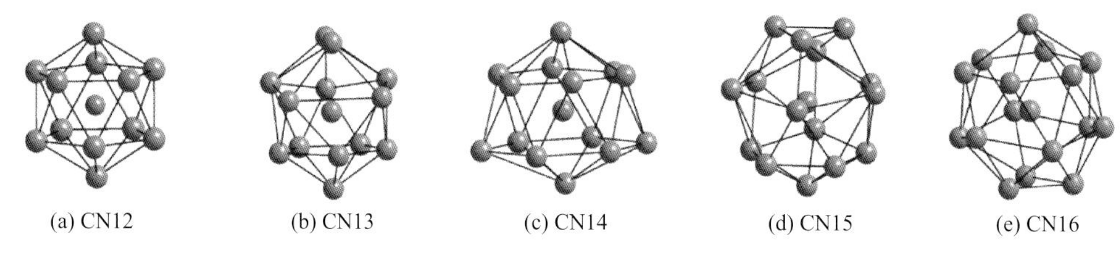

图4-10 拓扑密堆相中的团簇结构

拓扑密堆相的种类很多，已经发现的有拉弗斯（Laves）相（如$MgCu_2$）、σ相（如FeCr、FeV、FeMo、CrCo）、μ相（如Fe_7W_6、Co_7Mo_6）、Cr_3Si型相、R相（如$Cr_{18}Mo_{31}Co_{71}$）、P相（如$Cr_{18}Ni_{40}Mo_{42}$）。许多金属间化合物都属于拉弗斯相（表4-4），其分子式是AB_2，A原子半径略大于B原子，其理论比值为$R_A/R_B = 1.255$，实际比值为1.05 ～ 1.68。其晶体结构有三种类型，分别为立方的$MgCu_2$型，六方的$MgNi_2$型和$MgZn_2$型。

表4-4 典型拉弗斯相的晶体结构类型

典型合金	结构类型	属于同类的拉弗斯相举例
$MgCu_2$	复杂立方	$AgBe_2$, $NaAu_2$, $ZrFe_2$, CuMnZr, $AlCu_3Mn_2$
$MgZn_2$	复杂六方	$CaMg_2$, $MoFe_2$, $TiFe_2$, $TaFe_2$, AlNbNi, FeMoSi
$MgNi_2$	复杂六方	$NbZn_2$, $HfCr_2$, $MgNi_2$, $SeFe_2$

4.3 离子晶体的结构

4.3.1 离子晶体的结构规则

离子晶体是由离子化合物结晶成的晶体，由正、负离子或正、负离子基团按一定比例通过离子键结合形成。我们常用的陶瓷材料大多属于离子晶体，由金属元素和非金属元素通过离子键或离子键加上共价键的方式结合。

因为离子晶体是由至少两种或者更多种元素组成，所以其晶体结构通常比金属结构更加复杂。这些材料中的原子键从纯离子键到纯共价键，许多陶瓷也存在两种键类型共存的情况，其离子特征占比取决于原子的电负性。表4-5为一些常用陶瓷材料中根据其电负性大小计算得到的离子特征分数。

表4-5 代表性陶瓷材料结合键的离子特征分数

材料	离子特征分数/%
CaF_2	89
MgO	73
NaCl	67

续表

材料	离子特征分数/%
Al_2O_3	63
SiO_2	51
Si_3N_4	30
ZnS	18
SiC	12

对于以离子键为主的离子晶体，其晶体结构可以看成是由带电离子组成而不是原子组成。金属失去价电子，形成带正电的金属离子（或阳离子），得到电子的非金属形成带负电荷的非金属离子（或阴离子）。因为离子晶体整体必须呈电中性，所以所有阳离子的总电荷必须与所有阴离子的总电荷相等。化合物的化学式表示了阳离子与阴离子的比，或达到电荷平衡时的组成。例如，氟化钙中，每个钙离子（Ca^{2+}）带两个正电荷，每个氟离子（F^-）只带一个负电荷。因此，F^-个数必须为Ca^{2+}的2倍，用化学式表示为CaF_2。

影响离子晶体结构的一个重要因素是阳离子和阴离子的尺寸或离子半径，分别为R_C和R_A。因为金属原子离子化时丢失了电子，形成阳离子的半径一般比阴离子小，所以$R_C/R_A<1$。每个阳离子倾向于获得尽可能多的最近邻阴离子，阴离子也希望有最大数目的最近邻阳离子。当多个阴离子围着一个阳离子，并且与阳离子相接触时，可以形成稳定的陶瓷结构，其配位数（即一个阳离子最近邻的阴离子数）与R_C/R_A有关。对某个特定的配位数而言，存在一个临界的或最小的R_C/R_A，此时阳离子和阴离子的配位结构是稳定的。如图4-11所示，中心阳离子与周围四个阴离子形成配位结构，图4-11（a）和（b）是稳定结构，阳离子和阴离子相互接触，而图4-11（c）中，阳离子尺寸较小，不能与周围阴离子接触，所以是不稳定结构。因此图4-11（b）的R_C/R_A是这个结构稳定的临界R_C/R_A。

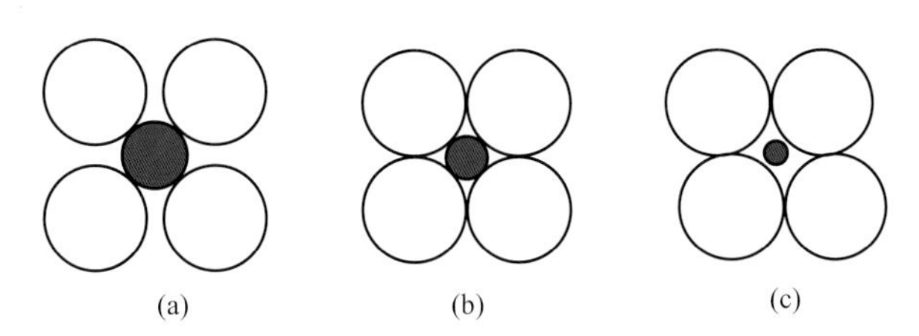

图4-11 中心阳离子与周围阴离子配位的二维示意

（a）和（b）稳定结构；（c）不稳定结构

表4-6中列出了不同R_C/R_A值对应的配位数和配位多面体的几何形状。当R_C/R_A小于0.155时，阳离子与两个阴离子以直线方式键合。当$0.155 \leqslant R_C/R_A < 0.225$时，阳离子的配位数为3，每个阳离子被3个阴离子包围，形成平面等边三角形，阳离子在中心。当$0.225 \leqslant R_C/R_A < 0.414$时，配位数为4，阳离子位于四面体的中心，阴离子在四面体的4个顶角处。当$0.414 \leqslant R_C/R_A < 0.732$时，阳离子可以看成处于6个阴离子围绕形成的八面体的中间，每个顶角一个阴离子。当$0.732 \leqslant R_C/R_A < 1.0$时，配位数为8，阴离子都在立方体的顶角上，阳离子处于中心位置。当半径比大于1时，配位数为12。实际上，陶瓷材料最常见的配位数为4、6和8。

表4-6 配位数、离子半径比和配位多面体的形状

阳离子配位数	半径比	配位多面体
2	$R_C/R_A<0.155$	
3	$0.155\leqslant R_C/R_A<0.225$	
4	$0.225\leqslant R_C/R_A<0.414$	
6	$0.414\leqslant R_C/R_A<0.732$	
8	$0.732\leqslant R_C/R_A<1.0$	

上述配位数与阳离子-阴离子半径比的分析是假定离子为硬球模型，因此在实际材料中上述关系是近似的，但会出现例外。例如一些化合物的R_C/R_A大于0.414，但是其配位数为4（而不是6）。

离子的尺寸受到多种因素影响。其中之一是配位数，随着最近邻相反电荷离子数量的增加，离子半径也逐渐增加。另外，离子的电荷会影响其半径，当原子或离子失去电子时，剩下的价电子会被原子核键合得更紧，这将会导致离子半径减小，例如Fe^{2+}和Fe^{3+}的半径分别为0.077nm和0.069nm。

4.3.2 典型的离子晶体结构

4.3.2.1 AX型晶体结构

一些常见的离子晶体具有相同的阳离子数和阴离子数，通常被称为AX型化合物，其中A代表阳离子，X代表阴离子。AX型化合物有很多种晶体结构，每种以其常见的材料来命名其特定的结构。

（1）氯化钠（NaCl）型结构

最常见的AX型晶体结构就是氯化钠型结构，又称岩盐型结构。这类晶体结构可视为由阴离子（Cl^-）构成面心立方点阵，而阳离子（Na^+）占据全部八面体间隙[图4-12（a）]。它属于立方晶系，FCC点阵，阳离子和阴离子的配位数均为6。具有这种结构的常见化合物有NaCl、MgO、MnS、LiF和FeO。

（2）氯化铯（CsCl）型结构

这类晶体结构可视为由阴离子（Cl^-）构成简单立方点阵，而阳离子（Cs^+）占据立方体间隙[图4-12（b）]。它属于立方晶系，但不是BCC点阵结构，而是简单立方点阵，每个点阵基元含有一对阳离子和阴离子，阳离子和阴离子的配位数均为6。CsBr、CsI等化合物属于这种类型。

（3）闪锌矿（立方ZnS）型结构

这类晶体结构可视为由阳离子（Zn^{2+}）构成FCC点阵，而阴离子（S^{2-}）交叉分布于四面体间隙中[图4-12（c）]。它属于立方晶系，FCC点阵，阳离子和阴离子的配位数均为4。这种晶体结构的化合物中的原子键大多为共价键，Ⅲ～Ⅴ族的半导体化合物，如GaAs、AlP等，属于这种类型。

（4）纤锌矿（六方ZnS）型结构

这类晶体结构可视为由阴离子（S^{2-}）和阳离子（Zn^{2+}）各自形成HCP点阵穿插而成，其中一个点阵相对于另一个点阵沿c轴位移了1/3的点阵矢量[图4-12（d）]。也可以描述为S^{2-}构成HCP点阵，Zn^{2+}占据一半的四面体间隙位置。它属于六方晶系，简单六方点阵，阳离子和阴离子的配位数均为4。ZnO、SiC等属于这种类型。

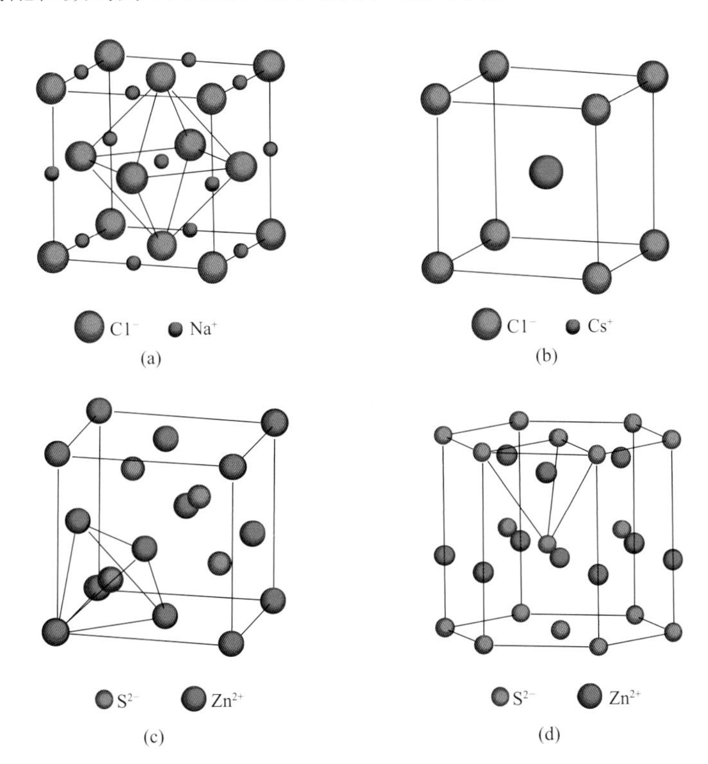

图4-12　AX型晶体结构

（a）氯化钠（NaCl）；（b）氯化铯（CsCl）；（c）闪锌矿（立方ZnS）；（d）纤锌矿（六方ZnS）

4.3.2.2　A_mX_p型晶体结构

如果阳离子和阴离子的电荷数不相同，化合物的化学式可以表达为A_mX_p的形式，其中m和p不同时等于1。A_mX_p型结构的一个典型例子是AX_2，该结构类型最常见晶体结构是萤石（CaF_2）型结构，如图4-13所示。

CaF_2可视为由正离子（Ca^{2+}）构成FCC点阵，而八个负离子（F^-）则位于八个四面体间隙的中心位置。它属于立方晶系，FCC点阵，阳离子和阴离子的配位数分别为8和4。ZrO_2、UO_2、PuO_2和ThO_2等陶瓷材料属于这种类型。

4.3.2.3 $A_mB_nX_p$型晶体结构

离子化合物可以由不止一种阳离子组成，由两种阳离子（用A和B表示）组成的化合物的化学式可以表示为$A_mB_nX_p$。同时含有Ba^{2+}和Ti^{4+}的钛酸钡（$BaTiO_3$）就属于这种类型。钛酸钡具有钙钛矿型晶体结构，当温度高于120℃时，晶体结构为立方体，其晶胞结构如图4-14所示，Ba^{2+}位于立方体的8个顶角上，唯一的Ti^{4+}位于立方体的中心，O^{2-}位于六个面的中心。

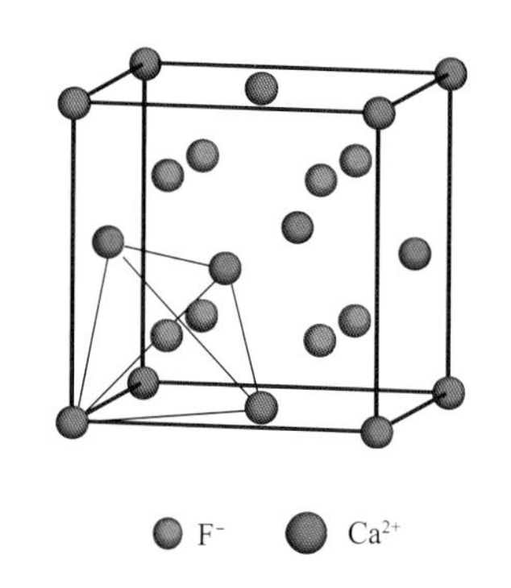

图4-13 萤石（CaF_2）的晶体结构

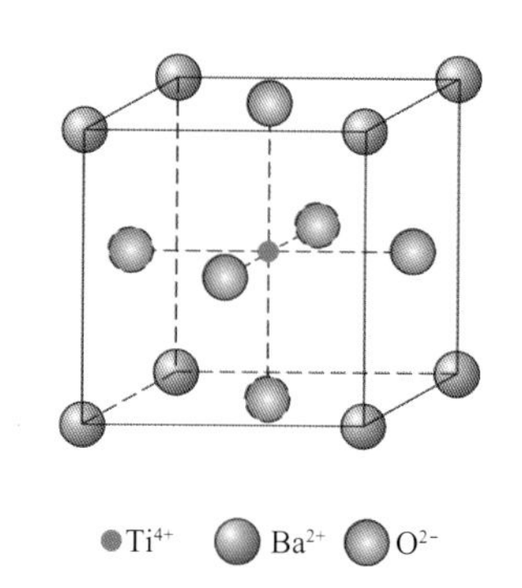

图4-14 钙钛矿的晶体结构

4.4 共价晶体的结构

共价晶体是由同种非金属元素的原子或异种元素的原子以共价键结合而形成的无限大分子。由于其中的原子是中性的，所以它也称为**原子晶体**。这些元素形成分子或晶体时，以共用价电子形成稳定的电子满壳层的方式结合，因此共价晶体的共同特点是配位数服从$8-N$规则，即结构中每个原子都有$8-N$个最近邻原子，其中N为原子的价电子数，这反映了共价键的饱和性。另外，在共价晶体中，原子以一定的角度相邻接，各键之间有确定的方位，这反映了共价键的方向性。正是因为共价键的饱和性和方向性，共价晶体中原子的配位数要比离子晶体和金属晶体的小。

金刚石是最典型的单质共价晶体，它由C组成，每个C贡献出四个价电子与周围的四个C共用，形成四个共价键，构成正四面体单元结构。一个C在四面体中心，其余四个C位于四面体的顶角。金刚石属立方晶系，FCC点阵，C除了按照正常FCC结构排列外，晶胞内还有四个C，分别位于四个四面体间隙中心位置，如图4-15（a）所示，故晶胞共含有8个C原子。与C同一族的 Si、Ge、Sn（灰锡）也是具有金刚石结构的共价晶体。

SiO_2是典型的AB_2型共价晶体，如图4-15（b）所示，Si^{4+}的排列与金刚石中C的排列方式相同，只是在每两个相邻的Si^{4+}中间有一个O^{2-}。Si的配位数为4，而O^{2-}的配位数为2。

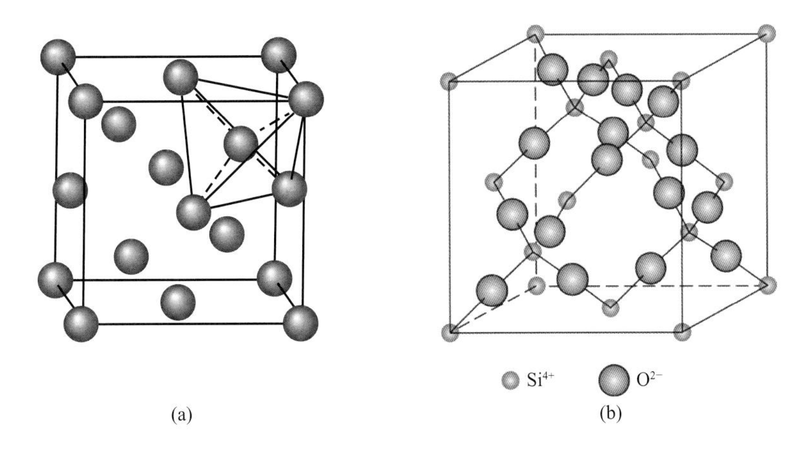

图4-15 金刚石（a）和SiO_2（b）的晶体结构

4.5 高分子聚合物的结构

高分子化合物简称高分子，其分子量从几千到几十万甚至几百万，所含原子数目一般在几万以上。完全由人工方法合成的高分子，在高分子科学中占有重要的地位。这种高分子是由一种或几种小分子作原料，通过加聚反应或缩聚反应生成的，因此也被称为**高分子聚合物**，简称**聚合物**。

源于植物和动物的天然聚合物已经被使用了很长时间，包括木材、橡胶、棉花、羊毛、皮革和丝等。其他天然聚合物，如蛋白质、酶、淀粉和纤维素等，在动植物的生物学和生理学过程中很重要。现代使用的塑料、橡胶和纤维许多是合成高分子材料。合成高分子材料可以廉价生产，并且其性能可调控，在许多方面已经超过其相应的天然材料的价值。在一些应用中，金属和木材的部分已经被塑料取代，塑料不仅性能符合要求，并且生产成本更低。与金属和陶瓷一样，高分子的性能与结构之间的关系很复杂，本节将探讨高分子的分子结构和结晶结构。

材料史话4-2 高分子材料的发展之路

19世纪末至20世纪初：人们对天然存在的高分子（如橡胶、纤维素等）进行了初步研究，但是对高分子的本质理解较少。德国化学家赫尔曼·施陶丁格（Hermann Staudinger）在1920年提出了高分子链状结构的概念，他认为高分子是由许多小分子（单体）通过共价键连接成长链的大分子，这是高分子科学的一个转折点。赫尔曼·施陶丁格因为在高分子化学方面的开创性工作，于1953年被授予诺贝尔化学奖。

20世纪30年代：施陶丁格的理论开始得到实验的支持，人们认识到高分子的合成、结构和性能的重要性。美国杜邦公司的Carothers合成了第一批合成纤维（包括尼龙和聚酯）。

20世纪40年代：第二次世界大战期间，对高分子材料的需求激增，例如合成橡胶和塑料。广泛的工业应用推动了高分子科学的快速发展。

20世纪50年代至70年代：高分子科学成为一门独立的学科，高分子物理学得到发展，包括对高分子溶液、熔体行为和晶体学的研究，科学家开始探索不同的高分子合成方法，如共聚合、块聚合等。

20世纪80年代至今：高分子科学进入了精密高分子合成和功能化的时代，重点在于制备具有特定结构和功能的聚合物。生物可降解塑料、导电高分子等新材料得到发展；高分子纳米复合材料的研究为材料科学带来了新的维度；分子生物学的发展与高分子科学交叉，出现了生物高分子材料新领域。

4.5.1 碳氢分子

下面，我们围绕碳氢化合物，简要介绍一些与高分子的分子结构相关的基本概念。只由碳和氢两种元素组成的有机化合物叫作**烃**，它是有机化合物中最简单的一类。分子内的化学键是共价键，每个碳原子有四个可参与共价键的电子，而每一个氢原子只有一个可成键电子。当两个成键原子中的每一个原子都贡献一个电子时，产生一个共价单键。两个碳原子之间的双键和三键分别包括两个和三个共用电子对。例如，在乙烯分子（C_2H_4）中，两个碳原子由双键键合，并且每个碳原子还与两个氢原子单键键合，其结构式为

```
H   H
|   |
C = C
|   |
H   H
```

在乙炔分子（C_2H_2）中，两个碳原子由三键键合，其结构式为

$$H-C\equiv C-H$$

含双键和三键的分子被称为不饱和分子，其他原子或原子基团有可能通过不饱和键与碳原子结合。相对地，对于一个饱和的碳氢化合物，所有的键都是单键，不能与新原子结合。

一些简单的碳氢化合物属于烷烃族。链状烷烃分子包括甲烷（CH_4）、乙烷（C_2H_6）和丙烷（C_3H_8）等。表4-7中列出了一些烷烃的分子结构。每个分子中的共价键都很强，但分子间只有弱的氢键和分子间作用，因此这些碳氢化合物熔点和沸点较低，但是沸点随分子量的增大而升高。

表4-7　一些烷烃（C_nH_{2n+2}）的结构和沸点

名称	组成	结构	沸点/℃
甲烷	CH_4	H | H—C—H | H	−164
乙烷	C_2H_6	H H | | H—C—C—H | | H H	−88.6

续表

名称	组成	结构	沸点/℃
丙烷	C_3H_8	H H H H−C−C−C−H H H H	−42.1
丁烷	C_4H_{10}	—	−0.5
戊烷	C_5H_{12}	—	36.1
己烷	C_6H_{14}	—	69.0

在聚合物结构中还包含许多其他基团，记为R和R′，它们可以构成更加复杂的化合物。较常见的几种碳氢基团列于表4-8中，如CH_3（甲基）、C_2H_5（乙基）和C_6H_5（苯基）。

表4-8 常见基团及代表性化合物

基团R或R′组合形成化合物类型	常见基团R或R′	代表性化合物
醇 R−OH	H H−C− H	甲醇 H H−C−OH H
醚 R−O−R′	H H−C− H	二甲基醚 H H H−C−O−C−H H H
酸 R−C(OH)=O	H H−C− H	醋酸 H H−C−C(OH)=O H
醛 R(H)C=O	H−	甲醛 H(H)C=O
芳烃 R−(环)	HO−	苯酚 OH−(苯环)

4.5.2 聚合物分子

4.5.2.1 单体的聚合

相对于碳氢化合物，聚合物分子是巨大的，每个分子中的原子均通过共价键连接。对于碳链聚合物，每个碳原子通过共价键与两边相邻的碳原子连接。每个碳原子都剩下两个价电子，因此原子或者自由基可以通过与这两个价电子结合加入碳链中。构成这些长链分子的基本结构被称为**重复单元**，顾名思义，就是这些结构在链中重复出现。重复单元通常来自聚合物合成过程中的最小分子，其被称为**单体**。

以乙烯（C_2H_4）为例，乙烯在常温常压下为气体，在适当条件下，当引发剂或者催化剂（R·）与乙烯单体之间形成活性中心，聚合反应开始，反应式为

$$
\begin{array}{ccccccccccc}
 & & \mathrm{H} & & \mathrm{H} & & & & \mathrm{H} & & \mathrm{H} \\
 & & | & & | & & & & | & & | \\
\mathrm{R}\cdot & + & \mathrm{C} & = & \mathrm{C} & \longrightarrow & \mathrm{R} & - & \mathrm{C} & - & \mathrm{C}\cdot \\
 & & | & & | & & & & | & & | \\
 & & \mathrm{H} & & \mathrm{H} & & & & \mathrm{H} & & \mathrm{H}
\end{array}
\tag{4-10}
$$

单体在链的活性位点处不断聚合，形成高分子链。活性位点（未配对电子）随着单体的聚合过程，不断转移至下一个聚合单体上，形成聚乙烯（polyethylene，PE）的分子链，机理为

$$
\begin{array}{ccccccccccccccccc}
 & & \mathrm{H} & & \mathrm{H} & & \mathrm{H} & & \mathrm{H} & & & & \mathrm{H} & & \mathrm{H} & & \mathrm{H} & & \mathrm{H} \\
 & & | & & | & & | & & | & & & & | & & | & & | & & | \\
\mathrm{R} & - & \mathrm{C} & - & \mathrm{C}\cdot & + & \mathrm{C} & = & \mathrm{C} & \longrightarrow & \mathrm{R} & - & \mathrm{C} & - & \mathrm{C} & - & \mathrm{C} & - & \mathrm{C}\cdot \\
 & & | & & | & & | & & | & & & & | & & | & & | & & | \\
 & & \mathrm{H} & & \mathrm{H} & & \mathrm{H} & & \mathrm{H} & & & & \mathrm{H} & & \mathrm{H} & & \mathrm{H} & & \mathrm{H}
\end{array}
\tag{4-11}
$$

部分聚乙烯分子结构和重复单元如图4-16所示。将重复单元结构提取出来，聚乙烯链的结构式可以表示为

$$
\begin{array}{ccccc}
 & \mathrm{H} & & \mathrm{H} & \\
 & | & & | & \\
\!\!-\!\!(& \mathrm{C} & - & \mathrm{C} &)\!\!-_{n}
\\
 & | & & | & \\
 & \mathrm{H} & & \mathrm{H} &
\end{array}
\text{ 或 } -\!\!(\mathrm{CH_2}-\mathrm{CH_2})\!\!-_{n}
$$

$$
\begin{array}{ccccccccccccccccc}
 & \mathrm{H} & & \mathrm{H} & & \mathrm{H} & & \mathrm{H} & & \mathrm{H} & & \mathrm{H} & & \mathrm{H} & & \mathrm{H} & \\
 & | & & | & & | & & | & & | & & | & & | & & | & \\
- & \mathrm{C} & - & \mathrm{C} & - & \mathrm{C} & - & \mathrm{C} & - & \mathrm{C} & - & \mathrm{C} & - & \mathrm{C} & - & \mathrm{C} & - \\
 & | & & | & & | & & | & & | & & | & & | & & | & \\
 & \mathrm{H} & & \mathrm{H} & & \mathrm{H} & & \mathrm{H} & & \mathrm{H} & & \mathrm{H} & & \mathrm{H} & & \mathrm{H} &
\end{array}
$$

重复单元

(a)

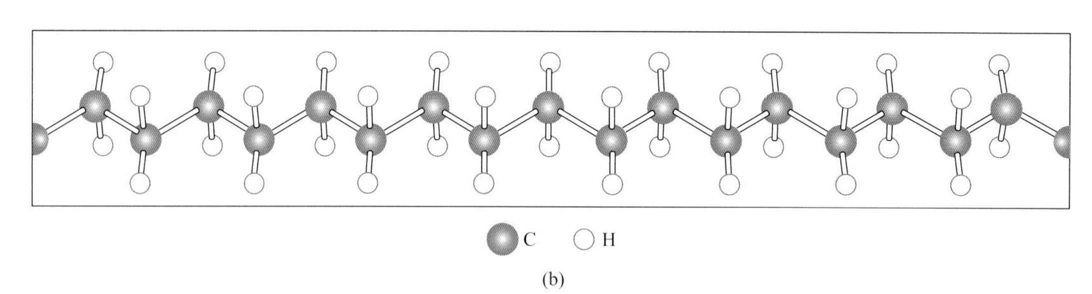

(b)

图4-16 乙烯的分子链结构

（a）直链结构模型；（b）三维结构模型

实际上，聚乙烯分子中的相邻碳链夹角接近109°，因此用直链结构模型虽然很方便，但不完全正确。在更为准确的三维模型中，碳原子是以锯齿形排列的，其中C—C键的键长为0.154nm。

表4-9中列举了一些常用聚合物材料分子链的重复单元。

表4-9 代表性聚合物材料分子链的重复单元

高分子	重复单元	高分子	重复单元
聚乙烯（PE）	H　H │　│ —C—C— │　│ H　H	聚苯乙烯（PS）	H　H │　│ —C—C— │　│ H　(苯环)
聚氯乙烯（PVC）	H　H │　│ —C—C— │　│ H　Cl	聚甲基丙烯酸甲酯（PMMA）	H　CH_3 │　│ —C—C— │　│ H　C=O 　　│ 　　O 　　│ 　　CH_3
聚四氟乙烯（PTFE）	F　F │　│ —C—C— │　│ F　F	酚醛树脂	OH　CH_2 (苯环)
聚丙烯（PP）	H　H │　│ —C—C— │　│ H　CH_3		

4.5.2.2 共聚物

在上面讨论的聚乙烯的分子链中，所有重复单元为同一种类型，这样的聚合物被称为**均聚物**。高分子化学家和材料学家一直在寻找综合性能比均聚物更好，并且合成和制造简单，经济的新材料。**共聚物**就是这样一类材料，其中的高分子链含有两种或两种以上的重复单元。

以两种重复单元组成的共聚物为例，如图4-17所示，两种重复单元分别用实心或空心圆表示。不同的聚合过程及两种重复单元的相对含量，可能产生沿聚合物主链不同的排列顺序。两种不同单元沿主链随机分布，被称为无规共聚物；两种重复单元在链上的位置交替排列，被称为交替共聚物；同一种重复单元沿主链以嵌段方式排列的共聚物，被称为嵌段共聚物；将一种类型的均聚物侧链接枝到不同重复单元组成的均聚物主链上，被称为接枝共聚物。

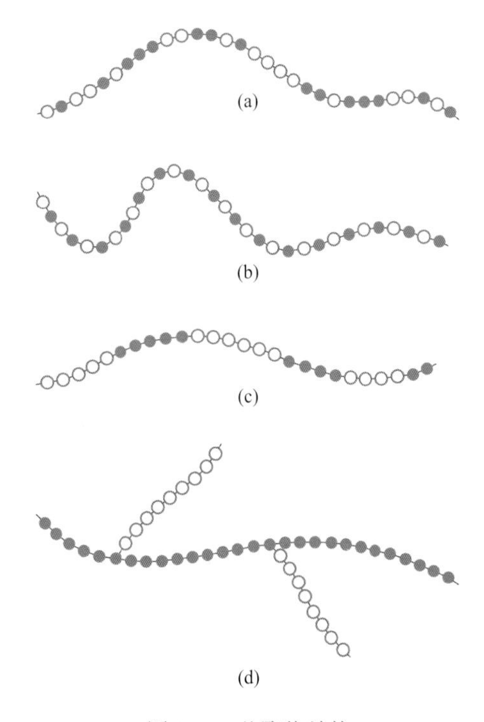

图4-17 共聚物结构

（a）无规共聚物；（b）交替共聚物；（c）嵌段共聚物；（d）接枝共聚物

丁苯橡胶（styrene butadiene rubber，SBR）是一种常见的无规共聚物，用于造汽车轮胎。丁腈橡胶（nitrile butadiene rubber，NBR）是一种由丙烯腈和丁二烯组成的无规共聚物，它具有高弹性，还抗有机溶剂溶胀，可用于制造汽油软管。抗冲击改性聚苯乙烯是嵌段共聚物，其由苯乙烯和丁二烯交替组成。

4.5.3 聚合物的分子量

聚合物具有非常大的分子量。在聚合过程中，块体材料中的大量分子链不会生长为相同的长度，这就导致链长或分子量具有一定分布，通常，我们用平均分子量表示，平均分子量可以通过测量各种物理性能来间接确定，如黏度和渗透压。

有几种定义平均分子量的方法。数均分子量 $\overline{M_n}$，是将分子链划分成一系列尺寸范围，并确定每一尺寸范围内分子链的数量分数[图4-18（a）]，计算公式为

$$\overline{M_n} = \sum x_i M_i \tag{4-12}$$

式中，M_i为尺寸范围i的平均分子量；x_i为相应尺寸范围内的分子链占分子链总数的比例。

重均分子量 $\overline{M_w}$ 是基于在各个尺寸范围内分子的质量分数进行计算[图4-18（b）]，公式为

$$\overline{M_w} = \sum w_i M_i \tag{4-13}$$

式中，M_i为尺寸范围i内的平均分子量；w_i为在同一尺寸范围内分子的质量分数。

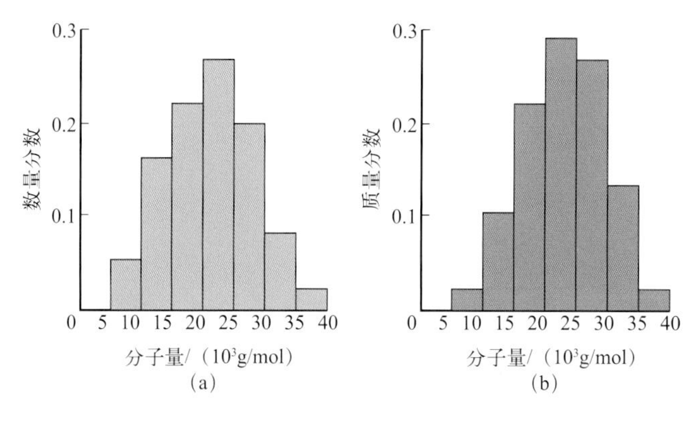

图4-18 聚合物分子量分布

（a）按数量分数；（b）按质量分数

聚合物平均分子链尺寸的另一种表达方式是**聚合度**，表示在分子链中重复单元的平均数量。聚合度与数均分子量的关系为

$$DP = \frac{\overline{M_n}}{M} \tag{4-14}$$

式中，M为重复单元分子量。对于共聚物，在计算聚合度时，可将上式中的M值用平均值$\bar{M}$取代，即

$$\bar{M} = \sum x_j M_j \tag{4-15}$$

式中，x_j和M_j分别为重复单元j在聚合物链中的摩尔分数和分子量。

聚合物的许多性能会受到聚合物链长度和分子量的影响。同一种聚合物材料，如果分子量不同，性能差异会很大。例如，熔点或软化温度、弹性模量和强度都会随分子量的增加而增加。在室温下，超短链（分子量约为100g/mol）的聚合物通常以液态存在；分子量大约在1000g/mol的聚合物通常是蜡状固体（如石蜡）和软树脂；固态聚合物（有时被称为高聚物），其分子量通常在一万至几百万克每摩尔之间。

4.5.4 分子链的形态和结构

虽然聚合物分子链经常被看作线形链，但是实际上，分子链中的结合键可在三维方向旋转和弯曲。因此，单个分子链的形状与图4-19相似，包含大量的卷曲和扭折。在图4-19中还标示出聚合物链的两个链端之间的距离r，该距离要比总链长度短得多。聚合物由大量分子链组成，每一个分子链都可能具有图4-19的形态，这进一步导致相邻分子链的缠绕。这些随机的卷曲和分子链的缠绕是聚合物具有许多重要特性的原因，例如橡胶材料具有的较大弹性伸长量。

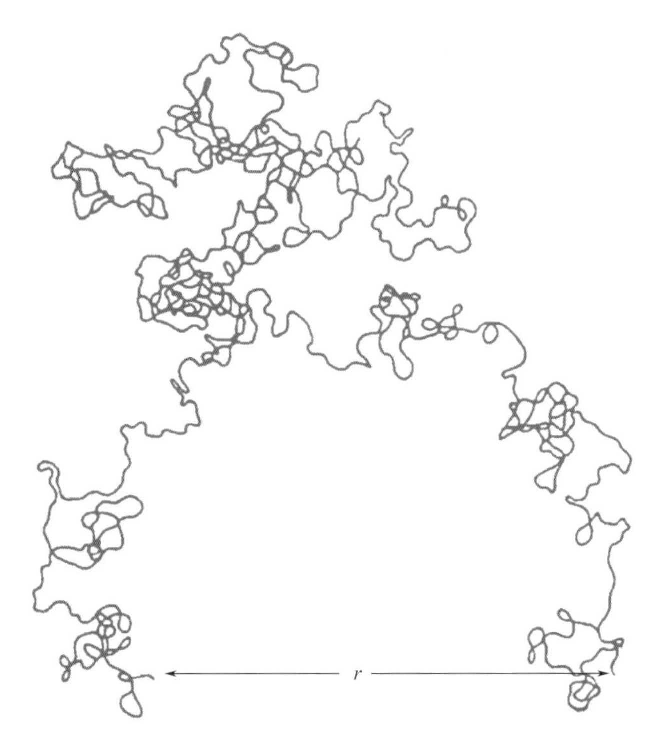

图4-19 具有很多随机卷曲和扭折的单个聚合物分子链形态

高分子聚合物的物理特性不仅取决于其分子量和形状，还取决于分子链的结构差异。可以将分子链的结构分为以下四种。

（1）线型

线型聚合物是在单个链中重复单元以首尾相连的方式连接在一起的聚合物，如图4-20（a）所示。大量线型聚合物形成块体材料时，链与链之间有大量的二次键和氢键。常见的线型聚合物有聚乙烯、聚氯乙烯、聚苯乙烯、聚甲基丙烯酸甲酯、尼龙和氟碳化合物。

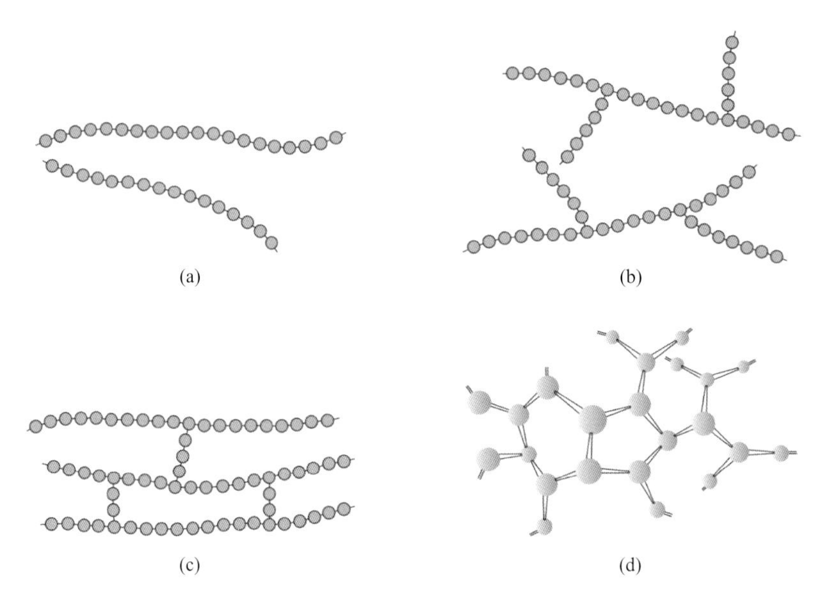

图4-20 分子链结构

(a)线型；(b)支化；(c)交联；(d)网状

(圆圈表示重复单元)

(2)支化

聚合物可形成侧支链与主链连接的结构，如图4-20(b)所示。支链可能产生于聚合物合成过程发生的副反应。随着侧支链的形成，链的堆积效率降低，进而导致聚合物密度降低。通常为线型结构的聚合物也可能出现支化结构。例如，高密度聚乙烯(high density polyethylene，HDPE)主要是线型高分子，而低密度聚乙烯(low density polyethylene，LDPE)包含短支链。

(3)交联

在交联聚合物中，相邻的线型链在不同位置通过共价键互相连接，如图4-20(c)所示。交联可以在合成过程中完成，也可以通过不可逆的化学反应完成。通常，交联以共价键结合到链上的外加原子或分子的方式形成。橡胶的硫化就是通过生胶分子间的交联，使橡胶材料具备高强度、高弹性、高耐磨、抗腐蚀等优良性能。

(4)网状

形成三个或多个活性共价键的单体可生成三维网状结构，具有这种结构的高分子被称作网状高分子，如环氧树脂、聚氨酯和酚醛树脂等，如图4-20(d)所示。这些材料具有独特的力学和热学性能。高度交联的聚合物也可归为网状高分子。

4.5.5 热塑性与热固性聚合物

高分子聚合物根据随温度升高的行为进行分类，可分为热塑性和热固性两类。这种性能差异与其分子结构相关。

热塑性聚合物加热时软化，并且最终液化，冷却时硬化，这个过程完全可逆并且可重复进行。在分子水平上，随着温度的升高，分子运动加剧，次价键的结合力逐渐减小，因此当施加应力时，相邻分子链的相对运动变得容易进行。当熔融的热塑性聚合物被加热到过高的温度时，会发生不可逆的降解过程。此外，热塑性聚合物都比较柔软。多数线型和带有支链结构的聚合物具有热塑性。常见的热塑性聚合物包括聚乙烯、聚苯乙烯、聚对苯二甲酸乙二醇酯和聚氯乙烯等。这些材料一般通过加热加压的方式成型。

热固性聚合物在成型过程中永久固化，并且加热也不软化。网状聚合物在相邻分子链之间存在交联键。在加热过程中，这些键将分子链固定在一起，以抵抗高温下的振动和旋转，因此加热时材料不会软化，只有加热到过高的温度才会导致交联键的破坏和聚合物降解。热固性聚合物通常比热塑性聚合物坚硬，强度也更高，具有更好的尺寸稳定性。多数交联和网状聚合物具有热固性。常见的热固性聚合物包括硫化橡胶、环氧树脂、酚醛树脂，以及一些聚酯树脂。

4.5.6 聚合物晶体

高分子聚合物材料由于分子链的弯曲、缠结和扭折，难以形成长程有序排列，因此大多以非晶态为主，其中可能包含晶态区域（微晶），形成半晶体。这些区域分散在由随机取向的分子组成的非晶区中，每个区域的分子链有序排列。

晶态区域的结构可通过分析从稀溶液中生长的聚合物单晶的结构进行推断。图4-21显示了具有规则形状的聚乙烯片状晶体，厚度为10 ～ 20nm，长度约为10μm。这些薄片往往形成多层结构，在每一个薄片中分子链来回折叠，形成有序结构（图4-22）。每一个薄片可以包含许多分子。

图4-21 聚乙烯单晶的电子显微照片

许多从熔体中结晶的块状聚合物是部分结晶的，并形成球晶结构，如图4-23所示。例如，聚乙烯、聚丙烯、聚氯乙烯、聚四氟乙烯和尼龙等在熔体中结晶时就会形成球晶结构。每个球晶都可能长成粗大的球形，由大约10nm厚的片状链折叠微晶（片晶）的聚集体组成，片晶从中心的单一晶核位置向外辐射，并被非晶区分隔。系带分子从这些非晶区穿过，起连接相邻片晶的作用。当球晶结构的结晶过程接近结束时，相邻球晶的边缘开始彼此接触，形成球晶之间的晶界。虽然球晶可以看作是与多晶金属和陶瓷中的晶粒类似的聚合物晶粒，但是每个球晶实际上是由片状晶体和一些非晶组成的，这一点与多晶金属和陶瓷中的晶粒完全不同。

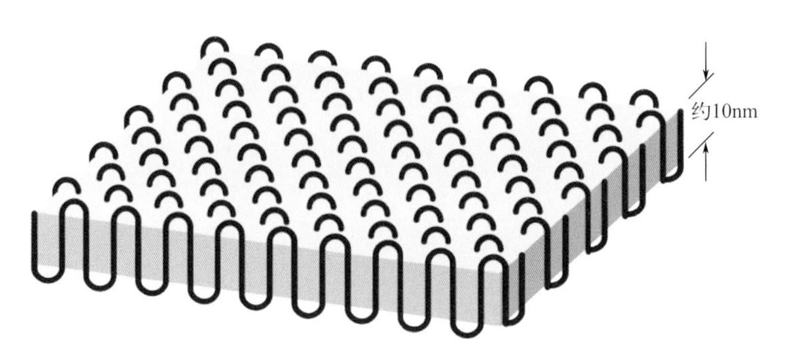

图4-22 片状聚合物微晶的折叠链结构

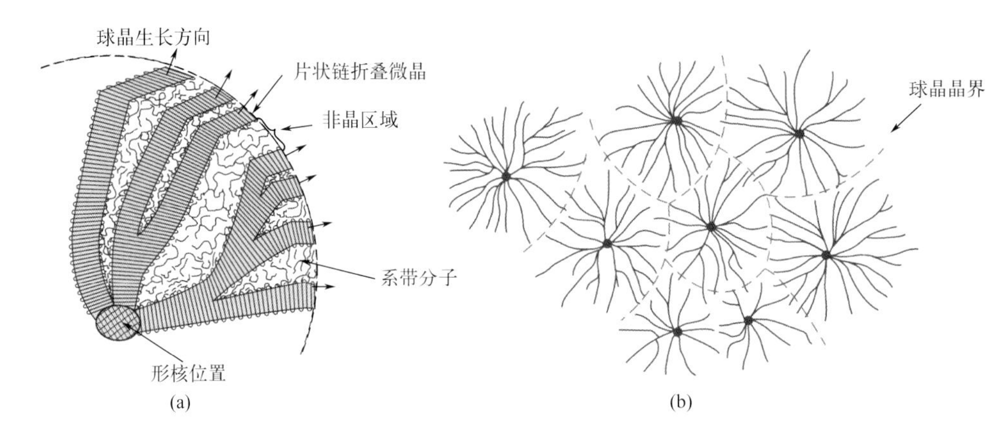

图4-23 球晶结构

（a）单个球晶的结构；（b）球晶边缘接触形成晶界

4.6 同素异构与同分异构

4.6.1 同素异构

一些材料可能有不止一种晶体结构，即具有**多晶型性**。在元素单质中发现这种多晶型性时，通常被称为**同素异构**。

例如，铁在912℃以下为BCC结构，称为α-Fe，在912～1394℃为FCC结构，称为γ-Fe，在1394℃至熔点又变成BCC结构，称为δ-Fe。锡在温度低于18℃时为金刚石结构的α-Sn，称为灰锡；而在温度高于18℃时为四方结构的β-Sn，称为白锡。当金属的晶体结构发生改变时，金属的体积、强度、塑性、磁性、导电性等往往要发生突变。图4-24为实验测得的纯铁在加热时的膨胀曲

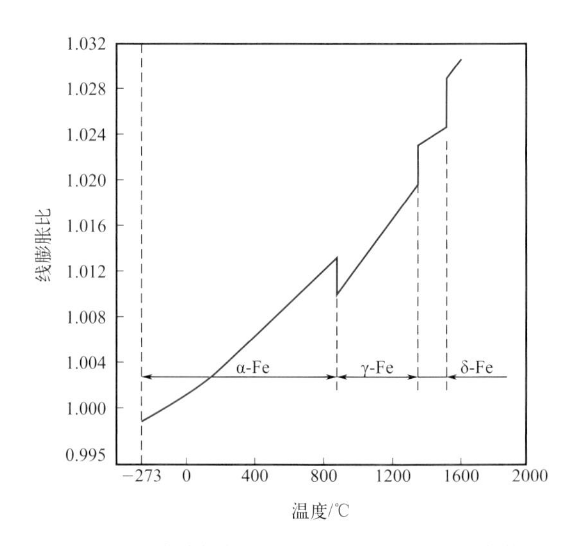

图4-24 纯铁加热时的线膨胀比随温度的变化

线，在α-Fe 转变为γ-Fe及γ-Fe转变为δ-Fe时均会因体积突变而使曲线上出现明显的转折。

碳的同素异构现象是另一个典型的例子。碳的结构多样，主要分为晶形碳、无定形碳、过渡碳3大类。

晶形碳主要有金刚石、石墨、富勒烯、石墨烯、碳纳米管等（图4-25）。金刚石，在珠宝行业被称为钻石，是两种最常见的碳单质之一，具有FCC结构。它硬度大，熔点高，不导电，是迄今所知最坚硬的物质，常用来做首饰和耐高压材料。石墨，另外一种最常见的碳单质，具有层状结构，为六方点阵结构。它软滑，无光泽，用来做铅笔芯、润滑剂、耐高温材料、导电材料。石墨纤维张力特别强，不易折断，是做高尔夫球棒的材料。富勒烯，最初命名为C_{60}，因其结构是球形，又称巴基球或足球烯，是一类由五元环和六元环组成的全碳中空笼状分子。因其具有较好的稳定性、催化性能、超导性、生物相容性、抗氧化性等，富勒烯类化合物在光学、电学、催化和生物医药等研究领域中有广泛的应用前景。石墨烯是单原子层石墨，是一种只有一个原子层厚度的准二维材料，是目前发现的最薄、强度最大、导电导热性能最强的一种新型纳米材料。碳纳米管，又称巴基管，是一维纳米材料，重量轻，六边形结构连接完美，具有许多特殊的力学、电学和化学性能。

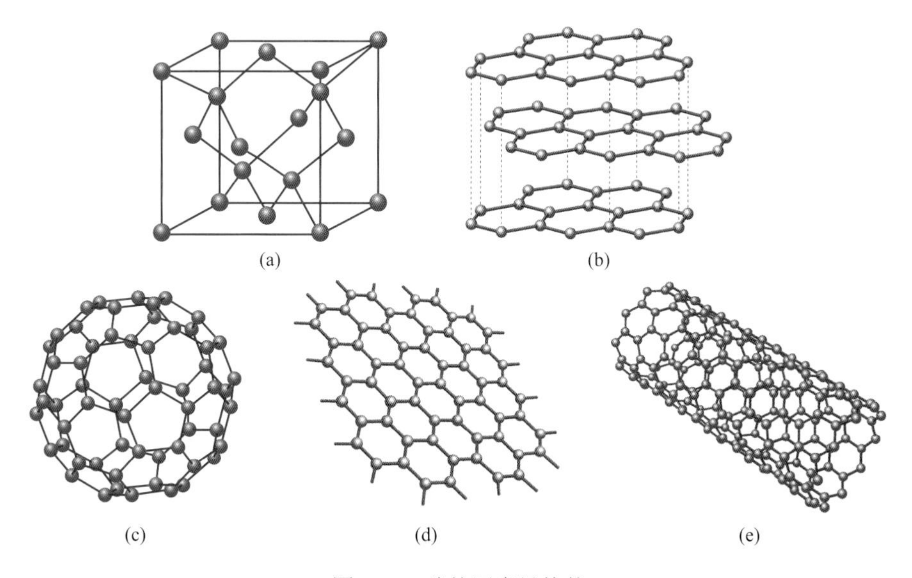

图4-25 碳的同素异构体

（a）金刚石；（b）石墨；（c）富勒烯；（d）石墨烯；（e）碳纳米管

无定形碳，也就是非晶态的碳，包括木炭、活性炭、碳纤维等。活性炭具有特殊微晶结构、发达孔隙结构、巨大比表面积和较强吸附能力，其化学稳定性好，具有耐酸、耐碱、耐高温等特点。活性炭不溶于水和有机溶剂，既可以在气相中使用，也可以在液相中使用。可以通过对活性炭进行酸碱处理改变活性炭的性质，酸碱处理后得到的活性炭又称改性活性炭。碳纤维既有碳材料的质轻、耐高温、耐腐蚀、耐疲劳、抗蠕变、高强度、高模量等固有特性，又有纺织纤维的柔软和可加工性。

过渡碳为无定形碳过渡到晶形碳的过程中产生的中间产物，兼具了无定形碳和晶形碳的一些特点，表现出乱层石墨结构的特征，在微观上呈现二维有序而三维无序的特点。过渡碳的一个例子是热解炭，根据微观结构的不同可大致分为各向异性和各向同性两大类：各向同性热解炭结构均匀致密，抗氧化性能好；各向异性热解炭结构致密、晶粒尺寸小、性能结构均一，与传统炭质材料相比，在强度、耐磨、润滑、密封等性能方面表现更加优异。

4.6.2 同分异构

对于两种或两种以上成分的化合物，它们具有相同的化学式，但结构和性质均不相同，则互称**同分异构体**，这种现象被称为**同分异构现象**。同分异构现象通常可分为构造异构和立体异构两大类。**构造异构**是指化合物中原子间成键方式与结合次序不同而引起的异构。**立体异构**是指分子构造相同但原子或原子团在空间排布方式不同而引起的异构。

大多数无机物的结构单一，所以无机物的同分异构现象仅在多硅酸等多聚合氧酸与配位化合物（又称络合物）中较为常见。例如，形成石棉的多硅酸为$H_8Si_4O_{12}$，它有两种链状结构

```
      O       OH      OH      OH
      ‖       |       |       |
HO—Si—O—Si—O—Si—O—Si—OH
              |       |       |
              OH      OH      OH

      OH      O       OH      OH
      |       ‖       |       |
HO—Si—O—Si—O—Si—O—Si—OH
      |               |       |
      OH              OH      OH
```

这两种结构互为构造异构。

同分异构现象在聚合物中更加常见。碳氢化合物的构造异构可以由碳原子之间连接顺序的不同或其他结构的变化形成。例如丁烷的分子式为C_4H_{10}，通过碳原子连接顺序的改变，形成正丁烷和异丁烷两种同分异构体。正丁烷的分子结构为

```
  H  H  H  H
  |  |  |  |
H—C—C—C—C—H
  |  |  |  |
  H  H  H  H
```

异丁烷的分子结构为

```
        H
        |
     H—C—H
  H     |     H
  |     |     |
H—C—C—C—H
  |     |     |
  H     H     H
```

同分异构态会影响碳氢化合物的一些物理性能，例如，正丁烷和异丁烷的沸点分别为−0.5℃和−10.5℃。

碳氢化合物的立体异构可以通过分子中双键自由旋转产生，例如顺式异构体和反式异

构体。例如，异戊二烯重复单元具有以下结构

$$\begin{array}{ccc} (CH_3) & & (H) \\ & C{=}C & \\ -CH_2 & & CH_2- \end{array}$$

其中，CH_3基团和H原子处于双键的同一侧，被称为顺式结构。这种异构体所得的聚合物为顺式聚异戊二烯，是一种天然橡胶。另一种异构体的结构为

$$\begin{array}{ccc} (CH_3) & & CH_2- \\ & C{=}C & \\ -CH_2 & & (H) \end{array}$$

CH_3基团和H原子处于双键的两侧，被称为反式结构。这种同分异构体所得的聚合物为反式聚异戊二烯，有时被称为杜仲胶，它具有与天然橡胶完全不同的性能。因为主链双键刚性非常强，不易旋转，所以顺式与反式的转换不可能通过简单的主链键的旋转来实现。

习题

1. 铝的原子半径是0.143nm，试计算它的晶胞体积。

2. 推导BCC晶体结构中晶胞边长a与原子半径R的关系。

3. 证明HCP晶体结构理想的c/a为$\sqrt{\frac{8}{3}}$。

4. 铁具有BCC结构，它的原子半径为0.124nm，原子量为55.85g/mol。试计算它的理论密度。

5. 已知金属铱为FCC结构，密度为22.4g/cm，原子量为192.2g/mol。试计算铱的原子半径。

6. 证明离子晶体中配位数为4的最小阳离子-阴离子半径比为0.414。

7. 根据Fe和O的离子电荷和离子半径，计算FeO的理论密度。已知FeO具有氯化钠型晶体结构。

8. 画出以下聚合物的重复单元结构：①聚三氟氯乙烯，② 聚乙烯醇。

9. 计算以下聚合物重复单元的分子量：①聚氯乙烯，②聚对苯二甲酸乙二醇，③聚碳酸酯，④聚二甲基硅氧烷。

10. 下表列出了聚丙烯材料的分子量数据。计算①数均分子量，② 重均分子量，③聚合度。

分子量范围/(g/mol)	x_i	w_i	分子量范围/(g/mol)	x_i	w_i
$8000 \leqslant M_i < 16000$	0.05	0.02	$32000 \leqslant M_i < 40000$	0.28	0.30
$16000 \leqslant M_i < 24000$	0.16	0.10	$40000 \leqslant M_i < 48000$	0.20	0.27
$24000 \leqslant M_i < 32000$	0.24	0.20	$48000 \leqslant M_i < 56000$	0.07	0.11

11. 对比热塑性和热固性聚合物的分子结构和在加热时的力学特性。

12. 为什么聚合物结晶的趋势随分子量的增加而降低?

第5章 晶体缺陷

在前面几章讨论晶体结构的过程中，我们一直默认整个晶体在原子尺度有着理想的排列顺序。然而，这种理想的固体材料是不存在的，所有晶体的内部都含有大量微小的区域，这些区域在一个或多个原子直径尺度上的排列不规则，原子排列周期性受到破坏。这样的区域被称为**晶体缺陷**。

晶体缺陷在材料中的含量通常比较低，但是对材料性能的影响往往非常大。缺陷对材料性能的影响并不总是有害的，相反，人们经常通过控制缺陷的数量和分布获得具有特定性能的材料。例如，各种合金元素在合金中经常以点缺陷的形式存在，其力学性能与纯金属相比会发生明显的改变。又例如，集成电路微电子器件之所以能够发挥其功能作用，就是因为在半导体材料中掺入了浓度精确可控的特定杂质原子。因此，了解材料中含有的晶体缺陷及其对材料性能的影响显得非常重要。

通常根据缺陷的几何或尺度特征对晶体缺陷进行分类，可以将晶体缺陷分为四类：点缺陷（零维缺陷，即与一个或两个原子位置相关的缺陷）、线缺陷（一维缺陷，即位错）、面缺陷（二维缺陷，即表面和界面）和体缺陷（三维缺陷，即尺寸远大于原子尺度的缺陷。本章将分别讨论这几种类型的缺陷。

5.1 点缺陷

5.1.1 金属中的点缺陷

在纯金属中，点缺陷有两种基本类型，即空位和自间隙原子，如图5-1所示。**空位**是在点阵的结点位置上，占位的原子缺失导致所在区域偏离晶体结构正常排列的一种缺陷。空位产生后，其周围原子向着空位稍有移动，形成一个涉及几个原子间距范围的弹性畸变区，即晶格畸变。从热力学角度看，空位的存在增加了晶体的熵，根据熵增加原理，空位的存在具有必然性。因此，所有晶体都含有空位，不可能制造出一种完全没有空位的材料。

若晶体自身的原子脱离平衡位置进入晶格的间隙，这种缺陷就称为**自间隙原子**。在金属中，由于原子自身直径远大于晶格间隙位置所能容纳的原子直径，自间隙原子的引入将会大大增加其周围晶格的畸变。因此，这种缺陷的形成概率不高，在晶体中的浓度非常低，远低于空位的浓度。

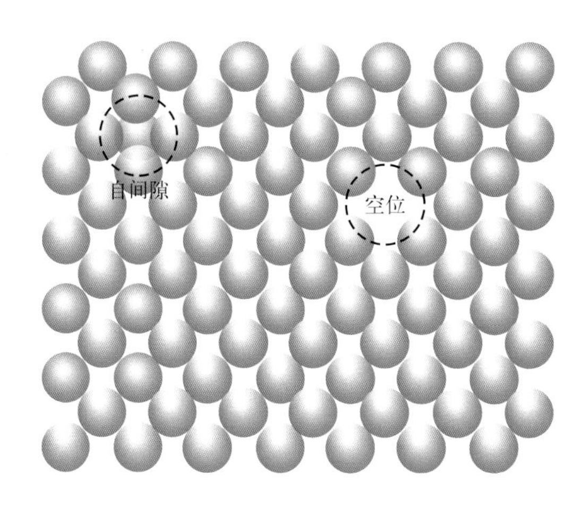

图5-1　空位和自间隙原子点缺陷

点缺陷的形成与原子的热运动和加工过程中的原子运动有关。众所周知，处于点阵结点上的原子并非是静止的，而是以其平衡位置为中心作热振动。原子振动的振幅和能量按概率分布，并且有起伏。当处于平衡位置的某一原子由于能量涨落获得足够大的振动能时，就可能克服周围原子对它的制约作用，脱离平衡位置。离开平衡位置的原子有两种去处（图5-2）：一是迁移到晶体表面或内表面的正常结点位置上，而在晶体内部留下空位，这种缺陷称为肖特基缺陷；二是挤入点阵的间隙位置，而在晶体中同时形成数目相等的空位和间隙原子，这种缺陷对称为弗仑克尔缺陷。

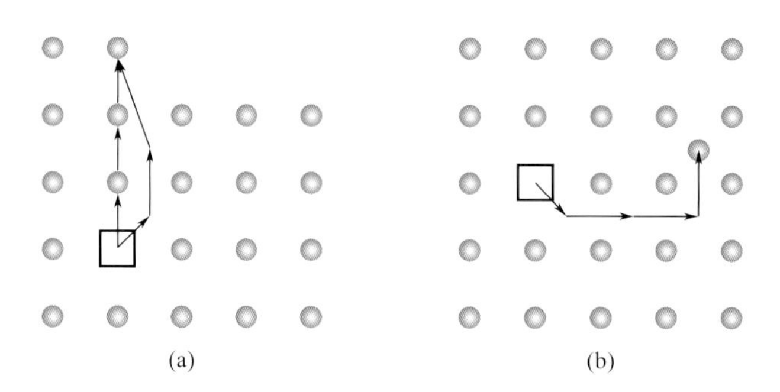

图5-2　晶体中的肖特基缺陷（a）和弗仑克尔缺陷（b）

对于给定原子数量的材料，其热平衡点缺陷的数量或浓度与温度直接相关。以空位为例，其随温度的升高而增加，空位的数量N_V可以表达为

$$N_V = N\exp\left(-\frac{Q_V}{kT}\right) \tag{5-1}$$

式中，N为原子位置的总数；Q_V为形成一个空位所需的能量；T为绝对温度；k为玻尔兹曼常数［1.38×10^{-23}J/(atom・K)］。如果以摩尔为单位计算原子数量，则式（5-1）中的玻尔

兹曼常数应替换为气体常数R［8.31J/(mol・K)］。从式（5-1）可以看出，空位的数量随温度的升高以指数形式增长。对于大多数金属来说，在接近熔点时，其空位浓度N_V/N大约在10^{-4}数量级，也就是说，在10000个点阵结点位置上就有一个位置是空的。需要注意的是，式（5-1）是在热平衡状态下计算的缺陷数量或浓度，材料经过淬火、变形和其他的加工后，点缺陷的浓度还会进一步增加。

在实际使用的金属材料中，仅有一种原子构成的纯金属材料是不可能存在的，金属中总会或多或少地存在杂质或外来原子。事实上，即使利用较先进的技术手段，也很难将金属提炼到质量分数超过99.9999%。即使金属质量分数为99.9999%，1m³材料中仍含有10^{22}～10^{23}数量级的杂质原子。它们经常以晶体点缺陷的形式存在，包括置换原子和间隙原子，如图5-3所示。**置换原子**是杂质原子取代了基体原子，**间隙原子**是杂质原子填充在基体原子间的间隙位置。

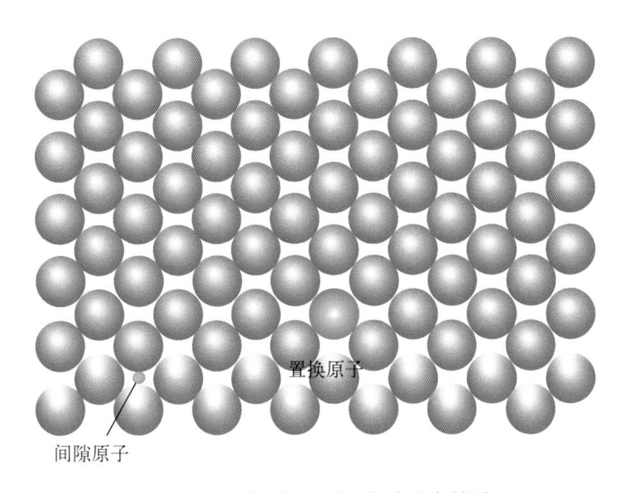

图5-3　置换原子和间隙原子点缺陷

实际上，杂质原子经常被有目的地添加到金属中形成合金，通过固溶强化作用（见第7章）使材料具有更好的力学性能，这时杂质通常被称为**固溶原子**或**固溶元素**。另外，溶质原子或杂质原子与位错交互作用而形成的柯氏气团是材料变形过程中发生屈服时形成屈服平台现象的主要原因。

5.1.2　陶瓷中的点缺陷

与基体原子相关联的点缺陷也可能存在于陶瓷化合物中。在陶瓷材料中至少包含两种离子，每一种离子都有可能形成空位和自间隙原子缺陷。图5-4为阳离子空位、阴离子空位以及阳离子间隙缺陷示意图。因为阴离子通常尺寸较大，如果挤进较小的间隙位置，会产生较大的晶格畸变，因此间隙阴离子难以出现较大的浓度。

因为陶瓷中点缺陷是以带电离子的形式存在，所以为了使陶瓷材料中的缺陷结构保持电中性的环境，陶瓷中的点缺陷不会单独出现。例如，在AX型陶瓷材料中会形成阳离子空位-阴离子空位缺陷对。这种缺陷可看作是从晶体内部同时移去一个阳离子和阴离子并放置于晶体表面而形成，也被称为肖特基缺陷（图5-5）。由于阳离子和阴离子具有相同的电荷，并且对于每一个阴离子空位来说都有一个阳离子空位与其对应，晶体依然保持电中性。

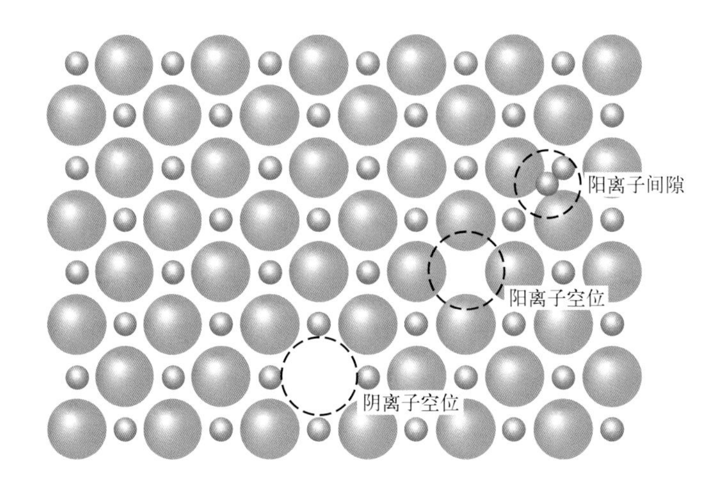

图5-4　阳离子空位、阴离子空位和阳离子间隙点缺陷示意图

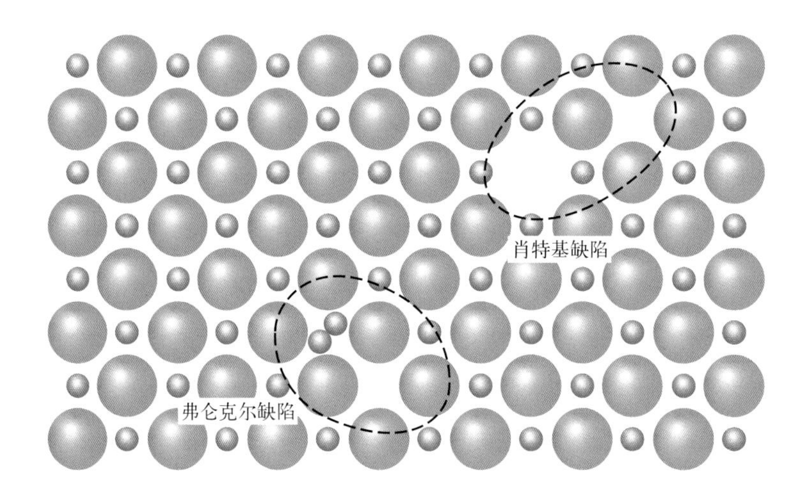

图5-5　离子晶体中的肖特基缺陷和弗仑克尔缺陷

在陶瓷材料中也可以形成弗仑克尔缺陷，也就是阳离子空位和间隙阳离子构成的点缺陷对。该缺陷可看作是阳离子离开其正常位置并迁移到一个间隙位置后形成的。因为阳离子在间隙位置仍保持同样的正电荷，所以体系没有电荷的变化。

与金属中空位浓度的变化趋势一样，陶瓷中弗仑克尔缺陷和肖特基缺陷的热平衡浓度也都会随着温度的升高而增加，因此也可以用类似式（5-1）的形式表达。

无论是形成一个弗仑克尔缺陷还是一个肖特基缺陷，晶体中阳离子与阴离子的比例并没有改变。如果材料中不存在其他类型的缺陷，材料是按照化学计量关系理想配比的，可称为**化学计量离子化合物**，即阳离子与阴离子比率精确满足由其化学式决定的化学计量比。如果某种陶瓷化合物的离子比率偏离其精确的化学配比，那么它就是**非化学计量离子化合物**。当某些陶瓷材料中一种离子类型存在两个价态或离子态时，这种材料就有可能出现非理想配比的情况。以氧化铁（FeO）为例，因为Fe既能以Fe^{2+}又能以Fe^{3+}的形式存在，每一种状态的离子数量受温度和环境的影响。由于Fe^{3+}引入了额外的+1价电荷，在晶体中形成Fe^{3+}就会破坏材料的电中性。为了避免这种情况的出现，就需要其他类型的缺陷来补偿，其结果是每形成两个Fe^{3+}会伴随着一个Fe^{2+}空位（图5-6）的形成。这时，因晶体中的氧离子比铁离子多出一个，就不再是理想配比，不过材料仍然维持其电中性的特点。为了表示具有Fe缺失特征的非理想配比，氧化铁的化学式经常写作$Fe_{1-x}O$（$0 < x < 1$）的形式。

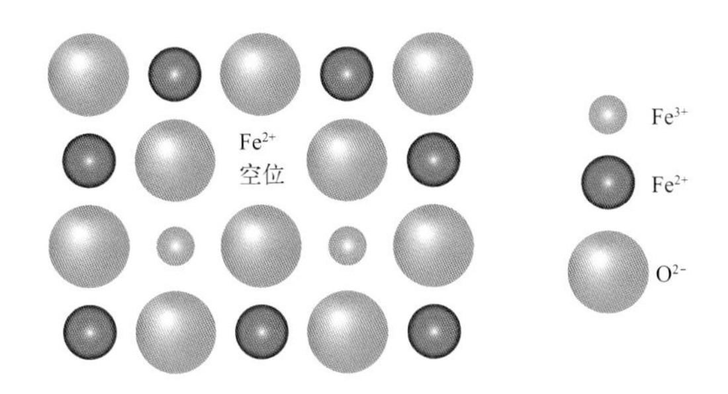

图5-6 FeO中由于两个Fe^{3+}的形成而产生的Fe^{2+}空位

与金属相比，杂质原子在陶瓷材料中形成的点缺陷更为复杂。由于陶瓷中既有阴离子又有阳离子，因此杂质离子会替代与其具有相似电学特性的基体离子。例如，如果杂质原子在某些陶瓷材料中通常形成阳离子，那它最有可能替代的是基体中的阳离子。图5-7给出了阳离子置换型杂质、阴离子置换型杂质以及间隙型杂质的图示。对于置换型杂质原子来说，为了获得较大的固溶度，其离子尺寸和电荷必须与基体离子非常接近。如果杂质离子的电荷与其替代的基体离子的电荷有差别，晶体必须补偿这种电荷差，以保证固体的电中性。其中一个补偿途径就是形成点缺陷，例如上文所述的两种离子类型的空位或间隙。

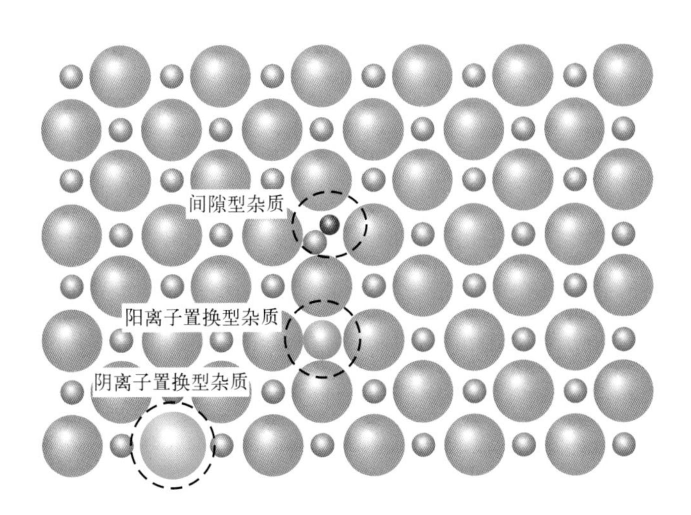

图5-7 间隙型杂质、阴离子置换型杂质和阳离子置换型杂质示意图

5.1.3 晶态聚合物中的点缺陷

在聚合物材料中的晶态区域内观察到了类似于金属中的点缺陷，包括空位及间隙原子和离子。由于聚合物的晶态性质及其链状大分子特征，其点缺陷的形式与金属和陶瓷材料不完全相同。由于聚合物链的端部在化学性质上不同于常规的链单体，所以在链的端部常出现空位形式的缺陷（图5-8）。杂质原子/离子或者原子/离子团都有可能作为间隙物质加

入高分子结构中，它们可能作为主链或短的侧链在晶体中存在。

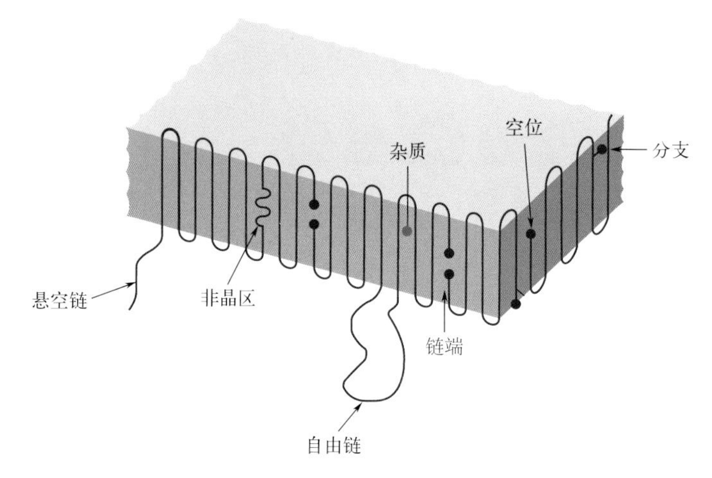

图5-8　聚合物晶体中的缺陷

聚合物中链的分支或是露出晶体外的链段会产生其他类型的缺陷。一个链段可以伸出聚合物晶体区域，然后在另一点重新进入该晶体形成一个环，或者进入另外一个晶体区域成为一个系带分子。

5.1.4　原子振动

固体材料中的所有原子都持续地围绕其晶体内点阵结点的位置进行快速振动。我们对晶体结构中原子位置的描述实际上是原子振动的平均结果，因此从某种意义上讲，这些原子振动可以看作是一种缺陷。

材料中原子振动的频率和振幅与温度有关。在室温下，材料的典型振动频率的数量级为10^{13}次每秒，但是其振幅则只有几千分之一纳米。随着温度的升高，原子振动的频率和振幅都会增大，相应振动的平均能量升高。事实上，固体材料的温度正是其原子和分子振动运动能量的反映。在任何瞬间，并不是所有原子都以同样的频率、幅度和能量进行振动。在给定的温度下，材料组成原子的振动能围绕其平均能量存在一个能量分布。

固体的许多性质和过程都是这种原子振动的体现。例如，当振动强烈到足够打断大多数原子结合键时，材料就会熔化；原子振动离开平衡位置会发生原子的迁移，进而产生扩散现象（第9章）。

5.2　位错

位错是一种线性或一维缺陷，在缺陷周围的原子偏离其正常位置，形成细长管状的线性畸变区域。所有的晶体材料在凝固、塑性变形和热应力（材料快速冷却或加热时产生）存在时都会引入一定数量的位错。

根据位错的几何结构特征，可以将位错分为三种类型：刃型位错、螺型位错和混合型位错。无论是哪一种类型的位错，位错在晶体中存在的形态可形成一个闭合的位错环，或连接于其他位错（交于位错结点），或终止在晶界，或露头于晶体表面，但是不能中断于晶体内部。这种性质被称为位错**的连续性**。

材料史话5-1 位错概念的提出

在二十世纪三十年代以前，材料塑性行为的微观机理一直是严重困扰材料学家的重大难题。1926年，苏联物理学家雅科夫·弗仑克尔（Jacov Frenkel）假定材料发生塑性变形时晶体各部分作为刚体相对滑动，连接滑移面两边的原子结合键同时断裂，这样计算得到常用金属的临界分切应力值约为0.1G（G为剪切模量）。然而在塑性变形实验中，测得这些金属的临界分切应力仅为$10^{-4}\sim10^{-8}G$，比理论强度低了3个以上数量级。

1934年，埃贡·欧罗万（Egon Orowan）、迈克尔·波拉尼（Michael Polanyi）和G. I. 泰勒（G. I. Taylor）三位科学家几乎同时提出了塑性变形的位错机制理论，解决了上述理论预测与实际测试结果相矛盾的问题。位错理论认为，晶体切变并非一侧相对于另一侧的整体刚性滑移，而是通过位错的运动实现。与整体滑移所需的打断一个晶面上所有原子与相邻晶面原子的键合相比，位错滑移仅需打断位错线附近少数原子之间的键合，因此所需的外加剪切应力将大大降低。

5.2.1 位错的结构特征

5.2.1.1 刃型位错

图5-9所示的位错被称为**刃型位错**，其特征是晶体中有一边缘终止于晶体内部的额外原子面，常被称为半原子面。位错的几何中心位于半原子面的边缘，这条边缘线就被称为位错线。刃型位错经常用符号“⊥”来表示，标示在位错线位置，同时也指出了半原子面的位置。刃型位错也可以通过在晶体的下部分引入额外的半原子面形成，这时则用符号“┬”来表示。在位错线附近区域存在局部的晶格畸变。这可以从位错线附近晶格表现出的轻微弯曲反映出来。晶格畸变的程度与离开位错线的距离成反比。在距离位错线较远的地方，晶格仍保持理想状态。

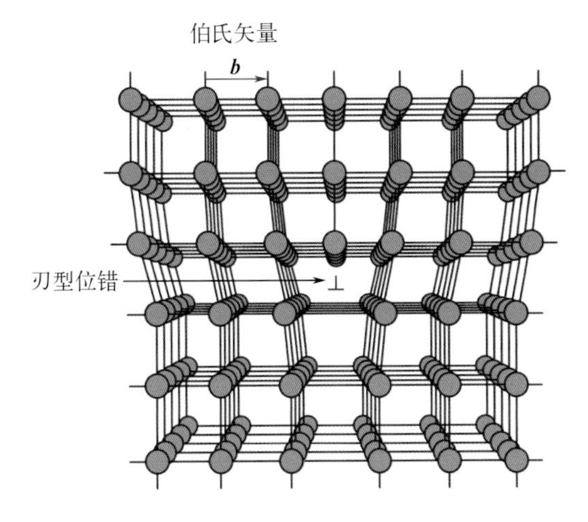

图5-9 晶体中的刃型位错

这些晶格畸变可以看作由位错产生的应变场。如图5-10所示，位于位错线上方半原子面一侧的原子间距变小，因此相对于处在理想晶体中的原子，位于位错线上方的原子受到压缩作用；位于位错线下方的原子状态正好相反，受到拉伸作用。

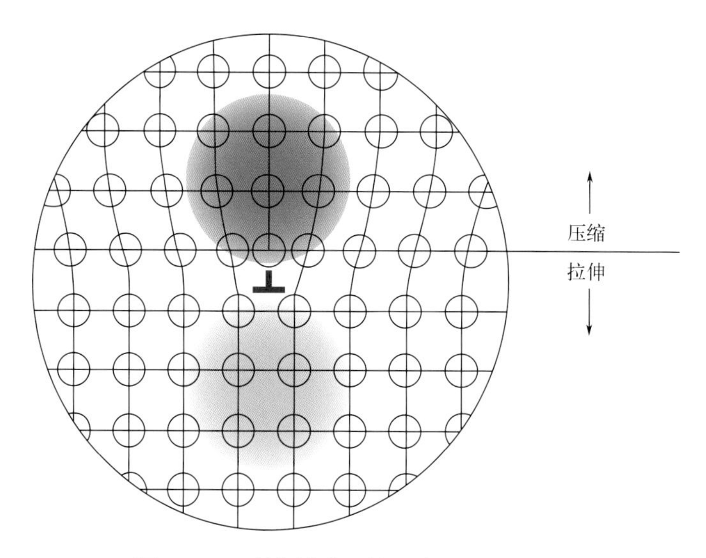

图5-10 刃型位错附近的压缩和拉伸应变场

5.2.1.2 螺型位错

另一种常见的位错类型是**螺型位错**。如图5-11（a）所示，在剪切应力作用下，晶体中产生了畸变，晶体的上部分相对于晶体的下部分偏移了一个原子的距离。因此，螺型位错周围的晶格应变只有剪切应变。螺型位错伴随的晶格畸变同样是线性的，其中心就是位错线，即图5-11（b）中的直线AB，原子错排和晶格畸变沿着位错线呈轴对称分布。如果把位错线处的剪切面（滑移面）上、下原子面上的原子绕位错线连接起来，就可以形成一个螺旋形路径，这也是螺型位错名称的由来。螺型位错经常用符号“↻”来表示。

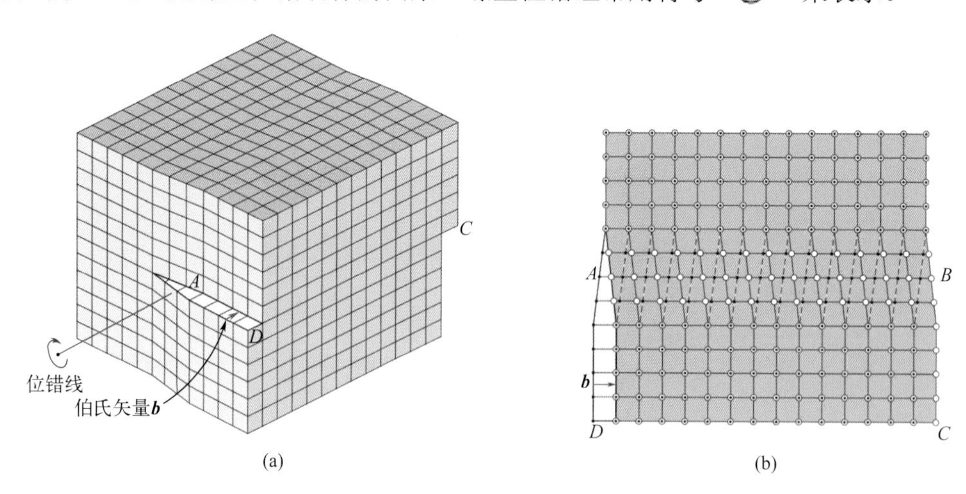

图5-11 晶体中的螺型位错

（a）螺型位错的形成；（b）图（a）的俯视图

（空心圆和实心圆分别表示滑移面上侧和下侧的原子）

5.2.1.3 混合型位错

在晶体材料中大多数位错既不属于纯刃型位错也不属于纯螺型位错，但它们却表现出这两种位错的成分，这样的位错被称为**混合型位错**。图5-12给出了一根混合型位错的示意图。同一根位错线分别从晶体的两个表面向内沿*AB*延伸，*A*和*B*位置分别是纯螺型和纯刃型位错，*A*和*B*之间的位错弯曲部分为两种不同类型的晶格畸变相互混合，表现出不同程度的螺型和刃型位错特征。

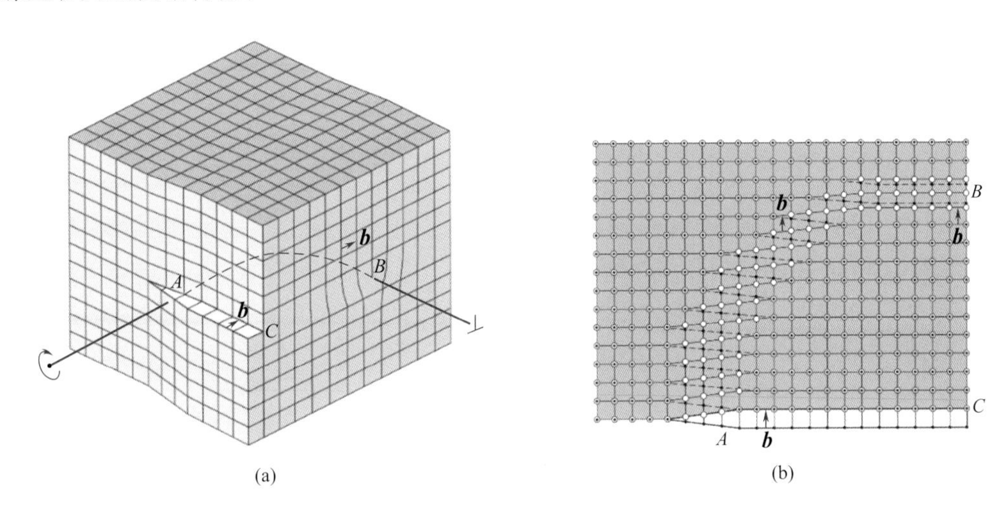

图5-12 晶体中的混合型位错

（a）具有刃型、螺型位错的混合型位错；（b）图（a）的俯视图

（空心圆和黑色点分别表示滑移面上侧和下侧的原子）

5.2.2 伯氏矢量

在前面的位错结构示意图（图5-9、图5-11和图5-12）中，已经分别标出了刃型、螺型和混合型位错的伯格斯矢量（又称伯氏矢量），用箭头和矢量符号$\boldsymbol{b}$表示。**伯氏矢量**是一个反映位错周围晶格畸变程度和方向的物理量，该矢量的大小，即模$|\boldsymbol{b}|$，表示了畸变的程度。此外，该矢量的方向表示了位错的性质，也反映了位错运动导致晶体滑移的方向和大小。晶体中位错的伯氏矢量通常为晶体点阵中最密排或次密排的低指数方向。

5.2.2.1 伯氏回路

借助伯氏回路作图法可以确定位错的伯氏矢量。刃型位错的伯氏回路作图过程如图5-13所示，其中图（a）和图（b）分别为含有一个刃型位错的实际晶体和用作参考的完整晶体，具体步骤如下。

① 首先选定位错线的正向$\boldsymbol{l}$，例如将垂直纸面向外的方向规定为位错线的正方向。

② 在含位错的实际晶体中［图5-13（a）］，从任一原子出发，围绕位错（避开位错线附近的严重畸变区）按照晶格基矢以一定的步数作一右旋闭合回路*MNOPQ*，这个回路称为**伯氏回路**。

③ 在理想晶体中按同样的方向和步数作相同的回路［图5-13（b）］，该回路不封闭，由终点*Q*向起点*M*定义矢量$\boldsymbol{b}$，使该回路闭合。矢量$\boldsymbol{b}$就是该位错的伯氏矢量。

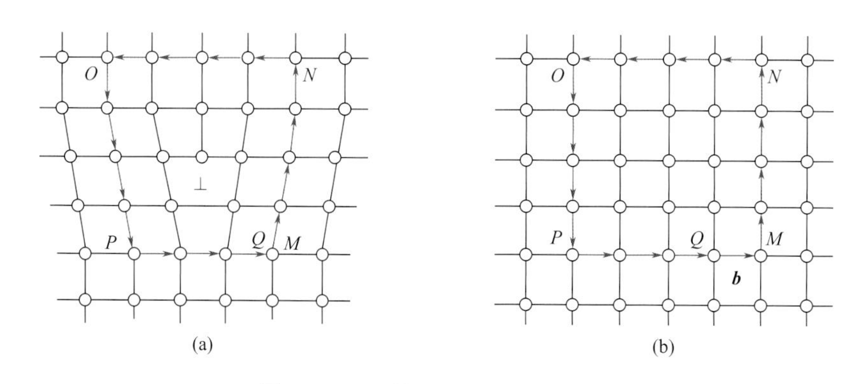

图5-13　刃型位错伯氏矢量的确定

（a）实际晶体中的伯氏回路；（b）理想晶体中相应的回路

根据上述步骤中回路的方向和伯氏矢量的方向，这个确定伯氏矢量的伯氏回路作图方法被称为RH/FS法（right hand / finish to start）。

螺型位错和混合型位错的伯氏矢量也可按同样的方法加以确定。图5-14所示为螺型位错的伯氏回路作图过程，请读者按照上面的步骤确定螺型位错的伯氏矢量。

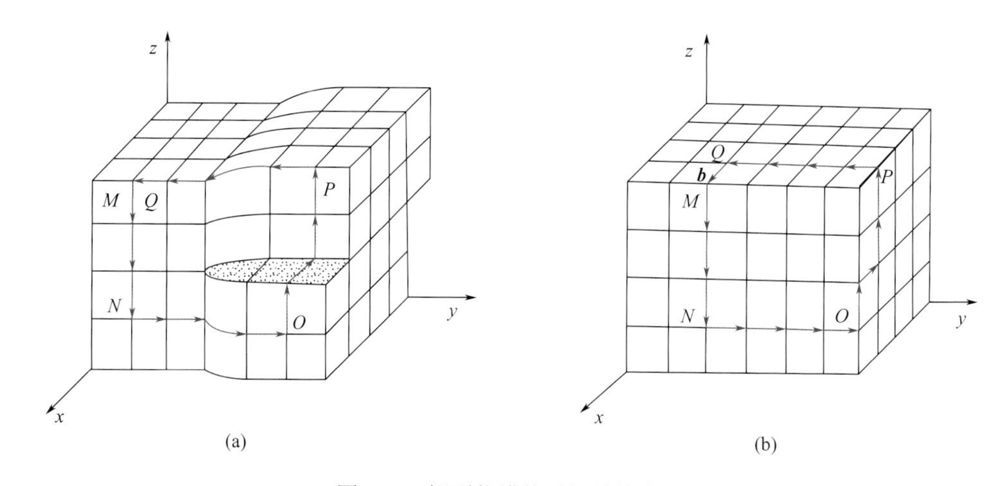

图5-14　螺型位错伯氏矢量的确定

（a）实际晶体中的伯氏回路；（b）理想晶体中相应的回路

5.2.2.2　伯氏矢量与位错类型

位错的类型可以通过位错线和伯氏矢量的相对方向来确定（图5-15）。刃型位错的位错线方向与其伯氏矢量相互垂直，螺型位错的位错线方向则与伯氏矢量相互平行，而混合型位错的位错线方向与伯氏矢量既不平行也不垂直。三种类型位错的主要特征可用矢量图形象地概括，如图5-15所示。

在图5-15中，混合型位错的伯氏矢量与位错线相交成φ角（$0 < \varphi < \pi/2$）。因此可以将伯氏矢量分解成垂直和平行于位错线的刃型位错分量$\boldsymbol{b}_e$和螺型位错分量$\boldsymbol{b}_s$。这样在研究混合型位错的相关性质时，可以将其分解为刃型部分和螺型部分，再分别进行分析。

为便于对位错进行描述和讨论，有时会按照半原子面的方位，将刃型位错分为**正刃型位错**和**负刃型位错**，分别对应半原子面在晶体的上半部分和下半部分。图5-9中的位错为正刃型位错。刃型位错的正负或半原子面的位置可以用右手法则确定，即用右手的拇指、食指和中指构成直角坐标，食指指向位错线的方向，中指指向伯氏矢量的方向，则拇指的指向代表半原子面的方向，且规定拇指向上者为正刃型位错，反之为负刃型位错。

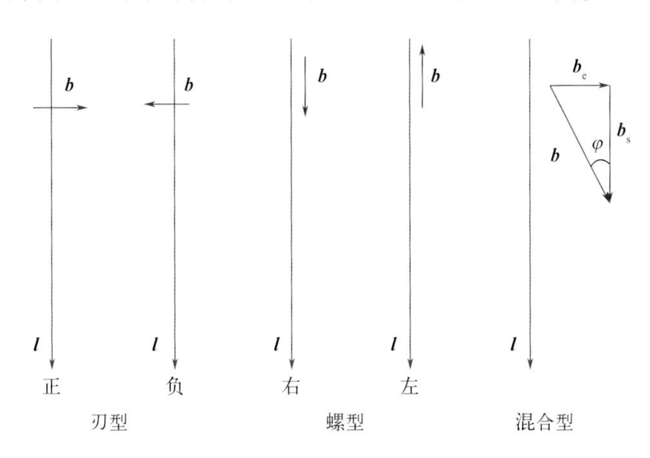

图5-15 根据伯氏矢量和位错线的方向确定位错类型

对于螺型位错，按照位错线周围螺旋形路径的螺旋方向，可以将螺型位错分为**左旋螺型位错**和**右旋螺型位错**。规定 $\boldsymbol{b}$ 与 $\boldsymbol{l}$ 正向平行者为右螺旋位错，$\boldsymbol{b}$ 与 $\boldsymbol{l}$ 反向平行者为左螺旋位错。图5-11中的位错为左旋螺型位错。

需要注意的是，刃型位错的正或负没有本质区别，仅仅是观察方位不同；而螺型位错的左旋或右旋在晶格畸变区的形态上有本质的区别。

5.2.2.3 伯氏矢量的特性

在确定伯氏矢量时，只规定了伯氏回路必须避开位错线附近严重畸变区域，而对其形状、大小和位置并没有作任何限制。这就意味着伯氏矢量与回路起点及其具体途径无关。如果事先规定了位错线的正向，那么按RH/SF方法确定的伯氏矢量就是恒定不变的。换句话说，只要不与其他位错线相遇，不论回路怎样扩大、缩小或任意移动，确定的伯氏矢量是唯一的。这个特征被称为伯氏矢量的守恒性。

尽管一根不分岔的位错线可以在晶体内部改变其方向和属性，比如从刃型位错变成混合型位错，然后变成螺型位错，但是沿位错线所有位置的伯氏矢量是一样的。也就是说，一根位错线只有一个伯氏矢量。例如，图5-16中，弯曲的混合型位错线所有位置将具有图中所示的同一个伯氏矢量，这可以通过伯氏回路作图法确定。这个特征被称为伯氏矢量的唯一性。

5.2.3 位错的线张力

由于位错周围存在弹性应力场，在晶体中引入位错线就会使晶体的能量升高，将单位长度位错引起的晶体能量增加定义为**位错线的能量**。因为位错线的能量正比于其长度，所以位错有尽可能缩短其长度的趋势，因此可以认为位错线有**线张力**，就像液体有表面张力一样。

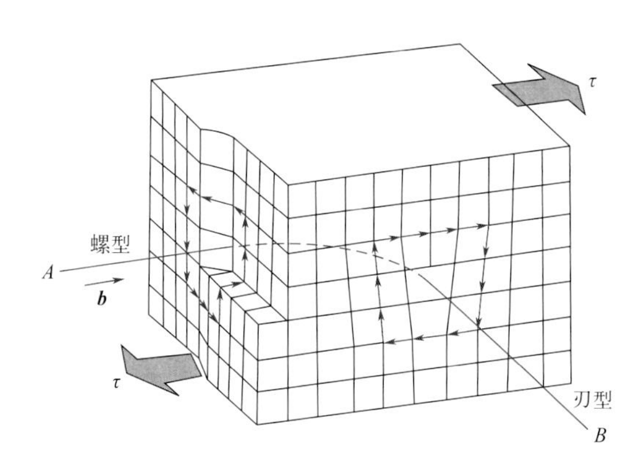

图5-16　混合型位错不同位置的伯氏回路和伯氏矢量

设位错的线张力为T，要使位错线增长dl，必须做功Tdl，从而位错的能量就增加Wdl，其中W为单位长度位错的能量，可以近似表达为

$$W \approx \alpha G b^2 \tag{5-2}$$

式中，G为剪切模量，MPa；α为系数，其数值与几何因素有关。由此可得

$$T = \frac{\mathrm{d}W}{\mathrm{d}l} \approx \alpha G b^2 \tag{5-3}$$

因此位错的线张力在数值上等于单位长度位错线的能量。考虑到位错弯曲和混合位错等各种因素，一般情况下用$\frac{1}{2}Gb^2$作为单位长度位错线的能量和位错线张力。

5.2.4　位错的运动

位错在外加应力场的作用下会发生运动。运动的形式有两种，即滑移和攀移。位错的运动与材料的力学性能如强度、塑性和断裂等都密切相关。

5.2.4.1　位错的滑移

（1）刃型位错的滑移

图5-17是刃型位错运动过程的示意图。当在垂直位错的方向上对晶体施加切应力时，位错就会发生移动。位错横穿过的晶体平面被称为**滑移面**，位错沿滑移面的运动被称为**滑移**。当位错滑移通过整个晶体时，就会在晶体表面沿伯氏矢量方向产生宽度为一个伯氏矢量大小的台阶，即造成了晶体的塑性变形，而晶体又回复到没有位错的完整结构。

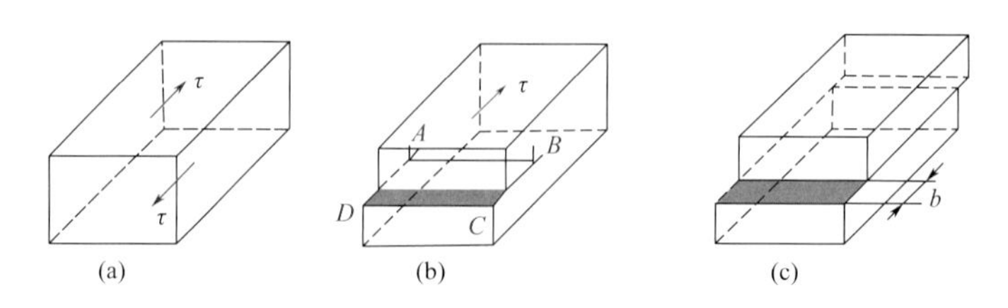

图5-17　刃型位错的滑移过程

（a）未滑移晶体；（b）位错滑移过程的中间阶段；（c）位错滑移通过晶体后形成台阶

从位错的运动过程可以看到，随着位错的移动，位错线扫过的区域逐渐扩大，未滑移区逐渐缩小，两个区域始终由位错线为分界线，因此位错线也可以看作已滑移区和未滑移区的分界线。

在外加切应力作用下刃型位错的滑移过程中，位错附近原子配合移动，只有在半原子面通过的局部区域，晶格结构是被破坏的，而其他区域仍然是有序的完美晶格。这一过程可以形象地看作蚕的蠕动（见图5-18），只需要位错附近的少量原子作远小于一个原子间距的位移就能实现位错运动。

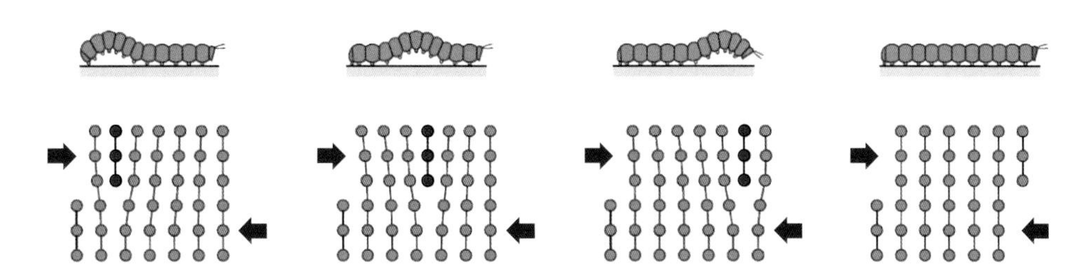

图5-18　刃型位错滑移过程中位错附近的原子运动

刃型位错滑移过程中涉及的各个方向有如下特点（表5-1）：

① 位错的运动方向与外加切应力方向平行，垂直于位错线而平行于伯氏矢量；

② 位错引起的晶体运动方向与位错运动方向平行；

③ 使位错滑移的外加切应力方向与伯氏矢量平行；

④ 位错滑移后，滑移面两侧晶体的相对位移与伯氏矢量平行且大小相等。

表5-1　位错滑移的特点

位错类型	位错线方向与伯氏矢量**b**方向	外加切应力方向与伯氏矢量**b**方向	晶体滑移方向与伯氏矢量**b**方向	晶体滑移量与|**b**|	位错线运动方向与位错线方向	滑移面数量
刃型位错	垂直	平行	平行	相等	垂直	唯一
螺型位错	平行	平行	平行	相等	垂直	多个
混合型位错	不垂直也不平行	平行	平行	相等	垂直	唯一

从图5-17中可以看出，刃型位错的滑移面是由位错线方向$\boldsymbol{l}$与伯氏矢量$\boldsymbol{b}$决定的平面，即面法线方向由（$\boldsymbol{l} \times \boldsymbol{b}$）决定。显然，这个滑移面是唯一的，因此刃型位错的滑移局限在单一的滑移面上。晶体的密排面通常会成为位错的滑移面。

（2）螺型位错的滑移

图5-19是螺型位错运动过程的示意图。位错线沿滑移面滑移通过整个晶体，同样会在晶体表面产生宽度为伯氏矢量大小的台阶，从而使晶体塑性变形。图5-20是在切应力作用下螺型位错附近原子移动的情况，图中实心圆是滑移面上方原子的位置，空心圆是滑移面下方原子的位置。可以看出，在这个过程中，只要位错附近的少量原子作远小于一个原子间距的位移就能实现位错运动。

螺型位错滑移过程中涉及的各个方向有如下特点（表5-1）：

① 位错的运动方向和外加切应力方向不一致，垂直于位错线也垂直于伯氏矢量；

② 位错引起的晶体的运动方向与位错运动方向垂直；

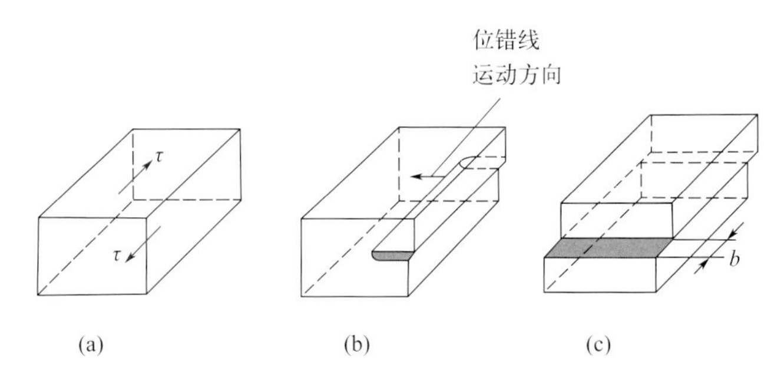

图5-19　螺型位错的滑移过程

（a）未滑移晶体；（b）位错滑移过程的中间阶段；（c）位错滑移通过晶体后形成台阶

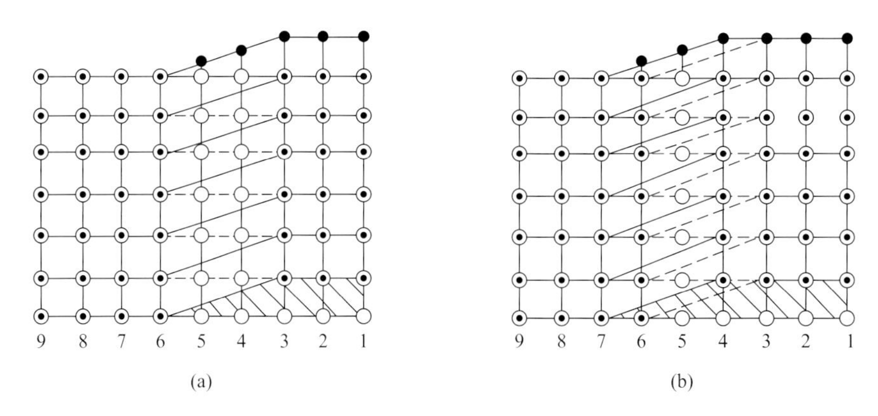

图5-20　螺型位错滑移过程中位错附近的原子运动（空心圆和黑点分别表示滑移面上侧和下侧原子）

（a）位错滑移前；（b）位错向左滑移一个晶格位置

③ 使位错滑移的外加切应力方向与伯氏矢量平行；

④ 位错滑移后，滑移面两侧晶体的相对位移与伯氏矢量平行且大小相等。

对于螺型位错的滑移面，如果同样用（$\boldsymbol{l} \times \boldsymbol{b}$）确定面法线，由于位错线方向与伯氏矢量方向平行，无法确定滑移面。实际上，由于螺型位错为轴对称结构，包含位错线的晶面都可以成为其滑移面。因此，当螺型位错在原滑移面上的运动受阻时，就有可能转移到另一个滑移面上去，这一现象被称为**交滑移**，如图5-21所示。显然，两个滑移面之间的交线平行于位错线方向和伯氏矢量方向。

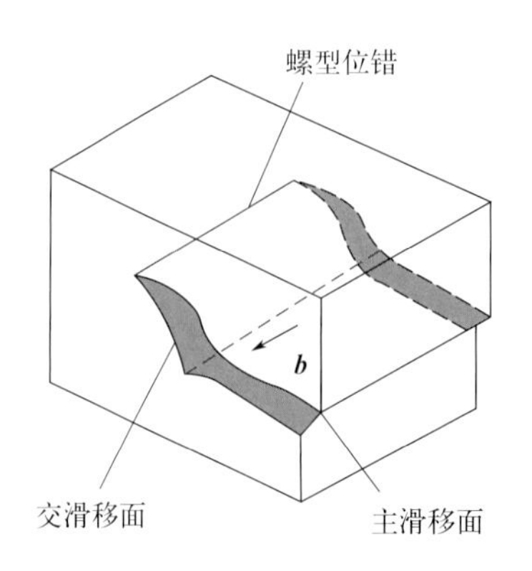

图5-21　螺型位错的交滑移

交滑移只发生于螺型位错中。对于刃型位错，由于其只能在由位错线和伯氏矢量决定的平面上滑移，因此其不能发生交滑移。

（3）混合型位错的滑移

由于混合型位错可以分解为刃型分量和螺型分量，因此，可以根据前文对刃型位错和螺型位错的分析确定混合型位错的滑移运动。图5-22是混合型位错滑移过程的示意图，在切应力作用下，晶体上下两部分沿伯氏矢量方向产生伯氏矢量大小的位移。

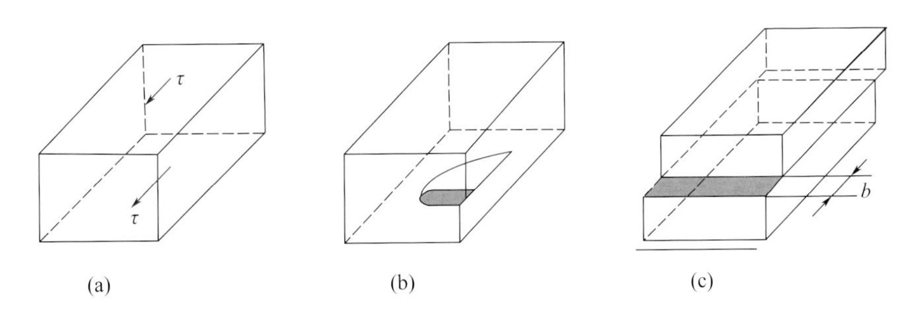

图5-22 混合位错的滑移过程

（a）未滑移晶体；（b）位错滑移过程的中间阶段；（c）位错滑移通过晶体后形成台阶

5.2.4.2 位错的攀移

位错的**攀移**是指刃型位错沿着垂直于滑移面方向上半原子面的运动。当刃型位错沿着半原子面运动，并使半原子面收缩时，称为**正攀移**，反之称为**负攀移**。

位错攀移主要是通过原子或空位的扩散（第9章）来实现。整段位错同时攀移是非常困难的，因此实际上是逐步完成的。在图5-23显示的正攀移过程中，空位扩散到位错附近，形成曲折的位错线段，称为割阶。空位继续向位错聚集，使割阶横向运动，从而使位错逐渐完成攀移。

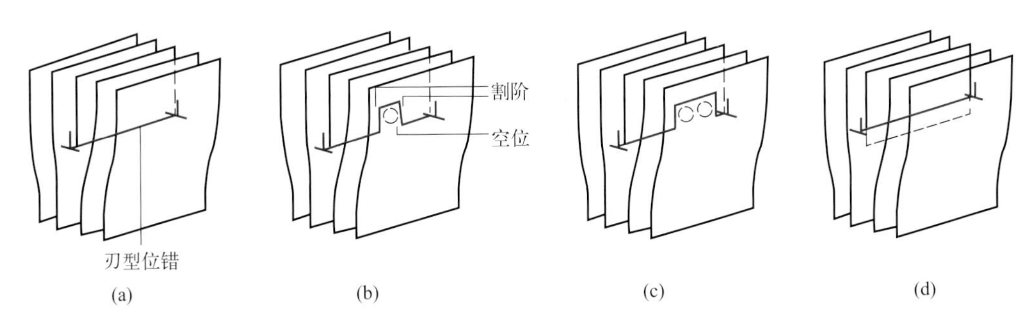

图5-23 刃型位错正攀移

（a）位错攀移前；（b）单个空位运动到位错线附近；（c）多个空位运动到位错线附近；（d）位错完成攀移

因为位错攀移与原子或空位的扩散相关，而扩散过程与温度之间有密切关系，所以位错攀移是一个热激活过程。高温下的位错攀移对位错运动会产生重要影响，位错可以借助攀移运动到一个新的滑移面继续滑移。

除了温度，晶体两端的正应力对攀移也有促进作用。对半原子面两侧施加压应力，促使原子离开半原子面，产生正攀移。对半原子面两侧施加拉应力使原子间距增大，则促使位错产生负攀移。切应力对位错攀移没有作用。

螺型位错只能滑移，不能攀移。这是因为螺型位错没有附加的半原子面，不会存在半原子面扩大或缩小所引起的攀移。此外，因为螺型位错不像刃型位错那样具有确定的滑移面，所以其不需要借助攀移就可以在包含位错线的任何原子面上滑移。

5.2.4.3 位错运动时所受的力

当位错在外加应力场作用下运动时，我们可以假想位错像宏观物体一样受到沿运动方向的力的作用。设晶体受到宏观切应力τ的作用。若长度为L的位错线在此切应力作用下前进了距离ds，晶体中滑移区相应增加的面积为Lds。因为沿此面积晶体的上下两部分相对滑移量为一个b，所以外加切应力所做的功为

$$W = \tau b L \mathrm{d}s \tag{5-4}$$

假设单位长度的位错受到的作用力为f，方向垂直于位错线，则f所做的功为

$$W = fL\mathrm{d}s \tag{5-5}$$

对比式（5-4）、式（5-5），可以得到

$$f = \tau b \tag{5-6}$$

这个力f应该看作是唯象的力，并不代表位错线周围原子的实际受力。位错在力f的作用下发生滑移，因此f被称为滑移力。

类似地，在位错攀移时，也可以得到位错的攀移力，即

$$f_{\mathrm{c}} = -\sigma b \tag{5-7}$$

式中，σ为垂直于攀移面的正应力。

5.2.5 位错的形成与增殖

5.2.5.1 位错的形成

材料在凝固和进一步冷却过程中都能够形成位错。在高温快速凝固过程中，晶体内存在大量过饱和空位，空位的聚集可以形成位错；其他外来晶核表面（包括容器壁）上的位错可以直接生长进入正在凝固的晶体中；由于不同部位形核长大的晶体位向不同，在相遇时的界面错配导致形成界面位错。

在晶体生长过程中也可能产生位错。例如，熔体中杂质原子在凝固过程中不均匀分布使晶体的先后凝固部分成分不同，从而点阵常数也有差异，可能形成位错作为过渡；温度梯度、浓度梯度、机械振动等因素的影响，使生长的晶体偏转或弯曲，引起相邻晶体之间的位向差，它们之间就会形成位错；晶体生长过程中相邻晶粒发生碰撞或因液流冲击，以及冷却时体积变化的热应力等原因会使晶体表面产生台阶或受力变形而形成位错。

在固态冷却，特别是快冷过程中，位错形成的原因更加多样化。固体快速冷却时得到大量过饱和空位，这些空位可以通过扩散聚集在一些晶面上形成空位片，边缘伴随着位错环；温度梯度、杂质等因素引起内应力，导致晶体各部分收缩不均匀而形成位错；冷却过程中发生再结晶或相变，使材料中界面上原子错配形成界面位错。

晶体内部的某些界面（如第二相质点、孪晶、晶界等）和微裂纹的附近，由于热应力

和组织应力的作用，往往出现应力集中现象。当此应力高到足以使该局部区域发生滑移时，就在该区域产生位错。

5.2.5.2 位错的增殖

位错的增殖是指材料中位错密度的增加。**位错密度**定义为单位体积晶体内包含的位错线总长度。然而，在实验上分析位错线的长度难度较大，因为在通常的形貌分析中，只能观察到样品的二维截面，所以位错密度也经常定义为单位面积观察到的位错数目。在充分退火的多晶体金属中，位错密度为10^6～10^8cm^{-2}；在剧烈冷变形的金属中，位错密度大幅度增大，为10^{10}～10^{12}cm^{-2}；即使在超纯金属单晶体中，也含有一定量的位错，位错密度约为10^3cm^{-2}。

在前面分析位错的滑移时，我们注意到一段位错滑移通过滑移面后，将逸出晶体而消失，所以晶体中位错密度在变形过程中似乎应该逐渐减少。然而实际情况正好相反，在变形过程中位错密度会逐渐增加。这说明位错在运动中增殖。人们最为广泛接受的位错增殖机制是弗兰克-里德源（Frank-Read source），如图5-24所示。图5-24中，DC是一段刃型位错，两个端点固定（例如位错网的结点），这段位错被称为弗兰克-里德源，简称F-R源。在外力作用下位错朝受力方向弯曲，并逐步扩大。图5-24（d）中，m和n处分别为左旋和右旋螺位错，它们相互吸引，相遇后湮灭。最后原位错分成两部分，一部分是一个完整的位错环，另一部分回到原来DC位置。这个过程不断重复就会不断产生新的位错环，导致位错增殖。

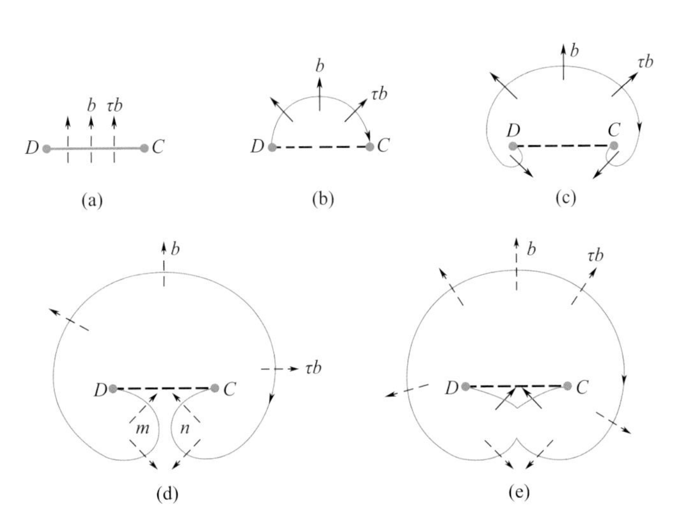

图5-24 弗兰克-里德源位错增殖机制

（a）～（e）显示位错增殖的过程

位错弯曲时，位错运动所受的力与位错张力平衡，并与位错的曲率半径R相关。经推导可得

$$f=\frac{T}{R} \tag{5-8}$$

如果将位错线张力的近似值$T\approx\dfrac{1}{2}Gb^2$代入，可得宏观切应力与曲率半径R的关系为

$$\tau \approx \frac{Gb}{2R} \tag{5-9}$$

因此，位错弯曲所需的应力与位错的曲率半径成反比。当F-R源开动时，位错弯曲的最小曲率半径为$l/2$（l为DC的长度），则可得F-R源开动所需的应力为

$$\tau = \frac{Gb}{l} \tag{5-10}$$

5.3 面缺陷

5.3.1 晶体表面

实际存在的材料都具有有限的体积，在这些材料的边界上总是存在着分界面。**表面**是材料与气体或液体的分界面。为了减小表面能，材料总是尽可能地减小其总的表面积。例如，液体总是呈现出具有最小面积的形状，即球形。因为晶体的结构特征，大多数晶体是各向异性的，某些晶面具有较低的表面能，所以同一晶体可以有许多不同的表面。NiO晶体的表面如图5-25所示。

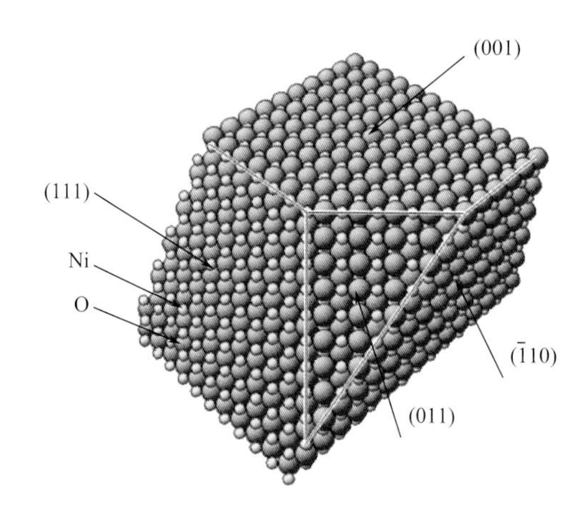

图5-25　NiO晶体的不同表面

材料的表面无论在微观结构上还是化学成分上都与材料的内部存在明显的差别。材料的很多性能是通过表面来实现的，例如表面硬度、表面电导率等。

表面上的原子由于配位数减少，会失去三维结构状态下原子间作用力的平衡，这样材料表面的原子结构必然要发生弛豫和重构。因此，表面不是简单的二维几何平面，而是晶体三维结构与周围环境之间的过渡区。实践中，根据不同领域研究所感兴趣的表面深度，对表面过渡区有不同尺寸范围的划分。

5.3.1.1 表面二维点阵结构

任何一个三维晶体都可以用空间点阵和每个格点上的基元结构进行表征。晶体表面上的原子排列同样能够抽象并形成二维点阵，在每个阵点上加上基元结构就可以完整地描述

表面原子结构。

图5-26所示的二维点阵是晶体表面原子排列的几何抽象。该点阵的基本单元可以定义为二维晶胞，***a***和***b***为二维晶胞的基矢，类似于三维晶体结构，可以定义二维布拉维点阵。经过理论分析确定，只能形成4个晶系，其中长方晶系包括简单长方和有心长方两种二维点阵结构，因此一共有5种二维布拉维点阵（图5-27）。

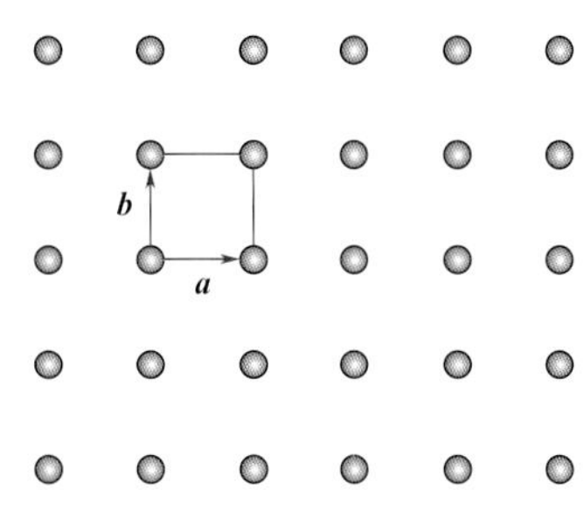

图5-26 二维点阵和二维晶胞

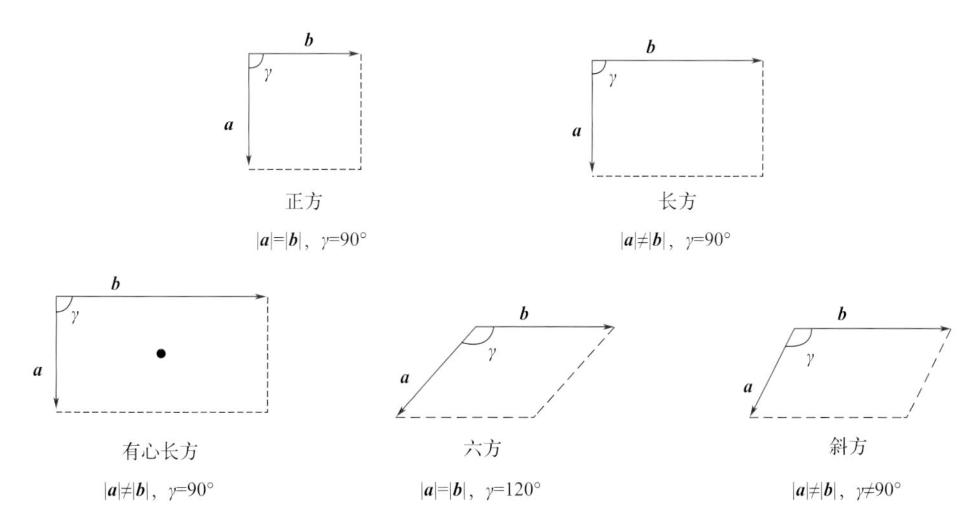

图5-27 表面布拉维点阵结构

5.3.1.2 表面弛豫和重构

理想的表面是理论上结构完整的二维晶体平面。这时，若晶体内部的周期结构在表面中断，表面上原子位置及其结构的周期性与原来无限的晶体内部完全一致。

然而，这种理想的表面是不存在的。由于晶体内部的三维周期性在固体表面处中断，表面上的原子配位情况发生变化，表面附近的原子所处的力场与内部也不相同。因此，表面上的原子常常相对于正常位置产生位移。如果位移是在垂直表面的方向上，使表面层间距发生膨胀或者压缩，这个现象被称为**表面弛豫**，如图5-28所示。例如Al的（110）表面压缩4% ～ 5%，而（111）表面膨胀约2.5%。表面弛豫往往不限于表面上第一层原子，而是可能涉及几个原子层，而且每一层的相对膨胀和压缩也不同。

如果表面原子在平行于表面的方向上产生位移，使表面原子层在表面方向上的周期性与体内不同，这就产生了**表面重构**。图5-29示意了密排六方晶体表面的重构现象。若表面晶格基矢为$\boldsymbol{a}_s$和$\boldsymbol{b}_s$，图5-29中，$\boldsymbol{a}_s$明显大于体内的晶格基矢$\boldsymbol{a}$。一个实际材料的例子是Si的（111）表面，表面原子间距扩大了2倍。

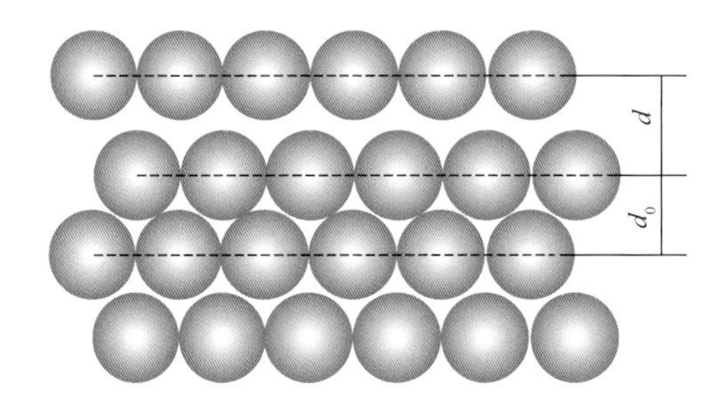

图5-28　弛豫表面间距变化

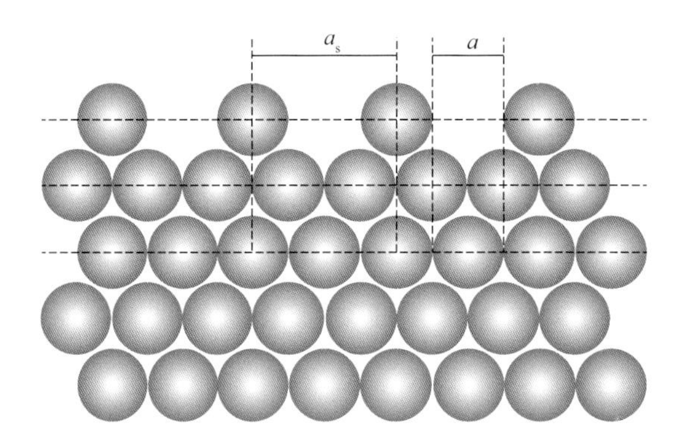

图5-29　表面重构

5.3.1.3　表面缺陷

对于实际的表面，表面原子的热运动和扩散，会形成表面空位缺陷。此外，表面层存在的原子断键和各种表面缺陷，使表面易于富集各种杂质或吸附物质。被吸附物质可以是表面环境中的气相分子及其化合物，也可以是晶体内部扩散出来的元素。这些物质可以简单地被吸附在晶体表面，也可以是外延生长在晶体表面，形成新的表面层，或者进入表面层一定深度实现材料表面改性。

当表面取向偏离理想的晶体密排面时，会形成规则的或者不规则的台阶，构成台阶的各个面往往也是低指数的晶面。偏离了立方晶体（111）表面形成的台阶结构如图5-30所示，台阶的台面仍保持为（111）晶面，侧面是（001）晶面。

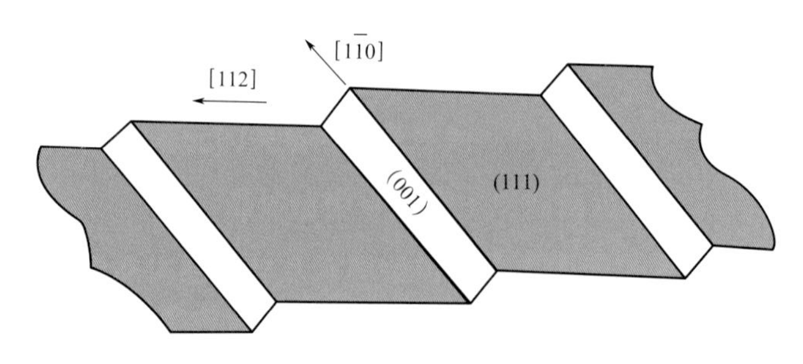

图5-30　表面台阶结构

5.3.1.4 表面能

因为与晶体表面原子相键合的近邻原子数目并没有达到最大值，所以与处于晶内位置的原子相比，外表面处于一种高能量状态。这些不饱和的原子结合键提高了材料的表面能。单位面积表面能，又称为**比表面能**，可以用增加单位表面面积带来的吉布斯自由能变化计算，表达为

$$\gamma = \frac{\Delta G}{A} = \frac{\Delta E - T\Delta S}{A} \tag{5-11}$$

式中，ΔG、ΔE、ΔS为系统中没有表面和含有表面两种状态下的自由能、内能和熵的变化；A为表面面积；T为温度。

表面内能是表面原子近邻原子键数量变化引起的。近邻原子键数减少，断键数增加，表面内能增加。因此，当晶体中密排面形成表面时，表面内能以及相应的表面能较低。这就是FCC结构的晶体最容易形成{111}表面的原因。

5.3.2 晶界

我们通常使用的晶体材料主要是多晶体，其中将具有相同结构但是不同位向的晶粒分开的界面称为**晶界**。晶界的存在对材料的性能有重要的影响。例如，在金属的冶炼和热处理过程中，通过晶粒度的控制改变晶界的分布密度，是获得高强度、高塑性材料的重要手段。在陶瓷功能材料中，可以利用晶界的各种物理效应制成有特定功能的器件。

与表面类似，晶界也不是简单的二维几何平面，而是从一个晶粒的晶体学取向向另一个相邻晶粒的晶体学取向过渡，且具有一定的厚度和一定程度原子错配的区域。晶界的结构和界面错配在很大程度上取决于相邻的两个晶粒的相对取向和晶界相对于这两个晶粒的取向。晶粒之间转动角度小于10°～15°时，晶界错配比较小，晶界被称为小角度晶界。反之，当错配比较大时，被称为大角度晶界。区分小角度晶界和大角度晶界的晶粒之间转动角度是由具体晶体结构和晶界位向决定的，因此是一个角度区间。

5.3.2.1 小角度晶界的结构

按照相邻晶粒之间转动形式的不同，可将小角度晶界分为倾斜晶界和扭转晶界等，它们的界面位错结构具有不同的特征。下面，我们介绍简单立方晶体中几种典型的小角度晶界结构。

（1）对称倾转晶界

对称倾转晶界可看作晶界两侧晶体相对倾斜的结果。如图5-31所示，将一个完美晶体沿（100）晶面切开，左右两部分同时绕x轴相对转动$\theta/2$，然后将转动后的晶体再次连接，并去除重叠的部分，这样就形成了对称倾转晶界。这个过程中会形成两个由（100）晶面构成的台阶表面，在两个表面拼接时，台阶表面构成了附加的半原子面，从而形成了晶界上均匀分布的一系列平行排列的刃型位错，如图5-32所示。从图中可以很容易地看到，位错的间距D与伯氏矢量长度b之间的关系为

$$D = \frac{b}{2\sin\dfrac{\theta}{2}} \tag{5-12}$$

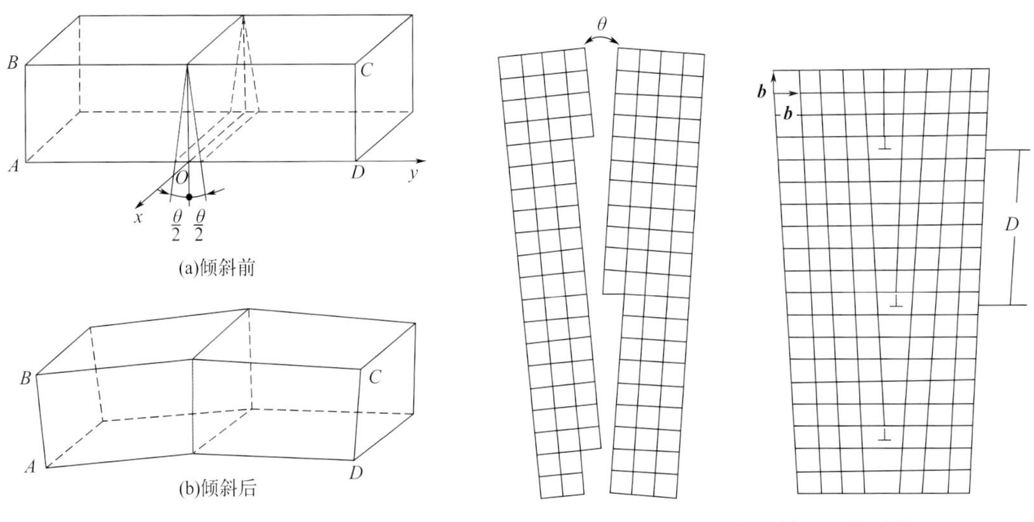

图5-31　对称倾转晶界的形成　　　　图5-32　对称倾转晶界的结构

（2）非对称倾转晶界

如果将对称倾转晶界（图5-33中CE位置）面绕x轴转动一个角度φ，此时两晶粒之间的位向差仍然是θ角，但此时晶界对于两个晶粒是不对称的，因此这个晶界被称为**非对称倾转晶界**。

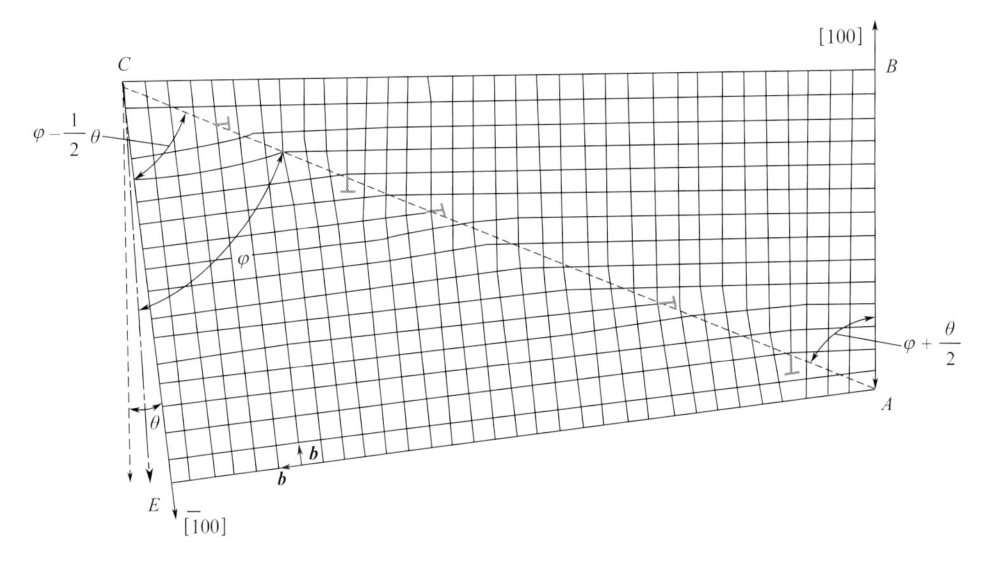

图5-33　非对称倾转晶界的结构

如图5-33所示，由于这个额外的转动φ，在界面上除了对应对称倾转晶界的刃型位错，还会引入另一组刃型位错，两组位错的半原子面互相垂直，伯氏矢量相互垂直，并且两组位错间隔排列。对应对称倾转晶界的位错间距为

$$D_1=\frac{b}{\cos\left(\varphi-\frac{\theta}{2}\right)-\cos\left(\varphi+\frac{\theta}{2}\right)} \tag{5-13}$$

而另一组位错的间距为

$$D_2 = \frac{b}{\sin\left(\varphi + \frac{\theta}{2}\right) - \sin\left(\varphi - \frac{\theta}{2}\right)} \quad (5\text{-}14)$$

（3）扭转晶界

扭转晶界可以看作是晶界两侧晶体绕晶界法线旋转的结果。如图5-34所示，将完美晶体切开后，两部分晶体绕垂直于切面的轴相对扭转一个θ角，然后将两部分晶体连接，这样就形成了一个扭转晶界。对于简单立方晶体形成的（001）扭转晶界，界面含有两组相互交叉且互相垂直的螺型位错，如图5-35所示。有趣的是，每组位错的间距表达式与式（5-12）相同。

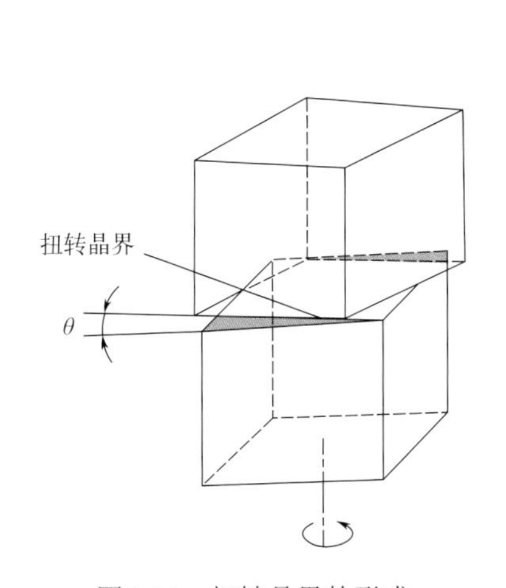

图5-34 扭转晶界的形成

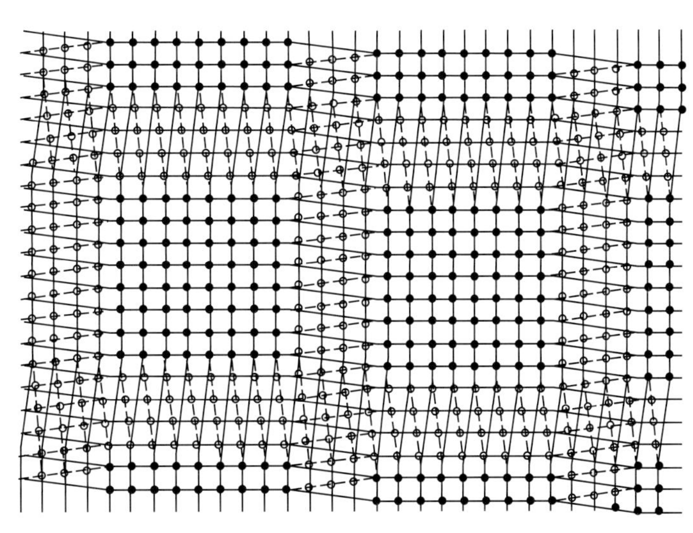

图5-35 （001）扭转晶界的结构

不同晶体结构或不同晶面形成扭转晶界上的位错结构不同。图5-36中的（111）晶界含有三组位错，形成六边形的位错网，由三组互相交叉的螺型位错构成。

扭转晶界和倾转晶界的一个关键差异在于旋转轴的位置。倾转晶界形成时，旋转轴在晶界内，而扭转晶界的旋转轴则垂直于晶界。一般情况下，小角度晶界都可看成是两部分晶体绕某一轴旋转某一角度而形成的，只不过其旋转轴既不平行于晶界也不垂直于晶界。对于这样的任意小角度晶界来说，其界面结构由一系列刃型位错、螺型位错或混合型位错的网络所构成。

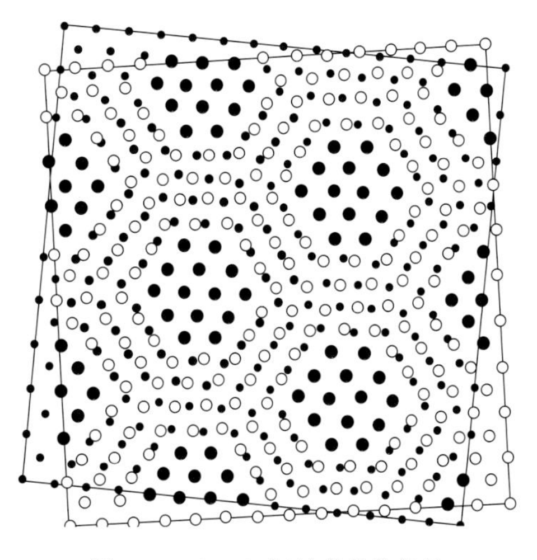

图5-36 （111）扭转晶界的结构

5.3.2.2 大角度晶界的结构

多晶体材料中各晶粒之间的晶界通常为大角度晶界。大角度晶界的结构较为复杂，其中原子排列较不规则，有时难以用位错模型来描述。对于一些特殊的大角度晶界，界面上存在规则分布的、密度较高的共用原子位置，界面经常具有较低的能量状态。据此，人们建立了广泛应用于分析大角度晶界的模型，称为重合位置点阵模型。

设想两晶粒的点阵彼此通过晶界向对方延伸，则其中一些点阵结点将出现有规律的相互重合，这些重合位置组成的比原来晶体点阵大的新点阵就是**重合位置点阵**（coincidence site lattice，CSL），简称重位点阵。如图5-37所示，将两个相邻的正方结构晶粒（标记为晶格1和晶格2）相对旋转36.87°，可以看到周期性重合位置构成的CSL。

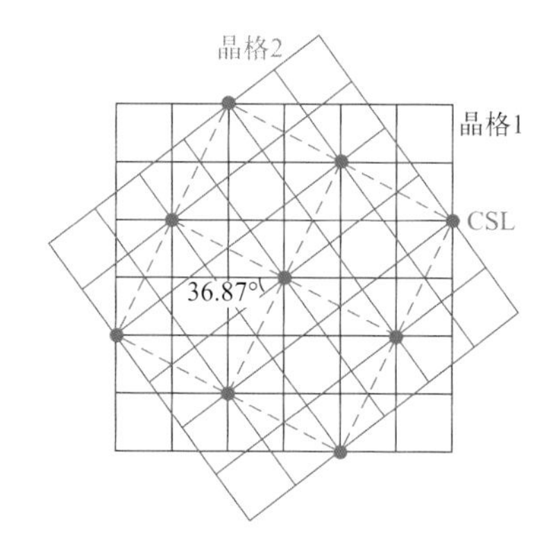

图5-37　简单立方点阵形成$\Sigma5$重位点阵

重位点密度是CSL模型的重要参量，习惯上以重位点的倒易密度表示，它由下式计算

$$\Sigma = \frac{\text{CSL单胞体积}}{\text{晶格单胞体积}} \tag{5-15}$$

请注意，Σ值是一个体积比，它的倒数表示在给定体积中重位点与晶体阵点数量的比例。Σ值越小，空间中重位点密度越大，界面上含重位点的可能性也越大。在图5-37的结构中，每5个点阵结点中即有一个是重合位置，故重合位置点密度为1/5，可以称为$\Sigma5$ CSL。

显然，由于晶体结构及所选旋转轴与转动角度的不同，可以出现不同重位点密度的CSL。表5-2列出了立方晶体形成一些代表性CSL的旋转轴和旋转角度。

表5-2　立方晶体常见的旋转轴和旋转角度

旋转轴	旋转角度/(°)	Σ
<100>	22.62	13
	28.07	17
	36.87	5
<110>	26.53	19
	38.94	9
	50.48	11
	70.53	3
	86.63	17
<111>	27.80	13
	38.21	7
	46.83	19
	60.00	3

CSL模型可以提供一个简单有效地理解晶界结构的方法。显然，实际形成的界面倾向于选择重位点密度较高的晶面，即CSL的密排面。对于一般金属材料来说，只有低Σ的CSL中才可能有含高密度重位点的面，因此低Σ值的CSL才有应用意义。低Σ值为多少需要根据经验判断，实践中人们所关心的Σ值的上限约为29。在$\Sigma5$ CSL（如图5-37所示）的基础上，选择重位点密度较高的（310）面形成晶界，去除这个晶面两侧重叠的点阵，即可形成一个晶界（图5-38），晶界含有一系列的原子尺度台阶结构。

如果晶界与CSL的密排面不重合，但是偏离一定的角度，则晶界趋向于使大部分面积

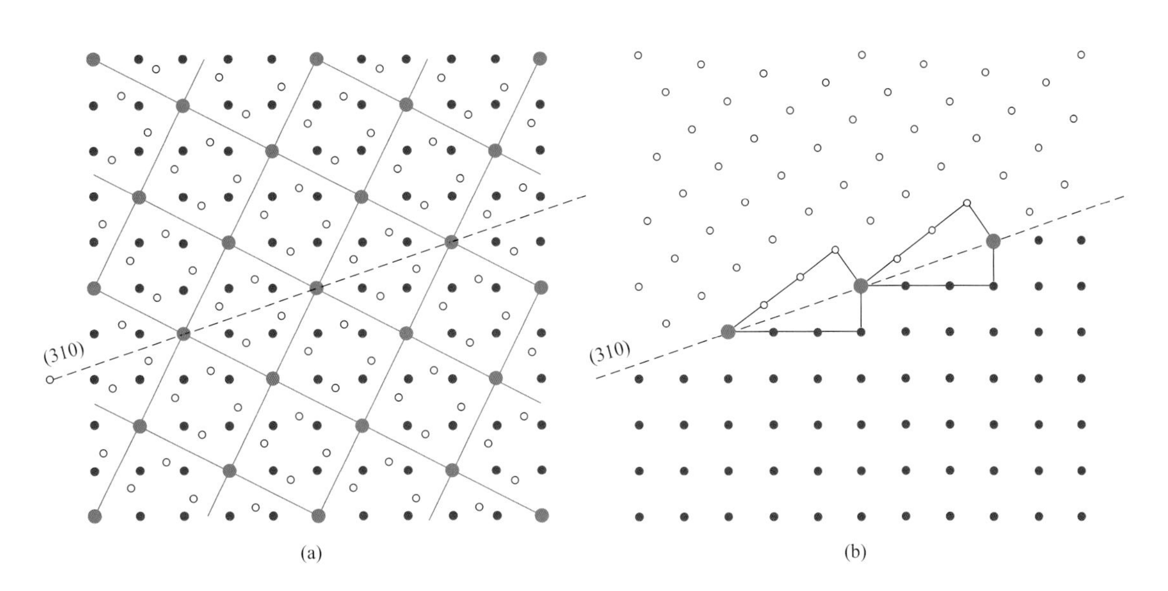

图5-38　立方晶体Σ5 CSL和(310) 晶界

（a）选择重位点密度较高的（310）面作为晶界；（b）（310）晶界的结构

分段地与CSL密排面重合，中间由台阶相连接。晶界结构，如图5-39所示，*AB*、*CD*两段为台阶结构的台阶面，与CSL的密排面重合（实心圆），中间由台阶*BC*连接。

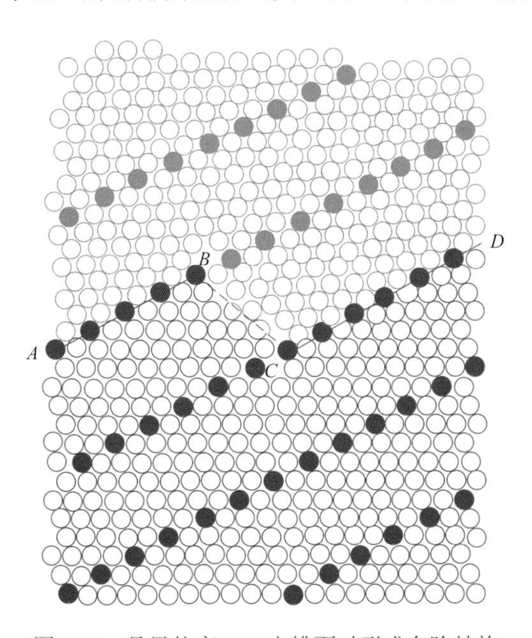

图5-39　晶界偏离CSL密排面时形成台阶结构

材料史话5-2　巴路菲与CSL晶界

罗伯特·巴路菲（Robert W. Balluffi, 1924—2022）1947年获得麻省理工学院（MIT）理学学士学位，1950获得MIT科学博士学位。1950—1954年，他在Sylvania电子产品公司担任高级工程师，随后在哥伦比亚大学担任实验助理。1954—1964年这十年间，他在伊利诺伊大学香槟分校任材料科学与工程教授，随后在康奈尔大学任材料学教授。1978

年他转到MIT任物理冶金教授。1982年成为美国国家科学院院士，1987年获得Aata Materialia金奖。

Balluffi教授从事ZnO晶界结构和电子特性的研究工作。当ZnO晶界掺杂Bi、Pr、Co或Ni时晶界就会形成局部电子态，这将导致在晶界处产生贫化区，使材料具有有助于生产商业压敏电阻器的非线性*I-V*曲线关系特性。他采用高分辨电子显微学观察和计算机模拟晶界原子结构，确定晶界掺杂后的结构，并对晶界电子结构及相关电子性质进行分析。

正因为他的开创性实验和分析以及在阐述这些研究时清晰的表述，人们对烧结、克肯达尔效应、位错攀移、固态扩散、辐射损伤的产生和回复、金属和陶瓷材料晶界结构与晶界能量等形成基础认识。Balluffi最早从实验上验证了CSL晶界能量更低。他与A. P. Sutton编著的《晶体材料中的界面》(*Interfaces in Crystalline Materials*)是全世界科研人员公认的界面科学经典著作。

5.3.2.3 孪晶界

当两个晶体（或一个晶体的两部分）沿一个公共晶面构成镜面对称的位向关系时，即一个晶体的原子位于另一个晶体的镜像位置，这两个晶体就称为**孪晶**，此公共晶面就称为**孪晶面**。分隔两个孪晶的界面就是**孪晶界**，可分为共格孪晶界与非共格孪晶界两类。

如果孪晶界平行于孪晶面，且界面上的原子完全坐落在界面两侧晶体的点阵位置上，与两侧晶体的点阵完全匹配，这种界面就称为**共格孪晶界**，如图5-40（a）所示。我们通常讲的孪晶界大多指的是共格孪晶界。共格孪晶界一般是晶体中特定的晶面，往往是密排面，如FCC结构中的{111}面。如果孪晶界相对于孪晶面偏转一定角度，则得到**非共格孪晶界**，如图5-40（b）所示。此时，孪晶界上只有部分原子为两部分晶体所共有，因而原子错排较严重。

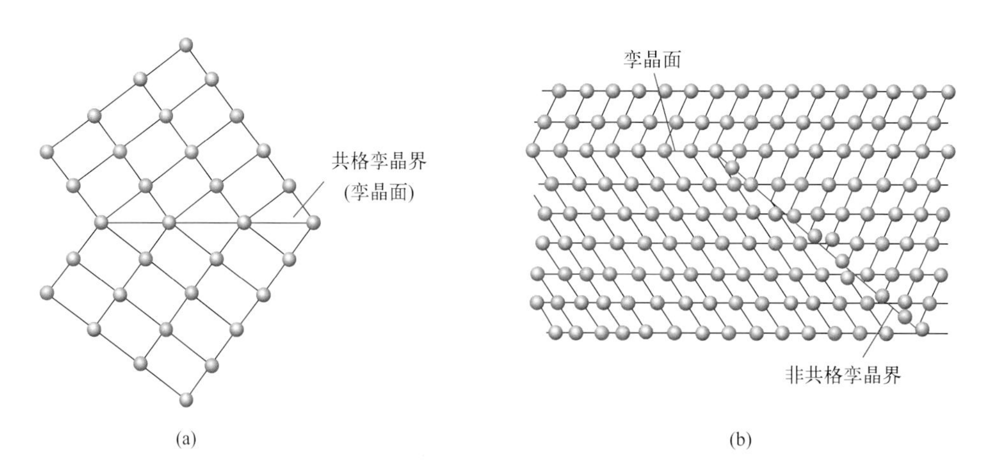

图5-40 孪晶面和孪晶界

（a）共格孪晶界；（b）非共格孪晶界

孪晶的形成与晶面的堆垛有密切关系。对于FCC晶体的{111}面，堆垛顺序为*ABC*，如果从某一层开始，例如*A*层，其堆垛顺序发生颠倒，就成为*ABCABCACBACB*，形成了镜面对称的孪晶关系，在…CAC…处形成了孪晶面，可作为共格孪晶界。

孪晶可以由外加机械剪切力作用下的原子迁移造成，即**形变孪晶**，也可以由形变材料在进行退火热处理时产生，即**退火孪晶**。孪晶的形成与晶体结构有关，退火孪晶一般可以在具有FCC晶体结构的金属材料中发现，而形变孪晶则经常在具有BCC和HCP结构的金属中观察到。

5.3.2.4 晶界能

小角度晶界结构由多组周期性排列的位错构成，因此晶界能就是单位面积界面上位错的总能量。以由一组刃型位错构成的对称倾转晶界为例，经理论推导，得到晶界能为

$$\gamma = \gamma_0\theta\left(A - \ln\theta\right) \tag{5-16}$$

式中，$\gamma_0=\dfrac{Gb}{4\pi(1-\nu)}$（$\nu$为泊松比；$G$为剪切模量；$b$为伯氏矢量的模量）；$A=\dfrac{E_c 4\pi(1-\nu)}{Gb^2}$（$E_c$是位错芯部严重畸变区域的能量）；$\theta$为两晶粒位向差。式（5-16）被称为**Read-Shockley公式**。在图5-41中示意了小角度晶界的晶界能随着晶界两侧晶粒位向差θ的变化，可以看出晶界能随位向差增大而增大。如果晶界含有螺型位错，或者多于一组位错，通过类似的推导得到晶界能仍具有式（5-16）的形式。

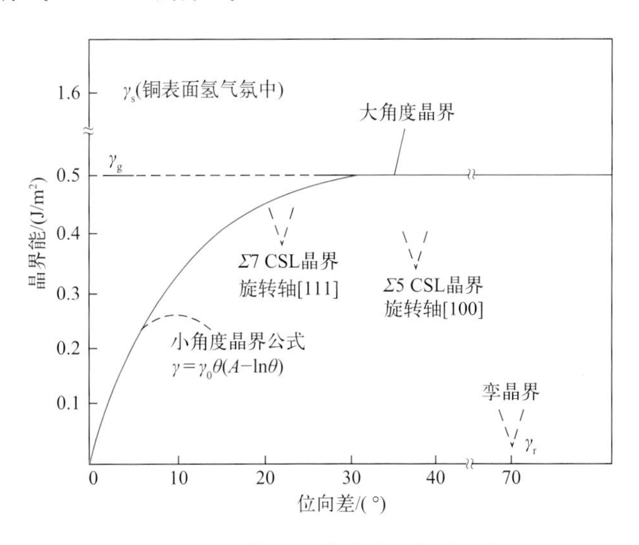

图5-41 铜的不同类型晶界的晶界能

对于一般的大角度晶界，原子排列混乱，没有周期性匹配位置，界面原子键合受到很大破坏，晶界能较高，并且随晶粒位向差变化较小。特殊位向的大角度晶界，形成了CSL，晶界上有高密度的重合位置，使晶界上部分原子为两个晶粒所共有，晶界附近晶格畸变程度较小，所以晶界能也相应降低。共格孪晶界是无畸变的完全共格界面，界面能量很低，约为常见小角度晶界界面能的1/10甚至更低。

5.3.3 相界

在多相材料中，不同相之间的界面称为相界。根据相界上的原子排列情况和晶格匹配特点，相界可分为共格相界、半共格相界和非共格相界三种类型。

5.3.3.1 共格相界

共格相界是指界面上的原子同时位于两相晶格的结点上，即两相的晶格是彼此相接的，界面上的原子为两者共有。图5-42（a）所示是一种无畸变的完全共格相界，两个晶体化学成分不同，但晶体结构相同，沿密排面相接形成界面，并且密排方向平行。完全共格相界的界面能很低。

然而，对多数相界而言，界面两侧的两相可能具有不同的晶体结构，这时如果两个晶体具有较特殊的位向，使两个晶体的密排面在界面处相接，界面处的原子间距相同，那么仍能形成共格相界，如图5-42（b）所示。

如果界面上的原子间距有较小的差异，那么两个晶体中的一个或者两个在界面附近产生一定的弹性畸变，晶面间距较小者发生伸长，较大者产生压缩，能够使界面形成共格结构，如图5-42（c）所示。

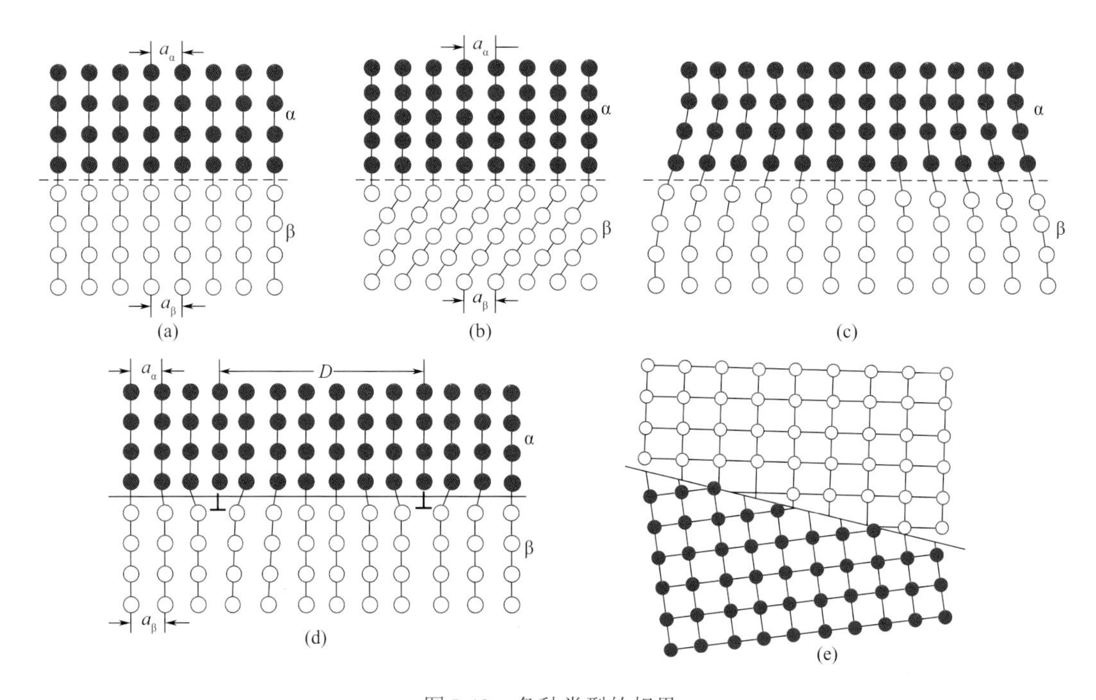

图5-42 各种类型的相界

（a）晶体结构相同的无畸变共格相界；（b）晶体结构不同，由特殊位向形成的无畸变共格相界；（c）有弹性畸变的共格相界；（d）半共格相界；（e）非共格相界

5.3.3.2 半共格相界

若两相邻晶体在相界面处的晶面间距相差较大，则在相界面上不可能做到完全一一对应，于是在界面上将产生周期性排列的位错，以容纳界面上的错配。除了位错位置以外，界面上其他区域的两相原子仍保持共格状态，这样的界面称为**半共格界面**。

对于图5-42（d）所示的这种简单的半共格界面，两个简单立方点阵{100}面互相平行，并且界面也平行于某个{100}面。两相点阵常数分别为a_α和a_β，并且$a_\alpha < a_\beta$，点阵常数的差异使界面上形成周期性刃型位错，位错的伯氏矢量为平行于界面的点阵基矢。这种情况下，可以很容易根据界面错配度计算位错间距。

界面错配度可以定义为

$$\delta = \frac{a_\beta - a_\alpha}{a_\alpha} \tag{5-17}$$

从图5-42（d）中可见，位错间距为

$$D = (n+1)\, a_\alpha = n a_\beta \tag{5-18}$$

式中，n为正整数。由此可得

$$n = \frac{a_\alpha}{a_\beta - a_\alpha} \tag{5-19}$$

因此可得位错间距的表达式为

$$D = \frac{a_\alpha a_\beta}{a_\beta - a_\alpha} = \frac{a_\beta}{\delta} \tag{5-20}$$

5.3.3.3 非共格相界

当两相在相界面处的原子排列相差很大时，即错配度δ很大时，只能形成非共格界面。这种相界可看成是由原子不规则排列形成的很薄的过渡层。

虽然本节中共格、半共格和非共格的概念是基于相界进行介绍的，但是这些概念也可以用于晶界。例如，孪晶界就是共格界面，小角度晶界是半共格界面，错配度较大的一般大角度晶界可以形成非共格界面。

5.3.3.4 相界能

和晶界一样，相界同样具有界面能。相界能包括两部分，即弹性畸变能和化学交互作用能。弹性畸变能的大小取决于错配度δ的大小，而化学交互作用能则取决于界面上原子与周围原子的化学键结合状况。相界面结构不同，这两部分能量所占的比例也不同。例如，对于共格相界，由于界面上的原子保持着匹配关系，故界面上原子结合键数目不变，因此应变能是主要的；而对于非共格相界，由于界面上原子的化学键数目与晶内相比有很大的差异，所以其界面能以化学交互作用能为主，而且总的界面能较高。从相界能的角度来看，从共格至半共格到非共格相界，其相界能依次递增。这种有畸变共格相界的能量比具有理想共格关系的界面能量高很多。

5.3.4 其他面缺陷

其他可能的面缺陷还包括堆垛层错和畴界。当FCC结构金属的密排面的堆垛顺序*ABCABCABC*……发生中断时，就会出现**堆垛层错**。层错的形成可以由多种因素引起，如温度变化、化学反应、机械应力和其他环境因素。

晶畴是指晶体中化学组成和晶体结构相同的各个局部范畴。缺陷、掺杂、相变等会改变晶体原有的对称性，产生不同的状态（如不同取向、原子排布），从而形成了晶畴。畴区与畴区之间的边界称为**畴界**。由于组成和结构的相似性，不同晶畴之间可以通过一定的对称操作实现对称重复，根据对称操作的不同可以分为反相畴和双晶畴结构。在反相畴结构中，不同晶畴之间可通过平移操作实现对称重复；而在双晶畴结构中，不同晶畴之间可通过旋转操作实现对称重复。

对于聚合物材料，其折叠链层之间的表面可以看作是一种面缺陷。这个面缺陷是相邻晶体区域的界面，或者晶体区域与非晶体区域之间的界面。

5.4 体缺陷

体缺陷指的是在三维尺寸上的一种晶体缺陷，一般指固体材料中的微孔、裂纹、外来夹杂或其他相，其尺度比上述讨论的缺陷尺度要大得多。这些缺陷一般是在材料加工或制造过程中引入的。后续章节中会介绍这些缺陷以及它们对材料性能的影响。

习题

1. 纯金属中的点缺陷有哪些基本类型？

2. 杂质原子在晶体中经常以点缺陷的形式存在，包括置换原子和间隙原子。试分析形成这些点缺陷时，周围的晶格畸变情况。

3. 计算Cu在1000℃下，每立方米体积中的热平衡空位数。已知Cu在1000℃下空位形成能0.9eV/atom，原子质量63.5g/mol，密度8.40g/cm^3。

4. 位错有哪些基本类型？不同类型位错的伯氏矢量方向与位错线方向之间有什么关系？

5. 为什么螺型位错的滑移面不能唯一确定？

6. Cu金属具有FCC结构，点阵常数为0.362nm。请计算该材料中常见位错的伯氏矢量长度。

7. 在某种FCC结构的晶体中一个位错的伯氏矢量为[101]/2，位错线方向为$[\bar{1}01]$。请确定这个位错的类型。这个位错能攀移吗？

8. 小角度晶界的界面能通常低于大角度晶界，为什么？

9. 为什么晶体自然生长的表面经常是晶体结构中的密排面。

10. 一个简单立方晶体的点阵常数为0.30nm。若通过绕[001]方向转动形成对称倾转晶界，试计算当晶界两侧晶粒位向差为5°时，晶界上位错的间距。

11. 如何表达重合位置点阵中重位点的密度？

12. 根据相界的晶格匹配情况，相界可以分成哪些类型？试比较它们的界面能。

第二部分　形变与强化

第6章 材料力学性能

材料作为我们生活和工业生产的基石，其力学性能在很大程度上决定了它的应用范围和潜在价值。力学性能描述了材料在不同环境条件下，如温度、湿度和介质等，受到外力作用时的响应方式，包括强度、塑性、韧性、硬度以及疲劳强度等多个关键指标。对于工程师和设计师而言，理解材料的力学性能至关重要。例如，建筑师需要知道所选建材的承载能力和耐久性；汽车设计师需要确保车辆的结构安全，并满足驾驶舒适度的要求。因此，材料力学性能的测试与分析成为产品质量控制和保证安全性的关键环节。

本章将引领读者深入理解应力、应变以及它们之间的关系。重点讨论材料的拉伸行为，并进一步拓展到压缩、剪切、扭转、弯曲以及硬度和冲击性能等其他常用力学性能。此外，本章还将关注材料力学性能在不同环境条件下的变化，以及如何在设计中考虑这些变化以确保安全。

6.1 应力与应变

当固体受到外力作用时，外力将传递到固体的各部分，因而固体的一部分对相邻的另一部分就会产生或传递作用力。作用在单位面积上的力就称为**应力**，其计算公式为

$$\sigma = \frac{F}{A_0} \tag{6-1}$$

式中，σ为应力，MPa；F为垂直于试样横截面的瞬时载荷，N；A_0为施加负载前的横截面积，m^2。如果某部分物体受到的作用力沿着物体表面的外法线方向，这种力被称为拉力。拉力试图使该部分物体伸长，并相应地产生**拉应力**。如果作用力和物体表面的外法线方向相反，则此力为压力，它试图使该部分物体缩短，并产生**压应力**。拉应力和压应力都与作用面垂直，统称为**正应力**。如果作用力与作用面平行，这种力被称为剪切力，单位面积上的剪切力被称为**剪切应力**，简称切应力，它试图改变物体的形状而不改变其体积。剪切应力τ的公式形式与式（6-1）相同，即

$$\tau = \frac{F}{A_0} \tag{6-2}$$

在一般情况下，作用力和作用面既不垂直也不平行，为了便于分析，可将应力分解为正应力和切应力两个分量。

当固体受到外力作用时，不仅可能发生整体的位移，而且固体内部的质点间必然发生相对位移。前者的位移与固体的变形无关，而后者的位移决定了固体的应变。应变的种类繁多，其中最常见的是正应变和剪切应变。**正应变**是指在拉伸或压缩力的作用下，物体发生的长度变化与原始长度之比，通常用ε表示，其计算公式为

$$\varepsilon = \frac{l_i - l_0}{l_0} = \frac{\Delta l}{l_0} \tag{6-3}$$

式中，l_0是施加载荷前的初始长度；l_i是瞬时长度；Δl为某一瞬间在初始长度基础上的伸长量或长度的变化。应变量纲为1，有时会用百分数表示。应变与材料紧密相关，这是因为不同材料的内部结构和物理性质对形变有不同的抵抗能力。

剪切应变则是指在剪切力的作用下，物体发生的切向形变程度，可以用切向偏斜角θ的正切定义，通常用γ表示，即

$$\gamma = \tan\theta \tag{6-4}$$

6.2 弹性变形与塑性变形

6.2.1 弹性变形

弹性变形是指物体受到外力作用后发生的形变，当外力撤去后，物体又能恢复到原来的形状。弹性变形的特点是具有可逆性和完全恢复性。弹性变形在实际应用中发挥着不可或缺的作用，从工程结构到日常生活用品，从材料科学到生物医学，都离不开对弹性形变的深入理解和应用。

生活中，我们经常会使用弹簧。例如，弹簧的伸长（或收缩）与外力成正比，利用弹簧这一特性可以制成弹簧秤。许多建筑物大门的合页上都安装了复位弹簧，人进出后，门会自动复位。人们还利用这一功能制成了自动伞、自动铅笔等用品，各种按钮和按键也少不了复位弹簧，机械钟表、发条玩具都是靠上紧发条带动，在汽车车架与车轮之间装有弹簧来减缓车辆的颠簸。

在工程领域，弹性变形原理被广泛应用于工程设计和结构分析中。例如，在桥梁设计中，设计师通过计算各个部位的弹性变形情况来确保桥梁具有足够的稳定性和承载能力。弹性变形原理在地震工程中也有着重要的应用。地震具有破坏性的力量，通过研究弹性变形原理，地震工程师可以预测地震对建筑物的影响，从而设计出能够抵御地震力的建筑结构。在现代电子设备中，很多精密的元件也需要考虑弹性形变的影响。例如，在微电子机械系统（micro-electromechanical system，MEMS）中，弹性形变直接影响元件的性能和稳定性。在生物科学领域，弹性变形原理也被应用于对细胞的研究。细胞在受到机械力作用时，也会发生弹性变形，通过研究细胞的弹性变形，可以更好地理解生物体的生理学和病理学。

6.2.2 塑性变形

材料在外力作用下产生变形，而在外力去除后，弹性变形部分恢复，不能恢复而保留下来的那部分变形为**塑性变形**。对于大多数材料，从弹性变形到塑性变形的过渡是逐渐发生的。

在构件的使用过程中，通常要避免塑性变形的发生，因为它可能会影响构件的使用功能要求。相应地，在结构设计时，我们需要确保材料仅发生弹性变形。然而，在产品的加工过程中，塑性变形却具有非常重要的意义。大部分金属和高分子材料都需要通过塑性变形进行加工，例如钢铁厂利用塑性变形进行金属丝的拉制和薄板冲压等过程。此外，塑性变形的硬化作用可以提升金属的强度性能，如屈服极限和硬度等，但是会降低其塑性性能，如延伸率和断面收缩率等，这些概念将在后文中详细介绍。

6.3 材料的拉伸性能

拉伸性能是材料的基本力学性能之一，也是工程应用中结构强度设计的主要依据之一。通过材料拉伸试验，可以测得材料的拉伸性能，反映材料的弹性、强度、延展性、应变硬化和韧性等重要的基本力学性能指标。此外，对预测材料的其他力学性能参量，如抗疲劳、断裂等性能，也具有重要参考意义。

金属材料在实际生产生活中使用最为广泛，其拉伸行为也最为典型。下面首先介绍材料拉伸性能测试，着重介绍金属材料的拉伸行为，并介绍与拉伸相关的主要概念。这些概念大多也适用于其他材料。随后介绍高分子材料的拉伸行为。陶瓷材料通常是脆性的，几乎没有塑性变形，其弹性变形行为与金属材料类似，在此不作详细讨论。

6.3.1 材料拉伸测试

拉伸试验通常是在常温、静载荷、轴向加载的条件下进行，即在室温下以均匀缓慢的速度对被测试样施加轴向拉力。拉伸试样通常采用圆形或矩形横截面的标准试样。如图6-1所示，圆形横截面标准试样由三部分组成，即工作部分（平行段）、过渡部分（过渡段）和夹持部分（夹持段）。工作部分必须保持光滑均匀以确保单向应力状态。试样的过渡部分必须有适当的圆角和台肩，以降低应力集中，确保该处不会断裂。试样两端的夹持部分用来传递载荷，其形状和尺寸与所用试验机的夹具结构有关。这样的结构可以将变形限制在狭窄的中间区域，减小了试样端部断裂的可能。在工作部分的长度区间L_c以内，经常会选取一定的长度区间L_0，画上标记，称为**标距长度**，将其作为后续对实验结果进一步计算的参考。

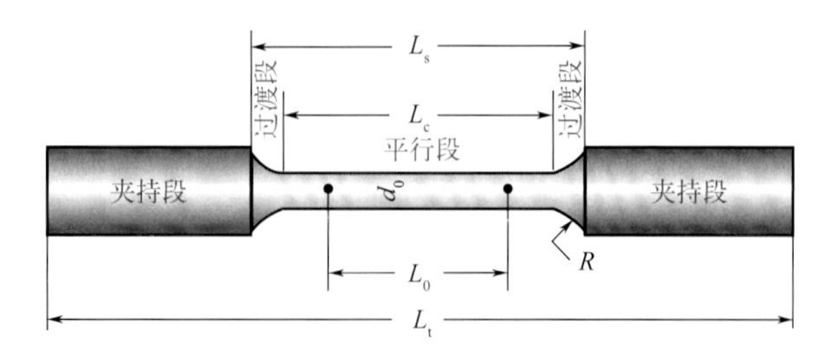

图6-1 圆形横截面标准拉伸试样的形状

拉伸试验通常在静态拉伸试验机（图6-2）上进行。为了确保材料处于单向拉应力状态，外力必须通过试样轴线，保证试样测量部分各点受力相等且为单向受拉状态。试样所受到的载荷可以通过载荷传感器进行检测，试样受拉后产生的伸长变形可以通过横梁位移检测，也可以通过在试样上安装引伸计较为精确地检测。

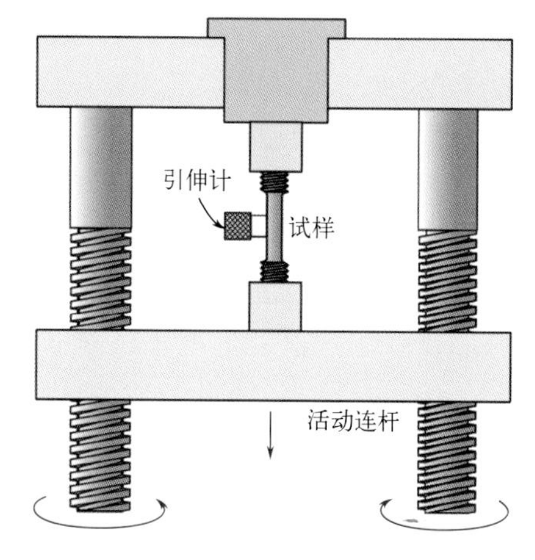

图6-2　拉伸测试装置

在试验过程中记录试样的拉伸曲线，曲线的纵坐标为载荷F，横坐标为试样的拉伸长度变化ΔL。F-ΔL曲线完整地体现了材料变形过程中受力和变形的关系。然而F-ΔL曲线的定量关系不仅取决于材质，同时还受到试样几何尺寸的影响。因此，F-ΔL曲线通常会被转化为应力-应变曲线，即σ-ε曲线。两种曲线可通过式（6-1）和式（6-3）进行换算，试样受到的载荷F除以试样原始面积A_0就得到了应力σ，其也被称为**工程应力**；同样地，试样在标距之间的拉伸长度ΔL除以试样的原始标距L_0得到应变ε，其也被称为**工程应变**。

拉伸试验是检测和评定材料产品质量的最广泛应用的方法。拉伸性能检测的主要参数包括材料的各项强度指标和塑性性能，这对材料的研发和实际应用具有重要意义。然而，影响拉伸测试结果的因素众多，如拉伸速率、试样加工、试验设备、引伸计安装和标定、样品夹持方式、测试环境温度以及人员操作等。为了获得准确、可靠的测试数据，我们在实际测试过程中应制定正确的测试设备操作规定，严格控制测试活动过程，并对影响测试结果的各个环节进行严格把关，同时应遵循国家或国际标准指导文件的要求。

6.3.2　金属材料的拉伸性能

6.3.2.1　应力-应变曲线

典型的金属材料拉伸应力-应变曲线如图6-3所示。下面介绍这条曲线的几个主要阶段，其中涉及的材料变形的概念和机制将在后续章节中详细介绍。

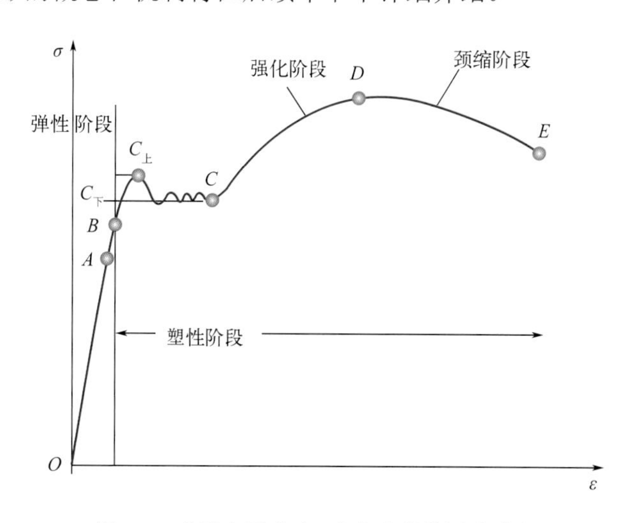

图6-3　典型金属应力-应变曲线的四个阶段

① 弹性阶段（*OAB*）：当应力低于材料的弹性极限时，材料表现出弹性行为，应力与应变在*OA*段呈线性关系，符合胡克定律，在*AB*段呈非线性关系。在这个阶段，应变随着应力的增加而增加，当外力消失时，应变也会消失，材料恢复到原始形状。

② 屈服阶段（*BC*）：当材料受到足够大的应力时，变形会超过其弹性限度。这个阶段的应力-应变曲线通常表现为一条明显弯曲曲线，此阶段及后续阶段都属于塑性形变阶段。这个阶段的应力最大值标记为$C_{上}$，应力最小值记为$C_{下}$（不计初始瞬时效应，即应力波动的第一个最小值）。

③ 强化阶段（*CD*）：在这个阶段，随着应力的增加，应变增加的速度减慢。这是由于材料内部微观结构发生变化，抵抗变形的能力增强。换句话说，材料发生强化。

④ 颈缩阶段（*DE*）：当应力达到最大值时，材料发生**颈缩**现象，即局部区域开始发生剧烈的收缩或变形。这是由于材料内部微观结构发生断裂或滑移，导致整体变形迅速增加，直至在断裂点（*E*）发生断裂。

6.3.2.2 弹性模量与泊松比

胡克定律指出，在弹性变形状态下，物体按照一定的线性关系变形。也就是说，物体的伸长量和受力成正比，而且方向与受力的方向一致。对于大多数材料，当拉伸应力较低时，应力和应变呈线性关系，即在单向拉伸的弹性变形阶段，应力与应变的关系服从胡克定律

$$\sigma = E\varepsilon \tag{6-5}$$

式中，σ为正应力；ε为正应变；E为正弹性模量，也称为杨氏模量。在实际应用中所称的弹性模量通常是指正弹性模量。

材料史话6-1 胡克与胡克定律

罗伯特·胡克（Robert Hooke，1635—1703），英国物理学家，在力学、光学和天文学等方面都有重大成就。他的主要著作有《显微术》、《显微图谱》和《关于太阳仪和其他仪器的描述》等。在力学领域，他建立了弹性变形与作用力成正比的定律，即著名的胡克定律。在光学方面，他率先提出了光波是横波的概念，并发明了一系列光学仪器，包括显微镜和望远镜。在天文学方面，他使用自己制作的望远镜对火星进行了观测。在生物学方面，他在1665年发现了植物细胞，并命名为“cell”（沿用至今）。此外，他在城市设计和建筑领域也作出了重要的贡献。胡克的学识非常广泛，因此被一些科学史家誉为“伦敦的莱奥纳多（达·芬奇）”。

然而，尽管他涉猎广泛，但很多研究并非独创，有些只是浅尝辄止，大部分研究是在别人的基础上完成的。爱因斯坦曾表示：“我不能容忍这样的科学家，他拿出一块木板来，寻找最薄的地方，然后在容易钻透的地方钻许多孔。”这句话似乎形容了胡克的科研风格。胡克更像是一个在海边玩耍的孩子，捡起了许多美丽的贝壳，却又随手丢弃。如果他能够在某个领域深入挖掘，完全可以在科学界更加闪耀。

从式（6-5）中可以明显看出，当弹性模量越大时，为了产生相同的弹性变形，所需的应力也随之增大。因此，弹性模量反映了材料在弹性变形下的难易程度，因此也常被称为

刚度。在材料的弹性范围内，刚度被定义为作用在零件上的外力与由此产生的位移之间的比例系数。常见金属在室温下的正弹性模量见表6-1。对于常见材料，一般而言，金属材料和陶瓷材料的弹性模量相近，高分子材料的弹性模量较低。此外，随着温度的升高，弹性模量下降。

表6-1 一些金属室温下杨氏模量（正弹性模量）和剪切模量

金属	杨氏模量E/GPa			剪切模量G/GPa		
	单晶体		多晶体	单晶体		多晶体
	最大值	最小值		最大值	最小值	
Al	76.1	63.7	70.3	28.4	24.5	26.1
Cu	191.1	66.7	129.8	75.4	30.6	48.3
Au	116.7	42.9	78.0	42.0	18.8	27.0
Ag	115.1	43.0	82.7	43.7	19.3	30.3
Pb	38.6	13.4	18.0	14.4	4.9	6.18
Fe	272.7	125.0	211.4	115.8	59.9	81.6
W	384.6	384.6	411.0	151.4	151.4	160.6
Mg	50.6	42.9	44.7	18.2	16.7	17.3
Zn	123.5	34.9	100.7	48.7	27.3	39.4
Ti	—	—	115.7	—	—	43.8
Be	—	—	260.0	—	—	—
Ni	—	—	109.5	—	—	76.0

当材料沿载荷方向产生伸长（或缩短）弹性变形的同时，在垂直于载荷的方向会产生缩短（或伸长）变形。设施加外力的方向为z，且材料各向同性，则垂直于外力方向x或y的应变与z方向的应变符合

$$\nu = -\frac{\varepsilon_x}{\varepsilon_z} = -\frac{\varepsilon_y}{\varepsilon_z} \tag{6-6}$$

式（6-6）说明，若在弹性范围内加载，横向应变与纵向应变之间比值的负值为一个常数，其被称为**泊松比**，记为ν。大多数金属材料的泊松比在0.3附近。

类似地，剪切应力τ与剪切应变γ之间也服从胡克定律，即

$$\tau = G\gamma \tag{6-7}$$

式中，G为剪切弹性模量，简称剪切模量。剪切模量可以通过后面介绍的扭转测试获得。表6-1中也给出了一些常见金属的剪切模量。借助泊松比，可以建立正弹性模量与剪切弹性模量之间的关系，即

$$E = 2G(1+\nu) \tag{6-8}$$

在金属材料拉伸曲线的弹性阶段，当应力较大，材料接近屈服时，会出现非线性的弹性变形。有些材料，如灰口铸铁、混凝土和许多高分子材料，它们的应力-应变曲线的弹性

部分不是线性的，因此不能用胡克定律表达和计算弹性模量。对于这种非线性弹性行为，我们可以用两种方式计算弹性模量，如图6-4所示。一种是切线模量，即在某一规定应力下应力-应变曲线的斜率；另一种是割线模量，即从原点到应力-应变曲线上某一规定点的割线斜率。

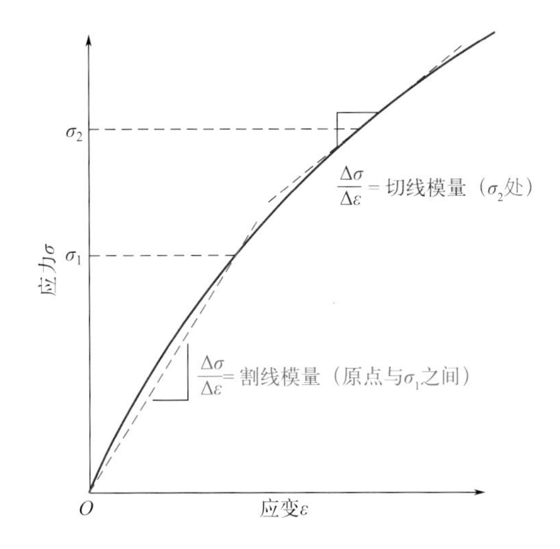

图6-4 非线性弹性行为的应力-应变曲线

大多数情况下，我们可以认为弹性变形与时间无关，即施加应力时，变形会立即产生，释放应力时，形状立即恢复。然而，大多数工程材料会存在应变落后于应力的现象，这种现象称为**滞弹性**，它表征材料的变形在应力移去后能够恢复但不是立即恢复的能力。金属材料的滞弹性很小，通常可以忽略。

材料史话6-2 泊松与泊松比

西莫恩·德尼·泊松（Simen-Denis Poisson，1781—1840），19世纪法国伟大的数学家、几何学家、力学家和物理学家，同时还是优秀的教师。泊松曾说："人类只有两样美好的事情，发现数学和教数学。"泊松一生致力于数学和物理学的研究与教学，他的主要工作是将数学应用于力学和物理学中，他对这两个领域作出了重大贡献。他的研究范围广泛，涉及理论力学、电磁学、水力学、固体导热问题、固体与液体运动方程、毛细现象等多个领域。在积分理论、傅里叶级数、概率论、变分方程、积分方程、行星运动理论、弹性力学和数学物理方程等方面，泊松都取得了显著成就。因此，许多数学、物理学和力学中的概念和术语都以他的名字命名，如泊松括号、泊松定理、泊松比、泊松方程、泊松积分、泊松变换、泊松流、泊松亮斑、泊松求和公式以及泊松稳定性等。

他一生发表了300多篇研究论文，并出版了多部具有深远影响的专著，如《力学教程》《热的数学理论》《毛细管作用新论》等。其中，《力学教程》发展了拉格朗日和拉普拉斯的思想，成为众多高校广泛使用的标准教科书。1829年，泊松在《弹性体平衡和运动研究报告》中，用分子间相互作用的理论推导出了弹性体的运动方程，发现弹性介质可以传播横波和纵波，并从理论上得出各向同性弹性杆在受到纵向拉伸时，横向收缩应变与纵向伸长应变之比是一个常数，这就是"泊松比"的由来。

6.3.2.3 屈服和屈服强度

因为对于大多数金属，从弹性形变到塑性形变的转变是一个渐进的过程，所以当应力-应变曲线明显偏离线性变化时，我们可以确定塑性变形的发生。屈服点是应力-应变曲线偏离线性关系的标志，如图6-5（a）所示，P点代表塑性变形的开始。然而，在实际工程中，难以精确测定屈服点的位置，特别是在出现非线性弹性变形时，因此经常将特定应变在应力-应变曲线上对应的位置作为屈服点。在图6-5（a）中，对应应变0.002（即0.2%），画一条与应力-应变曲线弹性部分平行的直线，这条线与应力-应变曲线的交点定义为屈服点。屈服点对应的应力被定义为**屈服强度**，记为σ_y。材料的屈服强度是这种材料抵抗塑性变形能力的度量。金属材料屈服强度的范围很宽，从低强度铝的35MPa到高强度钢的1400MPa，甚至更高。

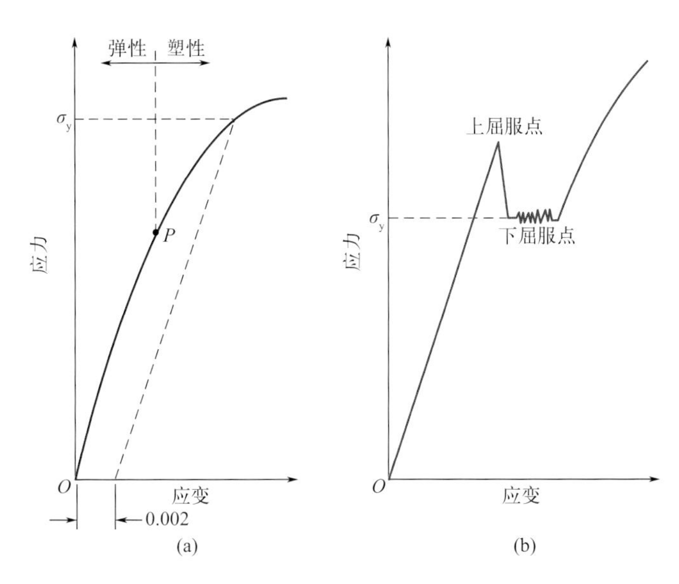

图6-5 典型拉伸应力-应变曲线

（a）无屈服平台；（b）有屈服平台

对于有些钢或者其他材料，在应力-应变曲线上，弹性-塑性转变十分明显而且出现非常突然。如图6-5（b）所示，这时会有明显的**屈服点**和**屈服平台**。上屈服点（即图6-3中标记点C上）对应着上屈服强度，这是材料发生屈服而作用力首次下降前的最大应力。在屈服平台区间，应力在小范围内波动。对于具有这种效应的金属来说，工程应用中通常选取下屈服点（即图6-3中标记点C下）对应的应力值作为屈服强度。

6.3.2.4 抗拉强度和断裂强度

材料在发生屈服后，会继续发生塑性变形，然后在图6-3所示的*D*点，应力会达到最大值，该值相当于在拉伸试验中试样可以承受的最大应力，被称为**抗拉强度**。

在这一点以前，拉伸试样的变形是均匀的。从这一点开始，试样的某一处会发生收缩，被称为**颈缩**。最终的断裂就发生在颈缩的位置，断裂时的应力被称为**断裂强度**。

在选择满足设计需求的材料时，我们通常主要考虑屈服强度而不是抗拉强度。这是因为当材料受到的外力达到其抗拉强度时，材料已经经历了较大的塑性变形，可能无法满足工程需求。此外，对于工程设计来说，一般不需要特别标明断裂强度。

6.3.2.5 延展性

延展性是衡量材料在断裂前所能承受的塑性变形程度的物理量。延展性可以用**断裂伸长率**（*EL*）来定量表示，它定义为断裂时塑性应变的百分比，表达式为

$$EL = \frac{l_f - l_0}{l_0} \times 100\% \tag{6-9}$$

式中，l_f为断裂时的长度；l_0为原始标距长度。由于断裂时的大部分塑性变形都局限于颈缩区域，因此伸长率的大小将受试样标距长度的影响。原始标距越短，颈缩处的伸长所占的比例越大，最终的伸长率就越大。

了解材料的延展性具有重要意义。首先，它可以为设计者提供材料在断裂前所经历的塑性变形的程度。其次，它限定了材料在成型加工过程中可接受的塑性变形范围。材料在断裂时发生的塑性形变很小的特性被称为**脆性**，通常将断裂应变小于5%甚至没有塑性变形的材料认为是**脆性材料**。

表6-2列出了常见金属在室温条件下的一些拉伸性能。这些力学性能对于变形、杂质和金属热处理都非常敏感。此外，弹性模量、屈服强度、抗拉强度都会随着温度升高而下降，延展性则相反。

表6-2 常见金属室温条件下的拉伸性能

材料	屈服强度/MPa	抗拉强度/MPa	延展性/%
钢（1020）	180	380	25
镍	138	480	40
铜	69	200	45
铝	35	90	40
钛	450	520	25

6.3.2.6 回弹性和韧性

回弹性是材料发生弹性变形时吸收能量的能力，也是移除应力后使材料恢复到原始形状的驱动能量。单位体积材料的应变能也被称为回弹模量，在应力-应变曲线上是图6-6（a）所示的阴影区域的面积。

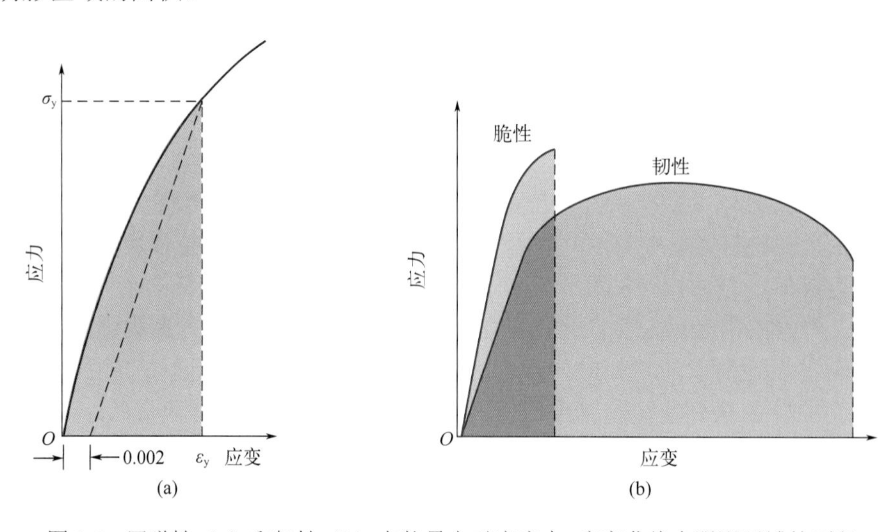

图6-6 回弹性（a）和韧性（b）在能量上对应应力-应变曲线中阴影区域的面积

韧性是一个在日常生活中经常用到的力学概念，它描述的是材料在存在裂纹时抵抗断裂的能力。由于制造无缺陷的材料几乎是不可能的，因此断裂韧性成为所有结构材料的重要考量因素。韧性的另一种定义是材料在断裂前吸收能量以及承受塑性变形的能力。对于静态变形（即变形速率很低），金属韧性的测量可以通过拉伸应力-应变试验的结果来确定，这对应应力-应变曲线从起点到断裂点下方的面积［图6-6（b）］，即单位体积材料的应变能。尽管脆性金属具有较高的屈服强度和抗拉强度，但它们的韧性通常低于延展性金属。

6.3.2.7 真应力和真应变

工程上应力的定义为试样瞬时受力与试样的原始横截面积之比，这被称为工程应力。这种方法未考虑试样在受力过程中的横截面积变化，这是因为在大多数情况下，我们更关注屈服过程。屈服强度决定了产品的可承受强度，而在发生屈服前试样横截面积的变化较小。因此，使用原始横截面积计算应力能够较好地满足实际应用需求。

从图6-3中可以看出，随着材料的伸长，经过了最大应力，即抗拉强度，继续变形所需的应力会下降，这似乎表明金属变弱了。然而，事实上，材料的强度是增加的。观察到应力下降是因为发生了颈缩，受力的横截面积快速减小，导致试样的承载能力降低。在这种情况下，使用基于原始横截面积计算的工程应力无法准确地反映试样的真实强度。因此，我们需要使用真应力与真应变来进行更准确的应力分析。

真应力 σ_T 定义为负载 F 除以发生变形时的瞬时横截面积，即

$$\sigma_T = \frac{F}{A_i} \tag{6-10}$$

式中，σ_T为真应力；F为负载；A_i为瞬时横截面积。

对于应变，有时用**真应变**替代工程应变，即

$$\varepsilon_T = \ln\frac{l_i}{l_0} \tag{6-11}$$

式中，ε_T为真应变；l_i为试样瞬时长度；l_0为试样原始长度。

如果变形过程中试样的体积没有变化，即 $A_i l_i = A_0 l_0$，则工程应力和工程应变与真应力和真应变的关系为

$$\sigma_T = \sigma(1+\varepsilon) \tag{6-12}$$

$$\varepsilon_T = \ln(1+\varepsilon) \tag{6-13}$$

式（6-12）、式（6-13）仅适用于发生颈缩前。发生颈缩后，材料的变形不均匀，这两个公式不再适用，真应力和真应变需要根据实际载荷、横截面积和测量的长度计算。其中，瞬时横截面积的测量比较困难，目前其主要采用径向传感器、数字图像（如相机定时拍照）以及基于均匀单向形变假设的计算等方法获得。常用的获取金属材料真应力-应变曲线的方法是基于体积不变的假设，通过对工程应力-应变曲线进一步计算得到真应力-应变曲线。然而，这种方法仅在塑性变形开始到颈缩开始处有效。

对于一些金属和合金，从开始发生塑性变形到颈缩开始形成的真应力-应变曲线可以近似为

$$\sigma_T = K\varepsilon_T^n \tag{6-14}$$

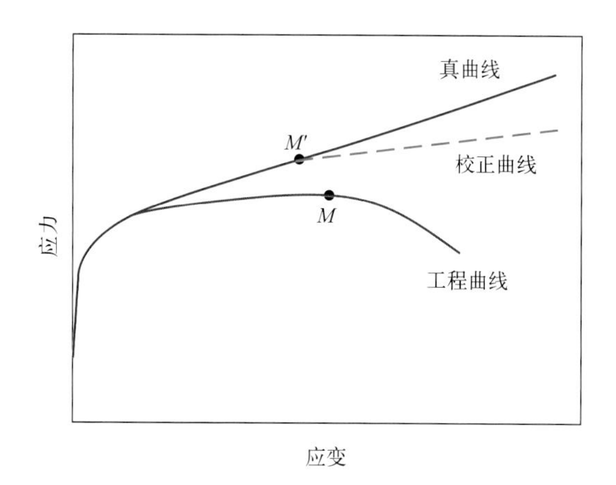

图6-7 拉伸过程的工程应力-应变曲线与真应力-应变曲线对比

式中，K为常数，MPa；n为应变硬化指数，其值小于1。K和n由材料的种类、状态（是否发生塑性形变、热处理等）决定，n通常随着材料的强度水平降低而增大。

真应力-应变曲线可以完整地反映材料受力和变形的全过程，是评估金属材料真实破坏强度和抵抗变形能力的重要依据。在研究金属材料的宏观断裂、裂纹扩展的物理过程、塑性变形过程以及零件的大变形和失效时，需要利用材料的真应力-应变曲线进行分析。例如，在钢的连铸工艺中，铸坯经常会在特定的温度区间出现表面裂纹，这时就需要通过该温度区间的真应力-应变曲线来分析裂纹出现的原因。

图6-7对工程应力-应变曲线和真应力-应变曲线进行了比较。值得注意的是，用工程应力表达的抗拉强度（M点）低于真应力（M'）。在M点以后，虽然发生颈缩，试样的真实强度是持续增大的，而不是工程应力-应变曲线中呈现的应力迅速降低的情况。在颈缩发生的区域存在复杂的应力状态，除了轴向应力外，还存在其他的应力分量。颈部的轴向应力要低于利用负载和颈部横截面积计算的应力，因此，曲线需要校正，校正曲线如图6-7所示。

6.3.3 聚合物材料的拉伸性能

6.3.3.1 聚合物材料的应力－应变曲线

聚合物的力学性能与金属的力学性能有许多共同的参数，如弹性模量、泊松比、屈服强度、抗拉强度、真应力和真应变等。通常，聚合物的力学性能对应变速率、温度和化学环境非常敏感。

聚合物材料有三种典型的拉伸应力-应变行为，如图6-8所示。曲线A表示脆性高分子材料的应力-应变曲线，在弹性变形后立即断裂。塑性材料的变形行为如曲线B所示，与许多金属材料的变形行为相似，初始变形是弹性的，随后是屈服和塑性变形的区域。曲线C是完全弹性变形，这种橡胶状的物质被称为弹性体。

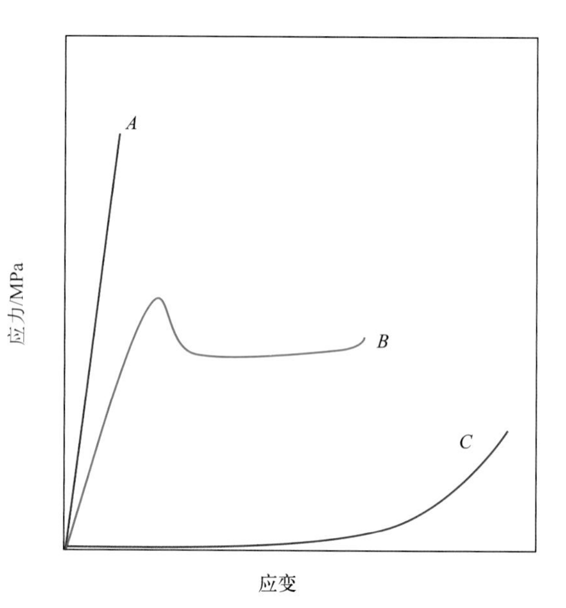

图6-8 聚合物材料的拉伸应力-应变曲线

聚合物材料与金属材料的弹性模量和延展性的计算方法相同。塑性聚合物材料屈服点的定义与金属不同。图6-8所示的塑性聚合物材料的拉伸应力-应变曲线（曲线B），屈服点位于曲线的最高点，正好落在线性弹性区域结束的位置。该最高点对应的应力即为屈服强度。

6.3.3.2　聚合物材料的弹性变形

非晶态聚合物随温度的变化呈现三种力学状态，它们是玻璃态、高弹态和黏流态。在温度较低时，材料为刚性固体状，与玻璃相似，在外力作用下只会发生非常小的形变，此状态即为**玻璃态**；当温度继续升高到一定范围后，材料的形变明显地增加，并在随后的一定温度区间形变相对稳定，此状态即为**高弹态**；温度继续升高形变量又逐渐增大，材料逐渐变成黏性的流体，此时形变不可能恢复，此状态即为**黏流态**。我们通常把玻璃态与高弹态之间的转变，称为**玻璃化转变**，它所对应的转变温度是**玻璃化转变温度**，简称玻璃化温度。

非晶态聚合物材料在低温下的玻璃态时滞弹性行为不明显，通常表现为线弹性，符合胡克定律。不同聚合物材料的弹性模量有较大的变化范围。弹性体聚合物的杨氏模量较低，可低至7MPa，而一些硬度较高的高分子材料的模量则可高达4GPa。相比之下，金属材料的杨氏模量较大，一般在48～410GPa之间。

聚合物材料在中间温度范围的高弹态时，呈现橡胶状固态，力学性能为低温和高温两种状态下力学性能的组合，对应力的响应兼有弹性固体和黏性流体的双重特性，这种性质被称为**黏弹性**。因此，黏弹性不是严格意义上的弹性。

在施加如图6-9（a）所示外力时，若弹性变形是瞬时的，应变行为会表现出图6-9（b）所示特征。对于黏弹性行为，施加外力时，会产生弹性变形，但是随后是与时间相关的黏弹性变形，如图6-9（c）所示。对于高温下的完全黏性行为，应变会发生延迟，并且变形不可逆，如图6-9（d）所示。

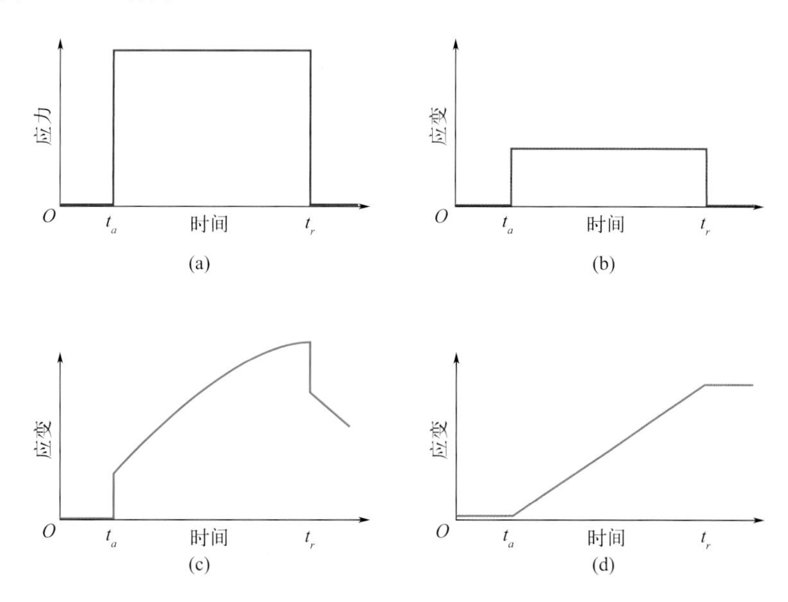

图6-9　高分子材料的弹性行为

（a）施加应力随时间的变化；（b）瞬时完全弹性变形；（c）黏弹性变形；（d）完全黏性变形

6.3.3.3　聚合物材料的塑性变形

某些非晶态和半结晶聚合物在屈服后能产生显著的塑性变形，这种变形与金属的塑性变形在本质上有很大不同。在特定温度范围内，这些聚合物在拉伸过程中表现出独特的变形行为。初始阶段，试样均匀拉伸，达到屈服点后局部区域出现颈缩现象，颈缩区和未颈缩区的截面在继续拉伸时都基本保持不变，但颈缩会不断沿着试样扩展，直到整个拉伸段均匀变细后被拉伸至断裂，如图6-10所示。这种现象被称为**冷拉**，其产生原因是外力作用下分子链发生取向高度一致的运动。

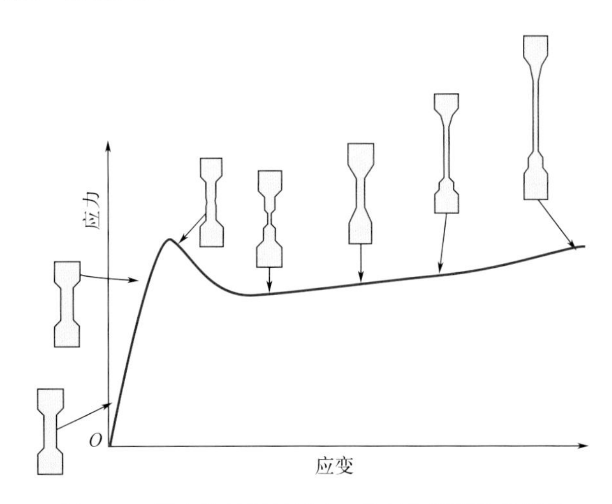

图6-10 聚合物材料的应力-应变曲线和冷拉现象

值得注意的是，聚合物的力学性能对温度变化特别敏感。以聚甲基丙烯酸甲酯（有机玻璃，PMMA）在4 ～ 60℃内的拉伸曲线（图6-11）为例，随着温度的升高，其弹性模量逐渐减小，抗拉强度降低，而延展性则增强。在低于40℃时，这种材料表现出脆性变形，而在50℃和60℃时则表现出较大的塑性变形。

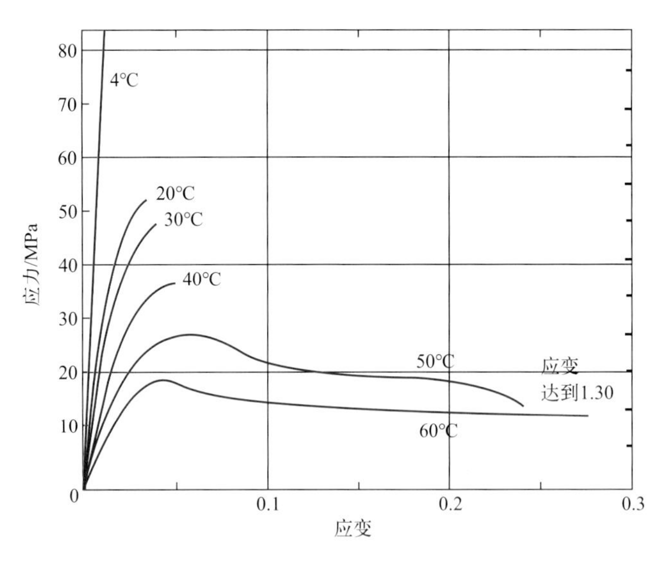

图6-11 温度对聚甲基丙烯酸甲酯应力-应变行为的影响

拉伸速率对聚合物材料的力学性能也有显著影响。总体而言，降低拉伸速率对聚合物材料应力-应变特性的影响类似于提高温度可使材料变得更软，具有更高的延展性。

6.3.3.4 聚合物材料的断裂

与金属和陶瓷材料相比，聚合物材料的断裂强度通常较低。热固性塑料具有三维网络结构，分子难以在拉伸时移动，因此在拉伸时表现出类似脆性金属或陶瓷的特性。在断裂过程中，裂纹会在局部应力集中的区域形成，进而裂纹扩展并最终断裂。

热塑性聚合物可能表现出韧性和脆性断裂两种方式，并且很多材料可能会经历从韧性到脆性的转变。降低温度、提高应变速率或设置尖锐缺口等条件都有利于脆性断裂的发生。玻璃态的热塑性聚合物在玻璃化转变温度以下通常是脆性的。然而，随着温度的升高，在玻璃化转变温度附近，材料的可塑性会增强，在断裂前可能会出现明显的屈服现象。例如，PMMA在4℃是完全脆性的，而在60℃时则具有一定的韧性。

热塑性聚合物在断裂之前经常出现**龟裂现象**。这些龟裂区域来源于局部塑性形成的成串微孔，如图6-12所示。纤维状纽带在这些微孔之间形成，这些纽带的分子链取向趋向一致。当施加足够大的拉伸应力时，这些纽带会伸长并断裂，从而导致微孔的增长和合并。龟裂与裂纹有所不同，它可以承担一部分横跨表面的负载，龟裂扩展的过程能够有效增加聚合物的断裂韧性。

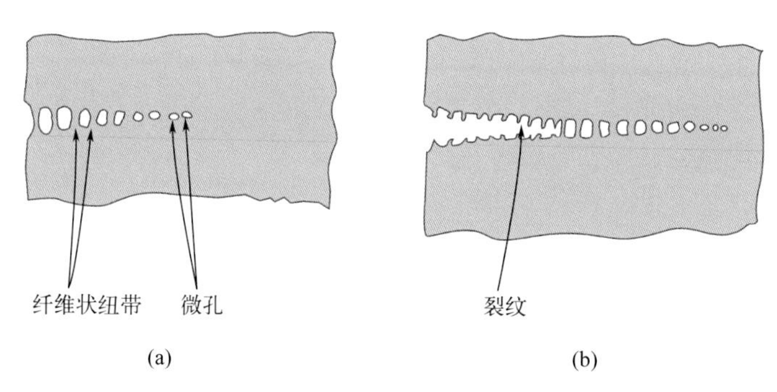

图6-12 龟裂的生长过程

（a）微孔和纤维状纽带的形成；（b）微孔合并和开裂

6.4 硬度

硬度是指材料抵抗硬物压入其表面的能力，是评估材料软硬程度的性能指标。由于材料种类、状态、性能等不同，硬度测试方法存在差异。硬度包括划痕硬度（如莫氏硬度）、压入硬度和回跳硬度（如肖氏硬度、里氏硬度）等类型。值得注意的是，各种硬度标准的力学含义不同，相互间不能直接进行换算，需要通过实验进行比较。本节主要介绍压入硬度的相关内容。

压入硬度是通过施加一定的载荷将规定的压头压入被测材料，用材料表面局部塑性变形的大小来比较被测材料的软硬程度。根据测试标准的不同，压头有很多种，如钢球、金刚石圆锥、金刚石四棱锥等。载荷范围为几克力至几吨力（即几十毫牛至几万牛）。压入硬度对载荷作用于被测材料表面的持续时间也有规定。常用的压入硬度有布氏硬度、洛氏硬度、维氏硬度和显微硬度等。

硬度测试操作简单，测试成本低，不需要制备专用的试样。硬度测试仅产生很小的表面压痕，试样不发生变形和断裂，是一种接近无损的检测方式。通过硬度数据，往往可以估算出其他力学性能。因此，硬度测试应用比其他任何力学性能的测试都更加频繁。

6.4.1 布氏硬度

布氏硬度是1900年由瑞典工程师Brinell提出的，在工程技术，特别是机械和金属冶金工业中得到了广泛的应用。布氏硬度的测试方法如图6-13所示，使用规定载荷F，将直径为D的钢球压入被测材料表面。在保持载荷不变的条件下持续规定的时间后卸载，然后测量试样表面的残留压痕直径d。布氏硬度用载荷F（kgf，1kgf = 9.80665N）和压痕面积S（mm^2）的比值来表示材料的硬度值，即

$$\mathrm{HB}=\frac{F}{S}=\frac{2F}{\pi D\left(D-\sqrt{D^2-d^2}\right)} \tag{6-15}$$

在标准测试条件下，即钢球的直径D为10mm，施加的载荷F为3000kgf，保载时间为10s，则材料的硬度数值可以直接写在布氏硬度符号后面，例如HB200。如果使用其他的测试条件，则应将条件写在布氏硬度符号后面，例如HB5/250/30/100表示在钢球直径D为5mm、载荷F为250kgf、保载时间为30s的条件下，测得布氏硬度数值为100。

布氏硬度通常用于较软的材料，例如有色金属、热处理之前或退火后的钢铁，这些材料的布氏硬度不高于450，硬度过高会使钢球明显变形。

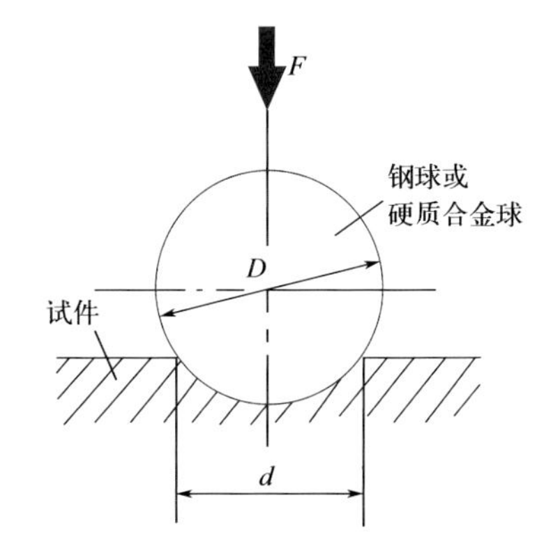

图6-13 布氏硬度测试

6.4.2 洛氏硬度

洛氏硬度是由美国Rockwell于1919年提出的硬度指标。洛氏硬度并非通过评估压痕面积来确定材料的硬度，而是依据压痕的深度来度量。根据总载荷的大小，洛氏硬度试验主要分为普通洛氏硬度试验和表面洛氏硬度试验两种类型。普通洛氏硬度试验，可以选择三种压头：120°的金刚石圆锥以及直径为1.578mm和3.175mm的钢球。同时，试验中可应用三种不同大小的试验力，分别是60kgf、100kgf和150kgf。洛氏硬度计有多种标尺，以适应硬度材料的测试需求。这些标尺的选择基于所使用的压头类型和试验力大小两个关键因素。在实际应用中，最常用的标尺是HRA、HRB和HRC三种，见表6-3。

表6-3 洛氏硬度测量标尺HRA、HRB和HRC

标尺	压头	试验力/kgf（初始试验力均为10kgf)	硬度范围	用途
HRA	金刚石	60	20～88	硬质合金、浅表面硬化钢
HRC		150	20～70	淬火钢、调质钢、硬铸钢
HRB	Φ1/16″钢球	100	20～100	铜合金、软钢、铝合金

表面洛氏硬度试验采用两种压头，分别是120°的金刚石圆锥和直径为1.578mm的钢球。可以应用三种试验力，分别是15kgf、30kgf和45kgf。这些组合构成了表面洛氏硬度的

6个标尺，即HR15N、HR30N、HR45N、HR15T、HR30T和HR45T，每种标尺都对应着特定的压头和试验力组合。

在规定的条件下，洛氏硬度计的压头分两个阶段压入试样的表面，具体过程如图6-14所示。首先施加初载荷F_1，记录压入深度h_1；随后再施加主载荷F_2，记录压入深度h_2。整个过程中的总载荷F为F_1与F_2之和。当主载荷被卸除后（记录压入深度h_3），材料会发生弹性回复，弹性回复就是保持初始载荷测量压痕的最终残余深度h（mm）。洛氏硬度的计算公式为

$$\mathrm{HR} = N - \frac{h}{s} \tag{6-16}$$

式中，N和s为常数。对于A、C、D、N、T标尺，$N = 100$；对于其他标尺，$N = 130$。对于常规洛氏硬度，$s = 0.002\text{mm}$；对于表面洛氏硬度，$s = 0.001\text{mm}$。

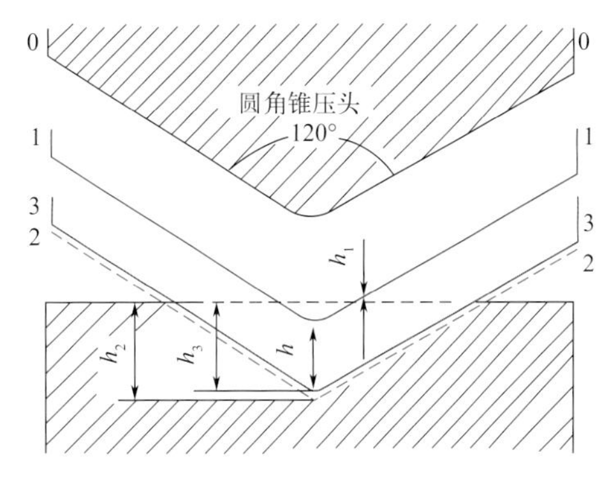

图6-14 洛氏硬度测试

现代的洛氏硬度测试仪器都是自动的，使用非常简单，硬度值可以直接读出，无须进行额外的公式计算，测试时间只有几秒。通过使用不同的标尺，能够测定各种软硬不同和厚薄不一的试样硬度。

洛氏硬度试验以其操作简便迅速、压痕小以及可对工件直接检验的特点而被广泛应用。然而，需要注意的是，由于压痕较小，代表性差，尤其是对于材料中存在偏析及组织不均匀等情况，测试的硬度值重复性差、分散度大。此外，用不同标尺测得的硬度值不能直接进行比较，也不能彼此互换。

6.4.3 维氏硬度

维氏硬度由英国R. L. Smith和C. E. Sandland于1925年共同提出。英国Vickers公司成功研制出第一台维氏硬度计。与布氏和洛氏硬度试验相比，维氏硬度试验具有更宽的测量范围，适用于从较软到超硬的各种材料。

维氏硬度的测试原理与布氏硬度相似，都是基于压痕单位面积上的载荷来计算硬度值，如图6-15所示。然而，与布氏硬度不同的是，维氏硬度试验采用的是金刚石正四棱锥体作为压头，压头两个相对面间夹角为136°。维氏硬度试验按照试验力的大小细分为三类：维氏硬度试验（≥5kgf）、小力值维氏硬度试验（0.2～＜5kgf）和显微维氏硬度试验（0.01～＜0.2kgf）。

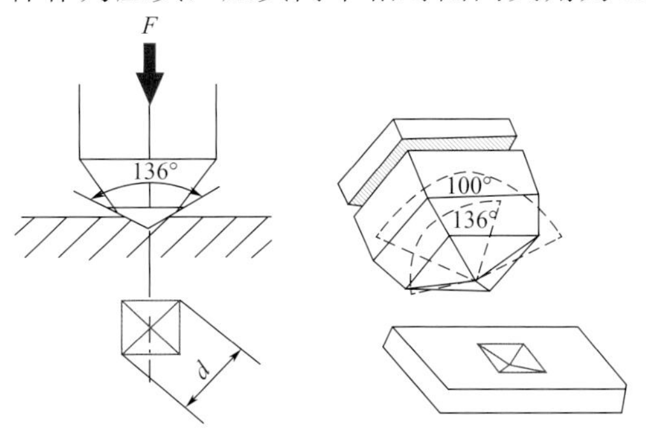

图6-15 维氏硬度测试

在试验过程中，压头在一定载荷的作用下在试样表面压出一个四方锥形的压痕。随后，测量压痕的对角线长度，并通过计算得出压痕的表面积。最终，将载荷除以压痕的表面积，即可得到试样的硬度值，用HV表示。维氏硬度值的计算公式为

$$HV = 1.8544\frac{F}{d^2} \quad (6\text{-}17)$$

式中，F为载荷，kgf；d为压痕对角线长度平均值，mm。

维氏硬度值的表示方法采用“数字+HV+数字/数字”的形式。其中，HV前面的数字代表具体的硬度值，而HV后面的数字则分别表示试验时所用的载荷以及载荷的持续时间。例如，300HV30/20表示在30kgf的载荷作用下，持续20s后测得的维氏硬度值为300。

显微维氏硬度试验是目前应用最多的维氏硬度测试方法，广泛应用于确定钢的表面渗碳或渗氮硬化程度等领域。在进行测试时，应根据材料的厚度、硬化层的深度以及预期的硬度值选择合适的载荷，以尽量减小测量压痕对角线长度时的误差。特别是在测量薄件或表面硬化层的硬度时，所选载荷应确保试验层厚度大于压痕对角线长度的1.5倍。

6.4.4 努氏硬度

努氏硬度是另一种显微硬度，用HK表示。它特别适合测试硬而脆的材料，常被用于测试珐琅、玻璃、人造金刚石、金属陶瓷及矿物等材料，也用于表面硬化层有效深度的测定，以及小零件、细线材等小面积、薄材料的测试。

与显微维氏硬度相比，这两种测试方法都是将非常小的角锥状金刚石压头压入待测试样的表面。两种方法最重要的差别在于压头的形状。努氏硬度的测试原理如图6-16所示，采用顶部两棱间α角为172.5°、β角为130°的棱锥体金刚石压头，在规定的试验力下压入试样表面，并保持一定时间后卸除试验力。努氏硬度值即为试验力F（kgf）与试样表面压痕投影面积之比。具体测量时，通过测量压痕对角线长度L（mm）来计算单位面积所受的力，从而得出努氏硬度值，计算公式为

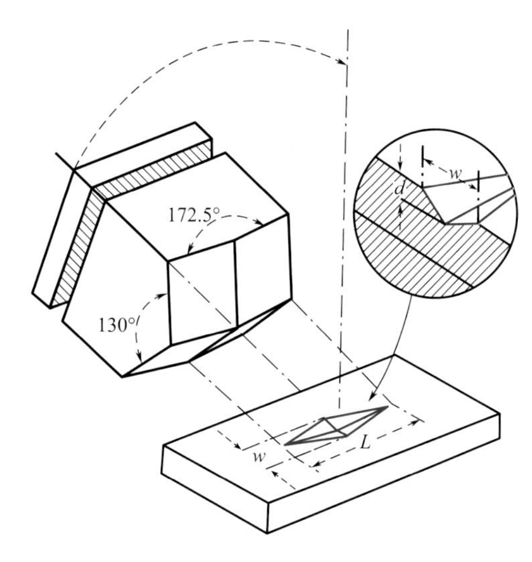

图6-16　努氏硬度压头及其压痕

$$HK = 14.229\frac{F}{L^2} \quad (6\text{-}18)$$

6.4.5 邵氏硬度

邵氏硬度可用于测试聚合物材料等较软的材料，其测试原理是将具有一定形状的钢制压针在测试力的作用下垂直地压入样品表面（图6-17），当压针的压足表面与试样表面达到完全贴合时，压针的尖端面相对压足平面有一定的伸出长度L（mm）。通过精确测量压针的位移量，可以计算出邵氏硬度值。这一硬度值可以直接从邵氏硬度计上读取，其计算公式为

$$HS = 100 - \frac{L}{0.025} \quad (6\text{-}19)$$

邵氏硬度计有多种类型，用于测量不同材料的硬度。其中，最常用的类型是A型、D型、C型。A型的针尖直径为0.79mm，主要用于测量较软的材料，如塑料、橡胶、毡、皮革等；D型的针尖直径为0.2mm，适用于测量硬度较高的材料，如硬橡胶、半刚性塑料和硬塑料，包括热塑性塑料、硬树脂、地板材料以及保龄球等；C型的针尖是一个圆球，适用于测量软橡胶、海绵、塑料泡沫和弹性体等材料。

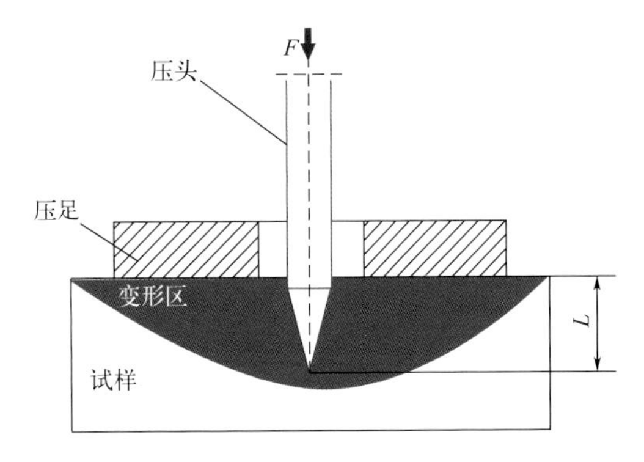

图6-17　邵氏硬度测试原理

6.5 抗冲击性能

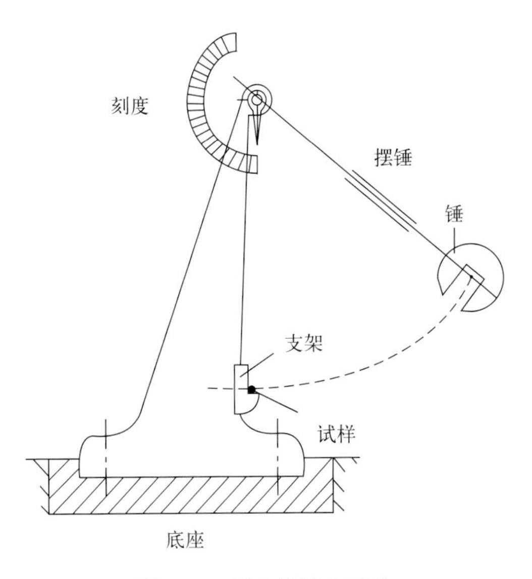

图6-18　简支梁冲击试验

材料的抗冲击性能是指其抵抗冲击载荷的能力。**冲击载荷**是以较高速度施加到零件上的载荷，会导致零件在瞬间承受远大于静载荷的应力和变形。在冲击载荷作用下，冲击应力不仅与零件的截面面积有关，还与其形状和体积密切相关。当零件无缺口时，冲击能量会被其整个体积均匀地吸收，使应力和应变均匀分布。然而，如果零件存在缺口，那么缺口处的单位体积将吸收最多的能量，从而导致该部位承受的应力和应变速率达到最大。因此，我们通常使用带缺口的试样来进行冲击试验，以评估材料的缺口敏感性和冷脆倾向。

在评估材料的抗冲击能力时，常用摆锤式冲击试验装置对带缺口试样进行测试。图6-18为测试装置的示意图。试样具有特定的形状和尺寸，并带有V形或U形缺口。试样摆放在装置的底部，摆锤释放后撞击样品，并使样品在缺口处断裂。**冲击吸收功**是用规定形状和尺寸的缺口试样，在冲击试验力一次作用下试样折断时产生两个新的自由表面和一部分体积塑性变形所需的能量，单位为焦耳（J），它可以通过摆锤释放时的高度与撞击后达到的高度之间的势能差值计算。样品摆放的方式有两种（图6-19）：悬臂冲击测试方式的试样则是一端固定，立式夹紧，缺口朝向冲击刃；夏比冲击测试则采用平放缺口、背向冲击刃的方式。将冲击吸收功W_k除以样品横截面积A_0，可以得到材料的**冲击韧度**（冲击韧度a_k表示材料在冲击载荷下抵抗变形和断裂的能力，kJ/m^{2}或J/cm^2），即

$$a_k = \frac{W_k}{A_0} \tag{6-20}$$

需要注意的是，根据能量守恒定律，测得的冲击吸收功实际包含了两部分能量：一部分是

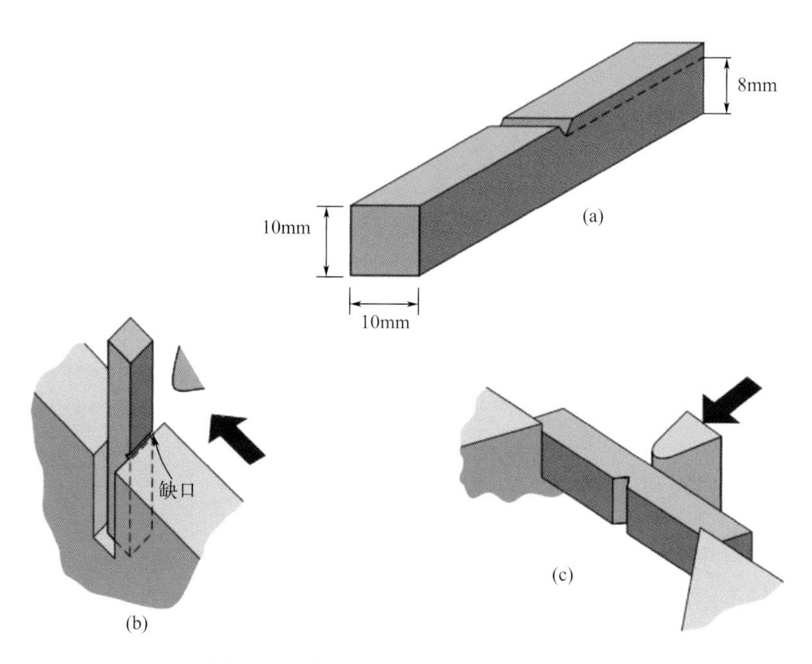

图6-19　冲击测试的试样及其摆放方式

（a）冲击测试试样；（b）悬臂冲击测试；（c）夏比冲击测试

直接用于试样的变形和断裂的能量，而另一部分则是由于试样断裂后的飞出、试验机的振动、空气阻力以及转动摩擦等因素所损耗的能量。对于金属材料来说，第二部分能量较小，因此在冲击试验中通常可以忽略不计。然而，对于高分子材料而言，飞出功占据总能量的比例可能很大，有时甚至高达50%，所以在计算高分子材料的冲击试验结果时，必须进行适当的修正。

6.6 其他常用力学性能

6.6.1 压缩

材料的压缩性能是指材料在受到外力作用时，能够抵抗压缩变形的能力。在各种工程应用中，材料的压缩性能已经成为评估材料力学性能的重要指标之一。例如，在建筑行业中，增强梁或柱等材料的抗压能力有助于提高建筑结构的整体承载能力，从而确保结构的安全性和稳定性。

压缩试验试样的横截面形状通常为圆形或正方形，其长度一般为直径或边长的2.5 ～ 3.5倍。试样的高径比（h_0/d_0）对实验结果有明显的影响，为确保不同试样之间的可比性，必须保持h_0/d_0一致，还需要注意试样端部的摩擦阻力对试验结果的影响。需要确保试样断面光滑平整，并在试验前涂上适量的润滑油或石墨粉进行润滑，其目的是减少摩擦力对试验结果的影响，提高试验的准确性和可靠性。

在压缩试验中，用来表示材料压力和变形的曲线称为压缩曲线，如图6-20所示，也经常将力-变形关系转化为应力-应变关系。压缩弹性模量可以从力-变形曲线的线性部分计算获得，公式为

$$E_c = \frac{(F_K - F_J)h_0}{(\Delta L_K - \Delta L_J)A_0} \tag{6-21}$$

式中，E_c为压缩弹性模量；F_K和F_J为图中线性部分的K点和J点的力；ΔL_K和ΔL_J为相应的位移；h_0为试样原始长度；A_0为试样原始横截面积。

类似拉伸性能测试，对于塑性材料，当力-变形曲线或应力-应变曲线呈现屈服平台时，**压缩屈服强度**σ_{sc}为与下屈服点相关的应力平均值。对于许多材料来说，在压缩试验中并不会出现明显的屈服平台。这时，同样可以选取对应特定应变（通常是0.002）的应力，定义为压缩屈服强度。

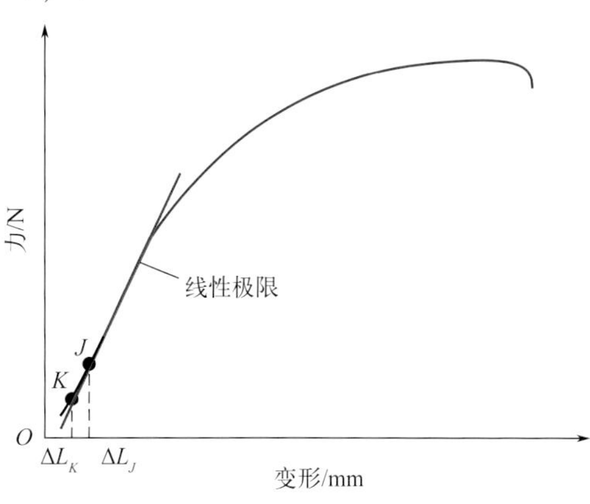

图6-20 压缩试验的力-变形曲线

抗压强度σ_{bc}指的是材料在单轴压力下断裂前所能承受的最大应力。对于那些不会发生压缩断裂的韧性材料，抗压强度则被定义为与特定变形（如50%）对应的应力值。对于低塑性和脆性材料，通常只测量其抗压强度。

此外，压缩测试还可测得断裂压缩率ε_{cf}和断面扩展率φ_{cf}，其计算公式分别为

$$\varepsilon_{cf} = \frac{h_0 - h_f}{h_0} \tag{6-22}$$

$$\varphi_{cf} = \frac{A_f - A_0}{A_0} \tag{6-23}$$

式中，h_0和h_f分别为试样的原始高度和断裂时的高度；A_0和A_f分别是试样的原始横截面积和断裂时的横截面积。

6.6.2 扭转

在石油、冶金、机械和机电等工程领域中，零部件在工作中经常受到扭转载荷的作用，例如电机主轴、机床主轴、汽车传动轴和石油钻杆等。为了全面了解这些材料在扭转载荷作用下的工作性能，并为部件的设计提供依据，对其扭转性能进行测定至关重要。

扭转试验可以模拟实际工作条件下的扭转载荷，并测定材料的扭转变形行为和相关力学性能指标。如图6-21所示，通过锚定试样的一端，使其不能移动或者旋转，并在另一端施加力矩，使样品绕其轴旋转，可以测得扭矩T与单位长度扭转角度ϕ的关系（图6-22）。为了便于工程应用，经常将扭矩-扭转角关系转化为剪切应力-应变关系。对于圆棒状试样，剪切应力为

$$\tau = \frac{Tr}{J} \tag{6-24}$$

式中，r为圆棒的半径；J为极惯性矩。

$$J = \frac{\pi(2r)^4}{32} \tag{6-25}$$

而剪切应变为

$$\gamma = \frac{\phi r}{L_0} \tag{6-26}$$

式中，r为圆棒的半径；L_0为发生扭转的长度。

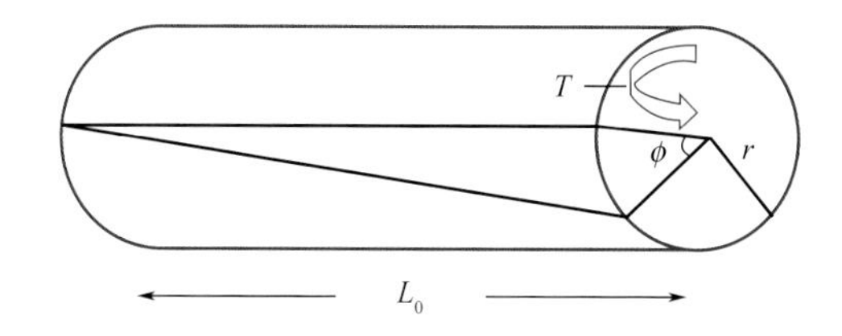

图6-21 圆棒试验的扭转

从扭矩-扭转角曲线中，可以确定一些重要的材料剪切性质，如剪切模量、扭转屈服强度、抗扭强度等。可以在转矩-扭转角曲线的弹性直线部分，读取扭矩增量和响应的扭转角增量，通过计算获得剪切模量，计算公式为

$$G = \frac{\Delta T L_0}{\Delta \phi J} \tag{6-27}$$

同样类似于拉伸性能测试，对于塑性材料，当扭矩-扭转角曲线中出现屈服平台时，**屈服扭矩**为下屈服点相关的扭矩。如果没有屈服平台，则可以用特定扭转角对应的扭矩，进而可以用式（6-24）计算在扭转条件下的剪切屈服强度。对试样连续施加扭矩，直至扭断，从记录的扭转曲线可以读出试样扭断前承受的最大扭矩，定义为**抗扭强度**。

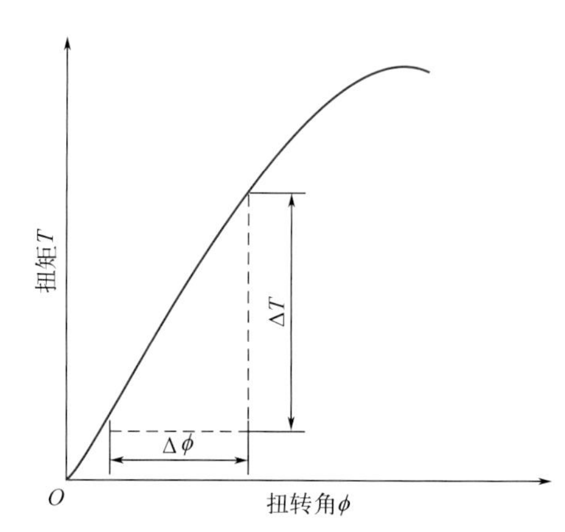

图6-22 扭矩试验的扭矩-扭转角曲线

6.6.3 弯曲

材料的抗弯曲性能是指材料在承受弯曲力作用下的抵抗能力。在实际工程应用中，许多结构部件都需要承受弯曲载荷。因此，弯曲测试是评估材料力学性能的重要手段。尤其是对于那些拉伸试样制备或夹持困难的脆性材料，弯曲试验是最常用的力学性能测试方法。研究弯曲测试及其影响因素，可以为提高材料的抗弯曲性能提供参考依据。

弯曲测试常用的方法有三点弯曲和四点弯曲试验，两者加载方式各有优劣。三点弯曲试验加载方式简单，但是由于加载方式集中，弯曲分布不均匀，某些部位的缺陷可能显示不出来。四点弯曲试验则弯矩均匀分布，试验结果较为准确，但是压夹结构复杂，工业生产中较少使用。在弯曲过程中，样品的上表面处于压缩状态，而下表面则处于拉伸状态。弯曲应力大小取决于样品的厚度、弯矩和截面惯性矩。下面进一步介绍三点弯曲试验。

三点弯曲试验是弯曲具有圆形或矩形横截面的棒状试样直至断裂。如图6-23所示，样品被放置在两个固定的支撑夹具上，跨距为L_s，并在中间施加一个向下的压力F。对于矩形

或圆形的横截面，弯曲应力σ为

$$\sigma = \frac{3FL_s}{2bd^2} \tag{6-28}$$

或者

$$\sigma = \frac{FL_s}{\pi R^3} \tag{6-29}$$

式中，σ为弯曲应力；F为施加的弯曲力；L_s为跨距；b和d为矩形截面的宽度和高度；R为圆形截面的半径。

挠度f是指试样在弯曲力方向的形变。通过弯曲试验，可获得弯曲力F与挠度f之间的曲线关系，如图6-24所示。从力-挠度曲线上，可以得到几个关键的弯曲性能指标，如弯曲弹性模量、抗弯强度以及断裂挠度等。

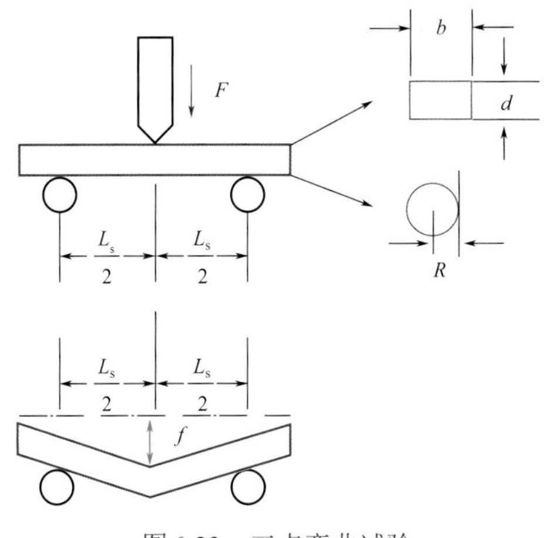

图6-23　三点弯曲试验

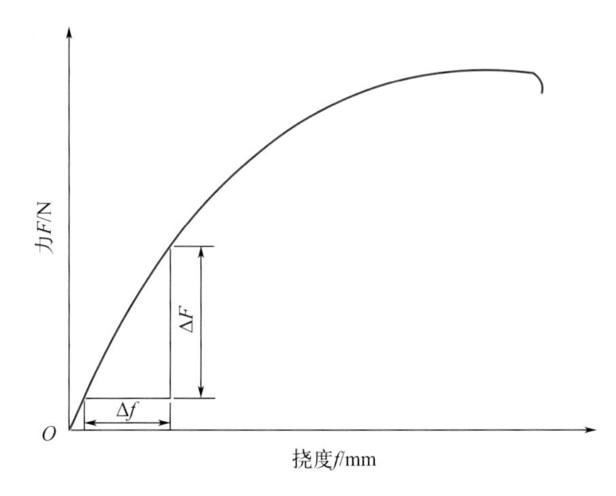

图6-24　三点弯曲试验的典型力-挠度曲线

弯曲弹性模量用于衡量材料在弯曲载荷下的刚度，由力-挠度曲线中弹性形变区的斜率来确定，计算公式为

$$E_b = \frac{L_s^3}{48I} \times \frac{\Delta F}{\Delta f} \tag{6-30}$$

式中，E_b为弯曲弹性模量；ΔF和Δf分别为弹性形变区的弯曲力和挠度的增量；I是试样截面惯性矩，对于矩形或圆形截面，分别为

$$I = \frac{bd^3}{12} \tag{6-31}$$

或者

$$I = \frac{\pi R^4}{4} \tag{6-32}$$

抗弯强度σ_{bb}是指试样在弯曲断裂前或在指定挠度处所承受的最大应力。它对应的挠度为断裂挠度，反映了试样在弯曲载荷下的最大形变。抗弯强度可以通过最大弯曲力F_b以及式（6-28）或式（6-29）进行计算。

对材料的抗弯曲性能进行研究可以为工程实践提供重要的指导。例如，汽车、火车等交通运输工具，需要使用具有足够抗弯性能的材料，以确保交通运输工具在行驶和受力时不会产生过大的变形；在建筑中，需要选择具有足够抗弯性能的材料用于构建梁、柱等承重结构，以确保建筑物的安全性。

6.7 材料性能的可变性与设计安全因素

6.7.1 材料性能的可变性

在实际的测试中，测量得到的材料性能不是确定的值。即使用最精密的测量仪器和严格控制的测试程序，从同一种材料的试样中收集的数据总会有一些变化。许多因素都会导致测量数据的不确定性。材料性能的可变性是指材料在服役过程中，由于受到环境因素和服役条件的影响，其性能会发生一定程度的改变。此外，在很多相同的材料中可能存在不均匀性。这些变化会影响材料的性能，进而影响结构的安全性和可靠性。因此，在材料设计和应用中，必须充分考虑这种可变性，以规避潜在的风险。

6.7.1.1 材料性能在服役环境下的变化

在服役环境中，材料会受到各种因素的影响，如高温、低温、循环载荷、腐蚀等。这些因素会导致材料的性能发生不同程度的变化，评估这些性能变化对结构安全性和可靠性的影响，需要进行详细的材料性能测试和分析。

温度对材料性能的影响是显著的。随着温度的变化，材料会发生热膨胀或热收缩，这会导致材料的尺寸发生变化。这种尺寸变化对材料的性能和使用有很大的影响。例如，在高温下，金属材料会变得更加柔软，塑料材料会变得更加容易变形；而在低温下，一些材料会变得更加脆硬。因此，在选择材料时，需要考虑其在使用温度范围内的性能表现。此外，高温还会导致材料发生蠕变（第8章）。**蠕变**是指材料在长期承受低于其屈服强度的应力作用下发生缓慢塑性变形的现象，这种现象对高温下使用的结构件的性能稳定性有很大的影响。因此，在高温结构设计中，需要考虑材料的蠕变性能，如蠕变强度和蠕变极限。

湿度对材料性能也有显著的影响。在潮湿环境下，一些材料容易被腐蚀，这会导致其力学性能下降。因此，在选择材料时，需要考虑其耐腐蚀性能以及使用环境中的湿度条件。除了腐蚀外，当材料暴露在潮湿环境中时，有些材料会有明显的吸湿现象，水分会吸附并扩散到其内部，导致材料膨胀并改变其尺寸和性能。这对光学器件和电子器件的性能有很大的影响，因此需要进行相应的防潮处理以避免吸湿现象的发生。例如，可以采用涂层或封装措施来保护这些器件免受水分的影响。

一些材料在长期承受循环载荷的作用下会发生疲劳断裂（第8章）。**疲劳断裂**是指材料在循环应力作用下，裂纹逐渐萌生和扩展，最终导致材料断裂的现象。疲劳失效对结构的安全性和可靠性有很大影响，因此需要采取措施防止其发生。优化结构设计、降低应力集中系数、选用高强度材料等都是提高结构疲劳寿命和可靠性的有效方法。

一些材料在腐蚀环境下使用时容易受到腐蚀介质的作用而发生腐蚀失效。腐蚀失效会导致材料的性能下降，甚至导致结构损坏。为了防止腐蚀失效的发生，可以采取选用耐腐蚀材料、增加防腐涂层、降低腐蚀介质浓度等措施。此外，表面处理技术也可以有效提高材料的耐腐蚀性能，从而提高材料在腐蚀环境下的可靠性和使用寿命。

6.7.1.2　材料性能可变性分析

材料性能的可变性在工程应用中具有至关重要的意义。对于性能要求极为严苛的结构，如航空航天器和核反应堆等，必须定期对材料进行性能检测和评估，以确保其安全性和可靠性。同时，深入研究材料性能的可变性有助于开发出能够适应各种环境条件的特殊材料，从而满足不同工程领域的需求。

作为设计工程师，必须充分认识到材料性质的可变性是不可避免的现象，并且需要采取合理的方法来应对这种可变性。在某些情况下，对数据进行统计处理和概率分析是必要的。例如，工程师们可能更关注“在特定实验条件下，这种合金的失效概率是多少？”而不是简单地询问“这种合金的断裂强度是多少？”，这种提问方式的转变体现了对材料性能可变性的深入理解和实际应用中的需求导向。

在材料性能可变性的分析中，平均值和标准偏差是两个关键参数。平均值是一组测量值的和除以测量次数，即

$$\overline{x}=\frac{\sum_{i=1}^{n}x_i}{n} \tag{6-33}$$

式中，$\overline{x}$ 为平均值；n为测量次数；x_i为离散的测量值。

标准偏差是衡量测量的数据点与平均值之间差异的统计量，即

$$s=\frac{\sum_{i=1}^{n}(x_i-\overline{x})^2}{n-1} \tag{6-34}$$

式中，s为标准偏差。平均值反映了材料性能的总体水平，为我们提供了性能基准；而标准偏差则揭示了材料性能的变化幅度（离散程度），帮助我们了解性能波动的范围。标准偏差越大说明测量数据值的离散程度越大。

6.7.2　设计安全因素

6.7.2.1　基于力学性能的设计原则和安全系数

力学性能在结构设计中占据举足轻重的地位，直接关乎产品的稳定性、使用寿命和安全性。为了打造优质、安全且经济的设计，工程师在设计过程中必须充分考量和利用材料的力学性能。在设计的起始阶段，深入了解材料的弹性模量、屈服强度和抗拉强度等关键力学性能参数至关重要，这些参数为后续的结构设计提供了不可或缺的基础数据。在结构设计过程中，工程师应根据载荷的分布情况，合理规划结构布局，力求实现载荷的均匀分布，从而有效防止应力集中的问题。高应力区域，应采取针对性的增强措施，以提升整体结构的稳定性，确保其在各种工况下均能表现出色。

安全系数在结构设计中扮演着至关重要的角色，它不仅体现了材料性能与设计要求之间的安全余量，更体现了对各种不确定性因素的应对能力。通过比较材料的极限强度、刚

度或稳定性与实际工作应力、工作应变或工作载荷，我们可以确定合适的安全系数。这一系数的合理设置，能够确保结构在使用过程中具备足够的可靠性，即使在极端情况下也能保持结构完整性。安全系数的作用在于它确保了结构能够承受预定的或意外的载荷和应力，从而有效避免破坏或过度变形的情况发生。为了选定恰当的安全系数，设计人员必须全面了解材料的力学性能数据、实际使用中的载荷分布与大小、结构的重要性等级以及预期的使用寿命等关键信息。

设计应力（σ_d）是在结构设计中，根据设计要求和材料特性，预先设定的最大允许应力。它考虑了各种可能的载荷和环境因素，以及材料的极限承载能力。设计应力是通过将计算应力σ_c乘以安全系数N'来确定的，即

$$\sigma_d = N'\sigma_c \tag{6-35}$$

式中，N'大于1。通常在选择特殊应用的材料时，所选材料的屈服强度要大于等于σ_d。

安全应力或工作应力（σ_w）则是在实际工作过程中，用来替代设计应力的一个安全值，以确保结构的稳定性和安全性。该安全应力值是通过将材料的屈服强度除以安全系数N来定义的，即

$$\sigma_w = \frac{\sigma_y}{N} \tag{6-36}$$

工程师在设计时通常优先使用设计应力，因为它是基于预期的最大施加应力而不是材料的屈服强度。在实际应用中，我们更关心影响材料屈服强度的因素，而不是确定所施加的应力，所以更多是考虑安全应力或工作应力。

选择一个合适的安全系数N是非常必要的。N值太大可能会导致构件产生超安全设计，需要使用更多具有更高强度的材料或合金。通常N值一般介于1.2和4之间。N值的选择取决于许多因素，如经济因素、先前经验、机械力、材料性质确定的精度以及故障之后造成的生命和财产损失等。因为N值过大会导致材料的成本和重量增加，所以结构设计师们正在朝着使用具有冗余设计且更加坚韧的材料的方向努力，这在经济上是可行的。

6.7.2.2 结构优化设计和材料选择

结构优化设计是在满足工程要求和安全的前提下，通过合理的设计，减少材料的用量，降低成本，提高经济效益。在结构优化设计中，需要考虑的因素有很多，如结构的静力学、动力学、热力学、疲劳等性能，此外，还需要考虑制造工艺、成本、环保等方面的因素。

在工程设计中，选择合适的材料是非常重要的。不同的材料具有不同的力学性能、物理性能、化学性能和加工性能等。例如，材料的力学性能包括材料的弹性模量、泊松比、抗拉强度、抗压强度、屈服强度等，这些性能决定了材料的刚度、强度和稳定性；材料的物理性能包括材料的密度、热导率、热膨胀系数等，这些性能决定了材料的重量、热量传导和热变形等特性；材料的化学性能包括材料的耐腐蚀性、抗氧化性、耐高温性等，这些性能决定了材料在不同环境下的使用寿命和稳定性。在选择材料时，需要根据工程要求和环境条件综合考虑以上因素，选择最合适的材料，同时，还需要考虑材料的可持续性和环保性，以实现工程与环境的和谐发展。

6.7.2.3　失效预防和可靠性设计

在材料力学性能中，失效是一个常见但可以预防的现象。通过采取一系列失效预防措施，可以显著提高结构的安全性和可靠性。这些措施包括控制载荷大小和分布、优化结构设计、选用耐腐蚀和耐磨材料等。控制载荷大小和分布是预防超载和过载的关键。通过合理设计结构的承载能力，可以有效地防止因超载和过载导致的失效。了解材料的疲劳性能并采取有效的疲劳强度计算方法，是预防疲劳失效的重要措施。在恶劣环境下，如潮湿、酸碱环境中，金属材料容易被腐蚀。为预防腐蚀失效，可以采取耐腐蚀材料及表面涂层或电化学保护等措施来提高材料的耐腐蚀性。在摩擦过程中，材料表面会发生磨损。为预防磨损失效，可以采用耐磨材料及润滑措施或表面处理等手段来提高材料的耐磨性。

可靠性设计是确保产品在各种条件下都能稳定运行的关键。在设计阶段，应对各种可能出现的风险因素进行分析和评估，并制定相应的措施来提高产品的可靠性。例如，可以通过数学模型和概率统计方法预测产品的可靠性和寿命，并根据预测结果优化设计方案。此外，为了更好地评估产品的可靠性，可以根据产品应用的环境条件选择合适的材料、结构和工艺。同时，通过实际测试和模拟来验证设计的可靠性也是非常重要的。根据测试结果，对设计方案进行改进和优化，可以进一步提高产品的可靠性。

习题

1. 什么是应力？什么是应变？

2. 已知铜的弹性模量为110GPa。用276MPa的应力拉伸一块长度为305mm的铜条，如果形变完全是弹性的，那么伸长量是多少？

3. 什么是弹性变形？弹性变形有什么特点？

4. 在金属材料的应力-应变曲线中，有屈服平台和没有屈服平台两种情况下，如何确定材料的屈服强度？

5. 什么是真应力？

6. 什么是滞弹性？什么是黏弹性？

7. 列举布氏硬度、洛氏硬度和维氏硬度的压头。这三种测试能互相替换吗？

8. 材料冲击试验中，怎样计算冲击吸收功？

9. 材料弯曲试验能够得到什么关系曲线？借助该曲线，能够得到哪些弯曲性能指标？

10. 什么是设计应力？什么是安全应力？

第7章 变形和强化机制

固体材料在加工制备或使用过程中都会受到外力的作用，发生变形。我们在第6章中已经简要介绍了材料可能经历的两种变形：弹性变形和塑性变形。材料的力学性能其实就是弹性、塑性和强度等性能的综合。

材料在塑性变形后，在宏观和微观上均会发生变化，包括外观上的形状和尺寸以及内部的组织结构，而内部组织结构的改变使得相关性能也发生了改变。材料的弹性与微观组织关系不大，属于对组织不敏感的性能；而塑性和强度则对微观组织十分敏感，属于对组织敏感的性能。塑性变形后的材料经过加热，会发生回复和再结晶现象。理解材料的变形机制，以及材料塑性变形后发生回复和再结晶的规律，对确定材料的加工工艺、调控材料的组织结构、充分发挥材料的各项性能，具有十分重要的理论和现实意义。

本章首先介绍金属和陶瓷材料的弹性和塑性变形机制。进而，在理解变形机制的基础上，介绍金属材料的强化机制及回复和再结晶现象。虽然这些强化机制大多也适用于陶瓷材料，但是由于陶瓷材料是硬脆的，我们更多的是考虑陶瓷材料的增韧。聚合物和非晶合金材料的变形机制与晶态的金属和陶瓷有很大的差异，这将在本章最后介绍。

7.1 弹性变形机制

在原子尺度上，弹性变形本质上是原子间距的变化。弹性模量反映了原子间的结合力，与原子的结构和键合、晶格类型、晶格常数等有关，而对材料的组织状态不敏感。从第2章中我们了解到，当原子之间相互接近时，每个原子都会对周围的原子施加作用力，包括吸引力和排斥力，这两种力的大小都随着原子间距离的变化而改变。当原子位于平衡位置时，吸引力和排斥力达到平衡，合力为零，内能最低。外力作用使晶体内部原子偏离平衡位置，产生促使原子回到平衡位置的恢复力。去除外力后，原子回到原平衡位置，变形消失。

图7-1显示了原子间作用力-原子间距曲线，对比了键合较强和较弱两种情况。相应地，平衡位置r_0附近的曲线斜率也不同。弹性模量与原子在平衡位置附近的原子间作用力-原子

间距曲线的斜率成正比，即

$$E \propto \left(\frac{\mathrm{d}F}{\mathrm{d}r}\right)_{r_0} \tag{7-1}$$

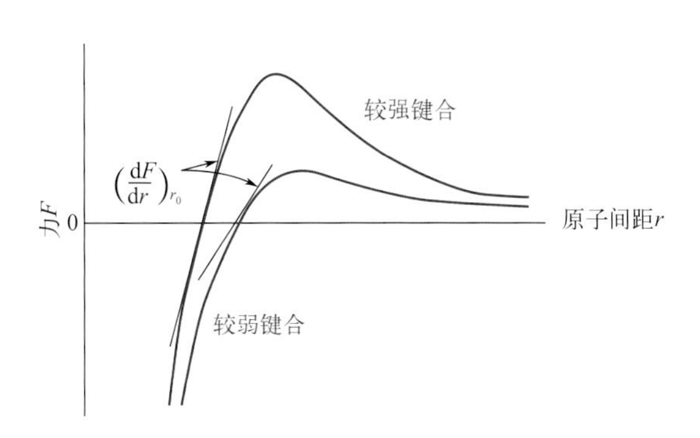

图7-1 原子间作用力-原子间距曲线

影响原子间结合力的因素会影响弹性模量。对多数材料而言，随着温度升高，原子的热运动加剧，原子间距离增大，相互作用力减弱，导致弹性模量线性下降，如图7-2（a）所示。此外，弹性模量还受材料相结构的影响。如图7-2（b）所示，金属在加热过程中发生相变，弹性模量也会发生变化，在曲线上出现转折。单晶体沿不同晶向的原子间结合力不同，表现出弹性模量的各向异性。

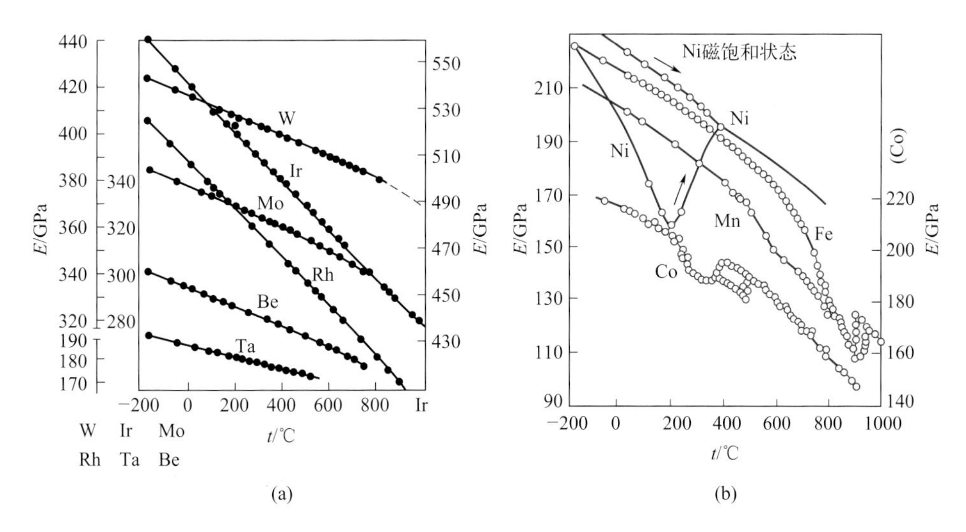

图7-2 温度和相变对金属弹性模量的影响

（a）温度的影响；（b）相变的影响

正是由于弹性模量反映的是原子间的结合力，它对组织状态不敏感，即添加少量合金元素或进行机械加工和热处理都不会对材料的弹性模量产生明显的影响。

除外力能产生弹性变形外，晶体内部畸变也能在局部区域产生弹性变形，例如空位、间隙原子、位错、晶界等晶体缺陷的周围，由于原子排列不规则而存在弹性变形。夹杂物和第二相周围也可能存在弹性变形。

7.2 塑性变形机制

晶体塑性变形方式有滑移和孪生两种方式。一般情况下，变形是以滑移方式进行的，只有在某些特殊情况下才以孪生方式进行。非晶态的金属和陶瓷材料具有很大的脆性，难以发生塑性变形，因此这里不进一步讨论。

7.2.1 单晶体的滑移

7.2.1.1 滑移

晶体的滑移是通过位错的运动来实现的。位错滑移穿过滑移面，材料发生位移，位移量是一个伯氏矢量，同时在材料表面形成台阶（第5章）。如果我们通过拉伸试验，让经过抛光的试样产生塑性形变，然后在光学显微镜下观察，会发现在其表面形成多条平行的线条，这些线条被称作**滑移带**。图7-3为拉伸试样表面的滑移带。如果进一步用电子显微镜观察，会发现每条滑移带由多条聚集在一起的相互平行的**滑移线**组成，这些滑移线实际上是滑移使晶体表面产生的小台阶。滑移线之间的距离通常为几十纳米，而沿每一条滑移线的滑移量（即台阶高度）可达几百纳米。

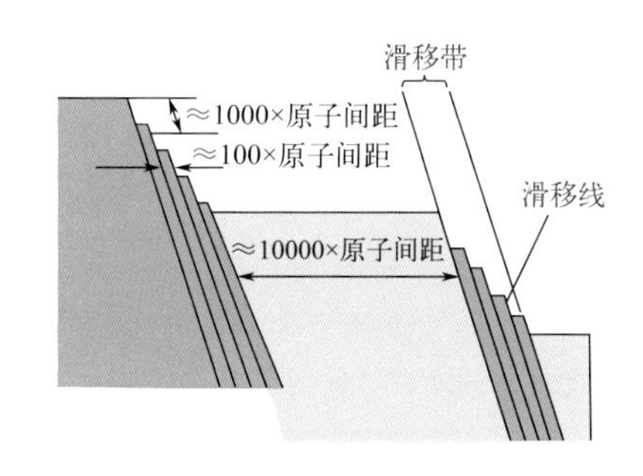

图7-3 滑移带

在单晶体的塑性变形过程中，表面出现的滑移线不是随机分布的，它们通常是相互平行或呈特定角度排列。由于位错滑移是沿特定的晶面和晶向进行，因此通过位错滑移使晶体滑移变形的过程也是如此。这些特定的晶面和晶向分别被称为**滑移面**和**滑移方向**，它们与位错的滑移面和伯氏矢量方向对应。一个滑移面和其上的一个滑移方向一起构成了**滑移系**。不是所有晶面和晶向都适合滑移，通常只有晶体的密排面和密排方向才会发生滑移。这是因为密排面之间的间距较大，原子间的结合力相对较弱，从而降低了滑移的阻力。同时，在密排方向上，由于原子间距最短，单位滑移量小（即位错的伯氏矢量最小），滑移更容易发生。

每个滑移系代表了晶体在滑移变形时可选择的一个特定的空间方向。在相同条件下，可供选择的滑移系数量越多，晶体在空间中的滑移方向就越多，塑性变形能力也就越强。滑移系直接受到晶体结构的影响，每一种晶格类型的金属都具有特定的滑移系。对于大多数金属具有的FCC、BCC和HCP结构，能够出现的滑移系如表7-1所示。

表7-1 金属的滑移系

晶体结构	代表性金属	滑移面	滑移方向	滑移系数量
FCC	Al, Cu, Ni, Au, Ag	{111}	<110>	12
BCC	α-Fe, Mo, W	{110}	<111>	12
	α-Fe, W	{112}	<111>	12
	α-Fe, K	{123}	<111>	24
HCP	α-Ti, Mg, Zn, Cd, Be	{0001}	<11$\bar{2}$0>	3
	α-Ti, Mg, Zr	{10$\bar{1}$0}	<11$\bar{2}$0>	3
	α-Ti, Mg	{10$\bar{1}$1}	<11$\bar{2}$0>	6

对于FCC结构，{111}晶面族是该晶体结构中的最密排面，其中最近邻原子之间相互接触。滑移过程通常在（111）晶面沿着<110>晶向进行。因此，（111）晶面和<110>晶向共同构成了FCC晶体的滑移系（图7-4）。对于某一特定的晶体结构，可能存在多个滑移系，滑移系的数量反映了滑移面与滑移方向可能的组合。例如，在FCC结构中，4个不同的（111）晶面，每一个晶面上有3个独立的<110>晶向，因此共存在12个滑移系。在计算滑移系的数量时通常不考虑晶向的正反向。由于有着较多的由密排面和密排方向组成的滑移系，因此FCC结构的金属大多具有较好的塑性。

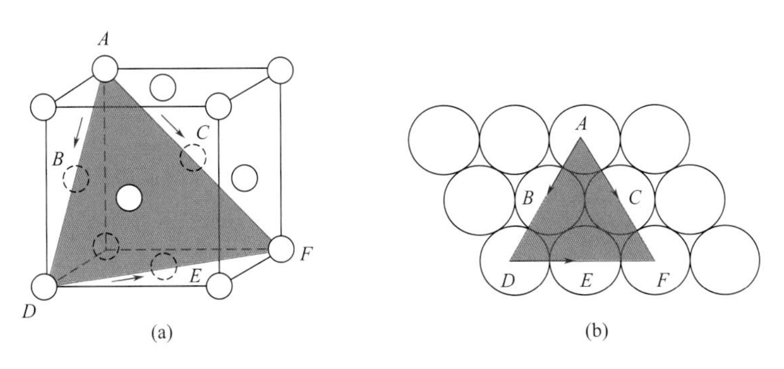

图7-4 FCC结构的滑移系

（a）晶胞中的{111}<110>滑移系；（b）（111）晶面和三个<110>滑移方向（箭头所示）

BCC结构的最密排面和最密排方向分别是{110}晶面和<111>晶向。BCC结构的致密度较低，导致BCC晶体中的滑移现象较为复杂，实际发生滑移的滑移面受到材料成分、温度等多种因素的影响，不局限于最密排面。滑移方向较为固定，为<111>方向。因此，滑移可能在多个含有<111>晶向的晶面上发生。在一些BCC结构的材料中，可以观察到在低温下{112}晶面、中温下{110}晶面以及高温下{123}晶面发生滑移。如果{110}、{112}和{123}晶面都能作为滑移面，并且滑移方向为<111>，则体心立方晶体具有48个滑移系。虽然BCC金属可能的滑移系比FCC金属多，也具有较好的塑性，但BCC金属中滑移面原子的密排程度不如FCC，晶格容易产生更大的畸变，导致较大的滑移阻力，在单个滑移面上的滑移方向也少于FCC，所以BCC金属的塑性通常低于FCC金属。

对于HCP结构，基面{0001}晶面是常见的滑移面，滑移方向是$<11\bar{2}0>$，总共有3个滑移系。HCP的滑移行为还会受到晶胞几何形状的影响，当轴比c/a小于1.633时，{0001}晶面并非唯一的密排面，其他晶面也可能参与滑移。

7.2.1.2 临界分切应力

由于滑移是晶体沿滑移面和滑移方向发生剪切的结果，因此决定晶体能否开始滑移的应力一定是作用在滑移面上沿着滑移方向的分切应力。

如图7-5（a）所示，假设单晶试棒的横截面积为A_0。现有作用力$\boldsymbol{F}$对其进行拉伸，$\boldsymbol{F}$和滑移面法线$\boldsymbol{n}$的夹角为φ，和滑移方向$\boldsymbol{b}$的夹角为λ，则作用在滑移面上沿滑移方向的分切应力为

$$\tau=\frac{F\cos\lambda}{A_0/\cos\varphi}=\frac{F}{A_0}\cos\lambda\cos\varphi \tag{7-2}$$

可以将式（7-2）简写为

$$\tau = \mu\sigma \tag{7-3}$$

式中，$\sigma = F/A_0$，为拉伸应力；$\mu = \cos\lambda\cos\varphi$，称为**取向因子**或**Schmid因子**。显然，当$\varphi + \lambda = 90°$，$\varphi = 45°$时，μ达到最大值0.5，此时得到最大的分切应力正好落在与外力轴成45°角的晶面以及与外力轴成45°角的滑移方向上。

对同种材料但不同取向的单晶试棒进行拉伸试验可以发现，虽然不同试棒的μ值不同，但是开始滑移时的分切应力是一个确定值。也就是，当施加外力使分切应力达到某个临界值τ_c时，单晶中的滑移沿着某个最优的滑移系进行，该临界值称为**临界分切应力**。临界分切应力是一个材料常数，大小取决于晶体本身的性质，与外力和晶体取向无关。然而，临界分切应力是一个组织敏感参数，与晶体的结构、纯度、温度等因素有关，还与该晶体的加工和处理状态、变形速度以及滑移系类型等因素有关。例如，BCC金属的τ_c值通常比FCC金属高十几倍。

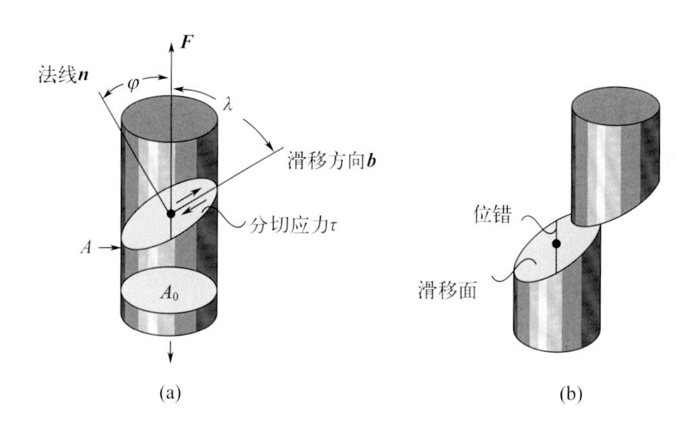

图7-5 单晶试样单向拉伸时的分切应力

（a）分切应力与滑移系的几何关系；（b）位错运动产生滑移

因此，材料发生滑移（屈服）的临界条件是滑移的分切应力达到临界分切应力，即

$$\tau = \tau_c \tag{7-4}$$

这被称为**Schmid定律**。因为材料开始发生滑移的拉伸应力为材料的屈服强度σ_y，所以

$$\sigma_y = \frac{1}{\mu}\tau_c \tag{7-5}$$

图7-6为镁单晶的屈服应力与取向因子的关系。从图中可以看出，单晶体的屈服强度σ_y不是材料常数，因为它不仅和材料的特性有关，还和单晶体的取向（滑移面和滑移方向对拉伸轴的取向）有关。通常将取向因子μ值大的取向称为**软取向**，取向因子μ值小的取向称为**硬取向**。

如果晶体有若干个等价的滑移系，那么它们的τ_c相同。在加载时首先发生滑移的滑移系为μ值最大的系统，因为作用在此滑移系上的分切应力最大。如果两个或多个滑移系具有相同的μ值，则滑移时必定有两个或多个滑移系统同时开动。我们把只有一个滑移系的滑移称为**单滑移**，具有两个或者多个滑移系的滑移称为**多滑移**。晶体可以通过单滑移或多滑移实现变形。单滑移时，位错可以穿过材料，多根位错间不会有明显的相互干扰；多滑移时，滑移系由不同位向的滑移面和滑移方向构成，所以当一个滑移系启动后，另一滑移系的滑动会穿越前者，两个滑移系上的位错会有交互作用，产生交割和反应，阻碍滑移进行，导致材料的加工硬化。

在晶体的塑性变形过程中，有时会观察到两个或多个不同的滑移面沿相同的滑移方向同时或交替地进行滑移，这种现象被称为**交滑移**（第5章）。交滑移过程涉及纯螺型位错，因为螺型位错的滑移面不受限制，这使得它们可以在多个面上发生交滑移，在晶体表面形成曲折或波纹状的滑移带。交滑移的发生与材料的层错能密切相关。层错能较高的材料更倾向于发生交滑移。

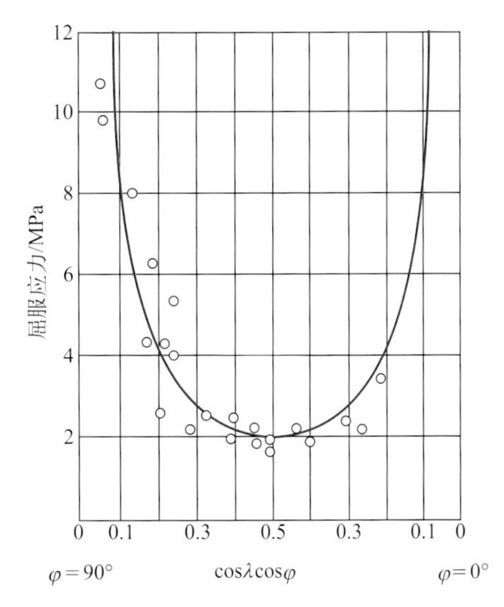

图7-6 镁单晶的屈服应力与取向因子的关系

材料史话7-1 施密特与临界分切应力

艾里希·施密特（Erich Schmid，1896—1983）出生于奥地利，物理学家。他早年在维也纳大学学习了物理和数学，然后在第一次世界大战期间学业上有所中断。后来，在F. Ehrenhaft教授的指导下攻读了博士学位。

Schmid是金属物理的创始人之一。在柏林时他开始从事金属晶体的研究，通过对不同取向的锌、锡单晶形变时屈服起始点的测定，得出了在滑移面和滑移方向上晶体滑动所需的应力是一个固定值的结论。以他的名字命名的Schmid定律描述了晶体滑移所需的应力与晶体取向之间的关系。后来，Schmid还将金属晶体塑性变形的研究扩展到超声法和低温范围。Schmid与合作者Walter Boas一起撰写了经典专著《晶体的塑性》，这部专著被译成英文和俄文，影响了至少一代人。

7.2.1.3 滑移时晶体的转动

随着滑移的进行，滑移面会发生转动，其趋势是逐渐远离应力的软取向。特别是在只有一组滑移面的六方金属中，这种晶面转动和相应的晶体取向改变尤为明显。

如图7-7所示，当晶体在拉伸应力下发生滑移时，如果没有夹具的限制，为了保持滑移面和滑移方向不变，拉伸轴线会逐渐偏移［图7-7（b）］。然而，实际情况中由于夹具的限制，拉伸轴线的方向无法改变，因此晶体内部的晶面必须做出相应的转动，导致晶体取向的改变［图7-7（c）］。这种取向的改变使得滑移面和滑移方向逐渐趋于平行拉伸轴线。相反地，在压缩变形时，晶面转动的结果是使滑移面逐渐趋向与压力轴线垂直，如图7-8所示。

滑移过程中，晶面的转动是晶体在应力作用下自我调整的一种方式，以维持滑移机制的有效性。晶体的转动会导致取向因子发生变化。若某一滑移系最初处于软取向，在拉伸过程中随着晶体取向的改变，滑移面的法线与外力轴线的夹角会逐渐远离45°，使滑移变得越来越困难。这种由于晶体取向变化引起的变形抗力增加现象称为**几何硬化**。与此相反，经过滑移和转动后，如果滑移面的法线与外力轴线的夹角逐渐接近45°，滑移就会变得更加容易，这种现象称为**几何软化**。

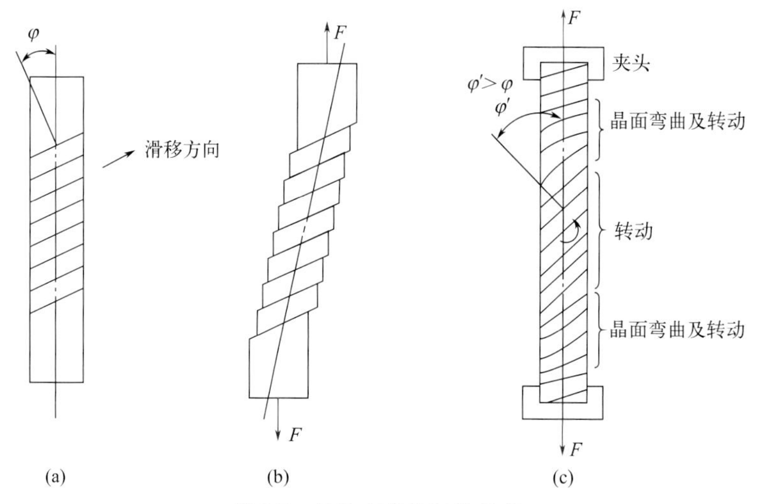

图7-7 晶体在拉伸时的转动

（a）原试样；（b）自由滑移变形；（c）受夹头限制的变形

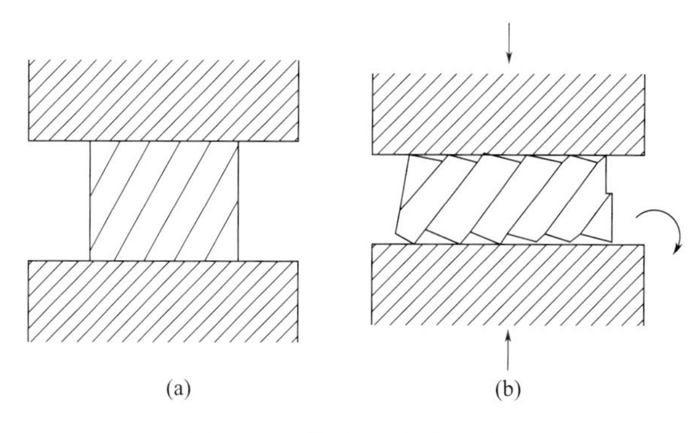

图7-8 晶体在压缩时的转动

（a）压缩前；（b）压缩后

7.2.2 单晶体的孪生

我们在第5章中介绍了孪晶的概念。晶体的塑性变形也可以通过**孪生**来实现，即切应力产生原子位移，使一部分原子位于另一部分原子的镜像位置，从而形成孪晶。

以FCC晶体为例，如图7-9所示，在孪生过程中，孪生面的位置和形状保持不变。当剪切应力作用于晶体时，局部区域的（111）晶面相对于相邻面产生$\frac{1}{6}[11\bar{2}]$的切变。在变形后形成了孪生区域［图7-9（b）中*AB*和*GH*之间的区域］。孪生区域内的晶体结构与基体相同，但晶体取向发生变化，与基体形成镜面对称，构成孪晶，其对称面为孪晶界。孪晶区域内各层晶面的位移大小与到孪晶平面的距离成正比。

孪生发生在特定的晶面和晶向上，这些晶面和晶向取决于晶体结构。FCC结构的晶体，孪生面为{111}面，孪生方向为<11$\bar{2}$>方向；BCC结构的晶体，孪生面和孪生方向分别是

{112} 和 <111>；HCP 结构的晶体，孪生面和孪生方向分别为 $\{10\bar{1}2\}$ 和 $<\bar{1}011>$。

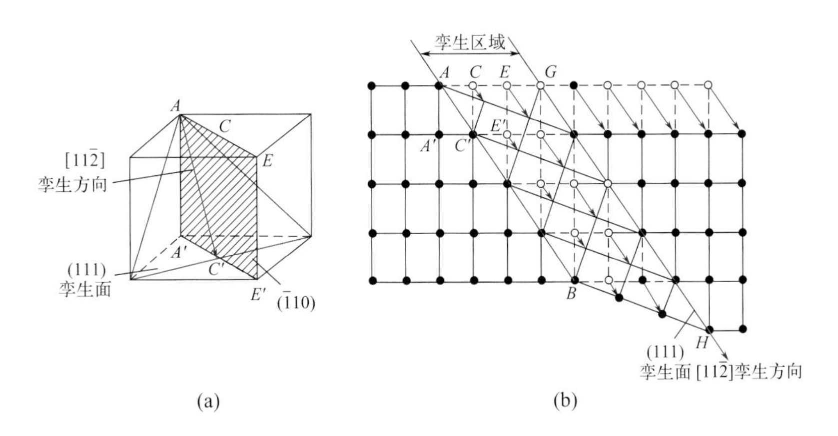

图7-9 FCC晶体的孪生变形

（a）孪生面和孪生方向；（b）孪生变形时原子的移动

在滑移机制被特定温度或晶体结构限制的条件下，晶体中易发生孪生现象。通常随着温度的升高，孪生的作用逐渐减弱，滑移成为主导变形的机制。孪生和滑移相比较，有以下区别。

① 滑移与孪生对晶体取向的影响不同，如图7-10所示。滑移过程中晶体取向保持不变，而孪生则会改变晶体取向。因此，当滑移困难时，可通过孪生调整取向使晶体继续滑移变形。

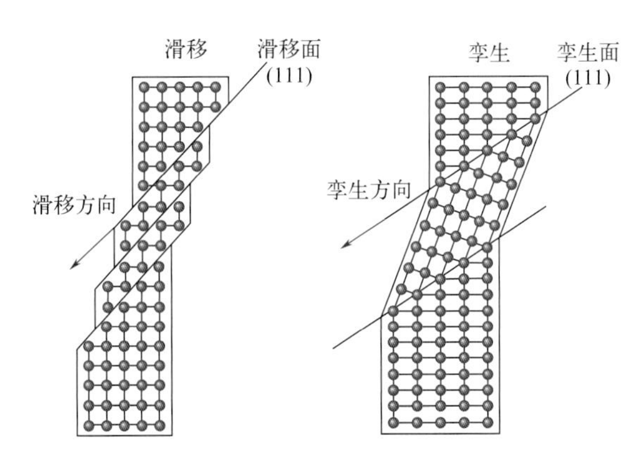

图7-10 滑移和孪生的对比

② 在滑移过程中，原子的位移是沿滑移方向原子间距的整数倍，并且参与滑移的原子总数非常大；相反，在孪生过程中，原子的位移可以小于沿孪生方向的原子间距。因此，孪生对塑性变形的贡献比滑移小得多。

③ 从微观上看，滑移是一种不均匀切变，只在滑移线处发生切变，滑移线之间的晶体未发生变形，且滑移线之间的距离可达几百个原子间距。孪生则是均匀切变，孪晶带内的每一个晶面都发生相对切变，每层相对于孪生面的切变量与该面离孪生面的距离成正比。

④ 目前还没有实验证明孪生像滑移一样存在确定的临界切应力，但是可以肯定的是孪生所需的切应力远大于滑移所需的切应力。因此，孪生常萌发于滑移受阻引起的局部应力

集中区。对于滑移系较少的镁、锌等HCP晶体通常以孪生方式变形。FCC和BCC晶体在极低温度或极高应变速率（如冲击载荷）下才可能发生孪生。

孪生发生时，应力-应变曲线的特征与滑移变形的曲线有显著的不同。如图7-11所示，在曲线的初始阶段，光滑的曲线特征对应滑移变形。当应力增加到一定水平后，曲线突然出现下降并呈锯齿状变化，这是由孪生变形引起的。孪晶的形核阶段局部应力很高，但一旦形核成功，其长大过程相对容易得多，导致应力在上升和下降之间反复变化。在曲线的后段，曲线再次变得光滑，这表明变形方式再次转变为以滑移为主。这是因为孪生改变了晶体取向，使得某些滑移系处于更有利的取向，从而重新激活滑移变形机制。

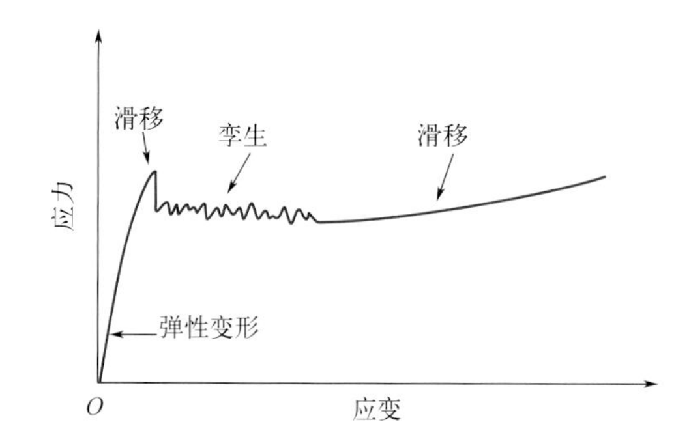

图7-11 滑移和孪生变形交替发生时的应力-应变曲线

由于孪生变形过程中产生局部切变，因此在变形试样的抛光表面上能够观察到明显的浮凸现象。当试样经过重新抛光处理后，尽管表面浮凸可以被消除，但由于已变形区域与未变形区域的晶体取向存在差异，因此在偏光显微镜下观察或经过浸蚀处理后，孪晶区域仍然能够被清楚地观察到。相比之下，在滑移变形后的试样中，滑移带经过抛光处理后通常会消失。

上述通过机械变形过程形成的孪晶被称为**机械孪晶**或**变形孪晶**，在变形金属进行再结晶退火处理过程中形成的孪晶被称为**退火孪晶**。在大多数FCC金属中，都会形成退火孪晶。这些退火孪晶可能是以变形孪晶为核心发展而成的，因此，退火孪晶的存在通常被视为FCC金属在经历塑性加工后的一个标志。通常认为材料的层错能越低，越容易产生退火孪晶。

7.2.3 多晶体的塑性变形

多晶体由许多取向不同的晶粒组成，晶粒之间还有晶界，因此多晶体的变形要比单晶体复杂。多晶体塑性变形的基本方式也是滑移和孪生。以滑移为例，对于每个晶粒，位错通常沿最有利的滑移方向运动，启动最有利的滑移系。由于构成多晶体的各个晶粒具有不同的位向，它们在外力作用下不能同时发生变形。处于软取向的晶粒，其分切应力会较早达到临界分切应力，并首先发生滑移；而那些处于硬取向的晶粒则尚未开始滑移。处于有利取向的晶粒开始塑性变形意味着其滑移面上的位错已经开始运动，并不断沿滑移面产生新的位错。然而，由于周围晶粒的取向和应力场对滑移系取向的影响不同，运动的位错通常不能穿越晶界，从而在晶界处形成**位错塞积**现象。位错的塞积在局部区域内造成了高应力场和应力集中，这可能导致相邻晶粒中的某些滑移系达到临界分切应力并开始运动（图7-12）。相邻晶粒的滑移会缓解应力集中，使原晶粒中的位错源激活，并允许位错在该晶粒中运动。通过这样的过程，变形就从一个晶粒传递到另一个晶粒，最终波及整个试样。

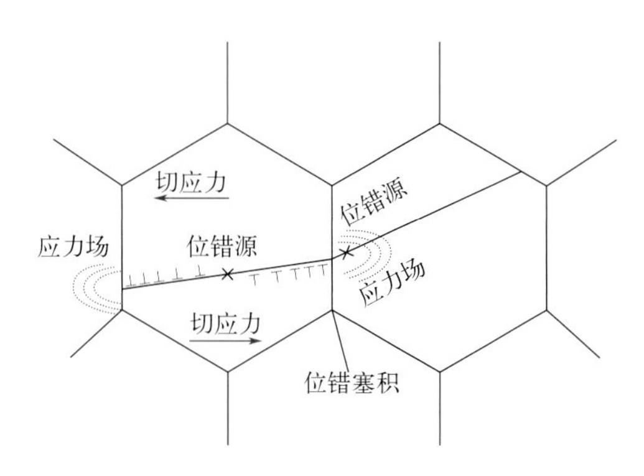

图7-12 多晶体滑移

在多晶体材料中，由于每个晶粒都被其他晶粒环绕，其变形行为不可能独立进行，而是受到周围晶粒变形行为的制约。如果每个晶粒能够自由变形，将会破坏材料的完整性，导致材料出现裂缝或重叠。因此，各晶粒之间的变形需要相互适应和协调，如图7-13所示。这就要求每个晶粒不仅在最优的滑移系上发生滑移，还需要在至少5个滑移系上进行滑移。这是因为任何变形都可以通过6个独立的应变分量来描述，即ε_{xx}、ε_{yy}、ε_{zz}、ε_{zx}、ε_{xy}、ε_{yz}；而在塑性形变中，由于体积恒定的约束，即$\varepsilon_{xx}+\varepsilon_{yy}+\varepsilon_{zz}=0$，所以实际上只有5个独立的应变分量，每个分量都与一个特定的滑移系相关联。对于FCC和BCC结构的晶体而言，其滑移系数量多，较容易满足5个以上滑移系同时活跃的条件，这使得多晶体显示出较好的塑性。对于HCP结构的多晶体，由于可用的滑移系较少，其协调形变的能力较差，相应地塑性也较低。

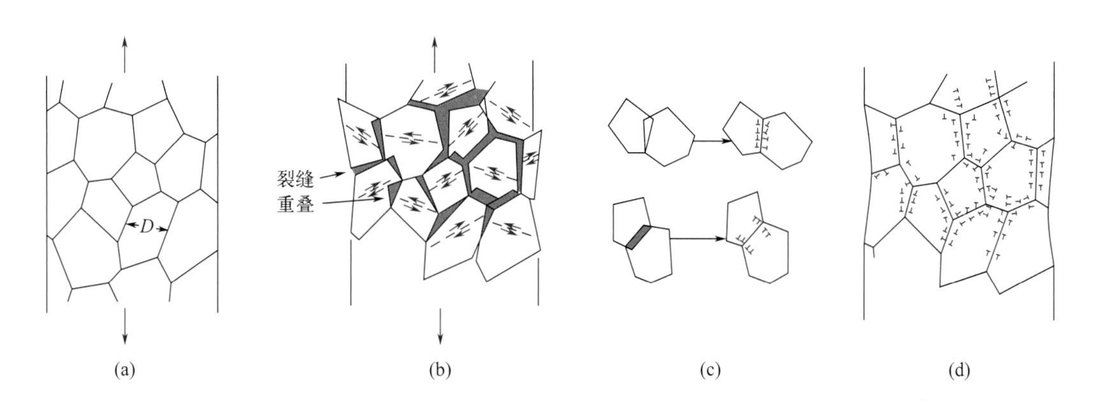

图7-13 多晶体晶粒之间变形的相互协调

［若（a）中所示的每个晶粒以均匀的方式变形，则会出现（b）中的重叠和裂缝，可以通过引入（c）和（d）所示的几何必要位错来协调］

图7-14为多晶铜变形之后产生滑移线的显微图片。从图中可以看出，在同一晶粒中可能出现多组滑移带，每组滑移带是平行的，但穿过晶界时是不连续的。这反映了多晶体塑性变形时每个晶粒既分别进行，又互相协调的多滑移特征。正因为如此，多晶体中相邻晶

粒因取向不同而在变形过程中产生内应力。

图7-14 多晶铜经过抛光和变形后表面产生的滑移线

7.3 塑性变形中材料组织和性能的变化

在金属材料的塑性变形过程中，其内部组织结构会发生显著变化，进而影响材料的物理学、化学性质和力学性能。这些性质和性能的变化不仅影响进一步的变形过程，也影响材料变形后的使用性能。

7.3.1 晶粒形貌

材料的变形是由内部各晶粒的变形导致的，因此晶粒的变形与材料的总体变形大体上是一致的。在拉伸变形过程中，晶粒会沿拉伸方向伸长，如图7-15所示。变形量越大，晶粒伸长的程度也越大。变形量很大时，各晶粒已不能分辨，而会成为一种如纤维状的条纹，其称为**纤维组织**。在合金铸锭中，如果存在夹杂物的偏聚，这些夹杂物会在轧制过程中沿轧制方向排列，形成**带状组织**。

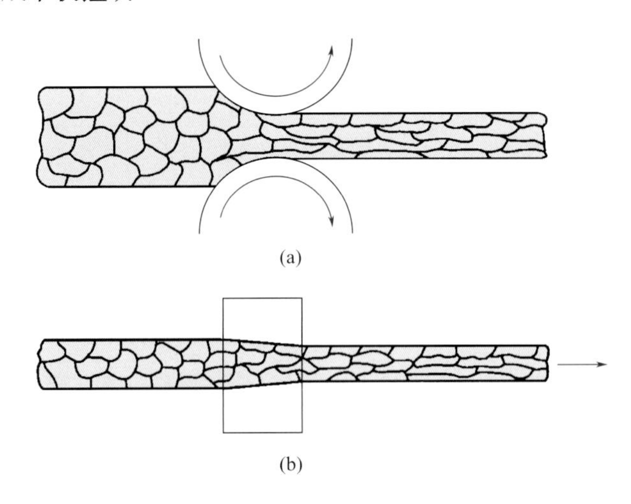

图7-15 金属冷加工使晶粒拉长

（a）冷轧棒材或板材；（b）冷拔线材

纤维组织的形成使金属的性能表现出一定的方向性。通常，沿纤维方向的强度高于横向强度，这是因为各种杂质、缺陷等较低强度的相沿纤维状晶界分布，降低了晶界的结合力。

7.3.2　变形织构

在多晶体材料的塑性变形中，晶粒在变形过程中的转动，导致晶粒的取向分布不再是随机的，而是趋向于围绕那些容易变形的方向“聚集”，形成**择优取向**。由此产生的具有择优取向的多晶组织被称为**变形织构**。例如，图7-15所示的冷加工工艺，轧板时形成板织构，其特征是各晶粒的某个晶面或晶向平行于轧制面或轧制方向；拔丝时形成丝织构，其特征是各晶粒的某一晶向平行于拔丝方向。

具有织构的金属显示出明显的各向异性，对材料的加工性能和使用性能产生一定的影响。例如，具有织构的金属板在深冲成型时可能会表现出不均匀的变形，如边缘不齐、壁厚不均等，这种现象被称为“制耳”。另一方面，织构在某些应用中可能是有益的。例如，在制造变压器叠片的软磁性金属中，晶粒沿易磁化的方向形成择优取向，可以显著增强其磁性能。

7.3.3　位错亚结构

在金属材料的塑性变形中，位错在外部应力的作用下会发生不断的增殖和运动。随着变形程度的增大，位错密度在材料中迅速增加。如图7-16所示，增加的位错分布是不均匀的，在金属的纤维状组织内部，会形成许多位错胞。这些位错胞的特点是胞壁上有大量的位错，而胞内的位错密度较低。这种位错分布形式也被称为**变形亚结构**或**变形亚晶粒**。

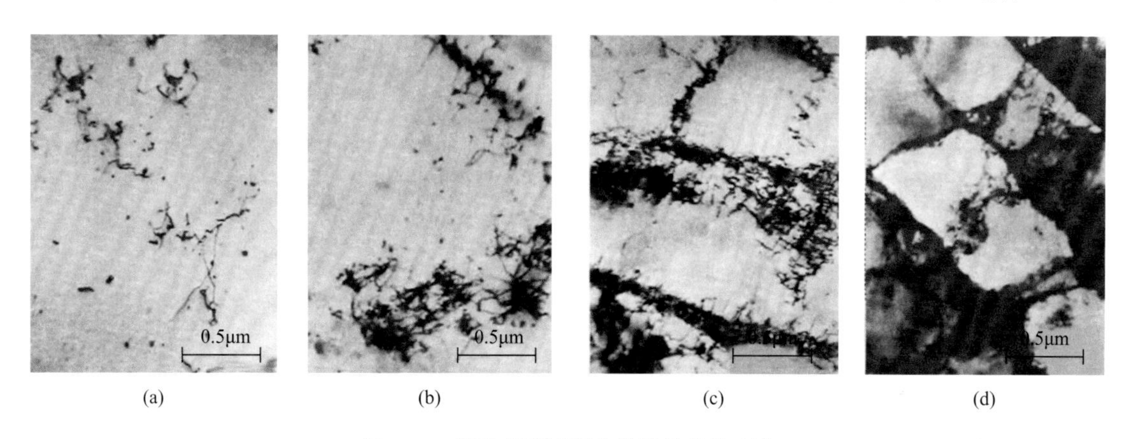

图7-16　塑性变形过程中位错结构的变化

（a）变形前位错密度较低；（b）变形使位错密度增大；（c）形成位错胞；（d）形成亚晶粒

7.3.4　残余应力

在金属的塑性变形中，大部分外力作用会转化为热能，但是还有约10%的能量保留在金属内部，形成储存能。因为储存的是残留的弹性应变能量，所以被称为**形变储能**。形变储能受变形温度、变形量和晶粒尺寸的影响，低温、大变形量、细晶粒会导致更大的形变储能，从而使金属处于热力学不稳定状态。正是这种不稳定状态提供了下一节将讨论的“回复和再结晶”过程的驱动力，使金属趋向于更加稳定的状态。

伴随着形变储能，金属中存在变形后残留的弹性变形内应力，即晶体内部各部分之间的相互作用力。这种内应力是宏观变形应力卸载后仍保留的应力，被称为**残余应力**。根据作用范围，残余应力可分为以下三类。

① **宏观残余应力**：在金属整体体积范围内平衡，由工件各部分之间的变形不均匀产生。这类内应力在总残余应力中所占比例不大。

② **微观残余应力**：在晶粒或亚晶粒范围内平衡，由晶粒或亚晶粒的不均匀变形引起，其作用范围与晶粒尺寸相当。这类应力可以达到很大数值，甚至造成显微裂纹并导致工件的破坏。

③ **点阵畸变**：塑性变形后的金属和合金内部出现大量晶体缺陷，如位错和空位等，导致部分原子在晶格中偏离其平衡位置，造成点阵畸变。它的作用范围很小，只在原子尺度范围内维持平衡。变形金属中绝大部分（80%至90%）储存能用于这种晶格畸变。

内应力对金属加工、热处理和使用性能有显著影响。它与零件服役时的工作应力叠加，可能导致二次变形，降低结构刚度和稳定性，影响疲劳强度、抗脆断能力及抵抗应力腐蚀和高温蠕变的能力。因此，冷变形后的金属材料和工件通常需要进行去应力退火处理。然而，有时为了改善某些性能，生产中也会故意引入内应力。例如，通过表面喷丸处理在金属表面造成表层压应力来防止断裂。

7.4 强化机制

长期以来，材料工程师一直致力于开发既具有高强度又具有良好延展性的金属材料，但是大多数情况下，金属强度的提高往往伴随着延展性的降低。下面介绍4种最重要的强化方法和机制，在实际生产上，金属材料的强化大多是同时采用几种强化方法的综合强化。因为宏观上的塑性变形是由大量位错的运动引起的，也就是说，金属的塑性变形能力依赖于位错运动的自由度，所以理解强化机制的关键在于充分理解位错运动与金属力学性能之间的联系。减少位错的运动能够增强材料的强度，即产生塑性变形需要更大的力。因此所有强化机制几乎都遵循一个基本原则：通过限制或阻碍位错运动来提高金属的强度和硬度。

7.4.1 细晶强化

分析多晶体的塑性变形行为可知，晶界本身对位错运动构成障碍。相邻晶粒的滑移系不连续，位错无法穿过晶界持续滑移，导致位错在晶界处塞积（图7-12）。多晶体为了实现变形，其中的位错需要在多个滑移系上活动，这种多滑移行为增加了位错交互作用，进而提高了位错运动的阻力。因此，多晶体材料的强度通常高于单晶体材料，并且晶粒越细小，材料的强度越高。这种通过晶粒细化来提升材料强度的方法被称为**细晶强化**。

图7-17给出了低碳钢屈服强度与晶粒直径的关系。从图中可以看出，钢的屈服强度与晶粒直径平方根的倒数呈线性关系。大量的实验结果也证实，大多数材料的屈服强度随着晶粒尺寸的变化而变化，满足以下关系

$$\sigma_s = \sigma_0 + kd^{-\frac{1}{2}} \tag{7-6}$$

式中，σ_s为多晶体的屈服强度；σ_0为常数，大致相当于单晶体的屈服强度；d为多晶体的平均晶粒直径；k为表征晶界对材料强度影响程度的常数，与晶界结构有关。式（7-6）被称为**霍尔-佩奇（Hall-Petch）公式**。进一步的实验表明，有明显屈服点的金属非常符合霍尔-佩奇公式，而没有明显屈服点的FCC金属则有一定的偏差。此外，霍尔-佩奇公式不适用于晶粒极粗和晶粒极细的多晶体材料。

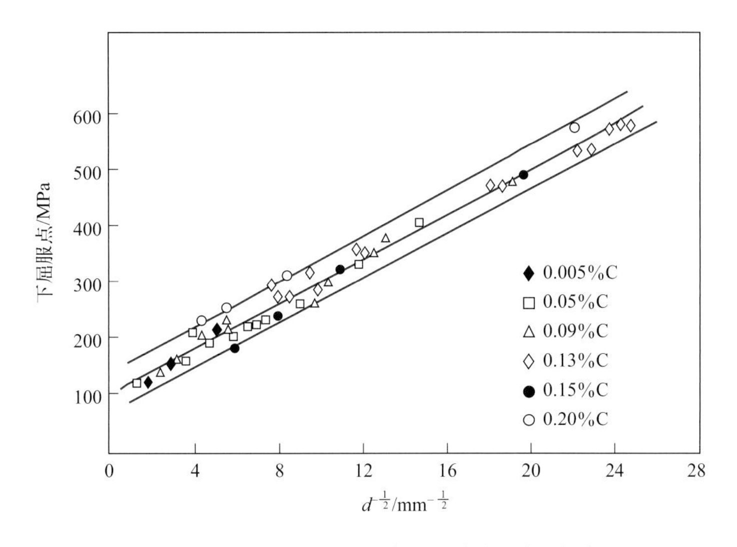

图7-17 低碳钢屈服强度与晶粒直径的关系

除了屈服强度之外，材料的硬度与晶粒尺寸也符合类似的关系，即

$$\text{HV或HB} = A + Bd^{-\frac{1}{4}} \tag{7-7}$$

式中，HV或HB分别为多晶材料的维氏或布氏硬度；A或B是常数。使用式（7-7）的前提是硬度测试时压痕的尺寸必大于晶粒直径，否则硬度测试产生的塑性变形可能会局限在一个晶粒内部，测试结果不会反映晶界和晶粒尺寸的影响。

晶粒细化不仅能显著增强材料的强度和硬度，还能同时改善其塑性和韧性。这种综合力学性能的提升是其他强化手段难以达到的。因为晶粒越细，在一定体积内的晶粒数目越多，则在相同变形量下，变形分散在更多的晶粒内进行，变形较均匀，并且每个晶粒中塞积的位错少，因应力集中引起的开裂机会较少，因此有可能在断裂之前承受较大的变形量，即表现出较高的塑性。同时，细晶粒晶体中应力集中小，裂纹不易萌生和扩展，因此在断裂过程中吸收了更多的能量，表现出较高的韧性。所以细晶强化是实际生产中获得良好的强度和韧性组合的重要强化方法。

晶界对材料强化效果的影响也与温度紧密相关。研究表明，在低温或室温条件下，晶界比晶粒本身具有更高的强度；而在高温下，情况则相反。这是由于在高温下变形时，相邻晶粒会沿着晶界发生相对滑动，称为**晶界滑动**，从而促进变形。因此，必然存在某一特定温度，在这个温度点上晶界和晶粒本身的强度相等，此温度称为**等强温度**。图7-18示意了晶界和晶粒的强度随温度变化的关系，并且标出了等强温度T_{eq}。此外，从图中还可以看出等强温度与变形速率有关系：当变形速率增加时，晶界的强化作用增强，而晶粒强度受变形速率影响较小，因此等强温度会随之上升。

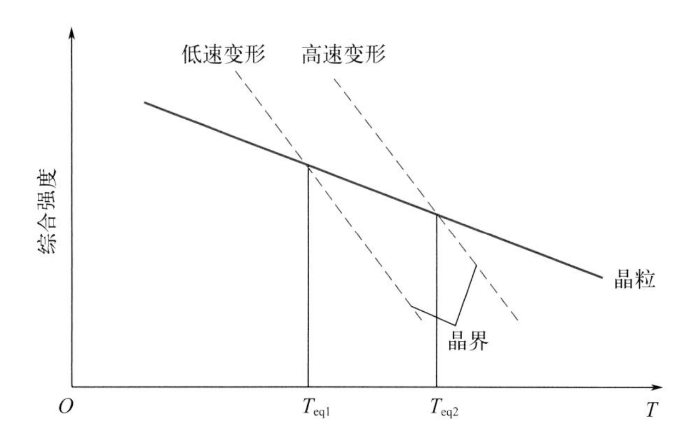

图7-18 晶界和晶粒的强度随温度和变形速率的变化

材料史话7-2 霍尔-佩奇公式的建立

20世纪50年代初，艾利克·霍尔（Eric O. Hall）和诺尔曼·佩奇（Norman Petch）分别发表了两篇具有开创性的关于晶粒尺寸与材料强度关系的文章，阐明了晶粒尺寸强化材料性能的定量关系。

Eric O. Hall是英国冶金学家，于1951年在物理学会会议论文集发表文章，文中指出滑移带长度和裂纹长度与晶粒尺寸有关，两者之间可以建立一定的关系，他主要关注了低碳钢的屈服性能。随后，英国利兹大学的Norman Petch在1953年发表了关于晶粒尺寸与材料的脆性断裂性质之间关系的文章，通过测量铁素体晶粒尺寸的变化来研究解理强度的变化，指出了屈服和断裂取决于滑移带穿过晶粒时被晶界阻碍所产生的应力集中。

他们的工作启发了后续的研究和实验，推动了晶粒学和材料科学的发展。这些贡献被整合为今天所称的霍尔-佩奇（Hall-Petch）公式，成为描述晶粒尺寸与材料强度之间关系的经典模型。

7.4.2 固溶强化

7.4.2.1 固溶强化现象

溶质原子固溶于金属基体中形成固溶体合金。当合金由单相固溶体组成时，随着溶质原子含量的增加，其抵抗塑性变形的能力显著增强，表现为强度和硬度的持续增加以及塑性和韧性的持续下降，这种现象被称为**固溶强化**。

如图7-19所示，对于Cu-Ni合金形成的无限固溶体，在富Cu端或富Ni端，断裂强度σ_b和硬度HB都低于中间溶质含量较高的区域，而延伸率δ的变化趋势则相反。通过比较纯金属与不同浓度固溶体的真应力-真应变曲线（图7-20），可以进一步观察到，加入溶质原子不仅提高了材料的强度和整体应力-应变曲线的水平，还增加了材料的加工硬化速率。

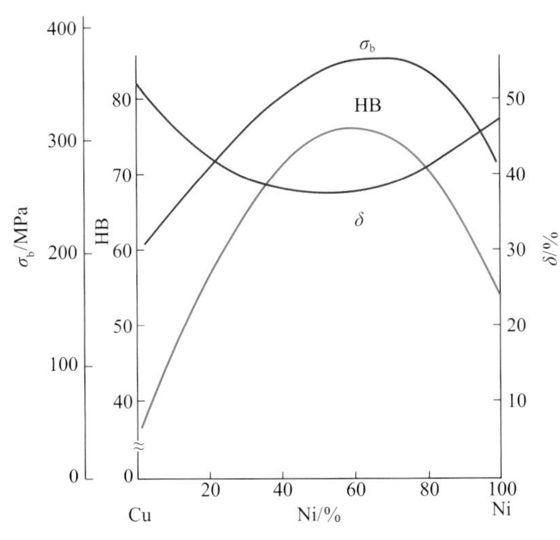

图7-19 Cu-Ni固溶体的力学性能与成分的关系

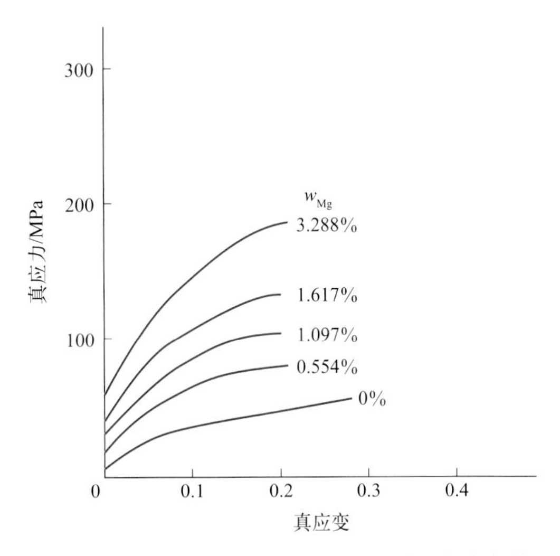

图7-20 铝中镁含量的变化对真应力-真应变曲线的影响

（图中标注了每条曲线对应Mg的质量分数）

7.4.2.2 固溶强化机制

合金的强度超过纯金属主要是由于进入金属基体的溶质原子在晶格中引起了畸变，产生长程内应力场，位错必须克服内应力场才能滑移。内应力场的平均值τ_i由式（7-8）给出

$$\tau_i \approx G|\varepsilon_b|\varphi \ln\frac{1}{\varphi} \tag{7-8}$$

式中，G为切弹性模量；ε_b为原子半径错配度；φ为溶质原子的体积分数。从式（7-8）可以看出，固溶强化作用有以下规律：

① 在固溶度范围内，溶质原子的浓度越高，强化作用就越明显；

② 溶质原子与基体原子的尺寸差别越大，强化效果越明显；

③ 间隙固溶体的晶格畸变很大，其强化效果比置换固溶体强。

除了溶质原子造成晶格畸变引起的长程内应力场外，溶质原子与位错的弹性交互作用也会阻碍位错的运动。在置换固溶体中，较小的溶质原子置换基体原子后，会在周围晶格产生拉应力场［图7-21（a）］；而较大的溶质原子置换时，则在其周围产生压应力场［图7-22（a）］。这些溶质原子倾向于围绕位错扩散和分散，以减少体系的能量，即减少位错周

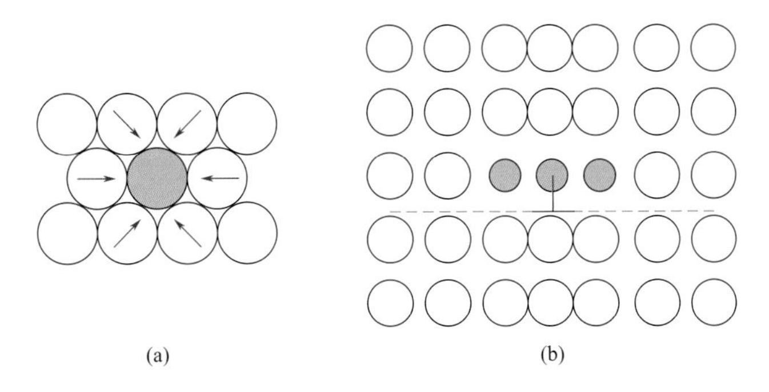

图7-21 较小的置换溶质原子（a）产生的晶格畸变和在位错周围的分布（b）

围的晶格畸变。对于刃型位错，较小的溶质原子会扩散到位错线上方受压应力的位置［图7-21（b）］，而较大溶质原子则往往扩散到位错线下方受拉应力的位置［图7-22（b）］。对于间隙固溶体，溶质原子则总是扩散到位错线的下方。

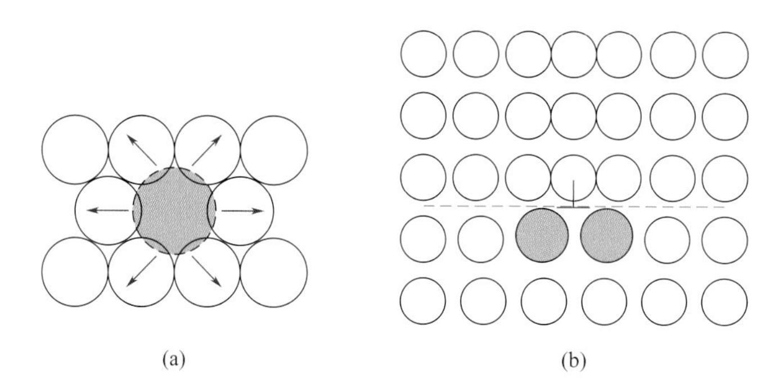

图7-22 较大的置换溶质原子（a）产生的晶格畸变和在位错周围的分布（b）

这种溶质原子在位错周围聚集，形成的溶质原子分布被称为**柯氏气团**。柯氏气团对位错有“钉扎”的作用，为了使位错挣脱气团的钉扎而运动，就必须施加更大的外加应力。这个外加应力必须超过位错与溶质原子的结合力才能使位错开始滑移。这一外加应力为

$$\tau = \frac{F_m^{3/2}}{b^3} \times (\frac{\varphi}{G})^{1/2} \tag{7-9}$$

式中，b为伯氏矢量的大小；F_m为位错与溶质原子的结合力。可以看出，如果溶质原子与位错的交互作用越强（即F_m越大），则固溶强化作用越强；如果溶质原子浓度越高（即φ越大），则固溶强化作用也越强。

7.4.3 加工硬化

7.4.3.1 加工硬化现象

金属在冷加工过程中，要想不断地塑性变形，就需要不断增加外应力。在金属的拉伸、压缩、扭转、弯曲等曲线上，在屈服点以后变形应力的不断增大就体现了这一点。这表明，金属对塑性变形的抗力是随变形量的增加而增加的，这种现象被称为**加工硬化**或**形变强化**。当金属发生加工硬化时，强度和硬度显著提高，而韧性和延展性会降低。

加工硬化是一种在金属加工行业中广泛应用的工艺，特别是对于那些不太适用于热处理的金属或合金，加工硬化尤为重要。例如，某些类型的不锈钢通过冷轧可以提高其强度。金属件冲压成型也利用了材料的加工硬化特性，使塑性变形能够均匀地分布在整个工件上，避免因应力集中在局部区域而导致破裂。冷拔钢丝的过程也是一个例子，通过拉伸细丝来显著增加其强度。此外，加工硬化还能提高零件或构件在使用过程中的安全性。在实际使用中，零件往往会在局部区域出现应力集中和过载，但由于加工硬化的特性，局部过载引起的变形可以自行停止，从而提高了零件的整体安全性。

7.4.3.2 加工硬化机制

加工硬化同样与材料中的位错密切相关。如图7-23所示，当位错密度很低时，晶体接近完美晶体，具有较高的强度。由于位错有利于促进滑移，随着位错密度的增大，晶体强

度迅速下降。随后，在加工变形过程中，由于位错增殖，位错密度进一步增大，位错之间产生交互作用，提高了位错滑移的难度，增大了临界分切应力，材料强度提高。此外，当这些位错移动时，它们在晶界和其他晶格缺陷处堆积，或者位错作用在许多不同的滑移面上，彼此相交，形成位错缠结，使得其他位错更加难以滑过金属。

下面分别详细介绍单晶体和多晶体的加工硬化行为。

（1）单晶体的加工硬化

图7-24为几种典型结构金属单晶体的加工硬化曲线。FCC和BCC结构的金属具有较多的滑移系，通常表现出较高的加工硬化率（即单位变形量产生的强度变化），而仅在基面滑移的HCP结构的金属表现出较低的加工硬化率。

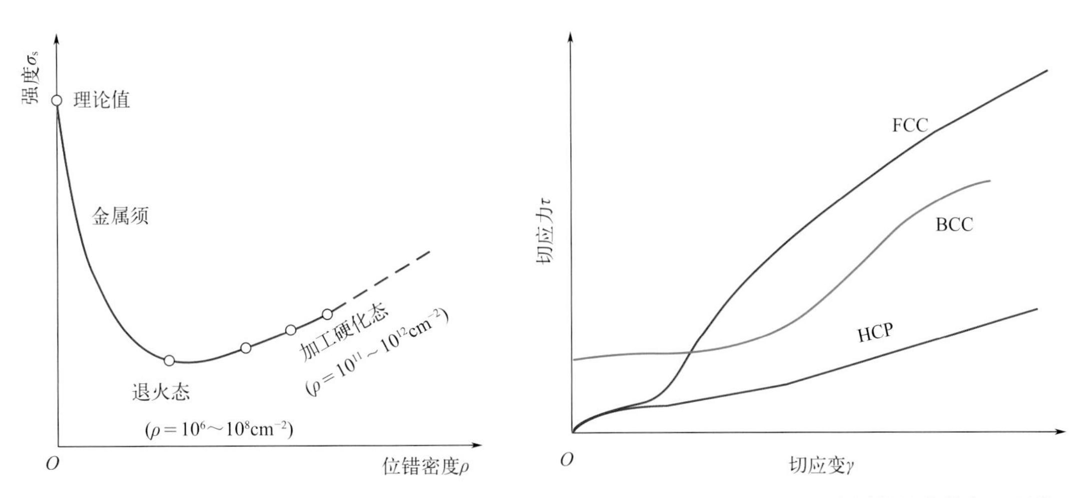

图7-23 位错密度与材料强度的关系

图7-24 FCC、BCC和HCP金属单晶体的加工硬化曲线

人们对FCC金属加工硬化曲线的研究最为广泛。FCC单晶体的典型加工硬化曲线可分为三个阶段，如图7-25所示。

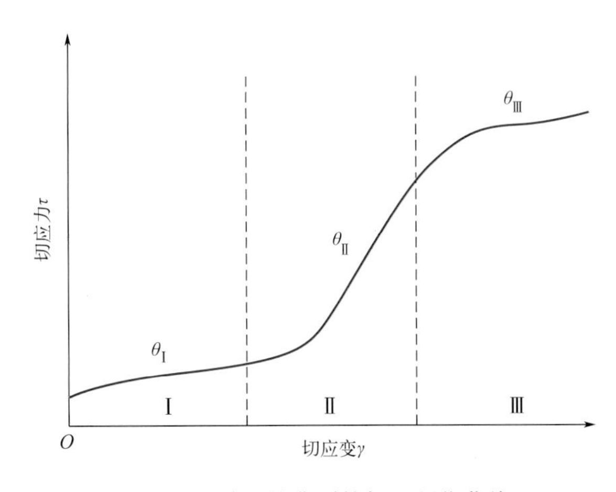

图7-25 单晶体典型的加工硬化曲线

① 第Ⅰ阶段（易滑移阶段）：在这个阶段，加工硬化率$\theta_{Ⅰ}$较小，晶体中通常只有一组取向最有利的滑移系统启动（单滑移），所以位错受其他位错的干扰较少，可以滑移较长

的距离并可能到达晶体表面，同时位错源不断地产生新位错，晶体相应地可以产生较大的应变。

② 第Ⅱ阶段（线性硬化阶段）：这一阶段的特征是加工硬化率θ_{II}急剧上升，硬化曲线大致呈直线。这个阶段主要是由新滑移系统的开动引起的。随着多个滑移系的同时开动，位错相交形成位错缠结，并随着变形的进行逐渐发展成不规则的胞状结构，导致位错密度迅速增加，加工硬化效果明显。

③ 第Ⅲ阶段（抛物线型硬化阶段）：在这一阶段，加工硬化率θ_{III}随着应变量的增加而逐渐减小。这是由于此阶段应力足够高，螺型位错可以通过交滑移而绕过障碍，并且正负位错互相抵消，降低了位错密度。

不同类型的金属在这三个阶段的表现各有差异。例如，低层错能的纯金属（如银、金、铜等）通常会完整地表现出上述三个阶段，而高层错能的纯金属（如铝）中的位错更容易交滑移，因此第Ⅲ阶段会更早开始，第Ⅱ阶段不那么明显。BCC结构的金属单晶体（如铌、钽、铁等）在室温下也会出现三个阶段的硬化曲线。HCP结构的金属单晶体的滑移通常限制在基面上，因此很难启动第二个滑移系，在某些有利的软取向条件下，可能会出现较长的第Ⅰ阶段；而在不利的硬取向条件下，变形可能较为困难；在适合的条件下，也可能出现完整的三个阶段。

（2）多晶体的加工硬化

对于多晶体金属而言，组成材料的各个晶粒取向不同，导致多个滑移系同时开动，各晶粒变形是不均匀的，因此各晶粒的加工硬化程度也不相同，相较于单晶体，多晶体在加工硬化过程中通常不会有明显的易滑移阶段，而且硬化阶段曲线更为陡峭。

对于固溶体合金和多相合金这类材料，它们的加工硬化过程比纯金属单晶体要复杂得多。图7-26所示为多晶铝的切应力-切应变曲线，从图中可以看出在第Ⅰ阶段中，由于变形最初只发生在少数晶粒中，随后逐渐扩展到全部晶粒，曲线呈现抛物线的特征，而第Ⅱ阶段和第Ⅲ阶段则与单晶体相似。

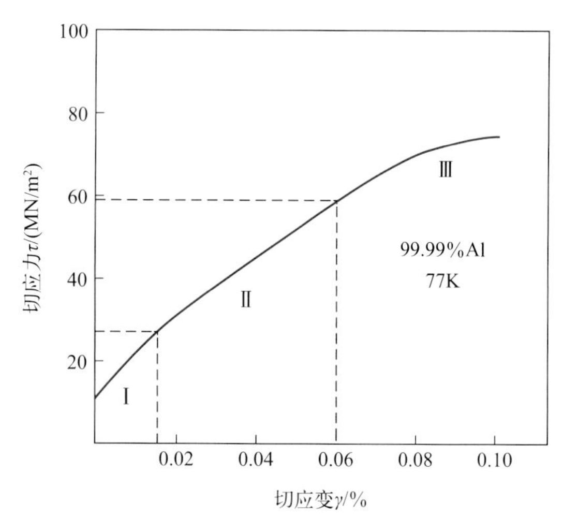

图7-26 多晶铝的切应力-切应变曲线

7.4.4 第二相强化

虽然单相合金通过固溶强化确实能够提高强度，但是这种强化的程度通常有限，无法满足一些特定的应用需求。因此，为了进一步强化材料，经常需要引入第二相或更多的相，使材料成为两相或多相合金，从而提高材料的强度，这被称为**第二相强化**。第二相的引入可以通过不同的方式实现，比如相变热处理和粉末冶金方法等。根据第二相颗粒的尺寸，合金可分为复合型合金和弥散型合金两大类。

① 复合型合金：第二相的尺寸与基体晶粒的尺寸处于同一数量级。这种合金的第二相通常以较大的颗粒或小颗粒聚集的形式存在于基体中。

② 弥散型合金：第二相颗粒非常细小，并且均匀弥散地分布在基体晶粒内部。弥散型合金通常具有更高的强度和更好的热稳定性。

7.4.4.1　复合型两相合金的塑性变形

如果两相都具有较好的塑性，则合金的变形阻力取决于两相的体积分数。可以根据等应变理论和等应力理论估算合金的屈服强度或应变。等应变理论假定塑性变形过程中两相应变相等，则合金产生一定应变的应力σ是两相变形应力σ_1和σ_2的平均值，即

$$\sigma = \varphi_1\sigma_1 + \varphi_2\sigma_2 \tag{7-10}$$

式中，φ_1和φ_2分别为两相的体积分数，且$\varphi_1 + \varphi_2 = 1$。

等应力理论假定两相所承受的应力相同，则合金的应变ε为

$$\varepsilon = \varphi_1\varepsilon_1 + \varphi_2\varepsilon_2 \tag{7-11}$$

式中，ε_1和ε_2分别为两相的应变。

这两种理论都是对实际情况的简化。实际上，并不是所有类型的第二相都会对合金产生强化作用。只有当第二相较强时，合金才能强化。如果第二相是硬而脆的，那么合金的整体性能不仅取决于两相的相对含量，还在很大程度上受到脆性相的形状和分布的影响。具体可分为以下几种情况。

① 当硬脆相以连续的网状结构分布在塑性相的晶界上时，塑性相的晶粒被脆性相包围和分割，其本身的变形能力受到限制。这样的结构使得合金在经受少量变形后就可能发生沿晶脆断。脆性相的含量越多，且其网状结构越连续，合金的塑性就越差，在某些情况下，甚至强度也会因此降低。一个典型的例子是过共析钢（第10章），如果二次渗碳体呈网状分布在铁素体晶界上，就会使钢的脆性增加，同时导致强度和塑性下降。

② 当硬脆相在基体相上形成层片状分布时，例如钢中的珠光体组织，在这种情况下，变形主要发生在基体相中，而位错的移动被限制在较短的距离内，这增加了继续变形的阻力，从而提高了材料的强度。珠光体越细，片层间距越小，变形会更加均匀，塑性也会较好，类似于细晶强化。

③ 当硬脆相在基体中呈现较粗颗粒状分布时，例如在共析钢和过共析钢中经过球化退火处理后形成的球状渗碳体，由于基体是连续的，渗碳体对基体的变形阻碍作用大大减弱，因此材料的强度会降低，而塑性和韧性则得到改善。

7.4.4.2　弥散型两相合金的塑性变形

当细小的第二相颗粒弥散地分布在基体中时，材料强度显著提高，这种现象被称为**弥散强化**。这些第二相颗粒又可分为两类：不可变形的硬脆颗粒和可变形颗粒。

（1）不可变形的硬脆颗粒的强化作用

当第二相颗粒比基体更硬，且位错无法切割并滑移通过这些颗粒时，位错会采取绕过这些颗粒的路径，如图7-27所示。在这一过程中，位错线在颗粒的阻挡作用下弯曲。随着外部应力的增加，位错线的弯曲程度加剧，其曲率半径变得越来越小。当环绕颗粒的位错线的两端相遇时，正负位错相互抵消，从而形成一个围绕颗粒的位错环。位错环形成后，其余部分的位错线在线张力作用下迅速被拉直，并继续滑移。这一过程是由奥罗万（E.

Orowan）提出的，被称为**奥罗万机制**。

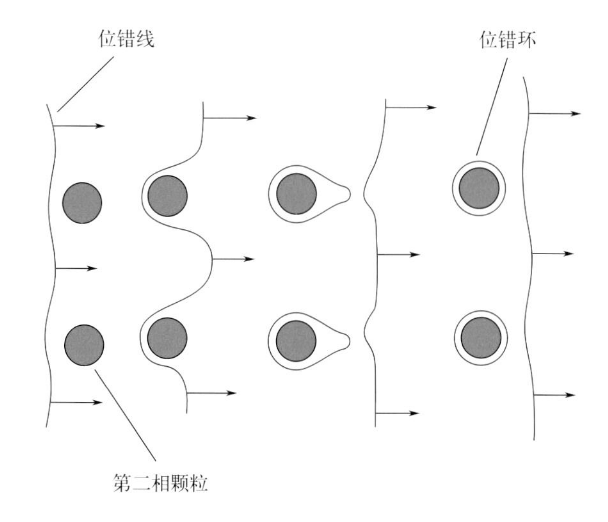

图7-27 位错绕过第二相颗粒

假设滑移面上第二相颗粒的平均间距为λ，此时使位错滑移的剪切应力τ取决于位错绕过障碍时的最小曲率半径$\lambda/2$。根据式（5-10），可得

$$\tau = \frac{Gb}{\lambda} \tag{7-12}$$

可见这种强化作用与第二相颗粒的平均间距成反比，λ越小，强化效果越明显。因此，减小粒子尺寸，或提高粒子的体积分数，都能提升合金的强度。

（2）可变形颗粒的强化作用

在第二相颗粒的强度较低且与基体共格的情况下，位错将切割第二相颗粒，使颗粒与晶粒一同发生滑移，如图7-28所示。位错穿过这些颗粒时，会在材料中引起一系列复杂的相互作用，从而强化合金。强化因素包括以下几点。

① 错排能：当位错切过结构与基体不同的颗粒时，会在其滑移面上产生原子错排，这需要额外的错排能。

② 反相畴界能：如果颗粒是有序相，位错在切过粒子时会在滑移面上形成反相畴界，需要额外的反相畴界能，称为有序强化。

③ 表面能：每个位错在切过粒子时会在颗粒表面产生宽度为b的台阶，这需要额外的表面能，称为化学强化。化学强化通常不是重要的强化因素。

④ 层错能：第二相颗粒的层错能与基体相不同时，若形成伴随着层错的扩展位错，会引起扩展位错能量的改变，阻碍位错运动，称为层错强化。

⑤ 弹性模量差异：颗粒的弹性模量与基体不同，导致位错的能量和线张力发生变化，称为模量强化。

⑥ 晶格常数差异：当共格颗粒与基体的晶格常数不同时，颗粒周围基体中产生晶格畸变，从而产生共格应力场。错配度越大，共格应力场越大，位错运动的阻力就越大。这种强化效果称为共格强化。

这些因素的综合作用导致合金强度的提高。此外，颗粒的尺寸和体积分数也会影响合金的强度。通常，增加颗粒的体积分数或增大其尺寸都有利于提高合金的强度。

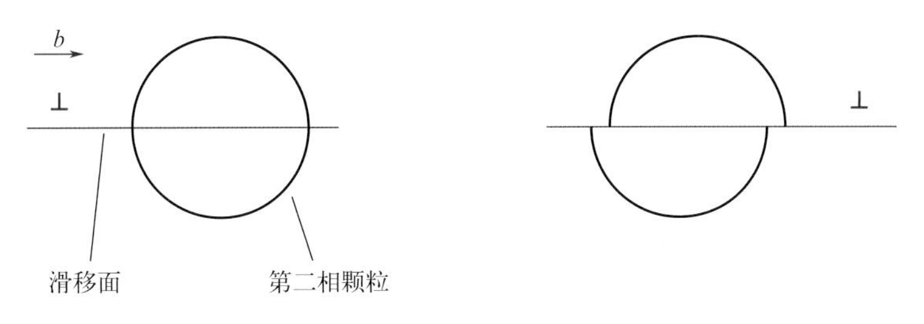

图7-28　位错切割第二相颗粒

7.5 回复、再结晶和晶粒长大

金属经塑性变形后，组织结构和性能发生很大的变化。然而，塑性变形中的加工硬化虽然使塑性变形比较均匀，却给冷成形加工带来困难。此外，变形金属还会产生残余应力，当这些应力超过材料的强度极限时，可能会导致工件开裂。

为了消除金属材料在冷变形加工中产生的残余应力或恢复其某些性能（如塑性、韧性、硬度等），一般要对其进行加热处理，以使其性能向塑性变形前的状态转化。通常对变形金属进行两类退火处理：一是去应力退火，旨在通过回复过程消除内应力，预防工件开裂；二是软化退火，通过再结晶过程提高材料的塑性，恢复其变形能力，以便进行进一步加工。随着加热温度的升高或加热时间的增加，再结晶后还会发生晶粒长大。

7.5.1 回复

7.5.1.1 回复过程的特征

回复是指冷变形金属在加热温度较低时，金属中点缺陷及位错的近距离迁移引起的变化过程。在回复过程中，由于高温促进了原子扩散，一部分形变储能会通过位错的自发运动得到释放。回复过程中的材料性能和组织变化如图7-29所示，其具有以下几个特征。

① 没有发生明显的微观结构变化，仍保持变形状态下伸长的晶粒。

② 力学性能变化不大，强度和硬度稍微降低，塑性稍有提高；某些物理性能变化较大，如电阻发生明显下降。

③ 位错数量减少。

④ 由变形引起的内应力部分消除。

回复在工程上主要用于去应力退火。例如，在制造深冲黄铜弹壳的过程中，为了防止残余应力和腐蚀性气氛共同作用下导致的应力腐蚀或沿晶间开裂，通常在冷冲加工后进行约260℃的退火处理以消除应力。类似地，冷拉钢丝卷制成的弹簧在卷制后也需要在

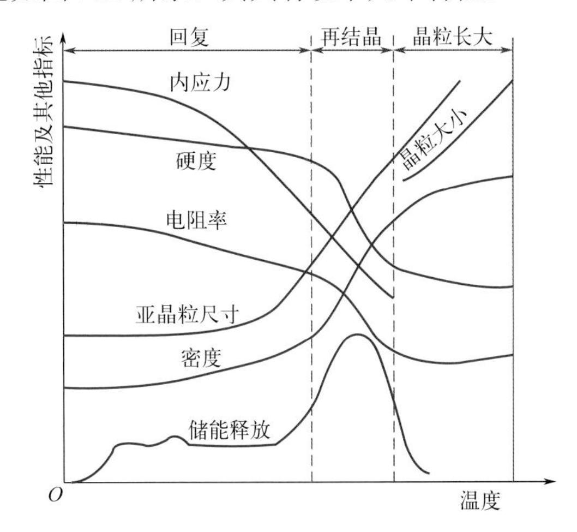

图7-29　冷变形金属的组织和性能随退火温度的变化

250 ～ 300℃下退火，以降低内应力并固定其形状。一些铸件、焊件在生产过程中也必须进行去应力退火。

7.5.1.2 回复的机制

回复过程的驱动力是形变储能的释放。根据回复阶段加热的温度范围，可将回复分为三种类型。

① 低温回复。冷变形金属在较低温度［（0.1 ～ 0.3）T_m，T_m为熔点］加热所产生的回复称为低温回复。这一阶段主要与点缺陷的迁移有关，尤其是空位和间隙原子的行为，例如空位或间隙原子向晶界或位错处移动并最终消失，空位与间隙原子的结合，以及空位聚集形成空位对或空位片等。这些变化显著减少了点缺陷（尤其是空位）的密度。这也是该阶段力学性能变化不大，而某些物理性能变化显著的原因。

② 中温回复。冷变形金属在中温［（0.3 ～ 0.5）T_m］加热所产生的回复称为中温回复。该阶段的温度稍高，原子活动能力强，除了点缺陷外，位错也发生滑移，位错滑移导致位错重新组合以及正负位错相互抵消，使位错密度下降。然而这个阶段位错的重组可能形成更为稳定的位错缠结、位错组态等，使得回复过程难以充分完成，因此力学性能也没有发生大的变化。

③ 高温回复。冷变形金属在较高温度（≥$0.5T_m$）加热所产生的回复称为高温回复。因温度较高，位错可以被充分激活。位错通过滑移和攀移，在垂直于滑移面的方向上排列成小角度亚晶界，该过程称为**多边形化**，它是高温回复的主要机制。多边形化过程如图7-30所示。当冷变形使同种刃型位错塞积于同一滑移面上时，其应变场叠加，造成晶格弯曲。在高温回复过程中，这些刃型位错通过滑移和攀移，由原来能量较高的水平塞积，变为不同滑移面上垂直排列，形成能量较低的小角度亚晶界。多边形化完成后，两个或多个亚晶粒还可以合并长大，使小角度亚晶界更清晰，亚晶粒位向差变大。

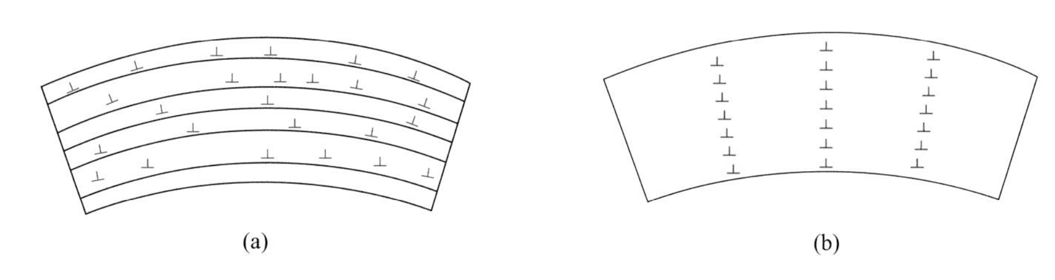

图7-30 多边形化前后刃型位错的排列

（a）多边形化前；（b）多边形化后

7.5.2 再结晶

7.5.2.1 再结晶过程的特征

回复完成后，晶粒依然处在一种应变能相对较高的状态。当冷变形金属加热到一定温度时，形成新的等轴晶粒并逐步取代变形晶粒的过程，称为**再结晶**。再结晶过程具有以下特点。

① 组织发生明显变化，变形晶粒被新的等轴晶粒所取代。

② 力学性能发生急剧变化，强度和硬度急剧降低，塑性提高，恢复至变形前状态。

③ 形变储能全部释放，所有残余应力消除，位错密度降低。

7.5.2.2 再结晶的机制

再结晶过程中新晶粒的形成涉及两个基本步骤：形核和长大。这一过程从变形金属基体中形成无畸变的再结晶晶核开始，随后这些晶核在变形基体中逐渐长大。最终，原有的变形组织逐步消失，完全被新形成的晶粒所取代。根据变形量的不同，再结晶的形核机制包括晶界凸出形核和亚晶形核。

（1）晶界凸出形核

在冷变形量较小（通常小于20%）的金属中，再结晶晶核的形成主要通过凸出形核机制，即应变诱导的晶界移动。这种晶界凸出机制涉及变形不均匀的晶粒之间的互相运动。因为变形量较小，变形在各个晶粒中分布不均匀，如图7-31所示。软取向的B晶粒由于变形更为显著，位错密度高，形成较小的亚晶粒。在再结晶温度下，硬取向的A晶粒中的亚晶会凸入软取向晶粒中，吞噬其中的亚晶，形成无畸变的再结晶晶核。

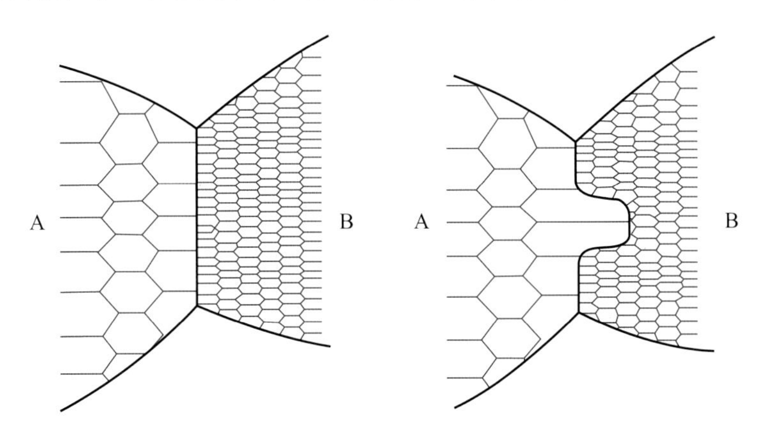

图7-31 凸出形核机制

（2）亚晶形核

在冷变形量较大的金属中，再结晶晶核通常通过亚晶形核机制形成。当变形量较大时，在再结晶前的高温回复阶段，由位错组成的胞状亚结构将发生多边化形成回复亚晶。由于变形量大，晶粒内畸变能较为均匀，因此再结晶晶核不是通过晶界凸出，而是发生在晶粒内部的无应变亚晶处。

亚晶形核主要有两种方式：一是亚晶合并形核，即取向差较小的相邻亚晶通过位错网络的解离和转移，导致亚晶界消失或合并，形成新的大角度晶界［图7-32（a）］；二是亚晶直接长大形核，这种方式涉及取向差较大的亚晶界直接吞噬相邻亚晶粒，实质上是某些亚晶直接长大，亚晶界发生迁移并逐渐变为大角度晶界［图7-32（b）］。

再结晶晶核形成后，向周围畸变区域长大，这个过程是通过界面的移动来实现的，驱动力来自新晶粒与其周围畸变基体之间的应变能差。晶界总是朝向畸变区域生长，背离其曲率中心。当变形基体中完全形成无畸变的等轴晶粒时，再结晶过程就完成了。

再结晶过程的速率由一定温度下再结晶体积分数φ_R与等温时间之间的关系描述。以98%冷轧纯铜的再结晶动力学曲线（图7-33）为例，图中显示了不同温度下已经再结晶的体积分数与等温时间的关系，并呈现典型的S形。从图中可以看出，在等温条件下，再结

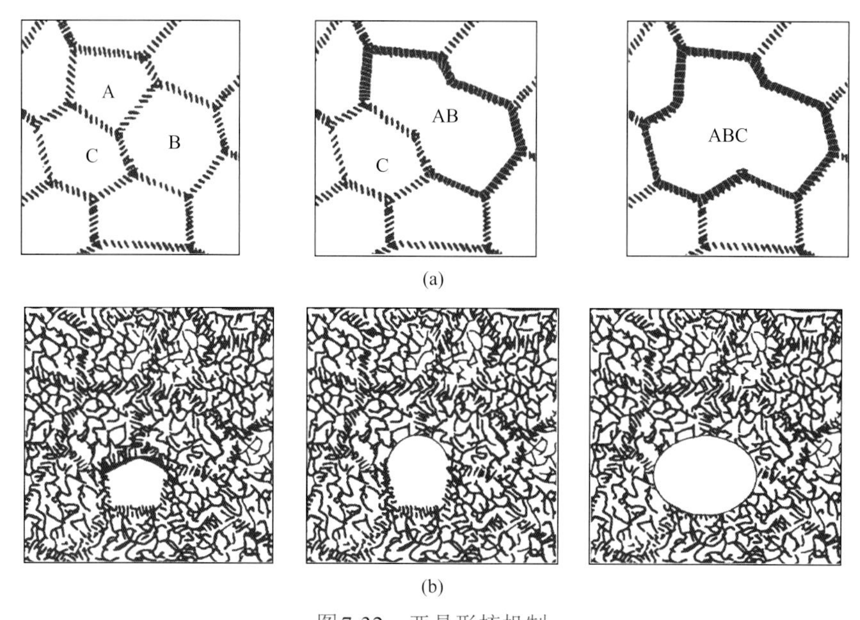

图7-32　亚晶形核机制

（a）亚晶合并形核；（b）亚晶直接长大形核

晶过程开始时通常有一个孕育期，这个阶段的再结晶速率很小。随着再结晶体积分数的增加，速率逐渐加快，并在体积分数约50%时达到最大值，之后又逐渐减慢。等温温度越高，孕育期越短，再结晶速率越快。

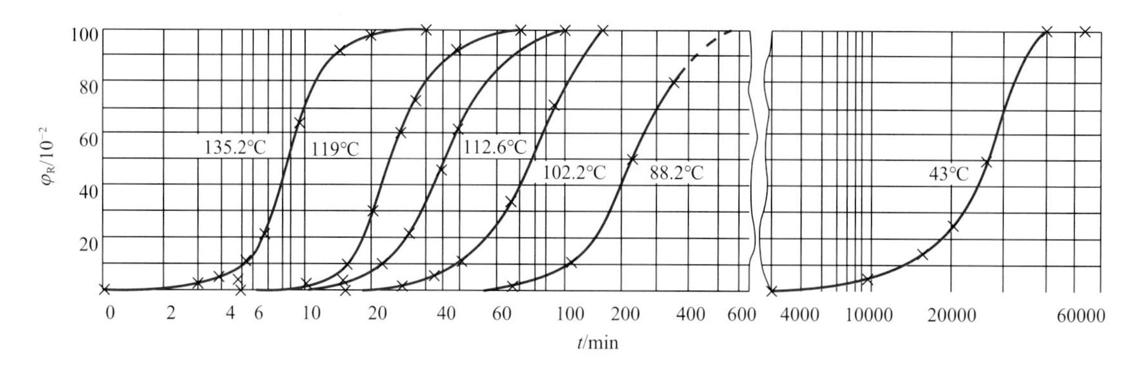

图7-33　98%冷轧纯铜（w_{Cu}为99.999%）在不同温度下的等温再结晶动力学曲线

再结晶过程涉及形核和长大，因此需要原子的扩散。然而，再结晶不是相变过程，因为再结晶前后各晶粒的点阵结构类型和成分都未发生变化。因此，再结晶不像相变那样有确定的转变温度，而是随着条件的变化在较宽的温度范围内变化。开始发生再结晶的最低温度定义为**再结晶温度**。再结晶温度可以通过金相法、硬度法和X射线衍射法等测定。为了方便比较不同材料的再结晶情况，工业上会采用不同的再结晶温度定义，即经较大冷变形量（＞70%）的金属在1小时内能够完成再结晶（再结晶体积分数＞95%）的最低温度。

大量实验表明，对许多工业纯金属而言，在较大冷变形量条件下，再结晶温度T_R与熔点T_m（绝对温度）之间存在经验公式，即

$$T_R = (0.35 \sim 0.45) T_m \tag{7-13}$$

对于纯金属，再结晶温度通常约为$0.4T_m$；对于一些工业合金，再结晶温度可以远高于这个范围，高达$0.7T_m$。表7-2列举了一些常见金属的再结晶温度，其基本符合式（7-13）。

表7-2　常见金属的再结晶温度

金属	T_m / K	T_R / K	T_R / T_m
Fe	1808	678 ～ 725	0.38 ～ 0.40
Al	933	423 ～ 500	0.45 ～ 0.50
Cu	1357	475 ～ 505	0.35 ～ 0.37
Mg	924	375	0.41
Ti	1933	775	0.40
Ag	1234	475	0.38
Zn	692	300 ～ 320	0.43 ～ 0.46
Sn	505	275 ～ 300	0.54 ～ 0.59
Ni	1729	775 ～ 935	0.45 ～ 0.54
W	3653	1325 ～ 1375	0.36 ～ 0.38
Pb	600	260	0.43
Pt	2042	725	0.36

7.5.2.3　影响再结晶的因素

既然再结晶涉及形核和长大过程，那么凡是影响形核和长大的因素都会影响再结晶。

（1）变形程度

金属的变形程度越大，其形变储能越高，从而提供的再结晶驱动力越大。因此，变形量增加，再结晶温度会降低，同时在等温退火条件下的再结晶速率也会加快。达到一定的变形量后，再结晶温度趋于稳定，不再发生显著变化，如图7-34所示。此外，在某些金属中，当变形量较小时，通常不会发生再结晶现象。但是，当变形量增加到一定水平时，金属内部累积的冷变形能量达到了局部区域的形核条件并长大，最终形成粗大的再结晶晶粒。因此，将刚发生再结晶并形成粗大晶粒的变形量称为**临界变形量**或**临界变形度**。临界变形量通常在2%～10%范围内。在图7-34中，当变形量小于临界变形量（约5%）时，不出现再结晶现象。

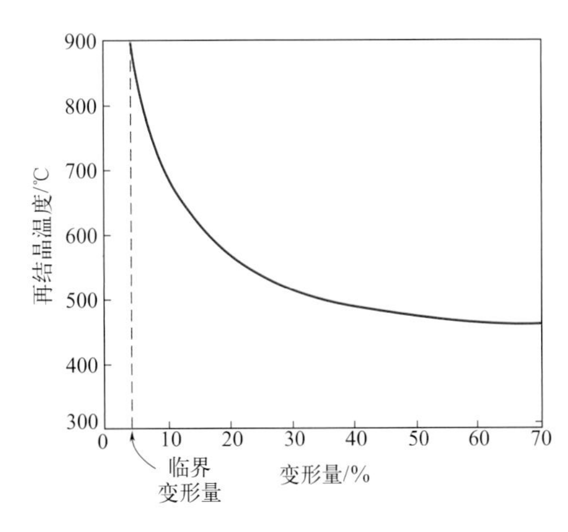

图7-34　铁的再结晶温度随冷变形量的变化

如图7-35所示，在临界变形度下，再结晶产生的晶粒尺寸特别大。当变形量超过此临界值之后，随着变形量的继续增加，再结晶过程中形成的晶粒会不断细化。在实际的工程应用中，为了避免粗大晶粒导致的材料性能降低，通常会尽量避开临界变形度。

（2）退火温度

退火温度越高，再结晶速度越快，产生一定体积分数再结晶所需的时间也越短。

（3）原始晶粒尺寸

原始晶粒越小，晶界数量越多，这增加了金属在变形过程中的抗力，导致储存能量更高，从而降低金属的再结晶温度。此外，由于再结晶形核通常在原始晶粒的晶界处发生，因此原始晶粒尺寸越小，促进再结晶形核的位置就越多，形成的再结晶晶粒更小，再结晶温度也越低。

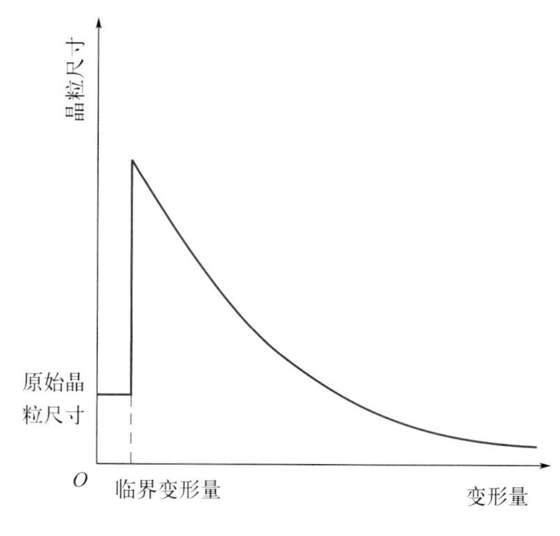

图7-35　再结晶后晶粒尺寸与变形程度的关系

（4）微量溶质原子

微量溶质原子的存在通常会导致金属的再结晶温度显著提高，主要是由于溶质原子与位错及晶界之间的相互作用。溶质原子倾向于在位错和晶界附近聚集，对再结晶过程中位错和晶界的迁移起阻碍作用，不利于再结晶的形核和长大，从而抑制了再结晶过程的进行。

（5）第二相颗粒

第二相颗粒既可能促进金属的再结晶而降低再结晶温度，也可能阻碍再结晶而提高再结晶温度，这主要由第二相颗粒的尺寸和分布决定。当第二相颗粒较粗大且颗粒间距较大时，变形过程中位错通常会绕过这些颗粒，形成位错环或在粒子附近塞积，从而在颗粒周围造成显著的畸变，为再结晶的形核提供了有利条件，促进再结晶的发生并降低再结晶温度。相反，当第二相颗粒细小且均匀分布时，位错不会在粒子附近发生明显的聚集，因而对再结晶形核的促进作用较小。同时，这些细小且均匀分布的第二相颗粒会对再结晶晶核长大过程中的位错运动和晶界迁移产生阻碍作用，从而使再结晶过程变得更加困难，提高了再结晶温度。

7.5.3　再结晶后的晶粒长大

再结晶完成时，无应变的等轴新晶粒全部取代了变形晶粒，冷变形金属的储存能被全部释放。如果材料继续在高温下保温，那么晶粒将继续长大。实际上，晶粒长大不需要以回复和再结晶为先导，它的驱动力来源于晶界迁移后体系总自由能的降低，即总界面能的降低。

根据再结晶后晶粒长大的特征，可将其分为两类：一类是大多数晶粒长大速率相差不多，几乎是均匀长大，称为**正常长大**；另一类是少数晶粒突发性、不均匀长大，称为**异常长大**或**二次再结晶**。

7.5.3.1　晶粒的正常长大

晶粒的正常长大是一个界面迁移的过程，主要驱动力是界面曲率。晶粒长大时，弯曲的界面会向其曲率中心方向移动，以减少曲率并降低能量。当三个晶粒相邻接时，为了保持界面张力的平衡，界面间的交角通常为120°，这是单相合金或纯金属在三晶粒会聚处界面张力达到平衡的表现。因此，晶粒长大后的稳定形状应是规则六边形，具有平直界面，如图7-36所示。此时，界面曲率半径无限大，驱动力为零，同时界面张力平衡，晶粒不再长大。

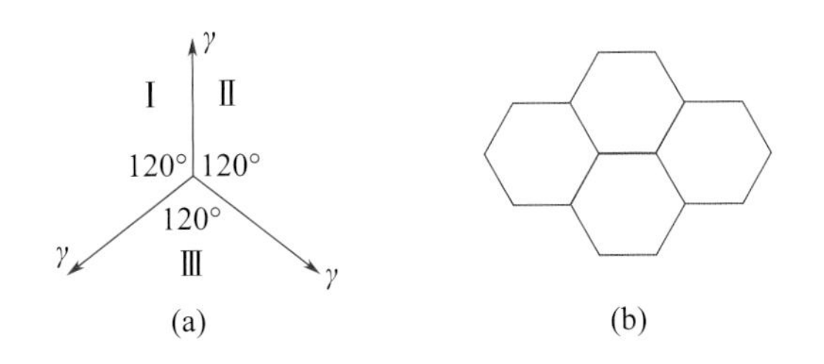

图7-36　界面张力平衡时的晶粒

（a）界面张力平衡关系；（b）理想的晶粒稳定形状

如晶粒形状未达到六边形，为保持界面张力平衡，维持120°交角，边数大于6的晶粒则形成内凹的界面，边数小于6的晶粒形成外凸的界面，如图7-37所示。在界面曲率驱动力的作用下，界面向曲率中心迁移，结果边数大于六的晶粒将长大，而边数小于六的晶粒则缩小并消失。

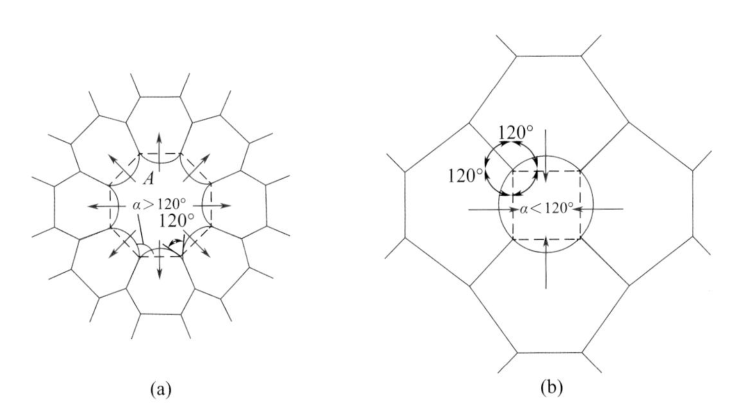

图7-37　晶粒的形状和界面迁移方向

（a）大于六边的晶粒；（b）小于六边的晶粒

由于晶粒长大是界面迁移的过程，所以影响界面迁移率的因素都会影响晶粒长大速度，并决定晶粒长大后的尺寸。再结晶后晶粒正常长大的主要影响因素如下。

（1）加热温度和加热时间

温度越高，晶界越容易迁移，晶粒尺寸越大。晶粒尺寸和保温时间之间的关系为

$$\bar{D}_t^2 - \bar{D}_0^2 = Kt \tag{7-14}$$

式中，$\bar{D}_0$为再结晶刚结束时的晶粒平均尺寸；$\bar{D}_t$为经过时间t之后的平均晶粒尺寸；K为常数。如果$\bar{D}_t$远大于$\bar{D}_0$，则

$$\bar{D}_t = Kt^n \tag{7-15}$$

当晶粒正常长大时，平均晶粒尺寸随保温时间的平方根的增大而增大，$n = 0.5$；当有阻碍晶界的其他因素存在时，$n < 0.5$。

（2）晶粒位向差

小角度晶界的界面能低，故界面移动的驱动力小，晶界移动速度低。界面能高的大角度晶界可动性高。

（3）杂质与合金元素

杂质和合金元素的存在可以显著影响晶界的迁移，特别是那些倾向于在晶界处偏聚的元素。通常认为，当杂质原子被吸附在晶界上时，晶界的能量降低，减少了界面移动的驱动力，晶界不容易发生迁移。

（4）第二相颗粒

当合金中存在第二相颗粒时，第二相颗粒将阻碍晶界迁移，降低晶粒长大速度。第二相颗粒越细小，数量越多，阻碍晶粒长大的能力越强。第二相颗粒对晶界的这种钉扎作用被称为**齐纳（Zener）钉扎**。

7.5.3.2 晶粒的异常长大

晶粒的异常长大是在一定条件下，继晶粒正常、均匀长大后发生的晶粒不均匀长大的过程。长大过程中，晶粒尺寸悬殊，少数几个晶粒择优生长，逐渐吞并周围小晶粒，直至这些择优长大的晶粒互相接触，周围的小晶粒消失，全部形成粗大晶粒，如图7-38所示。在一些金属中，二次再结晶的晶粒尺寸可能达到几厘米。在不均匀长大中，少数大晶粒相当于核心，吞并其他晶粒长大，所以这个过程又被称为**二次再结晶**。

t_1

t_2

t_3

图7-38 晶粒的异常长大过程

保温时间 $t_1 < t_2 < t_3$

二次再结晶产生的粗大晶粒和不均匀的组织会降低材料的强度、塑性和韧性，同时也可能影响再次冷加工工件的表面粗糙度。因此，在制定冷变形材料的再结晶退火工艺时，应注意避免发生二次再结晶。然而，对于某些特殊材料，如硅钢片等磁性材料，二次再结晶可以被利用来获得粗大晶粒，从而改善其磁性能。

7.6 非晶体的塑性变形

7.6.1 非晶态聚合物的变形

聚合物大多会形成半结晶的结构，其中非晶态是一种相对于晶态更为常见的形式，是半晶态聚合物中普遍存在的区域。聚合物材料变形在微观上与金属和陶瓷材料的区别主要体现在非晶态的区域。

热塑性聚合物材料的弹性变形是从非晶态区域链段上的分子沿拉伸应力方向伸长开始的。图7-39示意了两个相邻的链折叠片状晶态区域和中间层非晶区域结构。在发生弹性变形时，中间的非晶态链持续调整形态并拉长。同时，在结晶区域内，链的共价键也会拉长。在塑性变形阶段，变形通过非晶态和晶态区域的剪切滑移进行，这种滑移变形可能局限于特定区域，显示出分子链的高度取向。

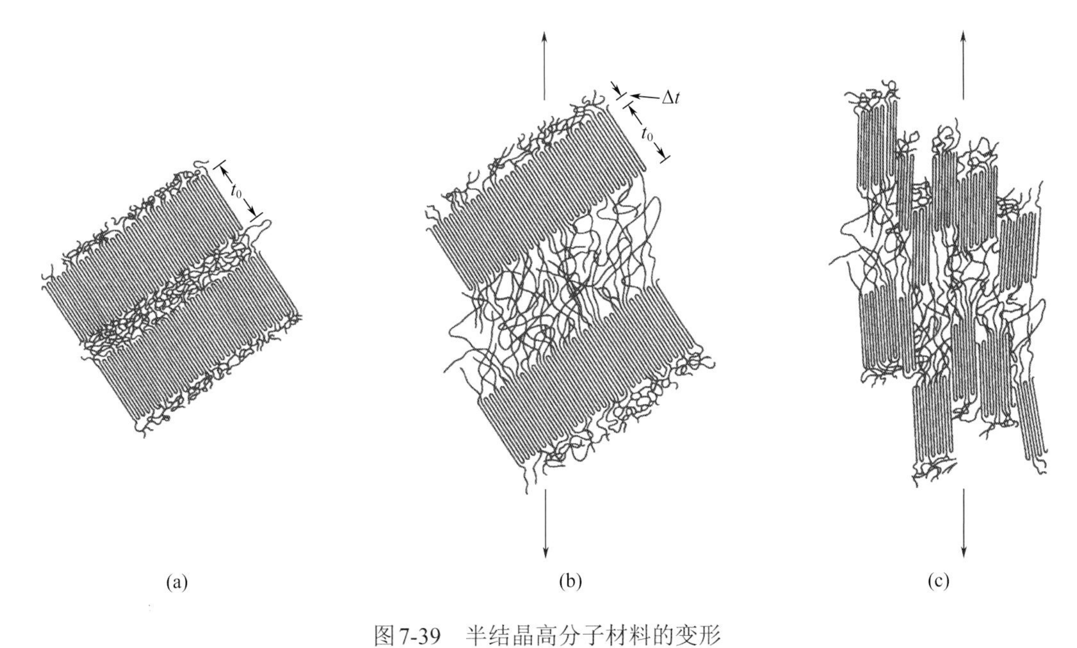

图7-39　半结晶高分子材料的变形

（a）变形前两个片状晶和中间非晶态的区域；（b）弹性变形时分子链伸展，片状晶厚度增加；（c）塑性变形时晶态区域和非晶态区域的剪切

热固性聚合物材料具有坚硬的三维网络结构，分子难以在拉伸时移动，因此在拉伸时表现出类似于脆性金属或陶瓷的特性。然而，在受到压应力时，它们可以发生大量的塑性变形。以环氧树脂为例，图7-40展示了该材料在室温下进行单向拉伸和压缩时的应力-应变

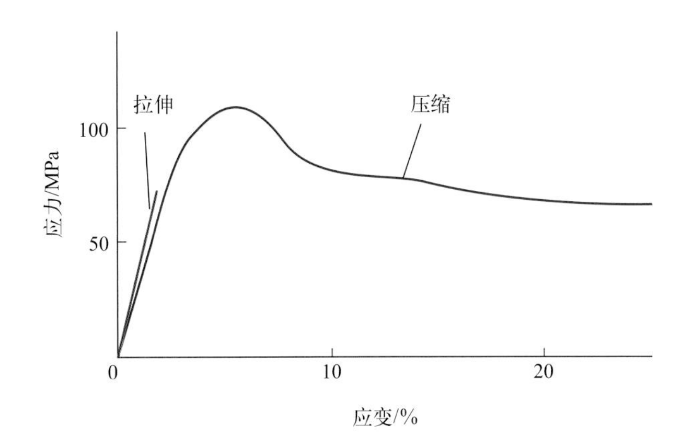

图7-40　环氧树脂在室温下拉伸和压缩时的应力-应变曲线

曲线。环氧树脂具有强烈的交联结构，在室温下表现出脆性材料的拉伸特性。然而，在受到压缩时，环氧树脂容易发生屈服，在剪切屈服后还会表现出应变软化的现象，可以整体均匀地变形。

7.6.2 非晶合金的变形

非晶合金，也称为金属玻璃，是一类亚稳合金材料，其组成原子在三维空间中呈无序排列。在力学性能方面，非晶合金的强度和弹性模量明显高于相同组成的晶态金属材料，在受压应力时其还能表现出较好的塑性。

然而，尽管已经对非晶合金的变形行为有了较全面的了解，并通过适当的手段提高了其变形能力，但是人们对非晶合金的变形机制仍没有形成统一认识。目前，关于非晶合金变形机制的主要理论包括自由体积模型和剪切转变区模型。

（1）自由体积模型

自由体积模型认为，由于非晶合金中原子的无序排列，某些原子周围存在足够容纳原子的空位，即自由体积。自由体积的存在使得原子可以运动到邻近空位上，导致新空位附近原子发生移动，自由体积在此过程中不断产生和湮灭（图7-41）。然而，原子在非晶合金中受到势垒的束缚，要想从一个位置跃迁到另一个位置，必须克服这些势垒。在没有外应力作用时，原子的跃迁是由热起伏提供能量的随机过程。当外应力施加到非晶合金上时，它有助于克服势垒，使原子更容易沿着应力方向移动，导致了原子的有序流动，以适应外部应力，表现为宏观的塑性流变。因此，非晶合金的变形本质上是由单个离散原子定向跃迁导致的宏观塑性流变。

（2）剪切转变区模型

剪切转变区模型认为，非晶合金的塑性流变基本单元是由多个原子组成的原子团簇或称为“剪切转变区”，而不是自由体积模型中的单个离散原子。这些团簇可以容纳多个原子，在外力作用下发生集体移动。剪切转变区模型的原子运动如图7-42所示。在外力作用下，这些原子团簇更容易克服剪切转变势垒，进行剪切转变。因为原子团簇内部有多个原子，所以它们可以容纳局部不可逆的变形。这些变形聚集最终导致宏观尺度变形区的形成，使非晶合金呈现较大的塑性变形。非晶合金在变形过程中产生的剪切带可看作是由多个剪切转变区叠加形成的。

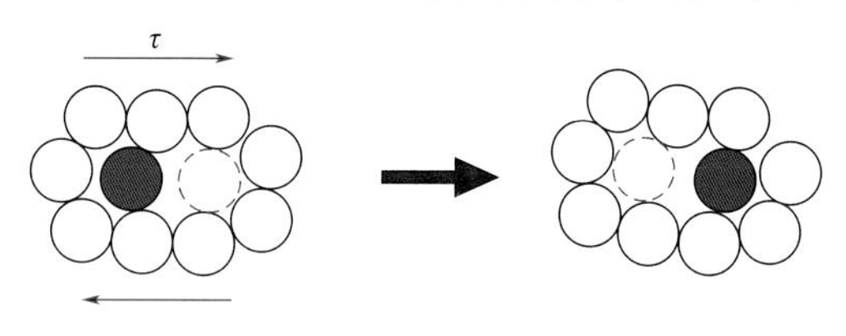

图7-41 自由体积模型的二维原子运动

7.6.3 非晶陶瓷的变形

陶瓷是一类应用广泛的重要无机材料，它们通常是结晶态的，但也包括非晶态的陶瓷，如玻璃。陶瓷是脆性材料，其脆性是由于其内部强大的离子键或共价键组成的多晶结构缺乏独立的位错滑移系，在应力作用下难以形成位错滑移。

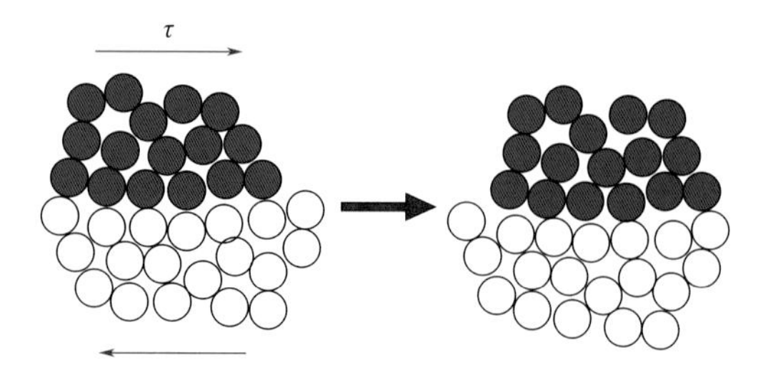

图7-42 剪切转变区模型的二维原子运动

近年来，学者们通过制备非晶陶瓷来

改善陶瓷的脆性。非晶陶瓷具有长程无序结构，没有晶体材料中的晶界和位错等缺陷，从而避免了晶态陶瓷的结构限制。这些材料在某些特定温度范围内，尤其是中温范围（500～800℃）表现出独特的宏观变形。

非晶陶瓷的塑性变形机制与晶体材料不同，一般认为剪切带和结构致密化是其主要的塑性变形机制。自由体积模型和剪切转变区模型是解释剪切带形成常用的理论。结构致密化机制是在中温压缩测试中，压力和温度的共存提供了类似热压的环境，容易导致非晶结构的进一步致密化，使样品发生永久变形。

习题

1. 金属和陶瓷材料与非晶态高分子材料弹性变形机制是否相同？有什么区别？

2. 简述常见的晶体塑性变形微观机制。

3. 为什么在室温下，具有面心立方晶体结构的铝合金比具有密排六方晶体结构的镁合金更容易塑性加工成形？

4. 什么是滑移的临界分切应力？

5. 什么是变形孪晶和退火孪晶？

6. 为什么通常在低碳钢的应力-应变曲线中会形成屈服平台，而在铝合金的应力-应变曲线中没有形成屈服平台？

7. 简述金属的几种强化机制。

8. 简述为什么细化晶粒可以提高晶体材料的强度，同时还可以改善晶体材料的塑性和韧性。

9. 三个组元原子A、B、C，其原子尺寸A＞B＞C。若A分别与B、C形成A-B、A-C二元固溶合金，哪个固溶合金的塑性变形能力差？为什么？

10. 什么是加工硬化？它可以通过何种热处理工艺予以消除？

11. 简述冷加工纤维组织和变形织构的成因及其对金属材料性能的影响。

12. 经过塑性变形加工后金属材料内部将会产生哪几类残余应力？产生这些残余应力的原因是什么？

13. 什么是金属的再结晶？影响金属再结晶的因素有哪些？

14. 一块楔形板坯经冷轧后得到相同厚度的钢材，再结晶退火后各处抗拉强度不同，解释产生这种现象的原因。

15. 影响再结晶后晶粒正常长大的因素有哪些？

第8章 材料的失效

材料的失效是指材料因某种原因不能发挥其正常功能的状态。工程材料的失效会造成巨大的经济损失，还会对人们的生命安全造成威胁。失效的原因通常是材料的选择或加工的方式不正确，部件设计不完善，或者部件使用不当。同时，部件在使用的过程中也会发生损坏，因此需要进行定期检测、维修和替换。工程师的责任是在设计部件或结构的时候将失效的可能性降到最低，对可能产生的失效进行预测，当发生失效时能够评估其产生原因并采取合适的措施，预防同类事故再次发生。

常见的失效形式包括变形失效、断裂失效、腐蚀失效、磨损失效等。断裂还可以分为韧性断裂、脆性断裂、疲劳断裂和蠕变断裂等。在实际工程应用中，材料失效通常是多种失效模式的综合作用。了解材料的失效类型和机理有助于采取有效的措施防止或减少失效的发生，提高材料的使用寿命和可靠性。本章主要讨论与断裂、疲劳和蠕变相关的失效机制、测试技术和控制失效的方法。

8.1 断裂

8.1.1 韧性断裂和脆性断裂

简单的断裂是指固体在低于熔点的温度下，在随时间不变或缓慢变化的静态应力作用下分裂成两部分或者更多部分的行为。应力的形式可以是拉伸、压缩、剪切或扭转。

基于材料发生塑性变形的能力，可以将断裂模式分为两种，即韧性断裂和脆性断裂。韧性材料通常在断裂前能够产生很大的塑性变形并吸收大量的能量，从而发生**韧性断裂**。相对地，脆性材料在断裂前通常很少发生塑性变形，吸收能量较少，发生**脆性断裂**。在施加拉伸应力时，大多数的金属合金是韧性的，而陶瓷材料通常是脆性的，高分子材料则可能表现出不同的断裂行为。

在拉伸实验中，韧性和脆性可以通过伸长率和面积收缩率进行量化。非常软的材料会出现图8-1（a）中的形态，如室温下的纯金和铅或者高温下的其他金属、聚合物和玻璃。

这些高韧性材料在拉伸中会变细直至断裂，面积收缩率几乎是100%。一般韧性材料会显示出最常见的断面，断裂前会形成颈缩，如图8-1（b）所示。图8-1（c）为脆性材料的脆性断裂形态，没有塑性变形，也没有颈缩。

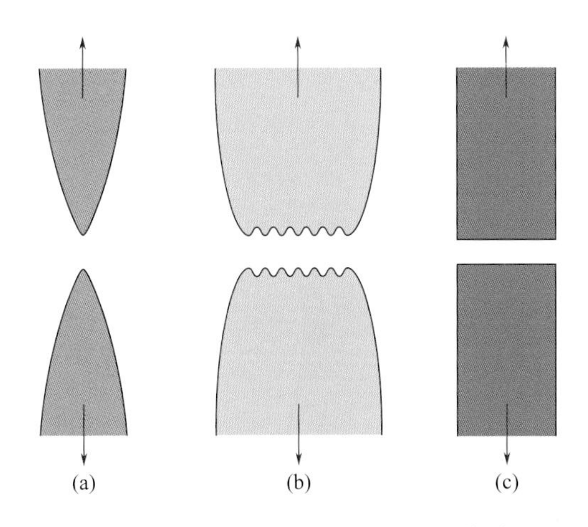

图8-1　棒状试样拉伸至断裂时的收缩

（a）高韧性断裂（试样颈缩至一个点）；（b）一般韧性断裂（试样适度颈缩）；（c）脆性断裂（没有颈缩）

任何形式的断裂都包含裂纹的形成和扩展过程，而韧性和脆性断裂模式也与裂纹扩展机制密切相关。裂纹扩展通常可以分为三个阶段：初始阶段、稳态阶段和失稳阶段。在初始阶段，裂纹以较慢的速度扩展；在稳态阶段，裂纹扩展速度较快，但扩展路径相对稳定；在失稳阶段，裂纹扩展速度急剧增加，可能导致材料的突然断裂。

韧性断裂的特点是在扩展中的裂纹周围会产生大量的塑性变形。当裂纹长度增加时，该扩展过程就会相对缓慢地进行。对于脆性断裂，裂纹扩展速度非常快，同时伴随着很少的塑性变形。这样的裂纹是不稳定的，裂纹扩展一旦开始，不需要施加额外的应力也能自发地进行。

如果部件或结构在实际使用中不可避免地会发生断裂，那么与脆性断裂相比，我们更希望为韧性断裂。首先，脆性断裂经常是突然地发生，没有任何预警，危害性特别大，这是裂纹自发快速扩展的结果。然而对于韧性断裂，塑性变形的存在可以提醒我们材料即将发生断裂，因此我们可以采取适当的保护性措施。

8.1.2　断口特征

断口是试样或零件在试验或使用过程中断裂后形成的表面。通过断口的形貌特征研究可以进一步分析断裂的类型、方式、路径、过程、原因和机理。断口记录了材料在载荷与环境作用下断裂前的不可逆变形，以及裂纹萌生和扩展直至断裂的全过程。断口的形貌、色泽、粗糙度、裂纹扩展途径等受断裂时的应力状态、环境介质及材料性能的制约，并与时间相关，因此对断口进行分析可用来推断断裂过程，寻找断裂原因，评定断裂的模式和机制，在工程实践和理论研究中有着十分重要的作用。

8.1.2.1　韧性断口

图8-2示意了拉伸过程中，韧性材料裂纹产生和扩展的过程。颈缩开始后，横截面内

部会形成微孔。随着变形的继续，这些微孔增大，并且聚集在一起形成一个椭圆形的内部裂纹，裂纹的长轴垂直于应力的方向。裂纹通过这种微孔合并的过程继续长大，最后沿着颈缩位置快速扩展，在与拉伸轴夹角约45° 方向上产生剪切形变并造成断裂。因为断口的两个配合面分别与杯子和圆锥体类似，有时将具有这种特征表面轮廓的断裂称为杯锥断裂。这种断裂在断裂表面上的内部中心区域会存在大量的扭曲和撕裂塑性变形，形成不规则的纤维形貌。

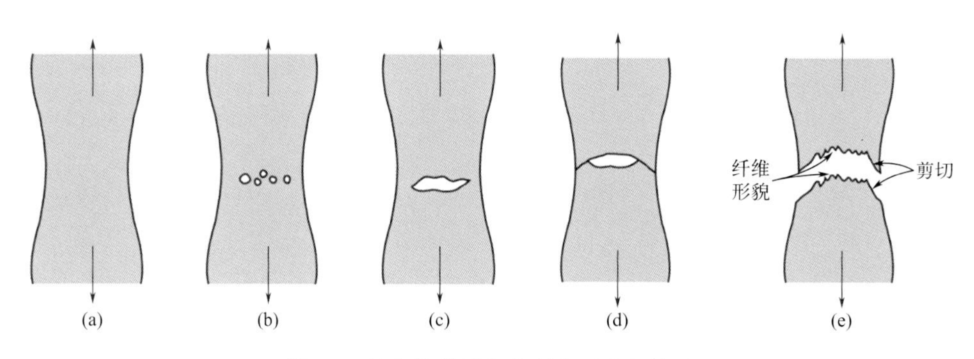

图8-2　棒状拉伸过程中裂纹形成和扩展

（a）颈缩开始；（b）微孔形成；（c）微孔合并形成裂纹；（d）裂纹扩展；（e）与拉伸方向呈45° 剪切断裂

图8-3为金属铝棒状试样拉伸断裂形成的韧性断口形貌。断口的宏观形貌特征可以分为三个区域：中心纤维区在断口相匹配的两侧可见不规则的纤维形貌，断裂源于纤维区的中心；另外两个区域被称为放射区和剪切唇区。通过光学显微镜和扫描电子显微镜研究，可以得到更多的关于断口和断裂机制的信息。特别是扫描电子显微镜，因为其具有更高的分辨率和更大的景深，因此更适合对断口进行细致的观察和分析。

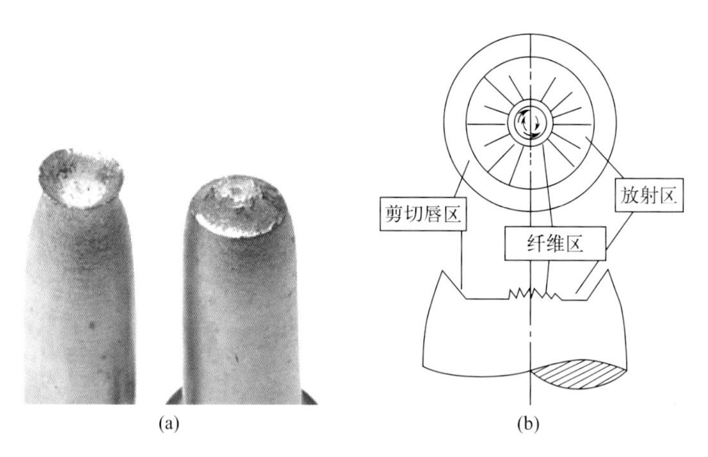

图8-3　金属铝中的杯锥断裂断口

（a）形貌照片；（b）三个区域

在扫描电子显微镜下，可以看到杯锥断口表面的纤维中心区域有大量的球形“凹坑”，被称为**韧窝**，如图8-4（a）所示。韧窝结构是韧性断口的典型特征，是裂纹形成过程中产生的微孔发生断裂形成的结构，每个韧窝都是半个微孔。在杯锥断口的45° 剪切边缘也会形成韧窝，这些韧窝的形状在剪切力的作用下被拉长成抛物线形。

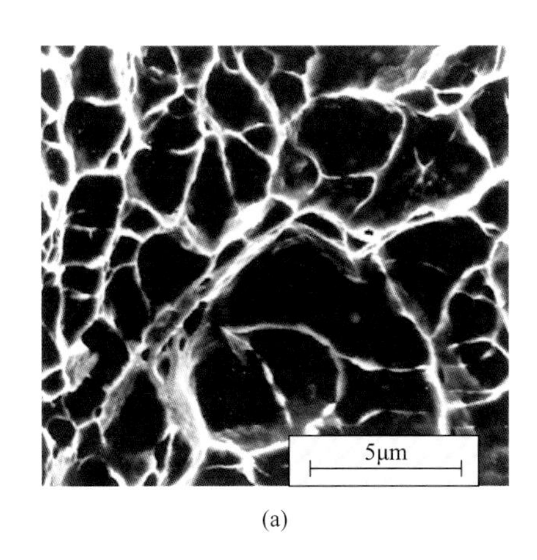

(a)

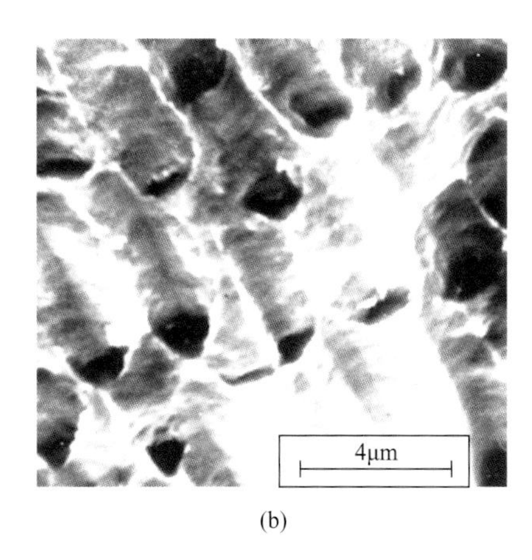

(b)

图8-4 扫描电子显微镜下韧性断口的形貌

（a）单向拉伸载荷产生的球形韧窝；（b）剪切载荷产生的抛物线形韧窝形貌

8.1.2.2 脆性断口

脆性断裂发生时，没有明显的变形，裂纹扩展速度非常快，裂纹扩展方向基本垂直于所施加拉伸应力的方向，并产生宏观上较为平坦的断裂面。低碳钢拉伸试样的脆性断口如图8-5所示。

然而，由于材料中存在各种尺度的缺陷，断口会形成一些肉眼可见的特定图案。例如，图8-6（a）中的脆性断口，在中心区域形成一系列人字形标记，人字的顶端指向裂纹产生的位置。图8-6（b）的脆性断口为扇形，扇形的中心为裂纹源，从裂纹源辐射出线状或脊状结构。这些特征图案通常比较粗糙，晶粒尺寸较大时会比较明显。当晶粒尺寸很小时，不存在明显的图案，断口表面更加平整。

图8-5 低碳钢脆性断裂断口

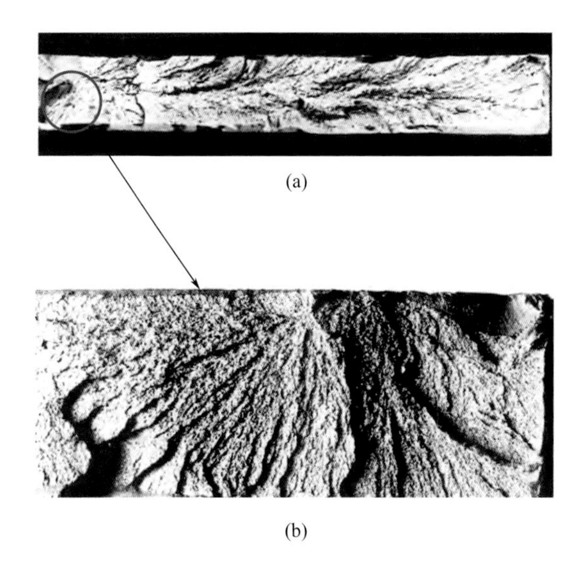

(a)

(b)

图8-6 脆性断口的形貌

（a）人字形图案；（b）扇形图案

（箭头指示裂纹源的位置）

在微观上，当晶体材料脆性断裂时，若晶面承受的拉伸应力超过晶面间的结合力，裂纹会沿着晶面扩展，使晶面分离，形成光滑的断口。这样的断裂被称为**解理**。解理通常会发生在低指数的密排晶面上。在多晶材料中，这种类型的断裂表现为裂纹穿过晶粒，因此被称为**穿晶断裂**。晶粒之间的解理面方向会发生变化，形成具有颗粒状或平面状的表面，如图8-7（a）所示。在一些脆性断口的形成过程中，裂纹沿着晶界扩展，因此被称为**晶间断裂**。从图8-7（b）中，可以看到晶粒的三维特征，这种断裂通常是由晶界的弱化或脆化导致的。

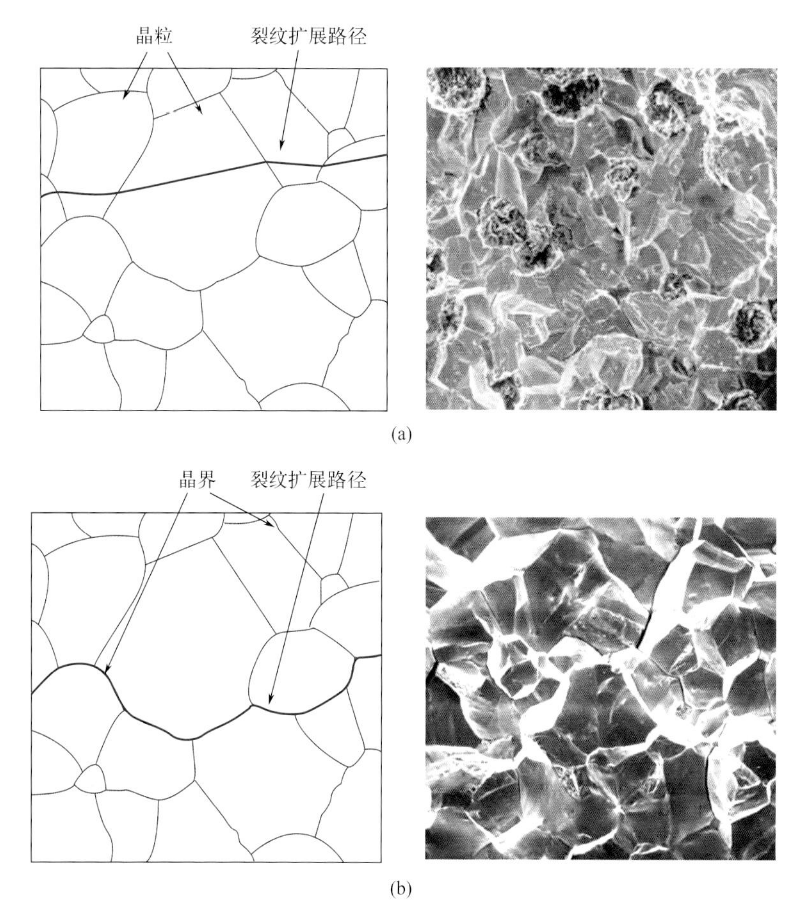

图8-7 脆性断裂的微观结构示意图和典型断口形貌

（a）穿晶断裂；（b）晶间断裂

8.1.3 断裂力学原理

线弹性断裂力学理论是断裂力学中最简单也是最基本的理论，其研究对象是理想的线弹性体，即服从胡克定律的材料。它主要从两个角度分析产生含裂纹材料的力学性能：一是通过分析裂纹尖端应力应变场，得到表征裂纹尖端应力应变场的特征参数，即应力强度因子K；二是通过分析裂纹扩展过程中能量的变化，得到表征裂纹的能量变化参数，即能量释放率G。

8.1.3.1 应力强度因子理论

（1）裂纹的扩展方式

同一个裂纹，由于外力的施加方式不同，会产生不同的开裂和扩展形式。如图8-8（a）所示，受到拉伸应力σ，其作用方向与裂纹表面垂直。在σ的作用下裂纹的两个表面将相对张开，因此称这种开裂形式为张开型，简称Ⅰ型。受到面内剪切力τ，其作用方向与裂纹表面平行。在τ的作用下，裂纹表面相对滑动，因此称这种开裂形式为滑开型，简称Ⅱ型

[图8-8（b)]。受到面外剪切力τ，其作用方向也与裂纹表面平行，但是与裂纹线垂直。在τ的作用下，裂纹两个表面将相对撕开，因此称这种开裂形式为撕开型，简称Ⅲ型［图8-8（c)]。

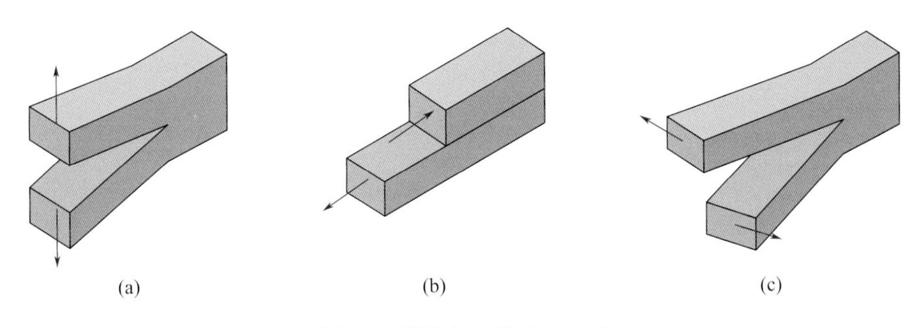

图8-8 裂纹的三种扩展方式

（a）Ⅰ型裂纹（张开型)；（b）Ⅱ型裂纹（滑开型)；（c）Ⅲ型裂纹（撕开型）

（2）裂纹尖端的应力场

大多数材料测量得到的断裂强度明显低于基于原子间结合能而得到的理论计算值，产生这种差异的原因是在材料的内部和表面有微观缺陷或裂纹的存在。图8-9是含裂纹试样的横截面及其应力分布图，从图中可知局部应力随着裂纹距离的增加而减小，而在裂纹尖端，产生远大于σ_0的应力σ_m。这种应力在物体局部增高的现象被称为**应力集中**，一般出现在物体形状急剧变化的地方，包括微观缺陷或裂纹，以及宏观缺口、孔洞、沟槽以及有刚性约束位置。

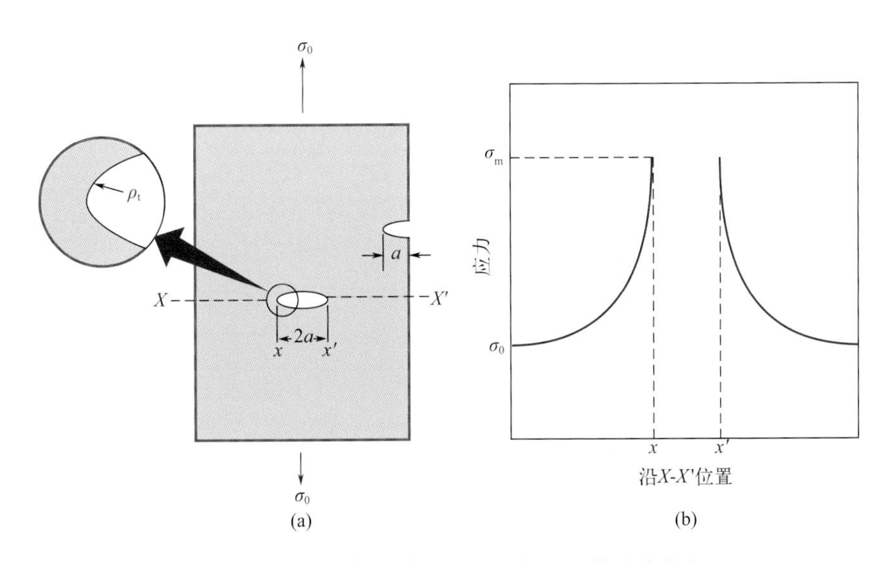

图8-9 试样表面和内部裂纹（a）及沿X-X'的应力分布（b）

对于Ⅰ型裂纹，假设裂纹的形状与椭圆形孔相似，方向与所施加的应力垂直，如图8-9（a）所示，那么在裂纹处产生的最大应力σ_m可以近似为

$$\sigma_m \approx 2\sigma_0\sqrt{\frac{a}{\rho_t}} \tag{8-1}$$

式中，ρ_t为裂纹的曲率半径；a为表面裂纹的长度或内部裂纹长度一半。σ_m与σ_0的比值，即σ_m/σ_0，称为**应力集中系数**。裂纹长度越长，曲率半径越小，σ_m就越大，应力集中系数也越大。

（3）应力强度因子

利用断裂力学原理，可以得到图8-8中各种裂纹尖端的应力场表达式均包含一个常数因子，其被称为**应力强度因子**，即

$$K = Y\sigma\sqrt{\pi a} \tag{8-2}$$

式中，Y量纲为1，是取决样品的尺寸、几何形状以及应力施加方式的函数。当试样为无限宽板，含中心穿透裂纹时，$Y = 1$；当试样为半无限宽板，含边缘裂纹时，$Y = 1.12$；当试样为无限大块体，内部埋有圆盘状裂纹时，$Y = 2/\pi$。根据裂纹和试样形状的不同，可以确定Y的各种数学表达式，这些表达式通常比较复杂。

当裂纹开始扩展时，利用式（8-2）得到的裂纹扩展临界应力σ_c和裂纹长度a与应力强度因子的关系为

$$K_c = Y\sigma_c\sqrt{\pi a} \tag{8-3}$$

式中，K_c为**临界应力强度因子**，也被称为**断裂韧度**，是材料中存在裂纹时，材料抵抗脆性断裂的度量。脆性材料在断裂前不会产生明显的塑性变形，因此K_c值比较小，容易突变失效；而韧性材料的K_c值则较大。

对于较薄的样品，K_c会受样品厚度的影响。当样品厚度比裂纹尺寸大得多时，K_c与厚度无关。对于厚样品的Ⅰ型裂纹扩展模式，可将K_c值定义为平面应变断裂韧度K_{Ic}。K_{Ic}是大多数断裂情况下的断裂韧度，是材料的一个基本性质。

8.1.3.2 能量理论

利用应力强度因子理论研究含裂纹构件的方法是聚焦于裂纹尖端附近的应力应变状态，取这个区域应力应变场中的应力强度因子K来表示裂纹的特征，从而建立断裂准则。能量理论则是从能量观点出发，讨论裂纹扩展过程中构件的能量变化，找出裂纹扩展过程中消耗能量和提供能量之间的平衡关系，以受力构件所能提供的能量作为判断参量，建立断裂准则。

能量准则认为当裂纹扩展所需能量超过材料抗力时，裂纹即向前扩展。材料抗力包括表面能、塑性功以及其他与裂纹扩展相关的能量耗散。**能量释放率**是指裂纹由某一端点向前扩展一个单位长度时，平板每单位厚度所释放出来的能量。对于含长度为$2a$裂纹的无限大平板，两端受拉伸应力（见图8-9），能量释放率由式（8-4）计算

$$G = \frac{\pi\sigma^2 a}{E} \tag{8-4}$$

式中，E为杨氏模量。在裂纹扩展临界应力σ_c下可得到临界能量释放率G_c。换句话说，当G达到G_c时，材料发生断裂。

8.1.4 影响材料韧性的因素

（1）试样的厚度

试样厚度会影响塑性变形区域内的应力状态和变形状态，因此试样的断裂特性也与试

样的厚度有关。在一定范围内，较薄的试样具有较大的断裂韧度，随着试样厚度的增加，材料的断裂韧度将逐渐减小，最终趋于一个恒定的较低极限值。断裂韧度随试样厚度的变化关系如图8-10所示。

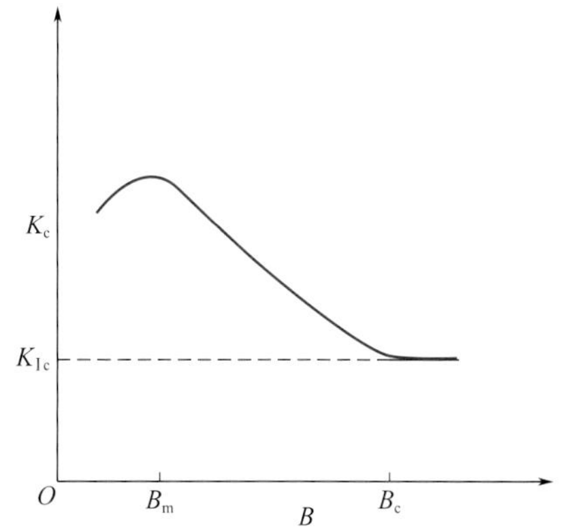

图8-10　试样厚度B对断裂韧度K_c的影响

（2）温度

温度会影响材料的屈服强度。随着温度的下降，屈服强度增大，塑性变形能力下降，裂纹扩展的阻力减小，使材料的断裂韧度迅速下降，发生韧性-脆性转变。当温度低于一定的范围，断裂韧度保持在一个稳定的水平，如图8-11所示。

（3）应变速率

增加应变速率也会使断裂韧度下降。然而，应变速率很大时，塑性变形产生的热量来不及传导，会在裂纹尖端造成绝热状态，使裂纹尖端温度升高，从而使断裂韧度回升，如图8-12所示。

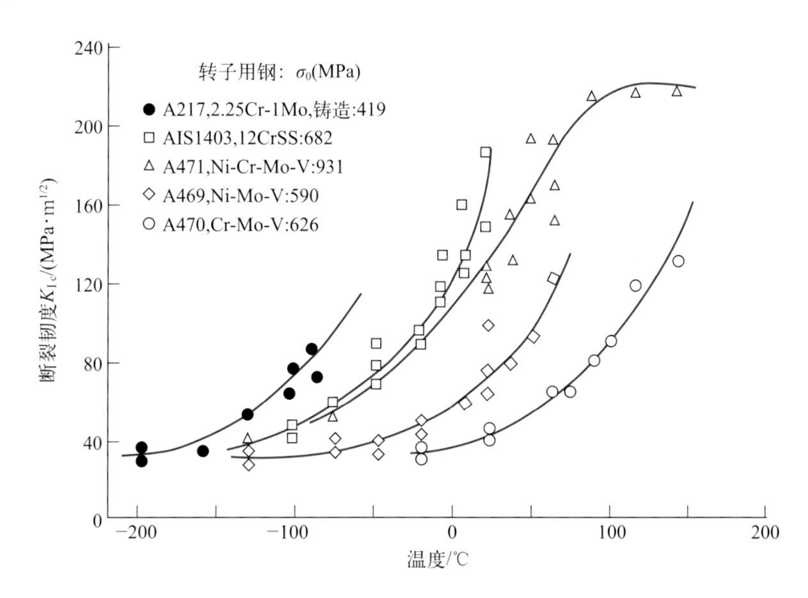

图8-11　几种转子用钢的断裂韧度K_{1c}与温度的关系

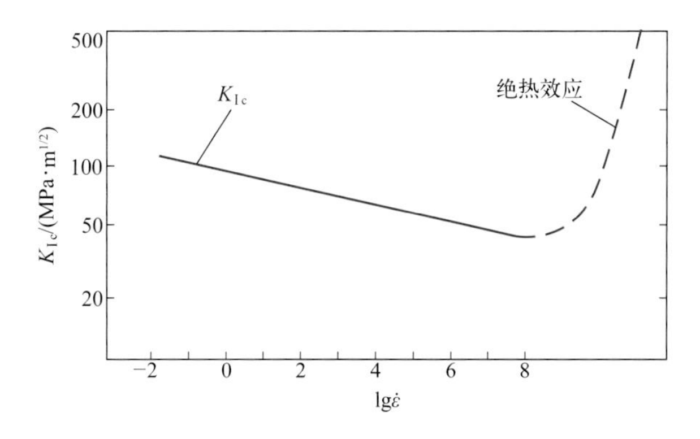

图8-12　半镇定钢的K_{1c}与应变速率$\dot{\varepsilon}$的关系

（4）组织结构

塑性变形能是裂纹扩展阻力的主要组成部分。当塑性变形由一个晶粒扩展到另一个晶粒时，由于晶界阻力大，并且穿过晶界后滑移方向又需改变，因此与晶内的变形相比，这种穿过晶界而又改变方向的变形需要消耗更多的能量。因此，如果材料的晶粒尺寸减小，晶界面积增大，裂纹扩展消耗的能量增大，使$K_{\mathrm{I c}}$增加。

夹杂物如硫化物、氧化物等往往偏析于晶界，导致晶界弱化，增大沿晶断裂的倾向，而在晶内分布的夹杂物则常常起裂纹源的作用。因此，夹杂物的存在往往导致材料断裂韧度的下降。

材料史话8-1 “永不沉没”的巨轮的快速沉没

1912年，号称“永不沉没”的泰坦尼克号首航即沉没于冰海，成为20世纪令人难以释怀的悲惨海难。众多人士对此发表自己的看法，但泰坦尼克号为何会如此迅速沉没曾一度令人困惑。

自1985年开始，探险家们数次潜到12612英尺（1ft=0.3048m）深的海底研究这一沉船，找出遗物。1995年2月，Gannon在美国《科学大众》杂志发表文章，他回答了这个困扰世人80多年的未解之谜。

当时造船厂的生产技术还比较落后，在钢板制造过程中，生铁会因使用含硫燃料而混入较多的硫。由于在固态下，硫在生铁中的溶解度极小，以FeS的形式存在钢中，而FeS的塑性较差，所以导致钢板的脆性较大。同时，FeS与Fe可形成低熔点（985℃）的共晶体，分布在奥氏体的晶界上。当钢在约1200℃进行热压力加工时，晶界上的共晶体已熔化，晶粒间结合被破坏，使钢材在加工过程中沿晶界开裂，这种现象被称为热脆性。为了消除硫的有害作用，造船工程师增加了钢中的含锰量。锰与硫形成熔点较高的MnS，可防止因FeS而导致的热脆现象。然而，虽然锰固溶在铁中可增加钢的强度，但是不能增加其韧性。其次，泰坦尼克号沉没的海域当时的水温在−40～0℃。泰坦尼克号所使用钢材具有冷脆性，即在低温下，钢材的力学行为由韧性变成脆性。

泰坦尼克号在水线上下300英尺的船体由10张30英尺长的高含硫量脆性钢板焊接而成。焊缝在冰水中因撞击冰山而裂开，脆性焊缝无异于一条300英尺长的大拉链，使船体产生很长的裂纹，海水大量涌入使船迅速沉没。

8.2 疲劳

材料在应力或应变的反复作用下所发生的性能变化叫作**疲劳**，若导致材料开裂，就称为**疲劳断裂**。疲劳断裂发生失效的应力水平可能会远低于静态载荷作用下的抗拉强度或屈服强度。疲劳是金属构件失效的主要原因之一，聚合物和陶瓷材料也容易受到疲劳的影响。疲劳断裂失效在断裂前没有明显的宏观塑性变形，因此断裂没有先兆，往往造成灾难性的后果，导致巨大的经济损失和社会危害。因此研究疲劳断裂，寻找提高材料耐疲劳性的途径和预防疲劳断裂的各种措施，以及防止疲劳断裂事故的发生，对国民经济具有重大意义。

8.2.1　循环应力

按应力随时间变化特性的不同，可将作用在机械零件上的应力分为静应力和变应力。不随时间变化或变化缓慢的应力称为**静应力**，如图8-13（a）所示。随时间变化的应力称为**变应力**，如图8-13（b）～（d）所示。变应力是产生疲劳断裂的原因，其可以是轴向应力（拉伸、压缩）、弯曲应力或者扭转应力。

变应力又可分为稳定循环变应力[图8-13（b）]、不稳定循环变应力[图8-13（c）]和随机变应力[图8-13（d）]。其中，稳定循环变应力随时间的变化是有规律的，并且成正弦变化。相对地，不稳定循环变应力的应力变化范围会发生变化，而随机变应力的应力大小和频率会发生随机变化。

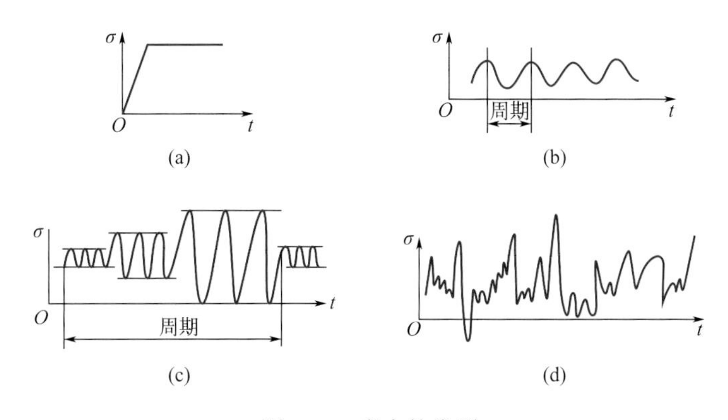

图8-13　应力的类型

（a）静应力；（b）稳定循环变应力；（c）不稳定循环变应力；（d）随机变应力

稳定循环变应力可以进一步分为三种基本类型：非对称循环变应力[图8-14（a）]、脉动循环变应力[图8-14（b）]和对称循环变应力[图8-14（c）]。其中，非对称循环变应力的最大值和最小值关于零应力水平不对称，脉动循环变应力的最小值为零，而对称循环变应力关于平均零应力水平对称分布，从最大应力变化到最小应力具有相等的振幅。

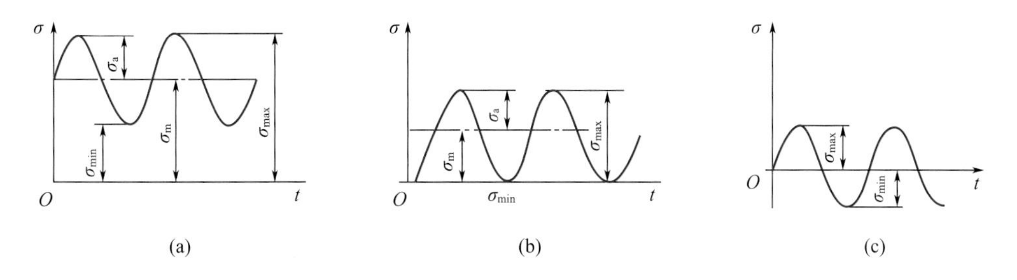

图8-14　稳定循环变应力的类型

（a）非对称循环变应力；（b）脉动循环变应力；（c）对称循环变应力

可以用一些参数描述稳定变应力的特征。最大应力σ_{max}和最小应力σ_{min}表示应力的最大值和最小值。**平均应力**定义为一个周期中应力最大值和最小值的平均值，即

$$\sigma_m = \frac{\sigma_{max} + \sigma_{min}}{2} \tag{8-5}$$

应力变化范围是应力最大值和最小值的差值，即

$$\sigma_r = \sigma_{max} - \sigma_{min} \tag{8-6}$$

应力幅为应力变化范围的一半，即

$$\sigma_a = \frac{\sigma_r}{2} = \frac{\sigma_{max} - \sigma_{min}}{2} \tag{8-7}$$

应力比，又称为**循环特性**，是应力最小值与最大值的比，即

$$R = \frac{\sigma_{min}}{\sigma_{max}} = \frac{\sigma_m - \sigma_a}{\sigma_m + \sigma_a} \tag{8-8}$$

循环特性的变化范围为$-1 \leqslant R < 1$。根据循环特性R的数值可判断应力的类型。$R = 1$时为静应力，$R = -1$时为对称循环变应力，$R = 0$时为脉动循环变应力，$-1 < R < 1$时为非对称循环变应力。

8.2.2 *S-N*曲线

与其他力学性能一样，材料的疲劳性能可以通过实验测试确定，测试条件需要模拟预期的工作状态。疲劳测试通常是样品在较大的最大应力下进行应力循环开始，σ_{max}通常约为静态抗拉强度的2/3。在循环特性为R的变应力作用下，达到失效的循环次数N会被记录下来。在其他样品上重复进行该过程并逐渐地减小最大应力水平。将每个样品的数据绘制成应力S随失效循环次数N的对数值的变化曲线，被称为**疲劳曲线**或***S-N*曲线**。S通常取最大应力σ_{max}或者应力幅σ_a。

图8-15为典型的*S-N*曲线。从图中可以看到，应力值越大，材料在失效前进行的循环次数就越少。对于一些铁基合金，*S-N*曲线在N值很高时为水平状，即存在一个极限应力水平，该极限应力水平称为**疲劳极限**。疲劳极限代表着在无限循环次数下不会造成失效的最大应力值，也就是说，低于该值时，不会发生疲劳断裂。对于许多钢材，疲劳极限为抗拉强度的35% ～ 60%之间。

大多数非铁合金，如铝合金和铜合金，它们没有疲劳极限，即*S-N*曲线在N值增加时不断下降。因此，最终发生的疲劳与应力大小无关。对于这些材料，疲劳性能可以定义为失效即将发生时某一规定的循环次数（如10^7）所对应的应力水平，这被称为**疲劳强度**。另一个描述材料疲劳性能的重要参数是**疲劳寿命**，即在特定的应力水平下，导致失效发生的循环次数。

根据循环应力的大小和循环次数可以将*S-N*曲线中不同区间的疲劳行为分为两类。一类是**高循环疲劳**，又称为**高周疲劳**，这时作用于零件、构件的应力水平较低，失效循环次数一般高于10^4，例如弹簧、传动轴等构件的疲劳。另一类是**低循环疲劳**，又称为**低周疲劳**，这时作用于零件、构件的应力水平较高，失效循环次数一般低于10^4，例如压力容器、燃气轮机零件等构件的疲劳。

实验测得的疲劳数据总存在一些比较大离散性，即在相同的应力水平下，许多样品测量的N值会有一定变化。当需要考虑疲劳寿命或疲劳极限时，这种变化会导致材料设计的不确定性。文献中的*S-N*曲线通常是测试数据的平均值。疲劳数据具有离散性的原因是疲劳对许多测试参数的敏感性不同，以及相关参数不可能得到精确的控制，这些参数包括样品的制备和表面处理中的冶金变量，测试装置中样品的连接方式、平均应力以及测试频率等。

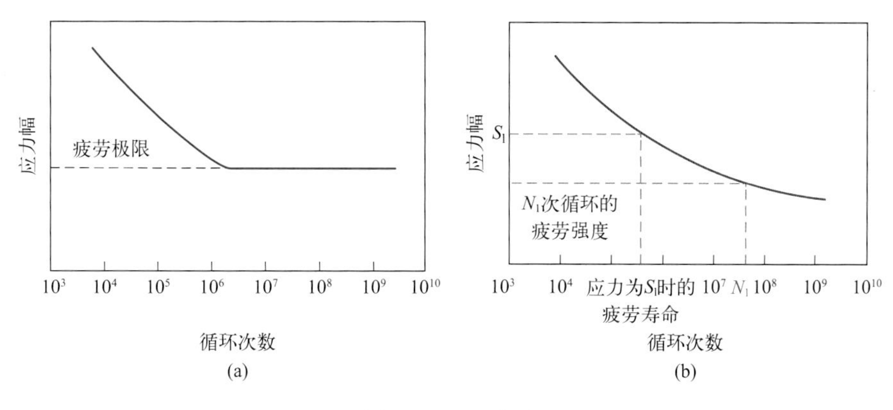

图8-15 *S-N*曲线

（a）有疲劳极限的材料；（b）没有疲劳极限的材料

我们可以用一些统计方法处理疲劳寿命和疲劳极限。例如，一个简便方法是用一系列恒定失效概率的*S-N*曲线来表示疲劳性能，如图8-16所示。与每条曲线相关的*P*值就代表着发生失效的概率。例如，当应力为200MPa时，可以得到样品在约10^6次循环后发生失效的概率为1%，在约2×10^7次循环后发生失效的概率为50%。

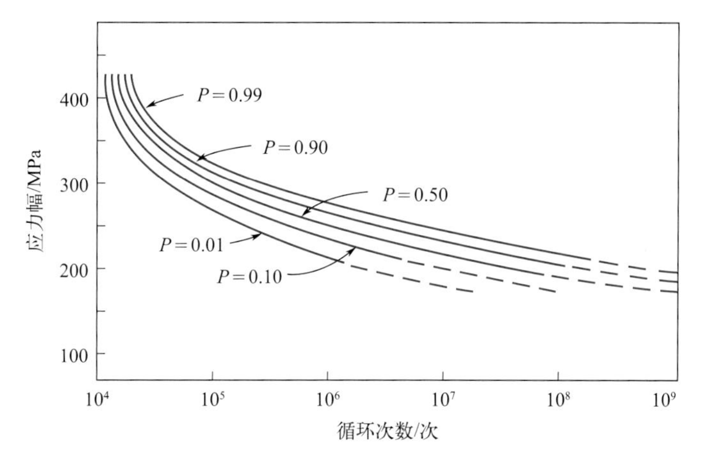

图8-16 铝合金7075在T6热处理状态的*S-N*失效概率曲线

8.2.3 疲劳裂纹的形成与扩展

疲劳失效的过程同样可以分为裂纹形成、裂纹扩展和最终失效三个阶段。与疲劳失效相关的裂纹几乎总是发生在组件表面的某个应力集中处，包括表面划痕、凹槽、螺纹、压痕等。此外，循环载荷能够使微观表面通过位错滑移台阶产生不连续结构，这些位错滑移台阶也可以产生应力集中，成为裂纹形成的位置。

在裂纹扩展期间形成的断裂表面区域有两种主要特征，包括贝壳纹和辉纹。两种特征都标识了裂纹扩展前沿在某一时刻的位置，并显示出裂纹从形成位置扩展到其他位置的方向。如图8-17所示，贝壳纹是宏观尺寸的，可以用肉眼直接观察到。疲劳辉纹是微观尺寸上的，它可通过扫描电子显微镜观察。每一条辉纹代表着在单个载荷周期内裂纹前端前进的距离。辉纹的宽度取决于应力的变化范围，且随着应力变化范围的增大而增加。虽然贝壳纹和辉纹都是疲劳断裂表面且具有相似的外观，但是它们在起源和尺度上是不同的。在一个贝壳纹上可能有成千上万的辉纹。

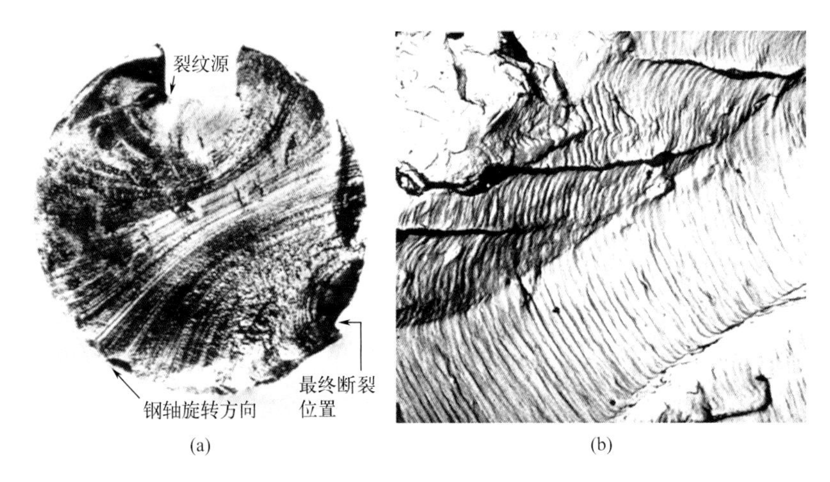

图8-17 旋转钢轴断裂面的疲劳失效断口的宏观组织（a）和铝疲劳失效断口的疲劳辉纹显微组织（b）

疲劳辉纹是材料塑性变形的表现。虽然在疲劳裂纹扩展期间，施加的最大应力低于金属的屈服强度，但是由于在裂纹尖端的应力集中，所施加的应力在裂纹尖端被放大，使得局部应力水平超过屈服强度，因此在微观尺度上也可观察到裂纹尖端处存在局域的塑性变形。

8.2.4 影响疲劳寿命的因素

（1）平均应力

平均应力σ_m也影响疲劳寿命，可通过在不同平均应力σ_m下测试得到的一系列*S-N*曲线表示，如图8-18所示。可以明显看到，平均应力水平的增加会导致疲劳寿命的缩短。

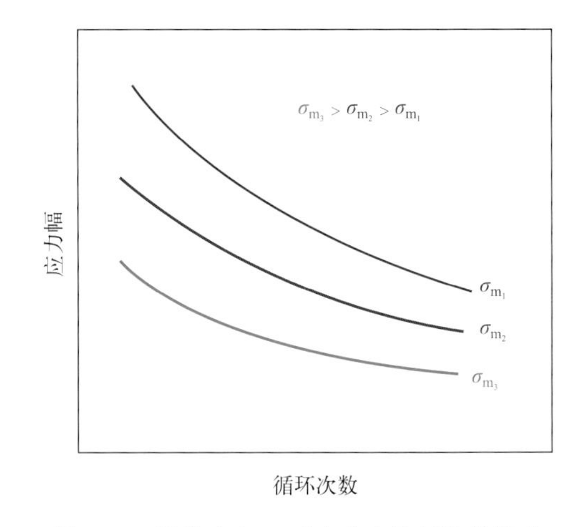

图8-18 平均应力σ_m对疲劳失效行为的影响

（2）设计因素

构件的设计能够显著影响它的疲劳特性。任何凹槽或者几何上的不连续都可以成为应力集中处和疲劳裂纹形成处，包括凹槽、空穴、螺纹等。几何上的不连续越严重，曲率半径越小，应力集中就越严重。疲劳失效的概率可通过避免这些结构，或者改变设计，消除轮廓的突然变化来降低疲劳失效的概率。例如，在旋转轴直径发生变化的位置，设计曲率半径较大的圆角，可以提高旋转轴的疲劳寿命。

（3）表面效应

在构件机械加工过程中，总会在工件的表面引入加工痕迹，成为裂纹萌生的位置，影响工件的疲劳寿命。通过抛光提高表面光洁度后，材料的疲劳寿命会显著提升。

在表面引入残余压应力是提高疲劳性能最有效的方法之一。这是因为表面压应力会抑制表面裂纹的萌生。对于韧性金属，其可以通过外表面区域发生局域塑性变形来引入残余压应力。在工业上，这可以通过喷丸处理实现。将半径在0.1 ～ 1.0mm的硬质颗粒以很高的速度喷射到样品表面，在深度只有硬质颗粒直径的1/4 ～ 1/2的表层就可以产生变形和压应力。

对于钢材，表面硬化可以在提高表面硬度的同时，提升疲劳性能。该方法可以通过将组件置于含碳或含氮的高温气氛中进行渗碳和渗氮处理来实现。气相中原子的扩散引入了富含碳或氮的外表面层，疲劳性能的提升源于外表面层硬度的增加以及表面形成的残余压应力。

（4）环境因素

环境因素也影响着材料的疲劳行为。这里简单介绍两种与环境密切相关的疲劳失效，即热疲劳和腐蚀疲劳。

热疲劳是指材料在热应力和温度循环作用下产生疲劳断裂的现象。在循环的热应力和温度作用下，材料会发生热弹性形变和塑性形变，这些形变会导致应力集中和微裂纹的形成。随着时间的推移，微裂纹会扩展并连接起来形成宏观裂纹，最终导致材料的断裂。热疲劳的产生与材料的热膨胀系数、屈服强度、断裂韧性等材料特性有关，同时也受温度循环的幅度、频率和持续时间等因素的影响。在高温环境下工作的材料，例如发动机叶片、火箭喷嘴等，容易受到热疲劳的损害。为了提高材料的热疲劳抗力，我们可以采取多种措施，如优化材料成分和组织结构、进行表面强化处理、降低热膨胀系数等。此外，在设计和制造过程中应充分考虑热膨胀和收缩的影响，避免过大的热应力集中。

腐蚀疲劳是一种在交变载荷和腐蚀性介质交互作用下裂纹形成及扩展的现象。由于腐蚀介质的作用，材料的抗疲劳性能会降低。环境与材料之间的化学反应可能会形成一些小的凹点，这些凹点会成为应力集中和裂纹形成位置。此外，腐蚀的环境会促进裂纹的扩展。腐蚀疲劳可以发生在应力腐蚀敏感或不敏感的材料上，因此没有一种金属或合金能够完全抵抗腐蚀疲劳。

金属的腐蚀疲劳强度与抗拉强度之间无明显的比例关系，而且金属的耐腐蚀疲劳性能受到多种因素的影响。例如，加载方式（如扭转、旋转、拉压等）会影响腐蚀疲劳裂纹的扩展，应力循环的波形和应力集中也会产生影响。此外，温度升高和介质腐蚀性等环境因素增强会导致材料耐腐蚀疲劳性能下降。

防止产生腐蚀疲劳的方法有很多。一方面，我们可以采取一些措施来减慢腐蚀速率，例如涂敷保护层、选择抗腐蚀性更好的材料以及减小环境的腐蚀性。另一方面，比较明智的做法是采取一些行动以减小正常疲劳失效的概率，例如，减小所施加的应力水平以及在材料的表面添加残余压应力。

材料史话8-2 彗星号客机空难

二战以后，西方航空发达国家开始大规模将军用航空技术转为民用，英国的哈维兰公司甚至比大名鼎鼎的美国波音公司更早研制生产出喷气式客机，名曰彗星号。1952年5月2日，彗星号客机首次进行商业飞行，从伦敦飞往约翰内斯堡，途经罗马、贝鲁特、卡拉奇等地，其在23小时内完成了全程6760公里的旅程。这次飞行引起了全世界的关注并得到了全世界的赞誉，彗星号客机被认为是英国航空工业和民用航空事业的骄傲。

然而，在接下来的两年里，彗星号客机却遭遇了连续三次致命的坠毁事故。英国政府随即下令停止所有彗星号客机的运营，并组织了历史上规模最大、成员最复杂的调查委员会来查明事故原因。经过两年多的调查和实验，委员会最终确定了导致彗星号客机坠毁的根本原因——金属疲劳。裂痕最初产生的部位是舷窗处。彗星号客机采用了新式的加压机舱，在高空平流层，内外的压力差产生了额外的应力，而舷窗的设计又是方形，边角处的应力集中尤为严重，实际要承受数倍的应力。在高速、高压飞行的环境和复杂、交变应力的反复作用下，舷窗边角处的铝合金材料因金属疲劳产生微裂纹，进而发展为可见的裂痕，从而导致了疲劳断裂。

8.3 蠕变

蠕变是指固体材料在保持应力不变的条件下，应变随时间延长而增加的现象。与塑性变形不同，塑性变形通常在应力超过屈服强度以后才出现，而蠕变只要应力的作用时间较长，在应力低于屈服强度时也能出现。

蠕变在所有类型的材料中都可以观察到。通常蠕变不是我们希望发生的现象，因为它常常会缩短材料的使用寿命。在高温下使用并受到静态应力作用的材料（如喷气式飞机引擎的涡轮机转子、受到离心力的蒸汽机、高压蒸汽管道等）经常会产生蠕变变形。塑料和橡胶等聚合物材料对蠕变变形非常敏感。对于金属，只有当温度大于$0.4T_m$（T_m为熔点）时，蠕变才变得比较重要。

8.3.1 蠕变行为

典型的蠕变测试是在温度保持不变的条件下，对试样施加恒定的载荷或应力，记录试样的变形或应变，并绘制成随时间变化的函数。图8-19示意了金属材料典型的恒定载荷蠕变行为。当施加载荷时，金属发生瞬时变形，这个变形是完全弹性的。随后材料发生蠕变，根据应变随时间变化特点的不同，可以将蠕变分为三个阶段。初始阶段，也被称为减速蠕变阶段，蠕变速率不断减小，即曲线的斜率随着时间增长而减小，表明材料抵抗蠕变的能力在不断增加或产生了应变强化。第二阶段，也被称为稳态蠕变或恒定蠕变阶段，蠕变速率是恒定的，曲线为线性的。该蠕变阶段通常持续的时间最长。恒定的蠕变速率是由于应变强化和回复这两个过程达到了动态平衡，应变强化的作用使材料的强度提高，而回复使材料强度下降并保持原有变形的能力。第三阶段，也被称为加速蠕变阶段，蠕变速率增加并导致最终的

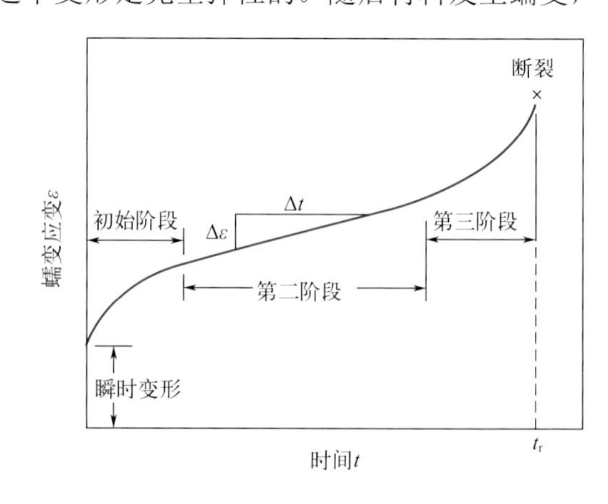

图8-19 在恒定载荷和温度下典型的应变-时间蠕变曲线

断裂失效。这种失效通常称为蠕变断裂，它是由晶界的分离和内部裂纹、空穴形成等显微结构变化引起的。对于拉伸载荷，在塑性变形区域的某一个位置也会形成颈缩。这些都会导致有效横截面积的减小和应变速率的增加。

对于金属材料，大多数蠕变测试与拉伸测试相似，都是将具有特定形状的试样在单轴拉伸下进行测试；对于脆性材料，则更适合进行单轴压缩测试。从蠕变测试中得到的一个最重要的参数是蠕变曲线第二阶段的斜率（图8-19中的$\Delta\varepsilon/\Delta t$），该斜率通常称为稳态蠕变速率。对于长时间使用的材料，它是一个需要考虑的工程设计参数。例如核电站中一些组件，它们在设计时就计划使用几十年，所以不能选择容易产生蠕变失效或有较大蠕变应变的材料。然而，对于许多使用时间较短的组件，例如军用飞机上的涡轮叶片和火箭发动机喷管，蠕变断裂寿命t_r是主要的设计依据。

许多工程材料的实际应用都需要蠕变数据，而相对地，蠕变测试周期较长，如果仅仅依靠实验室测试来获取这些数据会有些不切实际。一个解决办法是数据外推法。在这个方法中，可以在室温下在较短的时间内、在较大的应力水平下进行蠕变测试，然后借助理论公式，将所得数据适当地外推到实际的使用环境中。

8.3.2 影响蠕变性能的因素

影响材料蠕变性能的因素有很多，包括应力、温度、熔化温度、弹性模量、晶粒尺寸。通常熔化温度越高，弹性模量越大，晶粒尺寸越大，材料的抗蠕变性能就越好。

温度和所施加的应力水平是影响蠕变特性的最重要的因素，如图8-20所示。当温度低于$0.4T_m$，在完成初始弹性变形后，不会出现明显的蠕变变形，应变与时间无关。随着应力或温度的增加，会发生的主要变化包括在应力增加时应变增加，稳态蠕变速率增加，断裂寿命减少。

蠕变断裂测试的结果经常用应力对数随断裂寿命对数的变化进行表示。图8-21是一种镍基合金蠕变断裂测试结果。从图中可以看出，在每个蠕变温度下，应力的对数与断裂寿命的对数都存在线性关系。

稳态蠕变速率$\dot{\varepsilon}_s$与应力之间的关系可以用一个经验公式表示，即

$$\dot{\varepsilon}_s = K_1\sigma^n \tag{8-9}$$

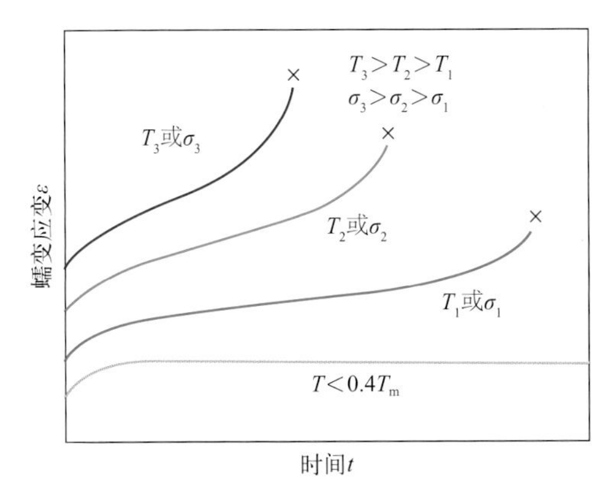

图8-20 应力σ和温度T对蠕变行为的影响

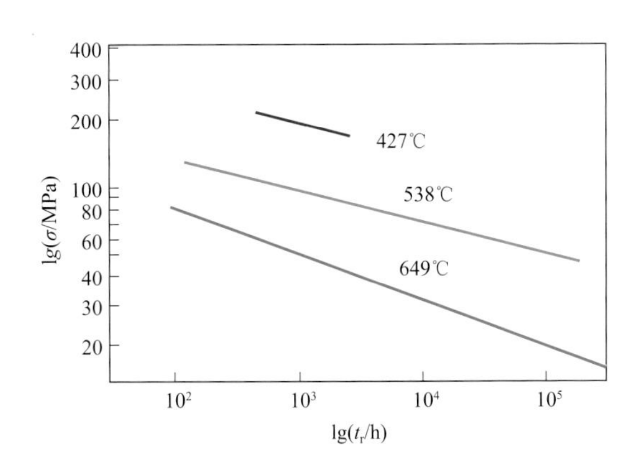

图8-21 镍合金在不同温度下的应力与断裂寿命之间的关系

式中，K_1和n是材料相关的常数。从式（8-9）可以得到$\dot{\varepsilon}_s$的对数与应力的对数之间的线性关系。图8-22是一种镍基合金的测试结果，在用对数坐标表达时，可见在不同温度下都存在这个线性关系。

如果考虑温度的影响，这个经验关系还可以进一步表示为

$$\dot{\varepsilon}_s = K_2\sigma^n \exp\left(-\frac{Q_c}{RT}\right) \tag{8-10}$$

式中，K_2和Q_c是材料相关的常数，Q_c被称为蠕变活化能。

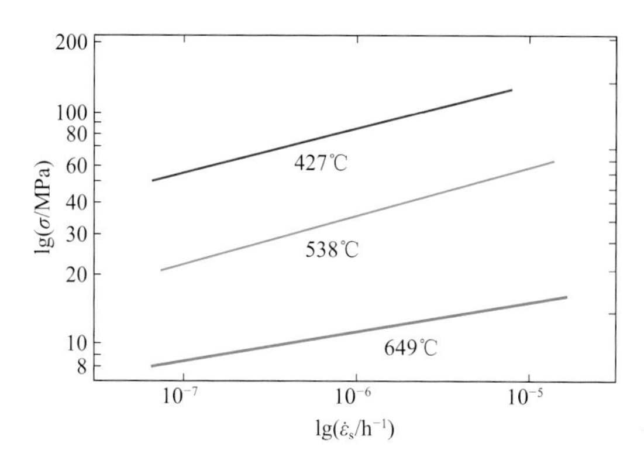

图8-22 低碳镍合金在不同温度下的应力与稳态蠕变速率的关系

习题

1. 什么是应力集中？

2. 什么是解理？为什么解理通常发生在晶体的低指数密排晶面上？

3. 设有两个无限大板A和B，均含有贯穿性裂纹，其中A板裂纹长度为$2a$，B板裂纹长度为a。若两者均受拉应力作用，A板拉应力为σ，B板受拉应力为2σ，请问它们的裂纹尖端应力强度因子是否相同？

4. 无限大板含贯穿裂纹长度为40.8mm，施加拉应力为250MPa。已知材料的断裂韧度K_{1c}= 63.25MPa · $m^{1/2}$，请问该板是否会断裂？

5. 稳定循环变应力有哪些基本类型？

6. 已知循环变应力最大值为200MPa，最小值为50MPa，试计算平均应力、应力幅和应力比。

7. 什么是疲劳极限？是否所有材料都有疲劳极限？

8. 为什么金属表面喷丸处理可以提高材料耐疲劳性能？

9. 蠕变一般包括哪几个阶段？

第三部分　扩散与相变

第9章 固体中的扩散

物质的迁移可通过对流和扩散两种方式进行。**扩散**是由大量原子的热运动引起的物质宏观迁移。与扩散相比，对流要快得多。在气态和液态物质中，原子迁移可以通过对流和扩散两种方式进行。在固体中不发生对流，因此扩散成为固体唯一的物质迁移方式。

扩散产生的物质迁移会直接影响材料的成分和结构，并且是材料成分设计、制备以及性能表征需要考虑的因素。例如在材料热处理过程中，材料微观组织的变化涉及原子扩散。钢的渗碳处理能够提高表面碳含量，形成硬度高的铁碳化合物，由此得到较好的表面耐磨性，渗碳处理的钢可用于制造齿轮、曲轴等经常发生摩擦或需要较好耐磨性的零件。在半导体工业中，控制磷、硼等元素在硅晶圆中的扩散是最基本的技术。

本章从扩散现象出发，以金属材料为例，介绍扩散定律、扩散方程的应用、扩散机理以及扩散的影响因素等内容，随后进一步对比半导体、离子材料晶体和聚合物等材料中的扩散现象。

9.1 扩散现象

用扩散偶就可以简单地观察到扩散现象。将两种不同的金属连接在一起，使表面紧密接触，就可以形成扩散偶，Cu-Ni扩散偶如图9-1所示。在高温加热前，两种金属的表面直接接触。在低于熔点的高温下长时间保温后，从浓度的变化可以看到铜和镍在界面位置互相扩散，形成合金区域。

为了更好地研究并利用扩散现象，有必要将扩散进行分类。

（1）按浓度均匀程度

通常情况下，扩散是在有浓度梯度或者化学位梯度的情况下产生的，这样的扩散通常称为**互扩散**或者**化学位扩散**。如果不存在浓度梯度或者化学位梯度，扩散产生于晶体中原子的无规则热运动，这类扩散称为**自扩散**。

互扩散与自扩散的区别在于扩散前后有没有浓度变化，有浓度变化则为互扩散，没有

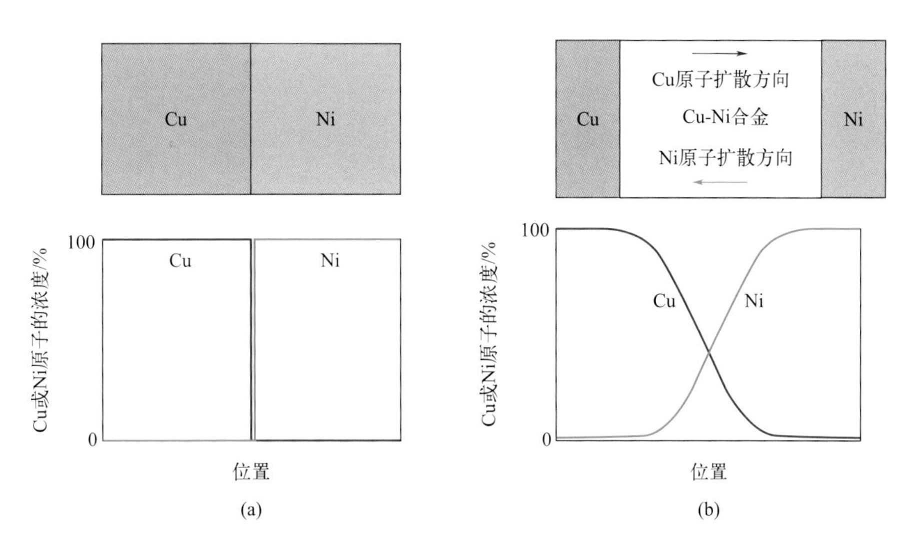

图9-1 Cu-Ni扩散偶的合金化区域和成分变化

（a）高温加热前；（b）高温保温后

浓度变化则为自扩散。互扩散在不均匀的固溶体中进行，当互扩散伴随着新相的形成和长大时，其又被称为反应扩散。自扩散只发生在纯金属或均匀固溶体中。固态纯金属的晶粒长大就是自扩散过程，通过原子的扩散实现晶界迁移、晶粒合并；而均匀固溶体的晶粒长大过程中，异类原子不是相对扩散，而是同向扩散，扩散前后浓度均匀不变。

（2）按扩散方向

由高浓度区向低浓度区的扩散被称为**顺扩散**，又称**下坡扩散**。由低浓度区向高浓度区的扩散被称为**逆扩散**，又称**上坡扩散**。

（3）按扩散位置

在晶粒内部进行的扩散称为**体扩散**；在表面进行的扩散称为**表面扩散**；沿晶界进行的扩散称为**晶界扩散**。扩散也可以沿着位错或层错等缺陷进行。沿着表面、界面及其他缺陷的扩散被称为**短路扩散**，其扩散速度比体扩散要快得多。

无论哪种类型的扩散，扩散总是向系统自由能降低的方向进行，也就是说，扩散后系统的自由能比扩散前的低。因此，从本质上看，扩散的驱动力并不是浓度梯度，而是扩散前后自由能之差或化学位梯度。

材料史话9-1 固态扩散研究简史

17世纪英国物理学家、化学家罗伯特·玻意耳（Robert Boyle）早在1684年就研究了固体中的扩散。他进行了铜的扩散实验，通过观察铜的横截面，证明锌可以扩散到铜中。随后，托马斯·格雷姆（Thomas Graham）在19世纪30年代研究了两种气体的扩散和混合的现象，认为扩散混合速率取决于浓度差并与气体密度的平方根成反比。这项研究虽然不是固态扩散，但是这是首次对扩散的定量研究。对扩散理论具有里程碑意义的人是阿道夫·菲克（Adolf Fick），他尝试对扩散进行定量描述，并于1855年建立了以他名字命名的菲克定律。在19世纪后期，英国金相学家W. C. Roberts-Austen首次对固态扩散进行了精确研究。

经过一百多年的发展，扩散被认为是固体材料中的一个重要现象，诸如金属的凝固及均匀化退火、冷变形金属的恢复和再结晶、粉末的烧结、金属的固态相变、高温蠕变、钎焊和扩散焊以及各种表面处理技术等，都与扩散密切相关。

9.2 稳态扩散与菲克第一定律

扩散是与时间相关的过程，即物质扩散的量是时间的函数。物质的迁移速率通常用**扩散通量** J 来表示，它被定义为单位时间内通过垂直扩散方向的单位面积的物质质量，单位为kg/(m²·s)，其数学表达式为

$$J = \frac{m}{St} \tag{9-1}$$

式中，S为垂直于扩散方向的面积，m²；m为扩散的物质质量，kg；t为扩散时间，s。如果扩散通量J不随着时间变化，这种状态被称为**稳态扩散**。

菲克通过实验确立了稳态扩散中物质扩散通量与浓度梯度的宏观规律，即扩散通量与浓度梯度（dC/dx）成正比，表达式为

$$J = -D\frac{\mathrm{d}C}{\mathrm{d}x} \tag{9-2}$$

式中，D为扩散系数，m²/s。式（9-2）中的“负号”表示物质的扩散方向与浓度梯度方向相反，表明物质从高浓度向低浓度方向迁移。

这个方程被称为菲克第一定律。该方程是唯象的关系式，并不涉及扩散系统内部原子运动的微观过程，其中的扩散系数反映了扩散系统的特性，并不仅仅取决于某一种组元的特性。此外，该方程不仅适用于扩散系统的任何位置，而且适用于扩散过程的任一时刻。

一个稳态扩散的例子是气体原子通过金属薄板的扩散。如图9-2所示，扩散物质的浓度或者压力在金属板两侧的表面保持不变。在这种扩散过程达到稳定时，会得到扩散通量不随时间变化的状态。在金属板内部，扩散物质的浓度分布曲线为一条直线，其斜率即为扩散系数D。

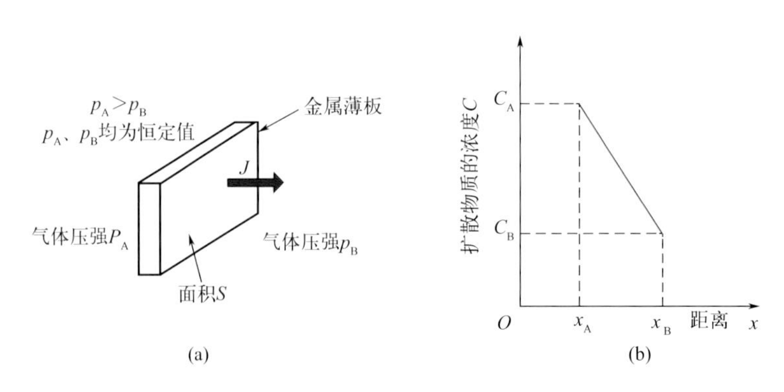

图9-2 稳态扩散

（a）通过薄板的稳态扩散；（b）薄板中扩散物质的浓度分布

9.3 非稳态扩散与菲克第二定律

常见的扩散现象大多是非稳态的，即扩散通量和浓度梯度随时间变化。这时，需要根据所研究问题的初始条件和边界条件，用菲克第二定律进行求解。菲克第二定律表达为

$$\frac{\partial C}{\partial t}=\frac{\partial}{\partial x}\left(D\frac{\partial C}{\partial x}\right) \tag{9-3}$$

如果扩散系数与扩散物质浓度无关，则菲克第二定律可以简化为

$$\frac{\partial C}{\partial t}=D\frac{\partial^2 C}{\partial x^2} \tag{9-4}$$

扩散系数是否随扩散物质的浓度变化，这需要对每种特定的扩散情况进行验证。实际上，扩散系数经常会随扩散物质的浓度发生变化，但是一般将其作为常量进行简化处理。

接下来，我们以一端成分不受扩散影响的半无限长固体为例，说明菲克第二定律的应用。钢的表面渗碳就是这种情况，这时扩散源是气相，其气体分压保持恒定值。图9-3为扩散过程中不同时刻的浓度分布，从图中可以获得以下边界条件。

① 在扩散前，任何溶质原子在固体中是均匀分布的，浓度为C_0，即$t=0$，$C(0\leqslant x\leqslant\infty)=C_0$。

② 扩散过程中，表面浓度恒定，即$t>0$，$C(x=0)=C_s$。

③ 扩散过程中，扩散体远离表面位置，浓度保持为C_0，即$t>0$，$C(x=\infty)=C_0$。

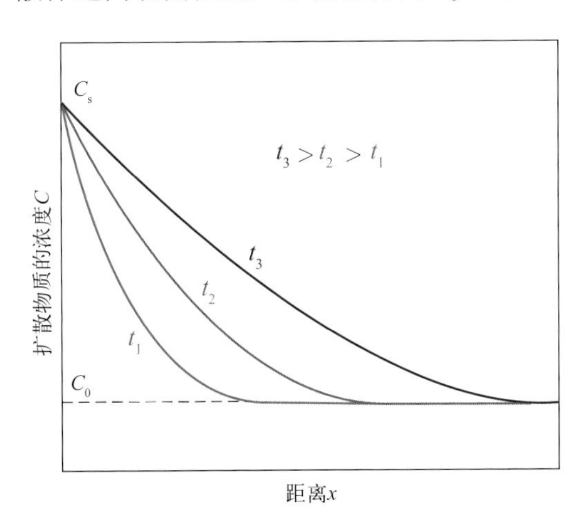

图9-3 表面浓度保持恒定的半无限长固体在t_1、t_2、t_3三个时刻的非稳态扩散浓度分布曲线

根据上述边界条件获得的菲克第二定律的解为

$$\frac{C_x-C_0}{C_s-C_0}=1-\operatorname{erf}\left(\frac{x}{2\sqrt{Dt}}\right) \tag{9-5}$$

式中，C_x表示在时间为t、距离为x时的浓度；$\operatorname{erf}\left(\frac{x}{2\sqrt{Dt}}\right)$为高斯误差函数。部分误差函数数值见表9-1。如果$C_0$、$C_s$和$D$是已知的，就可以根据式（9-5）确定任一时间和位置的C_x。

表9-1　误差函数表

z	erf(z)	z	erf(z)	z	erf(z)
0	0	0.55	0.5633	1.3	0.9340
0.025	0.0282	0.60	0.6039	1.4	0.9523
0.05	0.0564	0.65	0.6420	1.5	0.9661
0.10	0.1125	0.70	0.6778	1.6	0.9763
0.15	0.1680	0.75	0.7112	1.7	0.9838
0.20	0.2227	0.80	0.7421	1.8	0.9891
0.25	0.2763	0.85	0.7707	1.9	0.9928
0.30	0.3286	0.90	0.7970	2.0	0.9953
0.35	0.3794	0.95	0.8209	2.2	0.9981
0.40	0.4284	1.0	0.8427	2.4	0.9993
0.45	0.4755	1.1	0.8802	2.6	0.9998
0.50	0.5205	1.2	0.9103	2.8	0.9999

从式（9-5）中可以看出，浓度C_x与$\mathrm{erf}\left(\dfrac{x}{2\sqrt{Dt}}\right)$有一一对应的关系。如果扩散系数$D$为常数，那么$C_x$与$x/\sqrt{t}$也存在对应关系。因此，要实现在不同扩散距离有相同的浓度分布，即获得相同的C_x，则扩散距离与扩散时间之间存在抛物线规律，即

$$x^2 = Kt \tag{9-6}$$

式中，K为常数。借助这一关系，可以很方便地解决一些扩散问题。

9.4 扩散微观机制

9.4.1 扩散机制

为了深入理解扩散规律，人们在微观尺度上提出了多种扩散机制。从原子角度来看，扩散是原子在晶体中不同位置间的逐步迁移。事实上，由于原子热振动，在固体材料中的原子处于不停运动和位置变化中，其中一部分原子能够完全离开平衡位置并发生扩散，能够扩散的原子数目随温度的上升而增加。在目前人们提出的多种原子扩散机制中，最常见的是空位机制和间隙机制。对固溶体而言，扩散机制与固溶体的类型密切相关。

（1）空位机制

从热力学的角度来看，在任何温度下，晶体中总是存在一些空位。一个原子从正常的位置与相邻的空位交换，这种机制被称为**空位机制**，如图9-4（a）所示。在这个机制中，原子的迁移不会使途经的周围原子发生很大的位移，因此比较容易发生。对于大多数置换固溶体中的扩散，空位机制被认为是合理的也是最重要的机制。

（2）间隙机制

间隙机制是原子从晶格中的一个间隙位置迁移到另一个间隙位置，如图9-4（b）所示。这一机制常见于氢、碳、氮、氧原子的扩散，这些原子比较小，可以进入晶格中的间隙位置。间隙机制是间隙固溶体中间隙原子扩散最重要的机制，而基体原子或置换固溶体中的固溶原子一

般不通过这种机制扩散。在大多数金属合金中，间隙扩散比空位扩散快得多，这是因为间隙原子很小，很容易移动。另外，晶格中的间隙位置也比空位多，使间隙原子的移动概率增大。

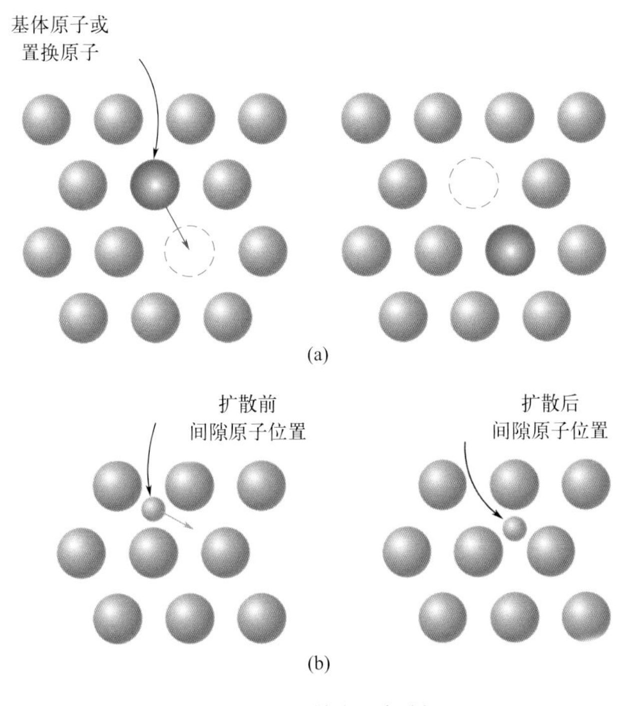

图9-4 扩散微观机制

（a）空位机制；（b）间隙机制

9.4.2 扩散通道

如上文所述，除了在晶粒内部发生扩散以外，物质还会沿表面、晶界、位错等缺陷部位进行短路扩散。缺陷产生的畸变使原子迁移比在完整晶体内容易，因此沿这些缺陷部位的扩散速率较快。图9-5是在表面、晶界和晶内扩散的示意图。置换原子在表面扩散所需激

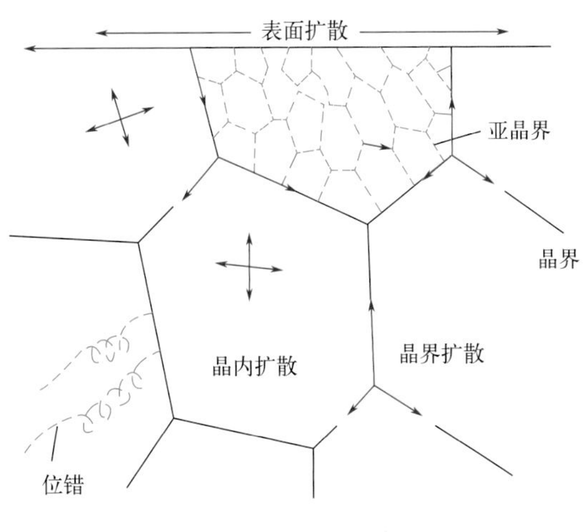

图9-5 短路扩散

活能约为晶内扩散的一半，而沿晶界扩散的激活能为晶内扩散的60%～70%，因此表面扩散的扩散系数最大，其次是晶界扩散，而晶内扩散的扩散系数最小。晶体中位错的存在也会加速扩散。对间隙固溶体来说，由于溶质原子尺寸较小，扩散速率较快，因此表面、界面等缺陷区域对扩散速率的影响不大。

材料史话9-2　克肯达尔效应

在早期研究中，人们普遍认为置换固溶体中的扩散是通过原子换位机制进行的。这意味着扩散偶中的物质在互相扩散的过程中，其扩散速率应该是相等的。

1947年，克肯达尔（Ernest Kirkendall）等报道了在α-黄铜（Cu-Zn合金）和铜构成的扩散偶中的互扩散现象。如图9-6所示，在α-黄铜棒表面敷上细Mo丝，再在外面镀上铜。由于Mo丝的熔点很高，几乎不发生扩散，因此其仅作为界面位置标记物，扩散组元为铜和锌。在785℃下保温过程中，观察到Mo丝标记面向低熔点的α-黄铜移动。标记面移动的主要原因是Zn比Cu扩散得快，从而在界面处产生了从黄铜到铜的净通量。这种在置换固溶体中，由两组元的原子以不同的速率相对产生不等量扩散引起的标记面漂移现象被称为**克肯达尔效应**。

克肯达尔效应的发现支持了置换固溶体中的空位机制，否定了换位机制。在组元扩散的同时，空位反向扩散，从高熔点侧向低熔点侧扩散的空位就多于从低熔点侧向高熔点侧扩散的空位，即存在一个从高熔点侧向低熔点侧的净空位流，导致标记面的漂移，同时在低熔点金属一侧由于空位的富集会产生空洞，即克肯达尔空洞。在电子器件中，克肯达尔空洞往往会成为器件发生失效的缺陷源，在实际应用中产生不利影响。

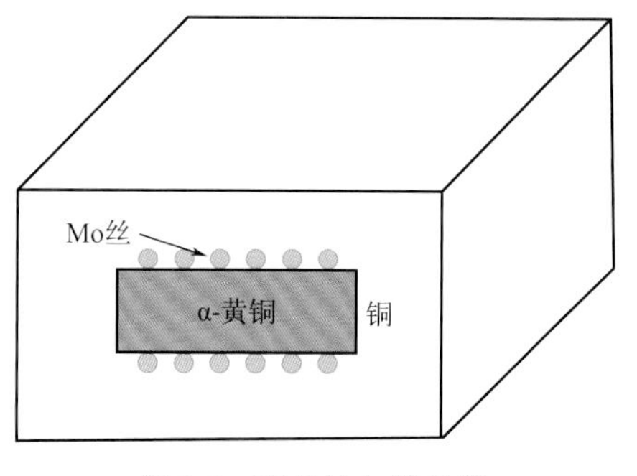

图9-6　克肯达尔扩散偶

9.5 影响扩散的因素

9.5.1 温度

温度对扩散速率有很大的影响。例如Fe在α-Fe中的自扩散，在500℃下，扩散系数为$3.0\times10^{-21}m^2/s$；在900℃下，扩散系数为$1.8\times10^{-15}m^2/s$，提高了约6个数量级。

扩散系数与温度的关系可以用阿伦尼乌斯方程（Arrhenius equation）表示，即

$$D=D_0 e^{-\frac{Q}{RT}} \tag{9-7}$$

式中，D_0为与温度无关的扩散常数，主要取决于晶体结构和原子振动频率；Q为扩散激活能；R为气体常数；T为扩散温度。从式（9-7）中可以明显看出，温度是影响扩散速率的主

要因素，温度越高，扩散系数越大。

将式（9-7）等号两边均取对数，可得

$$\ln D = \ln D_0 - \frac{Q}{RT} \tag{9-8}$$

若以$\ln D$和$1/T$为坐标绘图，可得到一条直线，$\ln D_0$为直线的截距，$-Q/R$为直线斜率。因此如果能在几个不同温度下测得相应的扩散系数，则可绘制出$\ln D$-$1/T$直线，并计算出扩散常数D_0和扩散激活能Q。有些材料在不同温度范围内的扩散机制可能不同，那么每种机制对应的D_0和Q不同，这时$\ln D$和$1/T$的关系并不是一条直线，而是由若干条直线组成的折线。

9.5.2 材料的结构

（1）晶体结构

一般来说在密堆积结构点阵中的扩散速率相对较慢。在具有同素异构转变的材料中，当它们的晶体结构转变后，扩散系数也随之变化。例如，铁在912℃时发生γ-Fe和α-Fe的转变，在该温度下α-Fe自扩散的扩散系数大约是γ-Fe的240倍。所有元素在α-Fe中的扩散系数都比在γ-Fe中大，其原因是体心立方结构的致密度比面心立方结构的致密度低，原子易迁移。

（2）各向异性

晶体的各向异性必然导致原子扩散的各向异性。实验发现，在对称性较高的立方晶体中，沿不同方向扩散的扩散系数差异不明显，而在对称性较低的晶体中，扩散有明显的方向性，而且晶体的对称性越低，扩散的各向异性越明显。例如，铜和汞在密排六方金属锌和镉中扩散时，沿（0001)晶面的扩散系数小于沿（0001）晶面的扩散系数。这是因为(0001)晶面是密排面，溶质原子沿密排面扩散的激活能比较大。

（3）固溶体类型

固溶体包括间隙固溶体和置换固溶体两种类型。在这两种固溶体中，溶质原子的扩散机制完全不同，间隙固溶体中为间隙机制，扩散激活能较小，原子扩散较快；置换固溶体中为空位机制，由于原子尺寸较大，晶体中的空位浓度比较低，扩散激活能比间隙扩散大得多。例如，对钢进行表面热处理时，在获得同样渗层浓度时，渗C或N比渗Cr或Al等金属的周期更短。

（4）晶体缺陷

与在完整晶格内部进行的体扩散相比，在材料内部的缺陷位置，原子扩散速度更快，发生短路扩散。一般而言，温度较低时以短路扩散为主，温度较高时以体扩散为主。原子沿表面扩散的激活能最小，沿晶界扩散的激活能次之，体扩散的激活能最大。相应地，表面扩散系数 > 晶界扩散系数 > 体扩散系数。

9.6 不同材料中的扩散

9.6.1 半导体材料中的扩散

半导体集成电路的制造过程中，需要将杂质进行精确的固态扩散，在微小的区域内形成复杂的图案。通常情况下，这可以通过两个步骤实现。

第一步称为预沉积，杂质原子在分压保持恒定的气相中扩散进入硅中。随着时间的推移，表面杂质浓度维持不变（图9-3），硅中杂质的浓度是距离和时间的函数，可以用式（9-5）表示。预沉积通常在900 ～ 1000℃的温度范围内进行，时间不少于1h。

第二步称为驱入扩散，其可以在不增加杂质总含量的情况下，将杂质原子进一步转移到硅中，产生一个更均匀的浓度分布。这个扩散在不同时刻的浓度分布如图9-7所示。根据图9-7，假设预沉积过程中的杂质原子被局限在非常薄的硅表面层，那么可以获得以下边界条件。

① 在扩散前，杂质原子在硅中的浓度为0，即$t=0$，$C(x>0)=0$。

② 扩散过程中，远离表面位置，杂质原子浓度保持为0，即$t\geqslant 0$，$C(x=\infty)=0$。

根据上述边界条件获得的菲克第二定律的解为

$$C\left(x,t\right)=\frac{m}{\sqrt{\pi Dt}}\exp(-\frac{x^2}{4Dt}) \tag{9-9}$$

式中，m为沉积过程中引入固体中的扩散物质的质量，即$m=\int_0^\infty C\mathrm{d}x$。

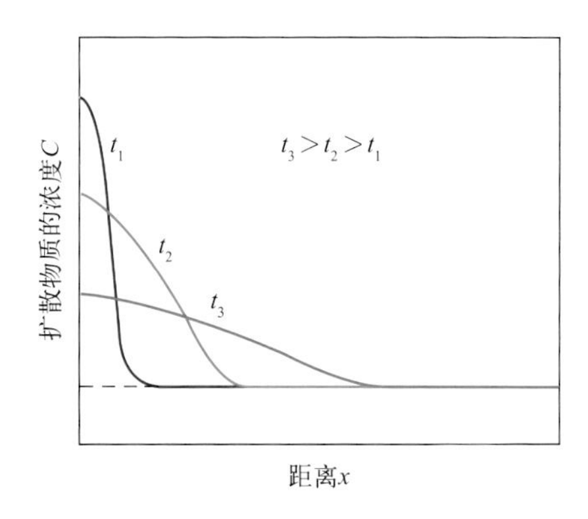

图9-7　半导体在t_1、t_2、t_3三个时刻的非稳态扩散浓度分布曲线

9.6.2　离子晶体中的扩散

离子化合物中的扩散现象比金属要复杂得多，需要考虑带相反电荷的两种离子的运动。这类材料中扩散通常是通过空位机制发生的。在任何情况下，电荷的转移与单个离子的扩散运动相关。为了维持迁移离子附近的局部电中性，必须有与迁移离子电量相同、电性相反的另一种离子伴随这个离子的扩散。这些离子可能是其他杂质离子或者载流子（自由电子或空穴）。

当在离子晶体材料上施加一个电场时，带电离子响应外电场施加的力发生扩散运动，会产生电流，电导率是扩散系数的函数。因此，离子晶体材料的许多扩散数据来源于电导率的测量。

9.6.3　聚合物中的扩散

对聚合物而言，人们感兴趣的往往是外来小分子（如O_2、H_2O、CO_2、CH_4等）在分子链间的扩散运动。外来小分子对聚合物材料的渗透率和吸收性能的影响与它们在材料间的分散程度有关。这些外来物质会导致聚合物膨胀，或者与聚合物分子发生化学反应，从而降低材料的力学性能和物理性能。

外来分子在聚合物非晶态区域的扩散速率要大于晶态区域的扩散速率，这是因为非晶态区域的结构更加开放。这时的扩散机制类似于晶体中的间隙扩散，分子通过分子链之间的空隙扩散到相邻的区域。外来分子的大小也影响扩散速率，小分子的扩散比大分子快。此外，在化学上惰性的分子比与有相互作用的分子扩散快。

习题

1. 互扩散与自扩散有什么区别？

2. 举例说明主要微观扩散机制。

3. 对于一块Fe金属薄板，一侧是富碳气氛，另一侧是贫碳气氛，在700℃下加热，达到稳态扩散状态。如果在距离表面5mm和10mm位置的碳浓度分别为1.2kg/m^{3}和0.8kg/m^3，并且已知扩散系数为3×10^{-11}m^2/s，试计算碳的扩散通量。

4. 将含碳0.1%的低碳钢置于930℃碳质量分数为1.0%的渗碳气氛中，计算4h后，在距离表面0.2mm处的含碳量。已知930℃下碳在γ-Fe中的扩散系数为1.61×10^{-12}m^2/s。

5. 已知Cu在Al中的扩散系数在500℃和600℃下分别为4.8×10^{-14}m^2/s和5.3×10^{-13}m^2/s。如果一个Al零件在600℃下需要处理10h，那么在500℃下处理要达到同样的Cu扩散效果需要多少小时？

6. Fe-0.2%C-13%Cr合金在一定温度下保温时，哪些元素会发生扩散？可能的扩散机制是什么？

7. Mg在Al中扩散时，在500℃和350℃下扩散系数D分别为1.68×10^{-13}m^2/s和1.24×10^{-15}m^2/s。请计算扩散常数D_0和扩散激活能Q。[已知气体常数R=8.31J/(mol·K)]

8. 已知在1227℃下，Al在Al_2O_3中的扩散常数D_0(Al)=2.8×10^{-8}m^2/s，扩散激活能为477kJ/mol；O在Al_2O_3中的扩散常数D_0(O)=0.19m^2/s，扩散激活能为636kJ/mol。

① 请分别计算在该温度下两种元素在Al_2O_3中的扩散系数。

② 说明两种元素扩散系数差异的原因。

9. 解释为什么气体在聚合物中比在金属或陶瓷中扩散得快。

第10章 相图

材料的宏观性能与其微观组织结构密切相关。因此，材料的研究和开发必须建立在掌握组织的形成和变化规律的基础上，而相图正是研究这种规律的有效工具。通过相图可以获知不同成分的材料在某一确定条件下的相组成，以及在条件变化时相组成发生的相应变化。此外，相图中也体现了材料的熔化、凝固、析出等方面的信息。掌握相图的分析和使用方法在材料工程应用中具有重要意义。相图是制定材料的加工工艺、研究开发新材料的重要依据。利用相图，可根据工程应用的工况条件和性能要求确定材料成分。

本章首先介绍相和相平衡的概念，随后介绍单组元相图、二元相图和三元相图的相关知识，并用相图来描述相平衡体系的组成及其与环境参数（例如温度、压力）之间的关系。

10.1 相和相平衡

10.1.1 相的概念

相可以理解为物质的同一种聚集状态，或者系统中具有相同或相似物理或者化学特征的部分。例如，所有的单质、溶液、气体都可以视为一个单相。需要指出的是，同一相中可以存在性能和成分的连续变化。

以盐水为例。水是一个单相，当把少量盐加入一定量的水中时，盐会逐渐溶解在水里，形成盐水溶液。这种盐水溶液中的正负离子和水分子在分子尺度上是均匀混合的，因此它也是一个单相。当加入的盐超过一定量时，会有一部分盐不再溶解，这时候该体系里面就有两个相：盐水和盐。其中盐水是液相，盐是固相。

相和组织是有区别的。在材料体系中经常会出现两相或多相的混合。**组织**是在一定条件下，由材料中具有不同分布、尺寸、形状的相组合而成的特殊形态。组织可以是两相或者多相混合物，也可以是一个相。组织对材料的性能有重要影响，因此调控材料中的组织是材料科学与工程中的一个重要课题。

10.1.2 相平衡

在一定条件（包括温度、压力、pH值、磁场强度等）下，热力学平衡体系中相的数目是确定的，每个相的物理和化学性质是均匀的。当外界条件发生变化，体系中相数量可能发生变化，或者某一相或多相的性能发生突变，转变成不同的相，则表明该体系发生了**相变**。如果一个体系中各相经历很长时间没有发生相变，且各相的性质趋于稳定，则称该体系处于**相平衡**状态。相平衡要求体系中的组元在各相中的化学势相等，这样才不会发生净扩散。两相系统的平衡较为常见，包括气-液体系、气-固体系、液-固体系、固-固体系、液-液体系的平衡，也存在三相或更多相的平衡，例如，水、冰、水蒸气体系就存在一个三相平衡点，其对应的温度为273.16K (0.01℃)，压强为610.75Pa。

需要指出的是，虽然相平衡条件下没有宏观的物质传递或者相变，但在微观上仍然存在物质的传递，只是净传递量为零，这意味着相平衡是一种动态平衡。

10.1.3 相律

平衡体系中存在的相数有一定的限制。**相律**可以用来确定平衡体系中可能存在的平衡相的最大数量。对于不考虑外场（如重力场、电场、磁场等）作用及表面张力等因素影响的相平衡体系，相律的表达式为

$$f = c - p + 2 \tag{10-1}$$

式中，f、c、p分别为体系的自由度、组元数以及相数；数字2代表温度和压力的贡献。自由度f是体系达到相平衡所需的独立变化因素的数目，包括温度、压力、浓度等因素。在固相和液相体系中，压力通常对相平衡的影响很小，因此压力作为一个独立因素可以去除，相律为

$$f = c - p + 1 \tag{10-2}$$

相律对分析和研究相图、优化材料性能有指导意义。利用相律可以找出相图中出现的错误，确定相图的合理性。任何违背相律的相图都是错误的。如果一个固相体系中只有一种组元，则$c = 1$，根据式（10-2），自由度$f = 2 - p$，该体系中最多可能存在两个相，此时$f = 0$。如果一个固相体系中有两种组元，则$f = 3 - p$，说明该体系最多可以存在三相平衡。因此，含两种组元的相图（二元相图）中，就不存在某个平衡点有三个以上的相，所以这类相图中不存在四条线相交于一点的情况，因为这会带来“四相平衡”，不符合相律。

10.2 相图的测定和热力学基础

相图（**相平衡图**或**相组成图**）是反映物质在一定条件（温度、压强、浓度等）下，各相存在的条件及平衡关系的图。通常用独立变化因素作为坐标轴，在一维、二维或三维坐标系上表示各相存在的范围、相变条件以及相变的趋势。

10.2.1 相图的测定方法

相变的发生必然会导致材料成分、组织、结构和性能的变化，检测出这些变化并找到

其与引起变化的外界环境因素间的关系，就能够建立相图。下面将简要介绍三种测试相图的方法，即传统热分析方法、热力学计算及高通量测定。

10.2.1.1 传统热分析方法

传统相图的测试方法，包括热分析法、硬度法、金相法、X射线衍射法、磁性法、热膨胀法、电阻法等。其中，**热分析法**或**步冷曲线法**常用于测定金属材料的相图，该方法利用金属及合金在加热和冷却过程中发生相变时，潜热的释放或吸收及热容的突变，得到金属或合金的相转变温度。热分析法采用的装置（如图10-1所示）主要由加热炉、熔融金属及其容器，以及热电偶和测温设备等组成。

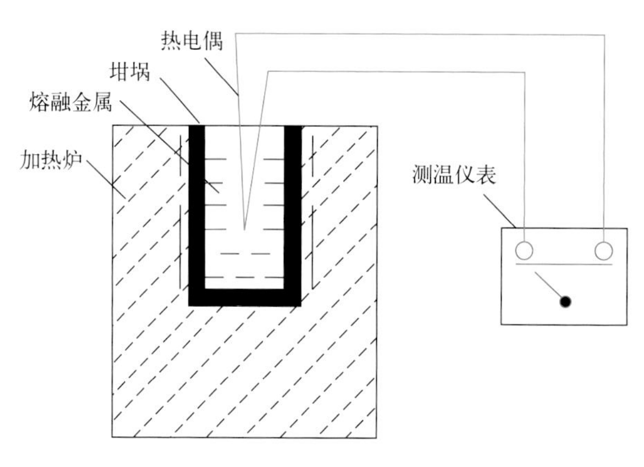

图10-1　热分析装置

通常的做法是先将金属或合金全部熔化，然后让其在一定的环境中缓慢冷却，并在记录仪上画出温度随时间变化的冷却曲线，如图10-2所示。在没有相变时，金属均匀冷却，得到一条光滑曲线（如曲线a）；在有相变时，金属会释放潜热，从而引起冷却曲线的变化，当放热等于散热时，温度不随时间改变，在冷却曲线上会出现水平段（如曲线b）；当放热小于散热时，温度下降减缓，在冷却曲线上会出现转折（如曲线c）；在某些合金系统中，冷却曲线会同时出现转折和水平段（如曲线d）。冷却曲线中的每个转折点和水平段都对应合金在冷却中发生转变的温度。在温度-成分图中，连接不同成分合金冷却曲线中具有相同转变特性的临界点，即可得到相图。

下面以Cu-Ni二元合金相图为例，说明二元相图的绘制过程，如图10-3所示。

① 配制不同成分合金。成分配比愈多，实验数据点愈多，绘出的相图也愈细致。图10-3中合金中镍的质量分数从0到100%，间隔为20%。

② 绘制不同成分合金冷却曲线。熔化这些成分的合金，并以极缓慢的冷却速度冷却，绘制温度随时间变化的冷却曲线。由相律可知，纯铜或镍在相变（凝固）时，自由度为零，即凝固过程温度不变。同理可知，含镍80%、60%、40%和20%的Cu-Ni合金凝

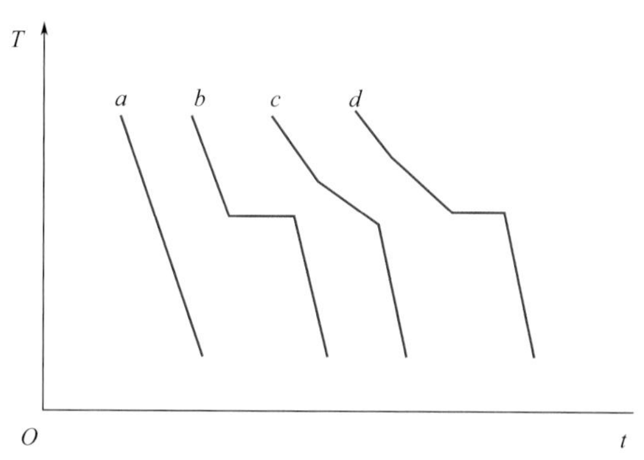

图10-2　典型的冷却曲线

固时，温度随时间变化，存在凝固开始温度（图中的a、b、c和d点）和凝固结束温度（图中的a'、b'、c'和d'点）。

③ 连接具有相同转变的临界点。连接所有与成分对应的凝固开始温度和凝固结束温度，可得Cu-Ni二元相图，其中凝固开始温度的连线$T_{m,Ni}$-a-b-c-d-$T_{m,Cu}$为液相线，凝固结束温度的连线$T_{m,Ni}$-a'-b'-c'-d'-$T_{m,Cu}$为固相线。

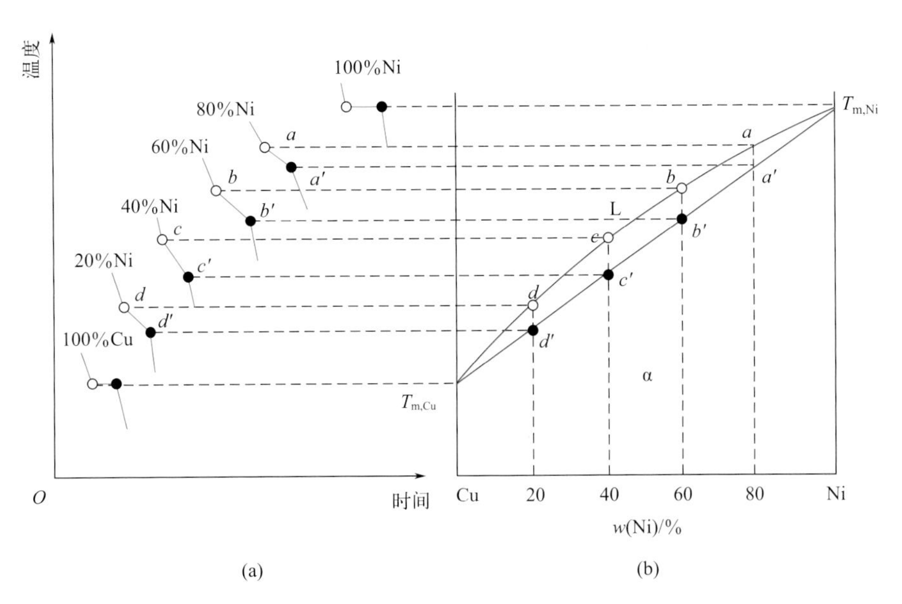

图10-3 用热分析法建立Cu-Ni相图

（a）Cu-Ni合金的冷却曲线；（b）Cu-Ni合金相图

10.2.1.2 热力学计算

利用热力学原理进行相图计算（calculation of phase diagram，CALPHAD）已成为材料科学中相图领域的一个重要分支。自20世纪70年代发展起来的相图计算方法已经取得很大的发展，成为世界上发展最成熟、应用最广泛的方法。

CALPHAD方法的原理是根据目标体系中各相的晶体结构、磁性有序和化学有序转变等信息，建立起各相的热力学模型及其吉布斯自由能表达式，随后通过平衡条件计算相图。利用已知的相平衡及热力学数据通过相图计算软件优化可获得各相热力学模型中的参数，还可以获得多元体系的热力学数据，进而可计算得到多元体系的相图。采用CALPHAD方法，可以为有应用前景的材料体系开发出完善的相图热力学数据库，例如瑞典皇家工学院铁合金相图数据库，英国罗尔斯罗伊斯公司与美国通用电气公司各自开发的镍基合金相图热力学数据库，德国克劳斯达大学在大众汽车公司资助下开发的镁合金相图热力学数据库，日本东北大学开发的无铅焊料相图数据库，等。

CALPHAD方法具有以下优点：首先，通过计算预测相图，避开了某些实验测试相图的困难，例如高温、高压，以及含强腐蚀性组元体系所面临的容器选择困难。其次，可以在低组元体系（一般为二元和三元体系）热力学参数的基础上，通过外推或者添加少量的多元参数计算多组元体系的相图，从而节省时间、人力和物力。最后，还可以由实验容易测准的部分来预测实验难以测准的部分，提高相图的准确性。

科研人员对热力学数据库和计算软件的开发做了大量工作，已可以实现对范围很广的合金系的计算。自19世纪70年代Lukas开发了第一代软件LUKAS，一系列基于不同的数学方法和计算机语言的商业软件被开发并应用于科研和工业生产，例如Thermo-Calc、FactSage和Pandat等。这些软件将热力学模型和计算原理与大型数值计算和强大的计算机处理功能相结合，不仅可以实现多元多相平衡计算，给出各种形式的稳定和亚稳相图，同时还可以得到其他与材料的制备和使用过程密切相关的参数，例如各种热力学性质、电位-pH图、相变驱动力等，从而为过程优化和材料设计等提供了强有力的工具。

10.2.1.3 高通量测定

高通量分析是用最少的资源、最快的速度，大量地计算体系的各种性质，从而达到探究、预测材料性质的一种科学研究手法。目前常用的高通量测定相图的方法有扩散偶法和扩散多元节法，其基本思路就是利用扩散实验形成的固溶体和化合物相的成分变化/梯度，而不需要制备大批单个成分的合金试样，就可以高效地获得成分-相-性能的关系。为实现这一目的，还需要一系列具有微米级空间分辨率的材料成分和性能测试工具，用于测定微区的成分和性能。

用于相图高通量测定的扩散偶法基于局部平衡的假设之上，即在一定的温度和压力下，一个体系在整体上没有达到自由能最小状态，但是在扩散层界面附近的局部区域却出现了自由能为最小值的状态，因而可以认为这个局部区域处于平衡状态。扩散偶的基本制备流程是：首先，两种或多种固体材料的表面经打磨、抛光、清洗等处理后，在外力的作用下形成紧密的界面接触。然后，在设定温度下通过原子间的相互扩散而形成具有一定厚度的扩散层，即形成在一定成分范围内具有连续成分变化的固溶体和化合物相，从而可以在一个试样中获得许多具有不同合金成分的微观区域。最后，结合扫描电子显微镜（scanning electron microscope，SEM）、电子探针显微分析仪（electro-probe microanalyzer，EPMA）等分析检测工具，可获得大量绘制相图所需要的结线及三相区结线等信息，从而实现相图的快速测定。

这个方法可以用一个简单的Co-Cr扩散偶来说明（图10-4）。将一块Co和Cr紧靠在一起并在1100℃退火1000h后，元素之间会相互扩散，并在FCC和BCC固溶体之间形成一个中间相σ扩散层。在FCC与BCC的相界面处总是保持局部平衡，该处成分对应两相平衡成分［图10-4（a）中的红色圆圈］。通过在退火温度（1100℃）下的扩散，可以获得Co-Cr相图中每个单相区的整个成分范围，通过EPMA分析可获得穿越扩散区域的成分曲线［图10-4（c）］。Co基FCC相中Cr的成分范围是0%～39%（原子分数）；σ相中Cr的成分范围是54%～66%（原子分数）；Cr基BCC相中Cr的成分范围是78%～100%（原子分数）。

扩散多元节法是扩散偶法的拓展，是将多个块状金属以一定的方式排列，形成多个二元扩散偶和三元扩散节点的方法，因而比传统扩散偶法具有更高的效率。扩散多元节中的三元节点可以用来快速地测定三元相图等温截面，为建立多组元热力学数据库提供可靠的实验数据。

10.2.2 相图的热力学基础

相图描述了在不同温度、压强或成分条件下材料的相平衡，显示了在不同条件下体系的热力学平衡状态。相图的建立与热力学原理密切相关，因此学习了解热力学的基本原理对理解、分析和应用相图具有重要意义。

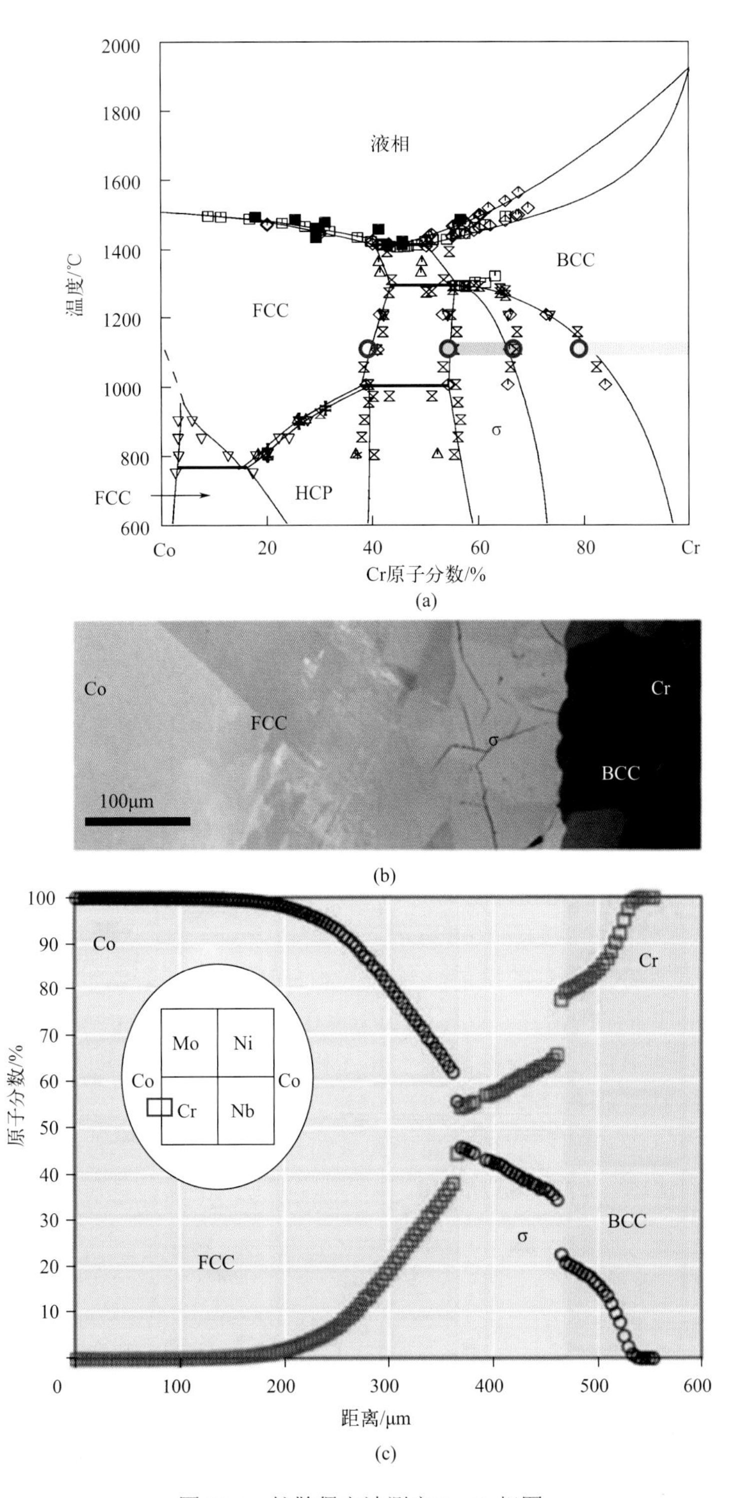

图10-4 扩散偶方法测定Co-Cr相图

（a）Co-Cr相图（图中标出了从不同来源得到的实验数据）；（b）Co-Cr扩散偶在1100℃退火1000h后形成中间相σ；（c）单相区和中间相区的成分变化

10.2.2.1 固溶体自由能-成分曲线

固溶体的准化学模型可以用来计算固溶体的自由能与成分的关系。对于A、B两个组元组成的固溶体，该模型的基本假设如下：

① 溶剂原子和溶质原子半径相等，晶体结构相同；

② 两组元无限互溶，且互溶前后的体积不变；

③ 仅考虑两组元混合熵的变化，忽略温度引起的振动熵的变化。

由此固溶体的自由能为

$$G = G^0 + \Delta H_m - T\Delta S_m \tag{10-3}$$

式中，G^0为不考虑组元相互作用时系统的吉布斯自由能；ΔH_m为混合焓；ΔS_m为混合熵。它们可以进一步表达为

$$G^0 = x_A \mu_A^0 + x_B \mu_B^0 \tag{10-4}$$

$$\Delta H_m = \Omega x_A x_B \tag{10-5}$$

$$T\Delta S_m = -RT\left(x_A \ln x_A + x_B \ln x_B\right) \tag{10-6}$$

式中，x_A和x_B分别为A、B组元的摩尔分数；μ_A^0和μ_B^0分别为A、B组元在温度T的摩尔自由能；R为气体常数；Ω为组元相互作用参数，其表达式为

$$\Omega = N_A Z\left(e_{AB} - \frac{e_{AA} + e_{BB}}{2}\right) \tag{10-7}$$

式中，N_A为阿伏伽德罗常数；Z为配位数；e_{AB}、e_{AA}和e_{BB}分别为A-B、A-A和B-B的键能。

根据Ω的数值，A-B二元系混合时可以出现下列三种情况，并可作出任意给定温度下的固溶体自由能-成分曲线，如图10-5所示。

① $\Omega<0$时，即A-B原子对的键能低于A-A和B-B原子对键能的平均值，A和B原子倾向于相互吸引，形成有序固溶体。此时，$\Delta H_m < 0$。

② $\Omega=0$时，即A-B原子对的键能等于A-A和B-B原子对键能的平均值时，A和B原子呈统计均匀分布，形成无序固溶体。此时，$\Delta H_m = 0$。

③ $\Omega>0$时，即A-B原子对的键能高于A-A和B-B原子对键能的平均值，A和B原子倾向于分解成两种固溶体。此时，$\Delta H_m > 0$。

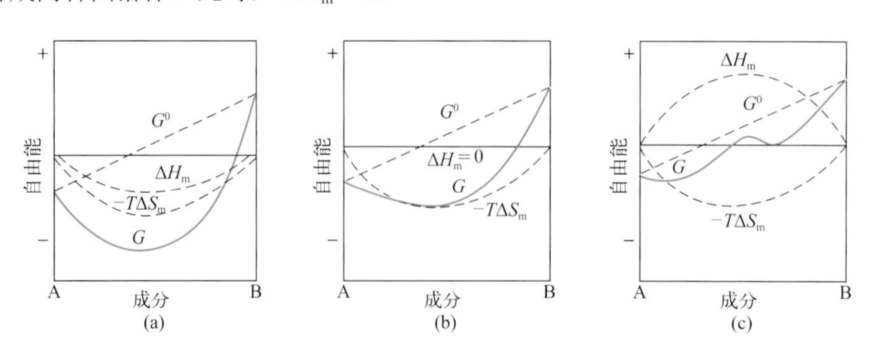

图10-5 固溶体的自由能-成分曲线

（a）$\Omega<0$；（b）$\Omega=0$；（c）$\Omega>0$

10.2.2.2 多相平衡的公切线原理

在任意一相的自由能-成分曲线上，每一点的切线都分别与纵坐标相交，与A或B组元的截距表示A或B组元在固溶体成分为切点成分时的化学势μ_A或μ_B。若形成α和β两相，两相平衡意味着热力学上各组元在两相中的化学势相等，两相之间没有组元的扩散，即$\mu_A^\alpha=\mu_A^\beta$，$\mu_B^\alpha=\mu_B^\beta$。因此，由图10-6（a）可知，这意味着两组元自由能-成分曲线的切线斜率相等，即

$$\begin{cases}\dfrac{dG_\alpha}{dx}=\dfrac{\mu_B^\alpha-\mu_A^\alpha}{AB}=\mu_B^\alpha-\mu_A^\alpha\\ \dfrac{dG_\beta}{dx}=\dfrac{\mu_B^\beta-\mu_A^\beta}{AB}=\mu_B^\beta-\mu_A^\beta\end{cases}\tag{10-8}$$

式中，AB表示图中从左至右的成分区间，因此AB = 100% =1。这时，两相平衡时的成分可以通过两相自由能-成分曲线的公切线与两个曲线的切点确定，这被称为**公切线原理**。

二元体系在特定温度下也可出现三相平衡，热力学条件仍为组元在各平衡相中的化学势相等，即$\mu_A^\alpha=\mu_A^\beta=\mu_A^\gamma$，$\mu_B^\alpha=\mu_B^\beta=\mu_B^\gamma$。利用公切线原理，也可以确定α、β、γ三相平衡时的成分，如图10-6（b）所示。

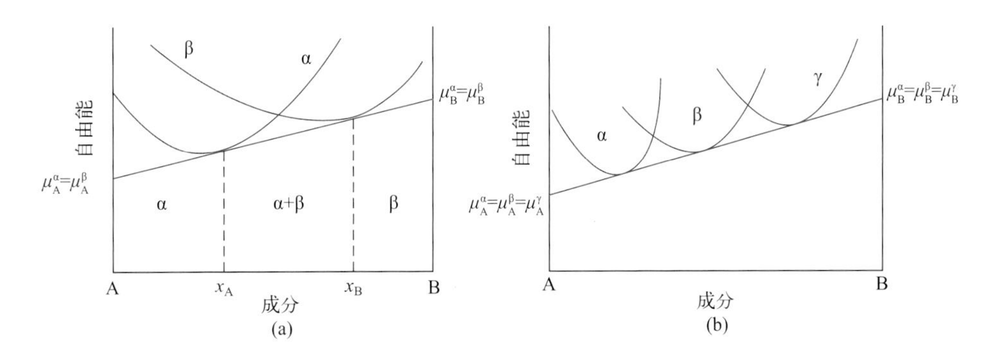

图10-6 自由能曲线

（a）两相平衡；（b）三相平衡

10.2.2.3 从自由能-成分曲线推测相图

利用公切线原理，可以得出二元体系在不同温度下各平衡相的成分，并可以进一步画

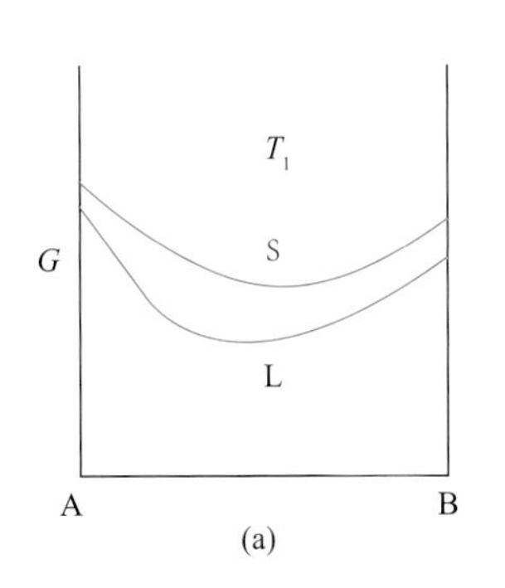

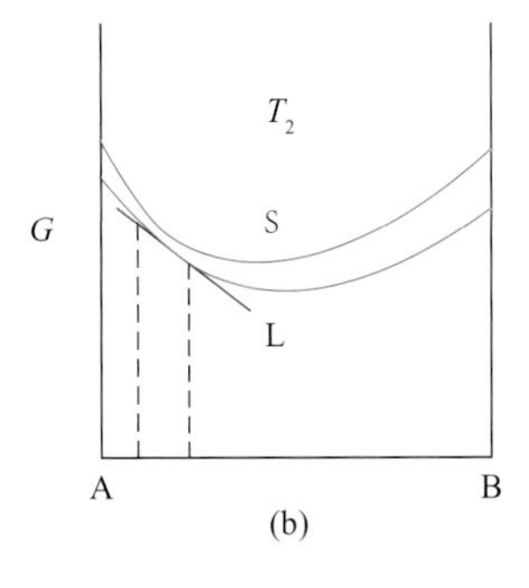

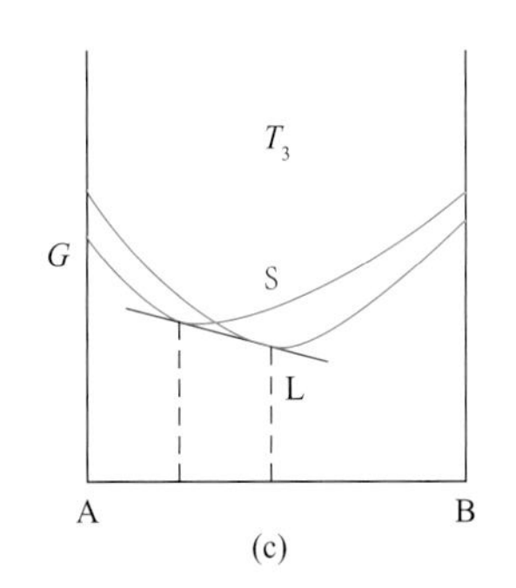

图10-7

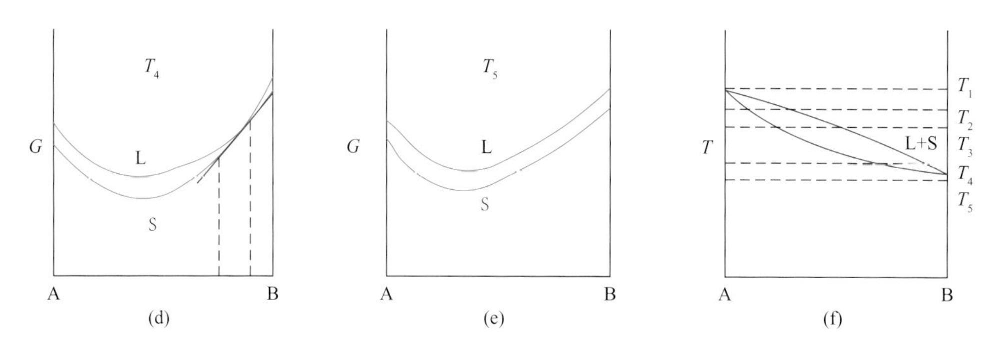

图10-7　由一系列自由能主成分曲线［(a)～(e)］推测的两组元完全互溶的匀晶相图（f）

出温度-成分曲线即二元体系相图。例如，图10-7中分别表示了 T_1 ～ T_5 5个温度下固液两相的自由能-成分曲线，利用公切线原理可得到上述五个温度下固液两相的成分，然后可画出图10-7（f）所示的相图。

10.3 单组元相图

影响相结构的外界可控因素有三个：温度、压强和成分。**单组元体系**，没有成分的变化，只有温度和压强是变量。因此可以绘制以压强和温度为坐标轴的二维曲线来反映材料状态，即**单组元相图**（或**一元相图**）。

H_2O的相图如图10-8所示。其中包括三个平衡相区（固相、液相和气相）及其相应的温度-压强范围。图中的三条曲线aO、bO和cO分别代表固气、固液和液气相界，在相界上的任何一点都可以两相共存。若改变温度或压强，则跨过相界线，意味着发生相变。例如，当温度为0℃，压强为1atm（点2，1atm=101325Pa）时，升高或降低温度，固相会转变为液相（熔化）或液相转变为固相（凝固）。同样，当温度为100℃，压强为1atm（点3）时，升高或降低温度，会发生蒸发或冷凝。固态冰在跨过曲线aO时会发生升华。

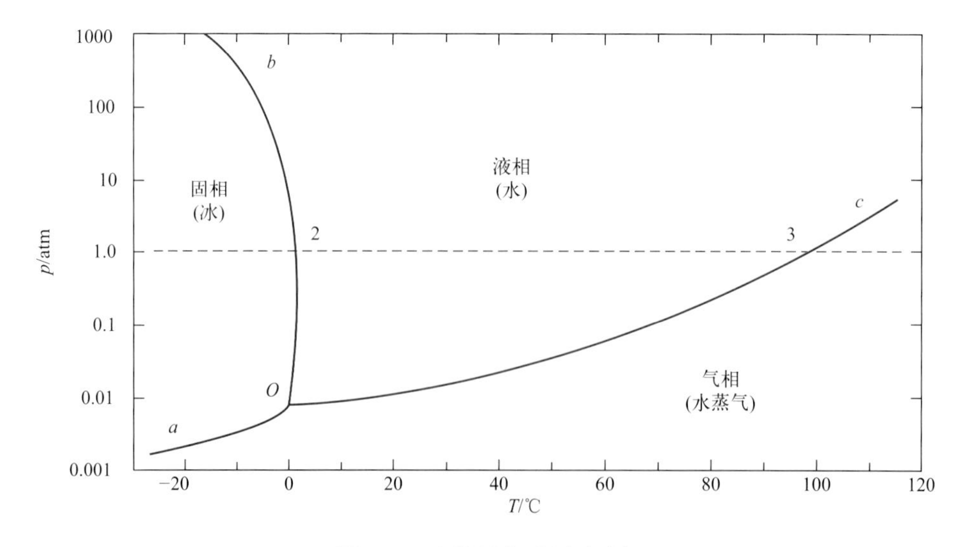

图10-8　水的压力-温度相图

从图10-8中还可以观察到，三条相界线相交于点O（273.16K，6.04×10^{-3} atm），这是三相平衡点，这时固相、液相和气相同时存在且处于平衡状态。

10.4 二元相图

对包含两个组元的体系，在实际应用中主要考虑固相和液相两个状态，压力通常对相平衡的影响很小，因此二元相图通常在压力维持不变的条件下，一般以成分为横坐标，温度为纵坐标。本节将以二元合金（即两种组元组成的合金）为例详细介绍最典型的匀晶相图和共晶相图，随后简单介绍共析相图和包晶相图。这些相图的特征和分析方法也同样适用于其他材料体系。

根据热力学基本原理，二元相图应遵循一些几何规律。下面在对典型的二元相图进行分析的过程中，我们将会注意到这些规律的具体体现。这些规律包括：

① 二元相图中所有的线条都代表发生相变温度和平衡相成分，因此平衡相成分必须沿着相界线随温度变化。

② 相邻相区的相数差为1，因此两个单相区之间必定有一两相区，两个两相区必定由单相区或三相水平线隔开。这被称为相区接触法则。

③ 三相平衡必为一水平线，其上三点是平衡相的成分点。由相律可知，二元系相图最多有三相平衡。

④ 当两相区与单相区的分界线与三相等温线相交时，分界线的延长线应进入另一两相区内。

10.4.1 匀晶相图

二元匀晶相图是由在液态和固态均能无限互溶的两组元构成的相图。由液相析出单相固溶体的过程称为**匀晶转变**。绝大多数的二元相图都包括匀晶转变，有些二元合金，如Cu-Ni、Au-Ag、Au-Pt等，以及一些二元陶瓷体系，如NiO-CoO、CoO-MgO、NiO-MgO等，只发生匀晶转变。只发生匀晶转变的二元合金体系，实际上形成了无限固溶体，根据休姆-罗瑟里定则（第4章），两组元通常具有相同的晶体结构、几乎相同的原子半径和电负性以及相似的化合价。

10.4.1.1 匀晶相图的特征

下面将以典型的二元匀晶相图Cu-Ni相图（图10-9）为例介绍二元匀晶相图。图中组元成分（质量分数）的变化范围从左边的0 Ni（100%Cu）变化到右边的100%Ni（0Cu）。

匀晶相图具有两线三区的结构。两线为液相线和固相线，三区是指固相区（α）、液相区（L）以及两相区（α + L）。金属合金固溶体常用小写的希腊字母（α、β、γ等）表示。L相和α + L相之间的相界被称为液相线；α相和α+L相之间的相界为固相线。液相L是由铜和镍组成的均匀溶液，α相是由Cu和Ni原子组成的具有FCC结构的置换固溶体。固相线和液相线与纵坐标轴的交点对应着两组元的熔化温度，从图中可以看出纯铜和纯镍的熔化温度分别是1085℃和1453℃。对于纯组元，固液转变即熔化仅在熔点处发生，且在转变过程中，温度不变。对于除纯组分以外的其他任何组成，熔化发生在固、液相线之间的温度范围内。例如，在加热成分为50%Ni-50%Cu的合金时，在1280℃左右该合金就开始熔化；随着温度的增加，液相量不断增加，直到约1320℃时，该合金就完全变为液相。

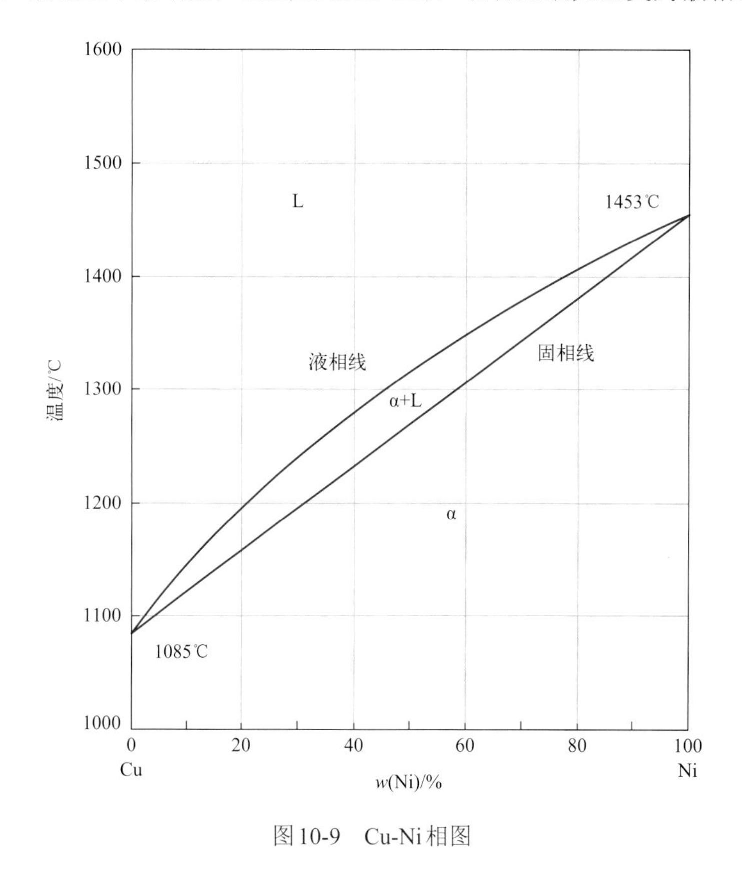

图10-9 Cu-Ni相图

10.4.1.2 相的组成及各相含量

分析二元相图时，一般需要获得三种信息：①存在的相；②相的成分；③各相含量。确定特定温度和合金成分下存在的相是最容易的，只需在相图中找到温度-成分点并记录下这个点所处的相区。例如，成分为60%Ni-40% Cu的合金在1100℃时位于图10-9中的A点，其在α相区内，所以该成分的合金只有α相。成分的确定和相含量的确定很容易混淆，需要加以区分。相的成分指的是相中各组元的质量分数，相的含量是指在合金中某个相（α相或液相L）的质量与总质量之比。

相成分的确定首先需在相图中找到温度-成分点在相图中的位置。如果温度-成分点的位置在单相区，则该相的成分与整个合金的成分相等。例如图10-9中的A点，仅有α相，那么α相的成分和合金的成分均为60%Ni-40%Cu。如果温度-成分点的位置位于两相区，由相律可知，两相平衡时，体系自由度$f = c - p + 1 = 2 - 2 + 1 = 1$，即只有温度或成分可独立变化。因此，任一给定温度下，处于平衡的两个相成分可完全确定。相应地，可以画出穿过该点与横坐标平行的直线（或等温线），标出该直线与固相线和液相线的交点，交点成分即为每一相的成分。这根线连接了两个平衡相的温度-成分结点，被称为**联结线**。例如图10-9中的B点，位于α + L两相区，画出穿过B点且平行于横坐标的联结线，液相的成分即为联结线与液相线的交点对应的成分，31.5%Ni-68.5%Cu，记为C_L；固相的成分即为联结线与固相线的交点所对应的成分，42.5%Ni-57.5%Cu，记为C_α。

平衡时两相的相对含量也可以通过相图来计算。单相区中只有一个相存在，相含量为100%。当成分-温度点的位置在两相区内时，则可通过联结线与杠杆法则结合确定相含量。设图10-10中B点的合金成分是C_0，α相和液相的成分是C_α和C_L。如果L相和α相的质量分别为m_L和m_α，则合金的总质量为

$$m_0 = m_L + m_\alpha \tag{10-9}$$

由溶质质量守恒，可得

$$w_L C_L + w_\alpha C_\alpha = w_0 C_0 \tag{10-10}$$

进而，推导得到

$$w_L\left(C_0 - C_L\right) = w_\alpha\left(C_\alpha - C_0\right) \tag{10-11}$$

式（10-11）与力学中的杠杆定律颇为相似，因此被称为**杠杆法则**。根据此法则可得平衡的α相和液相的含量分别为

$$w_L = \frac{C_\alpha - C_0}{C_\alpha - C_L},\quad w_\alpha = \frac{C_0 - C_L}{C_\alpha - C_L} \tag{10-12}$$

B点的合金，在1250℃时，具有α相和L相，取镍的质量分数进行计算，则$C_0 = 35\%$，$C_\alpha = 42.5\%$，$C_L = 31.5\%$，用式（10-12）计算可得

$$w_L = \frac{42.5\% - 35\%}{42.5\% - 31.5\%} \approx 0.68,\quad w_\alpha = \frac{35\% - 31.5\%}{42.5\% - 31.5\%} \approx 0.32 \tag{10-13}$$

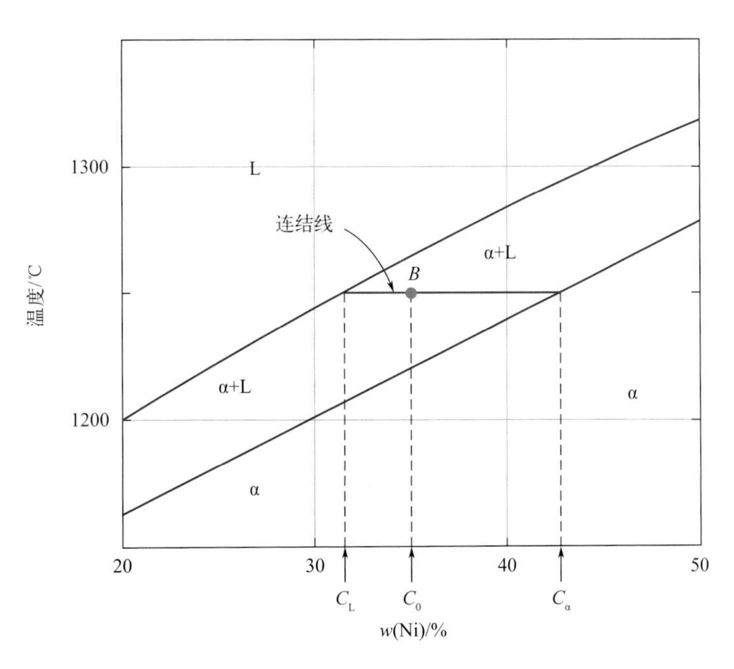

图10-10 Cu-Ni相图的一部分，用杠杆法则确定B点对应的两相成分和相含量

10.4.1.3　平衡凝固过程中的组织转变

分析二元体系在凝固过程中的组织转变对深入理解相图以及在实际工作中相图的应用具有指导性意义。因为相图显示了不同条件下体系的热力学平衡状态，所以通常用相图分析平衡凝固过程。平衡凝固是指凝固过程中，体系一直处于平衡状态，这需要无限缓慢的连续冷却。为了分析方便，可以将无限缓慢的连续冷却过程分解为一系列不同的阶段，每个阶段保温足够长的时间。下面以成分为35%Ni-65%Cu的合金为例，分析其平衡凝固过程中的组织变化（图10-11）。

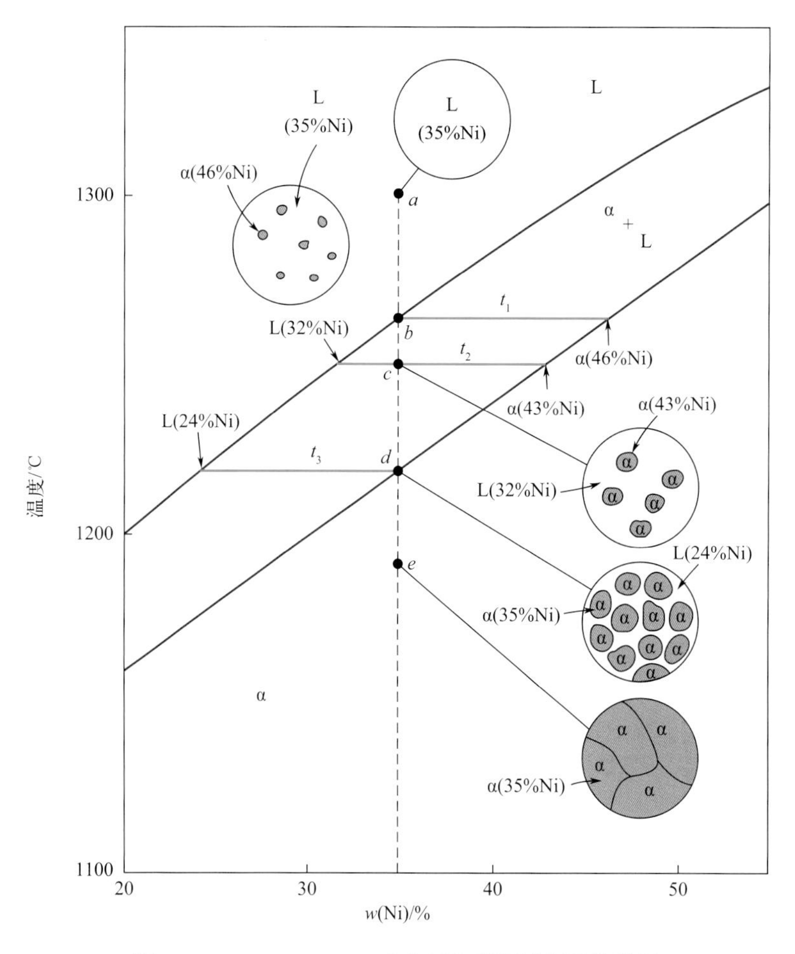

图10-11　35%Ni-65%Cu合金平衡凝固过程及其组织

在1300℃时，对应a点，此时合金全部为液相，相成分与合金成分相同。当冷却温度t_1时（b点），体系从单一液相开始进入L + α两相区，表明即将发生L → α匀晶转变，液相中出现固溶体的晶胚。当温度低于t_1时，超过临界尺寸的晶胚成为晶核并长大。因为纯金属Ni已处于“过冷”，而纯金属Cu仍处于“过热”，所以先结晶出来的固溶体，必然含有较多的高熔点组元Ni。α相的成分可由该温度下的联结线得出，即46%Ni-54%Cu；液相的成分仍然约为35%Ni-65%Cu。

继续缓慢冷却，L→α匀晶转变持续进行，固溶体继续长大，同时新的固溶体晶核不断形成并长大。在两相区内的任意温度（如c点温度t_2）下，两相的成分分别为等温线与液相线、固相线的交点。这就是说，在平衡凝固过程中，固相的成分始终沿着固相线变化，液相的成分始终沿着液相线变化。这是相图分析经常用的一个重要规律。另外，需要注意的是，即使不同相之间存在铜和镍的再分配，整个合金的成分（35%Ni-65%Cu）在冷却过程中保持不变。

冷却到温度t_3时（*d*点），凝固过程几乎完成。固相α的成分约为35%Ni-65%Cu，而最后剩余液相的成分为24%Ni-76%Cu。温度略低于温度t_3时，合金凝固完毕，最终产物是成分为35%Ni-65%Cu的多晶α相固溶体。继续冷却（如*e*点），合金的组织和成分不再发生改变。

10.4.1.4 平衡凝固过程中的扩散

在发生凝固的两相区内，固液两相的成分依赖于两组元原子的扩散，随着温度下降不断地发生变化。在每一温度下，平衡凝固的微观过程大致为：降低温度→原相平衡被破坏→扩散→相界面移动→建立新的相平衡。

仍然以图10-11为例，假设在温度t_1下长时间保温，固液两相平衡时成分分别为L(35% Ni)和α(46%Ni)。当温度下降到t_2时，由于液体中扩散较快，液相成分可以很快变为L(32% Ni)，相应地，在固液相界面上可很快建立起新的平衡，固相成分为α(43%Ni)，但是在远离相界面的固相内部的成分仍然为α(46%Ni)。固相表面和内部存在的组元浓度梯度，会引起组元的扩散。Ni原子从固溶体的内部向液相扩散，而Cu原子则从液相向固溶体内部扩散。组元原子的扩散最终导致相界面的移动，即固相长大。直到固液两相的成分都分别达到L(32% i)和α(43%Ni)后，相界面才停止移动。

当温度继续下降，以上微观过程继续发生直到建立起新的平衡。组元在固相中的扩散需要更长时间，只要保温时间足够长，扩散进行得充分，晶粒内的成分是均匀一致的。

10.4.2 共晶相图

大多数二元合金在液态下无限互溶，而在固态下存在溶解度极限。当溶质含量超过固溶体的溶解度极限时，某些合金会从液相中同时结晶出两种成分和结构不同的固溶体，这种转变称为**共晶转变**或**共晶反应**，得到的产物被称为**共晶体**。这类相图出现在Pb-Sn、Al-Si、Al-Cu、Mg-Si、Al-Mg等合金中。

10.4.2.1 共晶相图的特征

Pb-Sn体系会形成典型的二元共晶合金，其相图如图10-12所示，相图的主要特征如下。

① 相区：三个单相区，分别是液相L和两个固相（α和β）；三个两相区分别由三个单相两两组合而成，即α+L、β+L和α+β；一个三相平衡“区”，即水平线*CED*。

② 特征线：两条液相线*AE*和*BE*，对应匀晶转变L→α和L→β的开始；两条固相线*AC*和*BD*对应匀晶转变的结束。*CF*和*DG*分别表示固溶体α和β的**饱和溶解度曲线**或**固溶度线**。三相平衡线*CED*，也称为**共晶线**。

③ 特征点：*A*和*B*分别是组元Pb和Sn的熔点。*C*和*D*分别是α和β固溶体的溶解度极限，随着温度的降低，在α和β相中的固溶度分别沿*CF*和*DG*下降至室温的*F*和*G*点。*E*点为**共晶点**，在此成分处，当温度下降至t_E温度（共晶温度）时，将发生共晶转变，从液相中结晶出成分为*C*点的α固溶体和成分为*D*点的β固溶体，形成共晶体或共晶组织，共晶反应式为

$$L \underset{加热}{\overset{冷却}{\rightleftharpoons}} \alpha + \beta \tag{10-14}$$

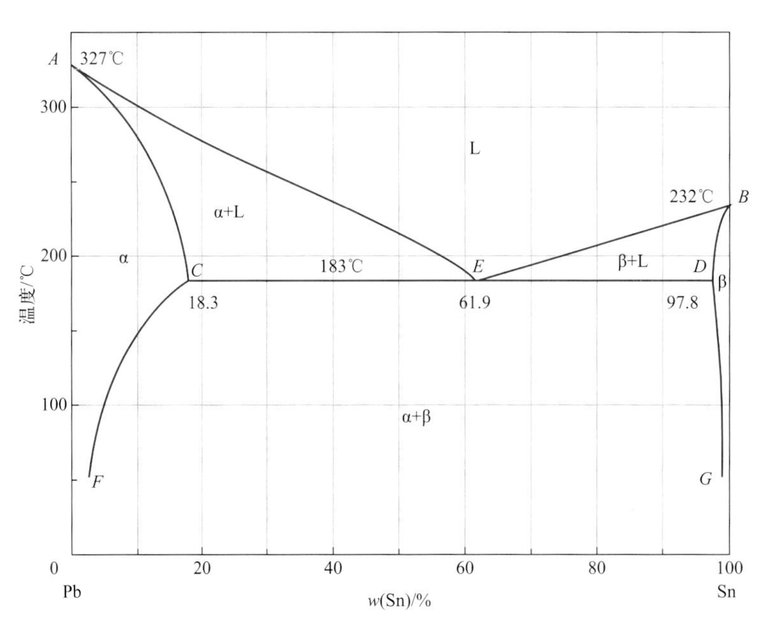

图10-12　Pb-Sn共晶相图

10.4.2.2　平衡凝固过程中的组织转变

根据二元共晶相图中合金成分所处的位置，可将共晶体系合金分为四类（图10-12）：

① 端部固溶体合金：合金成分范围介于C点以左或D点以右；

② 亚共晶合金：合金成分范围位于共晶点E以左，C点以右；

③ 共晶合金：合金的成分为E点；

④ 过共晶合金：成分位于共晶点E以右，D点以左。

下面以Pb-Sn二元共晶相图为例，说明这四类合金的平衡凝固过程。

（1）端部固溶体合金

下面以w(Sn)=15%的Pb-Sn合金说明端部固溶体合金的凝固过程。如图10-13中xx'线所示，它与特征线相交于1、2和3点，对应温度为t_1、t_2和t_3，在缓慢冷却过程中：

① 在$t_1 \sim t_2$之间，当合金从d点的液相冷却至t_1时，以Pb为基的α固溶体开始从液相中结晶。随着温度的降低，α固溶体的量不断增加，L+α两相混合（如e点），直到t_2时结晶结束，得到单相α固溶体。

② 在$t_2 \sim t_3$之间，无相变发生，α固溶体成分和组织不变（如f点）。

③ 冷却到t_3后，体系进入（α+β）的两相区。因为Sn在α相中的溶解度随着温度的降低不断下降，过饱和的Sn就以β固溶体的形式从α相中析出（如g点）。

由过饱和固溶体分离出另一种相的过程，称为沉淀相变（又称析出相变或脱溶相变）。这时形成的沉淀相一般称为**次生相**或**二次相**，用β_{II}表示，以区别从液相中直接结晶出的初生相β_{I}固溶体。

根据上面的分析，整个端部固溶合金的平衡凝固转变过程可表述为

$$L \longrightarrow L+\alpha \longrightarrow \alpha \longrightarrow \alpha+\beta_{II} \tag{10-15}$$

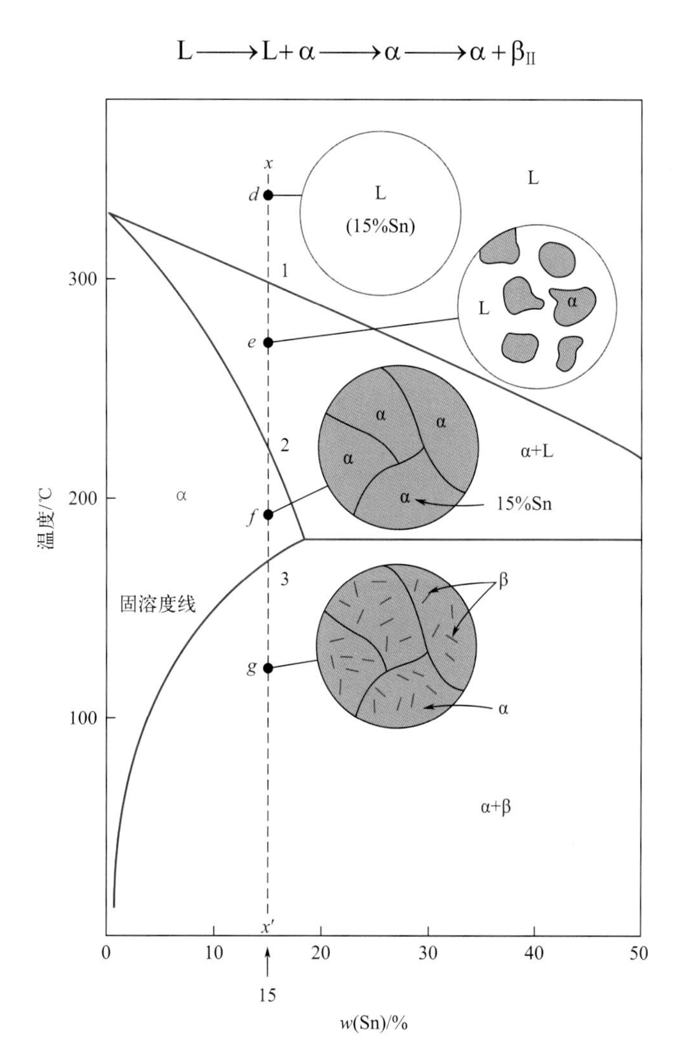

图10-13 Pb-Sn端部固溶体合金平衡凝固过程及其组织

（2）亚共晶合金

下面以$w(Sn)=40\%$的Pb-Sn合金说明亚共晶合金平衡凝固过程。如图10-14中zz'线所示，它与特征线相交于1和2点，对应温度t_1和t_2，在缓慢冷却过程中：

① 在$t_1 \sim t_2$之间，α固溶体（初生相α_I）从液相中优先析出，液相的成分沿液相线AE变化，固相的成分沿固相线AC变化，随着温度的下降，液相逐渐减少，而α相不断增多；

② 到t_2时，剩余的液相成分到达共晶点E，发生共晶转变，此反应一直进行到液相全部形成共晶体为止，合金由初生的固溶体（α_I）和共晶体$(\alpha+\beta)_{共}$组成；

③ 低于t_2后，由于溶解度的变化，α固溶体（包括初生α_I和共晶α）内将不断析出β_{II}，而从β固溶体中不断析出α_{II}，直至室温，金相显微镜下不能分辨共晶体中的α_{II}和β_{II}，所以室温下的平衡组织是$\alpha_I+\beta_{II}+(\alpha+\beta)_{共}$。图10-15为Pb-Sn合金的亚共晶组织照片。

该合金整个平衡凝固过程可表示为

$$L \longrightarrow L+\alpha_I \longrightarrow \alpha_I+(\alpha+\beta)_{共} \longrightarrow \alpha_I+\beta_{II}+(\alpha+\beta)_{共} \tag{10-16}$$

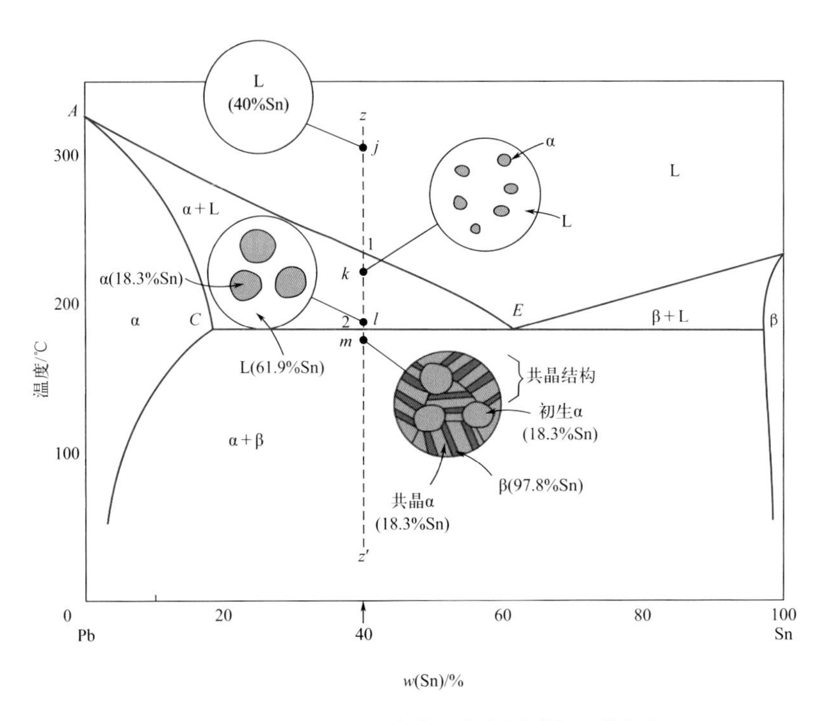

图10-14　Pb-Sn亚共晶合金平衡凝固过程及其组织

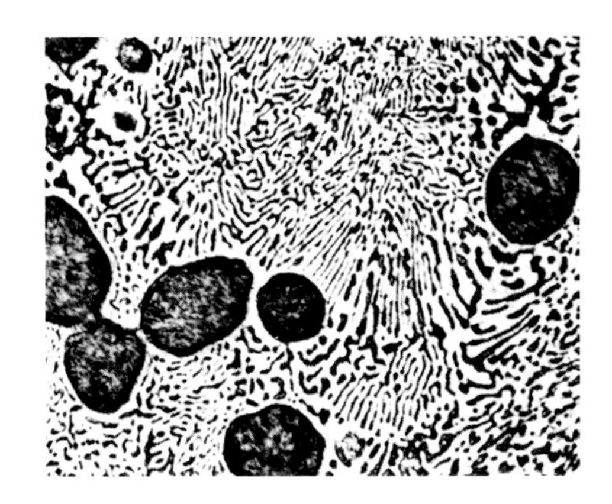

图10-15　Pb-Sn合金的亚共晶组织

（大块深色为富铅初生α固溶体，其他区域为共晶组织）

（3）共晶合金

共晶合金凝固过程如图10-16中yy'线所示。该合金从液态（如h点）缓慢冷却到183℃时，体系直接从单相区进入三相共存区，从液相中同时结晶出α和β固溶体，即发生共晶转变，形成共晶体记为$(\alpha+\beta)_{共}$。图10-17显示了共晶组织的照片，α和β固溶体形成交替排列的层状结构。两相的相对含量可用杠杆法则计算，即

$$\begin{cases}\alpha=\dfrac{ED}{CD}=\dfrac{97.8\%-61.9\%}{97.8\%-18.3\%}\approx 45.2\% \\ \beta=\dfrac{CE}{CD}=\dfrac{61.9\%-18.3\%}{97.8\%-18.3\%}\approx 54.8\%\end{cases} \tag{10-17}$$

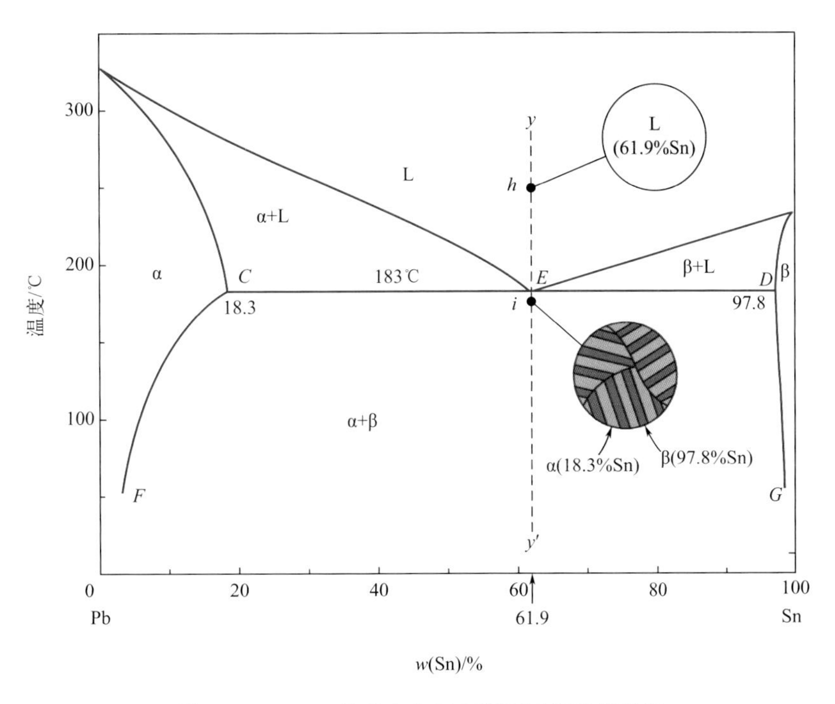

图10-16 Pb-Sn共晶合金平衡凝固过程及其组织

图10-17 Pb-Sn合金的共晶组织

（深色为富铅的α固溶体，浅色为富锡的β固溶体）

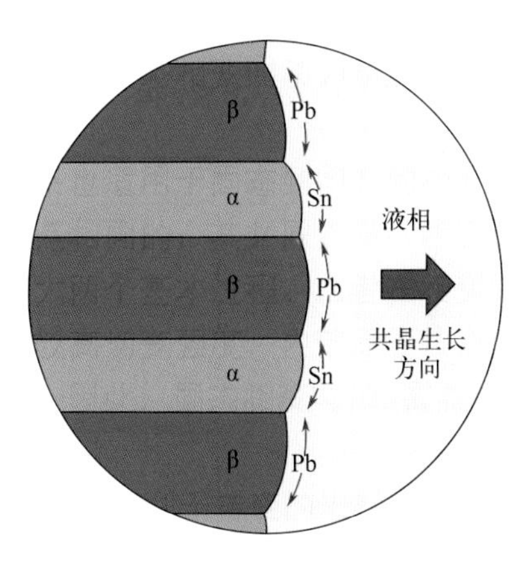

图10-18 Pb-Sn合金共晶结构的形成

（箭头方向为扩散的方向）

α-β层状结构的生长以及取代液相的过程如图10-18所示。铅和锡的再分配是通过共晶-液相界面前端的扩散来实现的。图中箭头表示铅原子和锡原子的扩散方向，铅原子向富铅的α相层（18.3%Sn-81.7%Pb）扩散，锡原子向富锡的β相层（97.8%Sn-2.2%Pb）扩散。共晶结构形成交替排列层状结构使得铅和锡进行原子扩散时只需要移动较短的距离。

共晶转变结束后，α和β相的成分分别为图10-16中的*C*和*D*点。与端部固溶体合金类似，随着温度的继续下降，共晶体中α和β相的成分分别沿*CF*和*DG*变化，即α和β相的溶解度下降，都要发生沉淀转变，分别析出β_{II}和α_{II}。这些次生相常依附在共晶体中的同类相上，在显微镜下难以与初生相区分，因此一般不单独进行组织分析。

（4）过共晶合金

过共晶合金的平衡凝固过程和组织特征与亚共晶合金类似，其室温组织为$\beta_{\mathrm{I}}+\alpha_{\mathrm{II}}+(\alpha+\beta)_{共}$，整个平衡凝固过程可表示为

$$L \longrightarrow L+\beta_{\mathrm{I}} \longrightarrow \beta_{\mathrm{I}}+(\alpha+\beta)_{共} \longrightarrow \beta_{\mathrm{I}}+\alpha_{\mathrm{II}}+(\alpha+\beta)_{共} \tag{10-18}$$

综上所述，不同成分的Pb-Sn合金都是由α和β两个基本相构成，但是在不同成分范围内，形成的组织有很大差异。图10-19中总结了A-B二元共晶体系不同成分范围在不同温度下的相和组织。

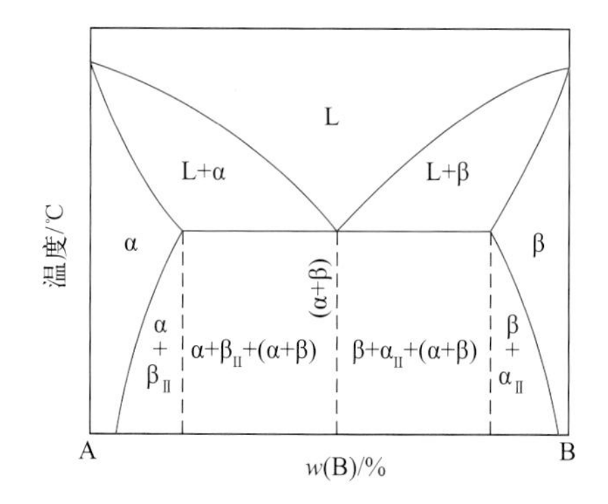

图10-19　组织组成物填写的相图

10.4.3　共析和包晶相图

除了共晶，在一些合金体系中可以发现其他涉及三个不同相的转变。例如Cu-Zn体系（图10-20）在560℃和74% Zn-26% Cu处，降低温度时，固相δ转变为其他两个固相（γ相和ε相），加热时反应逆向发生，反应式为

$$\delta \underset{加热}{\overset{冷却}{\rightleftharpoons}} \gamma+\varepsilon \tag{10-19}$$

这被称为**共析转变**或**共析反应**，图10-20中的*E*点和560℃的等温线分别称为**共析点**和**共析转变线**。共析与共晶的区别在于共析是由一个固相而不是液相转变为其他两个固相。

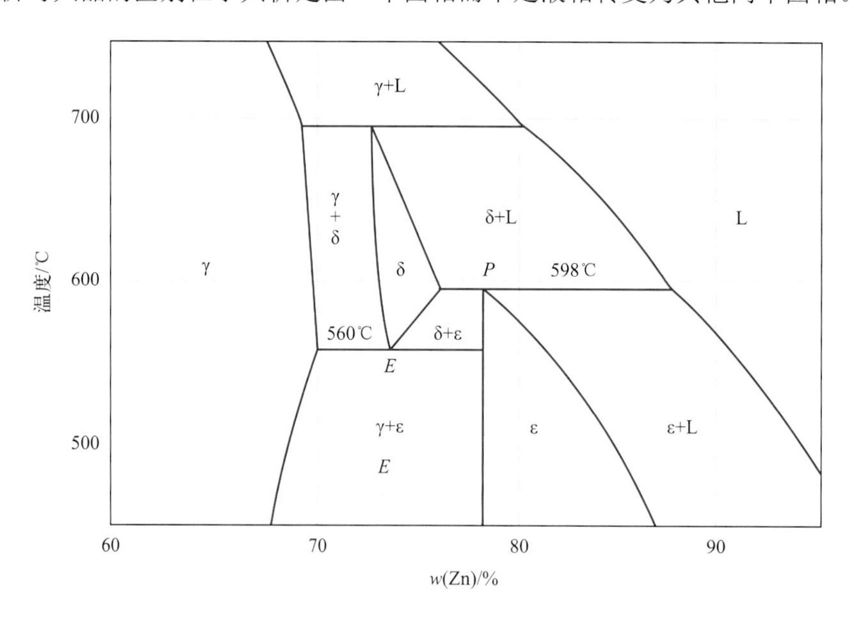

图10-20　Cu-Zn相图的局部

［点*E*（560℃，74% Zn）和点*P*（598℃，78.6% Zn）分别为共析点和包晶点］

另一种典型的三相转变是**包晶转变**或**包晶反应**，相应的相图被称为**包晶相图**。与共晶相图相比，包晶相图的特点是：液相线由一组元到另一组元不断下降（或上升），而不是先

降后升；液相区位于恒温线一端，而不是在中间；三个两相区一个在等温线上面，另外两个在下面。典型的包晶相图有Cu-Sn、Cu-Zn、Ag-Sn、Ag-Pt、Cd-Hg等。

图10-20中的P点和598℃的水平等温线分别称为**包晶点**和**包晶转变线**。包晶反应表达为

$$L+\delta \underset{加热}{\overset{冷却}{\rightleftharpoons}} \varepsilon \tag{10-20}$$

在反应过程中，包晶反应的产物ε相的成分介于反应物δ相和液相L之间，并且生成的ε相包围着δ相，从而将两个反应隔离开来，如图10-21所示。这样，两个反应相δ和L的原子只有通过ε相传递以维持包晶反应的进行。由于原子在固相中扩散的速度比在液相中慢得多，所以包晶转变的速度很慢。

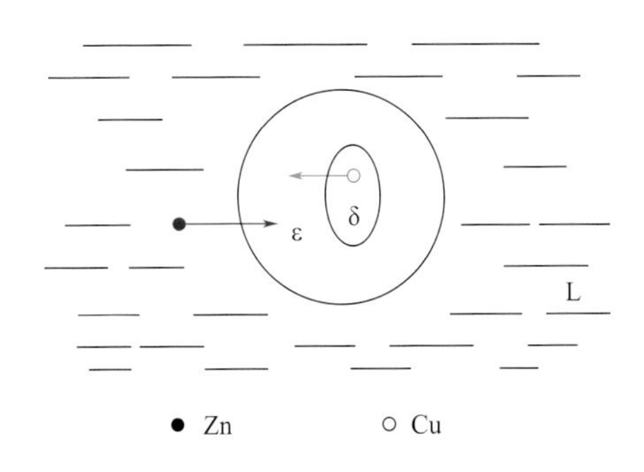

图10-21 包晶反应时的原子迁移

10.4.4 复杂二元相图分析

到目前为止，讨论的匀晶、共晶、共析和包晶等相图都比较简单，但是对于许多二元合金体系，其相图就比较复杂。尽管如此，复杂相图是由一些简单相图组合形成的，在多个简单相图之间会形成化合物，或者以化合物为基的固溶体，称为**中间固溶体**或**中间相**。这些化合物可将相图分成多个部分，可以逐个区域分析。另外，二元相图由三类特征线组成：相变开始和结束线、溶解度曲线及水平线。只要了解这些特征线的意义及冷却时各相的成分走向，就不难分析任何复杂的二元相图。

一般来说，复杂二元相图的分析应按照以下步骤进行：

① 是否存在稳定化合物。具有固定化学成分的稳定化合物可作为一个独立的中间组元，在相图中是一条垂线，以此垂线为界，可将相图分区。例如在Cu-Mg二元相图（图10-22）中间区域形成的中间相是金属间化合物，形成的稳定化合物$CuMg_2$在相图中是一条垂

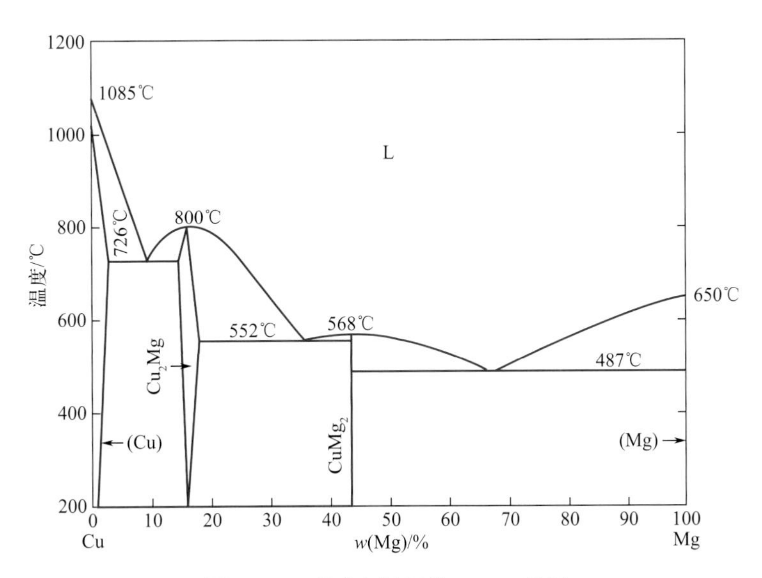

图10-22 形成中间相的Cu-Mg相图

线。如果形成了以稳定化合物为基的固溶体，则该垂线变成一个相区，例如图10-22中形成的Cu_2Mg化合物。若形成的是不稳定化合物，化合物对应的垂线最上端会与一个两相区相连，此时不能用该垂线将相图分成两部分。

② 根据相区接触法则，确定各相区的相数，注意水平线应看作是三相区。

③ 依据三相共存水平线判断与其相连的三个单相区的转变关系。三相平衡时，三相之间的转变（反应）关系只有两种类型：由一相生成两相的分解型（$A \longrightarrow B + C$）和两相生成一相的合成型（$A + B \longrightarrow C$）。

④ 确定相和组织组成物。

10.5 铁碳相图

在所有的二元合金体系中，最重要的一个就是铁碳体系。钢和铸铁是人类文明和技术进步过程中最主要的结构材料，其本质就是铁碳合金。在当今社会，铁基合金仍然是使用最广泛的结构材料，而铁碳相图是研究和使用钢铁材料，制定其热加工工艺和热处理工艺的重要工具。此外，分析铁碳相图，也可以帮助我们掌握和熟练运用前面学习的相图知识。因此，我们需要熟练掌握铁碳相图的特征、平衡凝固过程中的组织转变，以及含碳量对组织和力学性能的影响规律。

材料史话10-1　金相学的兴起

metallography（金相学）这一名词在1721年首次出现于牛津《新英语字典》中，不过那时这个名词的含义只包含金属及其性能，并未涉及组织结构。

Aloysvon Widmanstätten（以下简称“魏氏”）在任奥地利皇家生产博物馆主任之前曾从事过印刷业。在1808年他运用印刷技术，将铁陨石（铁镍合金）切成片，抛光后用硝酸水溶液蚀刻，将铁陨石中的铁素体腐蚀掉，使奥氏体凸出。铁陨石在高温时是奥氏体，经过缓慢冷却在奥氏体的{111}面上析出粗大的铁素体片，无须放大，肉眼可见。那时照相技术还未出现，都是将观察结果描绘出来。魏氏用腐刻剂抛光腐刻的铁陨石本身是一块版面，涂上油墨，敷上纸张，轻施压力，将凸出的奥氏体印制下来，如我国古老的拓碑技术一样，图片的清晰度可与近代金相照片媲美。魏氏实验更为深远的意义在科学方面，这不仅是宏观或低倍观察的开端，也是显微组织中取向关系研究的开始。

1863年英国的H. C. Sorby（简称“索氏”）首次用显微镜观察经抛光并腐刻的钢铁试样，从而揭开了金相学的序幕。他在锻铁中观察到类似魏氏在铁陨石中观察到的组织，并称之为魏氏组织。

到二十世纪中叶，在金相学研究的基础上，逐步发展形成金属学、物理冶金和材料科学，金相分析方法已经成为材料微观组织研究、相分析最重要的手段。

10.5.1 铁碳相图的特征

纯铁有δ、γ和α三种同素异构体，当加入原子半径较小的非金属碳时，将形成以铁为基的间隙固溶体。铁和碳结合，还可以形成金属间化合物Fe_3C。Fe_3C是亚稳相，若加热到高温并保持较长时间，它将逐渐分解，产生石墨形式的碳，并且在随后冷却至室温的过程中仍保持不变。因此，铁碳二元合金中可能存在的基本相包括铁基固溶体、金属间化合物Fe_3C和石墨。热力学上，石墨是稳定相，然而石墨的表面能很大，形核需要克服很高的能量，所以一般条件下，钢中几乎所有的碳都是Fe_3C而不是石墨。因此，我们通常应用的铁碳相图，实质上是Fe-Fe_3C相图。也就是说，Fe-C相图是真正意义上的平衡相图，而Fe-Fe_3C相图是亚稳相图。

如图10-23所示的铁碳相图，横坐标只延伸到6.69%C，在该浓度处形成化合物Fe_3C，又被称为渗碳体，由一条垂线表示。因此，铁碳体系被这条垂线分为两部分：富含铁的部分（如图10-23所示）和成分范围从6.69%到100% C（纯石墨）的部分（图中没有显示）。实际上，在所有钢和铸铁中，通常含碳量都小于6.69%，因此在这里我们仅讨论Fe-Fe_3C体系。

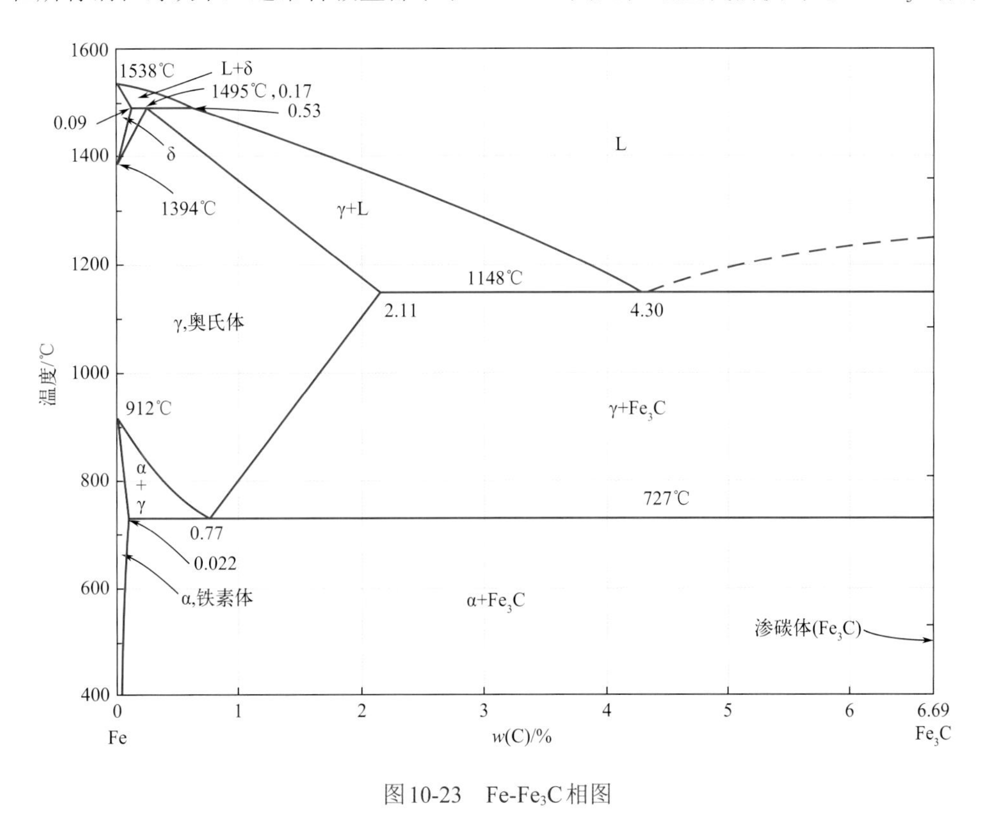

图10-23 Fe-Fe_3C相图

10.5.1.1 铁碳相图中的单相组织

（1）铁素体

碳在α-Fe中形成的间隙固溶体称为**铁素体**，由拉丁文“ferrum（铁）”而来，通常用α或F表示。碳在δ-Fe中形成的间隙固溶体称为**高温铁素体**，通常用δ表示。α-Fe和δ-Fe都是BCC结构的间隙固溶体。由于BCC结构间隙位置的形状和大小，限制了碳原子进入铁素体，因此碳在α-Fe中存在有限固溶度，在727℃时达到最大，为0.022%。铁素体的形貌为多边形等轴晶粒，如图10-24（a）所示，铁素体的性能与纯铁相似。

需要注意的是，在术语使用上，铁素体以及后面介绍的奥氏体、渗碳体、珠光体、莱氏体、贝氏体、马氏体等“体”主要强调组织特征，即在显微镜下观察到的形貌。这些“体”用大写字母表示，可以是单相，也可以是复相；而用α、δ、γ等小写希腊字母表示的固溶体更多的是强调相特征，因此也都是表示单相。在实际应用中，两者经常混用。

（2）奥氏体

碳在γ-Fe中形成的间隙固溶体称为**奥氏体**，以英国科学家奥斯汀（W.C. Roberts-Austen）的名字命名，通常用γ或A表示，具有FCC结构。碳在奥氏体中的最大固溶度为1148℃时的2.11%，约为BCC结构铁素体的100倍。如图10-24（b）所示，奥氏体的形貌为不规则多面体等轴晶粒，晶界较平直。奥氏体的强度低、塑性好，因而钢材加工通常在γ相区内进行。

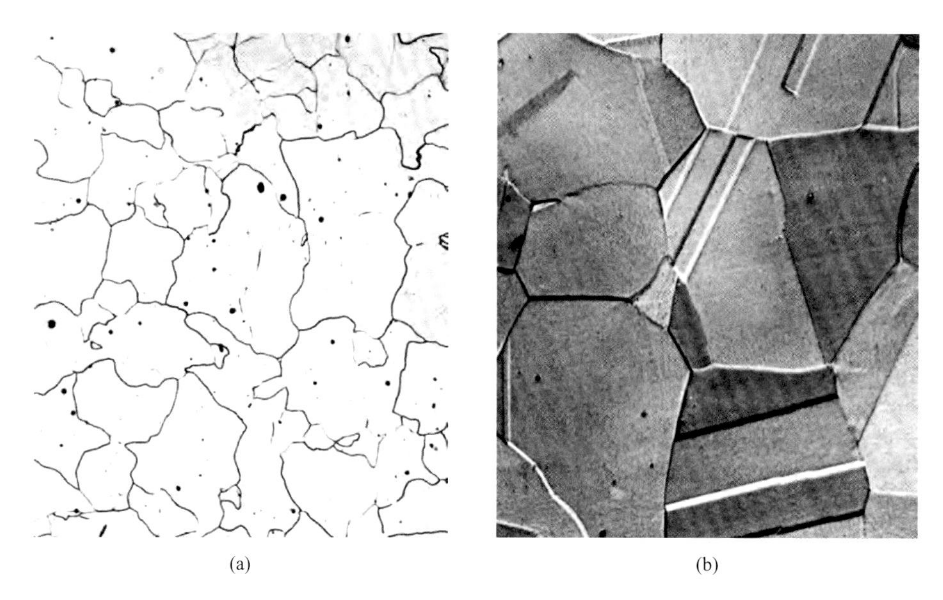

(a)　　　　　　(b)

图10-24　铁素体（a）和奥氏体（b）的显微照片

（3）渗碳体

在727℃以下，当碳在α-铁素体中的含量超过其固溶度时，就会形成铁碳化合物，被称为**渗碳体**，用Fe_3C或Cm表示。渗碳体为具有正交结构的间隙化合物，其力学性能与铁素体和奥氏体相反，具有硬而脆的特点，其维氏硬度为HV950～1050。渗碳体的组织特征具有多样性，在铁碳相图的不同成分区间具有完全不同的特征。

（4）石墨

当铁碳二元合金中的部分碳以游离态形式存在时，即形成**石墨**。例如，球磨铸铁中铁素体基体上分布着球形石墨。石墨的存在相当于铁碳合金基体中出现空洞，材料的整体强度会下降，下降程度与石墨的形态、尺寸和分布等因素有很大关系。

10.5.1.2　铁碳相图中的特征点和线

铁碳相图中有三条水平线，分别是1495℃的包晶转变线、1148℃的共晶转变线和727℃的共析转变线。最重要的特征点包括1495℃下含碳量为0.17%的包晶点，1148℃下含碳量为4.30%的共晶点，以及727℃下含碳量为0.77%的共析点。对应这些转变线和转变点的相变为包晶转变： $$L+\delta \underset{加热}{\overset{冷却}{\rightleftharpoons}} \gamma \tag{10-21}$$

共晶转变： $$L \underset{加热}{\overset{冷却}{\rightleftharpoons}} \gamma + Fe_3C \tag{10-22}$$

共析转变： $$\gamma \underset{加热}{\overset{冷却}{\rightleftharpoons}} \alpha + Fe_3C \tag{10-23}$$

此外，还有一些重要的特征线，代表了一些重要的固态转变；一些重要的点，代表了熔点或固溶度极限。这些特征线和点将铁碳相图分成了以下相区：

① 单相区：L、δ、γ、α、Fe_3C；

② 双相区：L+δ、L+γ、L+Fe_3C、δ+γ、α+γ、γ+Fe_3C、α+Fe_3C；

③ 三相区：L+δ+γ、L+γ+Fe_3C、α+γ+Fe_3C。

10.5.2 典型铁碳合金的平衡凝固组织转变

根据铁碳合金中碳的含量，可将铁碳合金分成三大类，即工业纯铁、钢和铸铁，见表10-1。典型成分的铁碳合金有7种，见图10-25，下面将逐个进行分析。

表10-1 钢铁的分类

钢铁分类	工业纯铁	钢			白口铸铁		
		亚共析钢	共析钢	过共析钢	亚共晶白口铸铁	共晶白口铸铁	过共晶白口铸铁
含碳量 w_C/%	$0<w_C<0.022$	$0.022<w_C<0.77$	0.77	$0.77<w_C<2.11$	$2.11<w_C<4.30$	4.30	$4.30<w_C<6.69$

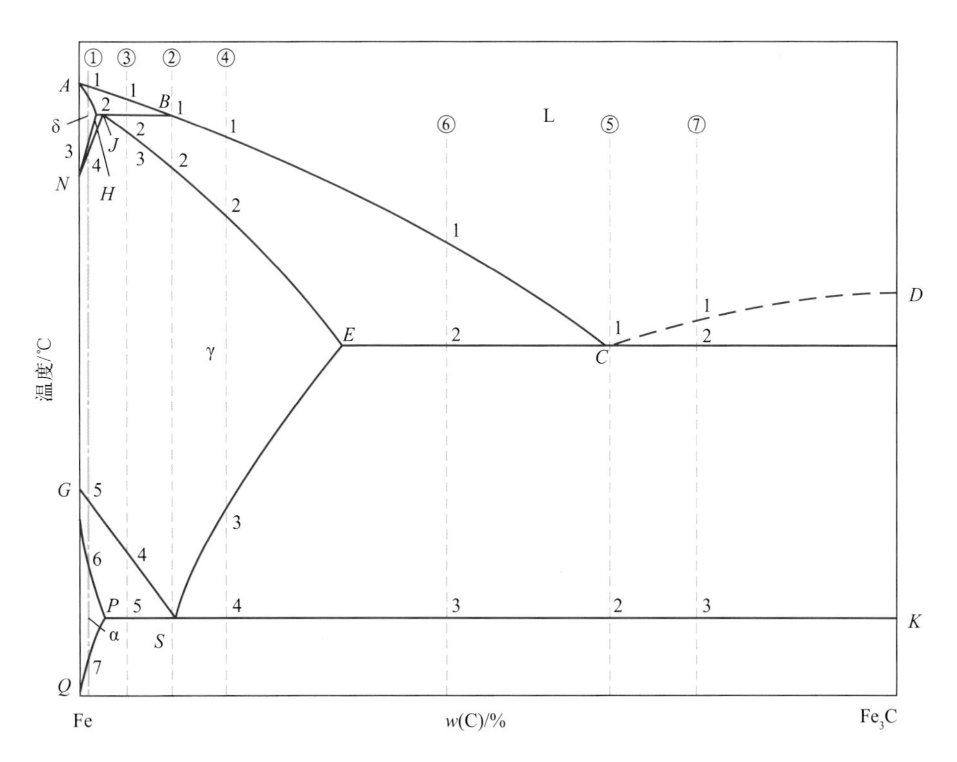

图10-25 几种典型铁碳合金冷却时的组织转变过程分析

10.5.2.1 工业纯铁（$w_C = 0 \sim 0.022\%$）

工业纯铁与化学上的纯铁不同，它是含有一定量碳的固溶体。工业纯铁从高温到低温的缓慢冷却如图10-25中线①所示，它与铁碳相图中的特征线分别相交于点1～7，对应温度为$t_1 \sim t_7$。

① 在$t_1 \sim t_2$之间，液相结晶出δ；到t_2，液相全部转变成δ。

② 在$t_2 \sim t_3$之间，位于δ单相区，只有温度的变化。

③ 在$t_3 \sim t_4$之间，δ转变成γ；到t_4，δ全部转变成γ。

④ 在$t_4 \sim t_5$之间，位于γ单相区，只有温度的变化。

⑤ 在t_5到t_6之间，γ转变成α；到t_6，γ全部转变成α。

⑥ 在$t_6 \sim t_7$之间，位于γ单相区，只有温度的变化。

⑦ 低于t_7后，从α相中析出渗碳体，为三次渗碳体，记为$Fe_3C_{Ⅲ}$或$Cm_{Ⅲ}$。

缓慢冷却过程中组织的变化过程如图10-26所示。

由上述可知，在室温下的组织为$F + Cm_{Ⅲ}$，由α和Fe_3C两相组成。平衡凝固过程为

$$L \longrightarrow L + \delta \longrightarrow \delta \longrightarrow \delta + \gamma \longrightarrow \gamma \longrightarrow \gamma + \alpha \longrightarrow \alpha \longrightarrow \alpha + Fe_3C_{Ⅲ} \qquad (10\text{-}24)$$

室温下的组织如图10-24（a）所示，三次渗碳体呈黑色颗粒状。

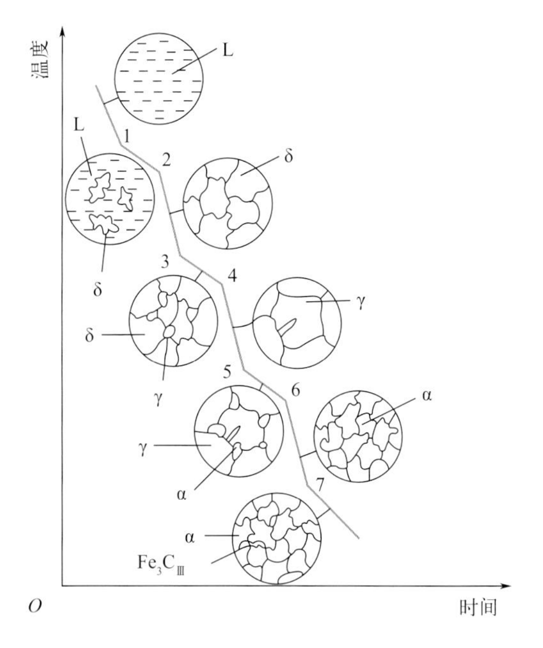

图10-26 含碳0.01%工业纯铁的冷却曲线和组织转变

10.5.2.2 共析钢（$w_C = 0.77\%$）

共析钢从高温到低温的缓慢冷却如10-25中线②所示，它与铁碳相图中的特征线分别相交于1、2和S点，对应温度为t_1、t_2和t_S。

① 在$t_1 \sim t_2$之间，从液相中结晶出γ相，其中γ相的成分沿JE变化，液相的成分沿BC变化；到达t_2时，液相全部转化为γ。

② 在$t_2 \sim t_S$之间，位于γ单相区，只有温度的变化。

③ 到t_S时（727℃），体系进入三相平衡区，由成分$w_C = 0.77\%$的γ相通过共析反应生成成分为$w_C = 0.022\%$的α相和成分为$w_C = 6.69\%$的Fe_3C。

④ 共析转变结束后，继续冷却时，α成分沿PQ线变化，Fe_3C的成分线是一条垂线，不发生变化。由于α的溶解度随着温度的降低逐渐下降，因此将从α中析出三次渗碳体。由于三次渗碳体依附于共析渗碳体生长，因此在显微镜下不能分辨。

上述平衡凝固过程为

$$L \longrightarrow L + \gamma \longrightarrow \gamma \longrightarrow \alpha + Fe_3C_{Ⅲ} \qquad (10\text{-}25)$$

缓慢冷却过程中组织的变化过程如图10-27所示。

在金相显微镜下观察共析转变形成的α和Fe_3C，很像指纹并有珍珠光泽，所以被称为

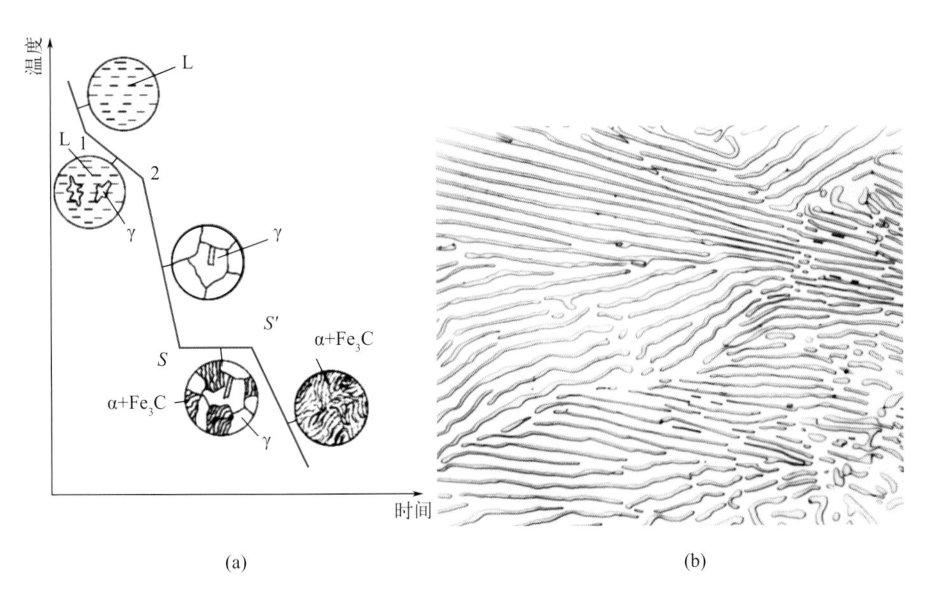

图10-27 共析钢的冷却曲线和组织转变（a）和室温下珠光体组织的金相（b）

珠光体，用符号P表示。铁素体较厚，颜色较亮，而渗碳体较薄，大多数渗碳体颜色比较暗。珠光体中两相层片的分布保持了γ相的晶粒形状，经常被称为畴。在每个畴内部，片层的取向一致，而不同畴中片层取向不同。珠光体的力学性质介于软而韧的铁素体和硬而脆的渗碳体之间。珠光体中的渗碳体是共析反应产生的，也叫**共析渗碳体**。如果进行球化退火，共析渗碳体可能呈球状或粒状分布，此时的珠光体被称为**球状**或**粒状珠光体**。

因为共析转变时γ相成分（0.77%C）与生成的α相（0.022%C）和Fe_3C（6.69%C）不同，所以在共析转变时碳需要通过扩散进行再分配。碳的扩散过程如图10-28所示，箭头表示碳的扩散方向，即碳原子从贫碳的α相向富碳的Fe_3C扩散。α和Fe_3C交替层状组织的形成与共晶组织形成的机制相同，碳原子扩散时只需要移动较短的距离。

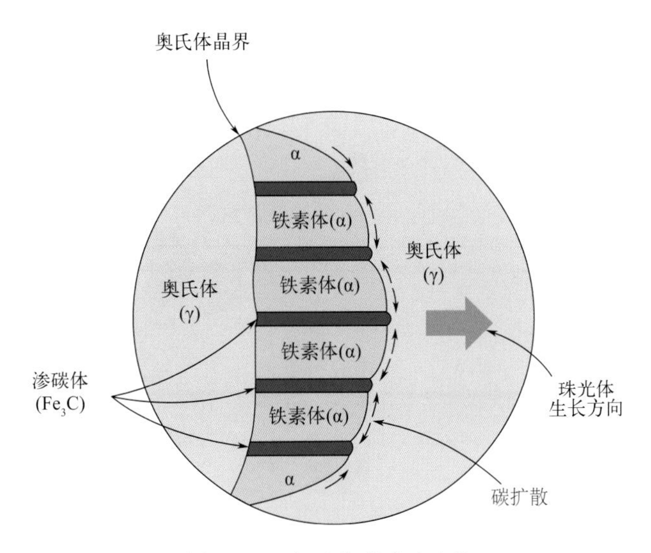

图10-28 奥氏体形成珠光体

（碳的扩散方向如箭头所示）

10.5.2.3 亚共析钢（w_C = 0.022% ~ 0.77%）

合金成分介于0.022% ～ 0.77%C之间的铁碳合金被称为亚共析钢。亚共析钢从高温到低温的缓慢冷却如图10-25中线③ 所示，它与铁碳相图中的特征线分别相交于1 ～ 5点，对应温度分别为t_1 ～ t_5。

① 在t_1 ～ t_2之间，发生匀晶反应，从液相中结晶出高温铁素体δ。

② 到t_2时，发生包晶反应，L + δ → γ，有液相剩余。

③ 在t_2 ～ t_3之间，发生匀晶反应，包晶反应结束后剩余的液相全部转变成奥氏体γ。

④ 在t_3 ～ t_4之间，位于γ单相区，只有温度的变化。

⑤ 在t_4 ～ t_5之间，发生先共析过程，奥氏体γ开始向铁素体α转变，进入(α+γ)两相区。此时其微观结构由α相与γ相共同组成，大多数小的α相颗粒会沿着初始的γ相晶界生长。此时转变生成的铁素体α也叫**先共析铁素体**。随着温度的降低，铁素体α相的成分沿着α-(α+γ)相界（即图10-25中线*GP*）改变，奥氏体γ相的成分沿着(α+γ)-γ相界（即图10-25中线*GS*）变化。

⑥ 到t_5时，发生共析反应，剩余奥氏体的含碳量达到0.77%，全部共析转变成珠光体。共析转变结束后，合金组织由先共析铁素体加珠光体组成，即（F+P）或［α+(α+Fe_3C)］。

⑦ 在t_5以下，铁素体中析出三次渗碳体。从珠光体中的铁素体析出的$Fe_3C_{Ⅲ}$与共析渗碳体在一起，不能分辨。先共析铁素体中析出的$Fe_3C_{Ⅲ}$分布在该铁素体的晶粒内部或晶界，可以分辨。

缓慢冷却过程中的组织变化过程如图10-29所示。由上述可知，亚共析钢室温下的组织为（F + $Cm_{Ⅲ}$ + P）或［α + $Fe_3C_{Ⅲ}$ + (α + Fe_3C)］，相的组成物仍然是α和Fe_3C两相。平衡凝固过程为

$$L \longrightarrow L+\delta \longrightarrow L+\gamma \longrightarrow \gamma \longrightarrow \gamma+\alpha \longrightarrow \alpha+P \longrightarrow \alpha+Fe_3C_{Ⅲ}+P \quad (10\text{-}26)$$

图10-29（b）是成分为0.38%C的显微组织照片，图中大的白色区域对应先共析铁素体，其他有明暗交替的层状形貌的区域为珠光体。

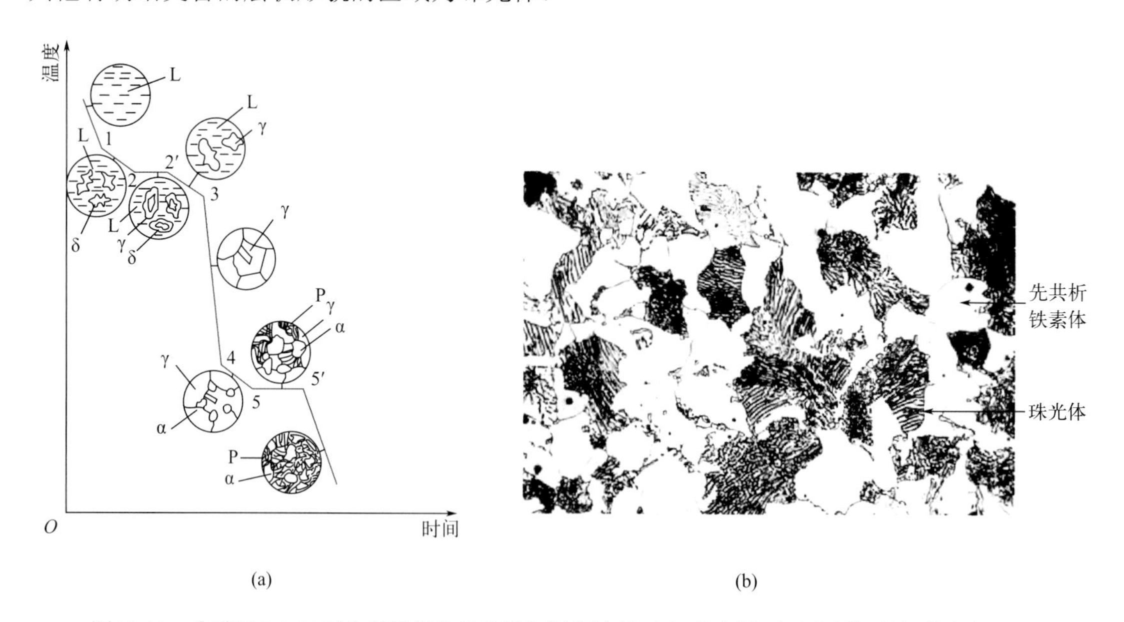

图10-29　含碳量0.45%亚共析钢的冷却曲线和组织转变（a）及室温下亚共析钢组织的金相（b）

10.5.2.4 过共析钢（w_C = 0.77% ~ 2.11%）

合金成分介于0.77% ～ 2.11%C之间的铁碳合金被称为过共析钢。过共析钢从高温到低温的缓慢冷却如图10-25中线④所示，它与铁碳相图中的特征线分别相交于1 ～ 4点，对应温度分别为t_1 ～ t_4。

① 在t_1 ～ t_2之间，发生匀晶转变，所有液相均转变成奥氏体。

② 在t_2 ～ t_3之间，只有奥氏体的降温过程。

③ 在t_3 ～ t_4之间，进入γ和Fe_3C的两相区，发生先共析转变。渗碳体沿着初始γ晶界形成，被称为**先共析渗碳体**或**二次渗碳体**，记为$Fe_3C_{Ⅱ}$或$Cm_{Ⅱ}$。二次渗碳体含量高到一定程度时，将形成网状结构，导致材料的强度下降。随着温度的变化，渗碳体的成分保持不变（即6.69%C），而γ相的成分则沿着图10-25中线ES向共析点移动。

④ 到达t_4，发生共析转变，生成珠光体。共析转变结束后的组织是$Fe_3C_{Ⅱ}$和P，随后P作为一个整体冷却到室温。

缓慢冷却过程中的组织变化过程如图10-30所示。由上述可知，过共析钢室温组织是（$Cm_{Ⅱ}$+P）或［$Fe_3C_{Ⅱ}$+(α+Fe_3C)］。相的组成物仍然是α和Fe_3C。平衡凝固过程为

$$L \longrightarrow L+\gamma \longrightarrow \gamma \longrightarrow \gamma + Fe_3C_{Ⅱ} \longrightarrow P + Fe_3C_{Ⅱ} \tag{10-27}$$

10-30（b）是成分为1.4%C的过共析钢的显微照片，图中的白色区域对应先共析渗碳体，其呈网状分布，其他区域为珠光体。

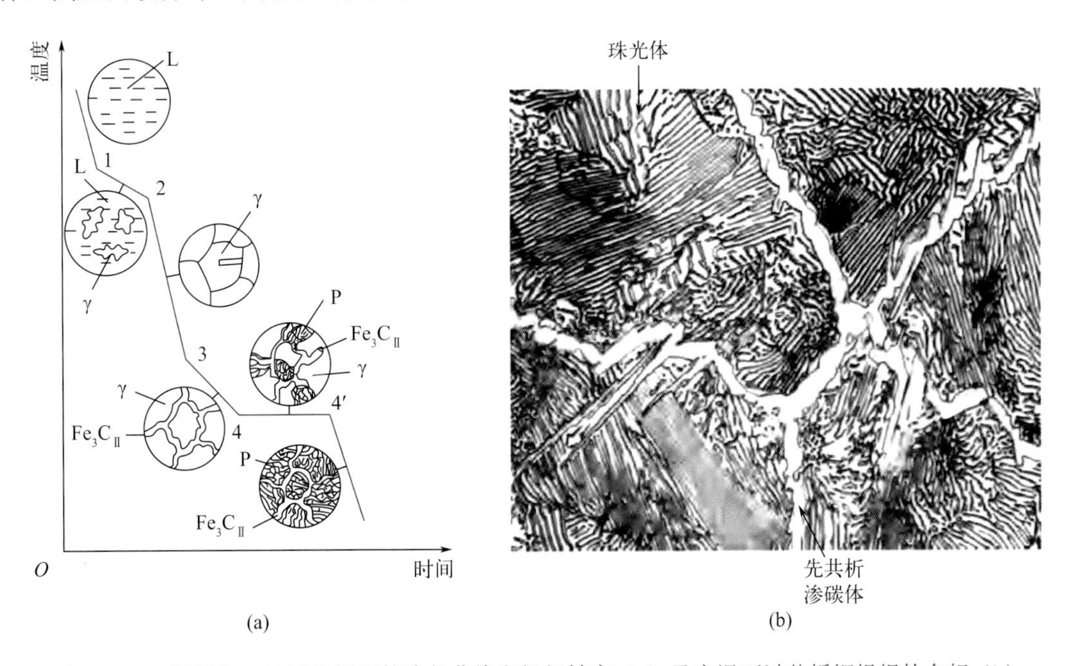

图10-30 含碳量1.4%过共析钢的冷却曲线和组织转变（a）及室温下过共析钢组织的金相（b）

10.5.2.5 共晶白口铸铁（w_C = 4.30%）

合金成分为4.30%C的铁碳合金称为共晶白口铸铁。共晶白口铸铁从高温到低温的缓慢冷却如图10-25中线⑤所示，它与铁碳相图中的特征线分别相交于1和2点，对应温度分别为t_1和t_2。

① 到达t_1时，即1148℃，发生共晶转变$L_{4.3} \longrightarrow \gamma_{2.11}+Fe_3C$，转变产物是γ和$Fe_3C$的混合物，该共晶体称为**高温莱氏体**或**莱氏体**，用Le（或Ld）表示，因德国科学家莱德堡（A. Ledeburg）首先发现而得名。其中共晶转变得到的渗碳体也叫**共晶渗碳体**。由于共晶转变是在较高的温度下进行的，所以，莱氏体组织较粗大。

② 在t_1～t_2之间，高温莱氏体中的奥氏体含碳量沿线*ES*不断下降，不断析出二次渗碳体，它通常依附在共晶渗碳体上而不能分辨。

③ 温度到达t_2，共晶奥氏体的含碳量降至0.77%，在恒温下转变成珠光体。最后，共晶铸铁在室温下金相观察到的是珠光体和共晶渗碳体的混合物，即**室温莱氏体**或**变态莱氏体**，用符号Le′（或Ld′）表示。温度继续下降，合金一直保持着室温莱氏体的形态。

缓慢冷却过程中组织的变化过程如图10-31所示。共晶铸铁的平衡凝固过程为

$$L \longrightarrow \gamma + Fe_3C\ (Le) \longrightarrow P + Fe_3C\ (Le') \tag{10-28}$$

图10-31（b）是共晶白口铸铁的金相照片。由于共晶铸铁中存在大量的渗碳体，其断口呈银白色，所以被称为**白口铸铁**。若大部分亚稳态渗碳体转变成石墨后，断口则呈深灰色，这时的铸铁被称为**灰口铸铁**。

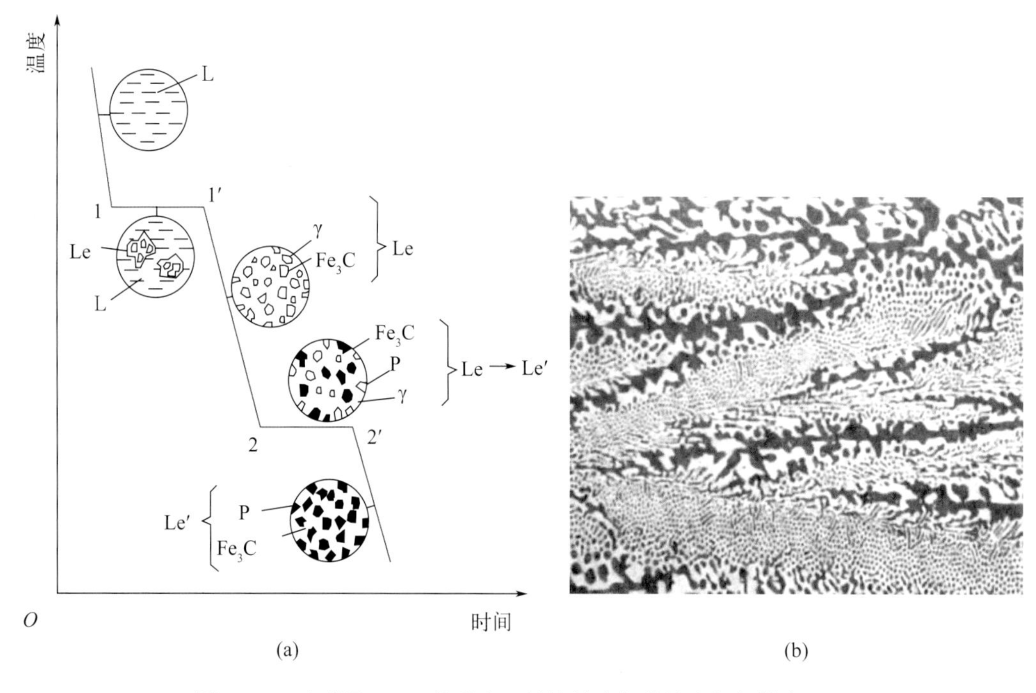

图10-31　含碳量4.30%共晶白口铸铁的冷却曲线和组织转变（a）及室温下共晶白口铸铁组织的金相（b）

10.5.2.6　亚共晶白口铸铁（w_C = 2.11% ～ 4.30%）

合金成分介于2.11%～4.30%C之间的铁碳合金被称为亚共晶白口铸铁。亚共晶白口铸铁从高温到低的缓慢冷却如图10-25中线⑥所示，它与铁碳相图中的特征线分别相交于1～3点，对应温度分别为t_1～t_3。

① 在t_1～t_2之间，从液相中结晶形成奥氏体（初生γ相），温度下降至1148℃时，奥氏体的成分沿着线*JE*变化，其含碳量为2.11%，而剩余液相的成分沿着线*BC*变化，到达共晶点4.30% C。

② 温度到达t_2，剩余液相发生共晶反应生成高温莱氏体，共晶反应结束后组织为奥氏体和高温莱氏体。

③ 在t_2～t_3之间，从1148℃开始冷却，初生奥氏体和莱氏体中的奥氏体成分也沿线*ES*变化，析出二次渗碳体。这时的组织包括奥氏体、高温莱氏体和二次渗碳体。

④ 温度到达t_3，初生奥氏体的成分到达*S*点时，发生共析转变生成珠光体；高温莱氏体中的奥氏体也转变为珠光体，整体变为变态莱氏体。

⑤ 温度在t_3以下，尽管有三次渗碳体在α相中析出，但是无法分辨，不影响组织形态。

缓慢冷却过程中组织的变化过程如图10-32所示。亚共晶白口铸铁的室温组织是珠光体+二次渗碳体+室温莱氏体［图10-32（b)］，即$P+Fe_3C_{II}+Le'$，也可以表达为$(\alpha+Fe_3C_{II})+Fe_3C_{II}+[(\alpha+Fe_3C)+Fe_3C_{共晶}]$。无论组织有多么复杂，只有两个最基本的组成相α和$Fe_3C$。平衡凝固过程为

$$L \longrightarrow L+\gamma \longrightarrow \gamma+Fe_3C_{II}+Ld \longrightarrow P+Fe_3C_{II}+Le' \quad (10\text{-}29)$$

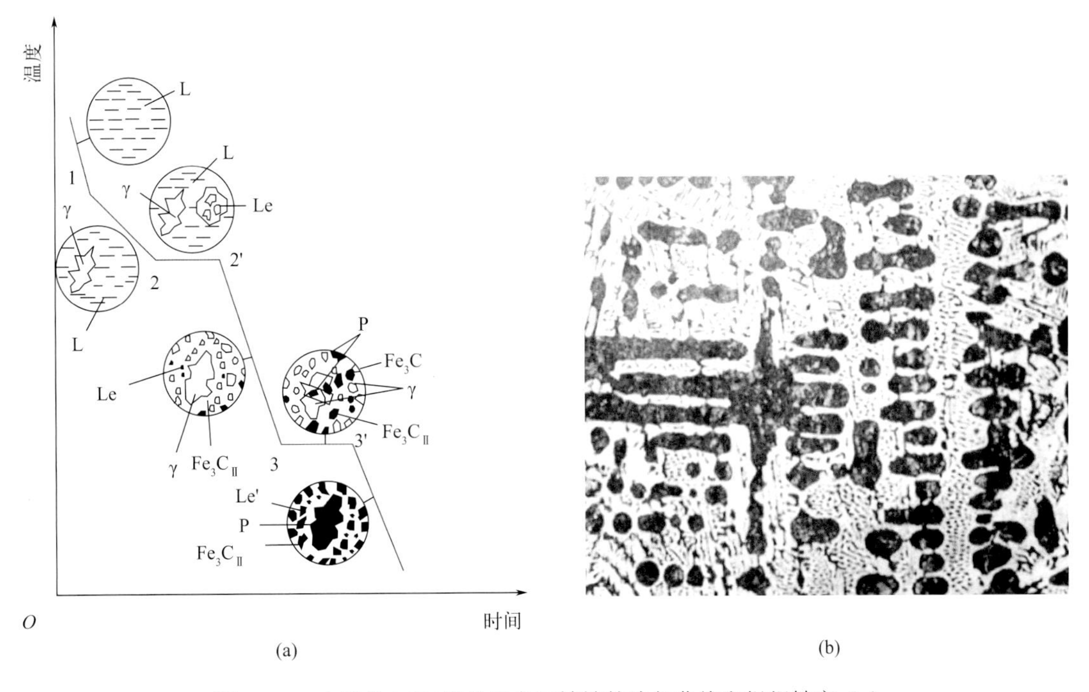

图10-32 含碳量3.0%亚共晶白口铸铁的冷却曲线和组织转变（a）及室温下亚共晶白口铸铁组织的金相（b）

10.5.2.7 过共晶白口铸铁（w_C = 4.30% ～ 6.69%）

合金成分在4.30%～6.69%C之间的铁碳合金称为过共晶白口铸铁。过共晶白口铸铁从高温到低温的缓慢冷却如图10-25中线⑦所示，其与铁碳相图中的特征线分别相交于1～3点，对应温度分别为t_1～t_3。

① 在t_1～t_2之间，从液相中结晶出渗碳体，称为**一次渗碳体**，用$Fe_3C_{Ⅰ}$或$Cm_{Ⅰ}$表示。由于温度高，且渗碳体不稳定，所以实验难以确定一次渗碳体开始结晶的温度，相图中的虚线CD是通过热力学计算获得的。

② 温度到达t_2，剩余的液相在1148℃时发生共晶转变，生成高温莱氏体，共晶转变完成后的合金组织为高温莱氏体和一次渗碳体。

③ 在t_2～t_3之间，高温莱氏体中的奥氏体虽然会析出二次渗碳体，但是对高温莱氏体的整体形态影响不大。

④ 温度到达t_3，高温莱氏体中的奥氏体发生共析转变，高温莱氏体变成变态莱氏体。

⑤ 在t_3以下，一次渗碳体和共析温度下形成的变态莱氏体不发生任何变化。尽管由三次渗碳体在α相中析出，但是无法分辨，不影响组织形态。

缓慢冷却过程中组织的变化过程如图10-33所示。过共晶白口铸铁的室温组织为（$Fe_3C_{Ⅰ}$+Le′），如图10-33（b）所示。过共晶白口铸铁平衡凝固过程为

$$L \longrightarrow L + Fe_3C \longrightarrow Le + Fe_3C_{I} \longrightarrow Le' + Fe_3C_{I} \qquad (10\text{-}30)$$

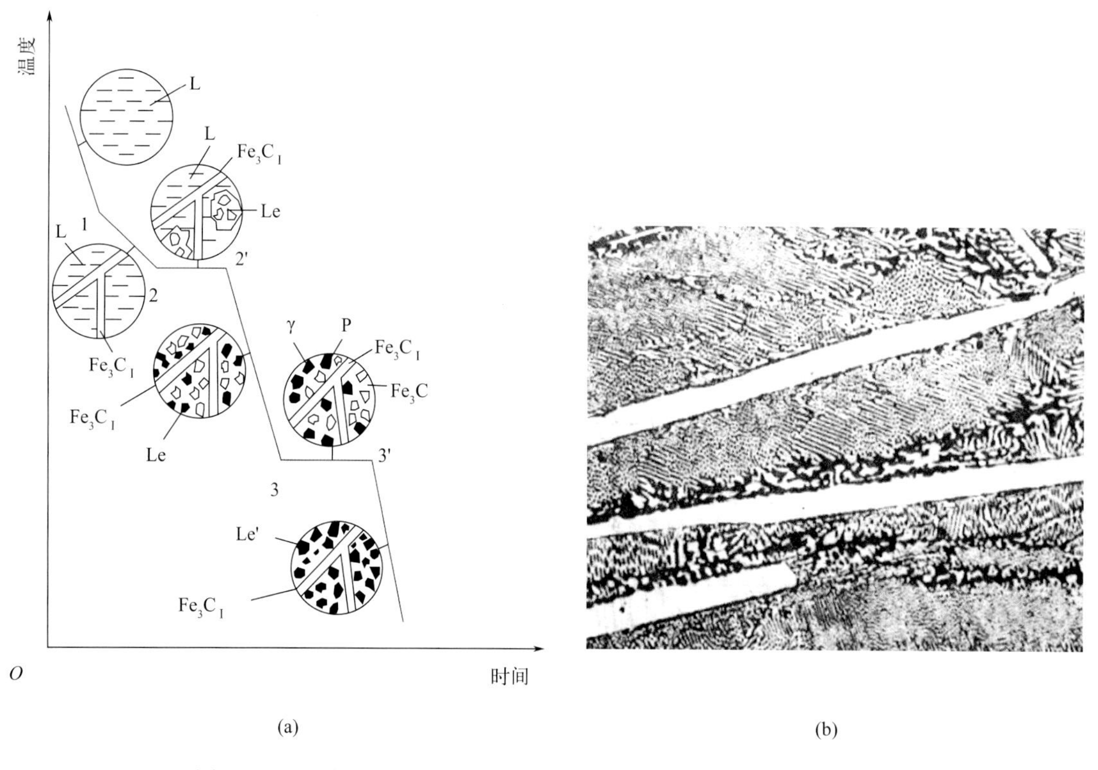

图10-33　含碳量5.0%过共晶白口铸铁的冷却曲线和组织转变（a）及室温下过共晶白口铸铁组织的金相（b）

综上所述，不同成分的铁碳合金冷却到室温都是由α和Fe_3C两个基本相组成，但是两相的组合方式不一样，形成了不同类型的组织形态。根据以上对各种成分的铁碳合金转变过程的分析，可将铁碳合金相图中的相区按组织加以标注，如图10-34所示。

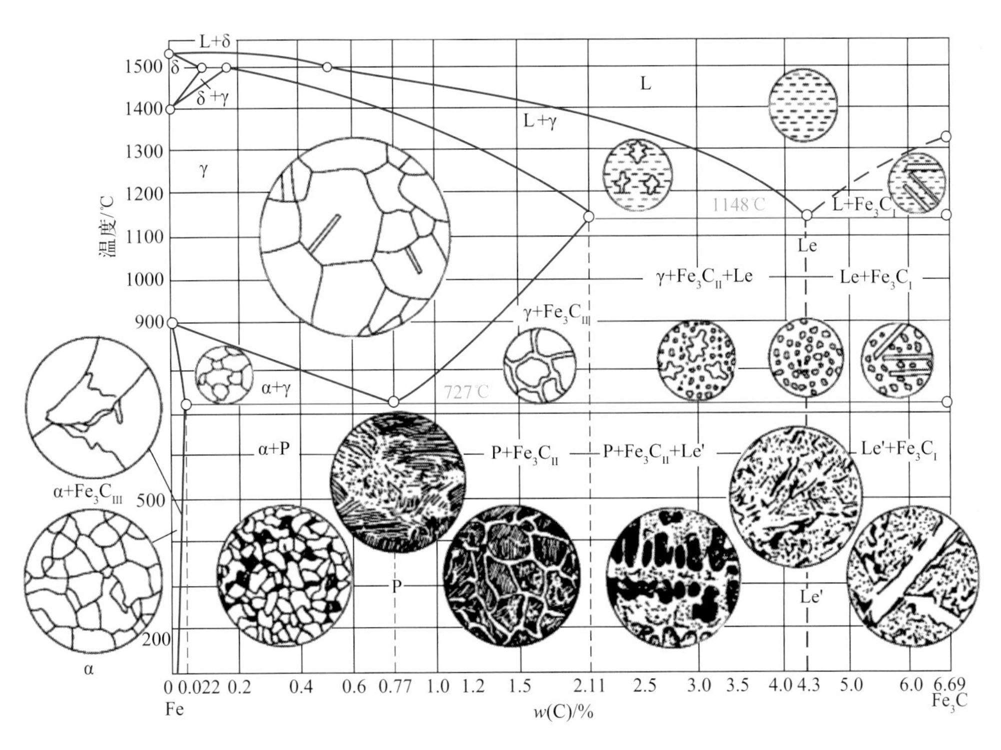

图10-34 按组织分区的铁碳合金相图及其对应的组织

材料史话10-2 罗伯茨-奥斯汀与铁碳相图

威廉·钱德勒·罗伯茨-奥斯汀（William Chandler Roberts-Austen，1843—1902），英国冶金学家。他18岁进入皇家矿业学院，随后在英国皇家铸币局工作过十多年。在那个年代，英国皇家造币局无疑是英国的国立冶金研究所，牛顿也在造币局工作过，不过两人不在一个时代。奥斯汀在那里从事过贵金属合金中微量杂质、气体、偏析等方面的研究，用热分析研究它们的凝固过程。1882年奥斯汀来到皇家矿业学院担任冶金学教授，并正式提出了钢中的γ固溶体。1885年他开始研究钢的强化，同时着手研究少量杂质对金的拉伸强度的影响，并在1888年的论文中加以阐述，这成为早期用元素周期表解释一系列元素特性的范例。奥斯汀采用Pt/（Pt-Rh）热电偶高温计，测定了高熔点物质的冷却速度，创立了共晶理论。

奥斯汀在1897年绘制了冶金史上第一个铁-碳平衡相图，因此被称为铁碳相图之父。尽管这个铁-碳平衡相图很粗糙，并且有一些不明确甚至错误的地方，但是至少相图的轮廓线条已经勾勒出来，这不得不说是一个伟大的进步。为纪念他，人们把γ铁及其固溶体的金相组织命名为奥氏体。

10.5.3 含碳量对铁碳平衡组织和性能的影响

图10-35总结了不同成分的铁碳合金在室温的相组成物和组织组成物的相对含量。从相组成物看，铁碳合金在室温下只有铁素体和渗碳体两个相，随着含碳量增加，渗碳体含量

线性增加。从组织组成物看，随含碳量增加，将先后生成珠光体、二次渗碳体、变态莱氏体和一次渗碳体。渗碳体不仅数量增加，同时形态、分布也发生变化。

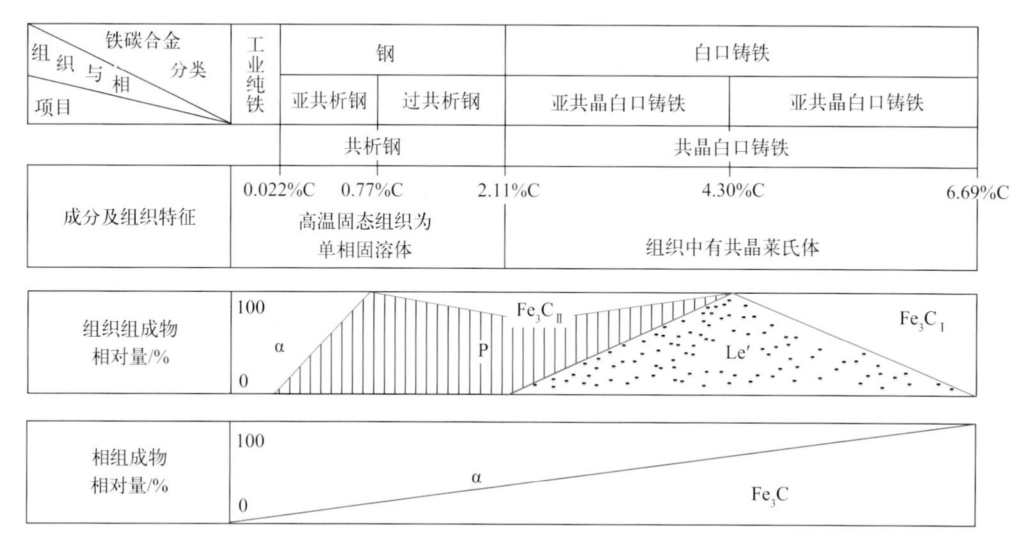

图10-35　室温下铁碳合金的组织组成物和相组成物的相对含量

在成分和组织变化的同时，铁碳合金的性能也在发生变化。在力学性能方面，构成铁碳合金的两个基本相中，铁素体硬度和强度低、塑性好，渗碳体则硬而脆。如图10-36所示，对于亚共析钢，随含碳量增加，珠光体含量增加，钢的强度和硬度增加，而塑性和韧性下降；对于过共析钢，如果含碳量过高（如大于1% C），由于二次渗碳体在奥氏体晶界形成连续网状，硬度虽然继续增加，但强度和塑性均明显下降。对含碳量大于2.11%的铁碳合金（铸铁），由于生成莱氏体，合金的硬度和脆性均较大。

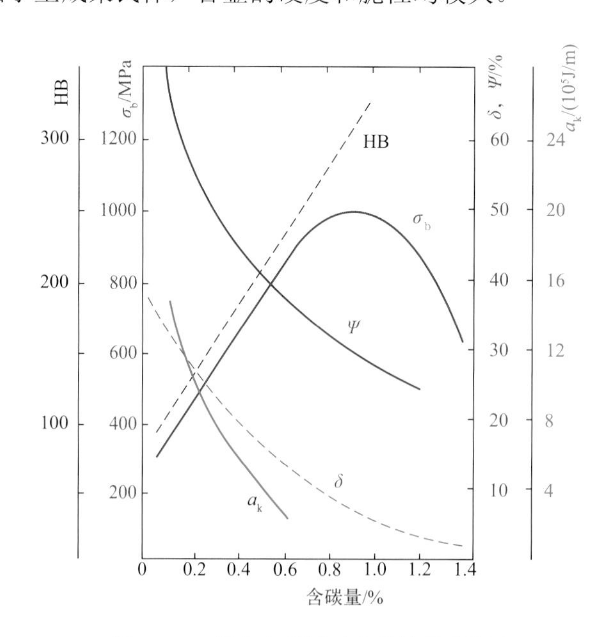

图10-36　钢中含碳量对力学性能的影响

（HB为布氏硬度；σ_b为抗拉强度；δ为伸长率；ψ为断面收缩率；a_k为冲击韧性）

铁碳合金的成分和组织也影响着工艺性能。含碳量与钢的可锻性有直接关系，随含碳量增加，可锻性变差。由于奥氏体具有较好的塑性、良好的可锻性，因此热压力加工都选择加热到奥氏体相区进行。合金的铸造一般选择在共晶成分附近，因为共晶成分附近的合金液固相线的温度间距小，流动性好。如果成分远离共晶成分，合金的液相线和固相线的温度间距大，凝固过程容易形成树枝晶，容易导致形成分散缩孔和偏析。对于切削加工，一般中碳钢的切削性能较好。含碳量过低，不易断屑，难以得到良好的加工表面；含碳量过高，硬度太高，刀具磨损严重，也不利于切削加工。

10.6 三元相图

工业上使用的材料，大多由三种及以上组元构成。因此需要掌握三元甚至多元相图的知识。然而多元相图非常复杂，在测定和分析时受到较多的限制，已有的数据比较有限，一般局限于一些比较简单的系统。同时，也经常将某些元素含量固定，将多元相图简化为二元相图进行分析。

三元相图，与二元相图的差别在于增加了一个成分变量，即存在温度变量和两个独立可变的成分变量。因此，成分不能用一个直线坐标表达，而是用成分三角形表达。相应地，二维的二元相图变成三元相图的三维空间立体图形。由相律可知，$f = c - p + 1 = 3 - p + 1 = 4 - p$，因此$p = 4 - f$；当$f = 0$时，$p = 4$，即三元系中最大平衡相数为4。四相平衡转变是在恒温下进行的，所以四相共存区是一个恒温水平面，例如共晶反应为$L \longrightarrow \alpha + \beta + \gamma$。除单相区和两相平衡区外，还存在三相平衡区。根据相律，三元系发生三相平衡时，还存在一个自由度，即三相平衡转变是在变温下进行的。与二元相图一样，三元相图也遵循相区接触法则，即相邻相区的相数差为1。

下面将详细介绍三元相图的成分表示方法，并以最简单的三元匀晶相图为例，简要说明三元相图的分析方法。

10.6.1 三元相图成分表示方法

10.6.1.1 等边浓度三角形

三元系相图中，一般采用三角形表达成分，该三角形称为**浓度三角形**或**成分三角形**。根据三个组元在合金系中的含量特点，常用的三角形有等边成分三角形、等腰成分三角形和直角成分三角形。下面着重介绍等边成分三角形的特点及应用。

等边成分三角形如图10-37（a）所示，A、B、C三个顶点分别表示三个纯组元，三条边分别表示三个二元系A-B、B-C和C-A的成分，等边三角形内任意一点都表示一个三元合金。图中合金S中组元A、B、C的成分可以这样来确定：过S点分别作等边三角形三条边的平行线，与三条边相交，与某顶点相对的平行线与等边三角形各边的截距，就表示该顶角组元的含量。因此，合金S中A组元的质量分数为a，B组元为b，C组元为c。由等边三角形的几何特性可知

$$a+b+c = AB = BC = CA = 100\% \tag{10-31}$$

成分点位于与等边三角形某一边平行的直线上的所有合金，其中与此线相对顶角组元的含量相等。如图10-37（b）所示，成分位于ef线上的所有合金中，组元B的浓度均为e点对应的组元B浓度。成分点位于通过等边三角形某顶角的直线上的所有合金，其含有此直线两侧的两个组元的浓度比值相等。图10-37（b）中，成分位于Bg上的所有三元合金中，A、C组元的浓度满足

$$\frac{w_A}{w_C}=\frac{Cg}{Ag} \tag{10-32}$$

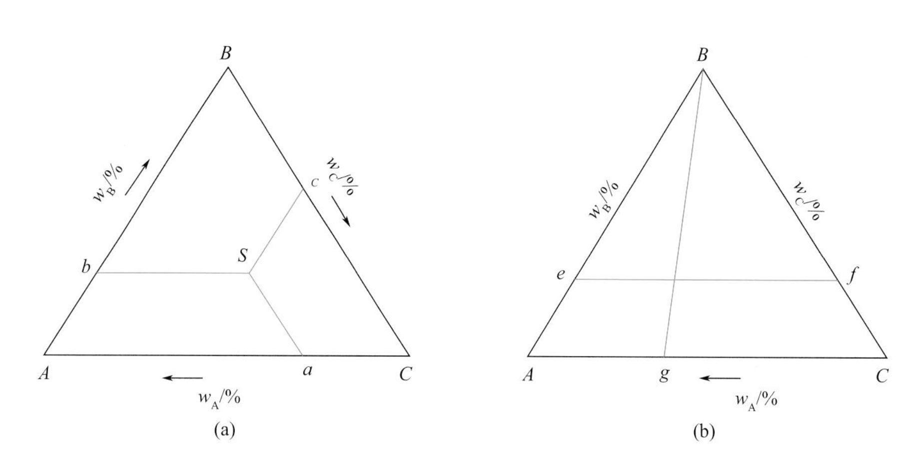

图10-37　等边成分三角形

（a）成分表示方法；（b）三角形中特殊的线

10.6.1.2　三元相图中的杠杆法则和重心定律

（1）直线法则和杠杆法则

材料在加热或冷却转变时，可以由一个相分解成两个或三个平衡相。在一定温度下，三元体系的两相平衡时，体系的平均成分点和两个平衡相的成分点必然位于成分三角形内的一条直线上，该规律称为**直线法则**或三点共线原则，证明如下。

如图10-38所示，设在一定温度下成分点为o的合金处于α+β两相平衡状态，α相和β相的成分点分别为a和b。从图中可读出三元合金o、α相和β相中C组元含量分别为Ao_1、Aa_1和Ab_1；B组元含量分别为Ao_2、Aa_2和Ab_2。设此时α相的质量分数为w_α，则β相的质量分数为$1-w_\alpha$。

α相与β相中B组元质量之和及C组元质量之和应分别等于合金中B和C组元的质量。由此可得到

$$Aa_1w_\alpha+Ab_1(1-w_\alpha)=Ao_1 \tag{10-33}$$

$$Aa_2w_\alpha+Ab_2(1-w_\alpha)=Ao_2 \tag{10-34}$$

移项整理得

$$\frac{Aa_1-Ab_1}{Aa_2-Ab_2}=\frac{Ao_1-Ab_1}{Ao_2-Ab_2} \tag{10-35}$$

这就是解析几何中三点共线的关系式，因此o、a、b三点必在一条直线上。

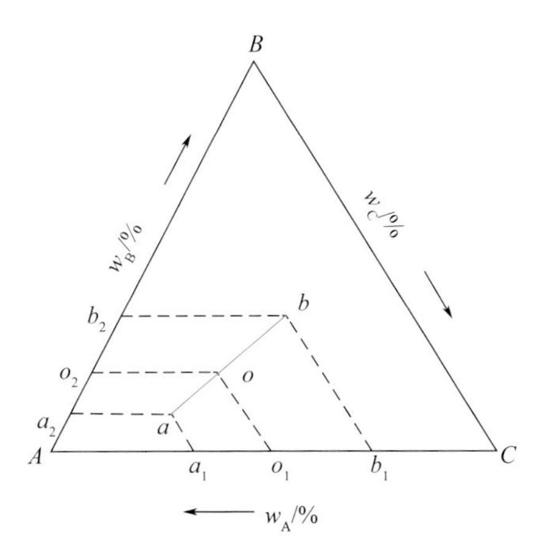

图10-38　共线法则的推导

从前面推导中还可以得出

$$w_{\alpha} = \frac{Ab_1 - Ao_1}{Ab_1 - Aa_1} = \frac{o_1b_1}{a_1b_1} = \frac{ob}{ab} \tag{10-36}$$

这就是三元系中的杠杆法则。

（2）重心定律

在三元体系中，平衡相含量的定量计算较为复杂。对于单相平衡，无须计算；四相平衡则无从计算，因为只要相的成分不变，四个相可以任意比例建立平衡；二相平衡可类比二元体系，用杠杆法则计算；对于三相平衡，相的计算则是一个新问题。

当温度给定时，三相平衡的自由度变为零，三个相的成分必然在一个三角形的三个顶点上，但是这时三个相的相对量仍然可以随合金任意改变，只有当合金成分确定时，三个平衡相的相对量才能计算，其计算方法如图10-39所示。

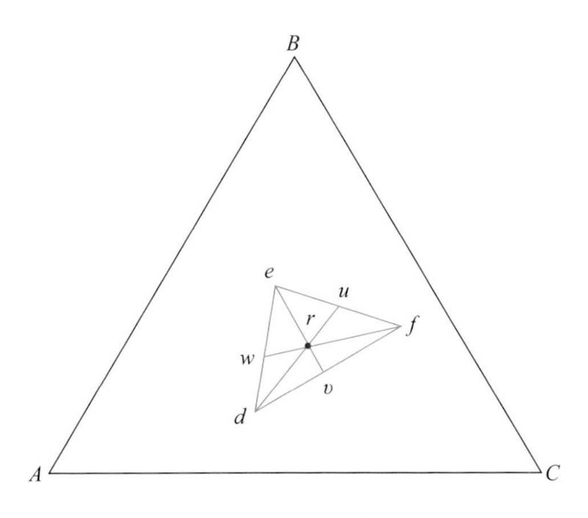

图10-39　重心定律

设合金r在给定温度时，三相α、β和γ处于平衡状态。各相的成分分别相当于d、e、f，$\triangle def$称为重心三角形。连接各顶点与r的直线并延长，分别与各对边交于u、v、w，则三

相的相对量可用式（10-37）确定

$$\begin{cases} \alpha = \dfrac{ru}{du} \times 100\% \\ \beta = \dfrac{rv}{ev} \times 100\% \\ \gamma = \dfrac{rw}{fw} \times 100\% \end{cases} \tag{10-37}$$

式（10-37）被称为**重心法则**，因为若将三个相的量依次看作挂在△def三个顶点上的相应重量，r点可作为这样一个三角形的重心。

10.6.2 三元匀晶相图

10.6.2.1 三元匀晶相图的特征

组成三元合金的三个组元，在液态和固态均能无限互溶，所构成的相图称为三元匀晶相图，如图10-40所示。显然，三组元A、B和C中的任意两个组元都能构成二元匀晶相图，即三元相图的三个棱柱面。三元匀晶相图中，仅发生两相平衡转变。由相律可知，三元体系的两相平衡，自由度$f = 3 - 2 + 1 = 2$，有两个可变因素，所以三元相图中的两相平衡区是一个空间区域。

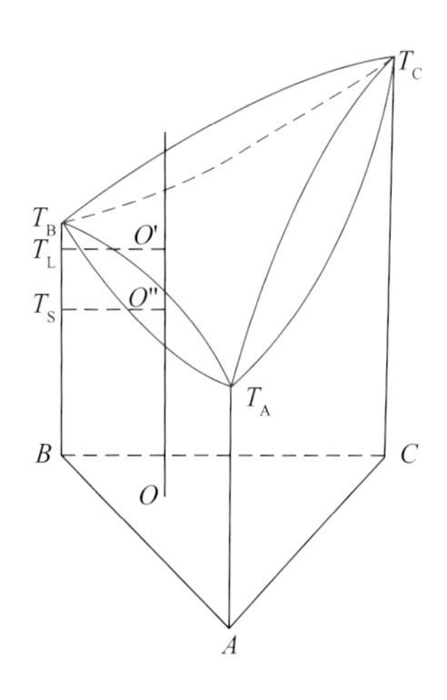

图10-40 三元匀晶相图

三角形ABC是三组元A、B和C的等边成分三角形，与三角形垂直的三个坐标都是温度坐标。图10-40中，T_A、T_B和T_C分别是组元A、B和C的熔点；该相图由凸出的液相面和凹陷的固相面组成；三个通过成分坐标的垂直截面分别是A-B、B-C和C-A二元系匀晶相图。三元匀晶相图中存在三个相区，即液相面以上的液相区L、固相面以下的固相区α和液-固相面之间的两相区L+α。

10.6.2.2 三元固溶体的平衡凝固过程

以图10-40所示的合金O为例，简单分析其平衡凝固过程。过成分点O作一条垂直于成分三角形的垂线，与液相、固相面分别相交于O'和O''点。合金冷却到O'点对应的温度T_L时开始凝固，到O''点对应的温度T_S时凝固结束；之后是固相的自然冷却，凝固结束后，得到均匀的α固溶体。

10.6.3 截面图和投影图

即使是最简单的三元相图，也是由一系列的空间曲面构成的，在三维相图上很难清楚而准确地描绘合金的成分变化和相变温度。因此，在分析三元相图时，常常将三维相图分解成二维平面图形，分解方法有两种，即截面图和投影图，其中截面图包括水平截面图和垂直截面图两种。

10.6.3.1 水平截面图

若将三维立体图形分解为二维平面图形，必须设法“减少”一个变量。如果将温度固定，只剩下两个成分变量，所得的平面图表示一定温度下三元体系状态随成分变化的规律。三元相图中的温度轴与成分三角形垂直，所以固定温度的截面图必定平行于成分三角形。这样的截面称为水平截面，也称为等温截面。

水平截面的外形应该与成分三角形一致，截面图中的各条曲线是这个温度截面与空间模型中各个相界面相截得到的交线，即相界线。图10-41是三元匀晶相图在两相平衡温度区间的水平截面。图中*de*和*fg*分别为液相线和固相线，它们把这个水平截面划分为液相区L、固相区α和固液两相平衡区L+α。

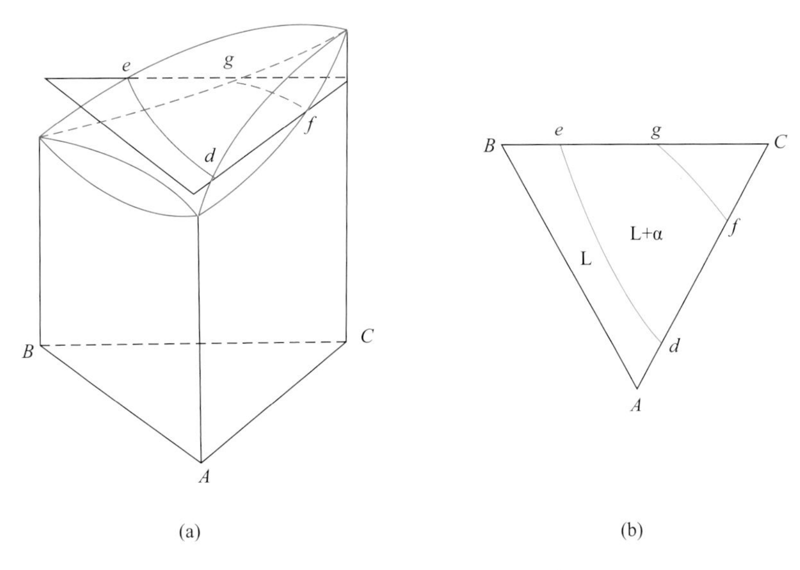

图10-41 三元相图的水平截面图

（a）在三元相图上确定水平截面；（b）水平截面图

10.6.3.2 垂直截面图

固定一个成分变量并保留温度变量的截面，必定与成分三角形垂直，所以称为垂直截面，或称为变温截面。常用的垂直截面有两种：一种是通过成分三角形的顶角，使其他两组元的含量比固定不变，如图10-42（a）的*Ck*垂直截面；另一种是固定一个组元的成分，其他两组元的成分可相对变化，如图10-42（a）中的*ab*垂直截面。*ab*截面成分轴的两端并不代表纯组元，而代表B组元为恒定值的两个二元系A-B和C-B。例如图10-42（b）中原点*a*成分为$w_A = 40\%$，$w_B = 60\%$，$w_C = 0\%$，而横坐标“*s*”处的成分为$w_A = 15\%$，$w_B = 60\%$，$w_C = 25\%$。

需要注意的是，尽管三元相图的垂直截面与二元相图的形状很相似，但是它们之间存在本质上的差别。二元相图的液相线与固相线可以用来表示合金在平衡凝固过程中液相与固相成分随温度变化的规律，而在三元相图的垂直截面图中就不能表示成分随温度变化的关系，也不能用杠杆定律计算两相的相对量，只能用于了解冷凝过程中的相变温度。

10.6.3.3 投影图

将三元立体相图中所有相区的交线都垂直投影到成分三角形中，就得到了三元相图的投影图。利用三元相图的投影图可分析合金在加热和冷却过程中的转变。

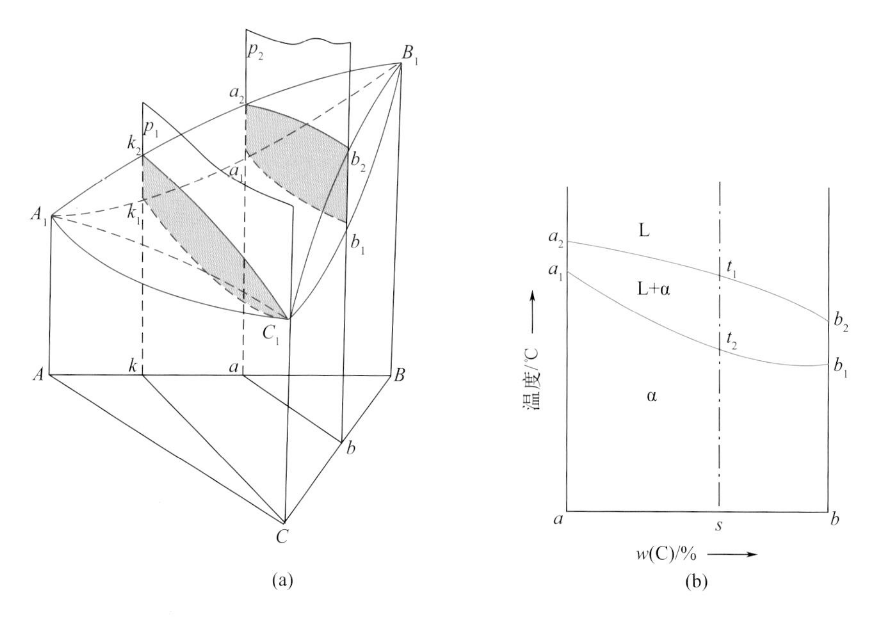

图10-42　三元匀晶相图上的垂直截面

（a）在三元相图上确定垂直截面；（b）垂直截面图

若将一系列不同温度的水平截面中的相界线投影到成分三角形中，并在每一条投影上标明相应的温度，这样的投影图被称为**等温线投影图**。实际上，它是一系列等温截面的综合。等温线投影图中的等温线像地图中的等高线一样，可以反映空间相图中各种相界面的高度随成分变化的趋势。如果相邻等温线的温度间隔一定，则投影图中等温线距离越密，表示相界面的坡度越陡；反之，等温线距离越疏，说明相界面的高度随成分变化的趋势越平缓。图10-43为三元匀晶相图的等温线投影图，其中实线为液相面投影，虚线为固相面投影，相同温度的实线和虚线构成一组共轭线。

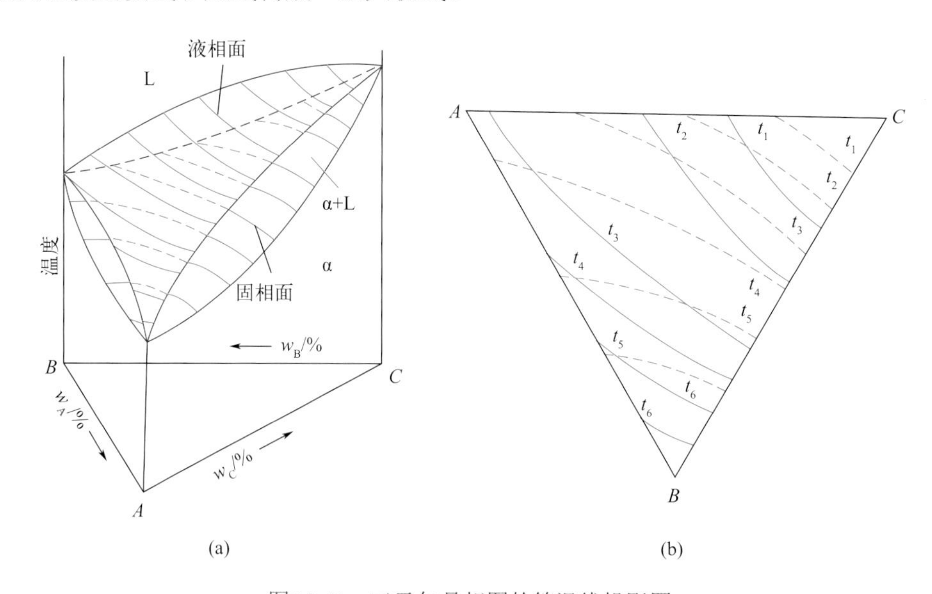

图10-43　三元匀晶相图的等温线投影图

（a）液相面和固相面上的等温线；（b）等温线投影构成投影图

在三元匀晶相图中，只存在两相平衡，发生两相平衡转变时，体系的自由度为2。这意味着，当温度恒定时，还存在一个成分变量。也就是说，在某一温度下发生匀晶转变时，不能在相图中确定液相的成分或固相的成分，只知道液相和固相的成分分别在该温度截面投影图上的液相等温线和固相等温线上变化。必须用实验的方法确定其中一个平衡相的成分，然后根据直线法则确定另外一个平衡相的成分。

这可以用图10-44进一步说明。设在某一温度下，通过两相区作一等温面$A'B'C'$，它必然会与液相面和固相面相交形成两条共轭曲线ab和de。在等温截面$A'B'C'$上，二相区的自由度已变为1，所以α和L只能分别沿这两条共轭线之一变化，它们是一一相对应的。若这时选定液相中一个组元A的百分数$B'x$（相当于成分三角形的Bx），那么它在ab上只能有一个对应的点f（即由x作平行于$B'C'$的直线只能与ab交于一点）。可见，只要给出一个成分变量，液相的成分就确定了，而且同时与L_f平衡的α的成分也确定了，它只能为de线上唯一的点g，换句话说，这时的α和L间只能有一条连接线fg，这就是自由度为1的意义。

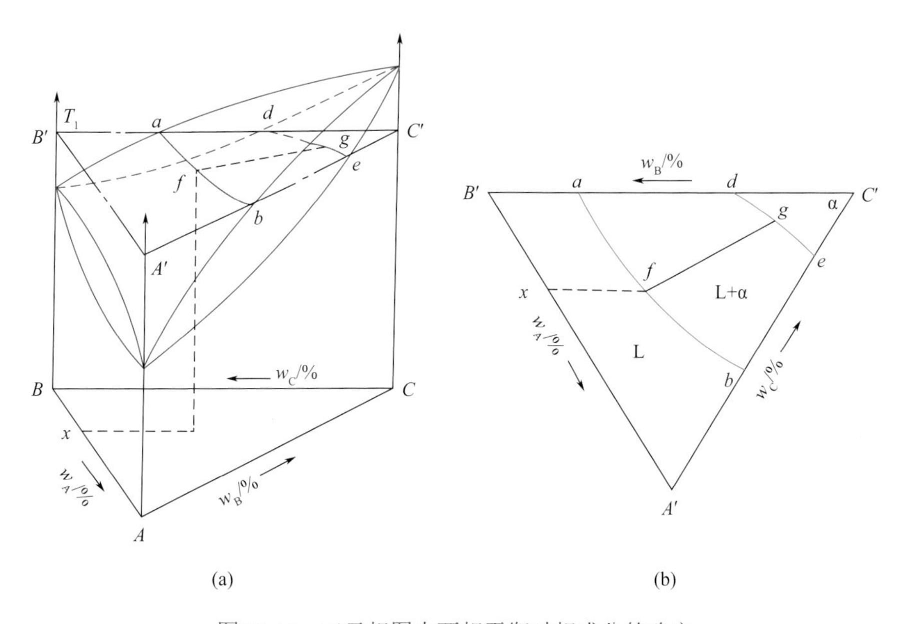

图10-44 三元相图中两相平衡时相成分的确定

（a）液相面和固相面上的共轭曲线；（b）等温截面图上确定两相成分

习题

1. 什么是共晶转变？什么是共析转变？

2. 列举三种典型的相变及其转变表达式。

3. 为什么包晶转变的速度比较慢？

4. 工业纯铁是不是纯铁？

5. 计算$w_C = 3\%$的铁碳合金在室温下的组织中莱氏体、珠光体和共析渗碳体的相对含量。

6. 简述铁碳合金共析转变时碳原子的扩散现象。

7. 列举铁碳相图中的等温转变。

8. 描述Fe-0.45%C合金从液态冷却至室温的过程中发生的相变，并计算室温下组成相的相对含量。

9. 图10-45为Mg-Pb二元相图，写出其中等温相变的表达式。

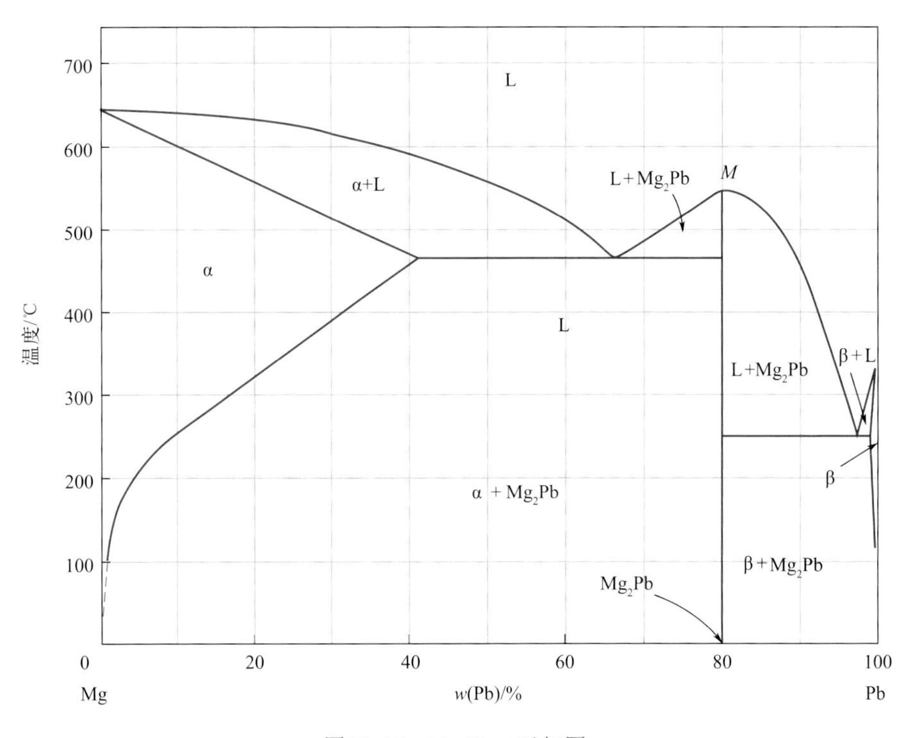

图10-45 Mg-Pb二元相图

10. 在三元相图的成分三角形中，与等边三角形某一边平行的直线和通过等边三角形某顶角的直线上的合金成分有什么特点？

第11章 相变

材料在实际制备和加工过程中，会发生多种相变。例如为了获得理想的力学性能，通常需要利用热处理加工，使材料发生相变，产生特定的相结构。上一章中通过相图分析，详细描述了一元、二元和三元体系的平衡相变过程。根据相变过程中的扩散行为，可以将相变分为三类：一类是通过简单的扩散而进行的相变，在这些相变中相的数量或成分没有变化，包括纯金属的凝固、同素异构转变；另一类为扩散型相变，相的成分和数量都发生了变化，最终的材料经常由多相组成；第三类相变是非扩散型相变，这种相变会产生亚稳相，某些合金钢中的马氏体转变属于这种类型。

在相变过程中，通常会形成至少一个具有不同物理、化学特性和不同结构的新相。此外，大多数相变并不是瞬间发生的，可以分为两个明显的阶段：形核和长大。**形核**是出现非常小的新相颗粒或晶核（通常只由几百个原子组成），这些晶核具有进一步长大的能力。在长大阶段，这些晶核逐渐增大，导致部分或全部的母相消失。如果允许这些新相颗粒长大到热力学平衡状态，相变才会完成。

下面，我们着重讨论液固相变过程中的形核和长大机制，介绍相变过程中的热力学和动力学，分析决定相变过程的自由能变化以及影响转变速率的因素。随后介绍固态相变的主要特点，并对铁碳合金的组织结构演变进行讨论，介绍等温转变和连续冷却转变的概念以及重要的固态相变，包括珠光体转变、贝氏体转变和马氏体转变等。

11.1 相变过程中的形核

形核是相变的起始步骤，决定了新相的初始形态和数量。根据形核发生的位置，可以将形核分为**均匀形核**和**非均匀形核**（也称为**异质形核**）。均匀形核发生在材料内部，由一些原子团直接形成，不受缺陷、杂质粒子、界面或外表面的影响；相反，非均匀形核通常依附已有的缺陷、杂质、界面或外表面形核。这两种形核过程的发生依赖特定的热力学条件。

实际的液相中不可避免地存在杂质和外来表面，凝固方式主要是非均匀形核，但是非均匀形核的基本原理是建立在均匀形核基础上的，因此下面我们首先讨论比较简单的均匀形核，然后再将这些原理扩展到非均匀形核中。

11.1.1 均匀形核

11.1.1.1 形核过程中的能量变化

凝固过程大多是在恒温和常压下进行的，而且在液态到固态的转变中体积的变化较小（ΔV <5%），因此凝固过程的能量变化通常用吉布斯自由能（G）分析。吉布斯自由能是由其他热力学参数构成的函数，其中之一是系统的内能（即焓，H），另一个是原子或分子的无序程度（即熵，S）。与相变直接相关的是自由能的变化，只有自由能下降时，即其值为负值时，相变才会自发发生。

为了简化讨论，我们首先考虑纯材料的凝固过程。液相中存在许多时聚时散的短程有序结构，这被称为**结构起伏**。当温度降到熔点以下时，在液相中的这种短程有序原子集团，就可能成为均匀形核的**晶胚**，其中的原子呈现晶体的规则排列。需要注意的是，晶胚不是晶核，它是尺寸比晶核还要小的原子团簇，有可能进一步演变成晶核，也有可能失去短程有序结构，在液相中消失。

如图11-1所示，假设晶胚是球形的，半径为r。在凝固转变中，两个因素会导致总自由能的变化。第一个是固相和液相之间的自由能差，也就是**体积自由能**。如果温度低于平衡凝固温度，这个差值为负数，其贡献值等于单位体积自由能ΔG_V和晶胚体积（即$\frac{4}{3}\pi r^3$）的乘积。第二个能量贡献来自在转变期间固-液相界面的形成，即表面自由能，它是正值，这个贡献值等于单位面积的表面能σ与晶胚表面积（即$4\pi r^2$）的乘积。因此，形成半径为r的球形晶胚的总自由能变化ΔG为

$$\Delta G = \frac{4}{3}\pi r^3 \Delta G_V + 4\pi r^2 \sigma \tag{11-1}$$

图11-2显示了在低于熔点的某个温度下，ΔG随晶胚半径r的变化。随着r的增加，体积自由能逐渐降低，而表面自由能逐渐增大，当晶胚半径为r^*时，ΔG达到最大值。当r <

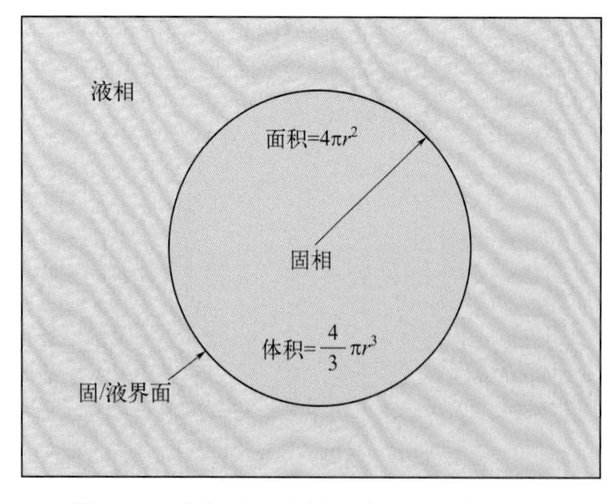

图11-1 液相中形成的一个球形固体颗粒

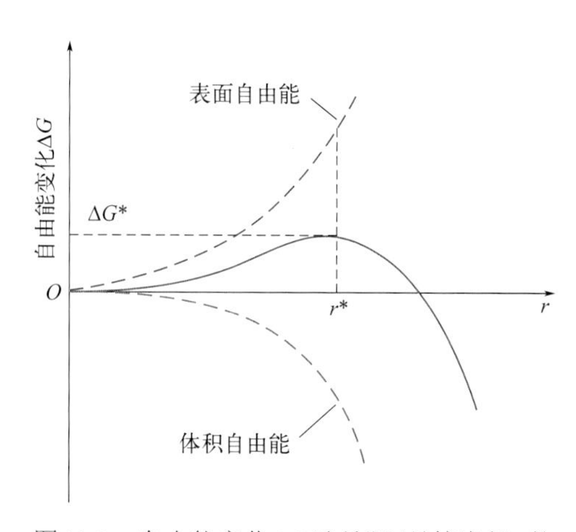

图11-2 自由能变化ΔG随晶胚/晶核半径r的变化规律

r^*时，表面自由能占主导地位，ΔG随着r的增大而增加；当$r > r^*$，体积自由能占主导地位，ΔG随着r的增大而减小。这意味着当$r < r^*$时，晶胚的长大将导致体系自由能的增加，因此这种尺寸的晶胚不稳定，倾向于重新溶解在母相基体中。只有当晶胚半径$r \geqslant r^*$时，这些晶胚才可能成为实际的**晶核**。因此，将半径为r^*的晶核称为**临界晶核**，而r^*称为晶核的**临界半径**。

在临界半径处产生的**临界自由能**ΔG^*，是图11-2中曲线的最大值。这个ΔG^*就是形核的激活自由能，简称激活能或活化能，它是形成稳定晶核所需的自由能，可以被视为形核过程的能量障碍，也被称为**形核功**。

由于ΔG在$r = r^*$处为最大值，我们可以通过ΔG对r求导计算临界半径r^*，即

$$\frac{\mathrm{d}(\Delta G)}{\mathrm{d}r} = \frac{4}{3}\pi\Delta G_V\left(3r^2\right) + 4\pi\sigma\left(2r\right) = 0 \tag{11-2}$$

可求得晶核的临界半径r^*为

$$r^* = -\frac{2\sigma}{\Delta G_V} \tag{11-3}$$

将式（11-3）代入式（11-1）中，可得到ΔG^*的表达式

$$\Delta G^* = \frac{16\pi\sigma^3}{3\Delta G_V^{\ 2}} \tag{11-4}$$

下面，我们进一步对体积自由能变化ΔG_V进行分析。ΔG_V是温度的函数，在平衡凝固温度（T_{m}）处，ΔG_V的值为零；随着温度的降低，ΔG_V变得越来越负。ΔG_V为

$$\Delta G_V = -\frac{\Delta H_{\mathrm{m}}\Delta T}{T_{\mathrm{m}}} \tag{11-5}$$

式中，ΔH_{m}为熔化的潜热（即在凝固过程中放出的热量）；$\Delta T = T_{\mathrm{m}} - T$，是熔点$T_{\mathrm{m}}$与实际凝固温度$T$之差。我们定义$\Delta T$为**过冷度**，用来描述液体过冷到理论熔点以下的程度。根据式（11-5），为了使$\Delta G_V < 0$，必须确保温度$\Delta T > 0$，即$T < T_{\mathrm{m}}$。换句话说，过冷度是凝固的必要条件，当温度下降到理论熔点以下的某一温度时，凝固过程才能自发进行。ΔG_V的绝对值也被称为凝固过程的驱动力。过冷度越大，ΔG_V的绝对值越大，凝固过程的驱动力也越大。

将式（11-5）代入式（11-3）和式（11-4）中可得

$$r^* = \frac{2\sigma T_{\mathrm{m}}}{\Delta H_{\mathrm{m}}\Delta T} \tag{11-6}$$

$$\Delta G^* = \frac{16\pi\sigma^3 T_{\mathrm{m}}^{\ 2}}{3(\Delta H_{\mathrm{m}}\Delta T)^2} \tag{11-7}$$

图11-3显示了r^*和ΔG^*随过冷度ΔT的变化情况。随着过冷度的增大，r^*和ΔG^*均快速下降。

仅有一定的过冷度，还不足以发生凝固。为了使晶胚的尺寸达到临界半径，过冷度必

11

须达到一定的数值。如图11-4所示，晶胚最大尺寸r_m与过冷度有关。如果过冷度较小，原子的运动活跃，能够形成的晶胚尺寸较小，而当温度降低，过冷度增大，原子可动性降低，则可形成的晶胚尺寸r_m较大。当$r_m > r^*$时，形核才可能发生。$r_m = r^*$时的过冷度为**临界过冷度**ΔT^*，也称**有效过冷度**。实验表明，对大多数液体而言，其均匀形核的相对过冷度$\Delta T^*/T_m$为0.13～0.27，或者说临界过冷度大约为熔点绝对温度的0.2倍（$\Delta T^* \approx 0.2\ T_m$）。表11-1列出了一些纯金属均匀形核所需的过冷度。

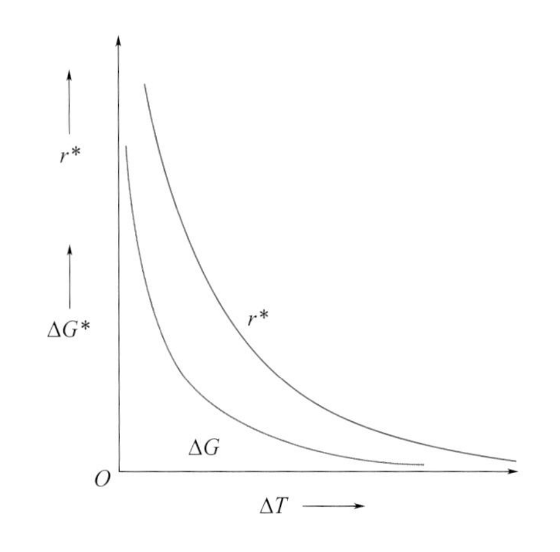

图11-3　过冷度对形核参数r^*和ΔG^*的影响

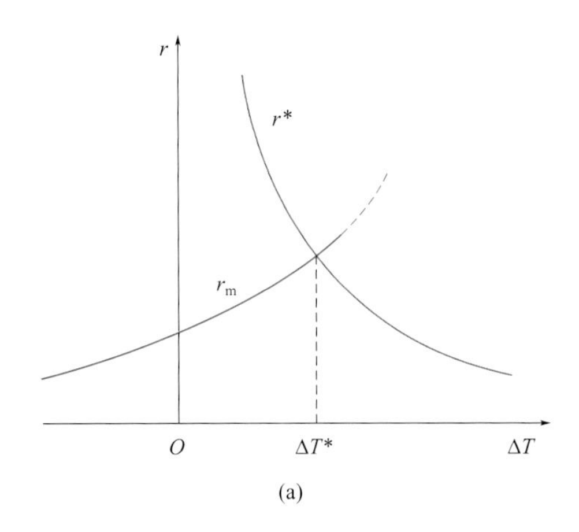

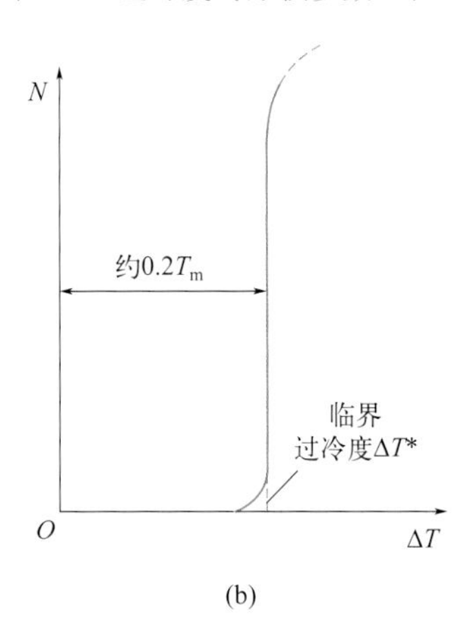

图11-4　晶胚尺寸和晶核临界半径与过冷度的关系（a）及形核数量与过冷度的关系（b）

表11-1　常见纯金属均匀形核所需的过冷度

金属	熔点T_m/K	过冷度ΔT/K
Fe	1803	295
Al	931.7	130
Cu	1356	236
Au	1336	230
Ag	1233.7	227
Sn	505.7	105
Hg	234.3	58
Pb	600.7	80
Pt	2043	370

接下来，我们分析形核过程中的表面能变化。对于临界晶核，其表面积为

$$A^* = 4\pi r^{*2} = \frac{16\pi\sigma^2}{\Delta G_V^{\ 2}} \tag{11-8}$$

因此，与式（11-4）对比可知，临界形核功为

$$\Delta G^{*}=\frac{1}{3}A^{*}\sigma \tag{11-9}$$

可见，临界晶核形成时的形核功是表面能的1/3，这说明形成临界晶核时系统的吉布斯自由能仍然是增加的，是正值。这意味着对于具有临界半径的晶胚，液、固相之间的吉布斯自由能差ΔG_V可以补偿临界晶核形成时所需表面能的2/3，而余下的1/3则需要依靠液体中存在的能量起伏来补足。

11.1.1.2 形核率

形核率是单位时间、单位体积内形成晶核的数目，是描述结晶动力学的重要参数。因为晶核是通过原子的扩散运动形成的，所以在形成稳定晶核的过程中有两个重要的热激活步骤。首先，形核率$\dot{N}$与稳定存在的晶核的数量n^*成比例，而形核必须克服ΔG^*的能垒，所以n^*为

$$n^{*}=K_1\exp(-\frac{\Delta G^{*}}{kT}) \tag{11-10}$$

式中，K_1为固相中晶核的总数目；k为玻尔兹曼常数；T为绝对温度。

同时，在形核过程中原子发生扩散和重新排列，所以形核率$\dot{N}$还取决于晶核形成过程中通过原子短程扩散形成团簇的能力，这种扩散效应与原子附着固态晶胚的频率v_d有关，v_d为

$$v_d=K_2\exp(-\frac{Q_d}{kT}) \tag{11-11}$$

式中，Q_d为扩散的激活能，是与温度无关的参数。

由此可得

$$\dot{N}\propto\exp(-\frac{\Delta G^{*}}{kT})\exp(-\frac{Q_d}{kT}) \tag{11-12}$$

根据式（11-12），可以进一步理解形核率随温度的变化，如图11-5所示。以凝固过程

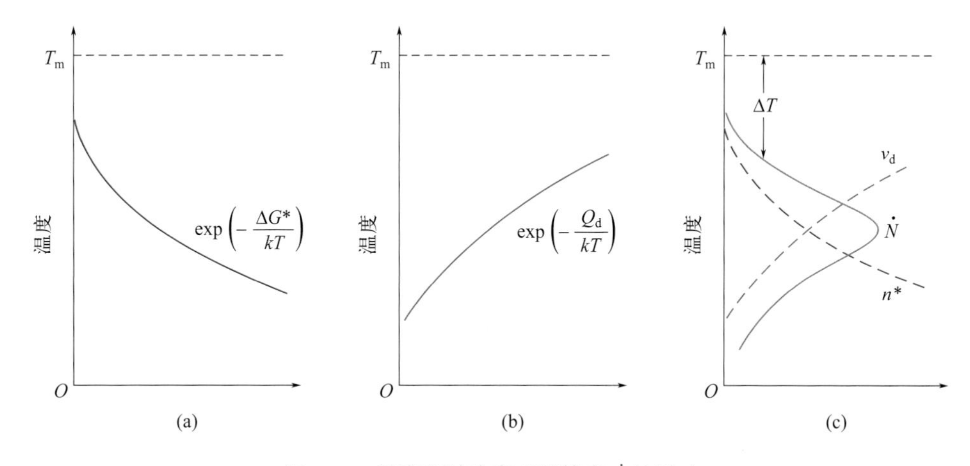

图11-5 温度和过冷度对形核率$\dot{N}$的影响

（a）n^*随温度的变化；（b）v_d随温度的变化；（c）$\dot{N}$随温度的变化

11

为例，在接近T_m温度时，扩散速率很快；但由于过冷度ΔT很小，根据式（11-7），可以看出ΔG^*很大，因此只有很少的晶胚能够获得足够的能量达到临界尺寸r^*，形核率$\dot{N}$很低。在非常低的温度下，ΔT很大，ΔG^*很小，但由于扩散速率非常慢，原子不能再移动并形成晶核，因此$\dot{N}$仍然很低。在中间温度下，扩散速率比较快，ΔG^*不太大，$\dot{N}$达到最大值。这个形核率最大值可能出现在明显低于T_m的温度下。

11.1.2 非均匀形核

均匀形核的过冷度可能很大，对于纯金属，会高达数百摄氏度，但是在实际情况下，通常只需要几摄氏度的过冷度就可以发生形核。这是因为在实际情况下，形核很少是均匀的，大多发生了**非均匀形核**。非均匀形核的表面可以是容器的壁面，或是在凝固过程中有意或无意引入熔体的外来颗粒，或是在固-固转变中的晶界。

为了理解这一现象，假设形核在一个平坦的基底表面进行，从液相中形成一个固体晶核。假设液相和固相晶核都“润湿”了这个平坦表面，也就是说，都展开并覆盖了表面，如图11-6所示。固相晶核-基底表面（σ_{SB}）、固相晶核-液相（σ_{SL}）和液相-基底表面（σ_{LB}）的界面能与界面张力相等；θ为润湿角，即σ_{SB}和σ_{SL}矢量之间的夹角。当固相晶核在基底表面稳定存在时，液相、晶核和基底之间的界面张力存在以下平衡关系

$$\sigma_{LB} = \sigma_{SB} + \sigma_{SL}\cos\theta \tag{11-13}$$

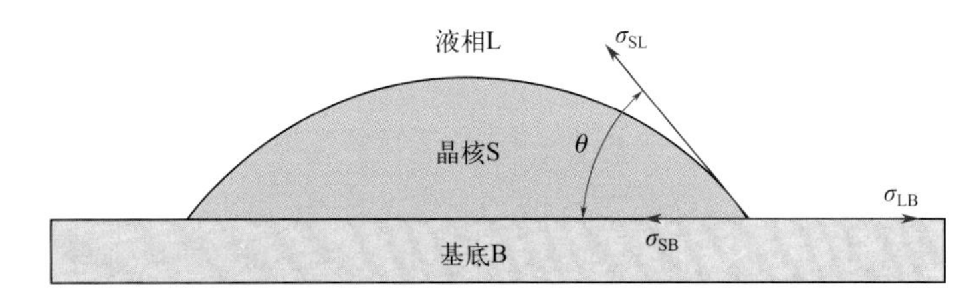

图11-6 固相从液相中非均匀形核

与上面均匀形核的过程类似，可以推导出r^*和ΔG^*的表达式

$$r^* = -\frac{2\sigma_{SL}}{\Delta G_V} \tag{11-14}$$

$$\Delta G^* = \frac{16\pi\sigma_{SL}^3}{3(\Delta G_V)^2} \times S(\theta) \tag{11-15}$$

式（11-15）中的$S(\theta)$项仅取决于θ（即晶核的形状），其数值在0和1之间，称为**形状因子**。

从式（11-14）中可知，因为σ_{SL}与式（11-3）中的表面能相同，所以非均匀形核的临界半径r^*与均匀形核相同。此外，非均匀形核的形核功ΔG_{het}^*［式（11-15）］比均匀形核的形核功ΔG_{hom}^*［式（11-4）］小，差别就在于$S(\theta)$函数的值，即

$$\Delta G_{het}^* = \Delta G_{hom}^* \times S(\theta) \tag{11-16}$$

图11-7（a）对比了非均匀形核与均匀形核在形核功方面的差别，可以明显看出非均匀形核所需的形核功明显低于均匀形核所需的形核功。与此相对应，非均匀形核所要求的临

界过冷度也显著低于均匀形核所需的临界过冷度，如图11-7（b）所示，非均匀形核的临界过冷度大约为熔点温度的0.02倍。

非均匀形核显著降低了凝固开始所需的临界过冷度，并且在相同的过冷条件下，由于形核功较小，形核率得以显著提高。

根据这个原理，为了在铸造工艺的凝固过程中获得更细小的晶体结构，通常会向液态金属中人工添加微小弥散的形核剂。这些形核剂与结晶的固相之间的界面能越低，则它们的形核效率就会越高。形核剂越分散，形核的位置就越多，从而在凝固后得到更细的晶粒结构。通过引入形核剂来控制晶粒尺寸，是铸造工艺中一项关键的技术，这一过程也被称为**孕育处理**或**变质处理**。

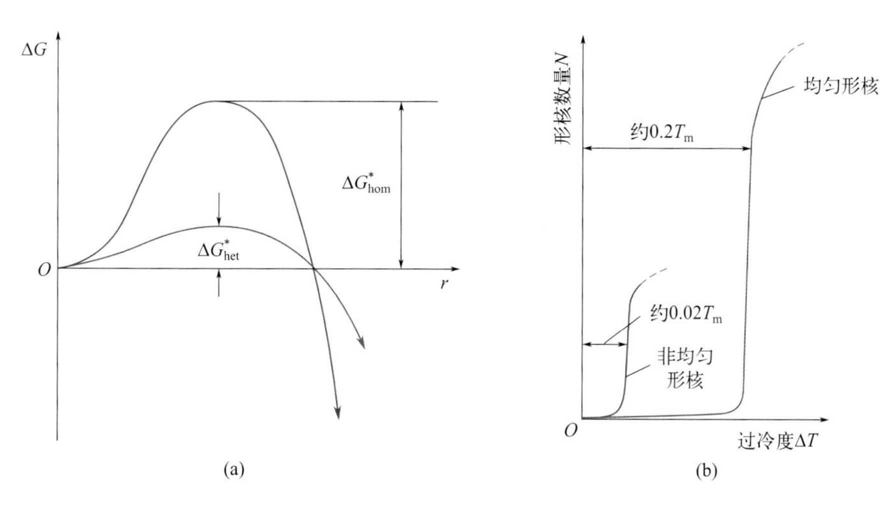

图11-7　非均匀形核与均匀形核的对比

（a）形核功；（b）临界过冷度

材料史话11-1　形核理论发展史

在材料科学中，形核是一个非常关键的概念，涉及新的晶体相在母体相中开始形成的过程。这个领域的研究历经百年，众多科学家作出了重要贡献。

早在1900年以前，美国物理学家J. W. Gibbs就研究了相变中的均匀形核，重点分析微小晶核形成时自由能的尺寸依赖性。A. Einstein于1910年探究了分子运动如何引发蒸气中液滴的自发形核，着重研究分子动力学对形核过程的影响。德国化学家M. Volmer和A. Weber于1926年研究了气相中液滴的均匀形核机制，提出了Volmer-Weber形核理论，并在1929年扩展到对非均匀形核的研究。1935年，德国理论物理学家R. Becker和W. Döring进一步修正了Volmer的理论，引入Zeldovich因子，形成了Becker-Döring形核理论。1949年美国通用电气公司的D. Turnbull和J.C. Fisher系统研究了液相中固相的形核过程，提出了Turnbull-Fisher理论。Turnbull在形核方面的重大贡献在于提出了一种分离小液滴的方法，摆脱了非均匀形核的杂质干扰。Volmer、Becker、Turnbull等都为形核率的数学表达作出了贡献。J.W. Cahn于1956年和1957年分别推导了固态相变非均匀形核的动力学模型和位错上非均匀形核的条件。1970年，K.C. Russell提出了凝聚体系稳态均匀形核率的理论。

这些科学家对形核理论发展作出的重要贡献，为我们理解和控制材料的相变过程提供了深刻的理论基础。

11.2 相变过程中的晶核长大

当晶核的尺寸超过临界半径（$r > r^*$），晶体就开始长大，原子从母相转移到新相的界面。晶体长大的过程和速率受到多种因素的影响，包括温度、压力、界面能和母相的过饱和度等。长大过程的动力学机制决定了最终微观结构的特征。稳定晶核的长大由原子移动并附着在晶核上的速率决定。由于这两个过程都需要原子的移动，因此长大速率受扩散控制。长大速率与温度的关系为

$$\dot{G} = A\exp(-\frac{Q}{kT}) \tag{11-17}$$

式中，Q为激活能；A为指前因子。Q和A均与温度无关。

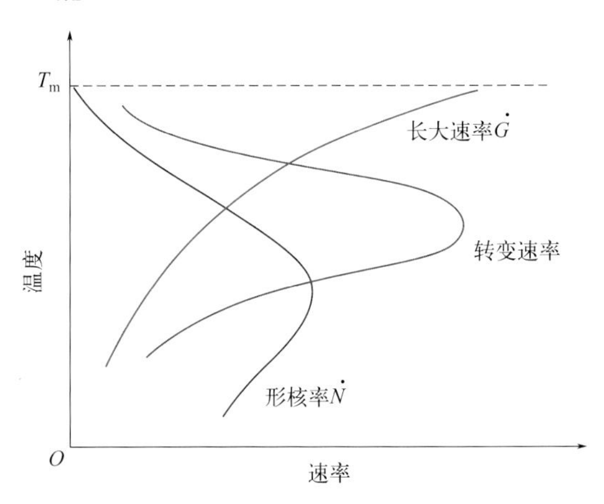

图11-8 温度对形核率、长大速率和转变速率的影响

图11-8中示意了形核率、长大速率及转变速率与温度的关系。其中，转变速率为形核率和长大速率的叠加，其曲线的形状与形核率基本一致。在低温和接近熔点的情况下，转变速率较低；在中间的温度范围内，转变速率达到最大值。转变速率的曲线相对于形核率曲线总体上移。这个转变规律不仅适用于液-固转变的凝固过程，同样也适用于固-固转变和固-气转变。

图11-8中转变速率与温度的关系曲线可以用来说明不同温度条件下材料晶体生长动力学的差异。例如，接近熔点T_m时的转变，由于形核率相对较低，而长大速率较高，结晶数较少但生长迅速，最终形成相对较大的颗粒，即粗晶结构。相反，在较低的转化温度下，形核率较高而长大速率较低，导致产生许多小晶粒，形成细晶结构。

可以将转变速率定义为使转变完成至一定程度所需时间的倒数。例如用转变一半所需的时间$t_{0.5}$定义转变速率，即

$$转变速率 = \frac{1}{t_{0.5}} \tag{11-18}$$

因此，如果以转变时间的对数（$\lg t_{0.5}$）对温度作图，能够得到如图11-9（a）所示的“C”形曲线。该曲线与图11-9（b）中转变速率的曲线由同一组数据产生，只是横坐标采用了转变速率倒数（转变时间）的对数坐标。相变动力学也通常用这种时间（即转变到一定程度时所需时间）的对数与温度的关系曲线来表示。

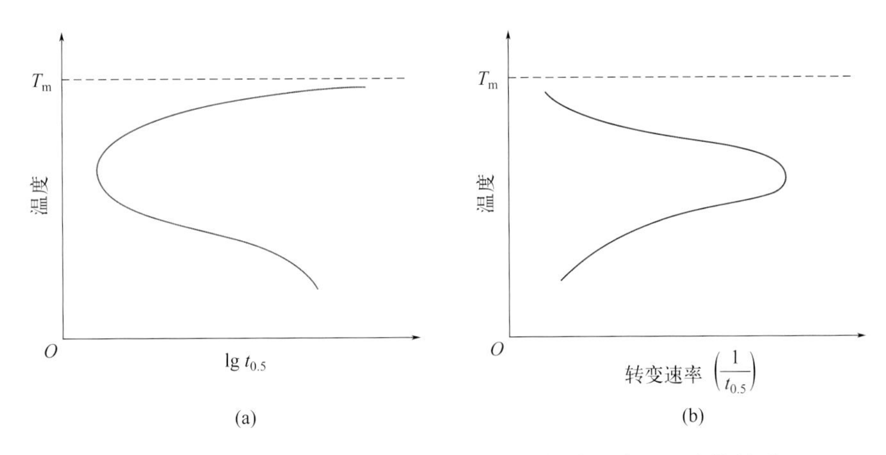

图11-9 转变时间的对数与温度的关系（a）和转变速率与温度的关系（b）

11.3 固态相变

11.3.1 固态相变的特点

固态到固态的相变，简称**固态相变**，是固体内部结构的改变，不涉及液态到固态的转变。这种相变的动力学可能涉及晶格重排、原子扩散等。固态相变的动力学复杂多变，通常受到温度和时间的影响。

尽管前文只讨论了液态到固态的相变，但这些结果也适用于固态到固态的相变。从热力学角度来说，固态相变与液固相变相比，一些规律是相同的，其共同点是：相变驱动力都是新旧两相之间的自由能差；相变都包含形核与长大两个基本过程。二者在相变特点上的区别在于固态相变的母相为固体，具有确定形状、较高切变强度，内部原子按点阵规律排列，并且不同程度地存在着成分不均匀的结构缺陷。因此，固态相变与液-固相变相比，必然存在一系列新的特征，具体表现在以下几方面。

① 相变驱动力来源于两相自由能之差，差值越大，越有利于转变的进行。同时，固态相变与固-液相变相比，相变阻力更大。这是因为界面能增加，并且扩散更难进行。此外，相变前后的体积变化，还增加了额外弹性应变能。

② 新相晶核与母相之间存在一定的晶体学位向关系，新相的某一晶面和晶向分别与母相的某一晶面和晶向平行。

③ 新相沿特定的晶向在母相特定晶面上形成，通常是沿应变能最小的方向和界面能最低的界面，从而通过降低界面能和应变能而减小相变阻力。

④ 母相晶体缺陷可促进相变。固态金属中存在各种晶体缺陷，如位错、空位、晶界和亚晶界等。由于缺陷周围有晶格畸变，缺陷储存的畸变能在固态相变时会释放出来作为相变驱动力的组成部分，因此新相往往在这些缺隙处优先形核，从而提高形核率。母相晶粒越细小，晶界越多，晶内缺陷越多，形核率越高，转变速度越快。

⑤ 易出现亚稳定的过渡相，其成分和结构介于新相和母相之间。因为固态相变阻力大，原子扩散困难，尤其是当转变温度较低，新、旧相成分相差较远时，难以形成稳定相。

亚稳相是为了克服相变阻力而形成的一种协调性的中间转变产物，在一定条件下可以逐渐转变为自由能最低的稳定相。

11.3.2 固态相变动力学

在动力学方面，一般来说固态到固态相变过程中的形核率要比液态到固态过程中的形核率低得多，因此对时间的依赖性（即转变动力学）也是一个需要考虑的重要因素。转变速率慢主要由以下几个因素造成。

① 固体中的扩散速率比液体中的要慢得多，这意味着原子更难重新排列形核。

② 固-固界面能通常要比液-固界面能大得多，这意味着在固体母相中形核时 ΔG^* 会增加。

③ 固态相变的 ΔG_V 通常小于液-固转变，这也会增加 ΔG^*。

④ 由于形核通常伴随着体积变化，因此在固-固转变中还必须包括应变能，这个应变能是正的，因此会增加 ΔG^*。该应变能在液-固转变中不存在，因为液体可以轻松流动以适应由晶核存在引起的膨胀或收缩。

由于上述影响，固态相变难以达到完全平衡的状态，并且这些反应的形核通常非常缓慢，因此可以利用固态相变发生得非常缓慢的这种现象来改变材料的组织，从而改变它们的性能。

在许多动力学研究中，会在恒定温度下测量已发生的反应部分与时间的关系。通过显微结构观察或测量一些物理性质（如电导率）来确定转变的程度，而这些物理性质的数值特征与形成的新相有关。将得到的数据通常以转变程度（形成新相的比例）为纵坐标，时间的对数值为横坐标来绘制曲线，因此大多数固态反应的典型动力学行为都呈现类似图11-10中的S形曲线。形核和长大阶段也表示在图11-10中。

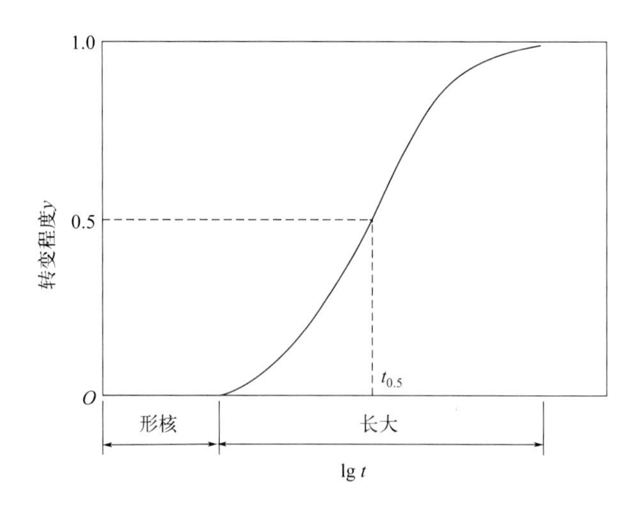

图11-10 在恒定温度下，固态相变中已发生转变的部分与时间对数值的关系

对于图11-10中固态相变的动力学行为，其转变程度 y 与时间 t 的关系可以用阿夫拉米（Avrami）方程表达，即

$$y = 1 - \exp(-kt^n) \tag{11-19}$$

式中，k和n是在特定反应中与时间无关的常数。

此外，温度也会对固态相变动力学产生重要影响，从而影响转变速率。本章将在后续的内容中进一步讨论关于温度和时间对固态相变的影响。

11.3.3 亚稳态和平衡态

亚稳态是指系统在特定条件下相对稳定，但不是最稳定的状态；而**平衡态**是系统能达到的最稳定状态。以合金的相变为例，相变可以通过改变温度、成分和外部压力来实现，其中最方便的方法是通过热处理改变温度，从而诱导相变。这相当于将给定成分的合金加热或冷却，使其穿过成分-温度相图上的相界线。平衡状态描述了产物相、各相组成和相对量，在相变过程中，合金会朝着相图所示的平衡状态发展。大多数相变需要一定的时间才能完成，因此转变速率对于热处理和微观结构演变之间的关系非常重要。

相图的局限性在于无法指示达到平衡状态所需的时间。对于固态相变体系来说，接近平衡状态的速度非常慢，很少能够达到真正的平衡结构。只有在不切实际的极慢速度下进行加热或冷却时才能维持平衡条件。对于非平衡冷却，相变会移动到比相图所示的温度更低的温度，这种现象称为过冷；对于非平衡加热，相变则会移动到更高的温度，这种现象称为**过热**。过冷或过热的程度取决于温度变化的速率，冷却或加热速度越快，过冷或过热的程度就越大。例如，对于正常的冷却速率，铁-碳共析反应发生的温度通常会比平衡转变温度低10～20℃。

对工程应用中重要的合金来说，首选的状态或微观结构是介于初始状态和平衡态之间的亚稳态，有时候人们希望得到远离平衡态的结构。因此，有必要研究时间对相变的影响。在许多情况下，这种动力学信息比最终平衡状态的信息更有价值。

11.4 等温转变

铁-碳合金是应用最广泛的合金体系，通过固态相变可以形成类型丰富的微观组织和范围很宽的力学性能。下面，我们将固态相变的一些基本动力学规律具体应用于铁-碳合金体系中，讨论热处理、微结构的变化及其与力学性能之间的关系。

11.4.1 珠光体转变

11.4.1.1 等温转变图

共析反应在铁基（例如铁-碳）和非铁基（例如铜-铝、铜-锡）合金体系中都会发生，在工业上对钢的硬化过程具有特殊的重要性。在铁-碳合金体系中，γ相奥氏体是碳在FCC铁中的固溶体，会在冷却过程中分解，形成**珠光体**组织，其由铁素体和渗碳体的交替片层组成。$Fe\text{-}Fe_3C$相图中的共析反应为

$$\gamma(0.77\%\ C)\underset{加热}{\overset{冷却}{\rightleftharpoons}}\alpha(0.022\%\ C)+Fe_3C(6.69\%\ C) \quad (11\text{-}20)$$

温度在奥氏体向珠光体的转变速率中扮演着重要角色。对于共析组分的铁-碳合金（共

析钢），其温度依赖性如图11-11所示，图中显示了在三种不同温度下，转变程度与时间的对数之间的S形曲线。每条曲线都是由100%奥氏体组成的试样迅速冷却到图中所示温度后收集的数据绘制而成，并且该温度在整个反应过程中保持恒定。

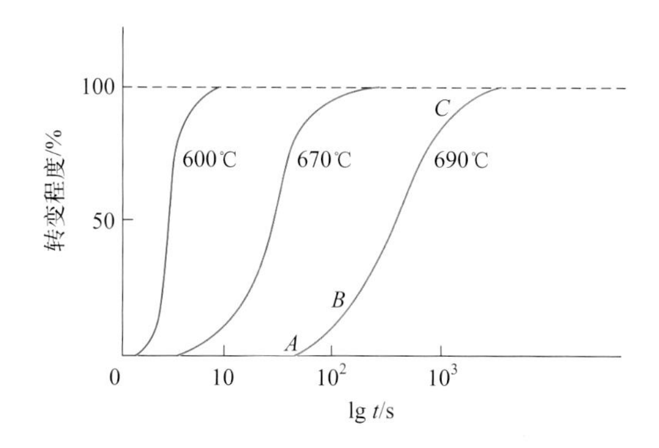

图11-11　共析钢中奥氏体向珠光体转变的等温转变程度与时间的对数关系

（A、B、C将690℃转变过程分为三个不同阶段）

图11-12清晰地显示了珠光体转变时间与温度的关系。图中绘制了两条实线曲线和一条虚线曲线：两条实线分别表示在不同温度下启动和结束珠光体转变所需的时间，虚线则表示完成50%珠光体转变所需的时间。在共析温度727℃以上的所有时间内，只有奥氏体存在。要发生奥氏体到珠光体的转变，必须将合金过冷到低于共析温度。转变开始和结束所需的时间取决于温度，转变开始和结束曲线几乎是平行的。在转变开始曲线的左侧，只有奥氏体（不稳定）存在，而在结束曲线的右侧，只有珠光体存在。在两者之间，奥氏体逐渐转变为珠光体，因此这两种微观组织会同时存在。

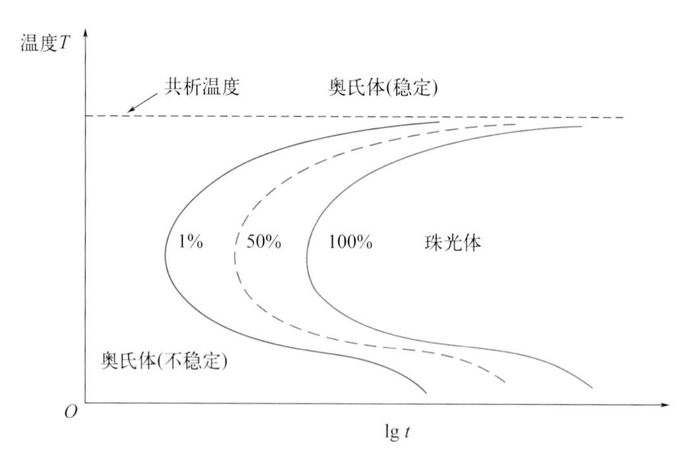

图11-12　珠光体转变的等温曲线

根据式（11-18），在某个特定温度下，转变速率与转变达到50%所需的时间成反比，即时间越短，转变速率越高。因此，根据图11-12，在接近共析温度的温度下（对应于很小的过冷程度），需要很长时间才能完成50%珠光体转变，速率非常慢。随着温度的降低，转变速率增大。

这种温度保持不变的条件称为**等温条件**，图11-12通常被称为**等温转变图**，或者时间-

温度-转变（time-temperature-transformation，TTT）图。因为曲线的形状与字母“C”相似，所以也被称为**C曲线**。通过TTT图，我们可以更详细地讨论固体中扩散相变的性质。此外，一些非扩散相变在微观结构演变中也起着重要作用，也可以叠加在TTT图上。

图11-12的应用也有局限性。首先，该图仅适用于铁-碳合金中的共析组分，对于其他成分的合金，曲线会有不同的形状或位置。换句话说，每种合金有其自身适用的TTT图。此外，TTT图仅准确描述了合金在整个反应过程中温度保持恒定的转变情况，而实际生产中相变温度往往是连续变化的。

11.4.1.2 珠光体的形核和长大

如果将一个共析成分的奥氏体试样迅速转移到在720℃和550℃之间的恒温水浴或油浴中，将得到类似图11-11所示的转变曲线。这些曲线典型地表现出珠光体形核和生长过程，其转变程度随时间的推移呈现如阿夫拉米方程［式（11-19)］描述的关系。在转变的初始阶段，奥氏体中含有一些小的珠光体团，这些珠光体团在*A*到*B*期间长大（图11-11中的690℃曲线），同时还会形成更多的晶核。由于这些晶核较小，它们的总体积仅占原始奥氏体的一小部分。在*B*到*C*阶段，转变速率加快，随着珠光体团长大，奥氏体和珠光体团之间的接触面积也随之增加，因此珠光体的体积越大，用于沉积更多转变产物的表面积就越大。在*C*点，不断长大的珠光体团开始相互碰撞，珠光体和奥氏体之间的接触面积减小，从这个阶段开始，珠光体团越大，转变速率就越低。显然，转变速率取决于珠光体团的形核率$\dot{N}$和这些珠光体团的长大速率$\dot{G}$。图11-13显示了共析钢的形核率和长大速率随温度变化的情况。

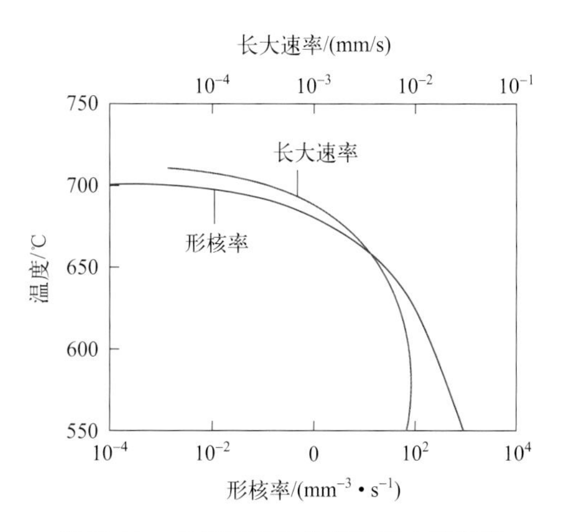

图11-13 共析钢的形核率和长大速率随温度的变化曲线

随着温度降低，形核率逐渐增加直至达到曲线的拐点（图11-8)。形核率对结构非常敏感，因此形核通常发生在能量高、结构畸变的区域。在均匀的奥氏体中，珠光体的形核几乎只发生在晶界上，这导致在淬火前奥氏体的晶粒尺寸对淬透性会产生重要影响。**淬透性**指的是可以在钢中获得完全马氏体组织的深度。为了在钢中实现最大程度的淬火硬化，需要避免奥氏体向珠光体的转变，而这只有在晶界区域较小或潜在的珠光体形核位置较少的情况下才能更容易实现。因此，奥氏体晶粒尺寸的增加会将TTT曲线的上半部分推向较长的时间，从而使大晶粒的钢比细晶粒的钢更容易淬火。形核率的敏感性还表现在其他方面。例如，如果奥氏体晶粒不均匀，珠光体将倾向于在晶界处和夹杂物处发生形核。此外，转变过程中的塑性变形也会加快转变速率，因为位错的引入提供了额外的形核位置，而塑性变形产生的空位也有助于扩散过程。

珠光体的长大速率随温度的变化规律与形核率类似，即随着温度降低而逐渐增加，直至达到曲线的拐点。这会让我们产生一个疑问，为什么珠光体的长大受碳扩散控制，而随温度降低碳扩散变慢，但是实际的长大速率反而增大呢？出现这种情况是因为珠光体的片层间距随温度降低而迅速减小，因此碳原子无须扩散太远就可以轻松维持碳的供应。与形核率不同，珠光体的长大速率对结构不太敏感，因此不受晶界或夹杂物的影响。

形核率和长大速率对珠光体团的大小起着关键作用。例如，如果在共析温度线略低的地方进行转变，形核率远低于长大速率（即 $\dot{N}/\dot{G}$ 比值较小），则会形成非常大的珠光体团。然后，这些较大的珠光体团能跨越晶界生长，最终导致珠光体团尺寸大于原始奥氏体晶粒尺寸。与之相反，如果在较低的温度（比如在略高于TTT曲线的拐点温度）下进行转变，$\dot{N}/\dot{G}$ 比值大，形核率高，则珠光体团的尺寸相应较小。

11.4.1.3 珠光体的转变机制和形貌

珠光体从奥氏体中的转变涉及两个明显的过程：碳的重新分布（碳在渗碳体中富集，在铁素体中贫乏）；晶体学上的改变（铁素体和渗碳体的结构与奥氏体不同）。在这两个过程中，一般认为珠光体的转变速率主要受到碳原子的扩散控制，在碳重新分布允许的情况下很容易发生晶体学上的改变。珠光体团的活性晶核可能是铁素体或渗碳体片层，具体取决于转变过程中占主导地位的温度和组分，通常情况下假定为渗碳体。晶核可以在晶界处形成［图11-14（a）］，周围基体中的碳被耗尽，有利于铁素体片邻近渗碳体的形核［图11-14（b）］。铁素体片反过来将碳原子排斥到周围的奥氏体中，这有利于渗碳体晶核的形成，然后继续长大。与此同时，随着珠光体团的侧向长大，铁素体和渗碳体片也向奥氏体中长大，这是因为铁素体前进时排斥的碳原子扩散到了长大的渗碳体的路径中［图11-14（c）］。最终，形成了不同方向的渗碳体片，可作为新的晶核，如图11.14（d）、（e）所示。

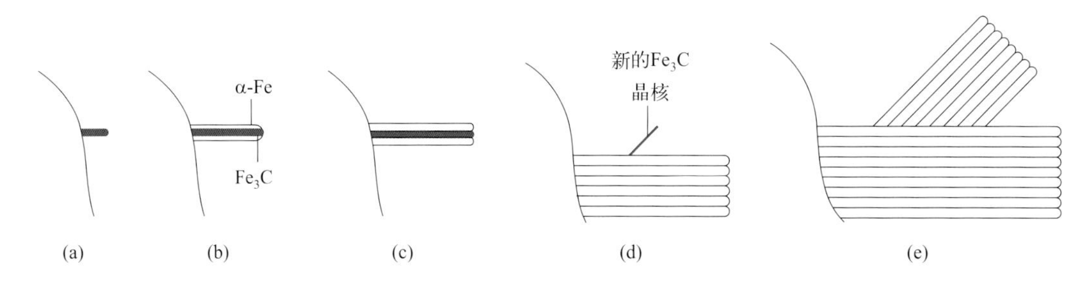

图11-14 珠光体团的形核和生长过程

（a）初始的渗碳体晶核；（b）渗碳体片完全长大，铁素体开始形核；（c）铁素体片完全生长，新的渗碳体片开始形核；（d）形成不同方向的渗碳体晶核，珠光体团开始长大；（e）长大成为较为成熟的新珠光体团

在恒定温度下，均匀的奥氏体会以相同的速率产生珠光体，并保持一致的片层间距，图11-15为典型的珠光体片层形貌。如果片层间距较大，碳原子为了在渗碳体中富集而需要扩散的距离也较大，碳重新分布的速率相应较慢；相反，如果片层间距较小，那么铁素体-渗碳体界面的面积和能量都会增大，因此大部分的自由能会用于提供界面能量，很少来提供转变的“驱动力”。因此，需要在这两种相反的条件之间取得平衡，以允许珠光体的形成。然而，随着过冷度的增加，伴随转变的自由能变化也会增加，因此在较低的转变温度下也可以有更大的界面面积，片层间距将会随着温度的降低而减小。随着温度下降，在温度接近TTT曲线的拐点时，片层间距在光学显微镜中将不可分辨。根据片层间距的大小，珠光体组织可分为珠光体、索氏体（细珠光体）、屈氏体（极细珠光体）三种。片层间距减小会导致材料的硬度增加。

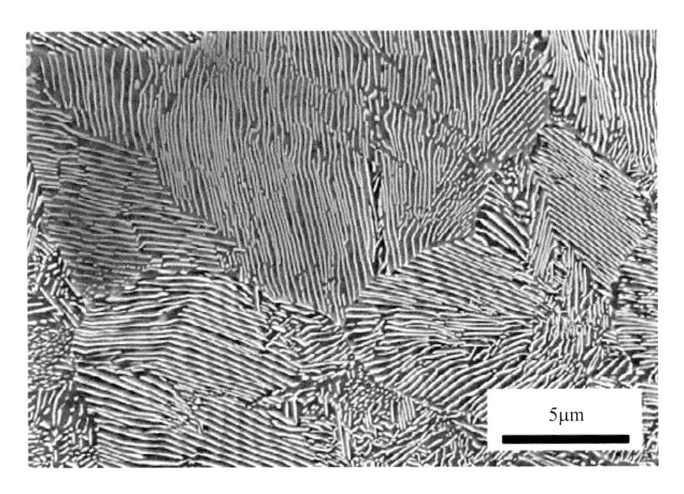

图 11-15　扫描电子显微镜下片状珠光体的显微组织

如果通过将具有珠光体组织的合金加热到接近共析温度并保温较长时间（例如700℃下持续18 ～ 24h），还可以使渗碳体以颗粒状存在于铁素体基体上，从而获得球状（粒状）珠光体组织。此外，还有一些特殊形态的珠光体，如碳化物呈纤维状的珠光体及针状珠光体。

11.4.1.4　合金元素对珠光体转变的影响

除钴元素外，所有添加的少量合金元素都会延缓奥氏体向珠光体的转变。此外，在添加大量合金元素的情况下，TTT曲线的形状通常也会变得复杂。这些元素会降低形核率 $\dot{N}$ 和长大速率 $\dot{G}$，导致TTT曲线的头部向较长时间的方向移动。这在工程应用上具有重要意义。在没有这些合金元素的情况下，只有当钢厚度非常薄，并且冷却速度足够快时，才能在冷却过程中不会穿过珠光体转变的TTT曲线，避免发生珠光体转变，从而形成较硬的贝氏体或马氏体组织，提高钢材的硬度。因此，大多数可热处理钢中都含有一种或多种元素，如铬、镍、锰、钒、钼或钨等。

11.4.2　贝氏体转变

共析钢的珠光体形成的温度在共析温度（727℃）到约400℃的范围内。在400℃以下，便不再形成珠光体组织，而是形成一种被称为**贝氏体**的组织。贝氏体也是由铁素体和渗碳体组成的两相混合物，但是贝氏体不是层片状组织，而是有多种与转变温度密切相关的形貌。根据转变温度，贝氏体可分为**上贝氏体**和**下贝氏体**。

上贝氏体在贝氏体转变的高温范围内形成，如图11-16（a）所示，其结构由成束的、大致平行排列的板条状铁素体和条间的粒状或条状渗碳体构成（有时还包含残余奥氏体）。这些成束的板条状铁素体从晶界向晶内生长，呈现羽毛状结构，因此也被称为羽毛状贝氏体。在光学显微镜下，条间的渗碳体不易被分辨，而在透射电子显微镜下，上贝氏体中的铁素体和渗碳体的形态清晰可见（图11-17）。

在贝氏体转变区域的低温范围内形成的贝氏体被称为下贝氏体。当钢中的含碳量超过0.6%时，下贝氏体的形成温度通常在350℃以下。如图11-16（b）所示，下贝氏体同样由贝氏体铁素体和碳化物两相组成，但其铁素体的形态和碳化物的分布与上贝氏体有所不同。在低碳钢（或低合金）中，下贝氏体中的铁素体通常呈板条状，多个平行排列的板条构成一个束；而在高碳钢中，下贝氏体中的铁素体呈片状，各片之间相互成一定角度；在中碳钢中，则可能同时存在这两种形态的贝氏体铁素体。下贝氏体的铁素体基体中一般不含孪晶，有较多的位错。

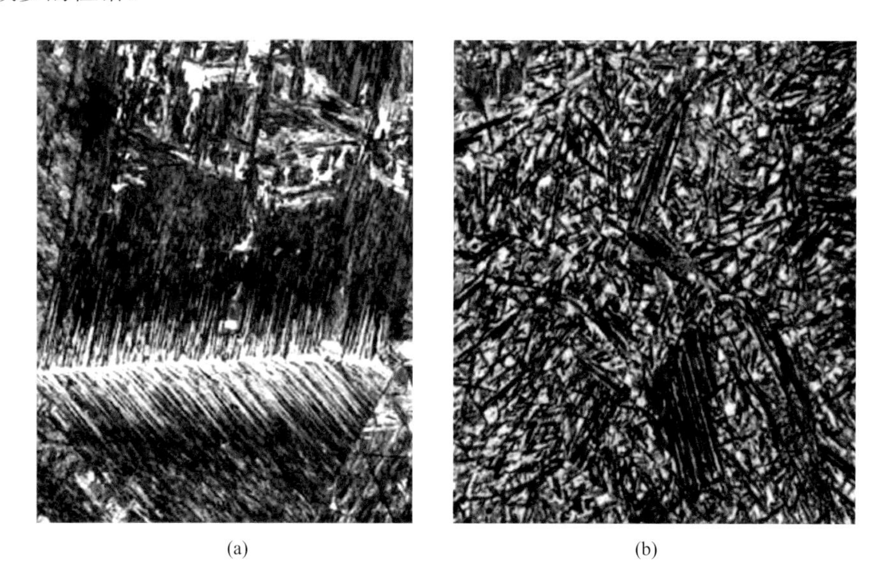

图11-16 贝氏体的微观结构

（a）上贝氏体；（b）下贝氏体

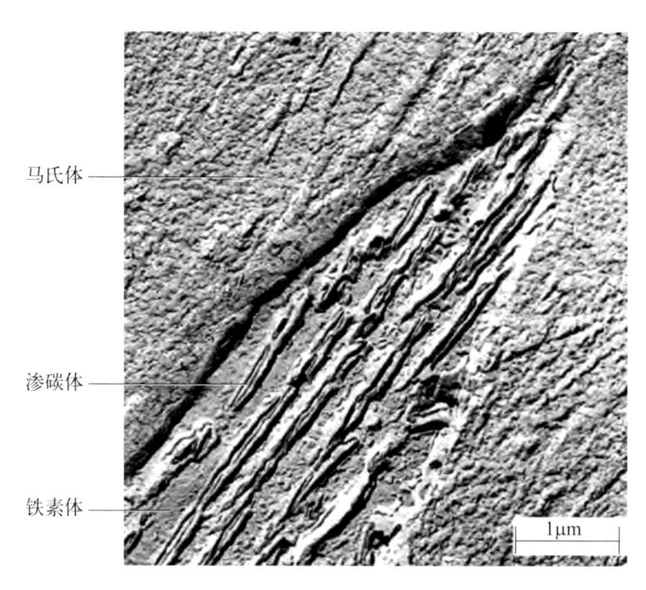

图11-17 贝氏体的透射电子显微组织

（贝氏体晶粒由铁素体基体和拉长的针状Fe_3C颗粒构成，周围为马氏体）

贝氏体转变的时间-温度关系也可以在TTT图上表示出来，如图11-18所示。贝氏体转变发生在珠光体形成的温度以下，其TTT曲线实际上是珠光体转变曲线的延伸。随着转变温度的降低，贝氏体的微观结构变得越细小，这是因为随着温度的降低，形核率增加，而扩散速率变慢。珠光体转变和贝氏体转变是相互竞争的，一旦合金的某部分转变为珠光体或贝氏体，要想转变为另一种组织，就必须重新加热形成奥氏体。

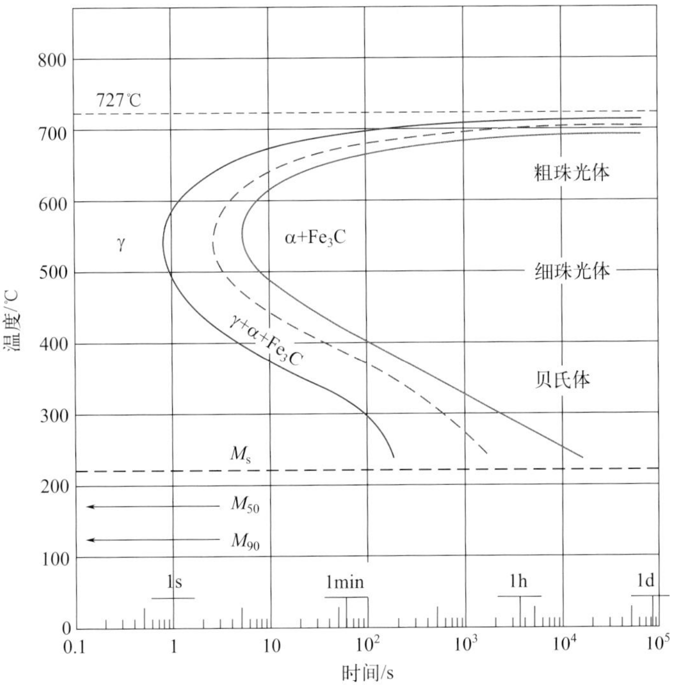

图11-18 共析钢的TTT曲线

贝氏体转变是过冷奥氏体介于珠光体转变和马氏体转变温度之间的一种转变，因此又被称为**中温转变**。由于贝氏体，尤其是在较低温度下产生的下贝氏体组织具有良好的综合力学性能，因此在生产中可以将钢奥氏体化后过冷至合适的温度进行保温，形成下贝氏体组织，这一热处理过程被称为**贝氏体等温淬火**。对于某些钢材，也可以在奥氏体化后以适当的速度空冷，在连续冷却过程中形成贝氏体组织。

11.4.3 马氏体转变

11.4.3.1 马氏体的形成过程

当奥氏体化的铁-碳合金迅速冷却（淬火）到较低的温度时，会形成另一种微观组织，称为**马氏体**。马氏体是一种非平衡的单相结构，是由奥氏体的无扩散相变产生的。马氏体是碳在α-Fe中的过饱和固溶体，通常用符号α′表示。当淬火速度足够快以至于能够避免碳发生扩散时，就会发生马氏体转变。相对地，任何微小的碳原子扩散都会导致铁素体和渗碳体相的形成。珠光体转变和贝氏体转变都是通过扩散发生的。

图11-18显示了共析钢在较低温度下发生的非扩散性马氏体相变。如果奥氏体的淬火速度足够快，能够绕过大约550℃处的珠光体转变的“拐点”，就可以抑制扩散型相变。在大约215℃，奥氏体的一小部分（不到1%）会自发地转变为马氏体，该温度是马氏体的开始形成温度，用M_s表示。如果奥氏体的淬火温度低于M_s，奥氏体会变得越来越不稳定，将会有更多部分转变为马氏体。M_s的物理意义是奥氏体和马氏体两相自由焓差达到相变所需的最小化学驱动力时的温度，或者说M_s反映了马氏体转变得以进行所需要的最小过冷度。图

11-18还给出了马氏体转变的其他不同阶段的转变线，M_{50}代表完成50%转变的温度，M_{90}代表完成90%转变的温度。只有当淬火至马氏体转变完成温度M_f（−46℃）或更低温度，合金才会完全转变为马氏体。马氏体转变的温度会随合金成分的不同而变化，但一定是较低的温度，即马氏体转变需要深度过冷。

马氏体的晶体结构严格而言不是完美的BCC结构，而是体心四方（body-centered tetragonal，BCT）结构。Bain于1924年提出了从FCC结构到BCT结构的转变机制，如图11-19所示，在FCC晶胞结构中可以定义BCT结构，经过点阵常数的调整，即可得到马氏体的BCT结构。这个结构变化被称为Bain应变。后来发展的关于铁-碳合金中马氏体转变的晶体学理论，特别是马氏体晶体学表象理论（phenomenological theory of martensite crystallography，PTMC），都是在Bain应变的基础上进行进一步分析。

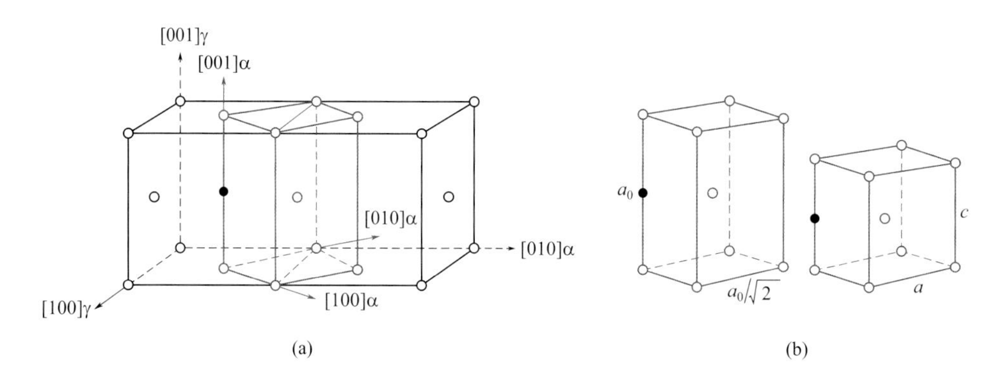

图11-19 钢中从奥氏体FCC结构向马氏体BCT结构转变

（图中黑点示意了存在间隙碳原子）

（a）FCC晶胞与BCT晶胞的关系；（b）BCT晶胞在转变前后的点阵常数变化

值得注意的是，马氏体转变并不仅限于铁-碳合金，它是一个通用术语，指的是材料中的一种非扩散型转变。由于马氏体转变不涉及扩散，所以其几乎是瞬间发生的，马氏体晶粒在奥氏体基体内以极快的速度形核和长大。图11-18中的水平线表明，马氏体转变不依赖时间，它仅取决于合金淬火或快速冷却的温度。马氏体的晶体结构和过饱和间隙碳原子导致了其硬而脆的特性，可作为淬火钢中的硬化相。此外，马氏体是一种亚稳相，虽然在室温下稳定，但是在重新加热时会分解形成更稳定的铁素体和渗碳体相。

11.4.3.2 马氏体转变的动力学

马氏体的转变速率与温度无关，而且其长大速度极快，有时会出现"爆发"现象，表明其长大过程不需要热激活。通过电子显微镜观察发现，在Fe-Ni-C合金体系中，针状马氏体大约在10^{-7}s内形成，即使在非常低的温度下，其线性长大速率也大约为10^3m/s。先形成的马氏体产生的应力会促进其他马氏体的形成，整个过程是"自催化"的。

从图11-19可见，马氏体的形成涉及基体结构的均匀变形，因此外加应力会起重要作用。在M_s以上温度下的塑性变形可以有效地促进马氏体形成，前提是温度不超过用M_d表示的一个临界温度值。在超过M_d的温度下进行冷加工可能会加速或延缓随后的冷却转变。甚至在M_s之上温度下施加并在冷却过程中维持的弹性应力，也会影响转变。单轴压缩或拉伸应力会提高M_s，而等静应力则会降低M_s。

在M_s以下温度中断冷却过程中，会发生残余奥氏体的稳定化现象。当再次开始冷却时，马氏体只在温度显著下降时才会重新形成。有学者将这种奥氏体的稳定化现象归因于碳、氮等原子堆积在马氏体转变时的位错界面（即马氏体晶胚与奥氏体的界面），阻碍了晶胚的长大，同时使奥氏体强化，使马氏体转变的阻力增大。奥氏体的稳定化使钢的硬度降低，在服役过程中导致尺寸不稳定，因此在生产中往往需要消除这种奥氏体稳定化现象。通常将稳定化的奥氏体加热至可以使碳、氮等原子扩散离开位错线的某一温度之上，使奥氏体稳定化减弱或消失。

11.4.3.3 马氏体的组织形貌

马氏体金相的形态特征，可分为板条状马氏体和针状马氏体。板条状马氏体常在钢中含碳量较低时形成，又称低碳马氏体，其基本特征是：尺寸大致相同的马氏体板条定向平行排列，组成马氏体束或马氏体区；不同马氏体区之间有明显的位向差，一个原始的奥氏体晶粒内可以形成几个不同取向的马氏体区。由于板条状马氏体形成的温度较高，在冷却过程中会发生“自回火”现象，在形成的马氏体内部析出碳化物，因此易受侵蚀发暗，如图11-20（a）所示。针状马氏体常在钢中含碳量较高时形成，又称片状马氏体或高碳马氏体，其基本特征是：在一个奥氏体晶粒内形成的第一个马氏体片较粗大，往往贯穿整个晶粒，将奥氏体晶粒加以分割，使以后形成的马氏体大小受到限制，因此针状马氏体的大小不一，分布无规则。针状马氏体按一定取向形成。在马氏体针状物中有一中脊面，含碳量越高，越明显，且马氏体也越尖，同时在马氏体间伴有白色残余奥氏体，如图11-20（b）所示。

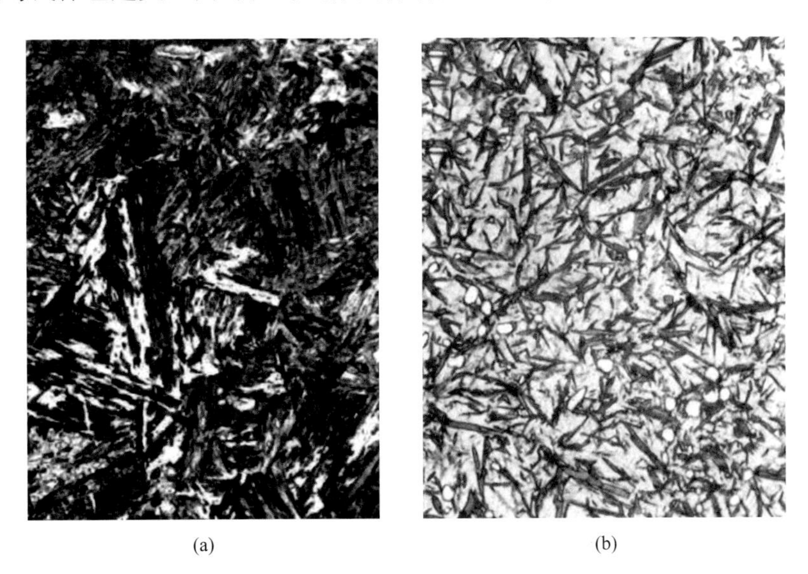

图11-20 马氏体的金相

（板条或针状物为马氏体相，白色区域为快速冷却时未发生转变的残余奥氏体）

（a）板条马氏体；（b）针状马氏体

材料史话11-2 马滕斯与马氏体

在材料科学领域，“马氏体”这个术语无疑是众所周知的，这一术语的命名来源于德国金相学家阿道夫·马滕斯（Adolf Martens，1850—1914），“马氏体”中的“马”正是指的马滕斯。

马滕斯，早年作为工程师参与铁路桥梁的建设，并在此过程中接触到了新兴的材料检验技术。他利用自制的显微镜观察铁的金相组织，并在1878年发表了《铁的显微镜研究》，文中详细描述了金属断口的形态以及其经抛光和酸处理后的金相组织。他的这一研究，如今在材料科学中仍然占有重要地位。他预言，显微镜研究将成为未来最有用的分析方法之一，这一预言后来被证实是极具远见的。

马滕斯还曾任柏林皇家工业大学附属机械工艺研究所（即后来的柏林皇家材料试验所的前身）所长，并在那里建立了一流的金相实验室。1895年，当国际材料试验学会成立时，他担任副主席。直到今天，德国仍有一个声誉卓著的奖项以他的名字命名。1895年，为了纪念马滕斯，法国科学家奥斯蒙（F. Osmond）将金属快速冷却形成的组织命名为“马氏体”（martensite）。

11.5 连续冷却转变

在实际热处理过程中，通常涉及材料在连续冷却过程中的转变，例如钢的大多数热处理都是将工件连续冷却至室温。在这种情况下，TTT图不能直接用来确定各种转变发生的具体时间和温度，需要进行适当的修正。

对于连续冷却过程，反应的开始和结束时间都会相对延迟。因此，等温曲线会向更长的时间和更低的温度方向移动。这种经过修正，包含了反应开始和结束曲线的图被称为**连续冷却转变**（continuous cooling transformation，CCT）图。在实际操作中，通常会控制温度变化的速率保持一致。例如，在共析钢的CCT图（图11-21）中，可以看到在较快和较慢的冷却速率下的冷却曲线。如果这两个冷却曲线代表样品表面和中心的冷却速率，那么表面的组织将是马氏体，而中心的组织将是珠光体。在CCT图中不发生珠光体、贝氏体转变的最小冷却速率被称为**淬火临界冷却速率**，它在CCT图中刚好不经过珠光体转变开始线的“拐点”，如图11-21所示，它是保证奥氏体在连续冷却过程中不发生分解而全部过冷到马氏体区的最小冷却速率。

在淬火过程中获得完全的马氏体结构，可以通过改变淬火介质以增加冷却速率或者通过改变合金的成分使TTT曲线移动到较长时间的位置来实现。当存在碳时，钢的临界冷却速率会降低，这意味着含碳量较高的铁碳合金更容易在淬火过程中形成马氏体。因此，在实际应用中通常不使用含碳量小于0.25%的铁碳合金来获得马氏体组织，因为在这种情况下所需的淬火速度非常快，难以在实际操作中实现。除了碳之外，还有其他几种合金元素能够促进钢的淬火过程，如铬、镍、钼、锰、硅和钨，前提是这些元素在淬火过程中必须与奥氏体形成固溶体。

CCT图反映了过冷奥氏体在连续冷却条件下发生转变的规律。因为它与实际热处理的冷却条件比较接近，所以可以用于推测实际热加工之后零件的组织和性能。此外，CCT图还可以用来确定临界冷却速率，从而选择淬火介质，也可以根据CCT图来合理地选择使用的材料。

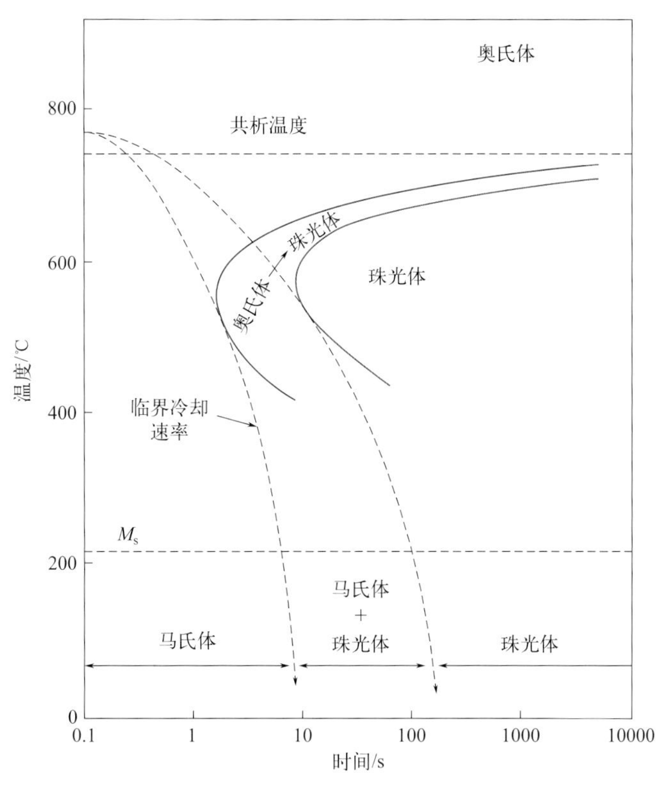

图11-21 共析钢的连续冷却转变

11.6 铁碳合金典型组织的力学性能

11.6.1 珠光体的力学性能

珠光体转变产物的力学性能受其成分和组织的影响。钢的不同成分会导致珠光体的体积分数和其中碳化物的差异，进而影响其性能。珠光体的特性，如片层间距、珠光体团尺寸、渗碳体形态和分布，都对其性能有影响。

11.6.1.1 片状珠光体的力学性能

片状珠光体的力学性能与珠光体的片层间距、珠光体团的直径及铁素体片的亚结构等因素相关。片层间距主要由珠光体的形成温度决定，随温度降低而减小。珠光体团的直径不仅受形成温度影响，还与奥氏体晶粒大小相关，随着形成温度的降低和奥氏体晶粒的细化而减小。因此，片状珠光体的性能主要取决于奥氏体化温度和珠光体形成温度。

随着珠光体团直径和片层间距的减小，珠光体的强度、硬度和塑性都会提高。由于实际操作中奥氏体化温度和奥氏体晶粒大小有限，珠光体团的直径变化不大，而珠光体转变温度可以在较大范围内调整，因此片层间距对珠光体力学性能的影响更为显著。图11-22为珠光体片层间距对钢的抗拉强度和断面收缩率的影响。珠光体的抗拉强度随着片间距的减小而增加。当片层间距大于150nm时，对断面收缩率的影响不大，但是当小于150nm时，即索氏体状态，断面收缩率随片层间距减小显著减小。

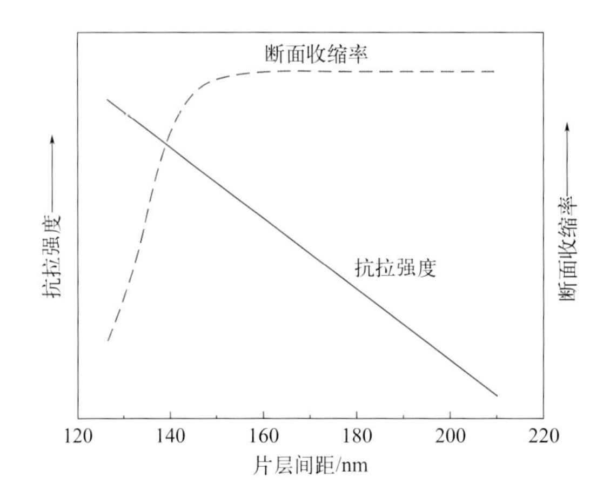

图11-22　珠光体片层间距对钢的抗拉强度和断面收缩率的影响

硬度和强度的提高是由于片间距减小时铁素体和渗碳体变薄，增加了相界面，铁素体中的位错滑移变得困难，从而提高了塑性变形抗力。在外力足够大的情况下，铁素体中心的位错源被激活，滑动的位错受到渗碳体片的阻碍，导致位错在渗碳体和铁素体片中积聚，从而产生正应力并导致渗碳体片断裂。片层越薄，积聚的位错越少，正应力也越小，越不易开裂，因此需要更大的外力才能使足够的位错积聚在相界面一侧，产生足够的正应力使渗碳体片断裂。当每个渗碳体片断裂并连接时，会发生整体断裂。因此，片层间距的减小可以提高断裂抗力。此外，片层间距的减小还可以提高塑性，因为在外力作用下，薄渗碳体片可以滑移产生塑性变形，也可以产生弯曲。这一特性被应用于提高钢丝强度的索氏体化处理（patenting）或铅浴处理，即通过索氏体化处理或铅浴处理得到片间距极小的索氏体组织，然后进行深度冷拔以增加铁素体片内的位错密度，从而显著提高强度。

片层间距对冲击韧性的影响较为复杂。首先，片层间距的减小提高了钢的强度，通常使其冲击韧性降低；其次，片层间距减小使渗碳体变薄，在外力作用下渗碳体薄片可以发生弯曲和变形，使断裂成为韧性断裂，从而提高冲击韧性。这两个相互矛盾的因素共同作用，使冲击韧性的韧脆转变温度随着片层间距的减小呈现先降低后增加的变化。

11.6.1.2　球状珠光体的力学性能

在相同成分的钢中，球状珠光体相比于片状珠光体通常具有略低的强度和硬度，但其塑性更好。这种珠光体的切削性能优良，对刀具的磨损较小，并且在冷挤压成形过程中表现出色。在加热淬火时，球状珠光体的变形和开裂倾向较小。因此，在进行机加工和热处理之前，高碳钢通常需要先进行球化处理以获得球状珠光体。

球状珠光体的硬度和强度略低的原因在于其铁素体与渗碳体之间的界面相对片状珠光体来说较小。其具有较好的塑性是由于铁素体呈连续分布，而渗碳体以颗粒状形式分散在铁素体基体中，对位错运动的阻碍作用较小。球状珠光体的性能还受碳化物颗粒的大小、形态和分布的影响。通常情况下，当钢的成分固定时，碳化物颗粒越小，其硬度和强度越高，韧性也越好。

11.6.1.3 珠光体/铁素体复合组织的力学性能

亚共析钢中会形成珠光体/铁素体复合组织，其力学性能受多种因素影响，包括铁素体和珠光体的相对含量、珠光体团的大小、铁素体晶粒的尺寸，以及珠光体片层间距的大小。当珠光体含量较少时，其对强度的贡献不是主要因素，这时强度的提升主要依赖于铁素体晶粒尺寸的减小。相反，当珠光体含量增加时，珠光体在强度提升中所占的比重也随之增加，此时强度的提高主要来自珠光体片层间距的减小。在塑性方面，随着珠光体含量的增加，塑性会有所下降。铁素体晶粒的细化则有助于提高塑性。因此，亚共析钢的力学性能由这些微观结构特征的综合作用决定。

11.6.2 贝氏体的力学性能

贝氏体组织比较复杂，它随着转变温度的不同而改变，并且很难获得纯粹的单一贝氏体。因此，严格评估单一类型贝氏体的力学性能非常困难，实际的测试结果通常是以某种类型的贝氏体为主导的混合组织的性能。

11.6.2.1 贝氏体的强度

低碳和中碳合金钢在经历等温淬火处理后的力学性能测试表明，随着转变温度的降低，钢的抗拉强度和屈服强度均有所提高。这说明低温形成的下贝氏体在强度上优于高温形成的上贝氏体。同样的规律也适用于高碳合金钢的等温淬火处理，即在较低的转变温度下形成的贝氏体展现出更高的强度。从微观组织角度考虑，影响贝氏体强度的因素主要包括以下几个方面。

（1）贝氏体中铁素体条或片的粗细

若将贝氏体中铁素体条或片的尺寸视为其晶粒大小，则可通过霍尔-佩奇（Hall-Petch）关系来评估其强度，即铁素体的晶粒越细小，其强度越高，如图11-23实线所示。这些铁素体条或片的尺寸主要由贝氏体的形成温度决定，形成温度越低，尺寸越小，从而强度越高。

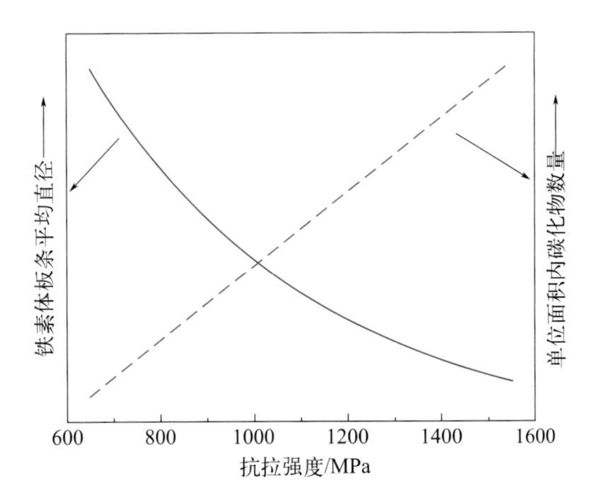

图11-23 贝氏体中铁素体条的平均直径（宽度）和碳化物数量对钢的抗拉强度的影响

（2）碳化物的尺寸与分散度

如图11-23中虚线所示，合金中碳化物的尺寸和分散度对其强度有显著影响。较小且分散的碳化物颗粒能显著提高合金的强度。碳化物的尺寸和数量主要受贝氏体形成温度和奥氏体的含碳量影响，通常情况下，形成温度越低，碳化物颗粒越小，分散度越大，从而强度越高。在下贝氏体中，碳化物颗粒较小且数量较多，因此对强度的贡献更大。相比之下，上贝氏体中的碳化物颗粒较粗大且分布不均，导致其强度较低。

（3）固溶强化和位错强化

贝氏体的强化不仅依赖细晶强化和碳化物的弥散强化，还依赖碳及其他合金元素的固溶强化以及位错亚结构的强化。随着贝氏体形成温度的降低，贝氏体中铁素体的碳过饱和度和位错密度增加，从而增强了其对强度的贡献。然而，上贝氏体中铁素体的含碳量较低，因此固溶强化对其影响较小。

11.6.2.2 贝氏体的韧性

贝氏体的韧性与其组织结构紧密相关。当组织中上贝氏体的比例增加时，冲击韧性会降低，尤其是当组织主要由上贝氏体构成时，冲击韧性会骤然降低。相反，随着形成温度的降低，下贝氏体的比例增加，不仅强度逐渐提高，韧性也得到增强。这一现象是贝氏体组织力学性能的一个重要特征，也是人们对其感兴趣的主要原因。

在单相合金组织中，韧性主要由晶粒大小决定，而在存在第二相的情况下，韧性还受第二相的大小、形状、分散度和数量的影响。因此，贝氏体的韧性也受贝氏体中铁素体条或片的大小以及碳化物的形态和分布的影响。当钢中存在马氏体或贝氏体组织时，其韧性主要由“有效晶粒直径”决定。有效晶粒直径通常通过“解理小平面”或“裂纹断裂单元”来表示，与组织中片条束的大小相对应。上贝氏体中铁素体片条平行排列，形成较大的有效晶粒；而下贝氏体中铁素体片条的位向差较大，导致有效晶粒直径较小。上贝氏体中的碳化物连续分布于铁素体条间，分布不均匀，且较粗大，易于在交界处产生微裂纹，从而促进裂纹的快速传播。而在下贝氏体中，碳化物细小且均匀分布，不易产生裂纹，即使出现裂纹，也会被高密度位错阻止，表现出更高的冲击韧性和较低的韧脆转变温度。

值得注意的是，广泛应用的空冷贝氏体钢在空冷过程中会形成一定比例的上贝氏体。为减小其对性能的不利影响，通常在这类钢中加入硅，以阻止上贝氏体中铁素体条间碳化物的析出，保留残余奥氏体。残余奥氏体作为塑性相，消除了碳化物对韧性的不利影响，并在外力作用下诱发马氏体相变，有利于缓解应力集中和裂纹扩展。这种形态的上贝氏体被称为**准上贝氏体**。

11.6.2.3 贝氏体/马氏体复合组织的力学性能

在高强度水平下，下贝氏体组织的冲击韧性通常高于淬火和回火组织。在高强度或超高强度钢中，贝氏体相较马氏体而言，虽然强度较低，但韧性更好；相反，马氏体虽然强度高，但韧性较低。因此，贝氏体和马氏体的复合组织在强度和韧性方面均居于全贝氏体和全马氏体组织之间，展现出最佳的强韧性平衡，并且具有较低的韧脆转变温度。

在复合组织的形成过程中，最初形成的少量贝氏体细分了原始奥氏体晶粒，还可以使后续转变成马氏体束或片的尺寸减小。当解理裂纹扩展遇到贝氏体-马氏体界面时，裂纹会改变方向，延长扩展路径，从而增加裂纹扩展的阻力。此外，马氏体束或片尺寸的细化也有利于提高复合组织的强度和韧性。因此，与全马氏体组织相比，复合组织的强度虽有所降低，但降低幅度并不显著。

11.6.3 马氏体的力学性能

11.6.3.1 马氏体的高硬度和高强度

钢中马氏体最主要的特点是高硬度和高强度。由于硬度和强度之间存在密切的相关性，因此二者通常一起讨论。马氏体的硬度主要取决于其含碳量，而与合金元素含量的关系不大。总的来说，马氏体的硬度随着含碳量的增加而升高（图11-24），当含碳量超过0.6%时，硬度增加的趋势会减缓。然而，当淬火钢中的含碳量达到0.9%时，随着含碳量的增加，硬度呈现下降趋势。这是因为随着含碳量的增加，马氏体起始转变温度M_s下降，导致淬火后钢中残留大量奥氏体，从而降低了硬度。如果对含有大量残余奥氏体的钢进行深冷处理，使残余奥氏体转变为马氏体，则硬度会进一步提高。

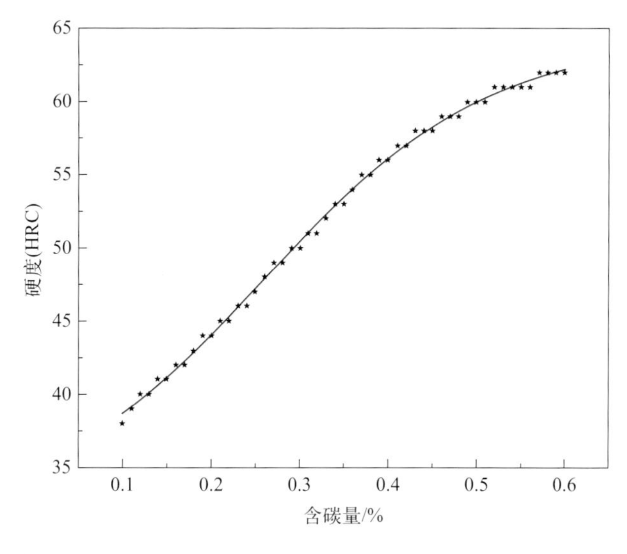

图11-24 淬火钢（含99.9%马氏体）的硬度与含碳量的关系

马氏体的高硬度和高强度主要归因于以下几个因素。

① 相变强化。马氏体转变过程中的晶格变化和界面附近的塑性变形在马氏体晶体内产生大量缺陷，包括位错、孪晶和层错等。这些晶内缺陷的增加导致马氏体强化，本质上与形变强化相似，通常被称为**相变强化**。实验表明，无碳马氏体的屈服强度约为284MPa，与形变强化的铁素体的屈服强度接近，而退火态铁素体的屈服强度仅为98 ～ 137MPa。

② 固溶强化。马氏体中间隙固溶体的过饱和碳原子会引起强烈的点阵畸变，形成以碳原子为中心的应力场。这个应力场与位错相互作用，钉扎位错，从而显著强化马氏体。含碳量越高，强化效果越明显。当含碳量超过0.4%后，由于碳原子靠得太近，相邻碳原子的应力场相互抵消，弱化了强化效果，而合金元素在马氏体中以置换的方式溶入，引起的点阵畸变远不如碳强烈，故固溶强化的作用较小。

③ 时效强化。马氏体在淬火过程中或淬火后在室温停留期间，或在外力作用下，通常会发生“自回火”现象。这是由于碳原子通过扩散聚集，甚至导致碳化物的弥散析出，从而在马氏体晶体内产生超显微结构的不均匀性，引起时效强化。含碳量越高，时效强化效果越明显。

④ 亚结构强化。在含碳量小于0.3%的碳钢中，马氏体主要是板条状的位错亚结构，通过碳钉扎位错来实现强化。然而，当含碳量超过0.3%时，会形成片状马氏体。在这种情况下，马氏体亚结构中的孪晶数量增多。孪晶界阻碍位错的运动，因此孪晶的出现会引起额外的强化。

⑤ 细晶强化。奥氏体晶粒和马氏体束愈细小，强度愈高。但是与前面几个因素相比，细晶强化在一般条件下影响不显著。

应当注意的是，在马氏体中，当含碳量超过0.4%时，在测定其抗拉强度的过程中，马氏体往往会发生脆性断裂。因此，此时测得的强度实际上是断裂强度而非真正的抗拉强度，并且随着含碳量的增加，断裂强度会降低。这种现象产生的原因在于马氏体中溶有过饱和碳，大大削弱了铁原子之间的键合力以及马氏体内部的微观裂纹。因此，从这个角度看，碳作为固溶强化元素，其含量大于0.4%以后就没有多大的实际意义了。

11.6.3.2 马氏体的韧性

通常人们认为马氏体硬而脆，韧性较低，但是这种看法是有所偏颇的。实际上，马氏体的韧性不仅受碳含量的影响，而且受其亚结构的影响，在相当大的范围内有所变化。例如，低碳的位错型马氏体实际上具有较高的韧性和塑性。只是随着碳含量的增加，马氏体的韧性和塑性会急剧下降。表11-2中列出的淬火钢的塑性和韧性与含碳量之间的关系数据就清楚地说明了这一点。马氏体的韧脆转变温度也随含碳量的增加而升高。由此可见，从保证韧性考虑，马氏体的含碳量不宜大于0.4%。

表11-2 淬火钢中马氏体含碳量与塑性和韧性之间的关系

马氏体含碳量/%	延伸率/%	断面收缩率/%	韧性/（J/cm^2）
0.15	约15	30 ~ 40	>78.4
0.25	5 ~ 8	10 ~ 20	19.6 ~ 39.2
0.35	2 ~ 4	7 ~ 12	14.7 ~ 29.4
0.45	1 ~ 2	2 ~ 4	4.9 ~ 14.7

除了含碳量之外，马氏体中的位错或孪晶等亚结构也对其韧性有显著的影响。在相同强度条件下，位错马氏体的断裂韧性显著高于孪晶马氏体。这是因为孪晶马氏体的滑移系统较少，位错运动受限，容易导致应力集中，从而降低断裂韧性。此外，在淬火过程中，孪晶马氏体中容易形成显微裂纹，这也进一步降低了其韧性。

综合来看，位错型马氏体具有较高的强度和硬度，同时也保持了良好的塑性和韧性，表现出高的强韧性。相反，孪晶马氏体虽然强度和硬度很高，但其塑性和韧性较低。因此，在保证足够的强度和硬度的前提下，通过各种手段尽可能减少孪晶马氏体的数量，是改善材料的强韧性、充分发挥材料潜力的有效途径。

11.6.3.3 马氏体相变超塑性

金属在特定条件下可以具有超塑性。**超塑性**指的是高的延伸率及低的流变抗力。由相变引起的超塑性被称为**相变超塑性**。马氏体转变诱发的超塑性可以显著提高钢的断裂韧性。马氏体相变超塑性产生的原因主要有两点：首先，塑性变形导致局部应力应变集中，这种应力应变集中作为马氏体相变的机械驱动力，诱发马氏体转变，从而使应力松弛，阻止裂纹的生成或扩展；其次，加工硬化率因马氏体的形成而增大，这有助于抑制颈缩现象，使应变转移，从而产生均匀应变。基于马氏体形变超塑性的原理，目前已经开发出多种相变诱发塑性钢（transformation induced plasticity steel，TRIP steel）。这种钢在室温下形变时可以诱发塑性，使钢获得非常高的强韧性。

11.6.3.4 高碳马氏体的显微裂纹

在高碳钢淬火得到片状马氏体时，经常在马氏体片的边缘以及片与片交接处出现显微裂纹。这些裂纹的形成主要是由片状马氏体在形成过程中相互碰撞或与奥氏体晶界的碰撞造成的。由于马氏体形成速度极快，相互碰撞时产生的冲击会形成很大的应力。高碳马氏体由于其脆性，无法通过塑性变形释放应力，因此在碰撞时容易发生开裂。这些显微裂纹可能穿过马氏体片，也可能沿着马氏体片的边界出现。这些裂纹会增加钢的脆性，可能成为裂纹源，导致疲劳寿命显著降低，甚至可能扩展成宏观裂纹，导致断裂。

显微裂纹形成的倾向主要与奥氏体晶粒大小和含碳量密切相关：奥氏体晶粒越粗大，先形成的马氏体片越大，受其他马氏体片撞击的机会也越多，因此显微裂纹形成的倾向越大；奥氏体中含碳量越高，M_s点越低，形成穿过整个奥氏体晶粒的窄长片状马氏体的倾向越大，显微裂纹形成倾向也越大；淬火冷却温度越低，淬火组织中残余奥氏体量越少，马氏体越多，形成裂纹的可能性也越大。

防止和减少显微裂纹形成的主要方法是降低高碳钢的奥氏体化温度，以获得细小的马氏体、弥散均匀分布在基体上的未溶碳化物和少量残余奥氏体，从而实现高硬度、高耐磨性和一定的韧性。这也是高碳钢采用不完全淬火的原因之一。如果在淬火过程中已经产生了显微裂纹，可以通过回火处理使部分显微裂纹扩散弥合。实验证明，200℃的回火处理可以使大部分显微裂纹弥合。因此，在实际生产中，高碳钢淬火后通常立即进行回火处理。

材料史话 11-3 形状记忆合金

形状记忆合金（shape memory alloy，SMA）是一种在机械应力或温度变化时会发生相变的材料。SMA 会“记住”它的初始形状，并在恢复初始条件时恢复到原来的形状。SMA材料的两种晶体结构为奥氏体和马氏体，前者是SMA在较高温度下的结构，后者则是其在较低温度下的结构。奥氏体向马氏体的转变就是这种“记忆”特性的原因所在。

SMA的研究始于20世纪30年代，瑞典化学家Arne Ölander 在观察金-镉合金时发现了一种伪弹性现象，并对其进行了描述。20世纪50年代末60年代初，美国海军军械实验室（United States Naval Ordnance Laboratory）进行了冶金研究。在实验室的一次会议上，科学家William J. Buehler让他的助手给众人分发了镍-钛合金条，合金条已经被拉伸、弯曲和折叠，就像手风琴一样。当David S. Muzzey博士拿到合金条时，他拿出打火机对它加热，合金条很快展开并恢复到最初的细条形状。人们将这种材料称为镍钛诺，并真正开始使用“形状记忆合金”一词。

SMA由于具备形状记忆效应、超弹性、高阻尼性等特性，是未来智能材料的发展方向，在汽车工业、航空航天、生物医疗、建筑等领域均得到广泛应用。随着SMA的发展，人们已经开发出形状记忆聚合物和其他各种形式的形状记忆材料，并将它们用于不同的领域。

习题

1. 相同过冷度条件下，比较均匀形核与非均匀形核的临界半径、临界形核功的大小。

2. 简述固态相变与液态相变的异同点。

3. 什么是TTT图？简述TTT图的应用。

4. 上贝氏体和下贝氏体的形貌有哪些特征？

5. 为什么在工程材料中一般要避免上贝氏体组织的形成？

6. 什么是CCT图？简述CCT图的应用。

7. 什么是淬火临界冷却速率？它在生产中有何意义？

8. 马氏体组织的常见形态有哪些？具体有什么特征？

9. 为什么钢中马氏体转变总是保留一部分残余奥氏体？

10. 简述马氏体高硬度、高强度产生的原因。

11. 简述马氏体的硬度与含碳量之间的关系。

第四部分　性能与应用

第12章 电学性能

材料的电学性能在涉及电学相关组件和结构，以及材料工艺的选择过程中，是很重要的考虑因素。具有一定电学性能的材料在现代社会中具有广泛的应用范围，不仅涉及能量传输和信息存储，还涉及通信、电子器件、能源等领域。例如，在设计集成电路组装方案时，需要高电导率材料作为互连线，高介电常数的绝缘体作为电容器，而互连线介质则需要低介电常数的材料，以降低互连线之间的电容耦合效应和信号传输延迟。

本章围绕着材料的电学性质，即材料对外电场的响应，从金属电导现象开始，理解电子导电的基本原理。进而学习材料的电子能带结构，理解金属、半导体和绝缘体的能带结构差异及相应的导电性能，其中着重介绍半导体的导电特性以及半导体元件。最后介绍介电、压电及铁电等绝缘体的性能。

12.1 经典导电模型

12.1.1 欧姆定律和电导率

在导电材料中，导电粒子在电场下的定向流动产生电流。可以自由移动的带有电荷的物质微粒被称为**载流子**，如电子和离子。定义**电流密度**是单位时间、单位面积内流过的电荷量，表述为

$$J=\sigma E \tag{12-1}$$

式中，J为电流密度，A/m^2；E为外加电场，V/m；σ是电导率，$\Omega^{-1}\cdot m^{-1}$（或S/m）。这个公式实际上是欧姆定律的一种描述。电导率反映了材料传输电流的能力，它是电阻率ρ的倒数，即

$$\sigma=\frac{1}{\rho} \tag{12-2}$$

式中，ρ的单位为Ω·m。

下面我们从载流子迁移的角度，根据图12-1所示的经典导电模型，推导电流密度和电导率的表达式，理解微观导电机制。根据电流密度的定义，可以将其表述为

$$J = \frac{\Delta Q}{A\Delta t} \tag{12-3}$$

式中，ΔQ为在Δt时间内流过横截面A的总电荷量。对于金属材料，设自由电子浓度为n（cm^{-3}），每个电子的电荷为e（$1.602 \times 10^{-19}C$），其平均漂移速度为v_{dx}，则

$$\Delta Q = en(Av_{dx}\Delta t) \tag{12-4}$$

因此可得

$$J = env_{dx} \tag{12-5}$$

式（12-5）表明材料的导电性能由材料的载流子浓度与沿电场方向的平均漂移速度决定。

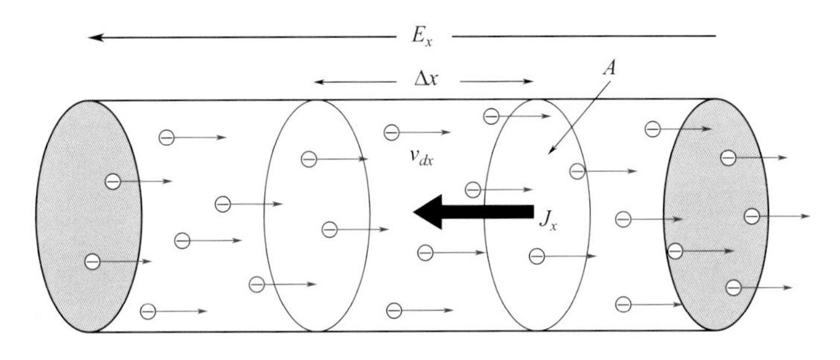

图12-1 电子在电场作用下的定向漂移形成电流，外加电场E_x和平均漂移速度v_{dx}均沿着x方向（水平方向）

接下来，我们对载流子漂移速度v_{dx}与外加电场E_x的关系进行定量描述。以金属良导体为例，自由电子不是静止的，而是一直在无规则地做热运动，其平均运动速度约为10^6m/s量级。电子热运动过程中会与晶格原子发生散射，发生两次散射之间的平均时间称为平均自由时间，记为τ（通常为皮秒量级）。电子在电场作用下受库仑力作用加速，电荷在热运动速度的基础上叠加一个漂移速度，从而实现电荷在电场作用下的漂移，平均漂移速度可以表达为

$$v_{dx} = \frac{e\tau}{m_e}E_x = \mu E_x \tag{12-6}$$

式中，m_e为电子质量，kg；μ为电子迁移率，$cm^2/(V \cdot s)$。结合式（12-5）和式（12-6），可得

$$J = env_{dx} = en\mu E_x = \sigma E_x \tag{12-7}$$

$$\sigma = en\mu \tag{12-8}$$

由于载流子电荷一般为常数，材料的电导率取决于载流子浓度与其迁移率的乘积。其中，载流子浓度是区分金属、半导体及绝缘体的关键参数。

12

在不同材料中，电导率差异巨大。从表12-1中可见，金属的电导率达到$10^7\Omega^{-1}\cdot m^{-1}$，半导体的电导率在$10^{-3}\sim10^2\Omega^{-1}\cdot m^{-1}$量级，而绝缘体的电导率在$10^{-12}\sim10^{-15}\Omega^{-1}\cdot m^{-1}$量级，跨度超过22个数量级。

表12-1　常见材料的电导率

材料类型	材料	电导率σ/（$\Omega^{-1}\cdot m^{-1}$）
金属	铝（退火）	35.36×10^6
	铜（退火）	58.00×10^6
	铁	10.30×10^6
	钢（丝材）	$5.71\times10^6\sim9.35\times10^6$
半导体	锗	2.0
	硅	0.4×10^{-3}
	硫化铅	38.4
绝缘体	氧化铝	$10^{-10}\sim10^{-12}$
	硼硅酸盐玻璃	10^{-13}
	聚乙烯	$10^{-13}\sim10^{-15}$
	尼龙66	$10^{-12}\sim10^{-13}$

12.1.2　电子与离子导电

在导电材料中，如果带电粒子既包含正电荷也包含负电荷，那么其电导率包括正、负电荷电迁移的贡献。在外电场作用下，正电荷沿电场方向加速运动，负电荷沿相反方向加速运动。

大多数固体材料的电流是由于电子的流动引起的，被称为**电子电导**，例如在金属中的载流子为电子。在半导体中，空穴（电子流失导致共价键上留下的空缺位置）也被视为载流子，因此半导体中有两种载流子，即电子和空穴。带电离子的净流动也可以产生电流，这被称为**离子导电**，这类材料称为离子导体，例如含有正、负离子的电解液。

12.2　能带结构与导电性能

虽然金属、半导体和绝缘体等固体材料中都存在大量的电子，但不是所有的电子都能参与导电过程。根据能带理论，固体中的电子能级以能带的形式存在，只有在特定能带中的电子才能参与导电。接下来我们简要介绍能带的形成以及金属、半导体与绝缘体在能带结构上的差异。

12.2.1　能带的形成

假设组成固体的原子之间最初相互分离，随后相互靠近并结合在一起形成有序的原子排列。在初始状态，原子之间没有相互作用，电子的能级是离散的，如1s、2s、2p轨道，称为**简并态**。当原子相互靠近时，原子间相互作用会导致电子能级的重排，降低简并度，从而形成一个能带。图12-2示意了12个原子的能级随原子间距的变化。到一定原子间距以下，1s和2s轨道退简并后分别形成能量不相等的12个能级。假设该原子为$2s^1$电子结构，根据泡利不相容原理，每个能级最多能排布自旋朝上及朝下的两个电子。原本占据2s轨道的电子会占据2s能带的底部，从而总系统的能量得以降低，表明固体比孤立的原子更稳定，最终2s能带为半满的结构。同理，当原子间距进一步减小，1s轨道也形成1s能带。

在实际材料中，原子数达到阿伏伽德罗常数大小，那每一个能带就有约10^{23}个能级，而能带宽度仅为eV量级，这样能带内能级几乎为连续存在的。平衡原子间距将决定一个材料的能带结构。如图12-3所示，最外层轨道电子最先形成能带，而距离原子核最近的电子亚层不会形成能带。此外，在平衡原子间距下，能带之间可能形成间隙，称为**禁带**或**带隙**。

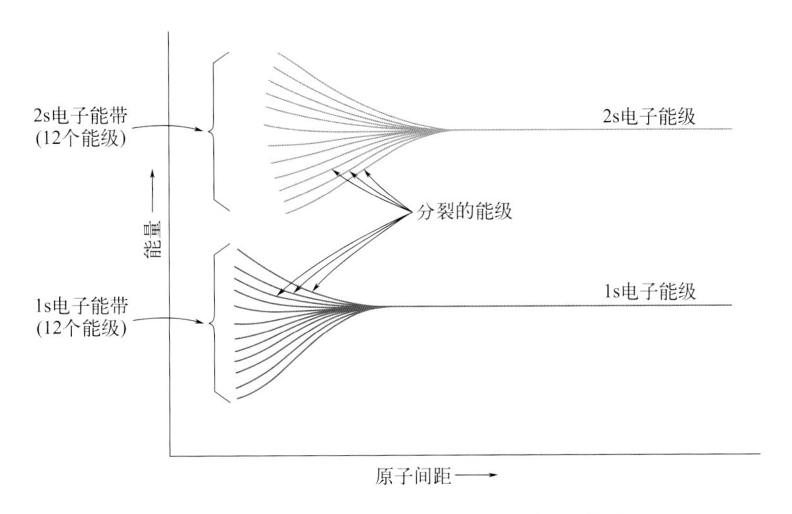

图12-2 12个原子的电子能级-原子间距关系

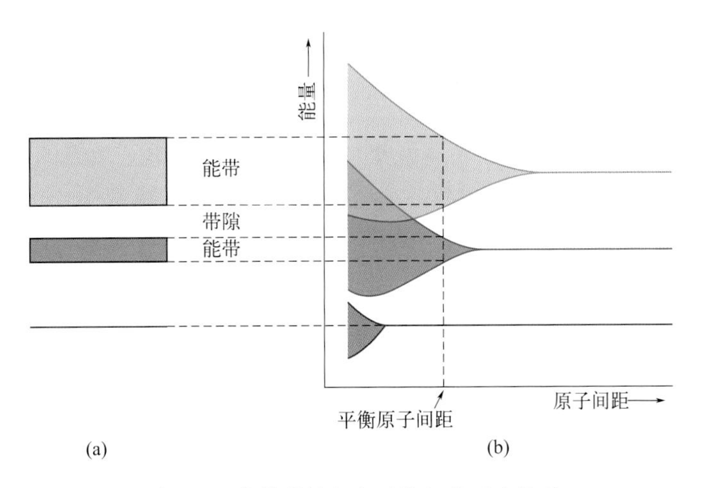

图12-3 能带结构与电子能级的对应关系

（a）固体能带结构；（b）原子距离减少后能级交叠形成能带

12.2.2 金属、半导体和绝缘体的能带结构

材料可以被分为金属、半导体与绝缘体三类，它们的导电性能是由电子能带结构决定

的，而它们的能带结构的最大差别在于最外层带隙的宽度。

金属材料特征是不存在带隙的能带结构，其能带结构可以分为两种情况［图12-4（a）］是最外层能带中电子没有完全充满。例如金属Cu，电子结构为[Ar] $3d^{10}4s^1$，其4s能带为最外层能带，并且处于半满状态，因此最外层能带不存在带隙。第二种情况［图12-4（b）］同样常见于金属材料中，空带和满带有一定程度的重叠。例如金属Mg，其电子结构为[Ne]$3s^2$，3s能带处于全满状态，但是3s和3p能带是重叠的，因此仍然不存在带隙。

具有带隙的能带结构是绝缘体和半导体的特征，二者之间的区别仅在于带隙的宽度，通常绝缘体的带隙较宽［图12-4（c）］，而半导体的带隙较窄［图12-4（d）］。以典型的Si材料为例，其电子结构为$1s^22s^22p^63s^23p^2$，当Si形成Si晶体时，其轨道首先杂化为sp^3结构，然后通过量子轨道相互作用形成成键轨道能带与反键轨道能带，其带隙宽度为1.1eV。由于Si最外层只有四个电子，因此成键轨道能带处于全满状态而反键轨道能带为半满状态，而费米能级则在带隙中心。SiO_2绝缘体的能带结构类似，但是其带隙宽度达到8.9eV。

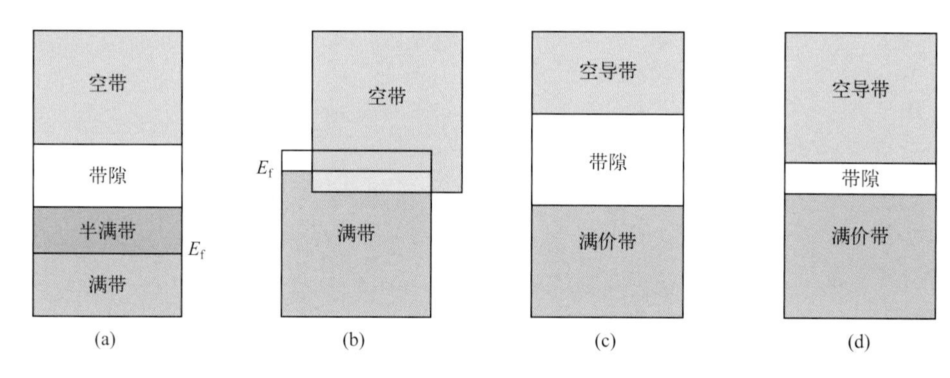

图12-4　0K下固体可能的电子能带结构

（a）金属（铜或者银）的能带结构，费米能级在能带内部；（b）金属（如镁）的能带结构，满带与空带之间有交叠区域；（c）绝缘体的能带结构，带隙较宽；（d）半导体的能带结构，带隙较窄

在固体材料中，电子从低能级到高能级依次进行填充，电子填充的最高能级称为费米能级（E_f）。在金属中，由于没有带隙，E_f通常处在最外层s能带中心或者s能带与p能带重叠处，而且E_f处具有很高的态密度。在室温条件下，仅需很小的外加电场就可以激发大量E_f处的电子到下一个未填充能级，参与电输运过程（图12-5）。电场激发载流子浓度高达～$10^{22}cm^{-3}$，导致金属的电导率都普遍较高。

绝缘体中，由于带隙的存在，E_f处于带隙接近正中间位置。E_f以下全充满能带称为价带，而带隙以上全空的能带称为导带。由于价带顶部是全部被电子占据的，带隙中没有可用的能级供电子跃迁热激发或者电场激发。只有激发能量大于带隙宽度（几电子伏特）时，电子才能进入导带并参与导电。同时，由于电子离开价带进入导带，在价带中产生空穴，在电场作用下可以使激发的电子漂移，等效于带正电荷的“空穴”沿电场方向漂移，图12-6示意了这个激发过程。在室温条件下，热激发不能促进绝缘体形成足够数量的自由电子，其自由电子浓度远远低于金属中的自由电子浓度，导电性极低。

半导体的能带与绝缘体相似，不过带隙较小。在升温或者光照情况下，能产生一定数量的自由电子及空穴，从而表现出介于金属与绝缘体中间的电导率。

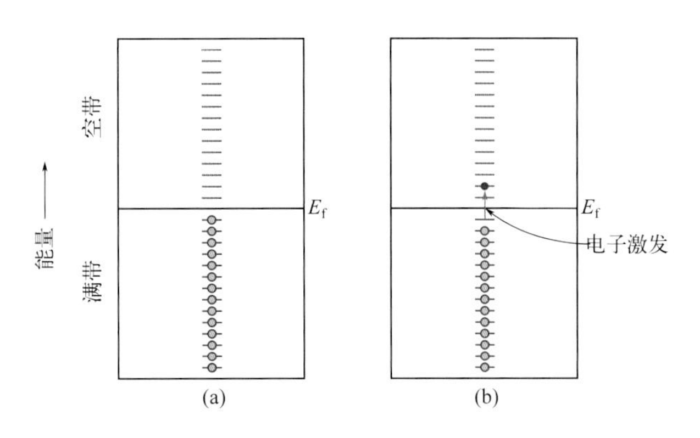

图 12-5　金属中的电子激发

（a）在绝对零度时的电子占据状态；（b）电子被激发到相邻能级

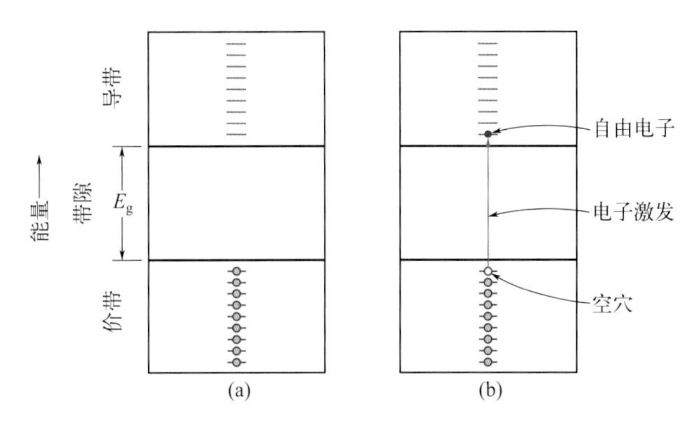

图 12-6　绝缘体或半导体金属中的电子激发

（a）在绝对零度时的电子占据状态；（b）电子被激发后导带产生自由电子，价带产生空穴

12.3　金属的导电性能

12

绝大部分金属具有良好的导电性，表 12-1 列出了几种常见金属的电导率，其数值普遍在 $10^7\Omega^{-1}\cdot m^{-1}$ 量级。不同金属中载流子浓度量级相近，不同金属电导率的差异主要源于迁移率的不同。

在理想晶体中，迁移率取决于电子与晶格之间的散射的平均自由时间 τ，其倒数 $1/\tau$ 为电子受晶格的散射概率。从式（12-6）及相关公式，我们可以推导得出

$$\rho = \frac{m_e}{e^2 n}\frac{1}{\tau} \tag{12-9}$$

当温度升高时，晶格振动剧烈，从而散射概率增加，因此电阻增加，并表现为线性依赖关系，表达为

$$\rho_T = \rho_0 + aT \tag{12-10}$$

式中，ρ_T 为不同温度下的电阻率；ρ_0 和 a 对特定金属为常数。

除了晶格散射外，晶格缺陷（如杂质原子）、塑性变形等均引入更多的散射中心，电子

散射概率增加，因此

$$\frac{1}{\tau}=\frac{1}{\tau_T}+\frac{1}{\tau_i}+\frac{1}{\tau_d} \tag{12-11}$$

式中，τ为总平均自由时间；τ_T、τ_i、τ_d分别为由于晶格振荡、杂质以及变形引起散射的平均自由时间，对应的电阻率满足以下关系

$$\rho=\rho_T+\rho_i+\rho_d \tag{12-12}$$

式中，ρ_T、ρ_i、ρ_d分别为温度、杂质和变形对电阻率的影响。该公式被称为马西森定则。图12-7展示了不同Ni掺杂以及冷加工对Cu-Ni合金的电阻率温度曲线的影响，显示了每种电阻率作用的叠加效果。

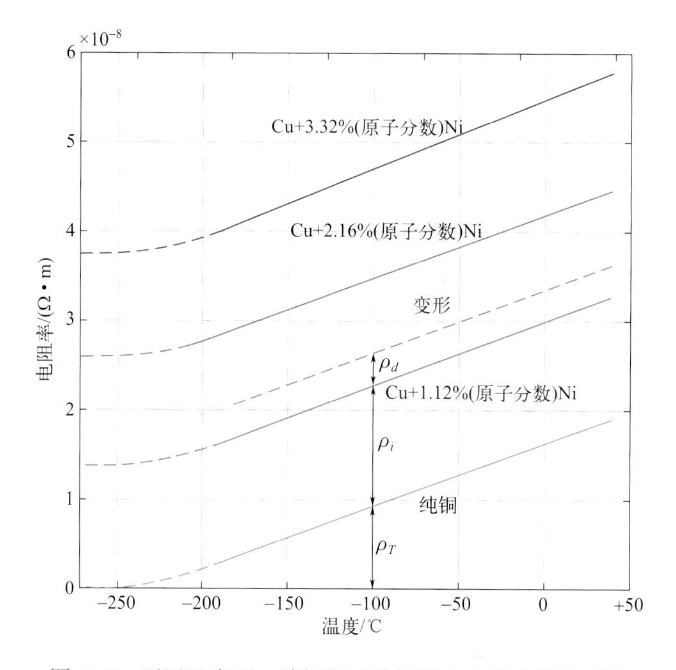

图12-7 不同温度下，纯铜和三种铜镍合金的电阻率对比

如果杂质形成固溶体，杂质电阻率ρ_i与杂质浓度c_i（原子分数，%）的关系为

$$\rho_i=Ac_i\left(1-c_i\right) \tag{12-13}$$

式中，A为与成分无关的常数。在多相合金中，其电阻率可以用混合规律近似表达为

$$\rho_i=\rho_\alpha V_\alpha+\rho_\beta V_\beta \tag{12-14}$$

式中，V_α和V_β为各相的体积分数；ρ_α和ρ_β为对应相的电阻率。

12.4 半导体的导电性能

半导体的电导率介于金属与绝缘体之间，范围为$10^{-4}\sim10^4\Omega^{-1}\cdot m^{-1}$，通常对应带隙低

于2eV。表12-2列举了常见半导体的关键参数。

表12-2 室温下半导体材料的带隙能量、电子迁移率、空穴迁移率和本征电导率

材料	带隙/eV	电子迁移率/[$m^2/(V\cdot s)$]	空穴迁移率/[$m^2/(V\cdot s)$]	电导率/($\Omega^{-1}\cdot m^{-1}$)
元素				
Ge	0.67	0.39	0.19	2.2
Si	1.11	0.145	0.050	3.4×10^{-4}
Ⅲ-Ⅴ化合物				
AlP	2.42	0.006	0.045	—
AlSb	1.58	0.02	0.042	—
GaAs	1.42	0.80	0.04	3×10^{-7}
GaP	2.26	0.011	0.0075	—
InP	1.35	0.460	0.015	2.5×10^{-6}
InSb	0.17	8.00	0.125	2×10^{4}

12.4.1 本征半导体

如图12-6所示，热激发使电子从价带转移到导带。在外加电场作用下，由于电荷符号相反，导带的电子与价带的空穴在静电力作用下，朝相反的方向移动，产生相同方向的电流。如果半导体材料中没有任何掺杂，如纯Si，导带中每产生一个电子必然在价带中产生一个空穴，因此电子数量与空穴数量是严格相等的，这种半导体称为**本征半导体**，其电导率为

$$\sigma = en_e\mu_e + en_h\mu_h = en\left(\mu_e + \mu_h\right) \tag{12-15}$$

式中，$n = n_e = n_h$为电子或空穴浓度；μ_e和μ_h分别为电子和空穴的迁移率。表12-2中也列举了常见半导体材料的电子和空穴迁移率。

12.4.2 非本征半导体

非本征半导体是指通过掺杂或添加杂质改变了原本本征半导体的电子和空穴浓度的半导体材料。非本征半导体的导电性质主要取决于掺杂或添加的杂质类型和浓度。在非本征半导体中，掺杂分为两种类型：施主掺杂和受主掺杂。

施主掺杂是指引入半导体晶格中的杂质原子具有多余的电子，可以提供额外的自由电子。常见的施主杂质包括磷（P）、砷（As）和锑（Sb）。如图12-8（a）所示，P最外层有5个价电子，4个电子与周边Si原子成键，剩下一个未参与成键的电子。这个电子的结合能很小（0.01eV数量级），因此很容易脱离施主原子，成为自由电子。从能带角度考虑，P在带隙中靠近导带底部形成了一个施主杂质能级。室温条件下就可以促进电子从施主能级到价带的跃迁，形成自由电子。

如图12-9所示，在施主能级电子激发过程中，价带中没有对应的空穴形成，因此导带中的自由电子数目远远大于价带中的空穴数目（即$n_e \gg n_h$），成为多数载流子，从而其电子对电导率的贡献远远超过空穴，称为**N型半导体**，相应地，电导率可以表达为

$$\sigma \approx n_e e \mu_e \tag{12-16}$$

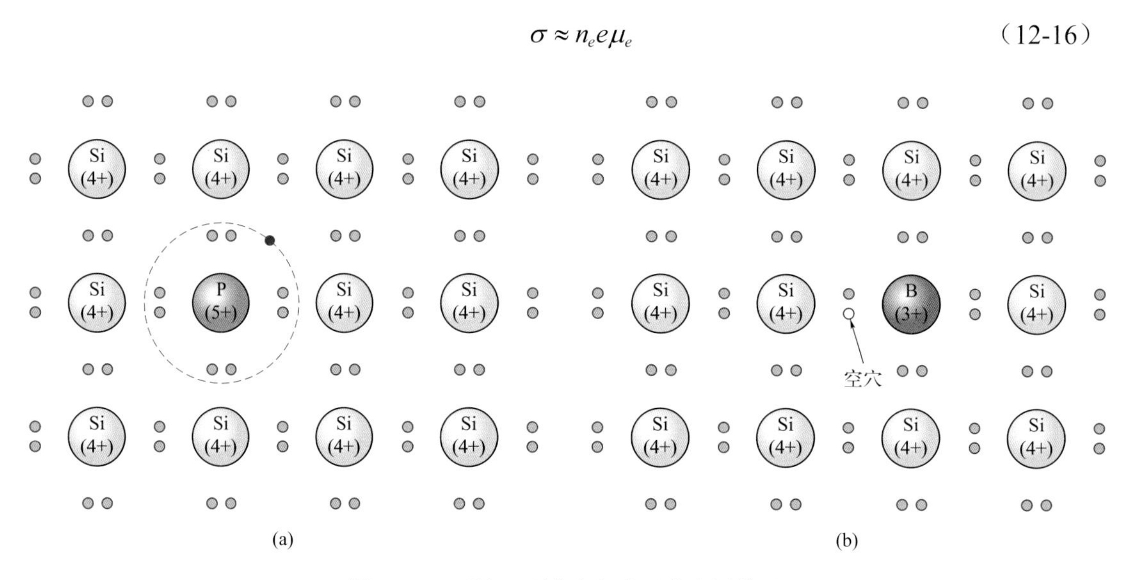

图12-8　N型与P型非本征半导体成键模型

（a）5个价电子的P原子施主掺杂Si引入一个自由电子；（b）3个价电子的B原子受主掺杂Si形成一个空穴

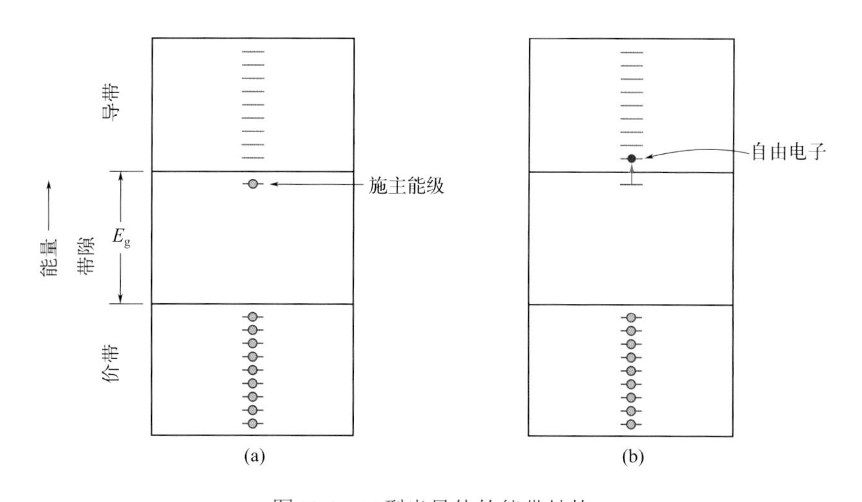

图12-9　N型半导体的能带结构

（a）施主能级位置；（b）施主能级受热激发到导带的过程

受主掺杂是指引入的杂质原子缺少一个电子，因此它们可以吸收一个自由电子，形成空穴。常见的受主杂质包括硼（B）、铝（Al）和镓（Ga）。如图12-8（b）所示，B最外层有3个价电子，它们与周边3个Si原子成键，Si的第四个键缺少一个电子，这个缺陷就是一个空穴，它与杂质原子结合很弱（0.01eV数量级），可以通过相邻键中的电子转移，脱离受主原子的束缚，成为激发的自由空穴。从能带角度考虑，B在带隙中靠近价带顶部形成了一个受主杂质能级，室温条件下就可以促进电子从价带能级到受主能级的跃迁，形成自由空穴。

如图12-10所示，在价带能级电子激发到受主杂质能级过程中，导带中没有对应的自由电子形成，因此价带中的空穴数目远远大于导带中的自由电子数目（即 $n_h \gg n_e$），多数载

流子为空穴，称为**P型半导体**，其电导率可以近似表达为

$$\sigma \approx n_h e \mu_h \tag{12-17}$$

非本征半导体的电子和空穴浓度取决于施主或受主杂质的浓度。增加施主杂质浓度会增加自由电子浓度，而增加受主杂质浓度会增加空穴浓度。这种掺杂可以通过不同的工艺方法实现，例如离子注入、扩散或外延生长。

通过控制杂质浓度和类型，可以改变半导体的电导率、载流子迁移率和其他电学特性，从而可以调控和优化非本征半导体的导电性能。非本征半导体被广泛应用于半导体器件中，例如晶体管、二极管和光电器件等。

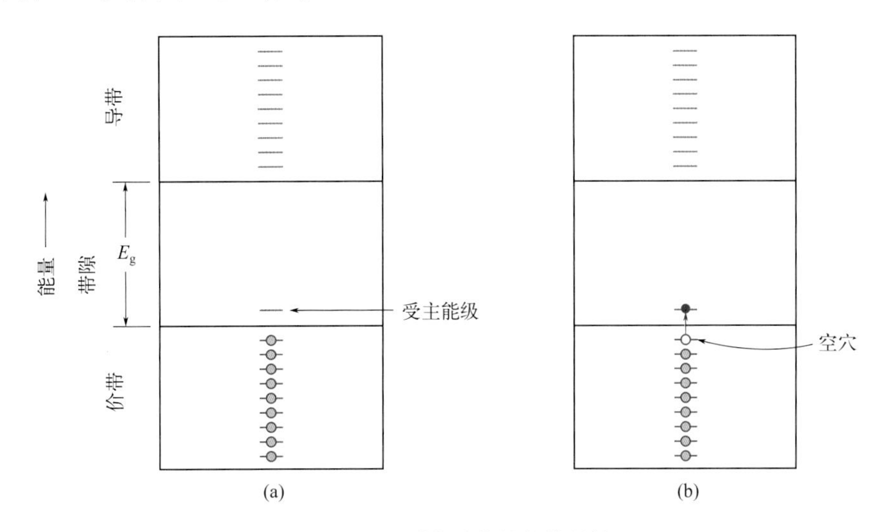

图12-10 P型半导体的能带结构

（a）受主能级位置；（b）价带电子激发到受主能级的过程

12.4.3 温度对载流子浓度的影响

本征半导体中，温度对载流子浓度的影响最大。根据半导体能带结构与费米狄拉克分布函数，本征半导体的载流子浓度为

$$n \propto \exp\left(-\frac{E_g}{2kT}\right) \tag{12-18}$$

式中，E_g为带隙宽度；k为玻尔兹曼常数；T为绝对温度。

图12-11显示了Si和Ge本征半导体载流子浓度随温度变化的对数关系，可见载流子浓度随温度的升高而增加。Ge的带隙最小，对应的直线斜率最低。由于Ge的带隙比Si的小（Ge：0.67eV；Si：1.11eV），因此相同温度下，Ge有更高的载流子浓度。

非本征半导体的载流子浓度随温度的变化趋势主要取决于杂质类型和浓度，以及材料的能带结构和激发过程。图12-12中展示了N型半导体中电子浓度与温度的关系，可将曲线分为三个区域：

① 低温范围（$T < T_s$）：在此低温范围内，温度的升高会使越来越多的施主离子化。施主离子化过程持续进行，直到达到饱和温度T_s，此时所有施主都被离子化，离子化施主浓度达

到饱和。这个温度范围通常被称为电离区或者冷冻区。

② 中温范围/非本征区（$T_s < T < T_i$）：由于所有施主在此范围内都已被离子化，即$n = N_d$。这种情况保持不变，直到$T = T_i$，载流子浓度n_i恒定等于施主浓度N_d。

③ 高温范围（$T > T_i$）：由于热激发跨越能隙产生的电子浓度n_i远大于N_d，因此电子浓度$n \approx n_i(T)$。此外，由于从价带到导带的激发，空穴浓度$n_h = n_i$。这个温度范围被称为本征区。

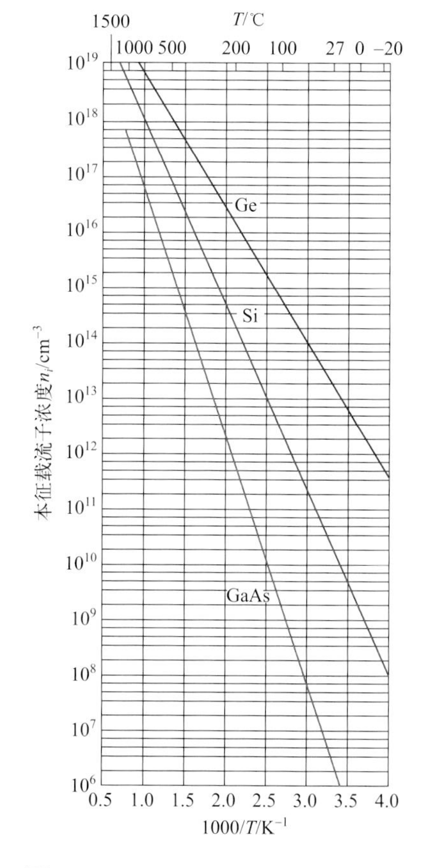

图12-11　Si、Ge和GaAs的本征载流子浓度与温度的关系

12.4.4 影响迁移率的因素

半导体材料的载流子迁移率主要受杂质含量与温度影响。图12-13为室温下Si的电子和空穴迁移率与杂质含量的关系。在低杂质浓度（约$10^{20}m^{-3}$）下，杂质浓度对迁移率影响不大，而当杂质含量继续增大，电子与空穴迁移率都显著降低，但是电子迁移率普遍大于空穴迁移率。

图12-14展示了不同杂质浓度下，硅中电子和空穴迁移率随温度的变化趋势。在低杂质浓度下，晶格散射占主导散射机理，所以迁移率随温度升高而降低。在高杂质浓度下（约$10^{25}m^{-3}$），低温时施主/受主原子作为缺陷引入新的散射中心，从而随温度升高，迁移率先增加再降低，在中间温度范围具有极大值。

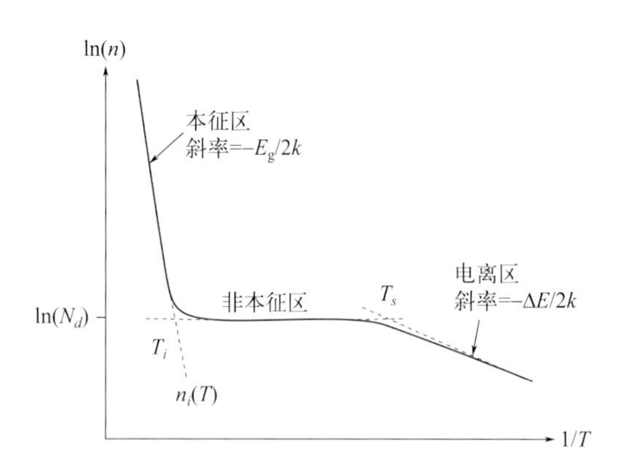

图12-12　非本征半导体的载流子浓度与温度的关系

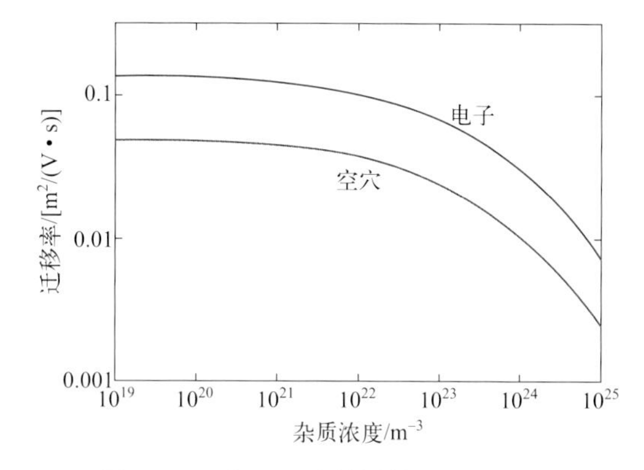

图12-13　室温下硅材料的电子和空穴迁移率与杂质浓度的关系

12.4.5 霍尔效应

在实验上，通过简单的电导率测量，不能确定材料的主要载流子类型、浓度和迁移率，这些信息可以通过霍尔效应检测获得。**霍尔效应**是指当固体导体放置在一个磁场内，且有电流通过时，导体内的电荷载流子受到洛伦兹力而偏向一边，继而产生电压（霍尔电压）

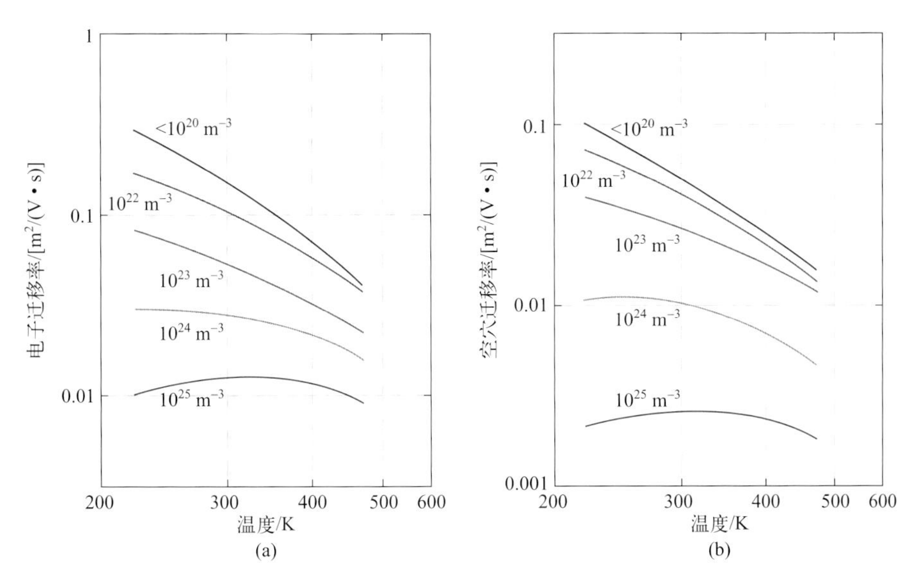

图12-14　不同杂质浓度下硅中载流子迁移率随温度的变化

（a）电子；（b）空穴

的现象。电压所引起的电场力会平衡洛伦兹力。

以图12-15所示的长方体试样为例，解释霍尔效应。在外加电场作用下，电子和空穴在x方向上移动并引起一个电流I_x。当在z轴方向上施加磁场B_z时，载流子受到电场和磁场作用的合力，使它们偏离y轴方向，因此在y轴方向上产生电压，被称为霍尔电压V_H，表述为

$$V_H = \frac{R_H I_x B_z}{d} \qquad (12\text{-}19)$$

式中，R_H为霍尔系数，是与材料有关的常数。对于电子是载流子的情况，

$$R_H = \frac{1}{ne} \qquad (12\text{-}20)$$

式中，n为电子浓度；e为电子电荷。因此，可以通过测量V_H计算得到n。电子迁移率表述为

$$\mu_e = \frac{\sigma}{ne} = |R_H|\sigma \qquad (12\text{-}21)$$

半导体材料和其他类型载流子类型、载流子浓度和迁移率的测定和计算更加复杂，在此不再赘述。

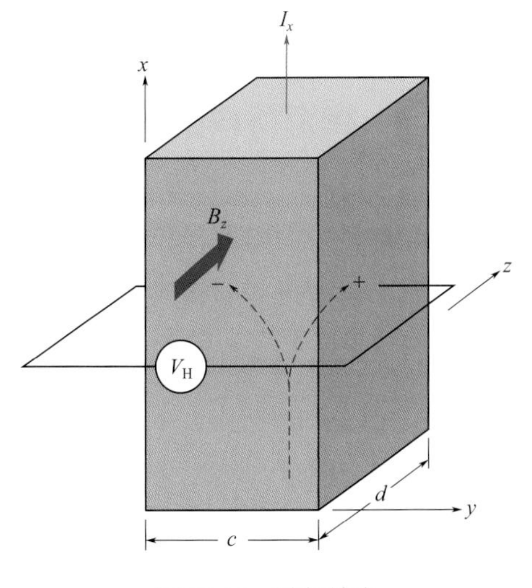

图12-15　霍尔效应

12.4.6　PN结与晶体管

半导体器件是利用半导体材料的特性设计和制造的电子器件。**PN结**是最简单且最基本的半导体器件，它由一个N型半导体和一个P型半导体连接而成，形成一个P-N结构。在P区，材料

中掺入了受主杂质（如硼），增加了空穴的浓度；在N区，材料中掺入了施主杂质（如磷），增加了电子的浓度。在PN结处形成了一个空间电荷区，其中P区域的正电荷和N区域的负电荷形成了电场。

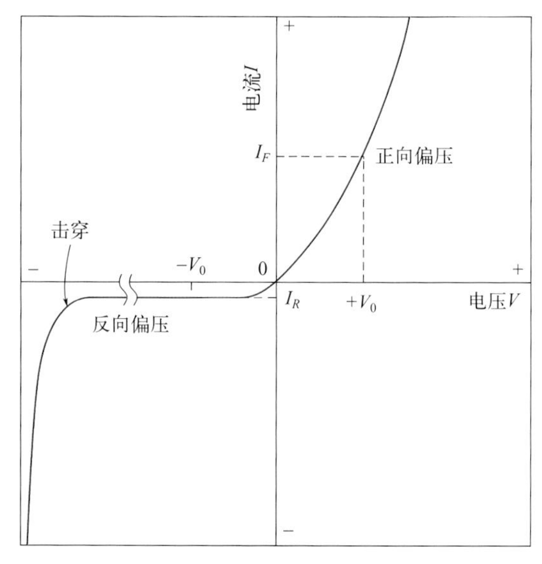

图12-16　PN结的I-V特征曲线，正向导通，反向绝缘

PN结具有多种重要应用，其中之一是二极管。二极管是一种具有两个引脚的器件，其中一个引脚连接到P区，另一个引脚连接到N区。当正向偏置时，即将正电压施加到P区而负电压施加到N区时，电子从N区流向P区，形成电流通过。而当反向偏置时，即将正电压施加到N区而负电压施加到P区时，电荷无法通过PN结，形成了一个阻断状态，导致几乎没有电流通过。这种单向导电特性（图12-16）使得二极管广泛应用于电路中的整流、保护和信号调制等。

晶体管是一种更复杂且功能更强大的半导体器件，它由三个或多个不同类型的半导体材料层组成。晶体管有多种类型，包括双极性晶体管（bipolar junction transistor，BJT）和场效应晶体管（field effect transistor，FET）。

BJT是一种含三层结构的器件，由一个发射区（N型）、一个基区（P型）和一个集电区（N型）组成。通过控制基区的电流，可以调节集电区的电流放大倍数。BJT在放大、开关和振荡等电路应用中非常重要。

FET是一种基于电场控制的器件，根据控制电场的方式可以分为金属-氧化物-半导体场效应晶体管（metal-oxide semiconductor FET，MOSFET）和结型场效应晶体管（junction FET，JFET）。FET的特点是输入电阻高、功耗低、速度快，并且可以实现高增益和高频率操作，在数字电路、放大器和集成电路中得到了广泛应用。

12.5 陶瓷材料的导电性能

陶瓷材料中的阳离子和阴离子都带有电荷，当施加电场时，都能够迁移或者扩散，因此除了电子运动引起的电流外，这些离子的定向移动也会产生电荷，即产生离子导电。离子材料的总电导率等于电子与离子导电贡献的加和，即

$$\sigma_{\text{total}} = \sigma_{\text{electronic}} + \sigma_{\text{ionic}} \tag{12-22}$$

在不同材料、温度与纯度条件下，占主导作用的导电机理可能发生改变。由于陶瓷材料中的离子在常温下扩散较慢，所以通常会在高温下表现出明显的离子电导。

陶瓷材料离子导电的一个典型示例是在固体燃料电池（solid oxide fuel cell, SOFC）中的应用。其中，陶瓷材料可以用作固体电解质。一般情况下，随温度升高，离子的热激

活程度增加，离子在晶格中的扩散能力增强，导致离子导电性能提高。在通常的SOFC工作温度范围内（800～1000℃），氧化物的离子电导率呈指数级增加。图12-17展示了多种离子导体电导率与温度的依赖关系，离子电导率与温度之间的关系可以用阿累尼乌斯（Arrhenius）方程表示为

$$\sigma_T = \sigma_0 \exp\left(-\frac{E_a}{kT}\right) \tag{12-23}$$

式中，σ_0为与温度无关的常数；E_a为激活能；k为玻尔兹曼常数；T为绝对温度。实际的离子电导率随温度变化的关系可能还受到其他因素的影响，例如材料的纯度、晶体结构等。

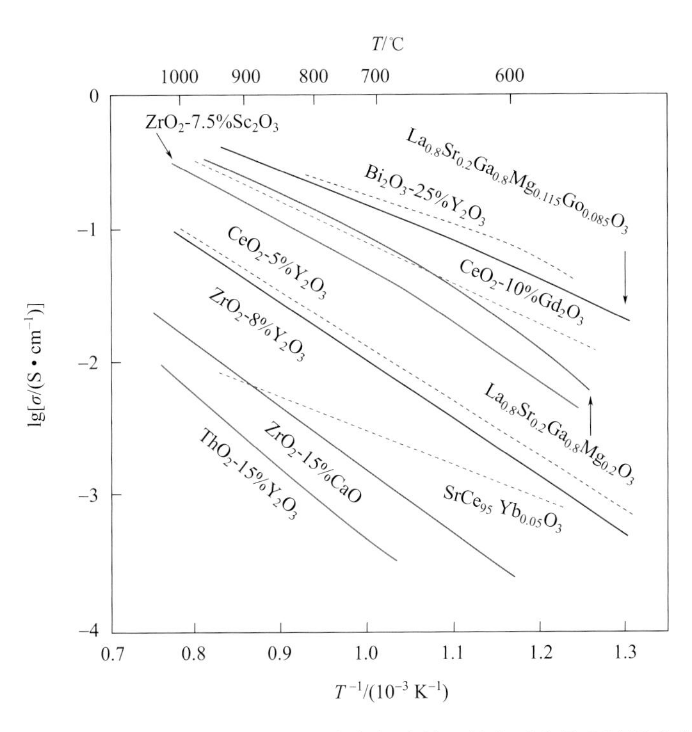

图12-17 多种各类电解质材料（掺杂量为摩尔分数）的离子电导率随温度变化曲线

12.6 聚合物材料的导电性能

由于高分子聚合物材料中的电子以共价键形式存在，通常这些材料不具有导电性。从20世纪50年代开始，导电聚合物如聚吡咯、聚乙炔等陆续被发现，它们的电导率甚至可以高达$10^7\Omega^{-1}\cdot m^{-1}$。以聚乙炔为例，其结构包含一个交替的单键与双键（图12-18），从而使电子在聚合物分子链多个碳原子中共享，实现长距离的电子传输。

从能带角度考虑，绝大部分的导电聚合物都具有半导体的能带结构特性，即导带与价带被带隙隔开。带隙内部可能存在由于掺杂原子带来的施主或者受主能级，在室温条件下产生高浓度的自由电子或者空穴。对比硅、锗等常规半导体，高分子链的各向异性更加明

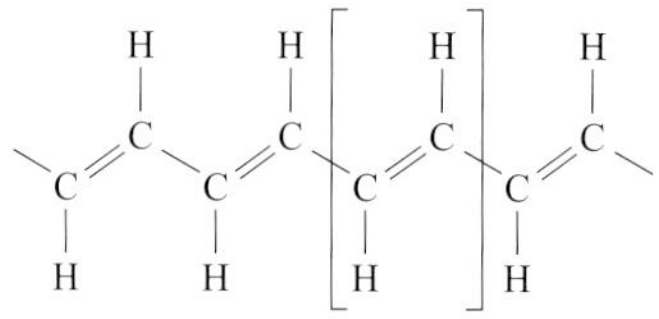

重复单元

图12-18　聚乙炔的分子结构模型

显，因此在合成过程中调控聚合物分子链的取向可以有效地调控其导电性能。

对比常规半导体，聚合物半导体具备了聚合物固有的低密度、柔性、制备简单的优点，在柔性电子、电子显示、传感器、储能、涂层、静电屏蔽方面都有巨大应用潜力。

12.7 介电材料

介电材料是一类具有良好绝缘性能和电介质特性的材料。它们对电场响应较强，能够存储和释放电荷，而不会导电。介电材料通常具有较高的电阻和较低的电导率，因此在许多电子器件和应用中被广泛使用。通常介电材料分为两大类，陶瓷介电材料与聚合物介电材料。前者具有较高的介电常数和低损耗，适用于电容器等应用，后者具有良好的绝缘性能和可塑性，在绝缘层与电线电缆绝缘方面有广泛的应用。

12.7.1 介电材料的极化

偶极子（分离的正负电荷）与电场的相互作用是材料介电性能的微观起源。如图12-19所示，正负电荷 q 分离距离 $\boldsymbol{d}$ 对应的偶极矩 $\boldsymbol{p}$ 为

$$\boldsymbol{p}=q\boldsymbol{d} \tag{12-24}$$

$\boldsymbol{d}$ 和 $\boldsymbol{p}$ 是向量，方向从负电荷指向正电荷方向。在外电场作用下，偶极子排列方向会变为与外电场方向一致（图12-20），该过程称为**极化**。

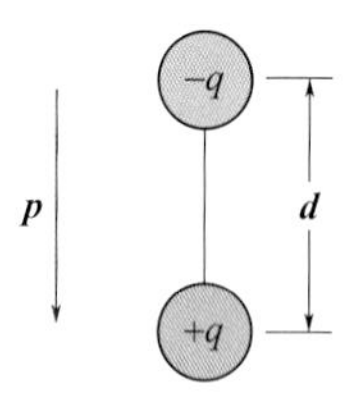

图12-19　正负电荷分离形成偶极矩 $\boldsymbol{p}$

在实际的材料中，极化是原子或者分子诱导偶极矩对外加电场的响应。人们普遍认为极化有三种起源：电子极化、离子极化以及取向极化。

电子极化指的是电场作用下电子云变形导致的正负电荷中心的分离，如图12-21（a）所示。电子极化存在于所有材料中，但当外加电场移除时，电子极化消失。

离子极化只存在于离子材料中，在外加电场条件下，阳离子与阴离子偏移的方向相反，根据不同的离子构型，可能产生净偶极矩，这一现象如图12-21（b）所示。

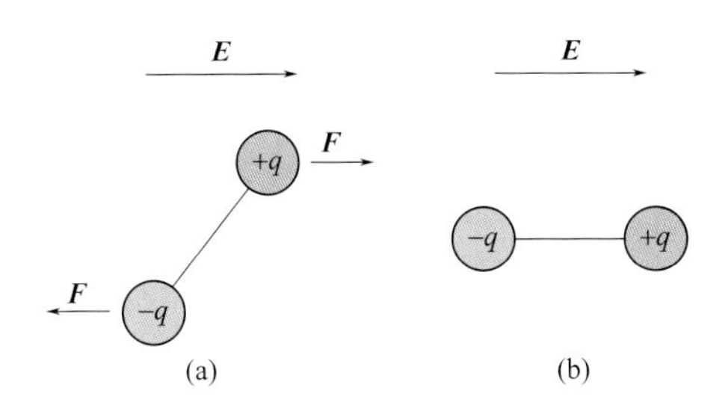

图12-20 偶极子极化

（a）外电场作用下，电场力对偶极子的作用力方向；（b）极化后稳定，偶极子排列方向与电场方向一致

取向极化仅存在于具有自发极化偶极矩的材料中。取向极化来源于材料内部的结构或取向的异质性。如图12-21（c）所示，在外加电场作用下，自发极化从无序状态旋转到与电场平行方向，从而极化增强。

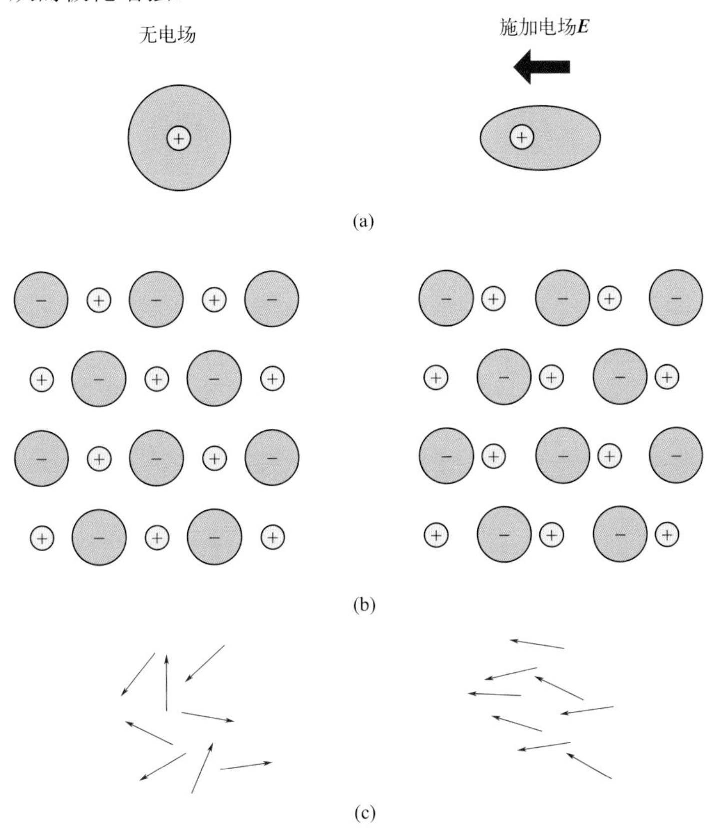

图12-21 极化机制

（a）电子极化；（b）离子极化；（c）取向极化

如果一个材料中存在三种极化，测量得到的极化值则为三种极化值之和，但是不同极化对外加电场的响应速度是有差异的，其响应速度取决于偶极子能够重新排布的最短时间。在三种极化机制中，电子极化响应速度最快，其响应频率高达10^{16}Hz；而离子极化响应速度次之，其响应频率达到10^{13}Hz；取向极化速度最慢，其响应频率约为10^{8}Hz。如图12-22所示，通过测量与频率相关的介电常数可以精确确定不同类型极化的响应速度。

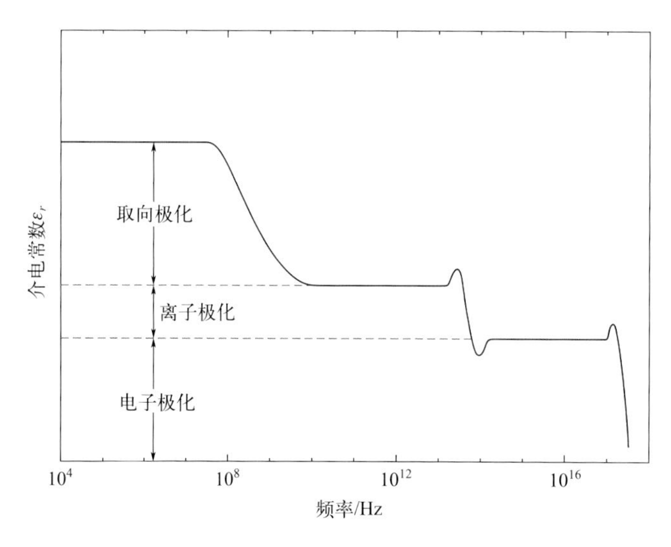

图12-22　介电常数随测量频率的变化曲线

12.7.2　储能介电材料

电介质电容器通过电介质的电极化以静电场的形式存储能量。如图12-23（a）所示的真空平板电容器，包含两块面积为A的电极，电极间分离较小的距离d（$d \ll \sqrt{A}$），其电容C为

$$C = \frac{\varepsilon_0 A}{d} \tag{12-25}$$

式中，ε_0为真空介电常数（8.854×10^{-12}F/m）。在外加电压V下，电容器上下电极被均匀充电，其电荷为

$$Q = \pm CV \tag{12-26}$$

因此单位面积电容板上的电荷量，即表面电荷密度为

$$D_0 = \varepsilon_0 E \tag{12-27}$$

式中，$E = V/d$，为外加电场。

当加入介电材料后［图12-23（b)］，由于在电场下的极化响应，电容增加，电容C变为

$$C = \frac{\varepsilon_0 \varepsilon_r A}{d} \tag{12-28}$$

式中，ε_r为相对介电常数，是与材料有关的常数。显然，相对介电常数越大，电容值越大，相同电压下存储的电荷也越多。这时的表面电荷密度为

$$D = \varepsilon_0 \varepsilon_r E \tag{12-29}$$

如图12-24所示，在正电压的条件下对电容器进行充电，充电完成后，介电材料偶极子都与电场方向平行。由于极化响应，介电材料上表面为负电荷$-Q'$。为保持电中性，上电极中诱导出$+Q'$电荷，而下电极金属诱导出$-Q'$电荷。上下电极平行板总电荷为$\pm(Q_0 + Q')$，其中Q_0是真空电容器的电荷量。

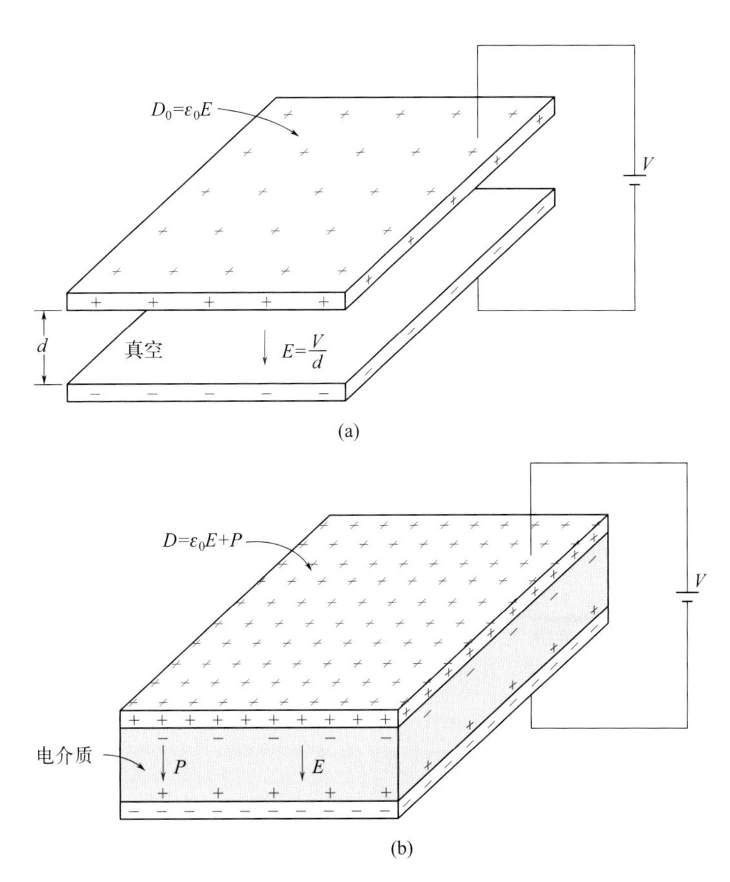

图 12-23 真空和有介电材料的平板电容器

（a）真空；（b）加入介电材料

在加入介电材料后，板之间的电荷密度等于电容器两板上的表面电荷密度，可以表示为

$$D = \varepsilon_0 E + P \tag{12-30}$$

式中，E为外加电场；P为极化强度，是由于介电材料的存在而增加的电荷密度。因此

$$P = \frac{Q'}{A} \tag{12-31}$$

式中，A为每块板的面积。

极化强度P也可以认为是单位体积介电材料的总电偶极矩，或是在外场作用下，许多原子或分子偶极之间相互调整而产生的介电材料中的极化电场。对于大多数介电材料，P与E成正比，即

$$P = \varepsilon_0 \left(\varepsilon_r - 1\right) E \tag{12-32}$$

介电材料的各项性质中，除介电常数以外，介电强度也是一个重要的概念。**介电强度**或**击穿强度**指的是材料能承受的最高的电场。当施加电压超过该电压，可以出现电子突然被激发到导带，导致瞬间大电流通过电介质，造成材料的局部熔化、蒸发等不可逆的材料失效，这种现象被称为**电介质击穿**。物质的介电强度越大，它作为绝缘体的质量越好。

12

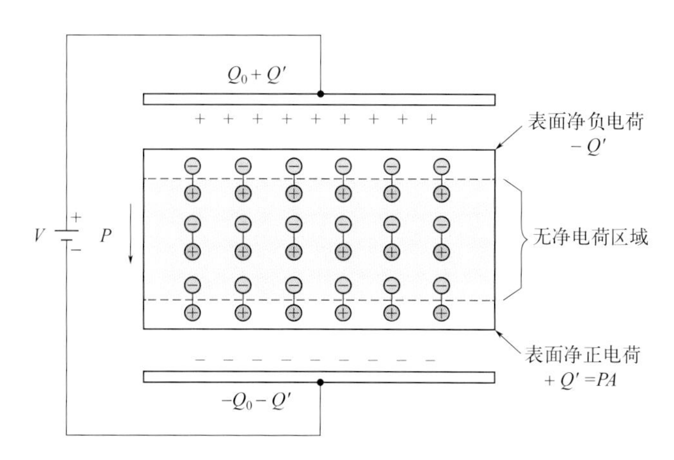

图12-24　电场作用下介电材料在电容器中产生诱导电荷

与电化学电容器、电池等储能装置相比，电介质电容器具有超高的功率密度，可以实现快速的能量吸收和传输，放电时间达到微秒/毫秒级别。因此，电介质电容器在脉冲功率系统、新能源交直流变换、智能配网储能、油气深井勘探、综合全电力推进舰艇、电磁弹射装备等领域发挥着重要的作用。例如，在民用方面，电介质电容器是新能源汽车逆变器设备中不可或缺的组成部分；在军事应用方面，电磁炮（图12-25）、综合全电力推进舰艇等设备运行时需要高达100kA的工作电流，脉冲功率设备需要高达1000kV/cm的高压电场，需要持续时间小于0.1s的高能脉冲，这些工作条件只有电介质电容器能够满足。

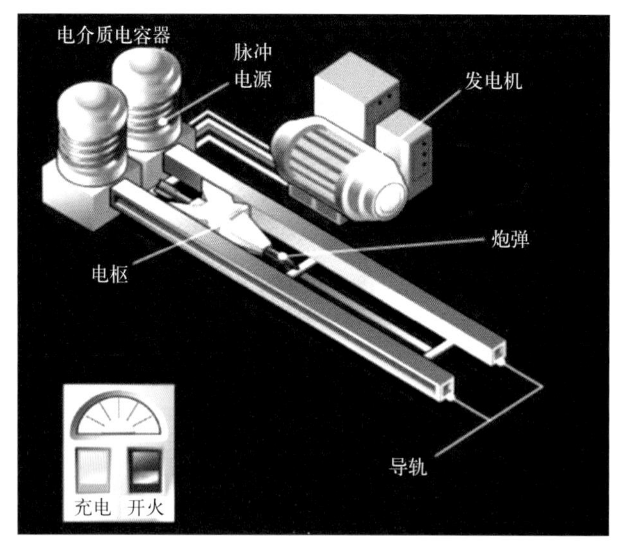

图12-25　电磁炮的能源系统

然而，电介质电容器的能量密度偏低，成为制约其广泛应用的首要因素。电介质材料的储能密度与其介电常数和击穿强度成正比，因此提高电介质材料的储能密度需要从这两方面入手。在过去的几十年中，研究者提出了许多策略来提高储能密度。早期的研究主要以复合电介质材料为主，但由于复合材料的击穿强度降幅太大，导致储能密度的提升不大。2015年，南方科技大学汪宏教授提出了电介质复合材料构效关系调控新策略，突破了介电常数和击穿强度倒置关系的局限，从多维复合结构协同增强、畴与仿生结构协同调控到分子工程改性，所提出的新策略已成为发展高性能电介质材料的重要范式，受到国内外同行高度评价和跟踪效仿。获得的超过商用材料性能的储能电介质材料在高功率脉冲技术、快速储能器件、新能源电网等领域具有重要应用前景。

12.7.3 压电和铁电材料

在介电材料中，有两类相互关联的重要材料，称为压电材料和铁电材料。两种材料都只存在于非中心对称的材料体系中。**压电材料**是外部应力或压力作用下产生电荷分离和电势差的材料，**铁电材料**是具有自发极化且在外电场作用下可以发生可逆极化翻转的材料。所有铁电材料都是压电材料，其包含关系如图12-26所示。

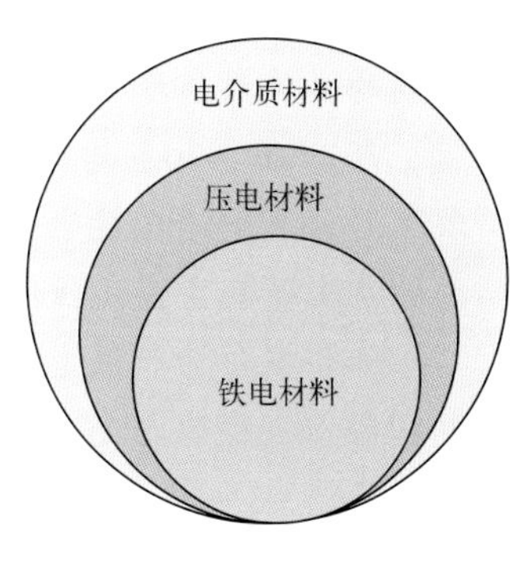

图12-26 介电、压电与铁电材料的包含关系

压电效应是由于材料的晶格结构具有非中心对称性，在应力或压力的作用下导致晶格畸变的同时，可产生电荷的重新分布。压电材料通常是晶体材料，如晶体石英、压电陶瓷锆钛酸铅［$PbZrO_3$和$PbTiO_3$的固溶体$Pb(Zr_xTi_{1-x})O_3$，PZT］，以及一些聚合物压电材料。压电材料在压力变化时会产生电荷，这一性质被广泛应用于传感器、压力传递装置、声学设备等领域。

铁电材料在没有外部电场作用下，具有固有的电偶极矩，在外部电场的作用下可发生可逆的电极化翻转。铁电材料通常是复杂的氧化物，典型材料为钛酸钡（$BaTiO_3$），其原子结构如图12-27所示，Ba离子占据晶胞顶点位置，Ti离子占据体心位置，O离子占据面心位置。在室温条件下，该单胞c轴拉伸，成为四方结构；Ti^{4+}不在严格的体心位置，而是发生自发的向上或向下的位移（约0.006nm），而O^{2-}向相反方向移动，形成自发偶极子。偶极子在电场方向可以发生可逆翻转，与铁磁材料类似，因此铁电材料在信息存储及处理领域有很强的应用潜力。

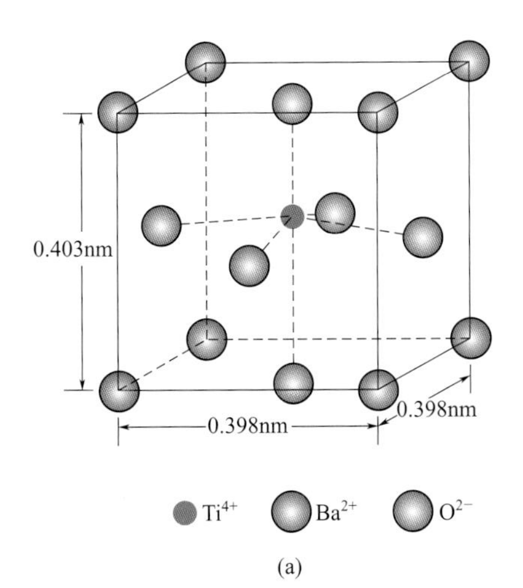

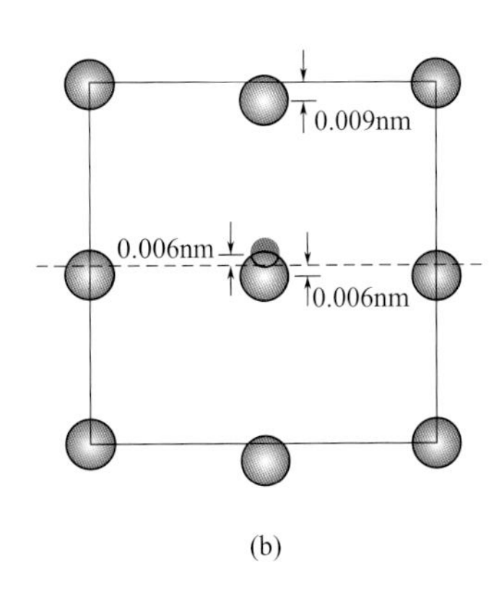

图12-27 $BaTiO_3$晶体结构中Ti和O的相对位移

（a）晶胞结构；（b）晶胞（100）面投影

材料史话12-1 百年铁电

铁电现象的发现归功于乔瑟夫·瓦拉谢克（Joseph Valasek）。1920年，当时瓦拉谢克是美国明尼苏达大学明尼阿波利斯分校威廉·斯旺（William Swann）教授的一名博士研究生。瓦拉谢克在测量四水合酒石酸钾钠（$KNaC_4H_{12}O_{10}\cdot 4H_2O$）的极化强度时，发现随着电场强度的增加，极化强度增加，P与E的关系呈现出S形曲线。然而，当电场再次降低时，尽管遵循相同形式的曲线，极化强度却始终比之前高。换句话说，极化强度的具体数值取决于电场是上升还是下降，表现出滞后效应。这个观察结果非常不寻常，斯旺在1920年4月的美国物理学会会议上在马里兰州盖瑟斯堡（Gaithersburg）发表了题为"罗谢尔盐中的压电和相关现象"的论文，其中介绍了这一观察结果。作为普通的博士研究生，瓦拉谢克甚至没有参加会议。

如今被称为"铁电材料"的这些物质在现代生活中有广泛的应用（如超声探测器、电容器、夜视仪与高精度驱动器等）。然而，斯旺和瓦拉谢克都没有使用"铁电性"这个术语，这个术语是由埃尔温·薛定谔（Erwin Schrödinger）于1912年创造的，他预测某些液体在凝固时会自发极化。尽管瓦拉谢克在1921年至1924年期间在《物理评论》(*Physical Review*）上发表了4篇关于他的观察结果的论文，并于1927年在《科学》（*Science*）上发表了一篇文章进一步阐释，但是在整个20世纪20年代都没有人尝试建立这一现象的理论基础。

第二次世界大战期间，钛酸钡（$BaTiO_3$）的发现极大地促进了该领域的发展。钛酸钡不溶于水，在室温下稳定，具有高介电常数，在超声波、微波设备以及铁电存储器中得到广泛应用。随后，压电材料$PbZrO_3$-$PbTiO_3$形成的固溶体锆钛酸铅在高精度传感器及驱动器方面大放异彩。近年来，$Hf_{0.5}Zr_{0.5}O_2$基铁电材料由于其良好的硅基兼容性，在信息存储及计算领域展现出无穷的潜力。

12.7.4 低温共烧陶瓷技术与器件

高性能材料的应用往往伴随着结构或器件加工技术的发展。同样，介电材料在实际器件中的应用及性能的实现，也需要制备技术的支撑。下面以低温共烧陶瓷（low temperature co-fired ceramic，LTCC）技术为例，介绍将陶瓷介电材料应用于电子器件中的先进器件制备技术。

LTCC是在介质层上印刷电极后叠层共烧的多层陶瓷技术，是实现有源无源元器件集成和高端电子封装的主流技术。该技术将低温烧结陶瓷粉通过流延工艺制成生瓷带，在其上用导体浆料印刷所需电路图形，然后多层叠压并在900℃以下烧结制成三维电路网络，在多层陶瓷内部形成无源元件并实现互连，制成模块化集成器件或三维陶瓷基多层电路，并在其表面贴装IC等有源器件制成有源无源集成的功能模组，从而实现高密度三维互连布线、一体化集成封装（图12-28）。LTCC技术的关键是低温共烧陶瓷材料，这类材料要与银、铜等金属导体浆料在其熔点以下实现共烧，因此其烧结温度通常控制在950℃以下。LTCC技术获得的材料（简称LTCC材料）具有如下优点：优良的高频特性，和有机封装相比具有低介电损耗，其使用频率可延伸至毫米波及太赫兹；由于内导体使用银、铜等高电导率金属，器件电路损耗进一步降低；低温烧结可减少金属导体的扩散，因此可以制作更窄的线宽以及更高的布线密度；与有机材料相比，LTCC材料具有更高的稳定性、更优良的热传导性能。

基于以上展现的优良特性，LTCC材料被广泛应用在智能终端、微波和射频模块、传感器封装、微流体芯片、汽车电子、微电子封装等诸多领域。随着移动通信技术向小型化和高频化方向的发展，LTCC技术也将发挥越来越广泛的作用。例如，一部3G手机中LTCC元器件的数量大约为2～3颗，一部4G手机大概使用4～5颗，而一部5G手机大概使用15颗LTCC元器件。总体而言，LTCC作为一种封装材料，在微电子和射频应用中展现出卓越的性能。其低温制备、多层结构和优异的电热性能使其成为先进电子设备制造和封装的理想选择。随着技术的发展，LTCC技术将继续在通信领域发挥重要作用，为各种先进应用提供可靠的解决方案。

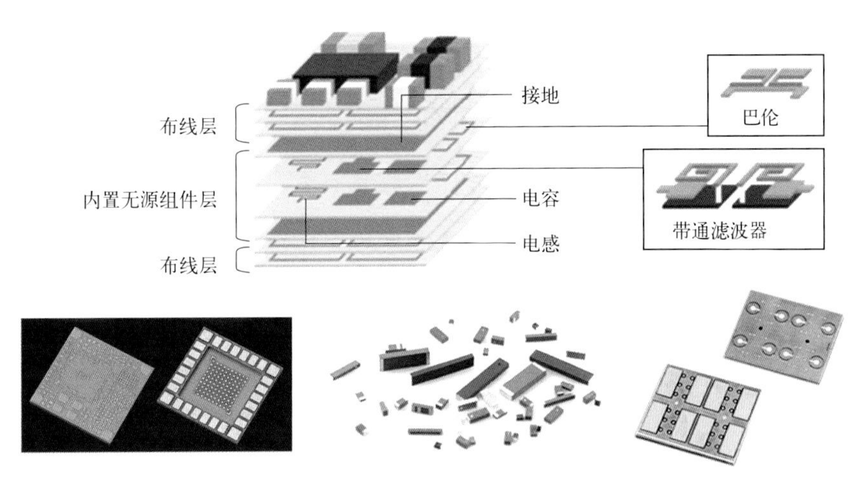

图12-28 LTCC多层结构及器件

大部分陶瓷材料的烧结温度都高于1000℃，LTCC材料研发的重点是降低陶瓷的烧结温度。常用于降低陶瓷材料烧结温度的途径有：

① 添加低熔点氧化物或低熔点玻璃，这一做法的弊端是会同时引入杂质缺陷和冗余相，使得烧成后材料的介电损耗增大和机械强度大幅度降低，制约了高频高速小型化电子元器件的发展。常见的低熔点添加剂有TeO_2、Bi_2O_3、B_2O_3、Li_2O、V_2O_5和MoO_3等。

② 选择表面活性高的粉体，如湿化学法合成或小粒径粉体，但这对温度的降低作用有限且成本高。

③ 从材料学角度设计和开发具有本征超低烧结温度的微波介质陶瓷材料，不仅成相简单，而且性能优良。常有的材料有钼酸盐、碲酸盐、钒酸盐、钨酸盐、硼酸盐和玻璃陶瓷等。南方科技大学汪宏教授提出“无玻璃相低温烧结”方法，研发出一系列超低温烧结LTCC新材料，其原理主要是运用陶瓷材料相图原理和离子取代设计，通过寻找设计二元及多元相图中低共熔点相区的固溶体成分，创建全新的低温烧结制备方法。通过该方法制备的微波介质材料具有相结构与化学组成简单、性能优越等优点。采用该方法研制获得的LTCC新材料具有超越商用材料的介电性能，顺应微波元器件低损耗化的要求，有利于无线通信中LTCC器件的应用。例如，对于衡量微波介质陶瓷介电损耗的指标$Q\times f$（其中Q为

品质因子，f为频率）在660℃超低烧结温度研发出高$Q\times f$（达到62400GHz）$Na_2Mo_2O_7$微波介质陶瓷，实现了高性能微波介质陶瓷700℃以下的超低温烧结。在460℃研发出$Q\times f$为22000GHz的$K_2Mo_2O_7$以及$Q\times f$为25300GHz的$Ag_2Mo_2O_7$微波介质陶瓷，将高性能微波介质陶瓷的烧结温度降低到500℃以下。在565℃超低烧结温度创制出Na_2WO_4陶瓷，其$Q\times f$高达124200GHz，是目前报道的$Q\times f$最高的LTCC材料。

④ 开发低温成型工艺，如热压烧结、等离子体烧结、冷烧结等。郭靖教授、Randall教授、汪宏教授等采用冷烧结技术能够将陶瓷的烧结温度降低至室温到400℃范围且拥有优异的性能。例如，汪宏教授在单轴压力120MPa，温度为120℃的工艺条件下，通过40min的工艺处理，即可烧结致密Na_2WO_4，其相对密度达到96%以上，且其$Q\times f$高达70000GHz。

习题

1. 银的密度为10.5g/cm³，假设每个银原子贡献1.3个自由电子，计算银金属的载流子浓度？如果银的电导率为$6.8\times10^7\Omega^{-1}\cdot m^{-1}$，计算银的电子迁移率。

2. 什么是费米能级？绝缘体材料的费米能级一般在能带结构的什么位置？

3. 比较金属和本征半导体的电导率随温度的变化规律。

4.（a）当一个材料中加入施主杂质时，为什么产生自由电子时没有产生对应的空穴？（b）当一个材料中加入受主杂质时，为什么产生空穴时没有产生对应的自由电子？

5. 如果在高纯硅加入了$10^{23}m^{-3}$浓度的砷，该半导体是N型还是P型？

6. 假设N型Si有$10^{14}cm^{-3}$的施主杂质浓度，试计算Si厚度为500nm，磁场为0.01T，电流为0.1mA时的霍尔电压。

7. 假设一个有介电材料填充的平板电容器，电极面积为3225mm²，平行板间距1mm，其中介电材料的相对介电常数为3.5。（a）计算其电容值。（b）计算需要多大电压才能使电容器存储20nC的电荷。

8. 什么是极化？极化现象有哪些类型？

第13章 热学性能

材料的热学性能，就是材料对热作用的响应。热容、热膨胀和热传导等是与固体材料的实际应用相关的重要热学性能。当固体以热的形式吸收能量时，它的温度就会升高，一般尺寸也会增大。材料的热膨胀或冷却收缩会产生热应力，导致材料不希望出现的塑性变形和开裂。如果存在温度梯度，热能就会传导到较冷的区域。热传导在日常生活中的各个方面均有体现，从美食烹饪、衣物保暖到房屋隔热，不一而足。在现代电子器件和半导体芯片设计中，随着电子器件向微型化、集成化发展，半导体芯片内部产生的热量愈发密集，热传导问题尤为突出。在电子设备中，芯片的散热量往往低于其发热量，导致芯片因过热出现性能下滑甚至故障，进而影响整个设备的稳定运行。这一问题也被形象地描述为半导体芯片“热死”。深入了解材料的传热机制和热传导性能可以为制造更高效的绝热和散热材料提供指导。

本章将首先介绍材料的热容、热膨胀和热应力等知识。进而着重介绍材料热传导的内在规律，以及优化与调控系统热传导性质的方法，在理论知识的基础上，系统介绍材料热导率的测量方法。最后，解析热阻概念，介绍材料学领域中提高热导率及降低界面热阻的各种方法和技术。

13.1 热容

热容是一种用来描述材料从外部环境吸收热量能力的物理量。单位质量的某种物质升高或下降单位温度时吸收或释放的热量称为比热容，数学表达式为

$$c=\frac{\mathrm{d}Q}{m\mathrm{d}T} \tag{13-1}$$

式中，c为比热容，J/(kg・K)；$\mathrm{d}Q$为产生$\mathrm{d}T$温度变化所需的能量，J。

不同的物质具有不同的比热容，这是由其分子和原子结构以及物质状态（固体、液体、气体）等因素决定的。比热容c反映了各种物质在热性能上的差异，是物质热学性能的重

要指标，在理解和计算物质在温度变化下的热行为方面起着关键作用。

13.1.1 经典热容理论

根据热传递的环境条件，可以定义两种热容。一种是样品体积不变时的定容热容 C_V，另一种是外部压力不变时的定压热容 C_p。C_p 总是大于或等于 C_V，它们之间的差异对于室温及以下温度下的大多数固体材料来说是非常小的。

在探索固体传热的过程中，通常关注的是定容热容。1818年，法国科学家杜隆（Dulong）和珀蒂（Petit）根据实验测得的大量热学数据，提出了表达定容热容的杜隆-珀蒂定律。基于能量均分定理，在经典理论框架下，每个原子的每个自由度的平均动能和平均位能都具有能量 $\frac{1}{2}k_\mathrm{B}T$，其中 k_B 是玻尔兹曼常数。假设固体含有 N 个原子，每个原子有三个独立的简谐振动自由度，总的平均能量为

$$Q = N \times \frac{6}{2} k_\mathrm{B} T = 3Nk_\mathrm{B}T \tag{13-2}$$

因此定容热容为

$$C_V = 3Nk_\mathrm{B} \tag{13-3}$$

式中，N 为系统的原子数目。该定律简洁地描述了固体的热容行为，并指出热容是一个与材料性质和温度无关的常数。当 $N = N_\mathrm{A}$（N_A 为阿伏伽德罗常数）时，定容热容为

$$C_V = 3N_\mathrm{A}k_\mathrm{B} = 3R \tag{13-4}$$

式中，R 为理想气体常数。

在高温条件下，该定律与实验结果表现出较好的一致性，描述了结晶态固体因晶格振动而具有固定的定容热容。然而，在低温情况下，固体热容偏离了固定值 $3Nk_\mathrm{B}$，不再符合杜隆-珀蒂定律。

13.1.2 量子热容理论

在大部分固体中，热能消耗的主要方式是通过增加原子的振动能，使固体材料中的原子不断以高频率低振幅振动。相邻原子的振动是通过原子键耦合进行的，而不是独立的。这些振动以传递点振波的方式进行协调，它们可以被认为是弹性波或者简谐的声波，具有较短的波长和较高的频率，并以声速在晶体中传播。材料的振动热能是由一系列这些弹性波构成的，这些弹性波具有一定的分布和频率。只有某些振动能量值是被允许的，即能量是量子化的，单个量子的振动能量被称为**声子**。

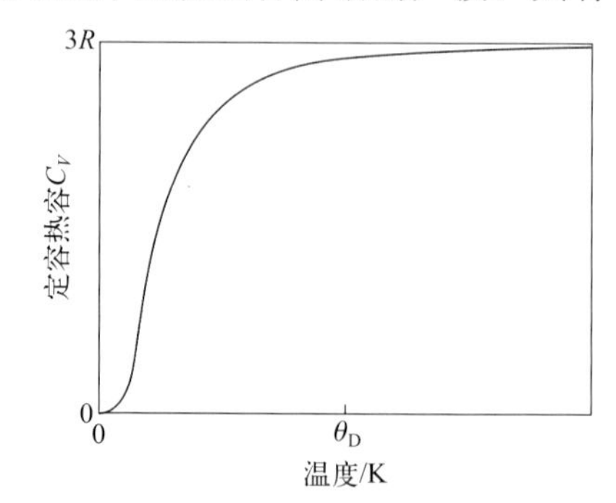

图13-1 定容热容随温度的变化

实验发现，固体热容在低温下会随着温度的降低而减小，最终在绝对零度时趋于零。定容热容随温度的变化规律如图13-1所示。为了解释热容随温度变化的这种行为，爱因斯坦提出了量子热容量理论。他假

设晶格中的N个原子之间没有相互作用，每个原子有三个方向的独立振动自由度，且振动频率相同。根据量子理论，晶格振动的能量是量子化的，固体的统计平均总能量为

$$Q = 3N\left(\frac{1}{2}\hbar\omega + \frac{\hbar\omega}{e^{\beta\hbar\omega} - 1}\right) \tag{13-5}$$

式中，$\beta = 1/(k_B T)$；$\hbar$为约化普朗克常数；ω为振动频率。上式中的第一项是系统的零点能，是一个常数，第二项表示系统的平均热能。通过总能量Q对温度T的微分，可得到定容热容为

$$C_V = 3Nk_B \frac{\left(\frac{\hbar\omega}{k_B T}\right)^2 e^{\hbar\omega/(k_B T)}}{\left[e^{\hbar\omega/(k_B T)} - 1\right]^2} \tag{13-6}$$

从式（13-6）可以看出，定容热容不再是一个常数，而是晶格振动频率和系统温度的函数。在高温极限下$k_B T \gg \hbar\omega$，可得

$$C_V \approx 3Nk_B \tag{13-7}$$

这与式（13-3）相同，比热容表现为一个常数，符合杜隆-珀蒂定律。此时的量子化能量非常小，量子化效应可以忽略。在低温极限下$k_B T \ll \hbar\omega$，可得

$$C_V \approx 3Nk_B \left(\frac{\hbar\omega}{k_B T}\right)^2 e^{-\hbar\omega/(k_B T)} \tag{13-8}$$

当T接近0K时，C_V也趋于0。在这种情况下，原子振动被“冻结”在最低频率的能级上，极难被激发，因此对热容的贡献趋近于零。这解释了为什么在低温下，得到热容趋于零的实验结果。与经典热容理论相比，尽管爱因斯坦的量子热容理论能够在一定程度上反映出热容在低温时的下降趋势，但在一定的低温范围内，其计算值下降较快，与实验值不完全符合。

在上述理论推导中，假设各个原子相互独立且具有相同的振动频率是过于简单的。事实上，固体中原子之间不可避免地存在相互作用。为了更准确地描述固体的热容行为，德拜（Debye）将晶格视为弹性介质，并运用弹性波的近似方法考虑了各个原子振动频率的分布。他提出了著名的德拜模型，该模型给出了低温极限下的严格定容热容表达式

$$C_V = 9R\left(\frac{T}{\Theta_D}\right)^3 \int_0^{\Theta_D/T} \frac{\xi^4 e^{\xi}}{\left(e^{\xi} - 1\right)^2} d\xi \tag{13-9}$$

式中，$\xi = \frac{\hbar\omega}{k_B T}$；$\Theta_D = \frac{\hbar\omega_D}{k_B T}$为德拜温度，其中$\omega_D$为截止频率，由晶格的自由度确定，即$\int_0^{\omega_D} g(\omega) d\omega = 3N$，$g(\omega)$是德拜模型的频率分布函数。在低温极限$T \to 0$的情况下，德拜热容

$$C_V \approx \frac{12\pi^4}{15} R\left(\frac{T}{\Theta_D}\right)^3 \tag{13-10}$$

式（13-10）中，C_V与温度的关系满足 $C_V \propto T^3$，即德拜 T^3 定律。该定律基本适用于 $T < \frac{1}{30}\Theta_D$ 的温度范围，在德拜温度以上，C_V基本上与温度无关。

德拜模型很好地描述了晶格在低温下的热容特性。根据德拜热容理论，热容在低温极限下只与频率最低的振动有关。当原子波长大于微观尺度时，符合德拜理论的假设，所获得的低温极限下的热容是严格正确的。

13.1.3 比热容的测定

差示扫描量热法（differential scanning calorimetry，DSC）是目前用途最广且测试精度最高的比热容的测试方法。该方法是在程序控制加热、冷却或保持恒温的条件下，测量并记录样品与参比标样之间的热流差值随温度或时间的变化及样品和参比标样的温度随时间的变化。测量信号是被样品吸收或者放出的热流量，单位为mW。热流指的是单位时间内传递的热量，也就是热量交换的速率，热流越大热量交换得越快，热流越小热量交换得越慢。

利用激光导热仪可以测量热扩散系数和比热容。这种非接触、高分辨率的测量方法特别适用于薄膜、小尺寸样品以及高温、低温环境。激光导热仪的原理是由激光源在瞬间发射一束激光脉冲，均匀照射在样品下表面，使其表层吸收光能后温度瞬时升高，并作为热端将能量以一维热传导的方式向冷端（上表面）传播。使用红外检测器连续测量上表面中心部位的相应升温过程，得到温度（检测器信号）与时间的关系曲线，进而利用理论模型计算得到样品在温度T下的热导率和比热容。

13.2 热膨胀与热应力

13.2.1 热膨胀

大多数固体材料具有热胀冷缩的性质，固体材料的长度随温度的变化可以表达为

$$\frac{\Delta l}{l_0} = \alpha_l \Delta T \tag{13-11}$$

式中，Δl和l_0分别为长度的变化和初始长度；α_l为线性热膨胀系数。加热或冷却会影响物体的尺度，使体积发生变化，表达为

$$\frac{\Delta V}{V_0} = \alpha_V \Delta T \tag{13-12}$$

式中，ΔV和V_0分别为体积的变化和初始体积；α_V为体积热膨胀系数。

从原子角度看，热膨胀现象反映出原子间平均距离随温度升高而增加。这种现象最好的解释源自势能与原子间距之间的关系。如图13-2所示，曲线具有势能谷的形状，其谷底对应0K时的平衡原子间距r_0。加热到较高温度（T_1、T_2等）时，振动能从E_1逐步增大。一般来说，原子的平均振幅对应每个温度的谷宽，因此平均原子间距可用平均位置表示，即随温度升高，从r_0逐步增大。

材料的原子键能越大，势能谷就越深，谷宽度越窄。因此，与低键能的材料相比，升高同样温度，高键能材料原子间距的增加将会变小，导致一个较小的α_l。对于非晶材料以及具有立方晶体结构的材料，热膨胀是各向同性的，而其他结构的材料会表现出各向异性。

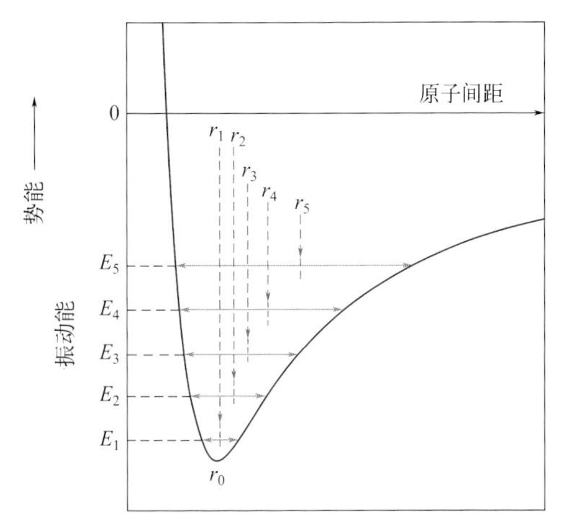

图13-2 势能-原子间距曲线

常见金属的线性热膨胀系数范围在$5\times10^{-6}\sim25\times10^{-6}℃^{-1}$，介于陶瓷材料和聚合物材料之间。陶瓷材料具有较强的原子间键合，表现出较小的线性热膨胀系数，典型范围在$0.5\times10^{-6}\sim15\times10^{-6}℃^{-1}$。一些聚合物材料在加热时发生非常大的热膨胀，线性热膨胀系数为$50\times10^{-6}\sim400\times10^{-6}℃^{-1}$。在线型和支链型聚合物中发现最大的热膨胀系数，这是因为分子链之间的物理键合非常弱。随着交联的增加，热膨胀系数减小，热固性网状聚合物具有最小的热膨胀系数。

13.2.2 热应力

热应力是由温度变化在体相中引起的应力。由于热应力会导致材料开裂和产生不希望的塑性变形，因此了解热应力的起因和特征对合理使用材料是非常重要的。

以一个均质各向同性的棒状试样为例，它被均匀地加热或冷却，即在棒中不存在温度梯度。对于自由膨胀或收缩，试样中是不存在宏观应力的。如果轴向运动被刚性支撑而受到约束，则会产生热应力。由温度变化产生的应力为

$$\sigma = E\alpha_l\Delta T \tag{13-13}$$

式中，E为弹性模量。在加热过程中，因为试样的膨胀受到约束，应力是压变力；反之，在冷却过程中产生拉应力。

热应力通常来自物体内的温度梯度。当一个固体被加热或冷却时，温度梯度取决于它的尺寸和形状、材料的热导率、温度变化的速度和内部温度可以不均匀地分布。温度梯度通常是在快速加热和冷却时产生的，这时物体外部温度变化比内部快，由此引起的尺寸变化差异则会约束相邻区域的膨胀或收缩。例如，在加热时，样品外部较内部热，因此外部比内部膨胀大，表面就产生压应力，并与内部拉应力平衡。反之，快速冷却时，表面产生拉应力。

对于延性金属和高分子，热应力可以被塑性变形弱化。然而，大部分陶瓷没有延展性，因而热应力将会增加它们脆性断裂的可能性。脆性材料由于温度快速变化而产生不均匀的尺寸变化，从而可能会发生断裂，这种现象被称为**热冲击**。脆性物体在快速冷却过程中比快速加热时更易遭受热冲击，因为冷却时物体表面会产生拉应力，从而使表面裂纹更容易扩展。

材料抵抗这种失效的能力称为**热冲击抗力**。热冲击抗力不仅取决于温度变化的大小，而且取决于材料的热学性能和力学性能。具有高断裂强度、高热导性以及低弹性模量和低热膨胀系数的材料具有较好的热冲击抗力。在这些参数中，热膨胀系数可能最容易改变和

控制。例如，常见的钠钙玻璃，其α_l约为9×10^{-6}℃$^{-1}$，特别易受热冲击影响。减少CaO和Na_2O的量同时增加足够量的B_2O_3形成的硼硅酸盐玻璃可将膨胀系数降低到3×10^{-6}℃$^{-1}$，这种材料可用于需要加热的实验玻璃器具和厨具。一些较大的孔隙和易延展第二相的引入也可以改善材料的热冲击性能，同时阻碍热诱导裂纹的扩展。

13.3 储热和制冷

13.3.1 储热技术

能源是我们赖以生存和发展的重要基础。目前，以太阳能、风能等为代表的大多数清洁能源，以及以工业余热为代表的余热资源，均具有波动性和间歇性的特征。不仅这种不稳定性影响后续的使用，而且供能和用能在时间和空间上的不匹配问题也导致了严重的能源浪费。储能技术成为解决这些问题的有效方案。据统计，目前全球90%以上的能源是围绕热能转换开展的。相对于电能存储，储热技术具有成本低、适用性广等特点，在大规模应用中具有独特的优势。

目前的储热技术主要分为三类：显热储热、热化学储热和相变储热。显热储热基于材料的比热容，通过储热材料自身温度的变化实现热能的存储与释放。因此，其储热能力与比热容和温度变化区间密切相关。拥有更大的比热容和更宽的温度变化区间，可以显著提升储热能力。热化学储热基于可逆化学反应中的吸热与放热效应实现热量的存储与释放，通过化学反应将热量转变为化学能后，可长时间储存而不需要绝热措施。尽管热化学储热技术在长时间和远距离储热方面具有独特优势，然而由于涉及化学反应过程，存在一定的安全问题，目前还未被大规模应用。

相对而言，相变储热技术是目前更为成熟和广泛使用的技术。相变储热一般基于固液相变的相变潜热，即相变材料在特定温度下熔化或凝固时伴随着的潜热吸收或释放。相对于显热储热，相变储热具有更高的储热密度（一般可达到显热储热的5～10倍），因此可显著减小设备体积。另外，相变过程中温度基本不变，易于控制，降低了设备的复杂度，并极大地提升了系统的安全性。因此，相变储热各项性能均衡，是目前性价比最高的储热技术，在能源、电子设备热管理、航空航天热防护等领域获得了广泛的应用。

为满足实际应用的需要，人们开发了多种多样的相变材料。相变材料种类繁多，根据使用温度可分为低温相变材料（相变温度低于150℃）、中温相变材料（相变温度在150～300℃）和高温相变材料（相变温度在300℃以上）。根据物质类别，相变材料可分为有机相变材料和无机相变材料。常见的有机相变材料包括石蜡、脂肪酸、多元醇、高分子聚合物等。这些有机相变材料一般具有单位质量储热密度高、循环稳定性好、固态成型好、化学性质稳定等优点，但是其单位体积储热密度低、相变点较低、热导率小、体积膨胀率大以及部分材料有一定的毒性。无机相变材料具有体积储热密度高、热导率较大、价格低等优势，但在使用时容易发生过冷和相分离现象。过冷会使材料在冷凝点以下才开始结晶，材料不能及时发生相变，从而导致不能及时快速地释放和利用热量；而相分离会导致储热能力下降。

理想的相变材料应具有较高的相变潜热、适宜的相变温度、较大的比热容、较大的热导率、较高的循环稳定性、较高的安全性、较小的体积变化、环境友好和成本低等特性。实际应用中几乎没有材料同时满足上述特性。因此，人们通过各种物理化学方法进行改性，以获得具有更好的综合性能的相变材料。相变储热领域的研究方兴未艾，未来相变材料有望在更多的领域得到应用。

13.3.2 卡路里制冷

蒸汽压缩式制冷技术是十分重要的发明，基于此技术开发的空调、电冰箱等已成为人们生活中不可缺少的一部分，但是也消耗了大量的能源。据统计，家用空间制冷设备的能耗占据了我国家用电力总消耗的14%，而且传统的气体制冷剂会造成严重的温室效应。为了更好地实现碳达峰和碳中和的目标，低碳技术成为人们关注的领域，而新型制冷技术具有零温室效应，是低碳技术重要的研究方向。目前相关的研究包括磁热效应、电卡效应、弹卡效应和热电效应。热电制冷技术已取得产业化，下面重点介绍基于其余三种效应的卡路里制冷技术。

（1）磁热效应

磁热效应是指磁性材料在绝热条件下，当施加的外磁场强度发生变化时，材料内部的自发磁化强度发生改变并且伴随着温度变化的一种现象。在绝热环境中，当磁场作用于铁磁材料时，它们的磁矩从无序态变为有序态，总熵中的磁熵部分减小，在总熵不变的条件下晶格熵增加，从而使材料获得热量，温度升高；当磁场撤去后，则会发生完全相反的过程，热量流失，温度降低。

（2）电卡效应

电介质加载电场，会使材料中的电偶极子取向从无序状态变为有序状态，系统熵减小，在绝热条件下材料温度上升，同时对外放热；换热结束后，移除电场，材料中的偶极取向由有序态转变为无序态，系统熵增大，在绝热条件下材料温度下降，并从外界吸热。

（3）弹卡效应

我们以形状记忆合金为例理解弹卡效应。在绝热条件下，对形状记忆合金材料施加应力时，合金发生奥氏体-马氏体相变，在相变过程中系统的熵减小并且对外放热；而卸掉载荷时，反向的相变导致系统的熵增大，从外界吸热，产生制冷效果。

不同卡路里材料以及相应的制冷技术各有优缺点，目前很难确定哪种卡路里材料更适合未来应用，需要根据使用场景来选择合适的材料。相信在不久的未来，新型制冷技术将在新型热泵和热管理技术领域取得重要的应用。

13.4 热传导

13.4.1 热载流子

热传导现象是指在物体内部或相互接触的物体表面之间，由分子、原子及自由电子等微观粒子的热运动所引发的热量传递。在热传导过程中，物体各部分仅进行能量交换，并无宏观相对位移，这是热量自高温向低温部分转移的过程，表现为分子间振动能的传递。

声子和电子作为两种主要的热载流子，对材料的热导率和热传导行为产生显著影响。声子是一种准粒子，与材料内部分子或原子等微观粒子的振动有关，代表着物体在特定时刻的振动模式，不同频率的声子可以传递不同的信息。随着温度的升高，分子或原子等微观粒子的振动越来越显著。由于材料中的原子通过化学键相互连接，形成晶格结构，微观粒子通过晶格结构将这种振动能量传递给周围的粒子，从而实现将热量从动能较高的区域重新分配到能量较低的区域。一般而言，原子间化学键越强，晶格结构越规则，能量就越容易通过这些振动在原子间传递，例如金刚石就具有超高的热导率。而在金属材料中，由于富含众多自由电子，电子成为主要的热载流子。这些电子可以穿越晶格，与其他电子碰撞，实现能量的传递与重新分配。因此，金属材料的导热性能受自由电子和原子晶格振动的综合影响。

下面，我们将首先介绍热传导的基本定律，即傅里叶定律，然后从宏观与微观两个角度出发，对材料中的热传导机制进行简单的概述。

13.4.2 热导率

如图13-3所示一维热传导的简单情况，当材料两端温度不同时，热量将会从高温端流向低温端。根据傅里叶定律，热传导的速率正比于温度梯度，因此

$$j=-k\frac{T_c-T_h}{L} \tag{13-14}$$

式中，j为热流密度（又称热通量），是单位时间内通过单位面积的热量，$j=\frac{J}{A}$，J为热流，A为横截面积；T_c和T_h为两端温度，且$T_h>T_c$；负号代表热流方向从高温端流向低温端；k为热导率，W/(m・K)，是反映物质热传导能力的物理量，表示在单位时间内，单位温度梯度（1m的长度内温度降低1K）下经单位导热面积所传导的热量；L为长度。对于图中所示的一维热传导情况，上式可以简单地表达为

$$j=-k\frac{\mathrm{d}T}{\mathrm{d}x} \tag{13-15}$$

对于三维空间中的热传导，热流密度可采用矢量形式表达为

$$\boldsymbol{j}=-k\nabla\boldsymbol{T} \tag{13-16}$$

式中，$\boldsymbol{j}$和$\boldsymbol{T}$是矢量；$\nabla\boldsymbol{T}$为材料所处的温度梯度；∇是矢量微分算符。

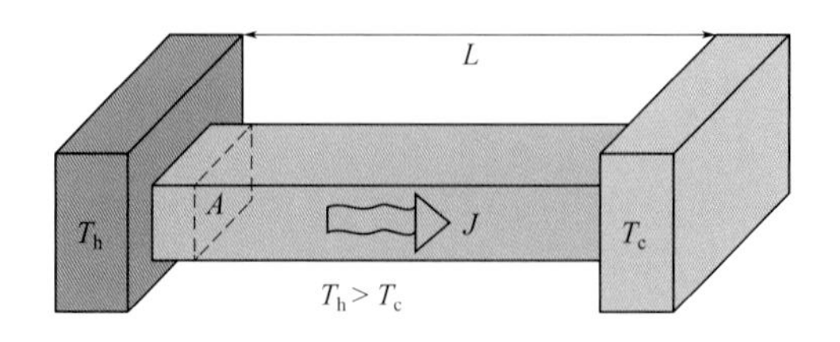

图13-3 长方体样品的一维热传导

横截面积为A，长度为L，两端温度为T_h和T_c，且$T_h>T_c$

在宏观尺度上，热导率与电导率类似，是材料的本征特性，与材料的具体尺寸和形貌无关。工程计算中采用的不同材料的热导率k值，都需要通过实验测量得到。

材料史话13-1 傅里叶与傅里叶定律

在18世纪末和19世纪初，科学家们对热传导问题产生了浓厚的兴趣。特别是在研究固体材料中的热传导时，科学家们试图建立一个描述温度分布的数学模型。法国数学家和物理学家傅里叶（Jean Baptiste Joseph Fourier，1768—1830）提出了描述热传导过程的傅里叶定律，并且提出了傅里叶变换（或称为傅里叶分析）和傅里叶级数，极大地推动了物理学与数学的发展。

早在1807年，他就向巴黎科学院呈交题为《关于热传导的研究报告》（Mémoire sur la propagation de la chaleur）的论文。该论文的内容是关于不连续的物质和特殊形状的连续体（矩形、环状、球状、柱状、棱柱形）中的热传导问题。1811年傅里叶又提交了进一步完善的论文《固体中的热运动理论》（Théorie du mouvement de la chaleur dans les corps solides），该论文获科学院大奖，却未正式发表。1822年，傅里叶在他的著作《热的解析理论》（Théorie analytique de la chaleur）中首次提出了傅里叶定律。定律指出，任何复杂的温度分布都可以通过简单的正弦和余弦函数的组合来表示。从傅里叶定律与能量守恒定律出发，他推导出了热传导微分方程，给出了导热问题正确的数学描述。

13.4.3 宏观传热模型

在图13-3所示的一维宏观热传导的情况下，热通量可以用式（13-14）和式（13-15）简单表示。类似一维的热传导过程，对于二维（三维）的热传导情况，温度是两个自由度x和y（三个自由度x、y、z）的函数。在仅考虑温差驱动热传导的过程中，热量不会沿着等温线或者恒温面流动，其流动方向和速率取决于材料的温度场分布。为了确定材料的温度场情况，需要从傅里叶定律与能量守恒定律出发，构建材料中的导热微分方程，表达为

$$\dot{q}+\frac{\partial}{\partial x}\left(k_x\frac{\partial T}{\partial x}\right)+\frac{\partial}{\partial y}\left(k_y\frac{\partial T}{\partial y}\right)+\frac{\partial}{\partial z}\left(k_z\frac{\partial T}{\partial z}\right)=\rho c_p\frac{\partial T}{\partial t} \tag{13-17}$$

式中，ρ为材料微元体的密度；c_p为比热容；$\dot{q}$为单位时间内单位体积中内热源的生成热。为了获得导热材料的具体温度分布，求解导热微分方程，需要给出一些附加限制条件，即定解条件，例如温度分布的初始条件和边界条件。

考虑一个可以解析求解的典型一维稳态热传导的例子。对于热导率为常数、无内热源的稳态情况，温度分布不随时间变化，即$\frac{\partial T}{\partial t}=0$，一维导热微分方程简化为

$$k\frac{\mathrm{d}^2T}{\mathrm{d}x^2}=0 \tag{13-18}$$

求解该方程时，需要给出恰当的边界条件。例如，温度边界条件（Dirichlet边界条件），即

指定材料两端的温度值，$T(0)=T_0$，$T(L)=T_L$；热流边界条件（Neumann边界条件），即指定材料两端的热流值，$-k\frac{\mathrm{d}T}{\mathrm{d}x}|_{x=0}=q_0$，$-k\frac{\mathrm{d}T}{\mathrm{d}x}|_{x=L}=q_L$。此时，温度分布为

$$T(x)=\frac{C_1}{2k}x^2+C_2x+C_3 \tag{13-19}$$

通过进一步设置的边界条件，解出 C_1、C_2 和 C_3，即可得到温度场的分布情况 $T(x)$。需要注意的是，因为稳态的一维热传导方程是二阶常微分方程，所以，C_1、C_2 和 C_3 只有两个是独立的。

在实际工程应用中可能会涉及复杂的边界条件（例如辐射边界条件）、复杂的几何形状、复杂的物理过程（例如包含相变的热传导）等，这导致人们无法获得解析解。因此，对于复杂的热传导问题，研究者通常利用数值方法来解决。数值方法的优势在于可以处理各种实际边界条件、材料非均匀性和几何复杂性，为热传导问题的解决提供了灵活而有效的途径。常用方法包括：

① 有限元法（finite element method，FEM）。将导热方程离散化为一组代数方程，通过求解这些方程来获得温度场的数值解。有限元法适用于各种复杂的几何形状和边界条件，并且可以分析非均匀材料。

② 有限差分法（finite difference method，FDM）。将导热方程中的导数项用差分逼近，转化为代数方程，通过迭代求解这些代数方程，可以获得系统的数值解。有限差分法简单而直观，特别适用于几何形状规则和材料性质均匀的情况。

自傅里叶定律提出已有两个世纪，在宏观体系的热传导研究中，该定律得到大量理论和实验的证实，并被广泛视为宏观尺度热传导的基本法则。然而，最近几十年来涌现出的大量研究成果表明傅里叶定律在微纳尺度可能失效。例如，在一维纳米线、原子级厚度二维材料中发现其热导率随材料尺寸增加分别呈现指数与对数发散，这种不符合傅里叶定律的现象被称为“反常热输运”。

13.4.4 微观传热模型

近年来，随着先进微纳制造技术的迅速发展，电子器件的特征尺寸逐渐从微米级发展到纳米级，朝着微型化的方向迈进。我们可以根据需求制造各种微纳尺度的材料与结构，如一维纳米线、纳米薄膜和纳米管等，它们呈现出体材料和宏观器件所不具备的独特物理性质。例如，当纳米器件缩小到纳米尺度时，量子效应、界面效应以及边界效应会显著影响材料的性能，使得纳米材料的物理特性与宏观物质大不相同。宏观尺度下有效的理论和规律在纳米尺度下可能不再适用。例如，在宏观材料中，热传导性能可以通过傅里叶定律描述，其仅与材料本身特性有关，而与尺寸无关。相反，在纳米尺度的低维体系中，声子热输运会呈现反常现象，热传导行为会随着非简谐程度的增加和尺寸的变化而改变。因此，研究人员利用微观原子模型来探究固体中的声子和热学属性，依托半导体超晶格中的声子模式理论，解析低维体系中声子的热输运行为。

在微纳系统中，热整流和负微分热阻作为另一种反常热传导现象也得到了详细的研究。通过将两种具有不同共振频率的材料或“链段”耦合在一起，根据材料内的温度分布，实

现热流在界面处的停止或通过，从而达到热整流效果。其中，热二极管作为最基本的声子学元件，是一种只能单向导热的热整流器件。20世纪30年代，Starr等首次在铜-氧化亚铜界面上观察到热整流效应。2002年，Terraneo等基于一维非线性链，通过调控非线性相互作用强度，实现热整流。2006年，Li等首次构建了控制热输运的热三极管模型，证明负微分热阻是热三极管实现的理论依据。所有物理体系都存在固有频率，能量可以通过激发该频率的振动进行高效传输。如果两种材料的振动频率匹配，热量就很容易在两种材料之间交换；如果不匹配，那么热量传递就会变得困难。

13.4.4.1　一维简谐原子链模型

在有限温度下，由于热运动，原子在平衡位置附近发生振动。如图13-4所示一维原子链，其哈密顿量为

$$H=\sum_{i=1}^{N}\frac{p_i^2}{2m}+V(x_{i+1}-x_i) \tag{13-20}$$

式中，m 为原子质量；p_i 为原子的动量；x_i 为粒子偏移平衡位置的位移；$V(x_{i+1}-x_i)$ 表示原子之间的相互作用。(p_i,x_i) 表示 $2N$ 维空间，即相空间。

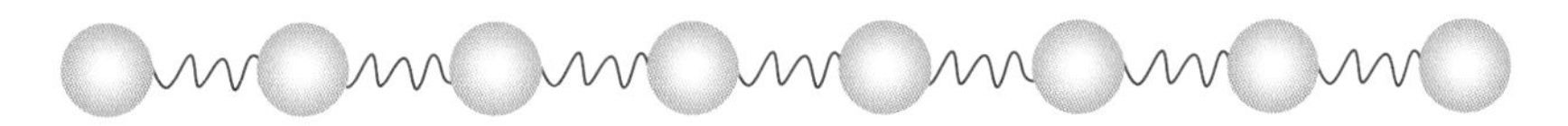

图13-4　一维原子链

考虑一维简谐原子链与郎之万（Langevin）热库相接触的系统。系统的简谐相互作用为

$$V(x_{i+1}-x_i)=\frac{K}{2}(x_{i+1}-x_i)^2 \tag{13-21}$$

式中，K 为弹性力常数。研究表明，在原子链长度趋于无穷大的热力学极限下，系统内的热流为

$$J=\frac{Kk_{\mathrm{B}}}{2\gamma}\left(1+\frac{\gamma}{2}-\frac{\gamma}{2}\sqrt{1+\frac{4}{\gamma}}\right)(T_1-T_N) \tag{13-22}$$

式中，k_{B} 为玻尔兹曼常数；T_1 和 T_N 为两端原子处温度；γ 为热库参数。由此可见，在原子链长度趋于无穷大的热力学极限下，热流量与原子数无关，为弹道热输运。该模型并没有建立常规的线性温度梯度，而是在原子链的两个端点处产生了温度跳变（即 T_1-T_N）。

13.4.4.2　一维非简谐原子链模型

当温度升高时，原子运动加快，位移增大，此时原子间相互作用力的非线性效应逐渐显现出来，上面讨论的简谐近似模型将不再适用。因此，需要在简谐原子链模型的基础上，加入非线性的相互作用项。

Fermi、Pasta、Ulam和Tsingou提出并研究了一维非线性耦合振子链，被称作FPUT模型。该模型的哈密顿量可以写为

$$H=\sum_{i=1}^{N}\frac{p_i^2}{2m}+\frac{K}{2}(x_{i+1}-x_i)^2+\frac{\alpha}{3}(x_{i+1}-x_i)^3+\frac{\beta}{4}(x_{i+1}-x_i)^4 \tag{13-23}$$

式中，α和β分别为三次和四次非线性相互作用的强度。$\alpha \neq 0$ 且$\beta = 0$对应FPUT-α模型；$\alpha = 0$且$\beta \neq 0$对应FPUT-β模型；$\alpha \neq 0$且$\beta \neq 0$对应FPUT-$\alpha\beta$模型。

为了解析地研究一维非简谐晶格的热输运问题，研究人员提出了一些方法，包括模式耦合理论和派尔斯-玻尔兹曼（Peierls-Boltzmann）理论等，这些方法都基于Green-Kubo公式

$$k = \frac{1}{k_B T^2} \lim_{t \to \infty} \lim_{L \to \infty} \int_0^t C(\tau) \mathrm{d}\tau \tag{13-24}$$

式中，$C(\tau) = \langle J(t)J(0) \rangle / L$，表示总热流的时间关联函数。

模式耦合理论关注体系中不同振动模式之间的相互作用。它通常由非简谐相互作用势引发。通过理论分析与数值模拟（通常模拟系统的动力学演化过程）可以提示模式耦合行为。应用模式耦合理论，研究人员基于FPUT-$\alpha\beta$模型计算得到了系统的$C(t)$和热传输性质。研究发现，热导率与材料体系的尺度（长度L）有关，且随体系长度增加呈指数发散，即

$$k \sim L^\beta,\ \beta = \begin{cases} 1/3 & \alpha \neq 0 \\ 1/2 & \alpha = 0 \end{cases} \tag{13-25}$$

式中，β为发散系数。该方法同样可以用于二维非简谐热传导体系。对二维材料而言，悬空材料的热导率与尺度的关系为对数发散，即$k \sim \lg L$。当将其置于衬底材料上时，该二维材料的热导率由于衬底的影响会大幅减小，且热导率将与材料尺寸无关。三维体材料的热传导则呈现正常的热传导性质，符合傅里叶定律。

派尔斯-玻尔兹曼理论采用玻尔兹曼输运方程来描述材料体系中的能量传递，同时考虑非简谐势对输运性质的影响。玻尔兹曼方程给出气体的热导率，即$k = cvl$，式中，c、v、l分别是气体的比热容、声速以及平均自由程。派尔斯将该方程推广到固体材料中，得到固体的热导率方程为

$$k \sim \int c_\kappa v_\kappa^2 \tau_\kappa \mathrm{d}\kappa \tag{13-26}$$

式中，κ为声子波矢；τ_κ表示声子的寿命。在FPUT-β模型中，人们利用派尔斯-玻尔兹曼方法，发现热导率与体系长度呈指数发散现象。对一维材料而言，热导率与材料尺度（长度）呈指数发散的关系，即$k \sim L^\beta$，其中β值是否为一个普适的数值，到目前为止还没有一个统一的理论共识。

13.4.5 热导率的测量方法

热导率是评价材料导热性能的关键参数，也是材料热物性中的重要参数之一，对实际应用中材料的选择和热传导理论的发展都具有重要的意义，因此需要对材料的热导率进行精确的测定。热导率的测量没有通用的方法，而是要根据材料性质、尺寸等选择合适的方法。经过多年的发展，人们开发出了众多测量热导率的方法，涉及从宏观到微观不同尺度。按照测试原理的不同，可将各种测试方法分为稳态法和瞬态法。

13.4.5.1 稳态测量方法

稳态测量方法是在被测材料达到热平衡状态后温度场不再随时间变化的情况下，测量

热流和温度梯度，进而得到材料的热传导特性。

（1）稳态热流法

稳态热流法的测试原理如图13-5（a）所示，一般采用电加热的方式提供热源，热沉可通过冷却水循环来控温，用高导热的金属块作为热源和热沉的夹具。将待测样品插入两个金属块之间，利用金属块中嵌入的多个热电偶可以得到不同位置处的温度，进而外推出金属块端面的温度，也就是待测样品上下表面的温度。

当测试系统处于稳态时，记录热源的加热功率和各个温度计示数，结合样品两端的温度与热源处加热功率即可得到样品的热阻，测量样品的厚度和面积后即可推导出样品的热导率。

与稳态热流法类似的还有保护热板法、保护热流法等，都是通过在待测样品两端建立稳定的温差，在一维稳态导热条件下获得样品的导热数据。

（2）悬空热桥法

悬空热桥法采用特制的悬空器件，可实现对热导率和电导率的同时测量。如图13-5（b）所示，测试装置由完全对称的两个“悬空岛”组成（分别作为加热端和传感端），测试样品像“桥”一样在两个悬空岛之间构建导热通路。目前大部分研究采用的热桥测试装置中，每个悬空岛由六根悬空的铂/氮化硅电极支撑，其中四根用作铂电极的电阻测量，另外两根（两个悬空部分共四根电极）可测量样品的电导。

测试时，向加热端施加一个交流/直流混合电流，其中直流电用来加热以提供热源，加热端产生的热量一部分通过悬空的六根悬臂传到环境中，其余热量则通过测试样品传到传感器中，使传感器温度升高；而其中的交流电用于电阻测量，进而通过电阻变化推算样品两端的温度，结合热桥中的热流分析和样品两端的温度即可获得样品的导热特性。

（3）电子束自加热法

电子束自加热法是在悬空热桥法的基础上发展而来的技术，与悬空热桥法中用直流电加热以提供热源不同，电子束自加热法在扫描电子显微镜中采用电子束照射样品以提供热源。在进行电子束自加热法测试前要先用常规热桥法测量悬空铂/氮化硅的热阻（R_b）和样品总热阻R_t（包括样品热阻和样品与热桥的接触热阻），同时记录测试中热桥左边铂电阻的温升ΔT_L和右边铂电阻的温升ΔT_R。

如图13-5（c）所示，在测量时，将电子束聚焦到样品表面作为加热源，电子束从左向右移动，在电子束移动过程中记录左右两边铂电阻的温度变化便可获得样品热阻与空间位置之间的关系。

13.4.5.2 瞬态测量方法

瞬态法主要依赖于被测材料内部温度场随时间的变化规律，根据热源和温度场的变化规律推算材料的热导率。瞬态测量的样品无须达到平衡状态，测试效率较高。值得一提的是，瞬态法得到的结果需要一系列计算和判据的支撑，仅当探测深度、瞬态温升、总体比特征时间等参数均在合理范围内时才能得到准确可靠的结果。

（1）激光闪射法

图13-6（a）所示为激光闪射法的示意图。通过炉体控制样品所处的环境温度，由激光源在样品下方发射一束激光脉冲，均匀照射在样品下表面，使其表层吸收能量温度升高，

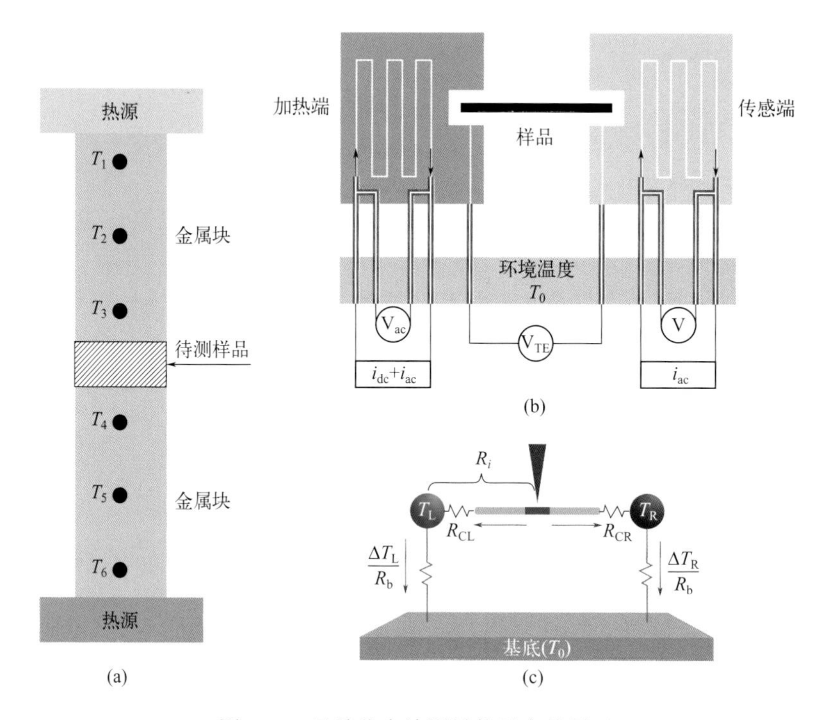

图13-5 几种稳态法测量热导率的原理

（a）稳态热流法；（b）悬空热桥法；（c）电子束自加热法

并作为热源将热量以一维传导的方式向样品上表面传导。使用红外探测器检测样品上表面中心部位的温度变化，可得到样品上表面温度随时间变化的曲线。

在理想情况下，光脉冲宽度极小，热量在样品内部的热传导过程可以抽象为从样品下表面到上表面的一维热传导（不存在横向热流，测试腔体不存在热耗散）。通过计算半升温时间（样品接受光脉冲后样品上表面温度升高到最大值一半所需的时间，记为t_{50}或$t_{1/2}$），即可得到样品在指定温度下的热扩散系数 α，再结合热导率与热扩散系数之间的关系即可计算出样品的热导率。

（2）瞬态平面热源法

瞬态平面热源法基于无限大介质的假设，利用由圆形双螺旋结构电极组成的探头产生的瞬态温度变化来获得样品的热性能数据。图13-6（b）所示为测试原理示意图。探头同时作为热源和温度传感器，利用探头的电阻特性（温度和电阻之间的关系）即可获得样品的温度变化。

在一般的测试中，探头夹在样品中间，电流通入探头后产生的焦耳热引起温度变化，产生的热量同时向探头两侧传导，热传导的速度依赖于材料的导热能力。记录探头的温度变化，结合数学模型即可直接得到样品的热导率和热扩散系数。

（3）3ω法

图13-6（c）所示为3ω法的实验原理图。实验前需要在样品表面制备特定形状和厚度的金属膜作为加热源和电阻式温度计。当通入频率为1ω的交流电时，金属膜由于电阻作用会产生频率为2ω的焦耳热，进而引起样品表面的温度变化，在温度变化不大时可近似认为金属膜的电阻与温度呈线性关系，因此金属膜的电阻也以2ω的频率变化。金属膜在频率为1ω的交

流电与2ω频率变化的电阻作用下会产生频率为3ω的电压信号，通过锁相放大器采集频率为3ω的电压变化，再结合理论推导得出电压三次谐波信号与待测样品热导率的关系。

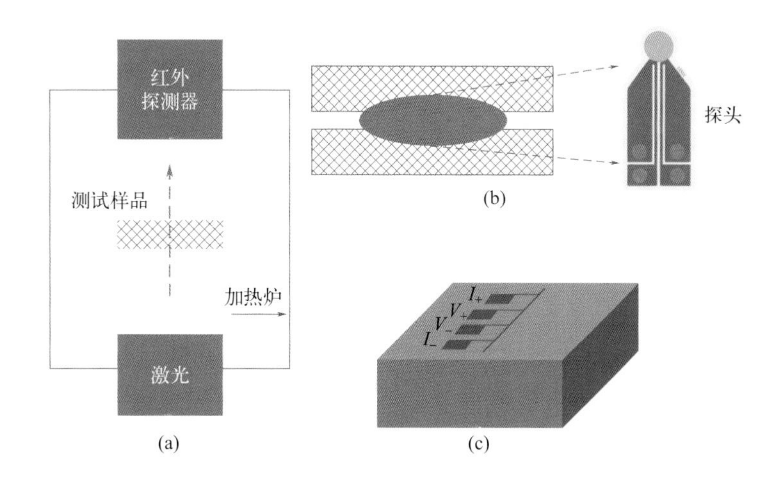

图13-6 几种瞬态测量方法

（a）激光闪射法；（b）瞬态平面热源法；（c）3ω法

13.5 热阻

13.5.1 热阻的定义

热阻是材料阻碍热传导的能力。在前文中，已经介绍了另外一个重要的物理参数——热导率，对于尺寸相同的不同材料，热导率越大，热阻通常越小。一般情况下，我们可以认为热导和热阻互为倒数。根据图13-3，可将热阻表达为

$$R=\frac{L}{kA} \tag{13-27}$$

从式（13-27）可以看出，热阻（或热导率）描述了材料的传热能力。热阻越大传热越难。通常情况下，可以将描述热传导过程的傅里叶定律与描述电子输运过程的欧姆定律进行类比，热阻的行为类似于电阻。对于同一种材料，横截面积越大，热阻越小，长度越短，热阻也越小。

热阻在生产生活中有十分重要的意义，其中很重要的一点是描述热耗散过程。例如电子设备中的芯片，随着电子设备的集成度越来越高，其发热功率也越来越大，如果不能快速将产生的热散发，则会在芯片中出现局域高温热点，进而影响电子设备的性能，甚至使其“热死”。因此散热对电子器件性能的影响已经越来越不可忽视。热阻与散热之间的关系可以用下式表示

$$R=\frac{\Delta T}{P_{\mathrm{d}}} \tag{13-28}$$

式中，P_{d}为耗散功率。通过式（13-28）可以看出，当热量流经材料时，热阻的存在会使材

料两端产生温差。热阻越大，产生的温差越大，表明热量越难以传输；反之，热阻越小，产生的温差越小，表明热量越容易传输。

13.5.2 界面热阻

界面热阻是热量在不同材料之间传输时界面处存在的热阻。由于界面两侧材料组分和结构的差异，热载流子在穿过界面时会发生散射，使得界面两端在微纳尺度下产生温度跳变，这也是不同材料之间传热时需要克服的主要阻碍。

通常可以将界面热传导的问题简化为一维情形，即主要考虑垂直于界面方向的热传导。如图13-7所示，当热流经过不同材料时，界面处的温差要远大于其他位置，这说明热阻主要集中在界面处。

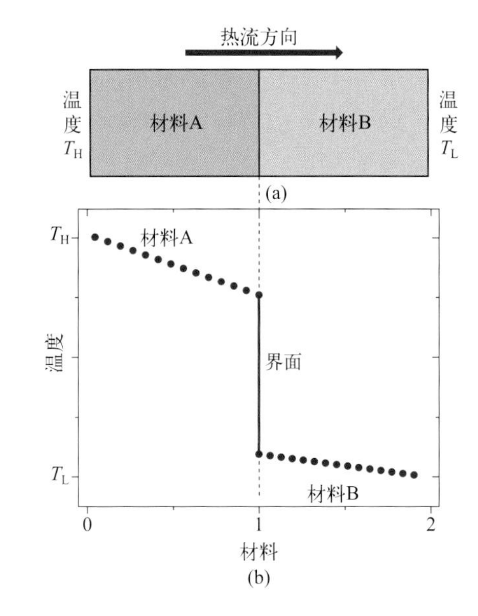

图13-7 材料界面热阻

（a）不同材料之间的界面热阻；（b）热流方向的温度分布

界面热阻的概念最早由傅里叶于1822年提出，他发现从固体散失到周围空气中的热与固体-空气之间的温差有一定关系，并且提出了用“外部热导率”表征单位时间、单位横截面积、单位温差流经界面的热量，这个定义与我们现在使用的界面热导的概念完全相同。1835年，泊松利用热流的连续性得到了如下关系

$$J = k_A \left|\nabla T\right|_A = k_B \left|\nabla T\right|_B = h_{Int} \left|\Delta T\right|_{Int} \tag{13-29}$$

式中，k_A 和 k_B 分别为材料A和材料B的热导率；$|\nabla T|_A$ 和 $|\nabla T|_B$ 分别为材料A和材料B的温度梯度；$|\Delta T|_{Int}$ 为界面处的温差；h_{Int} 为界面热导。进而可得界面热阻应具有如下形式

$$R_{Int} = \frac{1}{h_{Int}} = \frac{\left|\Delta T\right|_{Int}}{J} \tag{13-30}$$

泊松还提出了一个系数来度量温差，表达为

$$L_P = \frac{\left|\Delta T\right|_{Int}}{\left|\nabla T\right|_A} = \frac{k_A}{h_{Int}}$$

这个物理量现在一般被称为**卡皮查长度**。由于达到稳态时，系统中的热流各处相同，因此对于任意两点，知其温差即可视为知其热阻。由于界面处存在温度跃变，可以求得其热阻大小，并将之等效看作长度为 L_P 的材料A所贡献的热阻。这个长度由物质的热性能和界面性质决定。

随着微观电子器件的集成度越来越高，其设计过程中的一个关键点在于保证集成在一起的大量晶体管产生的热量能够及时被扩散出去，以避免热击穿等情况的发生。微观电子器件中存在大量的界面，大致可分为两类：第一，主体器件内部存在多重复杂结构，不同结构使用的材料可能不同，互相之间存在大量界面；第二，在器件封装过程中，会将一些其他功能的元件一同封装，比如散热元件等，主体器件与其他附加元件的连接处也会出现界面。目前电子设备中主要采用热界面材料降低界面的影响。热界面材料主要用于填补电子器件与散热器接触时产生的微空隙及表面凹凸不平的孔洞，以减小热传递的热阻。

材料史话13-2 彼得·卡皮查与界面热阻

彼得·卡皮查（Пётр Леонидович Капица，1894—1984）是苏联著名的物理学家，主要从事核物理学、电磁学和低温物理学研究。1920年，和索梅诺夫（H.H. Соменов）共同提出测定原子束中原子磁矩的方法。1923年，首先把威尔逊云室置于强磁场中，并观察α粒子径迹。1924年提出获得高能磁场的脉冲方法，并制成达到5万高斯磁场的装置。1928年，在强磁场中发现一系列金属电阻与磁场强度之间的线性关系，被称为卡皮查定律。1950—1955年，研制出新型的特高频发电机，功率达300kW。

关于固-液界面热传导的研究最早可以追溯到1936年，遗憾的是，界面热阻在当时被假设为一个可以忽略的小量。直到1941年，卡皮查发现当热流经过液氦和固体的边界时，界面附近会出现温差。这也是第一次有研究人员关注到界面热阻，类似这样的边界热阻被称为卡皮查热阻。界面处热流的不连续性（即卡皮查热阻的存在）导致在两种材料的界面上出现明显的温度差，被称为卡皮查温度骤增，这一发现后来成为研究界面热传导的重要基础。同时卡皮查还有很多其他优秀的科学成果，例如卡皮查于1934年用绝热方法研制成一种液化氦装置，1939年又提出液化空气的新方法，1938年发现液氦的超流动性，等。

卡皮查因低温物理学和核物理学方面的研究成果，1978年与美国工程师阿诺·彭齐亚斯和罗伯特·威尔逊共同获得诺贝尔物理学奖。他还获得2次苏联国家奖金，6枚列宁勋章，以及玻尔奖章、卢瑟福奖章、玄姆霍兹奖章等。

13.5.3 界面热阻的物理模型

自发现卡皮查热阻以来的几十年间，关于界面热阻的话题始终能引起人们极大的研究兴趣。卡拉尼科夫（Khalatnikov）在1952年提出了声学失配模型用于描述固-液界面系统。在声学失配模型中，界面被看作一个无穷薄的平面，两侧的材料被视为连续、均匀且无限大的半空间。假设声子在界面处发生弹性碰撞，即界面处声子都不会发生散射，这一过程同时满足能量和动量守恒。通过声学失配模型可以模拟计算界面处声子的折射反射比，并以此推算声子的透射率。声学失配模型在低温情况下可以很好地解释界面热阻的行为，但是在高温情况下对界面热阻有一定的高估。由于声学失配模型不考虑声子散射，这意味着在高温情况下存在其他机制使热量流过界面。

1959年利特尔（Little）对这一理论进行推广，并以此提出扩散失配模型用于描述固-固界面系统。在扩散失配模型中，同样将界面看作一个无穷薄的平面，将两侧的材料视为连续、均匀且无限大的半空间。假设声子在界面处发生漫散射，即入射到界面上的声子都会发生散射，这一过程满足能量守恒而不满足动量守恒。

声学失配模型和扩散失配模型从连续介质理论的角度分析了界面热阻。除此之外还可以从原子的角度对界面热阻进行分析，所用的方法包括晶格动力学、格林函数法以及分子动力学模拟等。

13.6 传热性能的优化与控制

13.6.1 提高热导率的方法

金属和陶瓷具有良好的导热性能，但由于较高的弹性模量、热膨胀系数等，其不适用于接触表面，用以降低界面热阻，尤其在电子器件和半导体应用中。聚合物由于具有较高的弹性、可变形性、良好的绝缘性等优势，常作为热界面材料被涂敷在散热器件与发热器件之间，以降低界面热阻。然而，大多数聚合物通常是绝缘体或半导体，缺乏自由电子，主要依赖声子导热。链间和链内散射、多样的振动模式、低密度柔性、非晶态结构以及导热路径的不连续性等共同导致高分子具有低热导率［0.02 ～ 0.2 W/(m · K)］。因此，提高聚合物的热导率一直是研究的热点。

通过调整分子结构提高晶体有序性或添加导热填料等方法可有效提高聚合物的热导率。聚合物在受到外力拉伸时，分子链向受力方向伸展重组，有序度增加，减少链间声子散射，提供更直接的导热路径，从而提高热导率。例如聚乙烯（PE）经拉伸后热导率最高可达约 10^4W/(m · K)，其薄膜的热导率也高达 62W/(m · K)，可与金属热导率媲美。聚合物加工过程中，注塑、挤出、模压、纺丝等阶段产生的剪切应力会促进聚合物分子链产生取向结构，提高纤维的热导率。

聚合物本征热导率的提高受限于制备工艺，目前难以工业化应用。相比之下，添加高导热填料是目前普遍用来提高聚合物热导率的方法。常用的导热填料有石墨烯、碳纳米管、氮化硼、氧化铝等。当导热填料含量较低时，导热填料被聚合物基体隔开，且导热填料本身分散性差，导热填料与聚合物之间声子谱失配导致界面热阻较大，不利于热导率的提高。导热填料的复配可产生协同效应，提高导热填料添加量，扩大导热填料之间的接触面积，可促进热量传递。利用各种力场、电场、磁场或3D模板法等控制导热填料之间的有效接触可在低负载量下实现高热导率，特别是具有各向异性热导率的一维和二维导热填料。

13.6.2 降低界面热阻的方法

随着纳米技术的快速发展，芯片界面间隙急剧缩小（小于10μm），导致接触热阻目前已占整个界面热阻的70%以上，严重限制了界面处的传热。因此有效降低热界面材料的界面热阻更有利于提高在实际应用环境中表现出的传热效率。前面提到可以通过添加导热填料来提高热界面材料的热导率，但是过多的导热填料会导致材料杨氏模量大幅提高，即材料变硬。硬质材料在界面处无法有效润湿界面，从而导致界面存在较多微小空隙。空隙中的空气作为热的不良导体［热导率0.026W/(m · K)］不利于热量的有效传递。因此，提高界面处传热效率应同时考虑热界面材料的热导率与界面接触状态，如润湿性、结合强度等。

液态金属作为新兴热界面材料已得到广泛研究。液态金属的导热性能是所有液体中最强的［可达30W/(m・K)以上］，可填充相邻界面之间的间隙，最大限度地减小接触热阻。导热填料或高分子的添加可有效解决液态金属的泄漏问题，高导热填料如石墨烯、碳纳米管等可进一步提高热导率。另外，也可在具有高热导率的热界面材料表面（如具有垂直排列结构的石墨烯热界面材料）涂覆一层液态金属以改善界面接触，降低界面热阻。目前，液态金属热界面材料在索尼、华硕等品牌的笔记本电脑上已实现产业化应用。

相比于液态金属，高分子材料在使用过程中没有泄漏问题，因此经常被用于热界面材料，但是其高度交联的结构会导致基体变硬，而具有高温软化特性的热塑性高分子材料由于润湿性差，很难实现高热导率。近年来，为了进一步降低界面热阻，人们也开始关注低模量和高导热复合导热材料的研发，比如动态共价键、多级氢键交联等。动态共价键的引入实现了热界面材料的可塑性，由于基体的软化和接触界面处的适形性增强，界面热阻随着温度的升高而降低。另外，延长化学交联点之间的聚合物链，也可增强基体的柔软度和韧性。

习题

1. 请查阅文献，写出水在不同状态下的热导率，注意各物理量的单位。

2. 请查阅文献，给出钢的热导率，并简述与冰的热导率不同的原因。

3. 为什么玻璃杯中突然加入热水玻璃杯容易开裂？

4. 有一厚度为5cm、面积为2m^{2}的实心钢墙，高温侧温度为25℃，低温侧温度为5℃，计算该系统的热损失以及热流密度是多少？［设碳钢的热导率为50W/(m・K)］

5. 请列举3种以上热导率测量方法。

6. 已知金刚石在300K时热导率约为2000W/(m・K)，在尺寸为1mm（热流方向长度）金刚石两端的温度分别为300K和299K，试计算其热流密度。

7. 对于含界面的一个结构，已知界面左右两侧温度分别为30℃和270K，流经界面处的热流为2W，请计算界面热阻的值。

8. 请列举3种提高热导率的方法。

第14章 磁学性能

磁广泛存在于自然界中，如地磁场、生物磁场、天然磁石等。磁性材料的发现与使用最早可追溯到中国古代四大发明之一的指南针。中国古人利用磁石制成指南针，通过其与地磁场的相互作用来确定方向。沈括在《梦溪笔谈》中详细记载了指南针的制备和使用方法，他还发现了地磁北极与地理北极的差异。工业革命时期，对于铁氧体等永磁体的研究进一步改善了磁性材料的性能，为工业革命的发展提供了强有力的支持。随着电磁效应的发现，磁性材料成为电子技术的关键组成部分之一，高性能的磁性材料被用于发电机和变压器的制造，提高了电力传输的效率和稳定性。迈入信息时代，随着计算机和手机等电子设备的普及，磁性材料在数据存储、传感、磁共振成像等多个领域发挥着关键作用。今天，对于磁性材料的研究深入纳米领域，科学家一方面开发更小、更高效的磁性元件，另一方面探索新的磁性现象。

虽然磁性是物质的基本性质之一，千百年前就已被发现和应用，但是直到近代，随着物理学的发展，人们对物质的磁学性能及微观机制的认识才逐渐完善。本章主要从磁学基本物理量、磁性的来源、磁性的类型、技术磁化等方面介绍材料的磁学性质，并简要介绍磁性的研究方法以及磁性材料的发展趋势。

14.1 磁性相关物理量

人类对磁性的认识最早来自天然磁石（又称为磁铁）。磁石之间的吸引或排斥作用力可以用假想的磁力线来表示。如图14-1（a）所示，磁力线由磁北极指向磁南极，能形象地表示磁场源附近外力的位置和方向。磁力线可通过细铁粉在磁铁周围的分布绘制。近代物理学表明，磁力来源于带电粒子的运动，即电流［图14-1（b）］。为方便表述，通常以磁场代替磁力的概念。在讨论物质磁性的来源前，我们需要先定义几个与磁性相关的物理量。由于涉及的符号较多，在这里特别强调一下符号的使用：粗斜体符号表示矢量，不加粗的斜体符号表示标量或者矢量的模。

14.1.1　磁偶极子和磁偶极矩

磁南极和北极构成的单元被称为**磁偶极子**，磁场由磁偶极子产生。图14-1（b）、（c）所示的导电线圈和磁条均可认为是磁偶极子。**磁偶极矩**，简称磁矩，常用$\boldsymbol{\mu}$表示，在图中用由南极指向北极的箭头表示。磁偶极子受磁场的影响，其方式类似于电偶极子受电场的影响，即在磁场中，磁场力向磁偶极子施加一个力矩使其沿磁场方向偏转。这一点可以通过罗盘始终指向地球磁场的方向加以理解。

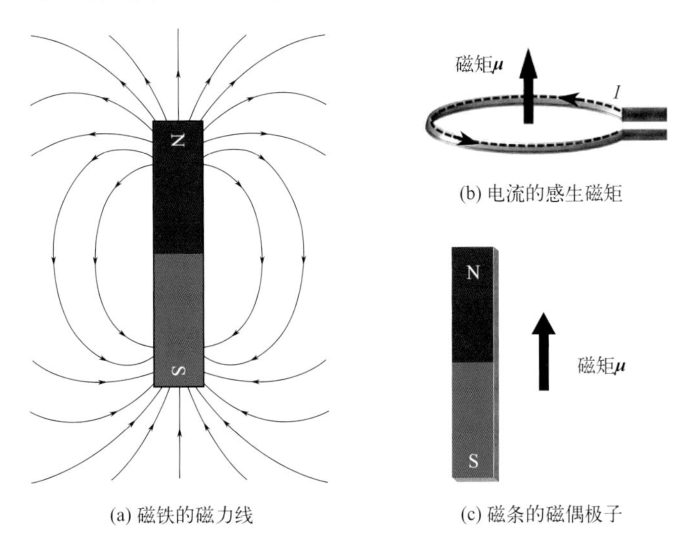

图14-1　磁力线、磁矩与磁偶极子

14.1.2　磁场强度和磁感应强度

外加磁场（本章中简称外场）的**磁场强度**，用$\boldsymbol{H}$表示，有时被称为$\boldsymbol{H}$场。如图14-2（a）所示，如果磁场是由N匝紧密排列的螺线圈通电流所产生的，则

$$\boldsymbol{H}=\frac{NI}{l}\boldsymbol{z} \tag{14-1}$$

式中，I为电流；l为螺线圈的长度；$\boldsymbol{z}$为沿z方向的单位向量。$\boldsymbol{H}$的单位是安培每米（A/m），方向由右手定则决定，即沿着螺线管的方向（这里定义为方向z）。

磁感应强度，即磁通量密度，记作$\boldsymbol{B}$，有时被称为$\boldsymbol{B}$场。它表示在外加磁场$\boldsymbol{H}$作用下物质内部产生的磁场强度，单位是特斯拉（T）或韦伯每平方米（Wb/m^2）。磁感应强度与磁场强度的关系为

$$\boldsymbol{B}=\mu\boldsymbol{H} \tag{14-2}$$

式中，μ为磁导率（注意与前面磁矩$\boldsymbol{\mu}$区分），单位为Wb/（A・m）或H/m，是处于磁场中介质的性质［图14-2（b）］。在真空中，有

$$\boldsymbol{B}_0=\mu_0\boldsymbol{H} \tag{14-3}$$

式中，$\boldsymbol{B}_0$为真空中的磁感应强度；μ_0为真空磁导率，数值为$4\pi\times10^{-7}$（$\approx1.257\times10^{-6}$）H/m。

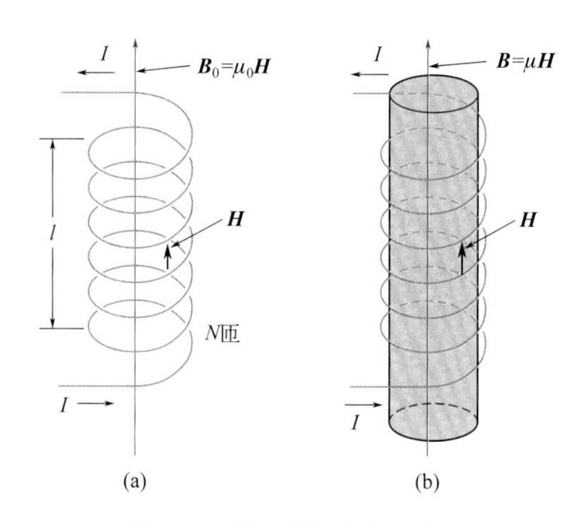

图14-2 圆柱线圈产生的磁场

（a）介质为真空；（b）介质为固体

14.1.3 相对磁导率和磁化强度

通常用以下几个参数表征物质的磁学性能。一是**相对磁导率**μ_r，即材料的磁导率与真空磁导率的比值，用于表征一种材料在外加$\boldsymbol{H}$场下被磁化的难易程度，表达式为

$$\mu_r = \frac{\mu}{\mu_0} \tag{14-4}$$

另一个参数是物质的**磁化强度**$\boldsymbol{M}$，定义为

$$\boldsymbol{B} = \mu_0 (\boldsymbol{H} + \boldsymbol{M}) \tag{14-5}$$

在外加磁场$\boldsymbol{H}$的作用下，材料的内禀磁矩会作出响应，并通过自身的感应磁场改变原磁场，这种贡献由式（14-5）中的$\mu_0 \boldsymbol{M}$项来衡量。若$\boldsymbol{M}$与$\boldsymbol{H}$方向相同，表明材料具有顺磁性，可以增强外场；若$\boldsymbol{M}$与$\boldsymbol{H}$方向相反，表明材料具有抗磁性，可以削弱外场。磁化强度与磁偶极矩之间的关系为

$$\boldsymbol{\mu} = \boldsymbol{M}V \tag{14-6}$$

式中，V为材料的体积，即磁化强度是单位体积的磁偶极矩。

通常$\boldsymbol{M}$的大小与外场$\boldsymbol{H}$成正比，即

$$\boldsymbol{M} = \chi \boldsymbol{H} \tag{14-7}$$

式中，χ为磁化率，量纲为1。磁化率与相对磁导率之间的关系为

$$\chi = \mu_r - 1 \tag{14-8}$$

为了方便理解，上述磁性参数都可与电学参数相对应。例如，$\boldsymbol{B}$和$\boldsymbol{H}$分别对应于电位移矢量$\boldsymbol{D}$和电场强度$\boldsymbol{E}$，磁导率（μ）对应于介电常数（ε），磁化强度（$\boldsymbol{M}$）对应于电极化强度（$\boldsymbol{P}$），磁化率（χ）对应于电极化率（χ_e）。

14.1.4　磁学物理量的单位

在实际应用中，磁学主要有两种单位制：一种是国际单位制（SI），另一种是cgs-emu（厘米-克-秒-电磁）单位制。在目前的磁学研究中，经常使用国际单位的派生单位和cgs-emu单位，较少使用国际单位的基础单位。表14-1列出了两种单位制的详情及相互转换关系。

表 14-1　国际单位制与cgs-emu单位制中的磁学单位及其转换关系

物理量	符号	国际单位（SI）制		cgs-emu单位	单位转换
		派生单位	基础单位		
磁感应强度	$\boldsymbol{B}$	特斯拉 T	千克/（秒·库），kg/(s·C)	高斯 G	$1T = 1Wb/m^2 = 10^4G$
磁场强度	$\boldsymbol{H}$	安培/米 A/m	库/（米·秒），C/(m·s)	奥斯特 Oe	$1A/m = 4\pi\times10^{-3}Oe$
磁矩	$\boldsymbol{\mu}$	安培·米^2 A·m^2	库·米^2/秒，C·m^2/s	emu	$1A\cdot m^2 = 10^3emu$
磁化强度	$\boldsymbol{M}$	安培/米 A/m	库/（米·秒），C/(m·s)	emu/cm^3	$1A/m = 10^{-3}emu/cm^3$
真空磁导率	μ_0	亨利/米 H/m	千克·米/库^2，kg·m/C^2	无单位	$4\pi\times10^{-7}H/m$
相对磁导率	μ_r	无单位	无单位	无单位	—
磁化系数	χ(SI) χ'(cgs-emu)	无单位	无单位	无单位	$\chi = 4\pi\chi'$

材料史话 14-1　法拉第与电磁感应现象

迈克尔·法拉第（Michael Faraday，1791—1867），英国著名物理学家、化学家。1831年，他获悉亨利（Joseph Henry）进行的一个实验：亨利利用绝缘导线紧密缠绕在铁质核心外，获得了能产生强磁场的电磁铁。法拉第立即有了通过磁力线使磁性材料产生感应的想法。他把绝缘导线缠绕在粗铁环上（初级线圈），从而在铁环内产生强磁场。他预期能通过另一个缠绕在环上的线圈（次级线圈）探测到这种感应效应，因此他将次级线圈连接在电流表上以探测可能产生的电流。实验在1831年8月29日进行，法拉第在他的实验笔记本上有详细的记载，但是结果完全不是法拉第所预期的那样。当初级线圈闭合通电的时候，次级线圈中的电流表指针有一个偏转，然后归零；当初级线圈断开的时候，次级线圈中的电流表指针有一个反向偏转，然后归零；而保持初级线圈通电状态时，电流表指针显示为零。换句话说，感应电流只与变化的电流有关，即变化的电流产生变化的磁场，从而诱导产生感应电流。至此，法拉第发现了电磁感应现象。值得一提的是，亨利几乎与法拉第同时独立发现了电磁感应现象，但是由于法拉第的工作成果发表比较早，该现象常被称为法拉第电磁感应现象。

随后法拉第总结出了电磁感应定律，即感应电动势的大小与穿过该电路的磁通量的变化率成正比。他的发现永久地改变了人类文明，奠定了电磁学的基础。同年他发明了圆盘发电机，是人类创造出的第一个发电机。法拉第的贡献对电学、电磁学和物理学产生了深远的影响，他因此被誉为“电学之父”和“交流电之父”。

14.2 原子磁性来源

物质由原子构成，而原子由原子核及核外电子构成，因而宏观材料的磁性由原子磁矩所决定，而原子磁矩来源于电子和原子核磁矩。有关原子磁矩的微观讨论，涉及量子力学，较为复杂。为了便于读者理解，本书对相关知识进行了一定的简化。

14.2.1 电子磁矩

14.2.1.1 轨道磁矩和自旋磁矩

原子中的每个电子都具有磁矩，包括轨道磁矩和自旋磁矩。电子在原子核周围的运动可以用行星式模型来理解，这样的电子运动便形成了一个环电流，从而产生**轨道磁矩**［图14-3（a）］。电子自旋还具有一个内禀磁矩，即**自旋磁矩**［图14-3（b）］。通常可以把自旋磁矩理解为电子的绕轴自转产生的磁矩。虽然严格来说，这是不正确的，但是这有助于我们的理解。每个电子的自旋可具有两种状态，因此人们通常把自旋磁矩定义为上、下两个方向。由此可见，原子中的每个电子都可以看作具有轨道磁矩和自旋磁矩的小磁铁。

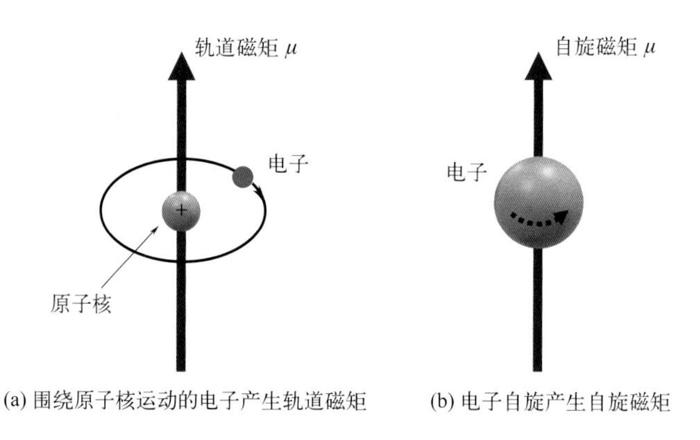

(a) 围绕原子核运动的电子产生轨道磁矩　　(b) 电子自旋产生自旋磁矩

图14-3　电子磁矩的产生机制

电子磁矩的基本单位是**玻尔磁子**：

$$\mu_B = \frac{e\hbar}{2m_e} \tag{14-9}$$

式中，e为元电荷；$\hbar$为约化普朗克常数；m_e为电子质量；$\mu_B \approx 9.27 \times 10^{-24}\ A \cdot m^2$，又被称为物质磁矩的最小单元。电子的轨道磁矩和自旋磁矩均取量子化数值。电子的轨道固有磁矩$\boldsymbol{\mu}_l$的大小（即μ_l）为

$$\mu_l = \sqrt{l(l+1)}\mu_B \tag{14-10}$$

式中，l为电子的轨道量子数。轨道磁矩在特定方向上投影（即分量）的大小为

$$\mu_l^z = m_l \mu_B \tag{14-11}$$

式中，m_l为电子的磁量子数；z为所选取的方向。例如在磁场中，电子轨道磁矩沿着磁场方向上分量的大小为$m_l\mu_B$，由此可研究外磁场对磁矩的极化（即磁化）现象。因此μ_l^z也被

称为外场作用下的**轨道饱和磁矩**，即轨道固有磁矩沿着磁场方向的最大分量。

类似地，电子的自旋固有磁矩大小为

$$\mu_s = 2\sqrt{s(s+1)}\mu_B \tag{14-12}$$

式中，s为电子的自旋量子数；系数2是电子自旋的朗德g因子。对孤立的电子而言，$s=1/2$，则$\mu_s=\sqrt{3}\mu_B$。自旋磁矩在特定方向上投影（即分量）的大小为

$$\mu_s^{\ z} = 2m_s\mu_B \tag{14-13}$$

式中，m_s为电子的自旋磁量子数（或自旋投影量子数）；z为所选取的方向。例如在磁场中，对孤立的电子而言（$s=1/2$），自旋磁矩沿着磁场方向上分量的大小为μ_B，通常用$\pm\mu_B$表示磁矩（正值代表自旋向上，负值代表自旋向下）。$\mu_s^{\ z}$也被称为外场作用下的**自旋饱和磁矩**，即自旋固有磁矩沿着磁场方向的最大分量。

在多电子体系中，原子中包含多个电子，每个电子的自旋磁矩和轨道磁矩不能单独考虑，这是因为存在着多种自旋-轨道耦合作用，例如同一电子的轨道-自旋耦合、不同电子之间的轨道-轨道耦合和自旋-自旋耦合等。我们通常优先考虑各电子的轨道角动量和自旋角动量分别合成一个总轨道角动量$\boldsymbol{L}$和总自旋角动量$\boldsymbol{S}$，二者再耦合成该壳层的电子总角动量$\boldsymbol{J}$。因为Einstein de Haas效应表明电子角动量与磁矩呈线性相关，所以这个合成是一个矢量加法，可将角动量理解为电荷做圆周运动对应的物理量，由此可得到原子（或离子）的总固有磁矩的大小（模）为

$$\mu_J = g_J\sqrt{J(J+1)}\mu_B \tag{14-14}$$

式中，J为原子（或离子）特定电子壳层的总角动量量子数；g_J为朗德g因子，其表达式为

$$g_J = \frac{3}{2} + \frac{S(S+1)-L(L+1)}{2J(J+1)} \tag{14-15}$$

式中，L为总轨道量子数；S为总自旋量子数。很容易验证，对于$s=1/2$的孤立电子而言，$L=0$，$J=S$，得到g因子为2，这正好对应于前面所使用的结果。原子总磁矩在特定方向上投影（即分量）的大小为

$$\mu_J^{\ z} = g_J m_J \mu_B \tag{14-16}$$

式中，m_J为总角动量磁量子数；z为所选取的方向。$\mu_J^{\ z}$也被称为外场作用下的**原子饱和磁矩**，即原子固有磁矩沿着磁场方向的最大分量。

14.2.1.2　洪特规则

由于$\boldsymbol{L}$、$\boldsymbol{S}$和$\boldsymbol{J}$有多种取值方式，若要进一步确定原子周围电子的排布方式及对应的磁矩，则需要遵循以下基本原理：

① 泡利不相容原理：任何两个电子的主量子数、轨道量子数、磁量子数和自旋量子数不能完全相同。简言之，不存在空间分布和自旋状况完全相同的两个电子。

② 能量最低原理：电子优先占据能量最低的轨道。

基于这些原理，德国物理学家弗里德里希·洪特（Friedrich Hund）总结出了电子排布的**洪特规则**。该规则指出：

① 当电子在等价轨道上排布时，将优先占据不同轨道，且自旋方向相同，电子依次按全空、半满、全满方式排布，这样可使总自旋量子数S最大。

② 在S相同时，电子的总轨道量子数L最大时最稳定。

③ 在前两个规则下，如果电子数不足或等于满壳层电子数的一半，则总角动量量子数$J=|L-S|$；如果电子数超过满壳层电子数的一半，则$J=|L+S|$。由此可获得原子或离子的固有磁矩。

根据洪特规则，我们能够预测稀土离子的固有磁矩。稀土离子的磁矩主要来自未配对的f电子。对于f轨道而言，总共有7个等价的电子轨道，共可容纳14个电子。其中，7个轨道对应的量子数分别为3、2、1、0、−1、−2、−3，每个电子的自旋量子数为$1/2$或$-1/2$。例如La^{3+}，其原子核周围的电子都处于满壳层状态，因此，$J=L=S=0$，因此La^{3+}不具有固有磁矩。又如Ce^{3+}，有一个非满壳层的f轨道电子。根据洪特规则①，$S=\sum s=1/2$；根据洪特规则②，$L=\sum l=3$；根据洪特规则③，$J=|L-S|=5/2$。由此可知，$g_J\approx 0.857$，离子固有磁矩$\mu_J\approx 2.54\mu_B$，与实验数值$2.51\mu_B$非常接近。再如Tb^{3+}，共有8个f轨道电子。根据洪特规则①，$S=\sum s=\frac{1}{2}+\frac{1}{2}+\frac{1}{2}+\frac{1}{2}+\frac{1}{2}+\frac{1}{2}+\frac{1}{2}+\left(-\frac{1}{2}\right)=3$，即有7个电子先分别占据不同的f轨道，第8个电子需要占据7个轨道中的一个，与另一个已占据电子的自旋相反，形成电子对；根据洪特规则②，$L=\sum l=3+2+1+0+(-1)+(-2)+(-3)+3=3$，即第8个电子占据7个轨道中轨道量子数最大的一个（$l=3$）；根据洪特规则③，$J=|L+S|=6$。由此可知，$g_J=1.5$，离子固有磁矩$\mu_J\approx 9.72\mu_B$，与实验数值$9.77\mu_B$非常接近。

原则上，洪特规则也可以用来计算3d过渡金属离子的固有磁矩，但是由于3d电子轨道靠近最外电子层，受周围化学环境（化学键）的影响显著，会发生轨道猝灭现象，即$L=0$。此时，$J=S$，且$g_J=g_S=2$，由洪特规则①即可决定3d轨道的电子排布和相应的磁矩。例如Ti^{3+}，共有1个d电子，$S=\sum s=1/2$，离子固有磁矩$\mu_J=\mu_S\approx 1.73\mu_B$，与实验数值$1.70\mu_B$非常接近。再如$Fe^{3+}$，共有5个d电子，$S=\sum s=\frac{1}{2}+\frac{1}{2}+\frac{1}{2}+\frac{1}{2}+\frac{1}{2}=5/2$，离子固有磁矩$\mu_J=\mu_S\approx 5.92\mu_B$，与实验数值$5.82\mu_B$非常接近。

由以上讨论可知，固有磁矩主要源于原子、分子或离子中未成对电子，这些电子的轨道和自旋磁矩不会被抵消，净磁矩不为零，因此具有一定磁性。其中，3d过渡金属元素和4f稀土金属元素是构成磁性材料的主要元素。当原子、分子或离子中没有未成对电子时，轨道磁矩和自旋磁矩相互抵消，净磁矩为零。具有全满电子层或亚电子层的单元，如稀有气体原子（He、Ne、Ar等）、主族元素离子（Na^+、Ca^{2+}、O^{2-}、F^-等）和一些分子（H_2O、N_2等），不具有固有磁矩，因此由这些元素或分子组成的材料也不可能表现出永久磁化现象。

14.2.2 原子核磁矩

原子核磁矩来源于质子和中子自旋的内禀磁矩，基本单位为核磁子：

$$\mu_{\rm N}=\frac{e\hbar}{2m_{\rm p}} \tag{14-17}$$

式中，m_p为质子的质量。由于质子和中子的质量都远大于电子质量（质子的质量是电子质量的1836.5倍，中子质量是电子质量的1839倍），二者磁矩远小于电子的轨道磁矩和自旋磁矩，在宏观磁性上一般可以忽略不计。值得一提的是，原子核磁矩是核磁共振（nuclear magnetic resonance，NMR）技术的基础。

14.3 宏观物质磁性的分类

根据宏观物质对外加磁场的响应行为，磁性材料可分为抗磁性材料、顺磁性材料和具有确定磁序的材料。抗磁性和顺磁性材料只有在外加磁场的作用下才表现出磁化现象，因此通常被认为是非磁性材料。由于其磁化强度$\boldsymbol{M}$非常小，它们内部的磁通量密度$\boldsymbol{B}$几乎与真空中的相同。自发磁化使得原子（或离子、分子）的固有磁矩形成特定的排列方式，即**磁序**。与磁序相关的磁性包括铁磁性、反铁磁性、亚铁磁性等。磁性材料通常指即使没有外场也能发生自发磁化的材料，尤其是铁磁性材料。此外，还有一些特殊的磁性材料，如单分子磁体、磁矩无序的自旋玻璃、超顺磁材料等。

14.3.1 抗磁性

抗磁性是材料对抗外加磁场的性质，即材料的磁化强度$\boldsymbol{M}$与外加磁场$\boldsymbol{H}$方向相反。抗磁性材料没有固有磁矩，仅在外加磁场中显现抗磁性（外场诱导磁矩）。在有或无外加磁场时，材料内部磁矩情况如图14-4（a）所示。经典理论认为抗磁性来自外场作用下电子运动所产生的感生电流，由楞次定律可知，感应电流产生的磁场与外加磁场的方向相反。虽然这个模型能够很好地解释抗磁性，但是在科学上并不严谨，因为大多数抗磁性材料都是绝缘体，电子被束缚在原子核周围，在磁场中难以产生环形电流。Bohr-Van Leeuwen定理也告诉我们，经典的感生电流无法产生宏观的磁矩。保罗·朗之万（Paul Langevin）最先基于经典理论对抗磁性展开了定量估算，他在电子拉莫尔进动（Larmor precession）的基础上，得出

$$\chi \propto -Zr^2 \tag{14-18}$$

式中，Z为电子数；r为电子的轨道半径。这一结果与量子力学分析的结果一致。因此，抗磁性又被称为朗之万抗磁性或拉莫尔抗磁性。

抗磁性主要来自饱和电子轨道的电子，即原子（或离子、分子）周围满壳层中的电子。此时电子完全配对，不会表现出固有磁矩。凡是具有满壳层结构的电子，在磁场中均具有抗磁性，因此所有材料中都存在抗磁性，而只有当抗磁性占主导时材料才被称为抗磁性材料。抗磁性材料的磁矩非常微弱，其体积磁化率在10^{-5}数量级，只有当物质不具有其他磁性时抗磁性才可显现。图14-5显示了抗磁性材料的典型磁化行为，其磁化率为负值（相对磁导率稍小于1）且不受温度变化的影响。抗磁性磁化强度随外场呈线性变

化，即外场越强，抗磁性越强。

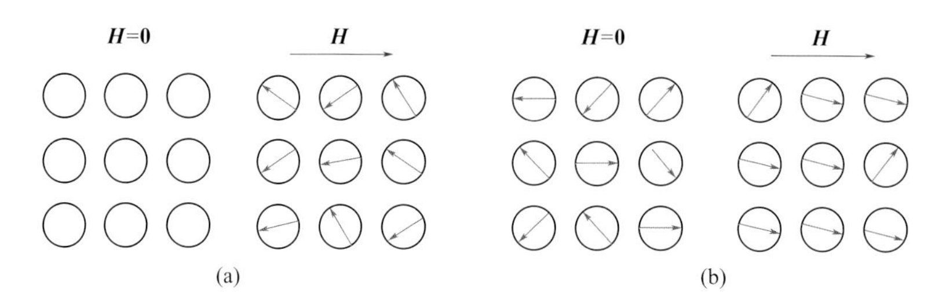

图14-4 在有或无外加磁场时抗磁性材料与顺磁性材料的原子磁偶极组态

（a）抗磁性材料在无外场时，无磁偶极存在；有外场时，诱发的磁偶极沿外场相反的方向调整。
（b）顺磁材料在无外场时，磁偶极随机分布，无极化现象；有外场时，磁偶极沿着磁场方向发生极化

典型的抗磁性物质包括惰性气体、水及绝大多数有机物。因此在强磁场中，主要由水构成的生物可以发生悬浮现象。另外，由式（14-18）可知，抗磁性随着原子序数的增加而增加。具有电子离域行为的物质，如芳香族化合物和石墨（r^2较大），一般具有较强的抗磁性。除了具有满壳层结构的电子以外，金属中的传导电子也具有抗磁性，被称为朗道抗磁性，其大小通常与郎之万抗磁性具有同样的数量级。

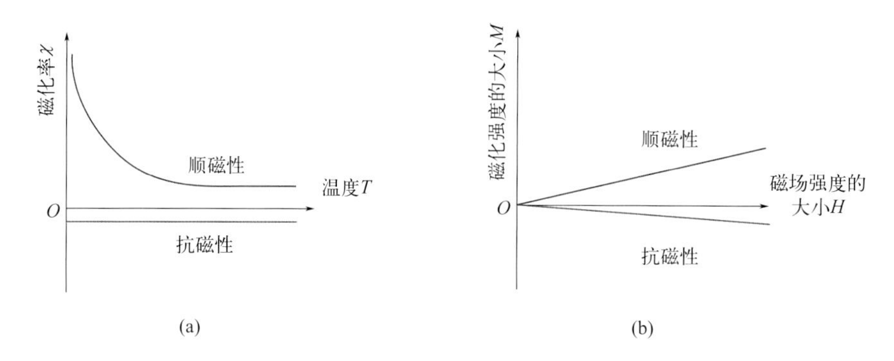

图14-5 抗磁性和顺磁性材料的磁化行为

（a）磁化率与温度的关系；（b）磁化强度与磁场强度的关系

超导完全抗磁是一种特殊的强抗磁现象。当材料处于超导状态时，在外加磁场作用下超导体表面会产生超导电流，从而形成和外加磁场等大且反向的磁场以抵消外加磁场，这个现象被称为迈斯纳效应。此时，超导体内部有

$$\boldsymbol{B}=\mu_0(\boldsymbol{H}+\boldsymbol{M})=\boldsymbol{0} \tag{14-19}$$

因此

$$\chi=\frac{M}{H}=-1 \tag{14-20}$$

这比普通抗磁物质的磁化率大几个数量级。超导材料进入超导态时可完全排斥外加磁场的磁力线（图14-6），因此可以用于磁悬浮技术。然而，目前实际使用的超导体转变温度都比较低，限制了磁悬浮技术的广泛使用，因此开发高温超导体是该研究领域的重点课题。此外，基于超导体的零电阻效应，可以制备高磁场电磁铁。目前铌合金超导磁铁广泛应用在核磁共振成像、质谱仪以及粒子加速器等领域。

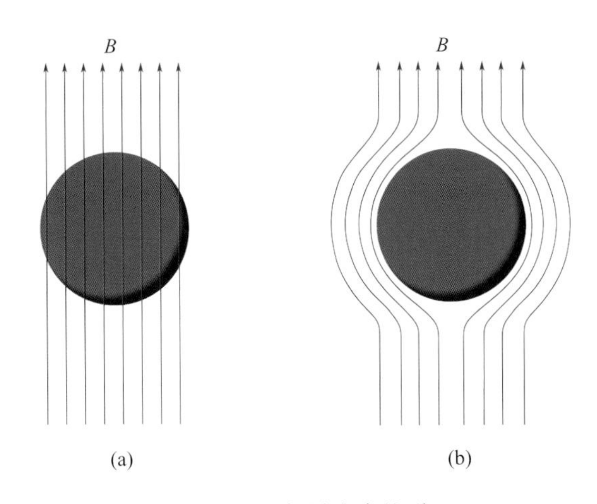

图14-6 超导完全抗磁

（a）当温度T高于超导临界温度T_C时，磁力线可以穿过超导材料；
（b）当温度低于T_C时，磁力线被超导体完全排斥

14.3.2 顺磁性

顺磁性是材料能增强外加磁场的性质，即材料的磁化强度$\boldsymbol{M}$与外加磁场$\boldsymbol{H}$方向相同。顺磁性材料的原子（或离子、分子）一般具有固有磁矩。无外加磁场时，磁矩之间相互作用微弱或者无相互作用，磁矩受热扰动的影响取向随机，材料的磁化强度大小为0。在外加磁场中，这些固有磁矩会发生极化现象，即固有磁矩倾向于沿着磁场的方向，材料内部感应磁场增强，产生沿外场方向的正磁化。

图14-5显示了顺磁性材料的典型磁化行为，其相对磁导率稍大于1，磁化率为正值，室温时约为10^{-2}，通常比抗磁性材料的磁化率（绝对值）大。顺磁性材料的磁化率通常随温度的升高而下降，这是因为热扰动使磁矩取向随机化直至完全混乱，温度越高，熵越大，磁矩取向越混乱，磁化率越低。磁化率与温度的关系可以表达为

$$\chi=\frac{C}{T} \tag{14-21}$$

式中，C为居里常数。这就是著名的居里定律。顺磁磁化强度随外场呈线性变化，外场越强，顺磁磁化强度越强。

顺磁性主要来自不饱和轨道的电子，即非满壳层电子。常见的顺磁性材料包括：

① 具有奇数个电子的原子、分子或晶格缺陷，此时体系的总自旋不为零。如，碱金属自由原子、一氧化氮（NO）、自由基、碱金属卤化物的F心等。

② 具有非满内壳层电子的原子或离子，如前面讨论的3d过渡金属元素和4f稀土金属元素，这些原子或离子即使形成固体也往往表现出顺磁性。

③ 少数具有偶数个电子的分子或化合物，如O_2，其分子轨道如图14-7所示，显然其分子轨道上具有两个未成对的电子。

此外，金属还具有由传导电子引起的泡利顺磁性，其磁化率大小通常是朗道抗磁磁化率（绝对值）的3倍，不受温度变化的影响。泡利顺磁磁化率通常远小于由非满壳层电子引起的顺磁磁化率。

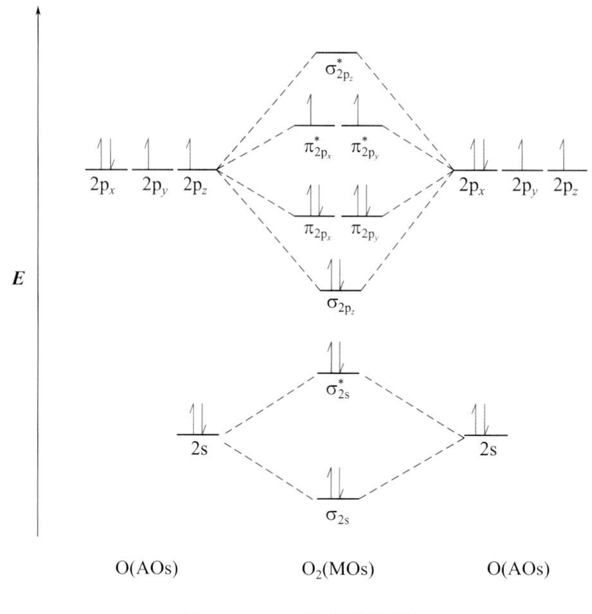

图14-7 O_2的分子轨道

AOs（atomic orbits）—原子轨道；MOs（molecular orbits）—分子轨道

14.3.3 磁序

磁序（magnetic order）是一种材料内部磁矩出现有序排列的现象。在顺磁性材料中，原子（或离子、分子）固有磁矩间的相互作用非常微弱，因此，在热扰动作用下，磁矩方向表现出随机分布的现象，自发磁化为零。然而在磁性材料中，原子（或离子、分子）的固有磁矩可以通过交换相互作用耦合在一起，通过交换能对抗热扰动，使磁矩排列有序，产生自发磁化现象。常见的交换相互作用包括离子化合物中的超交换相互作用、双交换相互作用和金属中的RKKY相互作用等。当温度足够高时，热扰动也能破坏交换相互作用，使磁矩方向处于随机分布状态，即顺磁态。磁性材料由顺磁态到磁有序（magnetic ordering）态转变的临界温度是发生磁有序的相变温度。常见的磁性材料即磁有序材料，包括铁磁性材料、反铁磁性材料和亚铁磁性材料等，其磁有序结构如图14-8所示。

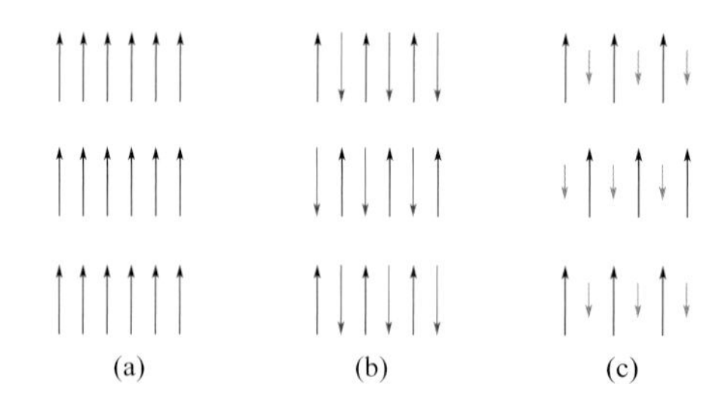

图14-8 磁矩排列

（a）铁磁性材料；（b）反铁磁性材料；（c）亚铁磁性材料

14.3.3.1 铁磁性

铁磁性是最典型的自发磁化现象，即不需要外场便可发生磁化。铁磁性材料又被称为

磁铁，是人类历史上最早被关注并研究的磁性材料。磁铁可在外场的作用下发生极化和磁化现象，即使外加磁场消失，其磁化强度依然保持。需要注意的是，铁磁性材料的磁化实际上是磁畴的移动，与顺磁性材料的磁化现象本质上不同，具体内容将在技术磁化相关内容中讨论。因此，理论上铁磁性材料的磁化率趋于无穷大，而实际材料需要一个小的外加磁场$\boldsymbol{H}$使材料磁化，磁化率可高达10^6，此时$|\boldsymbol{H}| \ll |\boldsymbol{M}|$，由式（14-5）可得

$$\boldsymbol{B} \approx \mu_0 \boldsymbol{M} \tag{14-22}$$

这也是磁铁能产生的磁感应强度大小。

在铁磁性材料中，永久的磁矩主要来自原子中未配对电子的磁偶极矩。这些微观磁矩通过交换相互作用“绑在一起”，呈现同向平行排列的结构［图14-8（a）］。铁磁性可以通过平均场（又被称为自洽场）理论加以分析和理解，即每个微观磁矩能感受到其他所有磁矩所形成的磁场（又被称为分子场，磁场强度约等于$\boldsymbol{M}$），并在这个场的作用下发生极化。也可以认为铁磁性材料有一个内禀磁场，与外场共同作用在每个微观磁矩上。需要指出的是，平均场理论只是一个唯象的理论，分子场也是一个假想的磁场，其本质反映的是交换相互作用强度。

常见的铁磁性材料多为金属或金属性陶瓷，例如Fe、Co、Ni、Gd、$Nd_2Fe_{14}B$等，居里温度分别为1043K、1394K、631K、289K、585K。在金属中，d电子或f电子的局域性并不强，在能量与空间上容易和s电子（主要传导电子）有交叉，导致相关原子的磁矩远低于相应的离子磁矩，磁矩间的相互作用也比较复杂。例如，金属Fe、Co、Ni中的原子饱和磁矩分别为$2.22\mu_B$、$1.72\mu_B$、$0.61\mu_B$，而Fe^{2+}、Co^{2+}、Ni^{2+}的离子饱和磁矩分别为$4\mu_B$、$3\mu_B$、$2\mu_B$。为了更准确地理解金属性铁磁材料，需要用到电子的能带理论和Stoner模型。

转变为铁磁性材料的临界温度称为居里温度。低于居里温度，材料内部的磁矩自发有序排列；高于居里温度，热扰动会破坏磁矩的有序结构，材料失去铁磁性，表现为顺磁性。图14-9（a）显示了铁磁性材料的磁化率与温度的关系。在居里温度以下，磁化率随温度降低而增加直至趋近于饱和值，该饱和值反映出材料内所有磁矩平行排列的总效果。在居里温度以上，χ接近于0，材料进入顺磁状态。这个关系被总结为居里-外斯定律，表达为

$$\chi = \frac{C}{T-\theta} \tag{14-23}$$

式中，C为居里常数；θ为外斯常数，也被称为顺磁居里温度。

铁磁性材料的磁化强度$\boldsymbol{M}$与外场强度$\boldsymbol{H}$的关系见图14-9（b）。磁化强度随外加磁场增加并逐渐达到饱和磁化强度$\boldsymbol{M}_S$（对应于磁畴的移动），此时的外加磁场被称为饱和磁场$\boldsymbol{H}_S$，是使铁磁性材料完全饱和所需要的最低磁场强度。超过$\boldsymbol{H}_S$，材料的磁化几乎不随外加磁场的增大而变化。饱和磁化强度$\boldsymbol{M}_S$是材料的固有特征，等于每个原子的饱和磁矩与总原子数的乘积，反映了材料内部所有磁矩沿磁场方向排列时的磁化强度。

铁磁性材料的磁化强度$\boldsymbol{M}_S$和磁化率χ都是温度的函数。高于居里温度时，材料失去铁磁性，饱和磁化强度的大小骤降至接近0（即磁矩无法饱和，更准确地说，无法发生铁磁性饱和现象。然而当磁场高于数十个特斯拉后，顺磁状态也可能会发生磁饱和现象）。在生产活动中，对需要保持铁磁性的应用场景（如永磁体），材料的居里温度需高于使用温度。而

对某些设备（如光谱仪、轴承等），则要保证材料的居里温度低于使用温度，从而避免磁性的干扰。

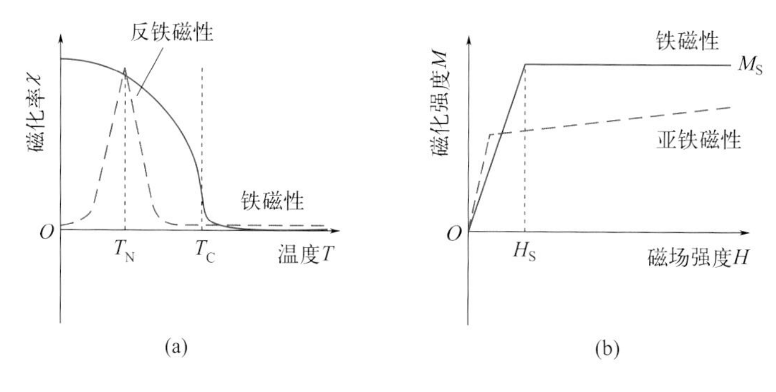

图14-9　常见磁性材料的磁化行为

（a）磁化率与温度的关系；（b）磁化强度与磁场强度的关系

14.3.3.2　反铁磁性

反铁磁性可通过与铁磁性对照来理解。相似之处是材料内部的微观磁矩都因交换相互作用而有序排列；不同之处在于反铁磁性材料中相邻原子的磁矩反向平行排列且磁矩大小相等，如图14-8（b）所示。磁矩的相互抵消使得反铁磁性材料没有净磁矩，不表现出自发磁化现象。反铁磁性也同样可通过平均场理论来分析理解，只是要假设两个大小相同、方向相反的分子场。

常见的反铁磁性材料多为过渡金属的离子化合物，如氧化锰（MnO）就是一种典型反铁磁性材料：O^{2-}离子具有满壳层电子结构，自旋与轨道磁矩完全抵消，无净磁矩存在；Mn^{2+}离子具有固有磁矩$5.82\mu_B$，且相邻的Mn^{2+}离子通过O^{2-}离子的桥连建立了超交换相互作用，使相邻磁矩反向平行，故磁矩相互抵消，MnO整体无净磁矩，如图14-10所示。图14-9（a）示意了反铁磁性材料的磁化率随温度的变化关系，磁化率出现极大值时的温度就是转变为反铁磁性材料的临界温度，称为奈尔温度T_N。奈尔温度以下，磁化率随温度降低而减小，0K时磁矩完全抵消，磁化率接近于0。奈尔温度以上，材料进入顺磁态，磁化率随温度升高而减小，且遵循居里-外斯定律，此时外斯常数为负值。

顺磁性材料、铁磁性材料和反铁磁性材料在顺磁态的磁化率具有一定的相似性，前者遵循居里定律，后两者遵循居里-外斯定律。我们将几种材料的磁化率与温度的关系总结在

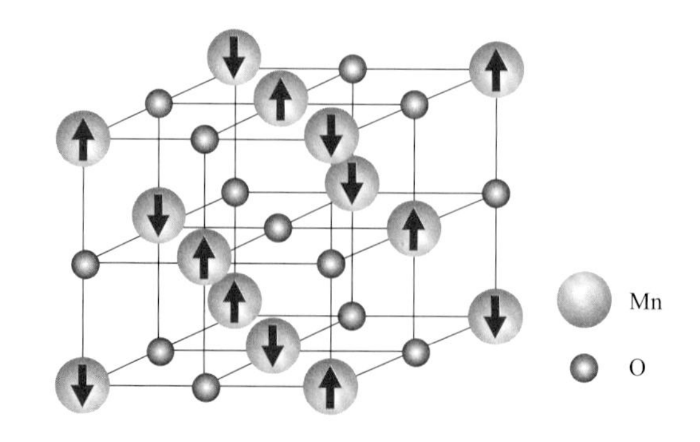

图14-10　MnO磁结构示意图，相邻Mn^{2+}的磁矩反向平行

图14-11中。在实验数据处理中，我们常用外斯常数作为材料磁性类型的判据：外斯常数为零说明材料具有顺磁性，外斯常数为正值说明材料具有铁磁性，外斯常数为负值说明材料具有反铁磁性。

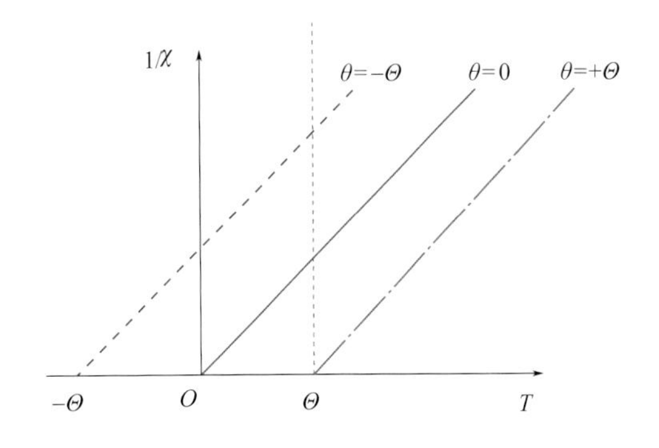

图14-11 不同磁性材料的磁化率χ与温度T的关系

θ—外斯温度；+Θ和−Θ—外斯常数在铁磁和反铁磁时的某个数值

14.3.3.3 亚铁磁性

如图14-8（c）所示，亚铁磁性在磁结构上类似于反铁磁性，相邻原子的磁矩反向平行排列，但是由于磁矩大小不同，不能完全抵消。因此，亚铁磁性材料有净磁矩和永磁性，宏观磁性与铁磁性材料相似，主要表现出以下磁性特征：

① 自发磁化现象；

② 磁化率随温度的变化与铁磁性材料类似，磁化率在高于居里温度T_C时骤降至接近0；

③ 磁化强度$\boldsymbol{M}$随外加磁场$\boldsymbol{H}$增加并逐渐达到饱和磁化强度$\boldsymbol{M}_S$［图14-9（b）］。与铁磁性材料不同的是，在达到饱和磁化强度$\boldsymbol{M}_S$时，亚铁磁性材料中的原子（或离子、分子）磁矩并未完全被极化。

常见的亚铁磁性材料也多为金属氧化物，如尖晶石型铁氧体（Fe_3O_4，$CoFe_2O_4$，$NiFe_2O_4$，$CuFe_2O_4$等）、石榴石（$Y_3Fe_5O_{12}$，$Gd_3Fe_5O_{12}$，$Dy_3Fe_5O_{12}$，$Ho_3Fe_5O_{12}$）、六方铁氧体（$BaFe_{12}O_{19}$，$PbFe_{12}O_{19}$）等。铁氧体Fe_3O_4是最典型的亚铁磁性材料之一，也是最早被研究的亚铁磁性材料。由于其具有永磁性，Fe_3O_4长期以来被误认为是铁磁性材料。它是磁铁矿的主要成分，被称为天然磁石，中国古代指南针即是由其制作而成。Fe_3O_4的分子式可写作$FeO \cdot Fe_2O_3$，其中Fe^{2+}和Fe^{3+}的比例为1∶2。由于每个Fe^{2+}和Fe^{3+}的饱和磁矩分别为$4\mu_B$和$5\mu_B$，因此按照铁磁性结构考虑（即所有磁矩平行排列），每个Fe_3O_4分子式应该具有$14\mu_B$的饱和磁矩，然而实验测得值仅为$4.1\mu_B$，说明Fe_3O_4具有典型的亚铁磁特征。经过精确的实验测量（中子衍射）发现，有1/3的Fe原子具有四面体配位环境（即Fe原子周围有四个最近邻的O原子），2/3的Fe原子具有八面体配位环境（即Fe原子周围有八个最近邻的O原子）。其中，八面体Fe中有一半是Fe^{3+}，另外一半是Fe^{2+}。四面体Fe全是Fe^{3+}，如图14-12所示。交换相互作用使得八面体中Fe离子之间的磁矩方向相同，而与四面体中Fe离子的磁矩方向相反。因此，八面体Fe^{3+}和四面体Fe^{3+}的磁矩相互抵消，净磁矩来源于八面体Fe^{2+}（$4\mu_B$），与实验观测值（$4.1\mu_B$）相符。

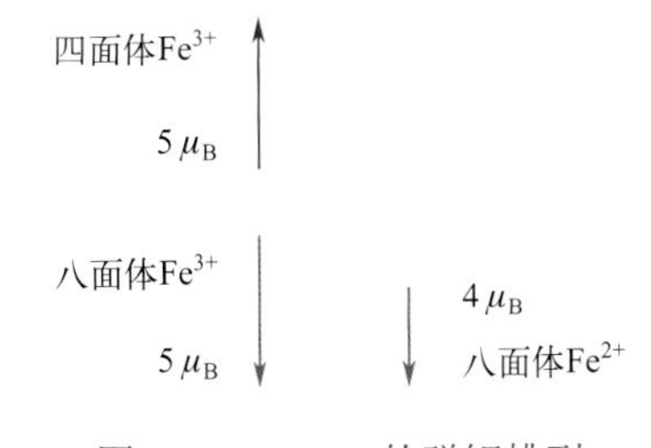

图14-12 Fe_3O_4的磁矩排列

亚铁磁性材料的饱和磁化强度通常比铁磁性材料小，与金属铁磁性材料相比，亚铁磁性材料一般为绝缘体，在特定应用场景上有一定的优势。例如，在有高频磁场的应用领域，金属铁磁性材料中往往会产生涡旋电流和焦耳热，导致涡流损耗，而具有绝缘性的亚铁磁性材料中就不存在这个问题。因此，铁氧体磁芯常被用在高频磁场场景中，如既需要高磁导率又需要低能量耗损的天线和变压器等。与铁磁性材料一样，亚铁磁性材料也常会被用于信息存储，如六方钡铁氧体（$BaFe_{12}O_{19}$）就是比较好的信息存储材料，它具有较大的矫顽力。

14.4 磁畴与技术磁化

14.4.1 磁畴

一个有趣的现象是当我们将铁磁性材料或亚铁磁性材料从高温降至居里温度以下时，材料通常并不会表现出宏观的铁磁性，即不具有磁铁的特征。造成这一现象的原因在于材料中存在大量不同的永磁化区域，这些区域被称为**磁畴**，磁畴与磁畴之间由磁畴壁隔开。因为两个磁畴内的磁矩方向不相同，所以磁畴壁具有一定的厚度，是磁矩发生反转的过渡区域，其厚度主要由交换相互作用能和磁晶各向异性能共同决定。当温度低于居里温度时，各个磁畴内的磁矩都平行同向排列，并且达到了饱和磁化状态，具有净磁矩，是一块小磁铁，但是每个磁畴的磁矩方向不同，且随机分布，从而导致材料整体的磁化接近于零。当温度高于居里温度时，磁畴内磁矩的平行排列被破坏，磁畴随铁磁性的消失而消失。

可将磁畴与多晶体的晶畴来类比理解。多晶体材料由许多小晶体构成，小晶体之间由晶界隔开。当温度低于材料熔点时，各个小晶体内部的原子都按晶格结构有序排列，但晶界破坏了这种有序性。当温度高于熔点时，原子的有序排列被破坏，晶畴随晶体的熔化而消失。需要注意的是，晶畴与磁畴通常是完全不同的，即使是铁磁性材料的单晶体，其磁结构也是由不同磁畴构成的。如果单晶非常小，也可能形成单畴磁铁。

为了更好地理解磁畴和材料磁化的关系，我们假设一块磁铁内部只存在四个磁畴，磁畴的取向彼此不同，如图14-13所示。此时材料的总磁化强度为0。这就是前面所讲的，钢铁虽有铁磁性，但在无外场磁化的时候不能形成磁铁的原因。当施加外磁场时，具有与外加磁场同向磁矩的磁畴（磁畴A）会增大，而具有其他方向磁矩的磁畴（磁畴B、C、D）

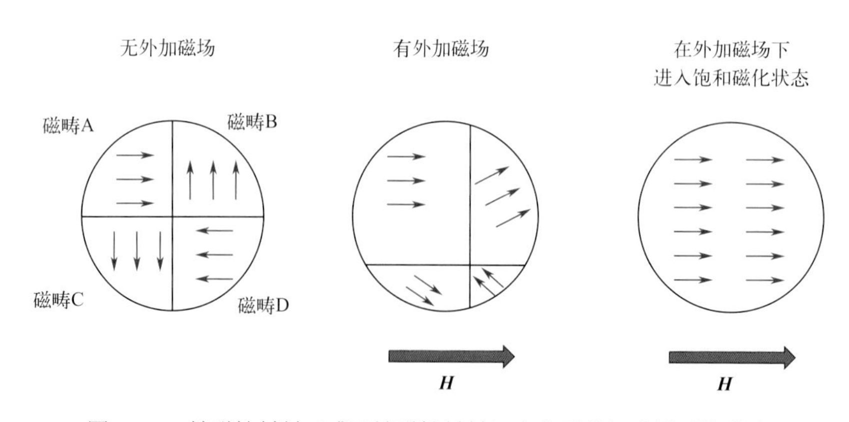

图14-13 铁磁性材料（或亚铁磁性材料）在有无外加磁场下的磁畴

会减小。这一过程可视为磁畴的运动。随着磁场的增大，磁畴A逐渐增大，磁畴B、C、D逐渐减小，材料的磁化强度逐渐增大，直至材料整体转化为磁畴A，材料达到了饱和磁化状态。

铁磁性材料或亚铁磁性材料为什么会自发形成磁畴结构呢？这主要是由材料的静磁能所决定的。只有单个磁畴时，静磁能比较高。此时的磁铁可以看作由很多磁矩方向相同的小磁铁并列构成，因为磁铁有同极排斥的现象，所以单畴具有高静磁能。当单畴分裂成为多个磁畴以后，静磁能会降低。此时磁铁不再由磁矩方向相同的小磁铁并列构成，有些小磁铁（即磁畴）的磁矩方向会发生变化甚至反转，磁铁同极排斥的问题消失，甚至还会出现异极吸引的情况。因此，磁铁都会通过磁畴的形成来降低自身的静磁能。

那么磁畴是否越多越好？答案是否定的。这是因为，虽然磁畴的形成会降低静磁能，但同时也会导致磁畴壁的形成，磁畴壁内磁矩的偏转（即偏离交换相互作用和磁晶各向异性所要求的同向平行排列）会引起体系能量的升高，而且磁畴越小，磁畴壁的总体面积就越大，体系的能量就会越高。因此，磁畴不会无限制地减小，而是具有特定的尺寸。

14.4.2 磁化过程与磁滞

铁磁性材料或亚铁磁性材料的磁化强度$\boldsymbol{M}$和磁场强度$\boldsymbol{H}$之间的关系通常是非线性的，这与抗磁性材料、顺磁性材料以及反铁磁性材料的线性M-H关系［图14-5（b）］有着很大的差别。M-H的关系曲线被称为**磁化曲线**。图14-14展示了铁磁性材料或亚铁磁性材料的典型技术磁化曲线，大致可分为以下几个阶段：

① 第一阶段OA：随外场H的增加，样品磁化强度的大小M缓慢增加。由于此阶段磁场很弱，磁化过程可逆，即撤掉外场后，材料能回到最初的磁畴结构。曲线在$H=0$处的斜率被称为初始磁化率。

② 第二阶段AB：随着外场H的增加，磁化强度的大小M急剧增加。磁化进入不可逆阶段，即撤掉外场后，材料不能回到最初的磁畴结构，甚至能保持磁化后的结构。这就是铁磁性材料（或亚铁磁性材料）在磁化后能成为磁铁的原因。

③ 第三阶段BC：随着外场H的增加，磁化强度的大小M缓慢增加，当外场H达到C点时，M达到最大值，此时进入饱和磁化状态。

④ 第四阶段CD：随着外场H的增加，磁化强度的大小M几乎不再增加，材料保持饱和磁化状态。

对饱和磁化的铁磁性材料（或亚铁磁性材料）施加反向磁场，由于磁畴的存在，不同区域内的磁矩不能迅速旋转至与磁场同向，材料不能按照原磁化曲线返回，表现出磁滞行为。**磁滞现象**是指样品磁化强度的变化滞后于外加磁场$\boldsymbol{H}$的变化。如图14-15（a）所示，随正向磁场强度逐渐减弱，材料的磁化强度的大小M会从饱和磁化强度M_S逐渐减少。当磁场归零时，材料内部仍保留一定的磁化强度，即剩磁M_r或B_r。剩磁主要由磁畴引起，说明磁畴不能随意改变，磁畴的移动离不开磁场的驱使。

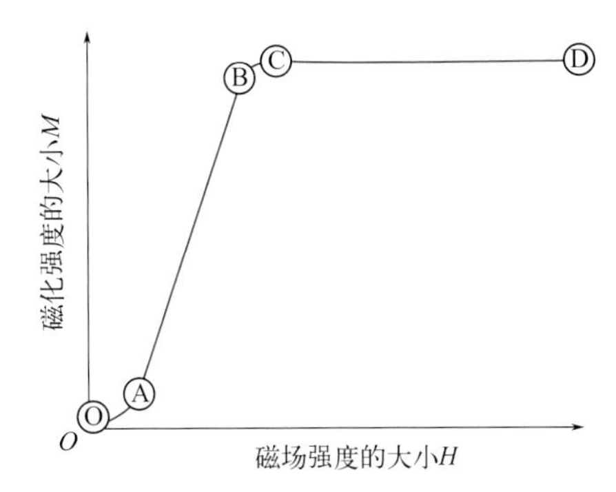

图14-14 铁磁性材料（或亚铁磁性材料）的技术磁化曲线

我们通常所称的磁铁是具有剩磁的铁磁性材料（或亚铁磁性材料）。当施加一定的反向磁场时，材料会完全失去磁性（$M=0$），回归无宏观铁磁性的状态。此时外磁场强度大小为H_C，被称为**矫顽力**。当反向磁场继续增加时，与其同向的磁畴将逐渐吞并其他磁畴，最终材料的磁化强度将达到反向饱和值$-M_S$。磁滞现象反映了外加磁场在驱动磁矩变化时由磁畴壁运动所产生的阻力。在交变磁场下，磁滞回线的面积可反映出材料以热形式产生的磁滞损耗。

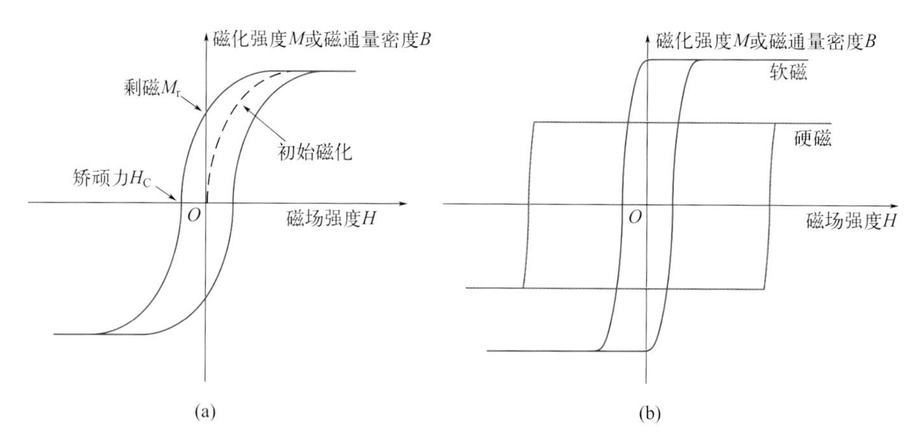

图14-15　正反磁场下材料的磁化强度或磁通量密度（仅考虑大小）的变化

（a）铁磁性材料或亚铁磁性材料；（b）软磁材料和硬磁材料

根据磁滞回线和磁化曲线的特征，可将铁磁性材料分为软磁材料和硬磁材料。如图14-15（b）所示，软磁材料通常具有以下特征：急剧上升的磁化曲线、高初始磁化率和磁导率、细长的磁滞回线（有些材料甚至剩磁极小）、低矫顽力和低磁滞损耗。软磁材料的这些特征源于其内部容易移动的磁畴。因此，只需要较小的外加磁场，就可以使材料的磁化强度达到饱和；施加较小的反向磁场，就能使材料退磁（失去磁性）和反向磁化。由于磁滞回线面积小，磁滞损耗低，软磁材料常用于交流电领域，如用于制造变压器、继电器等的铁芯。应用比较多的材料有铁-硅合金和前面讲的铁氧体（具有软磁特征的）等。

硬磁材料通常具有以下特征：缓慢上升的磁化曲线、低初始磁化率和磁导率、宽的磁滞回线、高剩磁、高矫顽力和高磁滞损耗。与软磁材料相比，硬磁材料的磁畴难以移动，需要较大的磁场才能推动磁畴的运动，实现材料的磁化和退磁。因此，硬磁材料的磁滞回线面积较大。通常用（BH）$_{max}$作为衡量硬磁材料性能的参数，（BH）$_{max}$对应于磁滞回线在第二象限内与坐标轴所包围形成的最大矩形面积，单位是kJ/m^3，数值代表材料退磁时所需要消耗的能量。硬磁材料由于磁化后剩磁大、磁畴稳定、保存时间长，一般用于制作永磁体、磁存储设备，如录音、录像磁带等。常见的硬磁材料有：高碳钢、铜镍铁合金、铝镍钴合金等传统硬磁材料；钐钴磁铁（$SmCo_5$）、钕铁硼磁铁（$Nd_2Fe_{14}B$）等新兴高能硬磁材料；$BaFe_{12}O_{19}$等铁氧体永磁材料。

14.4.3 磁各向异性

磁各向异性是在外加磁场下与晶体取向有关的磁性行为，可以简单理解为晶体的磁化存在优先的方向，沿此方向达到饱和磁化所需施加的磁场最小，此方向也被称为易磁化方向，所在的轴称为易磁化轴。相反，达到饱和磁化所需施加磁场最大的晶体方向则被称为难磁化方向，所在的轴称为难磁化轴。

图14-16显示了BCC结构的铁单晶沿[100]、[110]和[111]晶向的磁化曲线。由图可知，铁晶体的易磁化方向为[100]，饱和磁化所需要的磁场远小于[110]和[111]方向。磁各向异性主要由磁晶各向异性能所决定，它是自旋轨道耦合相互作用及其与晶体场耦合所产生的结果。

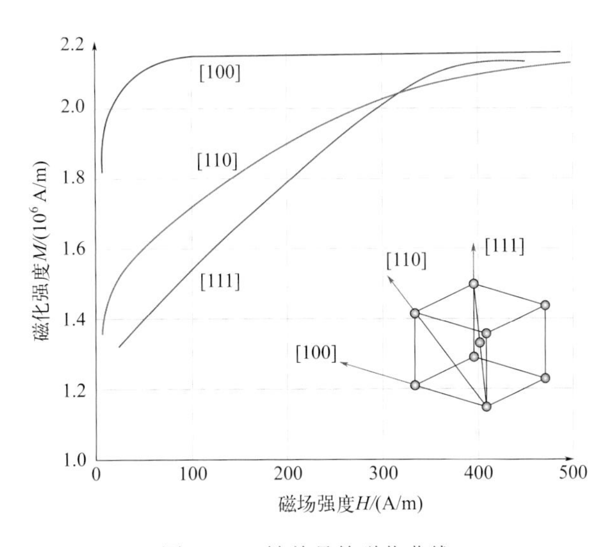

图14-16　铁单晶的磁化曲线

14.5 磁性材料的表征与应用

14.5.1 磁性材料的表征

目前对材料的磁学性能测量一般采用磁性测试系统（magnetic properties measurement system，MPMS）。MPMS是一种基于超导量子干涉仪（superconducting quantum interference device，SQUID）技术的高精度磁学测量仪器，内置振动样品磁强计（vibrating sample magnetometer，VSM），用于测量材料的磁性和磁化动力学性质，可以实现微小磁场的高精度测量。其中，磁场由超导线圈电磁铁所产生，最大磁感应强度可高达10T。通过改变温度和外加磁场的大小和方向，可以获得样品的磁化曲线、磁滞回线、温度依赖的磁学性能。此外，还可以通过交变梯度磁强计，利用压电效应测量磁性样品在非均匀磁场中所受的力，从而确定其磁矩；通过用力矩磁强计测量样品的磁矩等实验手段研究材料的磁化性质。

中子衍射是研究磁有序材料中磁结构的有效手段，其工作原理类似于X射线衍射对晶体结构的测量。中子不仅能“感受”到原子核的散射，它还具有内禀磁矩，能被磁性材料中的原子磁矩散射。如果材料中包含有序的磁矩，它们就能像晶格一样引起中子衍射，通过测量和分析衍射图案即可获得磁矩的排列分布。通过控制温度，还能研究磁相变等信息。

除了上述两种测试方法和设备以外，磁光效应也能用于磁结构及磁相变等磁学性质研究；磁力显微镜能用于观察和研究磁性材料的微观磁畴结构，分辨率可达纳米级别。

14.5.2 磁性材料的应用

随着信息时代技术的不断演进，磁性材料在信息存储领域扮演着越来越关键的角色。磁记录（或磁存储）已经成为电子信息存储的通用技术，小到银行卡，大到计算机，都有磁性材料的身影。对于常见的硬盘驱动器，硬盘的磁存储介质是由一层非常小（直径约10 nm）、相互独立且具有磁各向异性的HCP结构的钴-铬合金晶粒组成的薄膜。Pt和Ta被添加进材料中起到增强磁各向异性的作用，还可以形成氧化晶界分离体来隔离晶粒。每个晶粒都是一个单磁畴，取向沿着其c轴垂直于磁盘表面。数据的稳定存储要求写入磁盘的每磁位数据都占据约100个晶粒，这些磁颗粒组成一个记录单元用于记录信息。如果晶粒尺寸低于下限，磁化方向可能由于受到热扰动的影响而产生自发逆转（超顺磁现象），导致数据的丢失。

计算机中的字节、声音、图像等是以电信号的形式存储在磁性存储介质（如磁带或磁盘）中。数据的转存和检索则是由一个写入和读取磁头组成的记录系统完成。磁盘片的每个磁盘面都有相应的磁头。当磁头“扫描”过磁盘面的各个区域时，各个区域中记录的不同磁信号就被转换成电信号，电信号的变化进而被表达为“0”和“1”，成为所有信息的原始译码。最早的磁头是采用锰铁磁体制成的，通过电磁感应的方式读写数据，但是这种磁头磁致电阻的变化率仅为1%～2%，随着信息技术发展对存储容量的要求不断提高，这类磁头难以满足更大的存储量需求。巨磁阻（giant magneto resistive，GMR）效应的发现引发了硬盘的“大容量、小型化”革命。巨磁阻效应是指磁性材料的电阻率会因有无外加磁场而存在巨大变化的现象。第一个商业化生产的基于巨磁阻效应的数据读取探头于1997年投放市场。这一效应使得灵敏的磁头能够清晰读出较弱的磁信号，存储单字节数据所需的磁性材料尺寸大为减少，磁盘的存储能力得到了大幅度的提高。

近年来，随着自旋电子学和量子材料的发展，磁性材料还将有更多的应用潜力和前景。例如，利用电子的自旋操控信息，使磁性材料有望在量子计算、神经类脑计算等方向有重要的应用，可能涌现更多基于自旋的存储和逻辑设备；利用磁性拓扑绝缘体实现量子反常霍尔效应，在无外场的条件下实现电子的无耗散输运，有望克服目前计算机发热耗能等带来的一系列问题。

材料史话14-2 巨磁阻效应的发现

德国于利希研究中心的彼得·格林贝格尔（Peter Gruenberg）和巴黎第十一大学的艾尔伯·费尔（Albert Fert）在1986—1988年间的研究中分别独立发现：当在铁薄膜中插入非磁性的铬薄膜时，材料的磁电阻会发生巨大的变化，较传统的磁电阻大一个数量级以上。这一效应被称为“巨磁阻”效应。巨磁阻效应与磁性材料中的电子自旋密切相关，可以通过改变铁磁性材料层的磁化方向来控制材料的电阻率，从而利用弱磁场获得大的电阻变化量。

格林贝格尔和于利希研究中心享有巨磁阻技术的一项专利，他最初提交论文的时间要比费尔早一些（格林贝格尔于1988年5月31日提交，费尔于1988年8月24日提交），而费尔的文章发表得更早（格林贝格尔于1989年3月发表，费尔于1988年11月发表）。费尔准确地描述了巨磁阻现象背后的物理原理，而格林贝格尔则迅速看到了巨磁阻效应在技术应用上的重要性。

这一发现对于现代电子学的发展，尤其是对于计算机硬盘的存储技术产生了重大影响。二人的发现被认为是现代物理学和信息技术发展的重要里程碑之一，他们因此共同获得了2007年诺贝尔物理学奖。

习题

1. 古代指南针是由什么磁性材料构成的？为什么可以用来辨别方向？

2. 简述在介质中，磁感应强度、磁化强度和磁场强度的关系。

3. 简述物质磁矩的微观来源。

4. 根据洪特规则，估算以下稀土离子的固有磁矩：Pr^{3+}、Gd^{3+}、Er^{3+}。

5. 宏观物质的磁性有哪些类型？

6. 解释氧气、碱金属和F心材料为什么具有顺磁性。

7. 描述居里定律和居里-外斯定律。

8. 在高频磁场应用领域，为什么亚铁磁性材料较铁磁性材料更具优势？

9. 铁磁性材料在磁化前为什么不会表现出宏观的磁化现象？

10. 描述硬磁材料与软磁材料的区别。

第 15 章 光学性能

材料的光学性能是指材料在电磁辐射下，特别是可见光下的响应。材料的光学性能决定了光在其中的传播行为。基于光与物质的相互作用原理，可以制造出一系列光学功能器件，或者对材料的性质进行表征。材料中表现出的光学现象，包括折射、反射、吸收、色散等，通常需要使用电磁场理论来解释，其基础是麦克斯韦方程。在本章中，我们主要考虑非磁性且电中性的材料，通过求解麦克斯韦方程得到材料中电磁场的波动方程。

本章介绍两个部分的内容。首先介绍介电材料和金属材料的折射率模型，主要基于电子在光场激励下的动力学方程求解材料的折射率模型，分析材料光学响应的物理机制。然后讨论光在各向同性和各向异性介质中的传播特性，基于波动光学以及光的偏振特性，分析光在材料界面、各向异性材料中的传播特性，并简要介绍利用椭偏仪测量材料折射率的基本原理。与上一章类似，这一章也涉及大量符号，符号的使用规则与上一章相同：粗斜体符号表示矢量，不加粗的斜体符号表示标量或者矢量的模。

15.1 介电材料的折射率

常见的介电材料包括玻璃和晶体等，它们在光学领域具有非常广泛的应用。因为材料的光学性质是其对电磁辐射的响应，所以需要根据电磁场理论进行研究。麦克斯韦方程是经典电磁学的基础方程，通过求解麦克斯韦方程可得到材料中电磁场的波动方程，即

$$\nabla\times(\nabla\times\boldsymbol{E})+\frac{1}{c^2}\times\frac{\partial^2\boldsymbol{E}}{\partial t^2}=-\mu_0\frac{\partial^2\boldsymbol{P}}{\partial t^2}-\mu_0\frac{\partial\boldsymbol{J}}{\partial t} \tag{15-1}$$

式中，$\boldsymbol{E}$为电场强度；t为时间；$c=299\,792\,458\text{m/s}$，为真空中的光速；$\mu_0\approx1.256\,637\times10^{-6}\text{N/A}^2$，为真空磁导率；$\boldsymbol{P}$为极化强度；$\boldsymbol{J}$为电流密度。上式中等号右侧的两项分别源于材料内的极化电荷和传导电荷。对于介电材料，极化项$-\mu_0\partial^2\boldsymbol{P}/\partial t^2$提供主要贡献，许多光学效应源于该项，如色散、吸收和双折射等。对于金属来说，传导项$-\mu_0\partial\boldsymbol{J}/\partial t$有重要的作

用，该项可以解释大多数金属在可见光波段的低透明度和高反射特性。

15.1.1　介电材料中束缚电子的动力学方程

在各向同性的介电材料中，电子与原子核稳定结合，并且在各个方向都相同。最常见的各向同性介电材料就是玻璃。当介电材料置于电场中时，其中的电荷会偏离其平衡位置而产生极化。假设介电材料中每个电子从其平衡位置位移了$\boldsymbol{r}$，由此产生的宏观极化强度$\boldsymbol{P}$可以写为

$$\boldsymbol{P} = -Ne\boldsymbol{r} \tag{15-2}$$

式中，N为单位体积内的电荷浓度；$e \approx 1.602176 \times 10^{-19}\,\mathrm{C}$，为元电荷。假设电子被弹性束缚在平衡位置附近，并且电子的位移$\boldsymbol{r}$正比于静态电场$\boldsymbol{E}$，其比例系数为常数K，则其恢复力与电场力平衡，即

$$-e\boldsymbol{E} = K\boldsymbol{r} \tag{15-3}$$

材料在静电场作用下的极化强度为

$$\boldsymbol{P} = \frac{Ne^2}{K}\boldsymbol{E} \tag{15-4}$$

然而，当施加的电场$\boldsymbol{E}$随时间变化时，上述静态方程并不一定适用。为了得出这种情况下材料的极化强度，需要考虑电子的实际运动。可以将束缚电子视为经典阻尼谐振子，阻尼表示偶极子在振荡过程中会逐渐失去能量，其动力学方程为

$$m\frac{\mathrm{d}^2\boldsymbol{r}}{\mathrm{d}t^2} + m\gamma\frac{\mathrm{d}\boldsymbol{r}}{\mathrm{d}t} + K\boldsymbol{r} = -e\boldsymbol{E} \tag{15-5}$$

式中，m为电子动力学质量；$m\gamma(\mathrm{d}\boldsymbol{r}/\mathrm{d}t)$项表示与电子速度成正比的阻尼力，阻尼系数为$m\gamma$；$K\boldsymbol{r}$为恢复力；等式右侧为电场驱动力。假设施加的电场是角频率为ω的简谐波，电子也以同样角频率ω振荡，则上式可以写为

$$(-m\omega^2 - \mathrm{i}\omega m\gamma + K)\boldsymbol{r} = -e\boldsymbol{E} \tag{15-6}$$

根据式（15-2），极化强度可以写为

$$\boldsymbol{P} = \frac{Ne^2}{-m\omega^2 - \mathrm{i}\omega m\gamma + K}\boldsymbol{E} \tag{15-7}$$

因此，极化强度随外加电场频率变化；公式中存在虚数项表明$\boldsymbol{P}$与$\boldsymbol{E}$可能存在相位差。当$\omega = 0$时，上式变为静电场情况下的式（15-4）。

定义共振频率

$$\omega_0 = \sqrt{\frac{K}{m}} \tag{15-8}$$

则式（15-7）可以写为

$$\boldsymbol{P} = \frac{Ne^2/m}{\omega_0^2 - \omega^2 - \mathrm{i}\omega\gamma}\boldsymbol{E} \tag{15-9}$$

上式类似于谐振子的振幅公式，当 $\omega=\omega_0$ 时存在共振现象。

15.1.2 介电材料的折射率模型

为了理解材料中极化怎样影响光的传播，可借助式（15-1）进行分析。介电材料无传导项，根据式（15-9）可得

$$\nabla\times(\nabla\times\boldsymbol{E})+\frac{1}{c^2}\times\frac{\partial^2\boldsymbol{E}}{\partial t^2}=-\frac{\mu_0 Ne^2}{m}\left(\frac{1}{\omega_0^2-\omega^2-\mathrm{i}\omega\gamma}\right)\frac{\partial^2\boldsymbol{E}}{\partial t^2} \tag{15-10}$$

因为介电材料是电中性的，所以 $\nabla\cdot\boldsymbol{E}=0$，可得 $\nabla\times\left(\nabla\times\boldsymbol{E}\right)=-\nabla^2\boldsymbol{E}$，进而上式可以简化为

$$\nabla^2\boldsymbol{E}=\frac{1}{c^2}\left(1+\frac{Ne^2}{m\varepsilon_0}\times\frac{1}{\omega_0^2-\omega^2-\mathrm{i}\omega\gamma}\right)\frac{\partial^2\boldsymbol{E}}{\partial t^2} \tag{15-11}$$

式中，$1/c^2=\varepsilon_0\mu_0$；$\varepsilon_0\approx 8.854188\times10^{-12}\,\mathrm{F/m}$，为真空介电常数。假设电场的解满足形式：

$$\boldsymbol{E}=\boldsymbol{E}_0\exp(\mathrm{i}kz-\mathrm{i}\omega t) \tag{15-12}$$

式中，z 为传播距离；k 为波矢的模，代入至式（15-11）可得

$$k^2=\frac{\omega^2}{c^2}\left(1+\frac{Ne^2}{m\varepsilon_0}\times\frac{1}{{\omega_0}^2-\omega^2-\mathrm{i}\omega\gamma}\right) \tag{15-13}$$

式中，虚部项表明 k 为复数。

若介电材料吸收很小，则材料表现为透明；若吸收较大，则材料不透明。将式中 k 的实部 k_r 和虚部 k_i 拆分，可以写为

$$\boldsymbol{E}=\boldsymbol{E}_0\exp(-k_\mathrm{i}z)\exp(\mathrm{i}k_\mathrm{r}z-\mathrm{i}\omega t) \tag{15-14}$$

式中，$\exp\left(-k_\mathrm{i}z\right)$ 项表明电场随传播距离呈指数式衰减，即光的能量被材料吸收。由于光的强度正比于 $\left|\boldsymbol{E}\right|^2$，所以光的强度随时间衰减的因子为 $\exp\left(-2k_\mathrm{i}z\right)$，$2k_\mathrm{i}$ 即为材料的吸收系数，光传播 $1/(2k_\mathrm{i})$ 距离，其强度衰减到 $1/\mathrm{e}$。光在材料中的波矢的模由折射率 n 与光的频率共同决定，即

$$k=\frac{\omega}{c}n \tag{15-15}$$

因此，折射率 n 也是复数，其虚部 n_i 被称为消光系数。由式（15-13）可得

$$n^2=1+\frac{Ne^2}{m\varepsilon_0}\left(\frac{1}{\omega_0^2-\omega^2-\mathrm{i}\omega\gamma}\right) \tag{15-16}$$

图 15-1 示意了具有一个共振峰的折射率实部和虚部随频率变化的一般模式。在 ω_0 频率附近存在光学共振现象，这将导致材料的折射率的剧烈变化，并且伴随强烈的吸收。

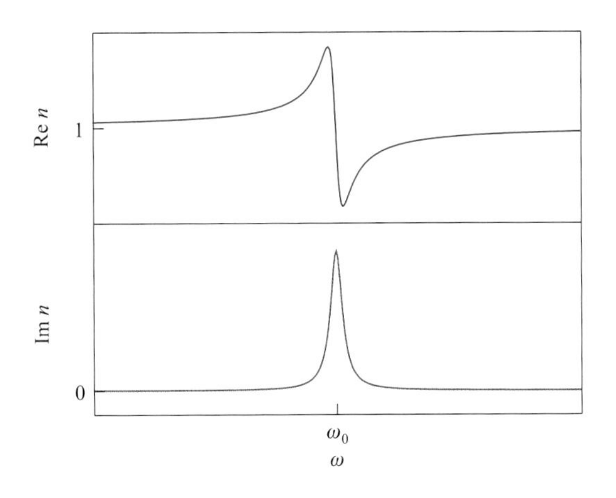

图15-1 单共振峰附近材料的复折射率与频率的关系曲线

在上面的讨论中，我们假设所有的电子都受到相同的束缚，因此具有相同的共振频率。然而，事实上不同电子可能以不同方式受到束缚，即电子具有多个共振频率。我们可以假设比例为f_1的电子具有共振频率ω_1，比例为f_2的电子具有共振频率ω_2，等等，则材料折射率的平方可以写为

$$n^2=1+\frac{Ne^2}{m\varepsilon_0}\sum_j\left(\frac{f_j}{\omega_j^2-\omega^2-\mathrm{i}\omega\gamma_j}\right) \tag{15-17}$$

式中，求和部分包含了下标j代表的各种束缚态的电子；f_j为振荡强度且$\sum_j f_j=1$；ω_j为各个共振的频率；γ_j代表各个共振的阻尼系数。图15-2示意了具有三个共振峰的材料的复折射率与频率的关系曲线。可以看出，折射率的实部和虚部存在某种对应关系，虚部的每个峰都对应实部的一个峰与谷形状的线型。这种现象可以用Kramers-Kronig关系解释。

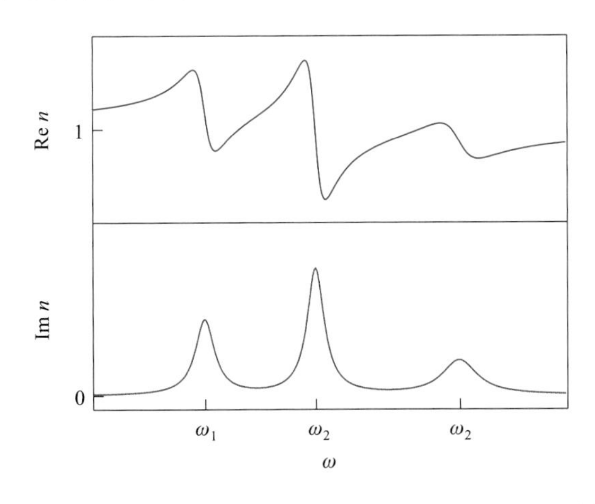

图15-2 具有三个共振峰的材料的复折射率与频率的关系曲线

图15-2显示出，对于不同的光波频率，材料的折射率不同，这种现象被称为**色散**。一般材料的折射率的实部在非共振区随频率的增加（波长的减小）而增大，我们称之为正常色散，很多透明材料在可见光波段符合这种特性。在共振频率附近，材料存在反常色散，

即折射率随频率增加而减小。图中曲线还显示出：当靠近共振频率时，材料吸收较强，通常表现为不透明；当远离共振频率时，材料吸收较弱，通常表现为透明。

如果阻尼系数 γ_j 非常小，式（15-17）中的 $\mathrm{i}\omega\gamma_j$ 项相对于 $\omega_j^2-\omega^2$ 可以忽略，此时折射率为实数，它的平方可以写为

$$n^2=1+\frac{Ne^2}{m\varepsilon_0}\sum_j\left(\frac{f_j}{\omega_j^2-\omega^2}\right) \tag{15-18}$$

上式可以较好地拟合多种透明介电材料的折射率。当使用波长替代角频率时，该公式被称为塞尔梅耶（Sellmeier）公式。

材料史话 15-1　透明材料和光学玻璃

在对材料的光学性质的研究历程中，透明材料扮演着关键的角色，透明材料的发展历程不仅反映了材料科学的进步，还推动了光学领域的革新。在人类文明的早期，人们就已经开始使用透明材料，如天然水晶（石英）等，用于制作装饰品等。通过将砂石与碱混合并在高温下熔融，人类首次制造出玻璃。随着时间的推移，人们逐渐改进了玻璃制造技术，使玻璃更加透明和坚固。人们使用玻璃制造珠宝、窗户、器皿、透镜和艺术品等，为材料和光学的发展奠定了基础。

光学玻璃的变革发生在19世纪，玻璃制造技术经历了一场革命。约瑟夫·夫琅禾费（Joseph von Fraunhofer）和奥托·肖特（Otto Schott）等人研究和调整玻璃的化学成分和制造工艺，制造出折射率更高、色散更低的光学玻璃。这促进了光学玻璃行业的蓬勃发展，使光学玻璃成为制造光学仪器的重要材料，为望远镜、显微镜和其他光学仪器的发展奠定了重要基础。20世纪以来，光学玻璃在光学仪器、激光、光通信等领域得到了广泛应用。新的抛光工艺、合成材料、涂层技术以及精密加工工艺的应用使光学玻璃的性能达到了前所未有的水平。

透明材料的发展历史，不仅见证了材料科学的进步，更为现代光学技术的发展注入了活力，对物理、化学、生物学等多个领域的科学研究产生了深远的影响，也标志着人类对材料性能的持续探索和对创新的不懈追求。

15.2 金属的折射率

与介电材料不同，金属具有良好的导电性。金属中有大量自由电子，在电场中会在电场力的作用下发生移动，形成电流。因此，基于束缚电子的折射率模型将不再适用于金属材料。同时，金属也表现出迥异于介电材料的光学性质。金属在可见光、红外和更长波段通常都不透明，且电磁波难以深入而具有较高的反射率。

15.2.1 金属中自由电子的动力学方程

本节讨论金属中的传导电荷对光传播的影响，方法与上一节中研究极化的影响方法类

似，本节主要考虑波动方程［式（15-1）］中的传导项。在静态电场下，电流密度正比于电场强度，即 $\boldsymbol{J}=\sigma\boldsymbol{E}$，其中$\sigma$是静态电导率。由于传导电荷的惯性，我们必须考虑电子在光的交变电场作用下的实际运动。由于传导电子不受束缚，因此电子不受弹性恢复力，电子的动力学方程可以写为

$$m\frac{\mathrm{d}\boldsymbol{v}}{\mathrm{d}t}+m\tau^{-1}\boldsymbol{v}=-e\boldsymbol{E} \tag{15-19}$$

式中，$\boldsymbol{v}$是电子的速度；$m\tau^{-1}\boldsymbol{v}$为摩擦阻尼力，τ被称为弛豫时间。电流密度为

$$\boldsymbol{J}=-Ne\boldsymbol{v} \tag{15-20}$$

式中，N为传导电荷的体积浓度。将其代入至式（15-19）可得

$$\frac{\mathrm{d}\boldsymbol{J}}{\mathrm{d}t}+\tau^{-1}\boldsymbol{J}=\frac{Ne^2}{m}\boldsymbol{E} \tag{15-21}$$

当外加电场 $\boldsymbol{E}=\boldsymbol{0}$ 时，式（15-21）变为

$$\frac{\mathrm{d}\boldsymbol{J}}{\mathrm{d}t}+\tau^{-1}\boldsymbol{J}=\boldsymbol{0} \tag{15-22}$$

其解为$\boldsymbol{J}=\boldsymbol{J}_0\exp\left(-t/\tau\right)$，表明瞬态电流随时间呈指数式衰减，其中$\boldsymbol{J}_0$为$t$=0时的电流密度。

当金属处于静电场中时，式（15-21）变为

$$\tau^{-1}\boldsymbol{J}=\frac{Ne^2}{m}\boldsymbol{E} \tag{15-23}$$

则可以得出静态电导率为：

$$\sigma=\frac{Ne^2}{m}\tau \tag{15-24}$$

当金属受到光照时，假设光的电场以及金属中的电流均以角频率ω振荡，则式（15-21）可以写为

$$\left(-\mathrm{i}\omega+\tau^{-1}\right)\boldsymbol{J}=\frac{Ne^2}{m}\boldsymbol{E}=\tau^{-1}\sigma\boldsymbol{E} \tag{15-25}$$

求解$\boldsymbol{J}$可得

$$\boldsymbol{J}=\frac{\sigma}{1-\mathrm{i}\omega\tau}\boldsymbol{E} \tag{15-26}$$

当 $\omega=0$ 时，上式回归静电场情况下的 $\boldsymbol{J}=\sigma\boldsymbol{E}$。

15.2.2 金属的折射率模型

将式（15-26）中的$\boldsymbol{J}$代入至式（15-1）可得

$$\nabla^2\boldsymbol{E}=\frac{1}{c^2}\times\frac{\partial^2\boldsymbol{E}}{\partial t^2}+\frac{\mu_0\sigma}{1-\mathrm{i}\omega\tau}\times\frac{\partial\boldsymbol{E}}{\partial t} \tag{15-27}$$

假设电场满足式（15-12）的形式，可求解得到

$$k^2 = \frac{\omega^2}{c^2} + \frac{\mathrm{i}\omega\mu_0\sigma}{1-\mathrm{i}\omega\tau} \tag{15-28}$$

由式（15-15）可得折射率为

$$n^2 = 1 - \frac{\omega_\mathrm{p}^2}{\omega^2 + \mathrm{i}\omega\gamma} \tag{15-29}$$

式中，$\gamma = \tau^{-1}$，为金属中电子的弛豫系数；ω_p为金属中电子的等离子体频率，定义为

$$\omega_\mathrm{p} = \sqrt{\frac{Ne^2}{m\varepsilon_0}} = \sqrt{\frac{\mu_0\sigma c^2}{\tau}} \tag{15-30}$$

金属中电子的弛豫时间通常在10^{-13} s量级，金属中电子的等离子体频率一般在10^{15} s^{-1}量级。图15-3示意了金属折射率的实部和虚部与频率的定性关系曲线，可以看出折射率的实部在ω_p附近的范围内小于1，折射率的虚部在低频下非常大，并且随频率增加而单调减小。折射率的虚部在频率大于ω_p时很小，因此，金属通常在高频下透明。对于碱金属和贵金属（如金、银和铜），它们的光学性质与该理论模型预测的性质较为相符。

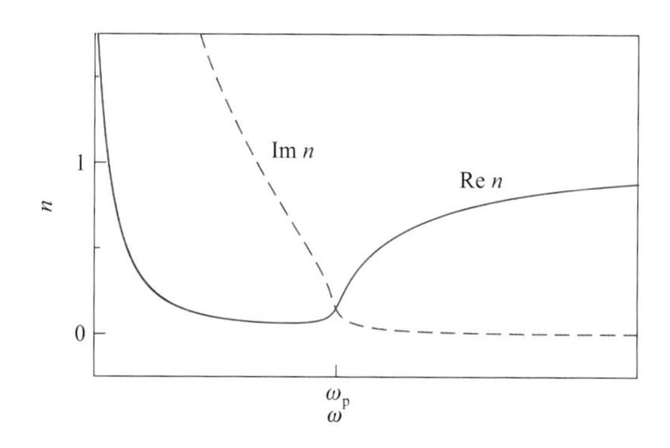

图15-3　金属的复折射率与频率的关系曲线

对于导电性不佳的导体或半导体，极化电子和传导电子对光学性质都有贡献，因而折射率可以写为

$$n^2 = 1 - \frac{\omega_\mathrm{p}^2}{\omega^2 + \mathrm{i}\omega\gamma} + \frac{Ne^2}{m\varepsilon_0}\sum_j\left(\frac{f_j}{\omega_j^2 - \omega^2 - \mathrm{i}\omega\gamma_j}\right) \tag{15-31}$$

实际情况下，绝大部分材料呈现的折射率都是多种物理机制的综合贡献的结果，其理论计算较为复杂。通常通过实验测量材料的吸收谱，并拟合得出物理模型的参数，折射率模型中共振项数越多，拟合越准确。

如果只考虑良导体在远离共振的有限频率范围内的折射率，则式（15-31）中束缚电子的贡献可以忽略，便可得到Drude模型，表达式为

$$n^2 = \varepsilon_\infty - \frac{\omega_\mathrm{p}^2}{\omega^2 + \mathrm{i}\omega\gamma} \tag{15-32}$$

式中，ε_∞ 为高频介电常数。

15.3 光在各向同性介质中的传播

15.3.1 光在材料界面的反射与折射

下面基于电磁理论探讨光在介质中的传播特性，基于电磁波的边界条件探讨光的反射和折射等基本物理现象。考虑平面光从一种介质入射到另一种介质时，在两种不同光学介质的界面上，光将会发生反射和折射。根据电磁波在界面处的连续性关系，对于无电流且无电荷的情况，电场的切向分量连续，因此波矢的切向分量连续，且它们是共面的，该面被称为入射面。设入射波、反射波和折射波的波矢为 $\boldsymbol{k}$、$\boldsymbol{k}'$ 和 $\boldsymbol{k}''$，它们与界面法线的夹角分别为 θ、θ' 和 ϕ，如图15-4所示。由波矢的切向分量连续可得

$$k\sin\theta = k'\sin\theta' = k''\sin\phi \tag{15-33}$$

由于入射光与反射光所处的材料环境相同，因此波矢的模相等，即 $k = k'$，并且反射角与入射角相等，即 $\theta = \theta'$。

折射光与入射光的波矢模之比可以写为

$$\frac{k''}{k} = \frac{n_2}{n_1} \tag{15-34}$$

式中，n_1 和 n_2 分别为两种介质的折射率。上式可以进一步写为

$$n_1\sin\theta = n_2\sin\phi \tag{15-35}$$

这个结果被称为斯涅耳（Snell）定律（折射定律）。

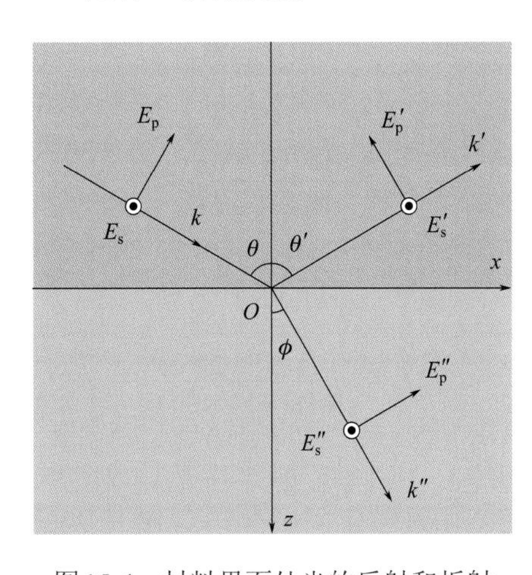

图15-4 材料界面处光的反射和折射

对于一束光从一种介质入射到另一种介质的情形，前面讨论了反射光和折射光的出射角度，但反射光和折射光的能量分配尚未探讨。令 $\boldsymbol{E}$、$\boldsymbol{E}'$ 和 $\boldsymbol{E}''$ 分别表示入射、反射和折射光的电场振幅。为了讨论方便，我们分两种情况：第一种情况是入射光的电场矢量垂直于

入射面，通常被称为横电波、TE偏振或s偏振；第二种情况是入射光的电场矢量平行于入射面（磁场矢量垂直于入射面），通常被称为横磁波、TM偏振或p偏振。两种情况下的电矢量和磁矢量的方向如图15-4所示，xz平面（纸面）为入射面，y轴垂直于纸面向外，介质边界为xy平面。

基于电磁场的边界条件，电场的切向分量连续，这意味着对于TE偏振，有

$$\begin{cases} E + E' = E'' \\ -H\cos\theta + H'\cos\theta = -H''\cos\phi \\ -kE\cos\theta + k'E'\cos\theta = -k''E''\cos\phi \end{cases} \tag{15-36}$$

而对于TM偏振，由于磁场的切向分量连续，有

$$\begin{cases} H - H' = H'' \\ kE - k'E' = k''E'' \\ E\cos\theta + E'\cos\theta = E''\cos\phi \end{cases} \tag{15-37}$$

对于s偏振和p偏振的电场的反射系数（r）和透射系数（t），可以推导得到

$$\begin{cases} r_{\mathrm{s}} = \dfrac{n_1\cos\theta - n_2\cos\phi}{n_1\cos\theta + n_2\cos\phi} \\ r_{\mathrm{p}} = \dfrac{n_2\cos\theta - n_1\cos\phi}{n_2\cos\theta + n_1\cos\phi} \\ t_{\mathrm{s}} = \dfrac{2n_1\cos\theta}{n_1\cos\theta + n_2\cos\phi} \\ t_{\mathrm{p}} = \dfrac{2n_1\cos\theta}{n_2\cos\theta + n_1\cos\phi} \end{cases} \tag{15-38}$$

这被称为菲涅耳（Fresnel）公式。代入式（15-35），可以得到另一种形式的菲涅耳公式：

$$\begin{cases} r_{\mathrm{s}} = -\dfrac{\sin(\theta-\phi)}{\sin(\theta+\phi)} \\ r_{\mathrm{p}} = -\dfrac{\tan(\theta-\phi)}{\tan(\theta+\phi)} \\ t_{\mathrm{s}} = \dfrac{2\cos\theta\sin\phi}{\sin(\theta+\phi)} \\ t_{\mathrm{p}} = \dfrac{2\cos\theta\sin\phi}{\sin(\theta+\phi)\cos(\theta-\phi)} \end{cases} \tag{15-39}$$

通常我们更关注光的透射率（T）与反射率（R）。对于反射光，其所处介质与入射光相同，且反射角与入射角相同，因此对于s偏振光与p偏振光，其反射率可以写为

$$\begin{cases} R_{\mathrm{s}} = |r_{\mathrm{s}}|^2 \\ R_{\mathrm{p}} = |r_{\mathrm{p}}|^2 \end{cases} \tag{15-40}$$

然而，对于透射光，其所处介质的折射率可能与入射光的不同，其折射角也可能与入射角

不等，因而其光束横截面积也可能不同。对于s偏振光与p偏振光，其透射率需要矫正为

$$\begin{cases} T_s = \dfrac{n_2 \cos\phi}{n_1 \cos\theta} |t_s|^2 \\ T_p = \dfrac{n_2 \cos\phi}{n_1 \cos\theta} |t_p|^2 \end{cases} \tag{15-41}$$

假设一束光由低折射率材料入射至高折射率材料中，例如光由空气入射至玻璃中（$n_1 = 1$，$n_2 = 1.5$），由菲涅耳公式计算的透（反）射系数和透（反）射率随入射角度的关系曲线如图15-5（a）所示。可以看出，当入射角为布儒斯特（Brewster）角时，即

$$\theta_B = \arctan \frac{n_2}{n_1} \tag{15-42}$$

p偏振光的反射系数为零，这意味着反射光为s偏振，此时反射光与折射光的波矢垂直。布儒斯特角原理通常用于光学起偏器，可以得到光束中某个方向的偏振分量。

假设一束光由高折射率材料入射到低折射率材料中，例如光由玻璃入射到空气中（$n_1 = 1.5$，$n_2 = 1$），由菲涅耳公式计算的透（反）射系数和透（反）射率与入射角度的关系曲线如图15-5（b）所示。临界角度为

$$\theta_C = \arcsin \frac{n_2}{n_1} \tag{15-43}$$

可以看出，当入射角大于临界角度时，s偏振和p偏振的反射系数均为1，这种现象被称为全内反射。全内反射常见的应用包括光纤通信和反射棱镜等。当入射角大于 θ_C 时，t_s 和 t_p 的模不为零，但 T_s 和 T_p 为零，此时透射的电场为倏逝波。

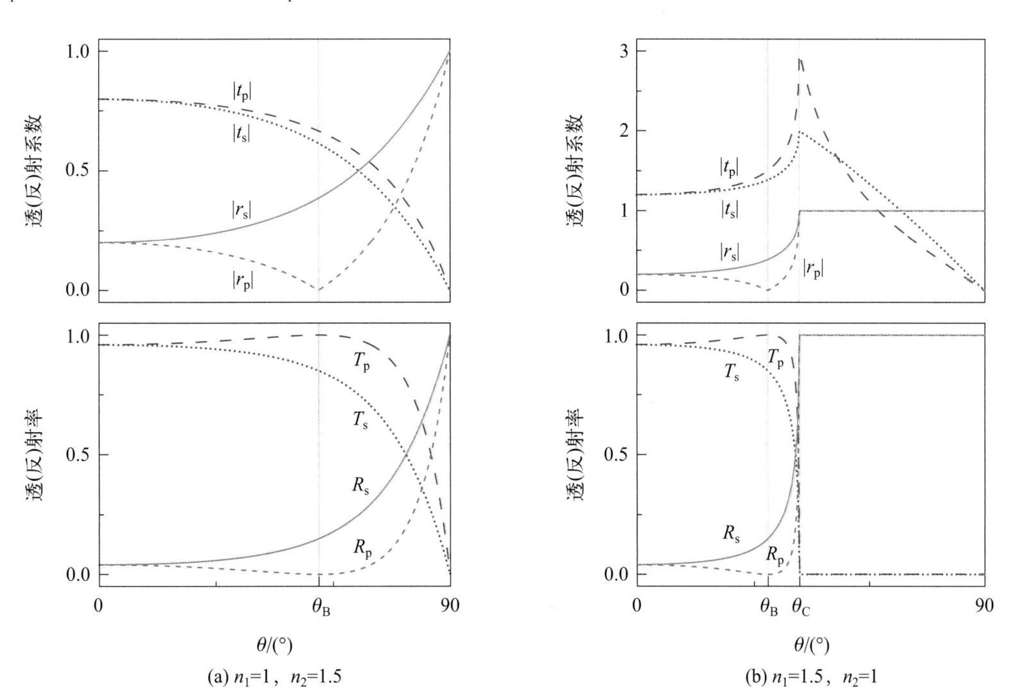

图15-5 菲涅耳透（反）射系数和透（反）射率

随着电磁场理论和人工超构材料的发展，人们可以在材料的界面处制备光学超构材料，引入相位梯度 $d\Phi/dx$，从而改变反射光和折射光的方向。对于这种情况，反射定律和斯涅耳定律可以改写为如下的广义形式：

$$\begin{cases} \sin\theta' - \sin\theta = \dfrac{\lambda}{2\pi n_1} \times \dfrac{d\Phi}{dx} \\ n_2 \sin\phi - n_1 \sin\theta = \dfrac{\lambda}{2\pi} \times \dfrac{d\Phi}{dx} \end{cases} \tag{15-44}$$

基于该原理可以设计超构表面的相位梯度，从而对光的折射和反射角度进行调控。目前这一领域的主要应用包括超构透镜、全息成像、波前调控等。

15.3.2 光在薄膜材料中的传播

通过制备多层薄膜材料，可以实现一种常规材料无法实现的光学性能，例如减反射膜、高反射镜等。光在两种材料的界面处的反射与折射可由菲涅耳公式描述。当存在多个界面时，反射光也会有部分进一步发生透射和反射，最终的结果是多次反射与透射的光波的干涉叠加，如图15-6所示。为了计算多层薄膜中光的传播特性，可以建立电场在薄膜界面和内部传播的传输方程，进而构建传输矩阵，求解电场在多层薄膜中的传输特性。

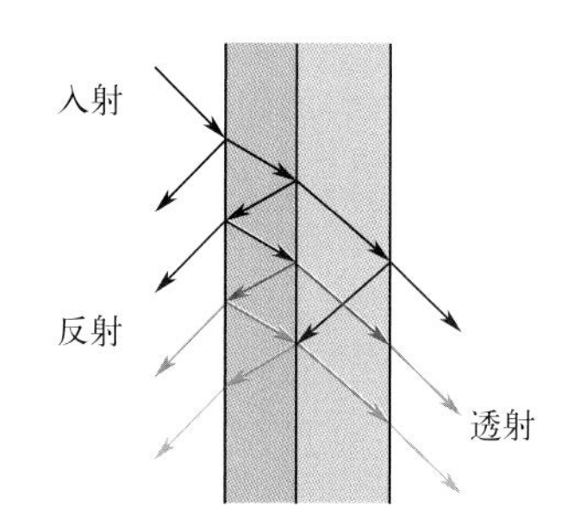

图15-6 多层膜中光的传播

传输矩阵方法的构建是基于麦克斯韦方程，考虑电磁波在薄膜界面处的边值关系，以及电磁波在一层薄膜内的传播特性，构建一系列传输矩阵。多层膜的整体传输矩阵可以表述为各个矩阵的乘积。如果入射光的电场已知，则可以基于传输矩阵求解反射光与透射光的电场。下面详细介绍传输矩阵的应用方法。

假设膜系左侧为半无限大透明环境，折射率为 n_0；膜系由 m 层膜组成，其折射率分别为 $n_1, n_2, \cdots, n_m$；膜系右侧为半无限大透明环境，折射率为 n_{m+1}。光从膜系左侧入射，系统中每一点的电场都可以分解为两个分量，分别为正向传播的电场 E^+ 和反向传播的电场 E^-，如图15-7所示。

考虑第 j 层和 $k = j+1$ 层的界面处，电场满足

$$\begin{cases} t_{jk} E_j^+ + r_{kj} E_k^- = E_k^+ \\ t_{kj} E_k^- + r_{jk} E_j^+ = E_j^- \end{cases} \tag{15-45}$$

式中，E_j^+ 和 E_j^- 分别代表 j 层右边界处的正向传播和反向传播的电场；E_k^+ 和 E_k^- 分别为 k 层左边界处的正向传播和反向传播的电场；t_{jk} 和 r_{jk} 分别为电场从 j 层右边界入射 k 层左边界的透射系数和反射系数；t_{kj} 和 r_{kj} 分别为电场从 k 层左边界入射 j 层右边界的透射系数和反射系数。其中，电场的透射系数和反射系数可以根据偏振由菲涅耳公式确定。由斯托克斯倒易关系 $r_{jk} = -r_{kj}$ 和 $r_{jk}^2 + t_{jk} t_{kj} = 1$，式（15-45）可以化简为

$$\begin{cases} t_{jk} E_j^+ = E_k^+ + r_{jk} E_k^- \\ t_{jk} E_j^- = r_{jk} E_k^+ + E_k^- \end{cases} \tag{15-46}$$

则上式可以写为矩阵形式：

$$\begin{bmatrix} E_j^+ \\ E_j^- \end{bmatrix} = \frac{1}{t_{jk}} \begin{bmatrix} 1 & r_{jk} \\ r_{jk} & 1 \end{bmatrix} \begin{bmatrix} E_k^+ \\ E_k^- \end{bmatrix} \tag{15-47}$$

定义 $\boldsymbol{I}_{jk}$ 为 j 层和 k 层之间的界面矩阵，即

$$\boldsymbol{I}_{jk} = \frac{1}{t_{jk}} \begin{bmatrix} 1 & r_{jk} \\ r_{jk} & 1 \end{bmatrix} \tag{15-48}$$

对于第 j 层内的电场从左到右的传播过程，可得到

$$\begin{bmatrix} E_j^{+'} \\ E_j^{-'} \end{bmatrix} = \begin{bmatrix} \exp\left[-\mathrm{i}\frac{2\pi}{\lambda} n_j \cos(\theta_j) d_j\right] & 0 \\ 0 & \exp\left[\mathrm{i}\frac{2\pi}{\lambda} n_j \cos(\theta_j) d_j\right] \end{bmatrix} \begin{bmatrix} E_j^+ \\ E_j^- \end{bmatrix} \tag{15-49}$$

式中，θ_j 为光在 j 层中的折射角；d_j 为第 j 层薄膜的厚度。

可定义 $\boldsymbol{L}_j$ 为 j 层中的传输矩阵，即

$$\boldsymbol{L}_j = \begin{bmatrix} \exp\left[-\mathrm{i}\frac{2\pi}{\lambda} n_j \cos(\theta_j) d_j\right] & 0 \\ 0 & \exp\left[\mathrm{i}\frac{2\pi}{\lambda} n_j \cos(\theta_j) d_j\right] \end{bmatrix} \tag{15-50}$$

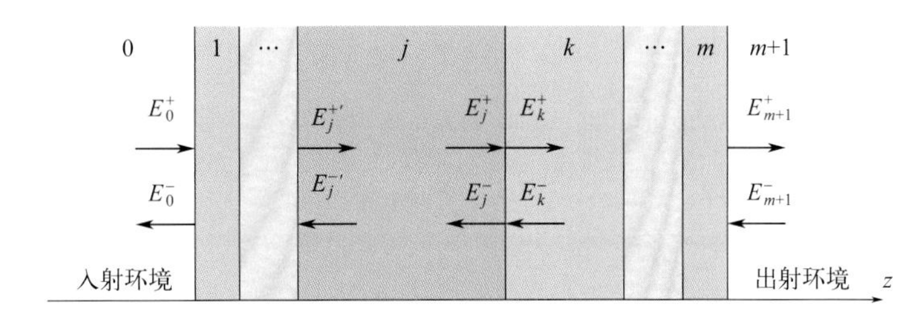

图 15-7　薄膜传输矩阵

对于整个膜系，其整体传输矩阵为

$$\boldsymbol{S} = \begin{bmatrix} S_{11} & S_{12} \\ S_{21} & S_{22} \end{bmatrix} = \boldsymbol{I}_{01}\boldsymbol{L}_1\boldsymbol{I}_{12}\cdots\boldsymbol{I}_{(m-1)m}\boldsymbol{L}_m\boldsymbol{I}_{m(m+1)} \tag{15-51}$$

则膜系的总传输过程可以写为

$$\begin{bmatrix} E_0^+ \\ E_0^- \end{bmatrix} = \begin{bmatrix} S_{11} & S_{12} \\ S_{21} & S_{22} \end{bmatrix} \begin{bmatrix} E_{m+1}^+ \\ E_{m+1}^- \end{bmatrix} \tag{15-52}$$

对于出射端，无反向传播的电场，即

$$E_{m+1}^- = 0 \tag{15-53}$$

则膜系的透射系数和反射系数为

$$\begin{cases} r = \dfrac{E_0^-}{E_0^+} = \dfrac{S_{21}}{S_{11}} \\ t = \dfrac{E_{m+1}^+}{E_0^+} = \dfrac{1}{S_{11}} \end{cases} \tag{15-54}$$

膜系的透射率 T、反射率 R 和吸收率 A 分别为

$$\begin{cases} T = \dfrac{n_{m+1}\cos\left(\theta_{m+1}\right)}{n_0\cos\left(\theta_0\right)}\left|t\right|^2 \\ R = \left|r\right|^2 \\ A = 1 - T - R \end{cases} \tag{15-55}$$

15.3.3 材料折射率的测量

折射率决定了材料的光学响应，测量材料的折射率是光学材料应用的基础。传统的折射率表征主要通过测量光在材料中的折射角或者全内反射临界角获得。椭圆偏振光谱仪（椭偏仪）是一种用于测量薄膜复折射率的仪器，它可以一次性测量一层或多层薄膜的厚度与宽光谱范围内的复折射率，在材料科学研究中具有广泛的应用。椭偏仪测量折射率的鲁棒性高，受周围环境干扰小，无须参考测量，并且是一种非接触式测量方法。目前，一些先进的椭偏仪可以在材料制备过程中实现原位测量，也可以实现微区测量或成像测量。

椭偏仪通常由光源、起偏器、补偿器（可选）、样品台、检偏器、探测器等组成，如图15-8所示。光源发出的光由起偏器转化为所需的偏振光入射至样品表面，经样品反射后经过检偏器，然后被探测器探测。

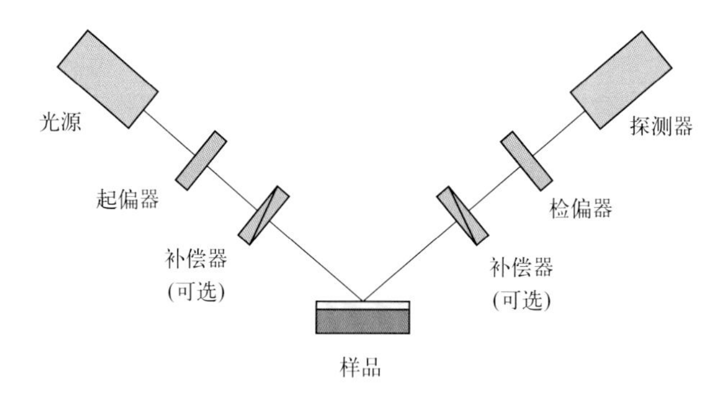

图15-8　椭偏仪的结构

椭偏仪通常测量膜系的复反射系数 ρ 为：

$$\rho = \frac{r_\mathrm{p}}{r_\mathrm{s}} = (\tan\psi)\exp\left(\mathrm{i}\Delta\right) \tag{15-56}$$

式中，r_p 和 r_s 为膜系对p偏振光和s偏振光的电场反射系数；$\tan\psi$ 为p偏振和s偏振反射光电强的振幅比；Δ 为相位差。椭偏仪测量折射率是一种间接测量方法，通常需要建立膜系的模型，该模型包括样品中每种材料的折射率模型和每层薄膜的厚度，然后进行拟合，得到每种材料的折射率模型参数和厚度，进而得出材料的折射率。

15.4 光在各向异性材料中的传播

15.4.1 双折射

当我们透过方解石晶体观察其后的物体时，会发现有双重影像。这说明光在晶体内分为两束光，这种现象被称为双折射。当一束自然光由空气垂直入射至方解石晶体时，在晶体内光将分为两束折射光，如图15-9所示。根据斯涅耳定律，正入射时光不应产生偏折。上述两束光中的一束确实无偏折，被称为寻常（ordinary）光（o光），但另一束却偏离了原来的方向，被称为非常（extraordinary）光（e光），显然违背了斯涅耳定律。

晶体中存在一个特殊的方向，沿该方向传播的光不发生双折射，该方向被称为晶体的光轴。只有一个光轴的晶体被称为单轴晶体。三方晶系、四方晶系和六方晶系均属于单轴晶体，如石英、方解石、红宝石、蓝宝石、冰、金红石等。有两个光轴的晶体被称为双轴晶体，如云母、正方铅矿、硫黄、石膏等。本节只讨论单轴晶体。光轴与晶体内的光线组成的平面被称为主平面，o光和e光有各自的主平面，o光的电矢量的振动方向与主平面垂直，e光的电矢量的振动方向在主平面内。o光和e光各自对应的折射率为n_o和n_e，决定了它们在晶体中的光速。单轴晶体分为两类：一类为正单轴晶体，如石英，其$n_o < n_e$；另一类为负单轴晶体，如方解石，其$n_o > n_e$。

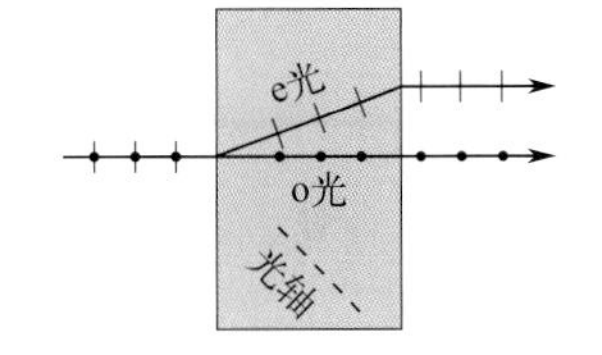

图15-9 晶体的双折射现象

光学晶体的一类应用是制作偏振分束器。因为o光和e光都是线偏振光，利用它们折射角度的不同可以将它们分开。利用双折射晶体制作的偏振器件种类很多，图15-10中列举了几种常见的偏振分光棱镜。

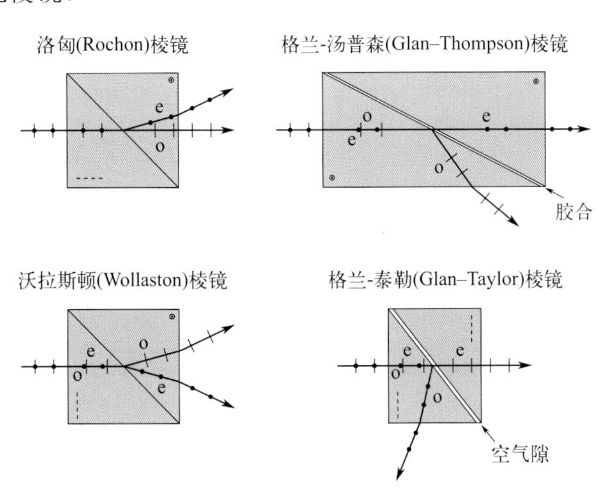

图15-10 常见的偏振分光棱镜

光学晶体的另一类应用是制作光学波片。光学波片通常是从单轴晶体上切割下的一块平板晶体，其光轴与表面平行。当一束光垂直入射时，o光和e光的传播方向不变，但它们各自的折射率n_o和n_e不同，因而在传播过程中产生不同的相位延迟，从而改变偏振态。它们的光程差可以写为

15

$$\delta = |n_o - n_e| d \tag{15-57}$$

式中，d为波片厚度。对于负晶体，$n_o > n_e$，e光光速大于o光光速，e光相位超前；对于正晶体，$n_o < n_e$，o光光速大于e光光速，o光相位超前。当光的偏振方向平行于晶体的快轴方向时，光传播较快。

对于波长为λ的光，如果选择适当的波片厚度，使得光程差除以λ的余数为$\lambda/2$，即

$$\delta = |n_o - n_e| d = (2K+1)\frac{\lambda}{2}, \quad K = 0,1,2,\cdots \tag{15-58}$$

则此波片被称为半波片（1/2波片）。一束线偏振光经过半波片后仍为线偏振光。若光轴方向相对于入射光的偏振方向转过θ角，则出射光的偏振方向相对于入射光的偏振方向转过2θ角。

对于波长为λ的光，如果选择适当的波片厚度，使光程差除以$\lambda/2$的余数为$\lambda/4$，即

$$\delta = |n_o - n_e| d = (2K+1)\frac{\lambda}{4}, \quad K = 0,1,2,\cdots \tag{15-59}$$

则此波片被称为四分之一波片（1/4波片）。一束线偏振光入射到1/4波片，如果波片的快轴方向相对于光的偏振方向转过$\theta = \pm 45°$，则o光与e光出射后相位差为$\pm\pi/2$，因此出射光为左旋或右旋圆偏振光。如果$\theta = 0°$或$90°$，出射的光为线偏振光，且偏振方向与入射光相同。如果θ为其他角度，则出射光将为椭圆偏振光。

生活中最常见的光学双折射材料是液晶。液晶可以像液体一样流动，其分子具有可控的取向。在液晶显示器的每个像素中，液晶处于两个透明电极之间，通过透明电极施加的电场会使液晶的分子排布结构发生变化，从而改变液晶的双折射特性，使穿过液晶的光的偏振方向改变。将液晶与电极置于两个偏振方向相互垂直的偏振片之间，改变施加在电极上的电压，即可对透射光的光强进行调控。

各向同性的固体材料不表现出双折射，但当它们受到机械应力时，就会产生双折射。除了外加应力导致的双折射，许多塑料在制造过程中由于模具或挤出时存在的机械力而保持永久应力，从而获得永久的双折射。将这样的物品放置在两个偏振方向相互垂直的偏振器之间时，可以观察到彩虹状图案。因为偏振光穿过双折射材料后，偏振方向会发生旋转，并且旋转的量取决于波长，因此应力越大的地方彩色条纹越密，这种现象可以被用于分析材料中的应力分布。此外，许多生物组织也具有双折射，如视网膜、皮肤中的胶原蛋白、关节中导致痛风的尿酸钠晶体等。通常可以使用偏光显微镜观察这些具有双折射的生物组织。

15.4.2 琼斯矩阵

琼斯（Jones）矢量和矩阵可分别用于描述光的偏振态以及偏振器的光学响应。该方法形式简洁，便于快速地计算由多个偏振器件组成的复杂光学系统的整体光学性质。

假设单色波沿z轴传播，用E_x和E_y表示电场的x和y偏振分量的复振幅，则琼斯矢量可以写为

$$\boldsymbol{E}=\begin{bmatrix}E_x\\E_y\end{bmatrix} \tag{15-60}$$

该光束的光强为

$$I=\left|E_x\right|^2+\left|E_y\right|^2 \tag{15-61}$$

对于偏振方向与x轴夹角为α的线偏振光，其归一化琼斯矢量为$\boldsymbol{E}=\begin{bmatrix}\cos\alpha\\\sin\alpha\end{bmatrix}$。对于左旋圆偏振光，电场的$y$偏振分量的相位超前$\pi/4$，其归一化琼斯矢量为$\boldsymbol{E}_{\mathrm{L}}=\dfrac{1}{\sqrt{2}}\begin{bmatrix}1\\\mathrm{i}\end{bmatrix}$。对于右旋圆偏振光，电场的$y$偏振分量的相位滞后$\pi/4$，其归一化琼斯矢量为$\boldsymbol{E}_{\mathrm{R}}=\dfrac{1}{\sqrt{2}}\begin{bmatrix}1\\-\mathrm{i}\end{bmatrix}$。

光学元件中光的偏振态的变换是电场各偏振复振幅的线性变换，因此可以用一个2×2的矩阵表示光学元件中光的偏振态的变换性质，该矩阵被称为琼斯矩阵：

$$\boldsymbol{J}=\begin{bmatrix}J_{11}&J_{12}\\J_{21}&J_{22}\end{bmatrix} \tag{15-62}$$

设入射光的琼斯矢量为$\boldsymbol{E}=\begin{bmatrix}E_x\\E_y\end{bmatrix}$，出射光的琼斯矢量为$\boldsymbol{E}'=\begin{bmatrix}E_x'\\E_y'\end{bmatrix}$，则这个变换过程可以写为$\boldsymbol{E}'=\boldsymbol{JE}$，即

$$\begin{bmatrix}E_x'\\E_y'\end{bmatrix}=\begin{bmatrix}J_{11}&J_{12}\\J_{21}&J_{22}\end{bmatrix}\begin{bmatrix}E_x\\E_y\end{bmatrix} \tag{15-63}$$

如果光依次通过N个光学元件组成的光学系统，各个光学元件的琼斯矩阵分别为$\boldsymbol{J}_1$，$\boldsymbol{J}_2,\cdots,\boldsymbol{J}_N$，则该系统的整体琼斯矩阵为

$$\boldsymbol{J}=\boldsymbol{J}_N\cdots\boldsymbol{J}_2\boldsymbol{J}_1 \tag{15-64}$$

对应的出射光的琼斯矢量为

$$\boldsymbol{E}'=\boldsymbol{JE}=\boldsymbol{J}_N\cdots\boldsymbol{J}_2\boldsymbol{J}_1\boldsymbol{E} \tag{15-65}$$

对于偏振方向与x轴夹角为α的偏振片，琼斯矩阵为$\begin{bmatrix}\cos^2\alpha&\cos\alpha\sin\alpha\\\cos\alpha\sin\alpha&\sin^2\alpha\end{bmatrix}$。对于半波片，若其快轴方向沿$x$轴或$y$轴，则琼斯矩阵为$\begin{bmatrix}1&0\\0&-1\end{bmatrix}$；若其快轴方向与$x$轴成$\pm45°$角，则琼斯矩阵为$\begin{bmatrix}0&1\\1&0\end{bmatrix}$。对于四分之一波片，若其快轴方向沿$x$轴，则琼斯矩阵为$\begin{bmatrix}1&0\\0&\mathrm{i}\end{bmatrix}$；若其快轴方向沿$y$轴，则琼斯矩阵为$\begin{bmatrix}1&0\\0&-\mathrm{i}\end{bmatrix}$；若其快轴方向与$x$轴成$\pm45°$角，则琼斯矩阵为$\dfrac{1}{\sqrt{2}}\begin{bmatrix}1&\pm\mathrm{i}\\\pm\mathrm{i}&1\end{bmatrix}$。

习题

1. 一束波长为600nm的光从真空（折射率为1）入射至折射率为1.5的玻璃，求光在玻璃内的频率、角频率、光速、波长和波矢的模。

2. 某种金属具有非常好的导电性，它的自由电子浓度为$N=5.91\times10^{22}\text{cm}^{-3}$，计算其电子的等离子体频率$\omega_p$对应的波长。（已知电子质量$m_e\approx9.10938356\times10^{-31}\text{kg}$，真空介电常数$\varepsilon_0\approx8.854187817\times10^{-12}\text{F/m}$，元电荷$e\approx1.602176620\times10^{-19}\text{C}$，真空中的光速$c=299792458\text{m/s}$。）

3. ITO是一种常用的透明导电材料。在某种制备工艺条件下，它在近红外波段的Drude模型参数为：$\varepsilon_\infty=3.95$，$\omega_p=2.02\text{eV}$，$\gamma=0.12\text{eV}$。

① 使用Drude模型计算其在1000nm波长处的介电常数和折射率。

② ITO在某个波长处，介电常数的实部为零，计算该波长以及该波长处的介电常数和复折射率。（已知普朗克常量$h\approx6.626070040\times10^{-34}\text{J}\cdot\text{s}$，元电荷$e\approx1.602176620\times10^{-19}\text{C}$，真空中的光速$c=299792458\text{m/s}$。）

4. 一束光由空气（折射率$n_1=1$）以布儒斯特角入射至玻璃（折射率$n_2=1.5$），计算折射角，以及s偏振光和p偏振光的反射率和透射率。

5. 一束光从水（折射率$n_1=1.33$）入射至空气（折射率$n_2=1$），计算其全内反射临界角。

6. 一束光以45°角入射至一个顶角为60°的三棱镜，这束光中包含532nm和633nm波长的成分。若该棱镜材料在532nm和633nm波长处的折射率分别为1.5195和1.5151，求这两个波长的光出射后的分离角。

7. 在光学元件上沉积一层低折射率的薄膜可以减小反射率，从而提升透射率。一束波长为$\lambda=600\text{nm}$的单色光从空气（折射率$n_0=1$）垂直入射至一块玻璃（折射率$n_2=1.5$），求光的反射率和透射率。若在玻璃上沉积一层厚度$d=120\text{nm}$的薄膜（折射率$n_1=1.25$），求光的反射率和透射率。

8. 使用椭偏仪测试一个半无限厚的Si片（折射率$n_2=3.5$）上厚为$d=100\text{nm}$的TiO_2薄膜（折射率$n_1=2.5$）。当波长为$\lambda=800\text{nm}$的单色光以入射角$\theta_0=45°$从空气（折射率$n_0=1$）斜入射到薄膜上时，使用传输矩阵计算ψ和Δ。

9. 石英晶体在633nm波长处的$n_o=1.5426$，$n_e=1.5516$。若使用石英晶体制作零级半波片（最薄的半波片，$K=0$），计算其厚度。

10. 一束竖直偏振的光，首先经过一个快轴方向为45°的半波片，再经过一个快轴方向为−45°的四分之一波片，使用琼斯矩阵计算最终出射光的偏振态。

第16章 生物相容性

医学上使用各种材料进行诊断、治疗、修复或替换病损组织、器官或增进其功能，这类材料被称为生物医用材料（详见第17章）。根据使用需求，生物医用材料需要具备特定的力学、物理和化学性质。鉴于这些材料在应用中会与生物组织和血液直接接触，其**生物安全性**，或称**生物相容性**，成了至关重要的考量因素。材料在应用于人体前必须通过研究证明其对人体无毒、无致癌风险、无遗传毒性、无致敏性等问题，同时材料本身的物理化学性质以及材料与生物体相互作用的方式也会影响材料的生物相容性。因此，通过了解生物材料与生物体作用的方式，按照生物相容性的要求才能设计并制造出符合医用安全条件的生物材料。

本章将首先介绍材料与生物体的相互作用。在此基础上，详细介绍生物相容性的概念、分类和影响因素。最后，简要介绍几种通常使用的评价方法。

16.1 材料与生物体的相互作用

植入体内的医用制品和人工器官都将与细胞、血管、血液以及其他组织直接接触。植入物表面或者其分解产物与细胞、血管、血液及其他组织等经过不同时间长度的接触后，除了材料本身与生物体发生物理相互作用外，同时会发生各种化学、生物学反应。图16-1中总结了材料与机体之间可能发生的相互作用及反应。这些相互作用不仅会影响材料的性能，还会对生物体的组织、血液以及免疫系统等产生急性或慢性影响。

植入材料在生物体内会引起一系列复杂的生物学反应，这些反应主要涉及免疫、组织和血液三个层面。对于聚合物材料而言，加工过程中残留的小分子物质是引起以上生物学反应的主要原因。随着植入时间的延长，加工过程中使用的引发剂、催化剂、单体、中间产物等逐渐释放出来。这些物质首先会对周围的组织、细胞产生直接影响。当它们进入血液循环系统后会分布到全身器官，从而诱发其他部位的炎性、毒性、过敏性、刺激性反应等。同时，渗出物与血液接触后，还可能引发血栓形成和凝血作用。这种凝血作用不仅可能影响局部的血液供应，还可能进一步加剧组织的炎症反应和损伤。

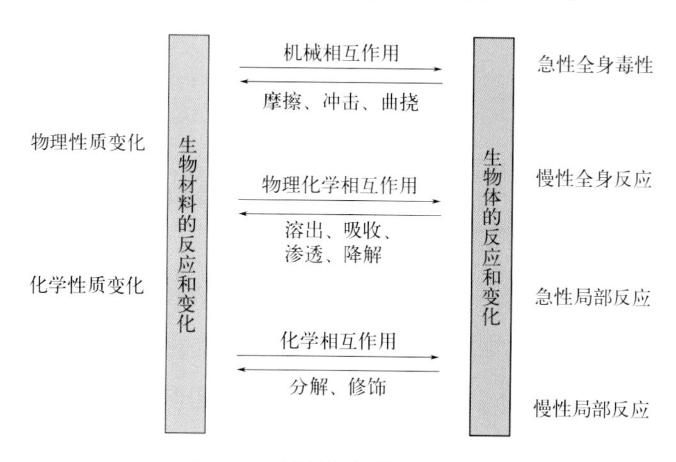

图16-1　材料与机体相互作用

16.1.1　材料与血液的相互作用

16.1.1.1　凝血反应

当植入材料或者人工器官材料表面与血液接触时，机体首先通过凝血等防御系统做出反应，发生凝血过程。凝血机制通常分为内源性凝血途径、外源性凝血途径和共同凝血途径。机体的凝血过程较为复杂，内源性凝血和外源性凝血过程相互联系，且有共同的凝血过程。在正常的生理条件下，凝血因子一般处于无活性的状态，但是当这些因子与植入材料接触时，它们可能被激活，从而触发凝血反应。

因此，对于需要与血液接触的植入材料或人造器官来说，其设计和制造过程中必须充分考虑与血液相互作用可能带来的后果，如蛋白吸附、血小板吸附、凝血反应、血细胞以及补体激活等。在临床应用中，植入材料的抗血栓性质、表面结构、患者的健康状况和药物治疗所影响的病人状态都会影响其与血液的反应。

16.1.1.2　材料的抗凝性

在血液净化系统中，与血液接触的器材往往会引发不同程度的血栓形成和血小板-纤维蛋白血栓栓塞。这一过程受到所使用的材料特性以及血液净化过程中流体力学特性的影响。当血液与材料表面接触时，首先发生蛋白吸附现象。这些蛋白质中，白蛋白和纤维连接素会引起血细胞黏附，而纤维蛋白原和纤维蛋白则会导致凝血和血栓的形成。球蛋白和免疫复合因子则可能引发炎症和免疫反应。随着时间的推移，这些吸附的蛋白质可能会发生变性。变性的蛋白质表面更容易吸引血小板和白细胞黏附，从而加剧了血栓的形成。这一系列的反应会激活凝血系统，导致凝血酶产生和纤维蛋白的形成。生物材料表面与血液的相互作用过程如图16-2所示，其过程首先是蛋白吸附，随后血小板被卷入，最终凝血酶被激活。

血流动力学的情况直接影响到血栓的形成部位、大小、结构等。在高流速的血液环境中，血小板更容易累积，但是在产生湍流的部位则会形成大块的血栓，严重时可能阻塞整个循环系统。因此，在选择血液净化膜及体外循环系统的材料时，应优先考虑具有优异抗

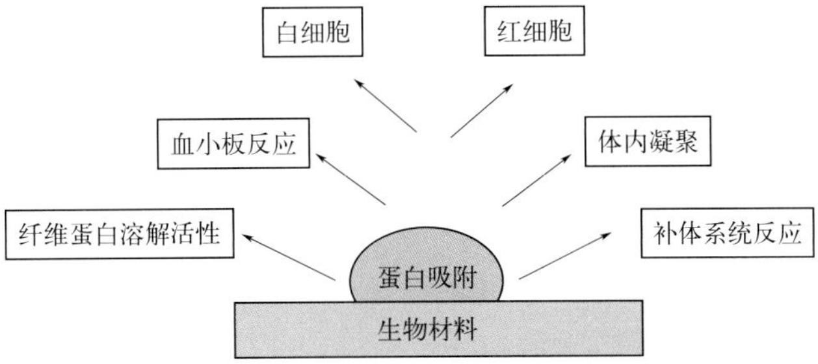

图16-2 生物材料表面与血液的作用

凝性能的材料。通常，亲水性材料由于吸附蛋白较少，其膜分离功能更稳定。尽管疏水材料抗凝性较好，但是由于其吸附蛋白较多，可能会导致膜分离功能下降和通透性衰减。同时对血液净化系统采取抗凝处理，如利用血浆白蛋白对系统进行预处理，使之钝化。

16.1.2 材料与蛋白质的相互作用

因血浆中含有大量的蛋白质，当材料与血液或体液接触时，首先与蛋白质反应，继而与血小板和其他血液有形成分反应。蛋白质之间会进一步发生置换反应，进而引发血液凝固、血小板吸附、血栓形成等不良现象。因此，材料表面的蛋白吸附情况、蛋白构象以及吸附稳定性（是否容易被其他生物分子取代）是决定植入材料或人造器官表面性能和稳定性的关键因素。蛋白层在材料表面形成后将导致医用材料表面和内环境发生进一步相互作用。

医用材料虽然处于相同的生物内环境，不同材料与内环境作用后有不同的生物反应，因此材料表面的蛋白吸附层差异较大。影响材料表面血浆蛋白吸附的因素主要包括材料的表面张力、表面化学成分、电荷、亲疏水性、表面粗糙度、微观结构，以及血浆中蛋白浓度和组成等。为减少血浆纤维蛋白原的吸附，可以在材料设计中提高其亲水性、设计负电性表面、增强抗血栓性能、制备微相分离结构，以及减小其表面自由能。在对材料表面进行化学修饰时，可以考虑引入磺酸基、羧基等生理条件下带负电的官能团以减少其对血浆蛋白的吸附。生物内环境中的多种因素，如温度、蛋白类型及含量、pH值、介质的流动性等，也会影响吸附到材料表面的蛋白层。

血浆蛋白在材料表面吸附的主要种类包括白蛋白、球蛋白、纤维结合蛋白和纤维蛋白原。当纤维结合蛋白、纤维蛋白原或者球蛋白在材料表面吸附时，血小板便可与这些蛋白质结合形成复合体，纤维蛋白原会包裹血液其他成分并转化为纤维蛋白，从而加速凝血过程，最终导致血栓形成。因此，通过分析材料表面纤维蛋白原的吸附情况可以判断该医用植入材料的抗凝血性。

植入材料的表面吸附白蛋白时，血小板不易与之作用，因而不会发生凝血过程。随着时间的延长，所吸附的白蛋白发生变性时，变性的白蛋白表面会吸附纤维蛋白原，从而导致凝血的发生。由于血浆中的纤维蛋白原浓度相较于球蛋白和白蛋白要高很多，且其对诸多材料表面的亲和力较高，因此纤维蛋白原在材料表面蛋白吸附和血栓形成方面的作用尤为重要。

蛋白质在材料表面的吸附是一个复杂的动态竞争过程。将两种或三种蛋白质与一种血浆蛋白混合研究其在植入材料表面的竞争吸附中发现，在一定浓度范围内，球蛋白、白蛋白和纤维蛋白原在植入材料表面的吸附均表现为等温式吸附，植入材料的表面性质和血浆蛋白的浓度共同决定了达到吸附平台的时间。

体内研究表明，植入材料表面的纤维蛋白原、白蛋白和球蛋白吸附也是动态过程。植入材料表面最初所吸附的蛋白质会逐渐被其他蛋白质取代，也可以和血液中的其他成分发生作用。材料表面的物理化学性质、动物的血液学和血流动力学特点等共同决定了在植入材料表面吸附蛋白的体量、种类、速度和动态过程。

对于纳米材料而言，表面形成的蛋白冠对纳米粒子的稳定性、血液循环时间、细胞摄取效率和靶向性都有明显的影响。吸附在纳米粒子表面的蛋白冠的变化过程遵循Vroman效应（图16-3）。与纳米粒子表面作用的蛋白质可分为两类：一类是与纳米粒子表面作用较弱的软蛋白，其结构受吸附过程的影响；另一类则是与纳米粒子作用较强的硬蛋白，其结构不受相互作用过程的影响。随着纳米粒子在生物环境中孵育时间的延长，软蛋白逐渐脱落，硬蛋白在纳米粒子表面的比例逐渐增多。

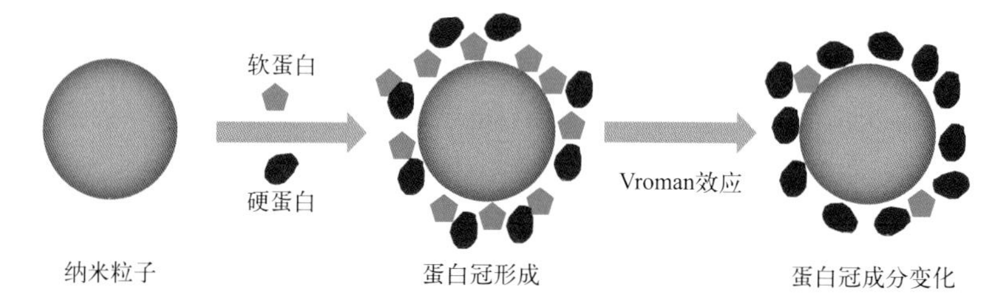

图16-3　蛋白冠的形成及Vroman效应

为了减少血液或者生物环境中纳米粒子表面的蛋白吸附，可以在其表面进行修饰阻碍蛋白质与纳米粒子的结合，对其进行保护。电中性亲水性强的纳米粒子可以结合到纳米粒子表面同时保证其在生物环境中的分散性（图16-4）。常用的修饰聚合物有：聚乙烯吡咯烷酮（PVP）、聚乙二醇（PEG）、壳聚糖、F-127等。

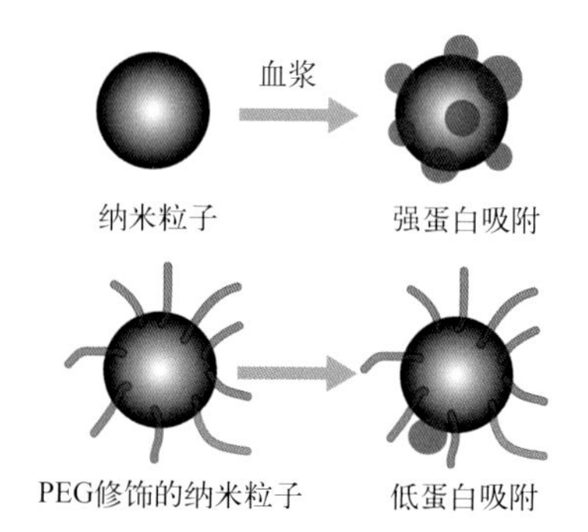

图16-4　聚乙二醇表面修饰的纳米粒子可以有效减少血浆中蛋白质的吸附

16.1.3　材料与细胞的相互作用

血细胞主要由红细胞、白细胞和血小板构成。如图16-5所示，在加入抗凝剂后，这些主要成分呈现分层分布的特点。其中，红细胞数量最多，但是就生物相容性而言，材料与血小板和白细胞的相互作用显得更为重要。这是因为血小板和白细胞在血栓形成、免疫反应等方面扮演着重要角色，它们与植入材料的相互作用可能直接影响材料的生物相容性和体内表现。

血细胞可随血液流动到达身体各个器官和组织。哺乳动物的血液中，血细胞主要含三种成分：①红细胞，主要功能为氧气输送；②白细胞，主要扮演了免疫的角色；③血小板，在止血过程中起着重要作用。

血细胞中对植入材料响应最为迅速的是白细胞。当血液与材料接触时，开始均会出现白细胞减少现象，这种白细胞减少与常见的白细胞减少症不同，是由和材料相互作用引起的。另外，成纤维细胞、上皮细胞和内皮细胞在材料表面的吸附、生长等也会引起一系列生理反应。

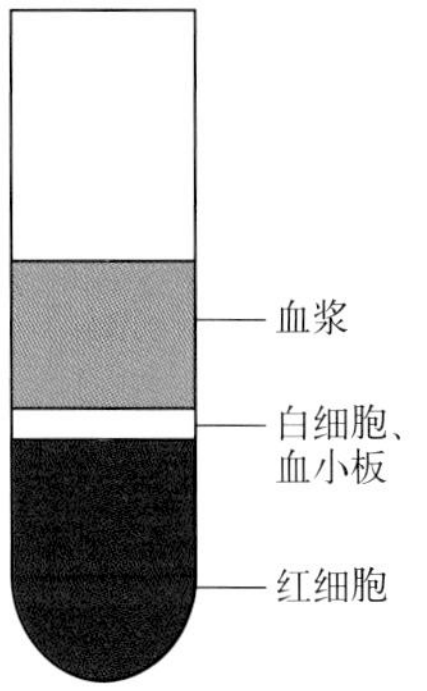

16.1.4　材料与组织的相互作用

当材料植入体内之后，除了引发全身毒性外，更多的是植入部位周围组织的局部反应。植入体内的材料会被免疫系统视为异物或抗原，从而产生一系列免疫防御反应，临床表现为过敏性反应特征，其实是由机体产生的体液免疫和细胞免疫反应，以及补体活化共同作用的结果。

血浆
白细胞、血小板
红细胞

图16-5　加入抗凝剂的全血各成分分布

16.1.4.1　材料与炎症

在临床应用中，植入材料引发炎症的主要原因是随着时间的推移，植入物发生分解，直接释放制备过程中残留的小分子物质。这种刺激所引起的炎症与外部细菌等病原体感染等无关，因此属于非感染性炎症，其特点是炎症症状轻，炎症反应时间短，通常两周左右症状基本消失。然而，如果制备过程中残留了毒性较大的小分子，则可能引起长期炎症。另一方面，感染性炎症是植入材料和医用装置植入体内的初期常见的并发症。这种炎症主要由操作过程中的感染、植入物灭菌不彻底或植入被二次污染的无菌材料引起。当发生感染性炎症时，植入材料周围的局部组织会出现脓肿、水肿、红肿、坏死等症状。随着时间的推移，炎症逐渐转变为慢性炎症，同时出现局部组织肉芽肿，严重者可能导致败血症。

16.1.4.2　材料与钙化

正常条件下，生物体内产生的病理性钙化分为营养不良性钙化和转移性钙化。以植入人工心脏的患者为例，血泵上的钙化一般是营养不良性钙化。由于其组织内的钙含量通常不会发生变化，而转移性钙化的特点是钙含量升高，因此血泵表面不会有转移性钙化产生。在实际应用中，几乎所有植入材料均可能在体内发生钙化。为防止钙化现象产生，人工心脏瓣膜可以用环氧乙烷处理。

16.1.4.3　材料与肿瘤形成

尽管临床上关于植入材料或人工器官直接导致肿瘤发生的案例较少，但是这仍然是医学界对于植入材料使用的主要担忧之一。在动物致癌实验研究中，已有不少报道指出某些医用材料可能导致肿瘤的发生。经过为期两年的植入材料动物实验验证，材料植入导致的常见肿瘤类型包括软骨肉瘤、纤维肉瘤、血管肉瘤和骨肉瘤等。与动物实验测试有所不同，超过75%的植入材料在植入人体15年内不会导致肿瘤发生。然而，仍有一些材料，如医用聚氨酯和硅氧烷，在植入30年后仍有可能增加肿瘤发生的风险。

植入材料植入体内经过长期或者短期相互作用后诱发肿瘤的因素可归结为如下几种。

（1）植入材料的外形

将不同外形的同种材料埋入大鼠皮下组织内，其肿瘤发生率存在显著差异。片状材料更容易诱发恶性肿瘤，而纤维状材料几乎不诱发。海绵状或者粉末状的材料植入动物体内后，恶性肿瘤的诱导发生率很低。

（2）埋植方法

相较于连续放置的片状植入材料，打孔放置的片状材料植入后，恶性肿瘤发生率显著降低。

（3）表面粗糙程度

相较于表面粗糙的植入材料，表面光滑的植入材料在植入体内后肿瘤发生潜伏期显著延长。

（4）致癌物质的释放

当植入材料因长期包埋，与生物组织相互作用发生老化，或在植入前被致癌物质污染时，则容易导致肿瘤发生。例如在对致癌物质3,4-苯并芘的研究中发现，被其污染的热塑性聚烯烃橡胶经过150天的大鼠皮下植入后可诱发恶性肿瘤。

（5）植入材料在体内形成的纤维包膜厚度

植入材料或者人造器官植入体内一年后，若材料外表面的纤维包膜厚度超过300μm，则可能导致肿瘤发生。

因此，为降低植入材料、人造器官及医用装置的潜在致癌性，生产过程中需要确保材料没有具致癌性、有毒、有刺激性的小分子物质残留或者溶出。此外，应合理设计植入物的外形和表面性质，以减少或避免引入致癌因素。对长期植入体内的植入材料和人造器官，应当首先进行评估，包括其致癌性、致畸性、急/慢性毒性，同时需要在分子水平上研究材料对基因组DNA、细胞染色体的影响。

材料史话16-1　生物材料的致癌性

生物材料的致癌性是研发和应用生物材料过程中所面临的一个重大潜在问题。哥伦比亚大学的科学家奥本海默曾经将聚合物材料植入啮齿动物体内，并且进行了大量针对啮齿动物肿瘤的研究。研究发现单体苯乙烯、甲基丙烯酸甲酯和六亚甲基二胺涂在皮肤上对啮齿类动物没有致癌作用。但是将玻璃纸、涤纶、聚乙烯、聚氯乙烯、硅橡胶、尼龙、聚甲基丙烯酸甲酯、聚苯乙烯、依沃珑、聚四氟乙烯、蚕丝等聚合物薄膜进行皮下埋植，可诱导小鼠恶性肿瘤，而且肿瘤是由纯聚合物和商业产品引起的，不是杂质存在的结果。因此他得出了这些材料导致啮齿类动物肿瘤发生和发展的结论。然而，后续肿瘤研究中并未能够重现文中所提到的这种聚合物材料在啮齿类动物中致癌的“奥本海默效应”。后人给出的解释为，在特定体积的生物材料中，材料的表面积增加导致包括巨噬细胞在内的异物反应增加，进而会导致肿瘤发生的可能性下降。这一结果为高表面积医疗器械，如纳米颗粒和组织工程支架材料的设计和制造提供了重要依据。

16.1.5　植入材料在生物体内的变化

16.1.5.1　引起植入材料变化的因素

由于人体复杂的内环境，植入材料在体内受到生命活动过程中的物理、化学、生物等多种因素的综合作用，很难保持原有的理化性质。生物体内引起植入材料发生变化的主要因素可分为以下几种：

① 生理活动中骨骼、关节、肌肉的运动；

② 生物体自身存在的电磁场、电解作用；

③ 生物体新陈代谢产生的化学反应；

④ 细胞黏附、免疫细胞吞噬作用；

⑤ 体液中存在的蛋白质、细胞因子、多肽、氨基酸、活性自由基的降解作用。

16.1.5.2　材料的劣化和降解

材料的劣化即性能变差。植入生物体内的医用材料及制品，在生物体内受到环境介质的作用，如与体液和血液接触，通过物理和化学作用受到破坏。如果承受应力作用，则性能降低现象更严重。

发展生物可降解和吸收的材料也是生物医用高分子材料的重要分支。在组织工程的研究中，一般要求材料可降解。天然材料存在性能重现和大批量生产都较为困难的问题，同时在体内水解过程中不能保持空间构型。将天然材料与人工合成的聚合物复合，得到的植入材料存在本体降解问题，会导致降解产物在组织局部积累，同时支架结构完整性会过早丧失，最终导致炎症反应。天然材料和无机材料之间复合制备的植入材料则存在降解性差，同时脆性大、润湿性较差的问题。因此将聚合物材料和无机金属材料交叉复合则可以在集成两种材料的优势的同时克服单种材料存在的问题。综上分析，在制备交叉复合材料时，可以打破天然生物材料与人工合成材料，无机生物材料与聚合物生物材料的界限，根据需求集合优势，制备多样的生物医用材料。此外，好的生物降解材料需要同时满足可降解性和生物相容性（图16-6）。

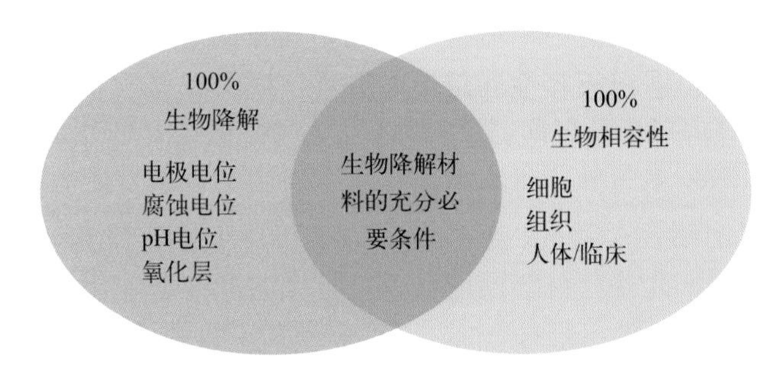

图16-6　判定生物可降解材料的充分必要条件：可降解性和生物相容性

16.2　生物相容性的分类

生物相容性是研究材料的生物应用时备受材料学家们关注的内容。它与生物安全性评价具有一致的指标，都是关注材料与生物体的相互作用，但是生物相容性的评价范围会更为广泛。**生物相容性**是指当材料处于生物体内动态变化的环境中，能够耐受生物体各系统作用而保持相对稳定、不被排斥和破坏的生物学特性。

按照植入材料接触人体部位不同，可将材料的生物相容性分为组织相容性和血液相容性。组织相容性关注的是材料与周围组织的相互作用和反应，而血液相容性则主要评估材料对血液成分的影响。

表16-1列出了植入材料的生物相容性的分类和要求。从广义上讲，植入体内的各种医用材料和装置都首先要求具有优良的组织相容性。例如，人工皮肤用于烧伤切痂后创面的覆盖和整形，人工骨、关节、肌腱用于骨骼系统损伤和功能的修复，人工胰脏和人工肝细胞能部分替代胰岛细胞对血糖的调节功能和对肝脏的解毒作用，所有植入材料都将遇到组织相容性问题。此外，有的植入材料除与组织接触以外还与血液循环系统直接接触，例如人工心脏及其瓣膜、人工血管及血管支架等。因此，植入材料的组织相容性和血液相容性在其应用中有着重要的地位。

表16-1　生物相容性的分类和要求

组织相容性	血液相容性
细胞黏附性 无抑制细胞生长性 细胞激活性 抗细胞原生质转化性 抗炎症性 无抗原性 无诱变性 无致癌性 无致畸性	抗血小板血栓形成 抗凝血性 抗溶血性 抗白细胞减少性 抗补体系统亢进性 抗血浆蛋白吸附性 抗细胞因子吸附性

16.2.1 组织相容性

对于与心血管系统外的组织和器官接触的植入材料，主要考察其与组织的相互作用。在植入材料与组织器官接触过程中，材料本身应当具有抵抗组织侵蚀的能力，同时也不应对组织造成损伤和破坏。**组织相容性**就是指人造器官或组织移植后，供受体之间相互接纳的程度，若不相容就会出现排斥反应。

为了确保良好的组织相容性，材料需满足以下要求：首先有较好的细胞黏附能力，以促进细胞与材料的紧密结合；其次，材料不应抑制细胞的正常生长，甚至能够激活细胞，促进组织的再生与修复；此外，材料还应具备抵抗细胞原生质转化的能力，预防炎症的发生；最后，材料必须无抗原性、无诱变性、无致癌性和无致畸性等。

16.2.2 血液相容性

当材料接触血液后，会与血液中的蛋白质、细胞产生相互作用，对各种凝血因子、免疫系统和补体系统也会产生深远影响。根据国际标准化组织ISO 10993的定义，**血液相容性**是指血液与外源性物质或材料接触时，产生合乎要求的反应。材料与血液直接接触时，与血液相互作用不引起凝血或者血栓、不损伤血液成分和功能。在生物材料的研究中，一般具体指材料与血液各成分之间的相容性，确保与血细胞、血浆生物分子、无机盐等的相互作用不会对材料的性能产生影响，同时也不会引起相应血液指标的变化。

植入材料的组织相容性已经得到了较为深入的研究，相关反应相对成熟，并且对于这些反应的检测方法和机理解释也相对清晰。然而，在血液相容性方面，植入材料所引发的反应机理则更为复杂，目前尚存在许多不明确之处。因此，关于血液相容性的实验方法也尚未形成统一的标准。

值得注意的是，血液相容性的内涵随着医学技术的进步而不断扩展。最初，它主要关注材料表面的抗凝性。随着人工肾和血液净化治疗的发展，特别是血液透析过程中出现的“首次使用综合征”，人们对生物材料的血液相容性有了更深入的理解。现在，血液相容性还扩展到对机体免疫系统的影响及其临床后果等方面。

16.3 影响材料生物相容性的因素

16.3.1 材料结构对组织相容性的影响

材料组织相容性主要取决于其化学稳定性和结构稳定性。以聚合物材料为例，当它们的分子量越大、分子量分布越窄（即均一性越好）或者交联程度越高时，材料组织相容性相对越好。此外，聚合物材料的表面粗糙程度和形状也对其生物相容性产生显著的影响。

16.3.2 材料表面特性对血液相容性的影响

当材料表面与生物体接触时，其初级反应依赖于生物材料表面的性能，包括表面粗糙度、表面电荷、亲疏水性、表面张力等。表面越粗糙的材料与血液的接触面积越大。亲水性强的材料较疏水性的材料更有利于细胞的生长和附着。因此生物材料的表面性质在决定材料的生物相容性中起着至关重要的作用。

人们利用血液相容性与材料表面亲水性之间的关系，开发了许多以水填充的基于高分子的三维网络结构——水凝胶材料。尽管水凝胶材料具有良好的亲水性和血液相容性，但是其机械性能较差。因此，可以通过化学或者物理的方法将其接枝到机械性能较好的材料表面。这样，在保持原有机械性能的同时，可以添加具有凝血作用的表面层，从而提高材料的生物相容性。此外，水凝胶材料的表面电荷种类可以通过控制高分子官能团的种类进行调控。例如，表面带负电荷的水凝胶材料，会引起非特异性的蛋白吸附于其表面，形成钝化层。这层钝化层的存在有利于减小血液毒性，从而进一步提高材料的生物相容性。

16.4 生物相容性的评价

生物医用材料及用其制作的各种用于人体的植入物的生物相容性和质量直接关系到患者的生命安全，因此国家对这类产品实行注册审批制度。在研究和生产生物医用材料和医疗器械的过程中，都必须通过生物学评价。

从广义上讲，生物医用材料的安全性评价涵盖了物理性能、化学性能、生物学性能及临床应用等四方面。目前我国、国际标准组织和欧美以及日本实行的安全性评价标准主要是指生物学评价。对于接触人体或植入体内的医疗器械或者人造器官，其化学性能直接影响人体安全性。例如，在形成聚丙烯酰胺水凝胶的反应中（图16-7），残留的丙烯酰胺单体以及医用聚氯乙烯中残留的氯乙烯单体都必须控制在一定量以下（< 0.0001%），才能保证材料植入体内后是无毒的。然而，对于聚合物合成中无法去除的金属、单体、添加剂等成分，其生物安全性往往难以直接确定和控制，则需要通过生物学评价实验来评估这些成分对生物体的潜在影响。因此，从这个意义上讲，植入材料及医疗器械的安全性评价就是指生物相容性评价。

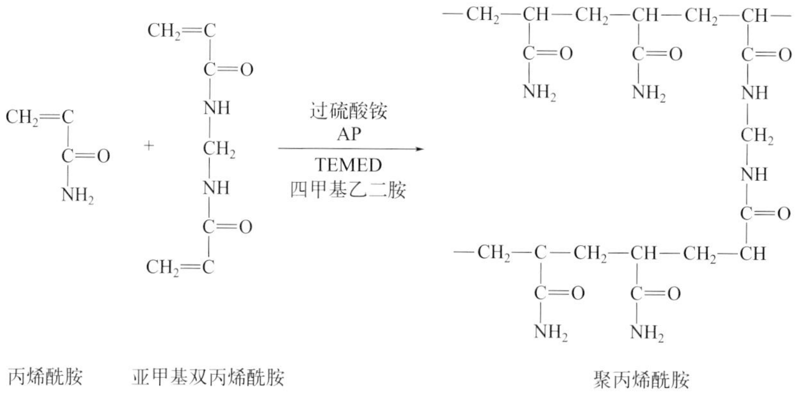

丙烯酰胺 + 亚甲基双丙烯酰胺 —(过硫酸铵 AP / TEMED 四甲基乙二胺)→ 聚丙烯酰胺

图16-7　聚丙烯酰胺水凝胶制备的反应机理

16.4.1　生物相容性的评价标准

生物材料的生物学评价标准在国际上已基本统一，遵循国际标准化组织提出的ISO 10993标准。然而，各国在实际应用中仍保留了各自的标准，如美国ASTM F748-82标准，美国、加拿大和英国等制订的《生物材料和医疗器械生物学评价指南》，中国也有GB/T 16886系列标准。

16.4.2　生物相容性的评价方法

目前，对生物材料生物相容性的评价主要包括血液相容性评价和组织相容性评价两方面的内容。血液相容性评价反映材料与血液之间相互适应的程度，组织相容性评价反映材料与除血液之外其他组织的相互适应的程度。目前，临床研究和实验室研究中使用的生物相容性评价方法主要包括以下几种。

（1）细胞毒性实验

采用体外细胞培养的方法，将材料直接暴露于细胞或者将材料经过浸提后测试其对细胞的毒性或者生长活力的影响。这是目前检测材料生物相容性的诸多方法中一种重复性高、快速且经济的方法，几乎所有的生物医用材料都必须通过此实验来评估其细胞毒性。细

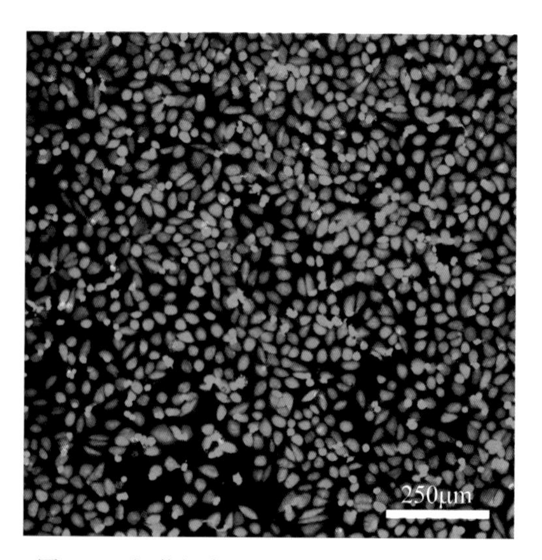

图16-8　钙黄绿素-碘化丙啶双荧光法对纳米材料处理过的细胞进行染色的荧光显微组织
（绿色为钙黄绿素标记的活细胞，红色为碘化丙啶标记的死细胞）

胞毒性实验的适用性已经得到广泛认可，具体检测方法包括流式细胞术、琼脂覆盖法、同位素标记法、细胞活力比色测定法、活死染色法（图16-8）等。

（2）溶血实验

溶血实验是体外细胞毒性实验的一个重要补充。材料或者浸提物与血细胞孵育后，如果有明显的溶血现象，则可能有较强的细胞毒性。测试的重点包括白细胞、补体、凝血因子、血小板等。

（3）遗传毒性和致癌实验

医用材料的遗传毒性和致癌性是生物材料在临床应用中最复杂和难以短期得出结论的问题。Ames实验是体外遗传毒性和致癌性常用的检测方法。

（4）过敏试验

通过向动物腹腔内注射相应剂量的材料浸提液，并且在每次注射15分钟后观察动物的反应，特别是注意观察最后一次注射后动物有无竖毛、尿便失禁、抽搐、用爪搔鼻、呼吸困难、休克、喷嚏、死亡等（图16-9）。同时需要设立阴性对照组，并且保证遵循动物实验的随机化原则。

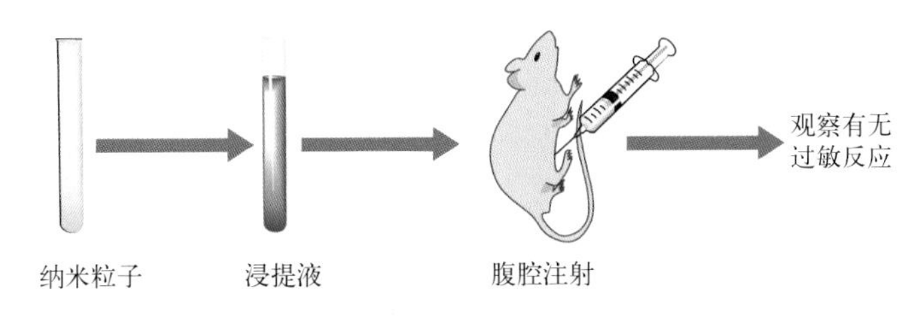

图16-9 生物材料过敏实验

习题

1. 生物相容性的内容主要有哪些？

2. 生物材料表面与血液作用的方式是什么？

3. 植入材料导致血栓形成的机制是什么？

4. 评价生物相容性的细胞毒性实验检测方法主要有哪些？

5. 生物相容性评价的主要参考标准是什么？

6. 生物相容性评价的主要实验方法有哪些？

7. 植入材料诱发肿瘤的可能因素有哪些？

8. 血液净化膜及体外循环系统所采用的材料的亲疏水性与凝血性有什么关系？

第17章 材料的前沿应用

从古至今，人们使用的材料种类繁多。从旧石器时代到新石器时代，石头一直是人类重要的原材料，人们用它来制造工具、建造住所和防御工事。在石器时代之后，木材成为主要的建筑材料和燃料，人们还使用木材制造工具、家具和艺术品等。金属的发现和使用标志着人类进入了一个新的时代，最早使用的金属是铜和青铜，用于制造武器、工具和饰品等。随着技术的发展，铁、钢等其他金属也逐渐得到了广泛的应用。玻璃的制造技术起源于古埃及，主要用于制造饰品、器皿、窗户等。陶瓷和纸张的发明和使用始于中国，后来传播到了世界各地。塑料是20世纪最重要的发明之一，塑料具有轻便、耐用、防水等特点，被广泛应用于各种领域，如包装、建筑、电子设备等。人类历史上还使用了许多其他的材料，如布料、皮革、橡胶等。

随着科技的进步，人类使用的材料日新月异。在前面各章节中，已经说明了多种材料的性质、性能及其应用，用于解释材料科学与工程的相关知识。本章中，将着重介绍当今几种研究、开发和应用的材料，包括半导体材料、智能材料、电池材料、环境材料、生物材料等，通过一些应用实例，展示材料发展和应用的前沿趋势。

17.1 半导体材料

半导体材料因其独特的光、热和电学性能而被广泛应用于芯片、集成电路、传感器以及能量转换设备等器件的制备，是智能通信、交通、医疗、娱乐以及军事等各类先进科技的核心组成部分，推动了现代信息社会的快速发展。随着材料制备工艺的进步，半导体材料不断革新，其应用场景也在不断扩展。例如，第一代半导体材料是以硅、锗为主的元素半导体，是目前集成电路的主要材料；第二代半导体主要包括砷化镓和磷化铟等化合物，具有高迁移率，是激光器、光通信系统器件中的核心材料；第三代半导体主要包括氮化镓、碳化硅等，具有更宽的禁带和更高的热导率，适用于高温、高频等大功率电子器件，如5G基站、新能源汽车等，但基于第三代半导体的各类电子器件正在接近其性能理论极限。为了满足未来高性能光、电器件对更高电压和功率的需求，围绕具有超宽或超窄禁带的第四代半导体（氮化铝、氧化镓、金刚石和氮化硼等）的相关研究近年来备受关注，其在特高压功率转换、射频信号处理、极端环境器件等多个技术领域均展现出了应用潜力。

根据应用场景的不同，半导体器件可以由P型半导体、N型半导体及其所形成的PN结来构筑，通过记录、分析和处理器件工作过程中的电学信号，输出相应的反馈信息，完成信号转换及人机交流。本节将重点介绍半导体材料在晶体管、光伏器件、光热器件以及传感器等元器件领域的应用，加深对半导体材料的认识，了解其给我们人类生活带来的影响。

17.1.1　晶体管

17.1.1.1　晶体管与集成电路

晶体管具有检波、整流、放大、开关、稳压、信号调制等多种功能。1947年，John Badeen、William Shockley和Walter Brattain在美国贝尔实验室推出了第一个点接触型的锗晶体管，1952年Shockley又提出了双极型和单极型晶体管，为现代晶体管器件的应用奠定了基础。1952年，美国Sonotone公司推出了一款助听器，其成为最早的晶体管商业化设备，所用的半导体锗晶体管技术由贝尔实验室授权，随后晶体管逐渐被应用于便携式收音机、计算机和雷达等产品。1963年，互补型金属氧化物半导体（complementary metal oxide semiconductor，CMOS）场效应晶体管的出现大大推动了现代信息技术发展。

随着人们对电子设备的性能和成本的要求不断提高，集成电路对芯片上晶体管的尺寸和数量要求越来越高。根据晶体管数量，集成电路可以分为小规模集成（< 100）、中规模集成（100 ～ 1000）、大规模集成（1000 ～ 10000）、超大规模集成（10000 ～ 100000）和极大规模集成（> 100000）。1965年，Intel公司创始人之一戈登·摩尔（Gordon Moore）针对集成电路中晶体管的数量和成本问题提出了摩尔定律，预测在单个芯片上的晶体管数量每18 ～ 24个月翻一番，性能也提升一倍且价格保持不变。在过去几十年里，由于新的技术和器件结构不断出现，例如应变沟道、高介电常数金属栅极（high-K metal gate，HKMG）、绝缘体上硅结构（silicon on insulator，SOI）和鳍式场效应晶体管（fin field-effect transistor，FinFET），摩尔定律一直发挥着作用。2015年，在Intel的18核Xeon Haswell-EP处理器中，晶体管数量超过55亿个。截止到2022年，虽然工艺制程技术不断突破（3nm），但是摩尔定律依然保持一定有效性，芯片中晶体管规模已经达到了1000亿个，苹果的M1 Ultra芯片做到了1140亿晶体管。然而工艺制程达到物理极限后，摩尔定律在原有形式下也出现了限制，但该定律仍有可能以不同的形式继续发展，例如发展基于堆垛纳米线、纳米管和2D材料的场效应晶体管，量子计算和光子计算等将成为计算机技术未来发展的新技术（图17-1）。

17.1.1.2　晶体管的材料与结构

硅是地壳中含量第二丰富的元素，是制备晶体管器件最常用的半导体材料。单质硅在自然界中很难以自由状态存在，而是以含氧化合物（如石英、紫水晶等）和硅酸盐（如石棉、长石、云母等）矿物的形式存在。因此，通过加工硅基晶体管来制备芯片集成电路，需要经过硅的提纯、晶圆加工和氧化、四大制程（光刻、刻蚀、掺杂和沉积）以及后加工工序。

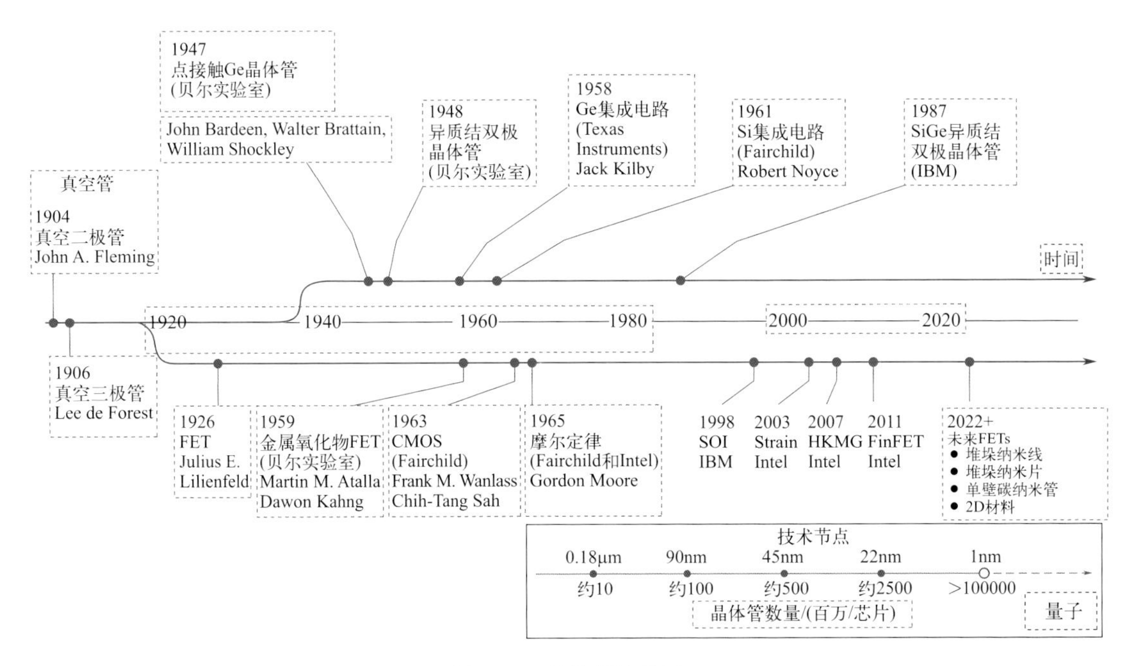

图17-1 晶体管的发展

晶体管的基本结构单元为PN结，由P型半导体和N型半导体接触构成，主要分为二极管、三极管、场效应晶体管等，其典型结构如图17-2所示，是集成电路的基本结构单元，被广泛用于制备放大器、开关、振荡器，是计算机、手机、电视机等电子产品的基本构成单元。二极管由一块P型半导体和N型半导体接触组成，以硅二极管为例，当P电极施加正向电压达到0.7V时导通，施加反向电压则阻断，可用于单向开关、整流、稳压以及检波等。三极管（也称双极型晶体管）由两块P型半导体和一块N型半导体或两块N型半导体和一块P型半导体组成，中间层为基极，两侧称为发射极（E）和集电极（C），在不同电压

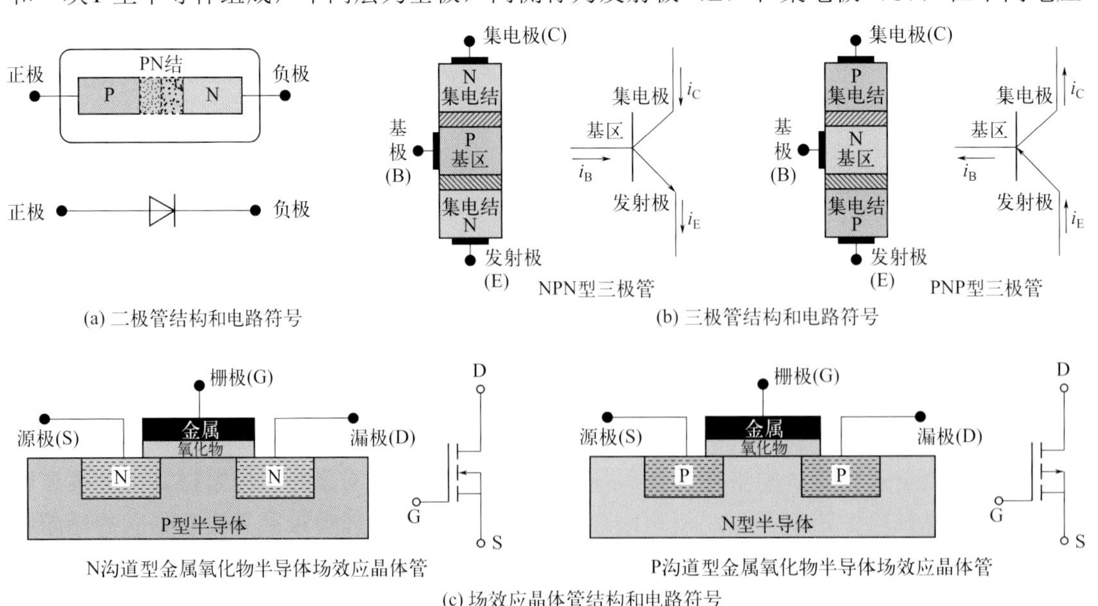

图17-2 常见半导体晶体管结构和电路符号

状态下可以实现截止状态、放大状态和饱和导通状态的切换，能够以小电流或电压控制大电流或电压，可用于集成电路中起电流放大作用。场效应晶体管与三极管结构类似，由一个N型或P型半导体的通道和两个控制电极组成，控制电极是栅极（G），漏极（D）和源极（S），分别与通道相连，其工作原理是利用一个外部电压（栅极）控制通道电阻，从而控制漏极和源极电流的大小。

相比于N沟道型金属氧化物半导体（N-channel metal oxide semiconductor，NMOS）场效应晶体管或P沟道型金属氧化物半导体（P-channel metal oxide semiconductor，PMOS）场效应晶体管集成电路，CMOS是大多数集成电路的首选设计，在总体结构设计和功耗降低方面具有明显的优势。图17-3是由NMOS和PMOS组成的CMOS示意图。当对器件A端的栅极输入低电平电压时（0），NMOS晶体管处于断路状态，PMOS晶体管处于导通状态，电路输出F端与VDD（V+）导通，显示出V+高电平电压信号（1）；当对器件A端的栅极施加高电平电压时（1），NMOS晶体管处于导通状态而PMOS晶体管处于断开状态，电路输出F端与GND导通，显示出低电平电压信号（0）。因此，通过改变输入端的电学信号，可以控制输出电路的信号，进而可以用于数字逻辑电路，如微处理器、微控制器、静态随机存取存储器（RAM）等，此类器件具有尺寸小、运算速度快、节能等优势。

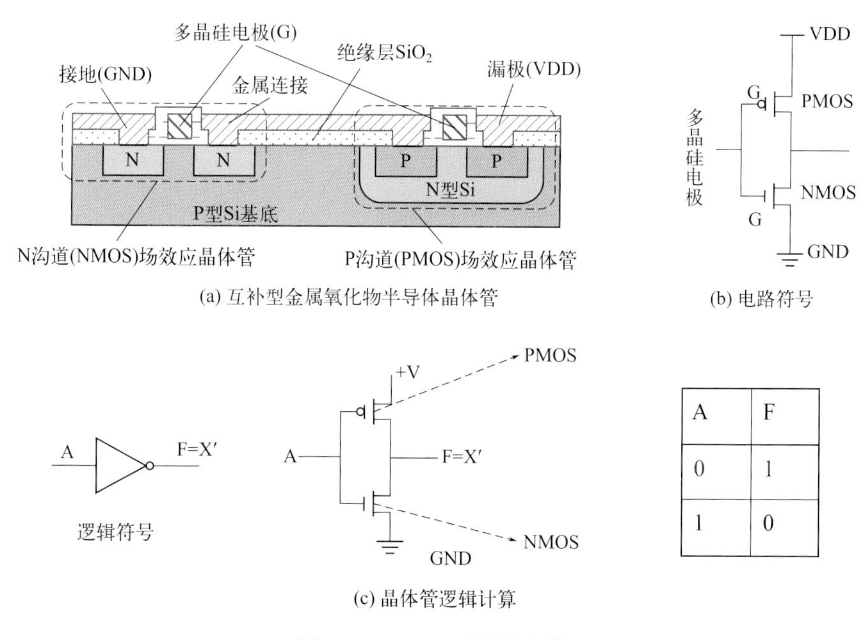

(a) 互补型金属氧化物半导体晶体管　　(b) 电路符号

A	F
0	1
1	0

(c) 晶体管逻辑计算

图17-3　CMOS晶体管结构

17.1.2 发光器件

半导体材料的另外一个重要应用是发光器件的制备，包括发光二极管（light-emitting diode，LED）及激光器，被广泛应用于照明和电子显示等领域。半导体发光器件核心部件也是PN结［图17-4（a）］。当PN结施加正向偏置电压时，电子从N型半导体流向P型半导体，而空穴从P型半导体流向N型半导体，当电子和空穴到达PN结处时发生复合，释放光子产生发光现象，光子的能量与半导体的带隙相当。

17.1.2.1 发光二极管

LED可以是简单的多层结构，也可以是由两个不同带隙的半导体组成的异质结，根据电流流向不同可以分为垂直结构［图17-4（b）］和横向结构LED，其中横向结构LED又可以分为正装结构LED［图17-4（c）］和倒装结构LED［图17-4（d）］。

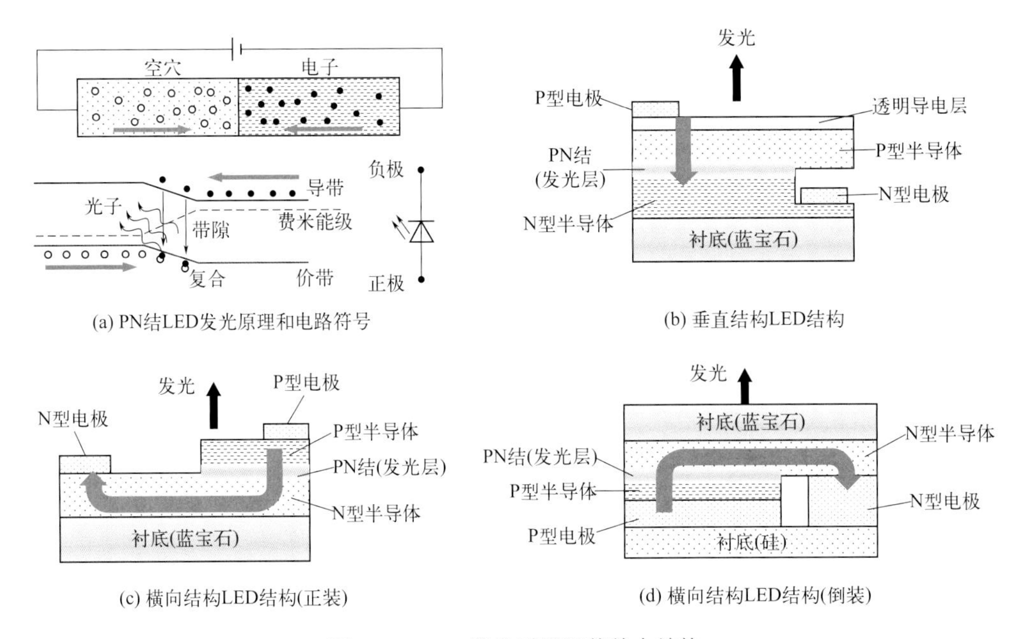

图17-4 LED发光原理及其基本结构

LED通常由直接带隙半导体构成，但是由于早期半导体材料带隙控制受限，LED发光颜色相对单一，只能应用于商业电子显示器上，如时钟、收音机、微波炉、手表等。随着不同带隙半导体材料的开发，逐渐实现了不同颜色LED的制备，特别是20世纪90年代宽带隙GaN基蓝色LED的发现，通过颜色叠加使任何颜色LED的制备成为可能（表17-1），其应用场景不断扩展，尤其是白光LED在照明领域表现出节能、环保和长寿命等优势，使其备受青睐。

表17-1 基于不同半导体材料的LED颜色对比

颜色	发射波长/nm	半导体
红外	880	GaAlAs/GaAs
红色	660	GaAlAs
红色	633	AlGaInP
橙色	612	AlGaInP
橙色	605	GaAsP/GaP
黄色	585	GaAsP/GaP
绿色	555	GaP
蓝色	470	GaN/SiC
紫外	395	InGaN/SiC
白色	—	InGaN/SiC

17.1.2.2　半导体激光器

半导体激光器发出的激光是一种亮度极高、方向性和单色性优异的相干光辐射。与一般发光过程类似，其激光产生涉及半导体中电子的能级跃迁以及电子空穴复合辐射光子过程。根据受外界能量激发的高能级电子是否自发跃迁回到基态而释放光子，电子辐射发射光子过程主要分为自发辐射和受激辐射。自发辐射中产生的光子虽然能量相等，但是光的相位和传播方向各不相同，并且跃迁过程只有一个光子发射，难以产生激光。而受激辐射是在具有一定能量的光子作用下产生的具有相同能量、相位、方向以及偏振态的光辐射，该过程涉及两个与入射光子同相位和同频率的光子的产生，是产生激光的必要条件之一。

PN结激光器又称激光二极管，它是由重掺杂（$>10^{18}cm^{-3}$）的P型半导体和N型半导体组成。重掺杂PN结具有较高的平衡势垒，会在特定区域（厚度约1μm）导致导带电子浓度和价带空穴浓度增加，即形成“粒子数反转”或“分布反转”，该区域是激光器的核心部分，即“激活区”。分布反转也是实现激光发射的必要条件，一般需要外界能量的输入使电子不断激发到高能级，例如利用正向电流、电子束或激光等作为输入能量，其中正向电流注入为最常见能量输入方式，又称注入式泵源。

此外，为了保证受激辐射发射光子达到发射激光的要求，还需要在器件中构建垂直于PN结面的两个严格平行的解理面形成平行反射镜，即法布里-珀罗共振腔。一定频率的受激辐射光子，在共振腔的反射面来回反射并发生叠加，形成驻波。假设共振腔的长度为λ，半导体折射率为n，则λ/n为辐射光子在半导体中的波长，通过共振腔作用，只有半波长整数倍正好等于共振腔长度的驻波才会被允许存在并形成振荡，其余不符合条件的波被逐渐损耗，从而形成单色性好的相干光。当然，辐射在共振腔内的反射也会存在能量损耗，包括载流子吸收、缺陷散射及断面透射损耗等，而电流注入可以使受激辐射不断增强，称为增益。随着电流不断增强，增益逐渐增大，当光增益大于腔内损耗时，半导体激光器发射激光。

激光的波长与半导体材料的禁带宽度有关。当温度升高时，半导体禁带宽度减小，发射激光波长向长波方向移动，当激光器波长进入红外区时，其必须在低温下进行工作。最早发现的半导体激光材料为GaAs，其发射激光波长为840nm，随后多种Ⅲ～Ⅴ族或Ⅳ～Ⅵ族化合物被应用于不同波长激光器的制备。例如，将GaP与GaAs以不同比例混合制得$GaAs_{1-x}P_x$，可得到840～640nm不同波长的激光；InP、GaSb、InAs和InSb激光器波长分别为900nm、1.56μm、3.11μm、5.18μm；PbS、PbSe、PbTe激光器波长分别4.32μm、8.5μm（T= 12K）或7.3μm（T = 77K）、6.5μm（T = 12K）。

17.1.3　光伏器件

光伏器件是指能将太阳能直接转换为电能的器件，即太阳能电池，是由具有特定带隙的半导体光吸收剂以及用于电荷载流子分离和提取的电子和空穴传输材料选择性接触组成。太阳能电池的核心组成也是半导体PN结，当太阳光照射到PN结上时，由于内建场的作用，半导体内部产生电压，若将PN结导通，则会产生电流（图17-5）。

硅基太阳能电池是目前市场上最常见的太阳能电池，它们的使用寿命长、成本低且无需后期大量维护即可运行。根据硅晶圆的结构可

以将硅太阳能电池分为单晶硅太阳能电池和多晶硅太阳能电池。1954年美国贝尔实验室开发了第一块硅太阳能电池产品，其光电转换效率为6%，是现代硅太阳能电池的起点。1958年，硅太阳能电池被首次应用于航天器上。1961年，William Shockley等通过计算得出，在只考虑电子-空穴复合为唯一复合机制的理想情况下，基于硅PN结的太阳能电池理论效率极限接近30%。1963年日本Sharp公司推出了一款功率为242W的商业化硅太阳能电池阵列，并将其安装于灯塔上，成为当时世界上最大的光伏电池阵列之一。20世纪70年代，多晶硅材料被应用于太阳能电池的制备，提高了电池的光吸收能力，其效率达到了10%左右，并且成本进一步降低。20世纪80年代，硅太阳能电池进入快速发展时期，通过钝化技术、陷光技术、异质结技术等，硅太阳能电池效率大幅度提高，到了90年代，单晶硅太阳能电池转换效率超过了20%。截止到2023年11月，根据第63版太阳能电池效率表，隆基绿能公司开发了转换效率达到26.8%的硅晶太阳能电池。

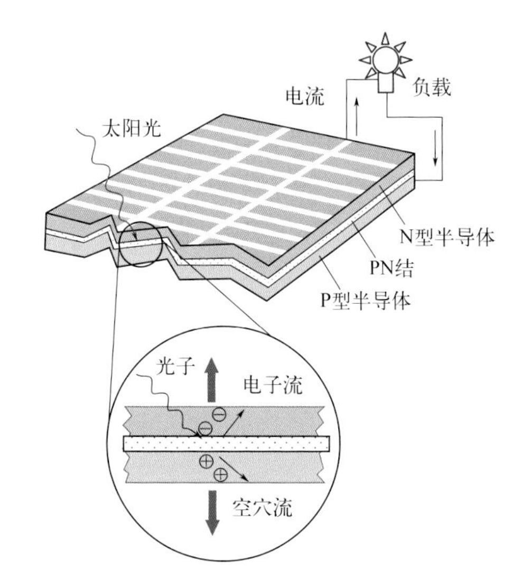

图17-5 半导体太阳能电池结构和工作原理

虽然单晶硅太阳能电池的光电转换效率高，但是单晶硅制作成本高，难以被大量使用。多晶硅太阳能电池成本低，但是多晶硅太阳能电池的光电转换效率则要降低不少，而且使用寿命也要比单晶硅太阳能电池短。因此开发新型半导体材料对于推动太阳能电池推广应用仍具有重要研究意义。近年来，研究者发现有一些化合物半导体材料也适于作太阳能光电转化薄膜，例如CdTe、CuInGaSe（CIGS）、Ⅲ～Ⅴ化合物半导体（GaAs和InP等）以及钙钛矿等。利用这些半导体制备的薄膜太阳能电池同样表现出优异的光电转化效率，其中CIGS达到了23.35%、GaAs薄膜达到了29.1%、InP达到了24.2%，推动了半导体太阳能电池的发展与应用。

17.1.4 热电器件

热电器件是利用材料热电效应将热能转换为电能（塞贝克效应）或将电能转换为热能（佩尔捷效应）的能量转换器件，具有无噪声、无振动、免维护且使用寿命长的优势。1821年，德国科学家Seebeck首次在金属中发现热电效应，随后研究人员发现半导体材料的热电效应比金属材料更强。半导体热电器件目前已被广泛应用于温差发电机以及冰箱和空调制冷器等的制备。

半导体热电器件的基本结构如图17-6所示，主要由N型半导体和P型半导体臂以并联或串联方式组成。当连接P型半导体和N型半导体两端的温度不同时，由于塞贝克效应，器件负载电阻将会产生电流，形成温差发电机；反之，在器件上施加电压时，由于佩尔捷效应，当电流从金属电极（N型半导体）流向P型半导体材料（金属电极）时，接触端将吸收热量，因此金属相连一端不断从周围环境吸收热量，从而使温度降低，构成制冷器。为了提升发电效率或制冷效率，可以对其进行串联，得到较高的发电电压和制冷温差。

目前，热电器件主要有两类：宏观热电器件和微型热电器件。宏观热电器件尺寸范

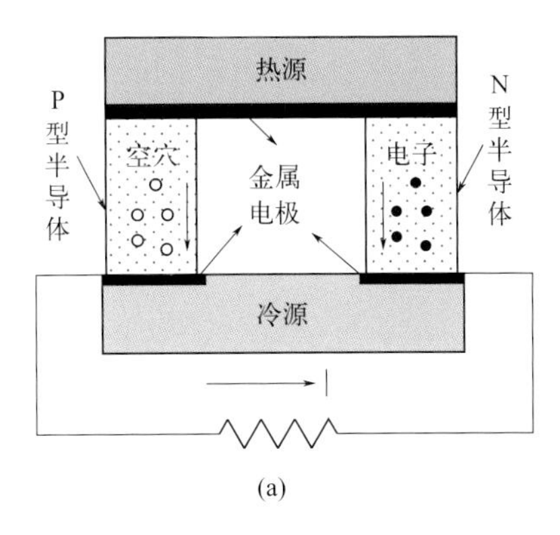

(a)

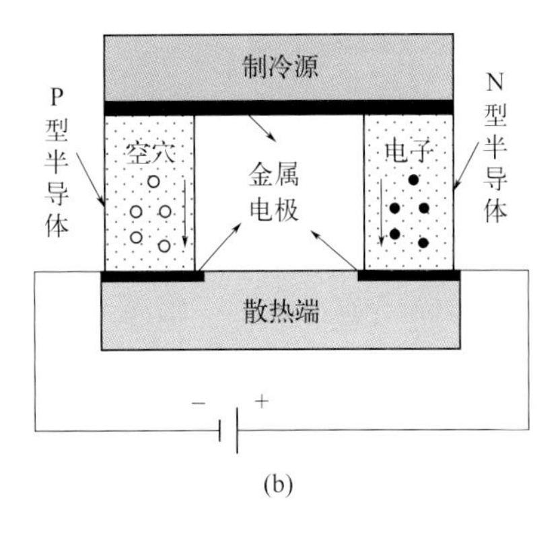

(b)

图 17-6　热电器件基本结构

（a）温差发电机；（b）电制冷器

围为10 ~ 300mm^2，其中热电偶密度通常约为10个/cm^2，可提供高达数十瓦的功率以及60 ~ 80K的冷却温差，能够处理高达200W的热流，主要应用于电池、电子组件和设备的热管理以及生物医学设备、汽车气候控制和太空设备发电机等。然而，由于宏观热电器件中低热电偶密度限制了其对于特定尺寸器件应用的输出电压，难以用于物联网（IoT）、无线传感器、可穿戴电子产品和微电子冷却等新兴领域。相比之下，微型热电器件则可为先进的低能耗电子设备提供动力，并缓解微电子设备中因热点和不断增加的功率密度所引起的发热问题。之所以能够做到这一点，是因为微型热电器件是由大量微米尺寸的热电臂组成，热电偶密度高达10^{6}cm^{-2}，这使得它们能够利用小温度梯度（例如来自人体的1K）发电或补偿每平方厘米高达数百瓦的热通量。此外，它们还可以提供小于1ms的快速冷却响应和高达1000万次循环的高可靠性，可用作具有高空间分辨率的温度传感器和控制器，并且可以与微型设备集成，甚至可以与柔性电子设备集成。

17.1.5　传感器件

自20世纪50年代以来，半导体材料被广泛应用于传感器的制备，可以通过观测和记录半导体电学性能的变化记录外界光、热、磁、压力以及气体等物理和化学信号的变化。

17.1.5.1　半导体光学传感器

半导体光传感器是光电检测器件中实现光-电转换的核心元件，其原理是半导体材料吸收光能后转换为半导体内部电子能量，产生电效应，包括外光电效应和内光电效应。基于外光电效应的光电器件有光电管和光电倍增管等。内光电效应又分为光电导效应和光生伏特效应。

光电导效应是指材料电导率在光照条件改变时发生变化，主要用于制备以半导体光敏电阻为代表的光电器件，其阻值随光照增强而减小。该类器件具有灵敏度高、光谱响应范围宽、体积小、寿命长等优点，但是存在需要外接电源和发热不足等问题。光生伏特效应是基于半导体PN结制备的，由于内建电场作用使得材料在光照下产生的电子和空穴发生定向移动，从而产生感应电势，主要用于光电池、半导体光敏二极管和三极管以及电荷耦合器件（charge coupled device，CCD）等。例如，硅光敏二极管的光电流与光照强度成正比，因此可用于定量检测光强度；雪崩式光电二极管利用半导体PN结在高反向电压下的雪崩效应而工作，具有工作电压高（100～200V）、高电流放大以及响应速度快的优势；CCD器件则是利用半导体光电效应，将通过光学系统收集的光信号转换为电荷并储存在像素点中，根据像素点中电荷量的多少反映光照强度，实现图像的绘制，用于制备此类器件的材料主要包括Sb_2S_3、PbO、CdSe等。

17.1.5.2 半导体热敏（温度）传感器

半导体热敏（温度）传感器主要由单晶半导体、多晶半导体、玻璃半导体以及金属氧化物等制备而成，是记录半导体材料电阻随温度变化而变化的一类器件。半导体热敏材料通常具有较高的电阻温度系数和高电阻率，因此通常用于制备高灵敏度的热敏电阻温度计、热敏电阻开关，应用于温度测量、温度控制、开关电路以及电路过载保护等。

17.1.5.3 半导体磁传感器（霍尔器件）

霍尔器件是一种基于半导体霍尔效应的磁传感器，主要以磁场为工作媒介，是由Si、Ge、InSb、GaAs以及半导体异质结构等制备而成。当霍尔器件所在磁场发生变化时，其输出的电学信号就会发生变化，可用于监视和测量器件零部件中的位置、位移、角度、速度等，在现代汽车ABS系统的速度传感器、发动机的转速传感器、汽车速度和里程表等部件中得到广泛应用。霍尔器件的性能主要受到工作频率、温度、负载以及材料本身性质等的影响，其中温度的影响较大，低温时半导体工作的阻抗小而高温时阻抗变大，影响信号输出稳定性。根据工作环境不同，选择合理的半导体材料以及适当增益的放大器和滤波器可以提高器件的抗干扰能力。

17.1.5.4 半导体压力传感器

半导体压力传感器主要分为两类，一类是基于半导体PN结在应力作用下的I-V特性曲线发生变化而制备的压敏二极管或晶体管，另一类是基于半导体压阻效应制备的压阻式传感器。压敏二极管或晶体管性能不是特别稳定，发展比较受限。1954年，美国贝尔实验室Charles Smith等首次发现了半导体硅和锗半导体的压阻效应，并以单晶硅为衬底制备了硅压力传感器，即应变型压阻传感器，其核心部件是基于半导体材料的体电阻制成的粘贴式应变片。到了20世纪60年代，随着半导体集成电路技术发展，研究人员在半导体材料的基片上用集成电路工艺制备了扩散型压阻传感器，由于其压力敏感元件和弹性元件合为一体，没有相对运动部件，避免了机械滞后和蠕变，提高了传感器的性能。目前半导体压力传感器主要由硅晶体制备，由于具有体积小和灵敏度高等特点而被广泛应用于航天、航空、航海、石油化工、动力机械、生物医学工程、气象、地质、地震测量等各个领域。

17.1.5.5 半导体气敏传感器

半导体气敏传感器在1962年被首次提出，主要由宽禁带半导体材料组成，通过计算材料电阻的变化，可以推断出气态分析物的浓度，具有成本低、体积小、易于集成、可在线监测等优势，对工业生产、空气污染监测、医疗保健、物联网等具有重要意义。气体传感器的性能评价指标主要包括灵敏度、选择性、稳定性和速度，同时线性度、范围和检测限也是重要的指标。通过调整半导体材料的尺寸、形貌和微观结构，提高比表面积，可以优化半导体传感器的性能。此外，材料的空位缺陷、异质结等也会影响器件的性能。

近年来，低维半导体材料推动了新型气体传感器件的发展。例如，直径为2 ～ 20nm的胶体量子点具有极高的表面积与体积比，表面效应比块体材料更显著，PbS量子点表现出比其本体薄膜更优异的室温NO_2敏感响应，这主要由于量子点含有更高浓度的表面原子，表面化学键断裂使它们成为理想的分子受体，可以最大限度地增强气敏效果。此外，由于量子限制效应，量子点具有尺寸依赖性且可广泛调节的带隙，这一独特的性能为气体传感器的设计和性能优化提供了更灵活的自由度。具有高长径比的一维半导体材料，例如碳纳米管等，不仅具有多孔和高比表面积，而且其独特的机械柔性，使其在柔性气体传感器件产品中脱颖而出。具有超薄结构的二维纳米片，例如对NO_2敏感的MoS_2、对NH_3敏感的WS_2等，可以为气体吸附提供更大的比表面积，改善器件性能，但是超薄二维纳米材料容易受到环境干扰，可能对器件的气敏效果产生不利影响。

17.2 智能材料

智能材料是一类具有响应外界刺激并能自动调整其性能、形状或状态的先进材料。这些材料能够感知外部环境的变化，做出相应的反应，从而实现智能功能。智能材料广泛应用于各个领域，包括工程、医学、电子、航空航天等。与传统材料性能的一成不变相比，智能材料的特点首先为响应性，当有外部刺激时，例如温度、压力、湿度、电场、磁场等，智能材料能够感知这些刺激并做出相应的变化；其次，智能材料具有可控性，针对外部刺激的类型、强度或频率，可实现对其性能或形状的精确控制；最后，智能材料具有多功能性，可在不同的刺激条件下表现出不同的性能，使得它们在设计复杂系统和应用中更具灵活性。一些智能材料甚至还具有自修复能力，能够在受损后自动修复，增加其使用寿命和可靠性。

17.2.1 智能材料的发展历程

早在19世纪80年代，法国物理学家居里夫妇（Pierre Curie 和 Marie Curie）发现一些材料在受到机械应力时会产生电荷，这就是最早的压电效应。后来他们发现电场可以使压电材料发生形变，并将这种现象命名为逆压电效应。1932年，瑞典人奥兰德（Arne Ölander）在金-镉合金中首次观察到形状记忆效应，即合金的形状被改变之后，一旦加热到一定的跃变温度时，它又可以魔术般地变回到原来的形状。人们后续依次发现了很多种形状记忆合金，最早得到应用的是1963年美国海军武器实验室发现的镍-钛形状记忆合金，并于1969年应用在美国“阿波罗”11号登月飞船的天线上。第二次世界大战期间（20世纪40年代），美国海军发现一些材料在磁场的作用下，其尺寸发生可观测的变化，被称为磁致伸缩材料，并将该材料应用于制造军舰的声呐系统。1969年，印度裔美国科学家Deb发现在电场驱动下，WO_3在离子嵌入和脱嵌过程中可发生颜色的可逆变化，并将该现象命名为电致变色。人们根据此现象后来研制了智能窗、调光眼镜和汽车后视镜等。1988年，美国陆军研究工作室组织了首次“智能材料、结构与数学”研讨会，奠定了智能材料成为一个独立研究领域的基础。次年，日本科学家高木俊宜正式提出了“智能材料”的概念，自此，智能材料成为材料科学领域中一个重要的研究方向。

17.2.2 智能材料的分类

智能材料根据其响应外部刺激的方式和性能，可以分为以下常见的类型：

① 压电材料：依赖于压电效应，即在施加机械应力时产生电荷，主要应用于传感器、换能器、声波设备。

② 形状记忆材料：在温度或应力变化下恢复原始形状的能力，包括形状记忆合金、陶瓷和高分子材料等，主要应用于医疗器械、航空航天、自动化等领域。

③ 光致变色材料：通过吸收或反射光来改变自身光学性质，主要应用于光学调制器、智能窗户、可调光镜等。

④ 电致变色材料：在电场作用下可逆地改变自身光学性质，主要应用于液晶显示器、智能玻璃、电调光眼镜等。

⑤ 磁致伸缩材料：在磁场作用下发生形变，主要应用于磁致形变传感器。

⑥ 电阻变化材料：电阻随外部条件（如温度、湿度）变化，主要应用于传感器、柔性电子器件等。

⑦ 光敏材料：对光敏感，产生电荷或发生结构变化，主要应用于光敏电池、光敏电阻、光控开关等。

⑧ 自清洁材料：具有自主去除污垢或附着物能力的材料，主要应用于建筑、医疗、交通工具、电子设备等领域。

⑨ 自修复材料：能够在受到损害或破坏后自修复，恢复其原有的结构和性能；主要应用于医疗器械、能源设备、混凝土和涂料等。

17.2.3 智能材料的应用

智能材料的广泛应用正在改变我们日常生活的方方面面，从建筑、医疗、国防、电子设备、交通工具到太空探索等。这些材料蕴含着独特的性能，能够在受到外部刺激时自动响应，实现各种不同的功能。以下是一些智能材料在实际应用中的案例，展示了它们在不同领域的前沿创新和潜在影响。

17.2.3.1 形状记忆合金

有些材料在不同温度下，原子的排列方式不同，即具有不同的相，这被称为同素异构现象（第4章）。如图17-7所示，对于铁碳合金，碳会进入铁的晶格中，可形成FCC结构的固溶体，称为奥氏体。奥氏体快速冷却可以得到BCT结构的固溶体，称为马氏体。这两种相稳定存在所需要的温度不同。通常，马氏体在室温下稳定，如果将其加热到高温，马氏体会转变为奥氏体。我们把这种温度驱动下的马氏体-奥氏体相变称为热弹性马氏体相变。

形状记忆合金就属于能够发生热弹性马氏体相变的材料。如图17-8所示，在某个温度以上时，合金晶粒内部全部为奥氏体。在高温条件下将该材料加工成某一形状，当其被冷却至某个温度以下时，奥氏体全部转变为马氏体。如果在低温下，将该马氏体材料加工成其他形状，再次加热到高温时，晶粒内部的马氏体会发生相变，全部转变为奥氏体，材料的形状就会恢复至高温时奥氏体晶粒构成的形状，这就是形状记忆合金的工作原理。实际上，很多材料都会发生马氏体-奥氏体相变，但是有的马氏体-奥氏体转变不完全，导致形状记忆效应不够显著，因此使其应用受限。表17-2总结了一些常见的形状记忆合金，大体

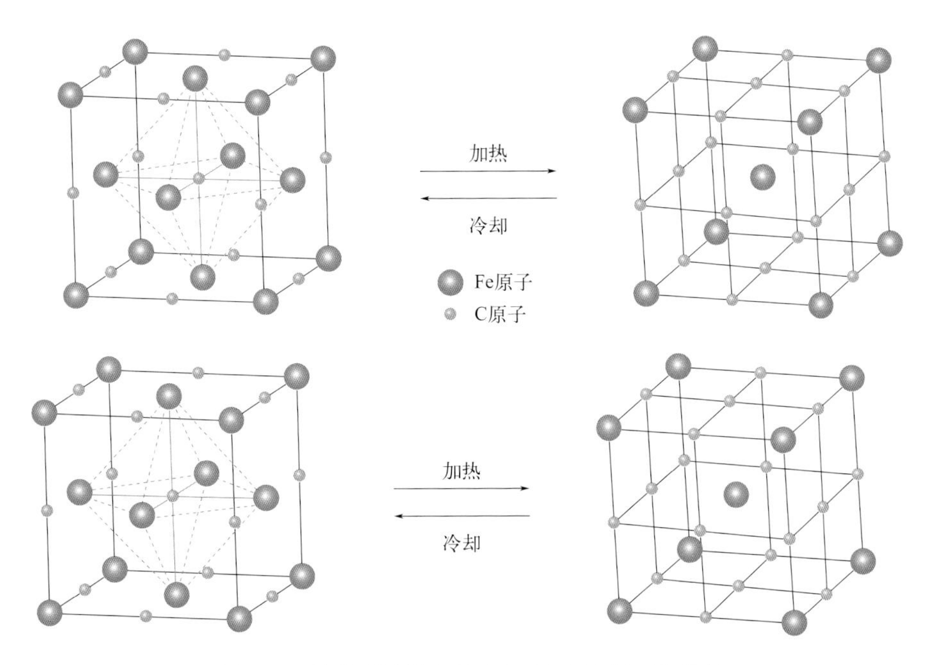

图 17-7　热处理过程中奥氏体-马氏体的可逆相变

可以分为镉系、钛-镍系、铜系和铁系；根据合金类型和比例的不同，可以看到它们的形状记忆温度区间也不相同。因此，可以选择不同的合金体系应用于不同的场景。

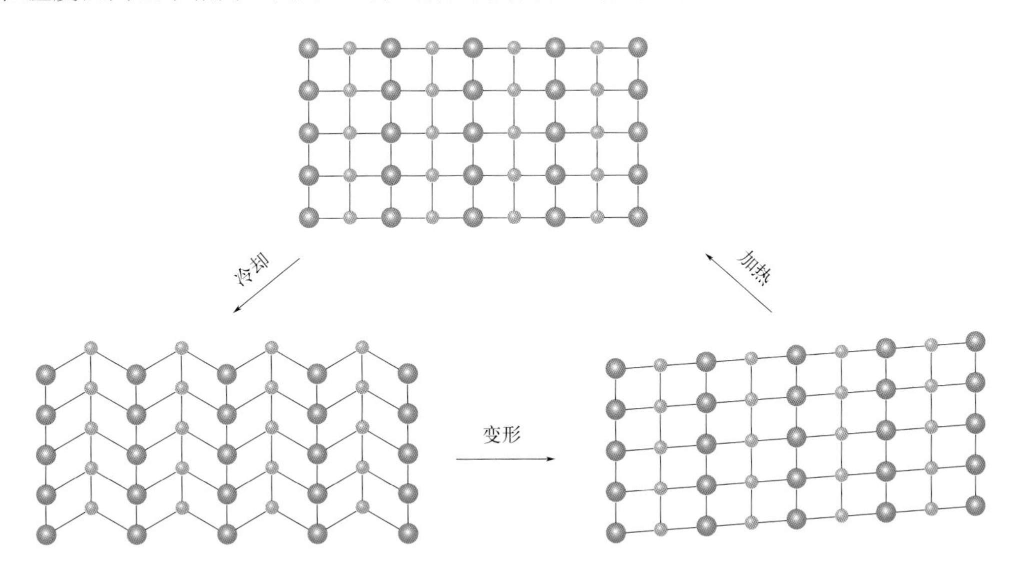

图 17-8　形状记忆合金的工作原理

表 17-2　常见形状记忆合金及其化学成分和马氏体转变温度

合金	原子分数（摩尔比）	马氏体转变温度/℃
AuCd	46.5% ～ 50%Cd	30 ～ 100
AgCd	11% ～ 49%Cd	−190 ～ −50
CuAlNi	14% ～ 14.5%Al, 3% ～ 4.5%Ni	−140 ～ 100

续表

合金	原子分数（摩尔比）	马氏体转变温度/℃
CuAuZn	23% ~ 28%Au, 45% ~ 47%Zn	−150 ~ 100
CuSn	15%Sn	−120 ~ 30
CuZn	38.5% ~ 41.5%Zn	−180 ~ −10
InTi	18% ~ 23%Ti	50 ~ 100
NiAl	36% ~ 38%Al	−100 ~ 100
TiNi	49% ~ 51%Ni	−50 ~ 100
FePt	25%Pt	−130
FePd	30%Pd	−100
MoCu	5% ~ 35%Cu	−250 ~ 180

生活中，形状记忆合金的一个典型应用为紧固件。以图17-9所示的铆钉为例，首先在高温下制造成铆钉的最终形状；然后把它冷却到低温加工成另外的形状后安装到工件中。当低温措施取消后，铆钉会恢复原形，将工件牢固地连接起来。除此之外，我们在生活中遇到的一些矫形牙套、血管扩张器、眼镜架、智能路灯开关、管件接头等都会用到形状记忆合金。形状记忆合金在航空航天领域也有着重要应用，例如月球上适用的天线和航天器的智能保护盒等。

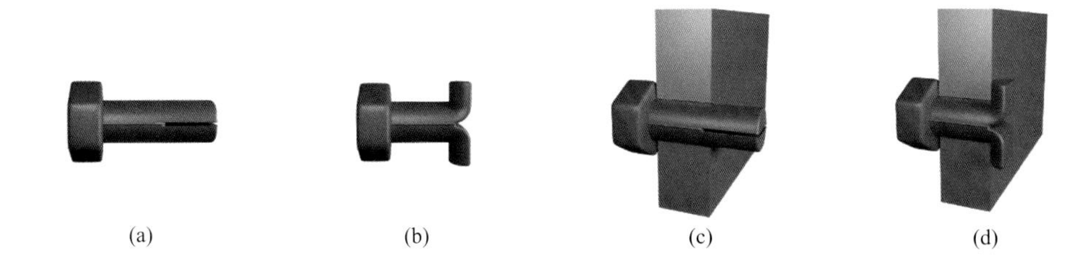

(a)　(b)　(c)　(d)

图17-9　利用形状记忆合金固定工件

（a）低温时的形状；（b）高温时的形状；（c）安装；（d）温度升高，自动固定

一些陶瓷和高分子材料也发现具有形状记忆效应。形状记忆陶瓷的“记忆”机理比合金复杂，除了前面提到的马氏体相变记忆效应外，还有铁电性形状记忆效应、铁磁性形状记忆效应和黏弹性形状记忆效应等。形状记忆高分子材料主要是在外场刺激（如温度、电场、光辐射、pH值等）下，其内部分子链排布发生变化，宏观上表现出形状的变化。

形状记忆材料的发展趋势涉及多个方面，包括性能改进、新型材料的开发、应用领域的拓展等。近年来3D打印的兴起使得形状记忆材料与3D打印的融合在各个领域都展示了巨大的潜力，也为未来的智能材料和器件开发带来了新的可能性。

17.2.3.2　电致变色材料

电致变色材料是在外部电场或电流刺激下可逆改变其光学性能的材料。这类材料通常能够通过调整电荷状态或离子浓度而改变其光学特性，包括吸收、反射或透射，从而实现颜色的变化。电致变色材料广泛应用于智能窗、眼镜、显示屏等领域，以满足不同环境和使用需求。这些材料的特性使其能够在不同电场或电流条件下实现可控的光学调节，从而提高能源效率、舒适性和可视性。

电致变色材料分为无机电致变色材料和有机电致变色材料两大类，它们的性能、应用和工作原理存在显著差异。有机电致变色材料，例如聚合物，通过在分子层面调控共轭结构或引入电活性基团，实现在电场作用下颜色的变化。这些材料常用于柔性显示器、电子纸等领域。一些有机分子也具有电致变色性能，例如质子溶胶色素等，通过控制电荷状态或离子迁移来实现颜色调节。无机电致变色材料的变色原理通常涉及氧化还原反应。最为典型的无机电致变色材料是WO_3，其初始态为无色透明，当在电场驱动下，电解质中的离子（例如H^+、Li^+、Na^+和K^+等）进入WO_3基体时会导致WO_3中6价W被还原成5价，即

$$WO_3 + x(Li^+ + e^-) \rightleftharpoons Li_xWO_3 \tag{17-1}$$

邻近的W^{6+}-W^{5+}组成小极化子对，从而实现对光的吸收，产生WO_3薄膜颜色的变化，WO_3从透明态变为着色态。

无机电致变色氧化物可以分为阴极和阳极两个类别，主要是一些过渡金属氧化物。其中，WO_3、MoO_3、TiO_2、Nb_2O_5、Ta_2O_5为阴极电致变色材料，即有电子和正离子进入时透过率降低；阳极氧化物有NiO、IrO_2、CoO、Fe_2O_3、RhO_2，当电子和离子被抽出时透过率降低。V_2O_5的电致变色介于阴极和阳极之间，电子和离子进入时发生不同波段的降低和升高，因此被认为是双性电致变色氧化物。

当阴极和阳极电致变色材料组成器件时，阳极的氧化和阴极的还原，或者阴极的氧化和阳极的还原同时发生，可以形成光学调控上的互补，从而使光学性能的调控最大化。图17-10是无机电致变色器件的结构示意图，其中，阴极和阳极氧化物分别沉积在透明导电玻璃上（通常是ITO），阴阳两极通过电解质层最终组成一个完整的器件。外电路施加电压，驱动离子的嵌入和脱出，从而实现光学性能的调节。与传统的窗户相比，电致变色智能窗的优势在于可见和近红外的透过率可以根据实际需要连续可调，因此被认为是“智能”的。这种光学性能的可调不仅可以用在窗户上，在眼镜、显示屏和军事隐身等领域也有着巨大的应用潜力，是目前智能材料的一个主要研究方向。

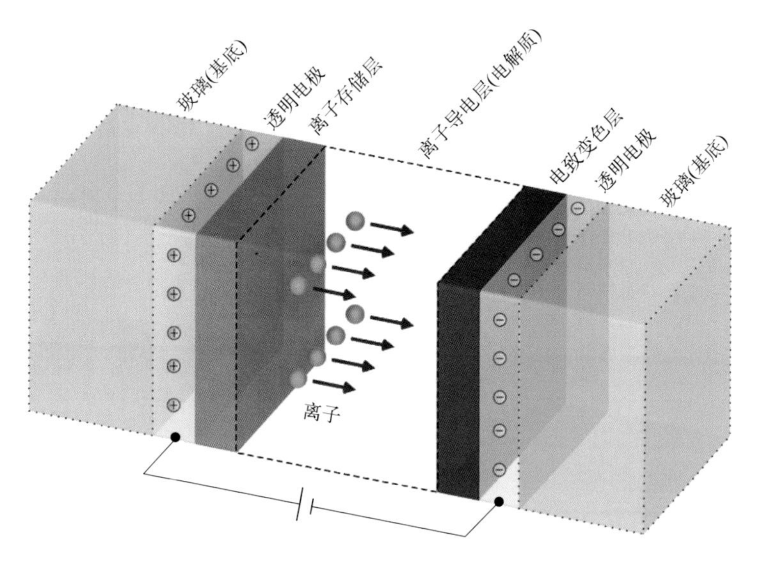

图17-10 电致变色器件结构

在电场驱动下离子进入氧化物基体的过程中，根据材料体系与进入离子量的不同，既可能发生固溶过程，又可能发生相变过程。一般来说，固溶过程较相变过程快，因此变色过程也较为快速。兼具固溶和相变最为典型的材料是V_2O_5，300℃退火的V_2O_5为正交相层状结构（图17-11中α相），当有少量锂离子进入时发生固溶过程，层状结构还能保持，只是在c轴方向上有晶格的膨胀，形成ε相。随着锂离子含量的增加，晶格开始发生畸变，不仅z方向上有晶格的膨胀，水平方向上多面体也会发生旋转或褶皱，形成δ相。随着离子含量的进一步增大，最终层状结构被完全分离，水平方向上的多面体夹角也发生变化，但整体还保留了正交结构，为γ相。

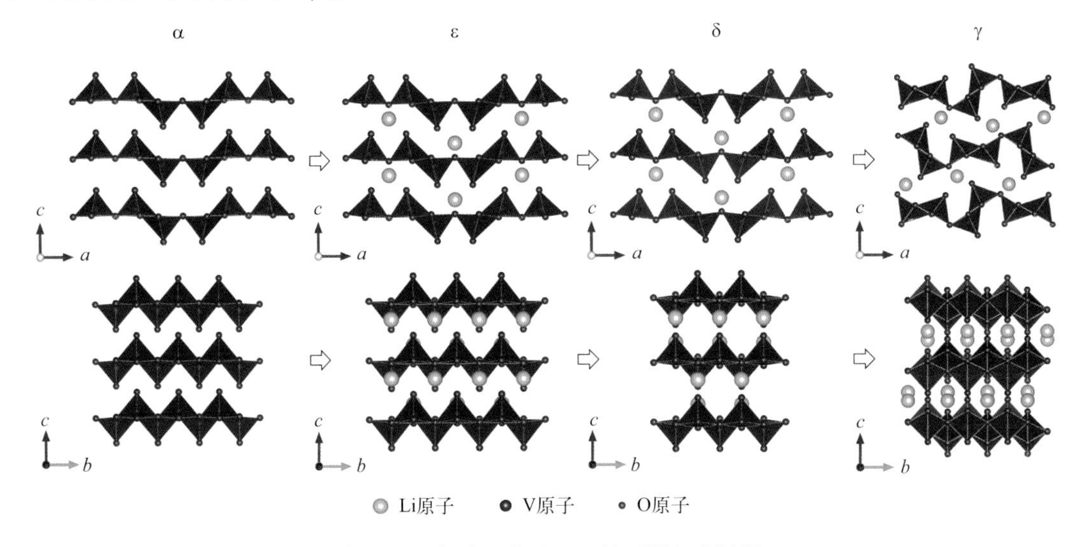

图17-11　电压驱动下V_2O_5的可逆相变过程

V原子在O多面体中心

对于电致变色氧化物来说，随着循环使用，其性能都会产生不同程度的衰减。其中最主要的原因就是随着循环，阳离子在阴极电致变色层中的富集。如图17-12所示，磁控溅射

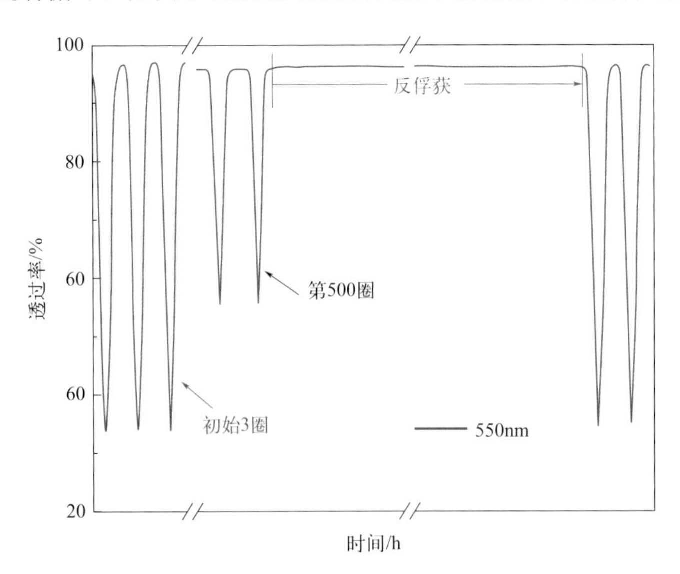

图17-12　WO_3薄膜性能的衰减与刷新

法制备的非晶 WO_3 在循环几百圈之后可观察到明显的着色态衰减。这些富集在阴极电致变色层中的阳离子可以通过反俘获的方式，使衰减的非晶 WO_3 薄膜重新获得初始性能。

电致变色材料和器件的发展方向涉及多个方面，包括性能改进、低成本生产、应用领域扩展、可持续性发展等。在性能改进方面，未来的发展将注重提高其光学性能、电致变色速度和稳定性。研究人员正在努力寻找新型的无机和有机电致变色材料，以得到更广泛的光学调节范围和更快的响应速度。在应用上，电致变色技术将进一步扩展到新的应用领域，包括但不限于汽车领域、航空航天、智能建筑、可穿戴设备等。这些领域的不同需求将促使电致变色技术在更多场景中得到应用。随着柔性电子技术的发展，电致变色技术将更加注重在柔性和可弯曲表面上的应用。这将推动电致变色材料的研发，以适应弯曲和柔性的特殊要求。在电致变色材料和器件的设计中，可持续性和环保性将成为重要的考虑因素。寻找更环保的制备方法、采用可降解材料，以及考虑材料的循环利用等方面将是未来发展的方向。此外，电致变色器件将更多地与智能技术集成，以实现更智能化的光学调节。例如，通过传感器和智能控制系统，可以根据环境光线、温度等参数自动调节电致变色器件的状态。

17.2.3.3　热致变色材料

热致变色材料是一类在不同温度下发生颜色变化的材料。这里的“颜色”既可以指可见光，也可以指其他波段，比如近红外或远红外。这种变色通常是通过材料分子结构或化学性质的改变，导致吸收、反射或透射光谱发生变化而实现的。与电致变色材料不同，热致变色材料发生光学性能改变的驱动力来自温度。最典型的热致变色材料是二氧化钒（VO_2），其他较为典型的热致变色材料如某些碘汞酸盐、钛酸盐、汞、银的碘化物，它们在相变点时发生清晰且可逆的颜色变化。表 17-3 和表 17-4 分别汇总了目前主流的一些无机和有机热致变色材料。有些材料在温度变化时会产生颜色不可逆的变化，例如一些碳酸盐、氢氧化物、硝酸盐等，因为其颜色变化不可逆，被称为不可逆热致变色材料。

表 17-3　无机物的可逆热致变色

材料	变色温度/℃	颜色变化	变色机理
Ag_2HgI_4	50.7	黄 $\rightleftharpoons$ 橙	Ag(Ⅰ)-Hg(Ⅱ) 电荷转移配合物
Cu_2HgI_4	66.6	红 $\rightleftharpoons$ 暗紫	Cu(Ⅰ)-Hg(Ⅱ) 电荷转移配合物
Tl_2HgI_4	116.5	橙 $\rightleftharpoons$ 红	晶体结构改变
ZnO	425	白 $\rightleftharpoons$ 黄	受热失氧产生晶格缺陷
N_2O_4	—	透明 $\rightleftharpoons$ 红棕	$N_2O_4 \rightleftharpoons 2NO_2$
Na_2O_2	544	白 $\rightleftharpoons$ 深黄	—
$[(CH_3)_2CHNH_2]CuCl_3$	52	棕 $\rightleftharpoons$ 橙	$CuCl_3^-$ 几何构型改变
MoO_3	—	透明 $\rightleftharpoons$ 黄	—

表17-4 有机物的可逆热致变色

材料	变色温度/℃	颜色变化	变色机理
对氨基苯基汞双硫腙盐	—	橙 ⇌ 蓝	质子转移
邻联甲苯胺单缩香草醛	100	淡黄 ⇌ 土黄	质子转移
邻联甲苯胺双缩香草醛	120	金 ⇌ 绿	质子转移
2,3-二苯乙烯基-5,6-二氰基吡嗪	174.5	黄 ⇌ 红	升高温度，分子间π-π作用增强，晶格收缩

室温下VO_2为绝缘体，在整个波段具有较高的光学透过率。当温度大于68℃（T_c）时，VO_2发生绝缘态（单斜相）到金属相（锐钛矿相）的转变，从而使近红外波段的光学透过率降低，如图17-13所示。这种相变通常被称为金属-绝缘体转变（metal-insulator transition，MIT），也是可逆的。对于无机电致变色氧化物，其透过率的降低主要由于材料的吸收；而VO_2在高温下表现出的低透过率主要由于金属态的反射。VO_2由于这种热致变色特性，被广泛应用于智能窗户、光调控器件等领域。在智能窗户中，当环境温度升高时，VO_2由绝缘体转变为金属，其高反射状态可以有效阻止太阳光中近红外波段光的进入，从而降低了室内温度；而在低温下，VO_2变为绝缘体，窗户呈现出高透过率状态，可见和近红外光可以有效进入。

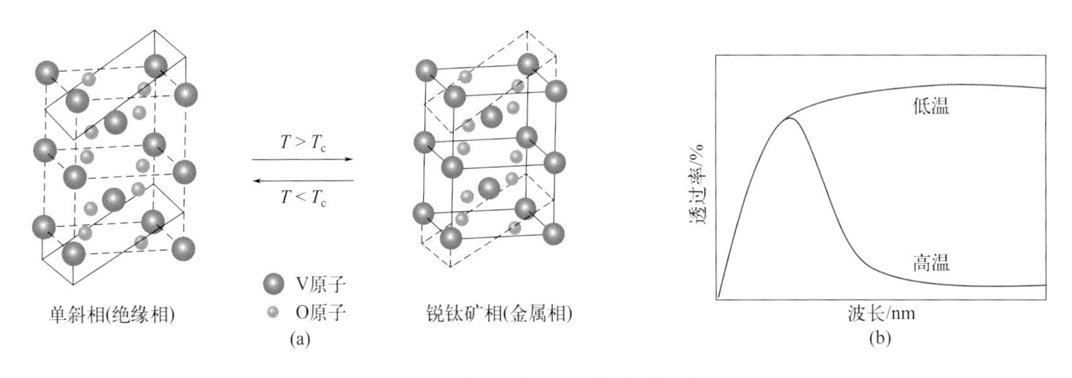

图17-13 VO_2的相变（a）与光谱调控（b）

尽管VO_2作为热致变色材料在智能窗户等领域具有广泛应用前景，但也面临一些问题和挑战。首先，VO_2的相变温度约为68℃，这个较高的温度限制了其在一些应用中的灵活性。在实际使用中，需要额外的控制手段调整和优化相变温度，以满足不同场景的需求。其次，VO_2的相变过程涉及晶格结构的变化，影响其材料的长期稳定性和耐久性。在频繁的相变过程中，材料可能发生疲劳，导致性能下降或失效。除此之外，光学调控范围、快速相变和温度均匀性也会影响VO_2的整体使用效果。比如，VO_2的热致变色效应主要发生在红外光谱范围，而对于可见光范围的调控相对较小。VO_2的相变速度较快，但在一些应用中可能需要更快的响应速度。在一些大面积的应用中，如智能窗户，需要确保整个材料表面的温度均匀性，以获得一致的光学效果。温度分布不均匀可能导致材料的局部相变，影响整体性能。

虽然存在这些问题，但是科研人员和工程师们一直在努力解决这些挑战，以提高VO_2热致变色材料的性能，并推动其实际应用。随着技术的不断发展，相信会有更多的创新和改进，以克服VO_2材料面临的限制。

17.2.3.4　隐身材料

从中国《西游记》中各路神仙的隐身术，到《哈利·波特》的“隐身斗篷”，再到1991年美国F-117隐形轰炸机参与海湾战争，材料科学的发展使“隐身”变成可能。

隐身的物理本质是材料对电磁波吸收和散射的控制。隐身技术的目标是使物体对特定波段的电磁波，尤其是微波和雷达波，具有最小的反射和散射，从而减小被探测到的概率。最为典型的隐身材料是吸波材料，这些材料能够吸收入射的电磁波，将其转化为热能或其他形式的能量而不反射。吸波材料的选择非常关键，因为它决定了在特定波段的吸收效率。例如铁氧体，主要是由铁、氧和一种或多种过渡金属元素（如镍、锌、铝等）组成的陶瓷材料，在外部电磁场的作用下，铁氧体中的微观磁矩会因为外磁场的变化而发生翻转，导致材料内部发生能量耗散。通常，铁氧体吸波材料采用多层结构设计，包含吸波材料和反射层。这种设计有助于调整材料的吸波频段，提高吸波效率，同时减小反射，实现对相应波段的隐身。此外，通过设计微纳米金属结构，如金属纳米颗粒或金属纳米线，可以实现对特定波段电磁波的控制。这些结构可以改变电磁波在表面的传播方式，从而减小反射。

近年来发现，超材料可以通过材料微观结构的精密控制，对电磁波进行引导、调控和干涉，实现一些天然材料难以实现的特殊电磁性能。例如，2008年华裔科学家张翔带领的团队率先利用超材料实现了“隐形毯”。除此以外，一些导电聚合物、多层复合设计，以及设备宏观上的几何设计都可以达到“隐身”的目的。

17.2.3.5　液态金属机器人

可变形液态金属机器人是一类基于可流动的液态金属（如镓合金）技术构建的机器人，这些机器人具有在外部刺激下改变形态的能力。液态金属的特性使得机器人能够在不同形态之间自由切换，并且在柔性和变形性方面表现出色。这类机器人的设计灵感通常来自生物系统，如动物的运动和变形能力。液态金属机器人通过调整内部液态金属的流动方向、速度或形态，实现柔性变形，从而适应不同的任务和环境。

由于可变形特性，这些机器人在探索狭窄空间、执行敏感任务或适应复杂环境方面具有潜在的优势，在医疗、救援、探索等领域有着广泛的应用前景，为未来智能机器人技术带来了新的可能性。例如，镓铟合金（$Ga_{75}In_{25}$）在“吞食”微量金属铝作为“燃料”后可呈现可变形的机器形态，并能够长时间高速运动，实现了无需外部电力的自主运动。这一发现为研制实用化的智能马达、血管机器人、流体泵送系统、柔性执行器甚至更为复杂的液态金属机器人提供了理论和技术基础。这种液态金属机器完全摆脱了繁琐的外部电力系统，从而为研制自主独立的柔性机器迈出了关键的一步。

17.2.4　智能材料面临的挑战和发展趋势

除了以上列举的智能材料，还存在着很多其他类型的智能材料，例如自清洁材料、自修复材料、释控材料、释电材料等，由于教材篇幅所限不能一一展开介绍。

目前，部分智能材料在长期使用或极端环境下可能面临稳定性和耐久性的问题，这对于一些实际应用场景来说是一个挑战。如何将智能材料有效地集成到实际系统中，实现可控、可靠、可持续的性能仍然是一个难题。尤其是在大规模生产和实际工程应用中，需要考虑材料与其他组件的协同工作。一些智能材料，其制备成本也相对较高。此外，一些智能材料可能对制备条件非常敏感，导致性能的一致性和可重复性难以保证。如前所述，部分智能材料涉及有毒或环境不友好的元素，对环境友好性也提出了挑战。

未来的智能材料将可能具备多功能性，不仅仅局限于对某一种刺激的响应，而是能够同时应对多种外部刺激。利用纳米技术，可以设计和制备更复杂、更精细的智能材料结构，提高其性能和响应速度。智能材料在生物医学领域的应用将更为广泛，例如药物释放、仿生医疗器械等。

当下，人工智能技术和人机交互界面蓬勃发展。结合人工智能技术，通过智能算法对智能材料的响应进行智能控制，使其更灵活、智能化。智能材料与电子技术的结合将促使更多智能材料应用于集成电子学和柔性电子学，推动可穿戴设备、柔性显示、虚拟现实和增强现实等领域的发展。

17.3 电池材料

17.3.1 电池简史

电池是一种能够将化学能转化为电能的设备，通常用于为电子设备、交通工具、储能系统等提供电力。现代电池的发展最早可追溯到19世纪初，伏打电堆的发明开创了电池研发之路，标志着化学电源的正式诞生。后续发展的丹尼尔电池更是进一步确定了电池正极-隔膜-负极的基本形式，并一直沿用至今。而在后续电池发展的200多年历程中，先后出现了铅酸电池（1859年发明，目前应用最广泛的二次电池之一）、锌锰电池（1866年发明，应用最广泛的一次电池）、镍镉电池（1899年发明，由于镉有毒、已经淡出市场）、镍氢电池（利用储氢合金负极，目前仍广泛应用于电动工具）、锂离子电池等多种电化学储能电池。其中，锂离子电池凭借其能量密度和循环性能的优势迅速风靡全球，成为目前应用最为广泛的电池技术。随着人类社会的发展以及人们对电池能量密度和循环寿命要求的提升，电池的种类及各种组成材料也随之迅速发展。

下面将着重介绍几种目前广泛应用并快速发展的离子电池，特别是其中关键材料的研究和发展趋势。

17.3.2 锂离子电池

自1990年商用锂离子电池诞生至今的短短30年内，锂离子电池已经渗透到人类生活的方方面面。锂离子电池主要由正极材料、负极材料、电解质、隔膜等关键部分组成（图17-14），在充放电过程中，锂离子在电池正负极间来回穿梭，从电极材料中可逆地嵌入或脱出，实现电能和化学能的相互转化。以钴酸锂/石墨电池为例：在充电过程

中，锂离子从正极材料钴酸锂层间脱出，发生氧化反应（同时释放电子），穿过电解质和隔膜扩散到负极材料表面并嵌入石墨层间，发生还原反应；在外电路中，电子从钴酸锂转移到石墨负极，电池达到电荷平衡。充电后电池的电压升高，电能以化学能形式储存在正负极材料中。放电过程中，锂离子从石墨层间脱出，穿过电解质和隔膜回到正极钴酸锂层间；电子从石墨层经过外电路回到钴酸锂。放电后，电池电压下降，化学能转化为电能，驱动外电路上负载的电子设备工作。

从上述过程中我们可以看到，锂离子以电解质为扩散载体，在可逆地穿梭于正负极材料的过程中完成了电能的储存和释放。电池中的正负极材料、电解质、隔膜等关键材料的性质直接关系着电池的整体性能，下面我们将逐一介绍这些关键材料的发展和前景。

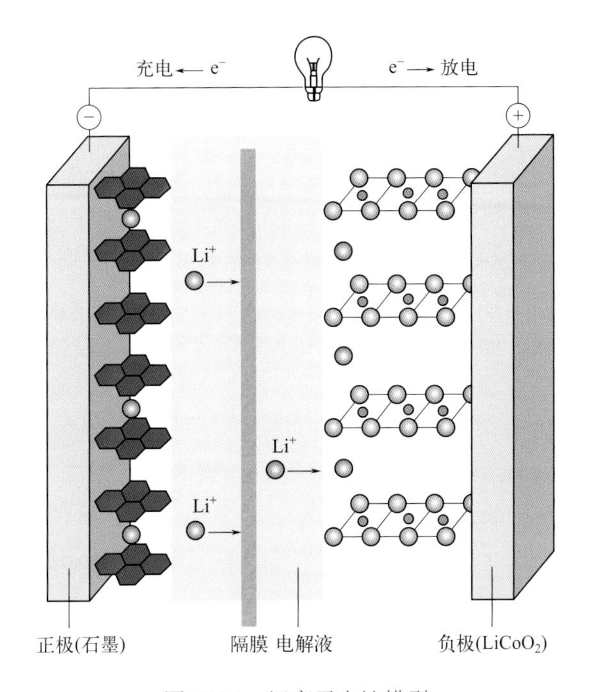

图 17-14　锂离子电池模型

17.3.2.1　正极材料

锂离子电池的比容量受限于正极材料的容量，而且正极材料的生产成本占整个电池成本的30%以上。因此，制备高性能、低成本的正极材料是锂离子电池研究的重要目标。目前商用化的锂离子电池正极材料如图17-15所示，主要基于六方层状结构的$LiCoO_2$、立方尖晶石结构的$LiMn_2O_4$和正交橄榄石结构的$LiFePO_4$等。

六方层状材料的结构通式为$LiMO_2$（M = Co, Ni, Mn），其中以高温相的层状$LiCoO_2$的应用最为广泛。初始的层状O3相$LiCoO_2$为稳定结构，即O原子沿[001]方向按ABCABC……方式堆叠，Li和Co交替穿插于氧-氧层间形成稳定结构。在充电过程中，随着锂离子从氧-氧层间脱出，氧-氧之间的静电排斥增加，$LiCoO_2$结构在z轴方向上发生晶格参数的剧烈变化，并最终退化为不可逆的尖晶石相或岩盐相。同时钴酸锂与电解液接触的界面区域的副反应加剧是$LiCoO_2$失效的另一重要原因。此外，界面处电解液易被高催化活性的Co催化分解，导致钴酸锂界面钴易发生溶解、界面氧原子容易逃逸等。因此目前的

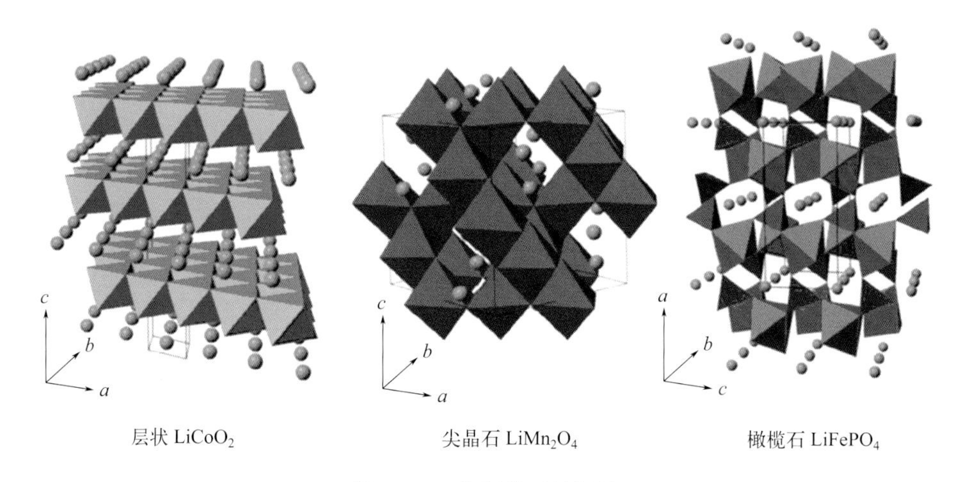

层状 $LiCoO_2$　　尖晶石 $LiMn_2O_4$　　橄榄石 $LiFePO_4$

图17-15　典型的正极材料

正极材料研究主要集中在如何抑制钴酸锂的体相结构转变和界面副反应加剧问题中，常见方法是通过杂元素掺杂、界面修饰等改性方式提高材料稳定性和循环稳定性。

二十世纪八十年代，Hackeray提出了立方尖晶石材料，主要是锰酸锂（$Li_xMn_2O_4$）及其掺杂产物，具有三维隧道结构，其中氧原子呈面心立方密堆积，锰原子交替位于氧原子密堆积的八面体间隙空间，Li^+可以直接嵌入由氧原子构成的四面体间隙而形成FCC结构。锰酸锂材料在高温条件下容量衰减非常严重，可能发生的姜-泰勒效应、Mn的溶出等问题严重限制了其高温循环和储存。因此研究者对锰酸锂材料进行改性，如金属离子掺杂部分替换Mn、表面改性处理、选择适合的电解液等，以提高材料的高温表现。

正交橄榄石结构由Goodenough在二十世纪九十年代提出，磷酸铁锂（$LiFePO_4$）是其中应用最为广泛的材料。由于其低廉的价格、绿色环保和较好的循环寿命，现在被大规模应用于电动汽车、储能和备用电源等。但是目前磷酸铁锂存在的电子电导率差的问题使其难以应用于快充领域，限制了其进一步应用。研究者也通过包覆、纳米化、掺杂等方式改善了其结构和性能。

除了以上三种结构的典型正极材料外，还有聚阴离子正极材料、基于相转变反应的正极材料、有机正极材料等。不同材料的晶体结构各有不同，但都围绕着安全性高、成本低廉、理论比容量高的要求进行开发和改性。

17.3.2.2　负极材料

作为锂离子电池工作时的另一重要储锂场所，负极材料的选择关系着锂离子电池整体性能，限制着电池的能量密度，同时直接影响着锂离子电池的成本。因此开发锂离子电池负极材料时应该遵循以下几点原则：①允许尽可能多的锂离子嵌入与脱出，具备高容量和高比能量；②有良好的导电性和离子扩散性，以确保电荷有效转移的同时允许锂离子在材料内部快速扩散；③在锂离子嵌入脱出的过程中能够保持体积结构基本稳定；④低成本和环境友好性；⑤高安全性。

二十世纪五十年代，锂离子石墨嵌入化合物的成功合成为石墨类碳材料成为锂离子电池负极材料奠定了基础，经过长时间的发展，石墨已经成为目前商业上广泛使用的负极材料之一。层状石墨类负极材料是十分可靠的锂离子电池负极材料，具有372mA·h/g的理论容量，根据碳原子层堆垛方式的不同（ABAB和ABCABC），分为六方和菱方两种晶体结构（图17-16）。石墨中的碳是sp^2杂化结构，碳原子间通过共价键连接，层间通过范德瓦尔斯力相互作用。在有机电解液体系中，锂与石墨能够形成插层化合物LiC_6。

石墨分为人造石墨和天然石墨，人造石墨结构均匀，因而反应活性均匀，但是成本高；天然石墨成本低，但是存在外表面反应活性不均匀、材料颗粒粒度不均匀、表面缺陷复杂等问题。现阶段许多研究针对天然石墨表层结构进行改善，以提高与电解液接触时生成的固体电解质界面（又称为SEI膜）的稳定性，例如表面包覆、表面氧化等方式。

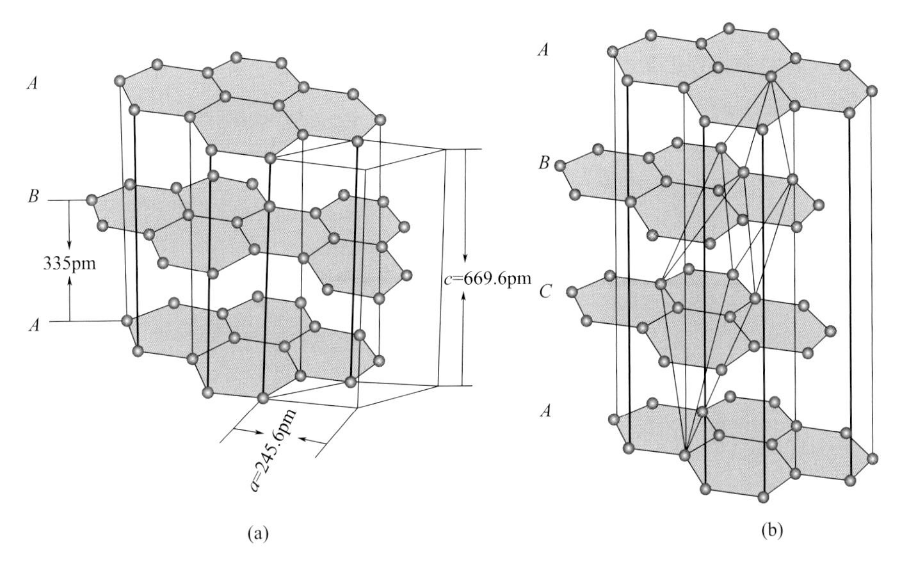

图17-16 石墨的晶体结构

（a）六方结构；（b）菱方结构

尽管目前商业化石墨的比容量已经远超正极材料，但是实现负极材料的高比容量对于提高电池的整体能量密度仍有十分重要的意义。基于此背景，硅负极材料因其高理论容量（4200mA·h/g）、环境友好、储量丰富等优点，被认为是最有潜力的下一代高能量密度锂离子电池负极材料。有别于石墨插层式的储锂机理，硅主要通过与锂形成合金的形式来储锂，以不同嵌锂状态呈现，如Li_2Si_7、Li_7Si_3、Li_3Si_4、$Li_{15}Si_4$及$Li_{22}Si_5$等。由于锂离子半径（0.76Å①）与硅原子半径（1.17Å）相近，因此大量锂的嵌入会导致硅体积膨胀达到300%～400%。大体积膨胀导致硅负极电极结构恶化、硅颗粒粉化、SEI膜持续生长，致使可逆容量迅速衰减。目前商业化的硅基负极主要是通过将硅纳米化并与碳复合的方式，以牺牲容量为代价提高循环性能。第一代硅碳负极材料是将纳米硅用沥青包覆，再与石墨复合、碳化；第二代硅碳材料是用氧化亚硅代替纳米硅，碳包覆后与石墨复合；第三代硅碳材料是预锂化、预镁化氧化亚硅/石墨复合材料；第四代硅碳材料是硅烷化学气相沉积多孔硅碳材料。随着人们对电池高能量密度的需求不断提高，高容量硅碳材料研究蓬勃发展。预计在不久的将来，硅基负极材料将有效提高动力电池的续航里程，减缓人们的电动汽车里程焦虑。

① $1Å = 10^{-10}m$。

17.3.2.3 电解液

电解液是锂离子电池的“血液”，在电池体系中承担传导离子的作用，因此是电池的关键成分之一。液体电解质一般需要具备以下基本特质：高电导率、高离子迁移数、宽的电化学窗口、工作温度范围广、稳定性好、不易燃烧等。目前商用锂离子电解液的主要成分包括溶剂、锂盐和添加剂。其中，溶剂承担溶解锂盐和传输锂离子的作用，需要满足较高介电常数、较低黏度、工作温度区间宽等要求；锂盐是电解液中提供锂离子的主体，需要满足易溶解和解离、较高抗还原和抗氧化性、生产成本低等要求；添加剂的加入主要是为了满足电解液的特殊需求，少量的电解液添加剂能显著改善电解液某一方面的性能。

不同电解液成分会直接影响电解液的理化性能，表17-5列举了部分常见电解液成分及特点。

表17-5 常用电解液成分和特点

电解液	成分		特点	
			优势	劣势
溶剂	碳酸酯类	碳酸乙烯酯（EC，ethylene carbonate）	较高的分子对称性、较高的离子电导率、较好的界面性质，能够形成稳定的SEI膜	EC的高熔点限制了电解质的低温应用
		碳酸丙烯酯（PC，propylene carbonate）	具有宽液程、高的介电常数和对锂的稳定性	溶剂化锂不可逆嵌入石墨
		碳酸二甲酯（DMC，dimethyl carbonate）	线型碳酸酯，具有低黏度、低沸点、低介电常数，能与EC以任意比例互溶	低导电性、高黏度
	醚类	四氢呋喃（THF，tetrahydrofuran）、乙二醇二甲醚（DME，dimethoxyethane）等	低黏度、高离子电导率、产生薄SEI	耐氧化性不足
	砜类	乙基甲基砜（EMS，ethyl methyl sulfone）、四甲基亚砜（TMS，tetramethylene sulfoxide）	高抗氧化电位、正极材料良好的相容性	与石墨负极相容性差、与隔膜浸润性差
	腈类	戊二腈（glutaronitrile）、己二腈（hexanedinitrile）	宽的液程、较高的介电常数、较低的黏度、较强的抗氧化性、优越的低温性能	与负极兼容性差
锂盐	六氟磷酸锂（$LiPF_6$）		能与各种正负极材料匹配、综合性质最佳	化学和热力学不稳定、高温分解、对水敏感
	四氟硼酸锂（$LiBF_4$）		高低温性能良好、较高的安全性	解离常数小、电导率低、易与金属锂反应，与石墨负极兼容性差
	高氯酸锂（$LiClO_4$）		价格低廉、对水分不敏感、高稳定性、高溶解性、高离子电导率和高氧化稳定性	易与溶剂发生剧烈反应、运输不安全
	六氟砷酸锂（$LiAsF_6$）		与六氟磷酸锂各项性能接近、具有高离子电导率，与负极成膜性良好	有毒
	其他		三氟甲基磺酸锂、双（三氟甲基磺酰）亚胺锂、双氟磺酰亚胺锂、双草酸硼酸锂（LiBOB）、二氟草酸硼酸锂（LiODFB）等	在溶解度、电导率方面性能各异

续表

电解液	成分		特点	
			优势	劣势
添加剂	成膜添加剂	碳酸亚乙烯酯、氟代碳酸乙烯酯、亚硫酸丙烯酯和亚硫酸乙烯酯等	改善电极与电解质之间的SEI成膜性能、改善负极与电解液之间的界面化学	
	离子电导添加剂	12-冠醚-4、阴离子受体化合物和无机纳米氧化物等	提高电解液电导率	
	阻燃添加剂	磷酸酯、氟代碳酸酯和离子液体等	提高电解液安全性，在高温下捕获自由基进而阻断链式反应	
	过充保护添加剂	二甲氧基取代苯、丁基二茂铁和联苯等	当电压超过电池截止电压，添加剂在正极表面被氧化，使电池停止工作并缓慢放热	
	高电压添加剂	苯的衍生物、杂环化合物、1,4-二氧环乙烯醚和三（六氟异丙基）磷酸酯等	改善电解液在高电压下的氧化稳定性	
	其他	甲基乙烯碳酸酯（MEC）、氟代碳酸乙烯酯（FEC）、LiBOB、LiODFB等	改善高低温性能，抑制铝箔腐蚀，改善成膜性等	

17.3.2.4 隔膜

隔膜是锂电池关键的部件之一，是一种有孔隙的绝缘膜，将电池的正、负极分隔开，以防止短路。电解液通过隔膜的孔隙传输锂离子，而电子从外电路传输，从而形成电化学充放电回路。隔膜的性能与电池内电极材料界面接触特性、电池内阻有重要相关性，直接影响电池的容量、循环以及安全性能等。目前，锂离子电池隔膜生产材料以聚烯烃为主，主要包括聚丙烯（PP）、聚乙烯（PE）、聚丙烯（PP）和聚乙烯复合材料。

锂电池隔膜主要通过干法和湿法两种不同工艺制备而成。根据技术路线不同，锂电池隔膜可分为干法单向拉伸工艺隔膜（适用于PP和PE）、干法双向拉伸工艺隔膜（适用于PP）、湿法工艺隔膜（适用于PE）。表17-6中对比了不同工艺制备的隔膜性能的差异。

表 17-6　不同技术路线制备的隔膜的性能对比

性质	参数	干法工艺		湿法工艺	
—	生产方式	单向拉伸	双向拉伸	异步拉伸	同步拉伸
—	工艺原理	晶片分离	晶型转换	热致相分离	
一致性	厚度/μm	12～30		5～30	
	孔径分布/μm	0.01～0.3		0.01～0.1	
	孔隙率/%	30～40		35～45	
安全性	闭孔温度/℃	145		130	
	熔断温度/℃	170		150	
	穿刺强度/gf①	200～400		300～550	
稳定性	横向拉伸强度/MPa	＜100		130～150	
	纵向拉伸强度/MPa	130～160		140～160	
	横向热收缩率（120℃）/%	＜1		＜6	
	纵向热收缩率（120℃）/%	＜3		＜3	

① 1gf=9.8×10^{-3}N。

17.3.3 钠离子电池

由于大规模储能应用需求的增长，地壳中低丰度且分布不均匀的锂资源（约为0.0017%）限制了锂离子电池的发展，同时锂离子电池中的其他常见元素（如镍、钴等）在地壳中储量也比较低。因此人们逐渐将研究的目光转移至储量丰富且广泛分布于海水中的钠离子电池，同时钠离子电池中其它常见元素储量也较高，如铁、锰等。由于钠离子相比于锂离子具有更大的离子半径，因此在电池特性上与锂离子电池有较大区别。与传统的锂离子电池相比，钠离子电池的主要优势有：①钠的储量丰富，原材料成本低；②工作温度范围宽，高、低温性能优异；③安全性好；④铝箔集流体，可设计双极性电池；⑤钠离子溶剂化程度低。因此，钠离子电池被认为是一种有应用前景的新型储能技术，有望在未来的大规模电网储能应用中发挥重要作用。

目前钠离子正负极材料仍然面临着各种不同问题，因此寻找合适的钠离子正负极材料是钠离子电池成功商业化的关键。在正极材料方面，相比于锂离子正极材料较窄的备选范围，钠离子电池正极材料更加广泛，从O型和P型层状结构正极材料到聚阴离子型化合物、普鲁士蓝类化合物、氟化物和有机化合物，多样化的正极材料让钠离子电池的发展有更多可能性。在负极材料方面，由于钠和铝不会形成合金，因此可以选择价格更低廉和质量更轻的铝箔集流体替代锂离子电池中的铜箔集流体，从而有效降低成本并提高电池能量密度。由于锂离子电池中经典的石墨材料并不具备储钠能力，因此目前仍需要寻找一种像石墨那样价格低廉且性能优异的负极材料。已经报道的钠离子负极材料主要包括碳基、钛基、有机类和合金类等。其中，碳基材料中无序度较大的无定形碳基材料由于其较高的储钠比容量、较低的储钠电位和较好的循环性能成为目前最有应用前景的钠离子负极材料。

除了锂离子和钠离子电池外，还有一些离子电池仍然处于研究阶段，如钾离子电池、镁离子电池、钙离子电池、铝离子电池和锌离子电池等，它们都具有某些独特的优势并存在对应的挑战。表17-7中列举了部分仍处于研究阶段的离子电池的优势和劣势。

表17-7　几种新型金属离子二次电池的优势和劣势

离子种类	优势	劣势
钾离子电池	K/K^+（−2.93V）标准平衡电位更接近Li/Li^+（−3.04V），在输出电压和能量密度方面有潜在优势；不易与阴离子结合，相对钠离子电池具有更快的迁移速率，倍率性能良好	石墨层间距不足以插入钾离子，需要寻找其他适合的负极材料或者拓宽石墨碳层到0.38nm以上
铝离子电池	成本低、不易燃烧，具有很高的电荷储存能力	常温下扩散迁移能力差，电导率低，不利于电池快速充放电；铝离子电池嵌入材料体积膨胀大；工作电压低，循环寿命差
镁离子电池	储量丰富、成本低廉，具有较高的能量密度；环境友好	循环寿命差，空气中易与氧气发生反应影响安全性

17.3.4 下一代高性能电池

随着现代社会对能源材料使用需求的提升，已有的二次电池在能量密度、循环寿命、高低温性能等方面难以满足现代社会的需求。因此，探索和开发下一代新型高性能电池成为能源领域的研究新热点。与二次电池相比，下一代电池因其工作原理和材料选择上的区别，往往具有独特的优势。目前认为具有发展前景的高性能电池主要有固态电池、金属空气电池、锂硫电池和液流电池。接下来我们将逐一进行简要介绍。

17.3.4.1　固态电池

由于锂离子电池存在能量密度相对较低和电解质易燃等问题，其发展已经到达了瓶颈。固态电池作为具有高能量密度和高安全性的候选者，在过去几十年的研究中取得了显著的进展，并有望彻底取代传统的二次离子电池。表 17-8 中将固态电池与传统锂离子电池的特点进行了比较。固态电池采用非可燃性固体电解质替代传统液态电解质，极大地简化了电池的构造。在负极材料的选择上，固态电池更倾向于使用高能量密度的金属阳极，而正极候选材料也从传统的含锂氧化物扩展到硫化物、氟化物等多种材料。这种电解质状态的改变和正负极材料的改进能够显著提高电池整体的能量密度和安全性，同时降低电池的制造成本。

表 17-8　固态电池与传统锂离子电池比较

类别	固态锂电池	传统锂离子电池
电池构造	充电 e^- 外电路 放电 e^- 正极 固态电解质 负极	液态电解液 充电 e^- 外电路 放电 e^- 正极 隔膜 负极
正极材料	氧化物、硫化物、氟化物等	氧化物等
负极材料	锂金属、碳族、氧化物、硅族等	石墨等
电解质	固态电解质	有机电解液
优点	能量密度高、安全性较高、电化学窗口宽	商业化程度高、界面接触好、电导率高
缺点	生产成本高、界面阻抗高、电导率偏低	界面副反应剧烈、安全性差、电化学窗口有限、工作温度限制

固态电解质作为固态电池中最为独特的成分，是固态电池区别于其它电池体系的核心组成部分。设计理想的固态电解质材料需要考虑以下基本要求：①高离子电导率；②良好的化学和电化学稳定性；③一定的机械强度有利于适应电池体积变化，降低枝晶生长的影响；④环境友好和较低的成本。此外，理想固态电解质应当具备适配的热膨胀系数、优异的界面相容性等优点。根据固态电解质的不同，固态电池主要可以分为有机聚合物固态电池、无机氧化物固态电池和无机硫化物固态电池，表 17-9 详细比较了这三种固态电解质。

表 17-9　三种固态电解质的比较

类别	聚合物固态电解质	氧化物固态电解质	硫化物固态电解质
离子电导率	室温：$10^{-7} \sim 10^{-5}$S/cm；60℃以上：10^{-4}S/cm	$10^{-6} \sim 10^{-3}$S/cm	$10^{-7} \sim 10^{-2}$S/cm
优点	柔韧性高、不与锂金属反应、卷对卷生产	稳定性高、电化学窗口宽、力学性能好	电导率高、晶界阻抗低、力学性能好
缺点	室温电导率低、氧化电位低	界面接触差	空气稳定性差
典型材料	PEO 聚合物体系	钙钛矿型、石榴石型	快离子导体 LGPS

17.3.4.2 金属空气电池

金属空气电池是以电极电位较低的金属（如锌、镁、铝、锂、钠等）作负极，以空气中的氧气或二氧化碳气体作正极的一种新型电池，也被称为金属燃料电池。金属空气电池具有能量密度高、原材料丰富、价格低廉、安全无污染等优点，因此被认为是下一代高性能电池的有力竞争者。图17-17为金属空气电池的结构原理图，主要由空气电极、金属电极和电解质组成。根据使用的电解液，金属空气电池可分为水系金属空气电池和有机系金属空气电池；根据使用的阳极材料，前者主要包括碱金属空气电池（锂空气电池、钠空气电池和钾空气电池）、镁空气电池、铝空气电池和锌空气电池等。其中，锌空气电池已经成功实现小型电池的商业化，而其他金属空气电池仍处于研究阶段。

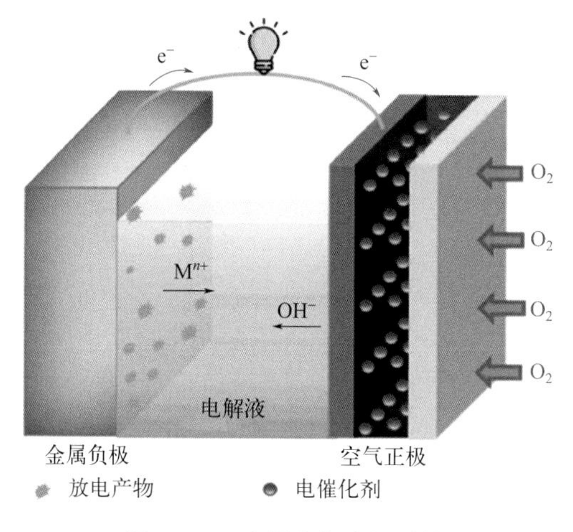

图17-17　金属空气电池结构

从锌空气电池的氧化还原过程可以看出，电池具有一个接近无限高容量的正极，因此不存在过充过放的问题，也不会由于质量问题降低电池比容量。正极侧的关键技术挑战在于如何让空气中的氧气顺利到达正极并参与氧化还原过程，这个过程十分曲折且困难。氧气需要扩散进入溶液体系中，通过液相扩散到电极表面并进行化学吸附，最后在催化剂的作用下被催化还原。正极侧的反应效率被两个关键过程决定：一个是正极侧的气、液、固三相传质过程，是电池的决速步骤之一，因此制备高效的气体扩散电极是加快正极氧还原反应的重要研究；另一个是正极侧的氧还原反应（oxygen reduction reaction，ORR），涉及两种反应过程，4电子反应和2电子反应，前者需要克服的反应能垒更小，反应活性更高，但是多数情况下进行的2电子反应往往会成为电池的另一个决速步骤，因此开发高效的催化剂来催化更多的ORR进行4电子反应也是加快氧还原反应速度的关键。目前使用的气体扩散电极材料还是以多孔类材料（如碳纸、碳布、泡沫镍等）为主，而催化剂大都以贵金属（如铂、钌、铱等）和过渡金属氧化物材料（如氧化钴、氧化镍等）为主。

常规充放电办法在实现可充的二次金属空气电池方面存在显著困难。目前认为最为有效的方式是机械再充，即通过人为更换金属电极的办法实现电池的二次放电。在锌金属空气电池中，这种方法已经在实际中使用。为实现更换下来的锌金属电极再次“复活”，需要将电极放到36%的KOH溶液中浸泡，实现电池的重新活化。这种方式往往使得电池可充放50～100次，初步实现了金属电池的二次充放电。

17.3.4.3　锂硫电池

锂硫电池是以金属锂作负极，单质硫作正极，具有高达1675A·h/kg的理论比容量和2510W·h/kg的理论能量密度。硫单质由于其价格低廉，自然储量丰富，比容量和能量密度高及环境友好等优势，被认为是理想的锂电池正极材料。因此锂硫电池是非常具有竞争力的下一代高能量密度二次电池。

图17-18（a）显示的是锂硫电池的示意图，由正极单质硫、负极锂金属、电解液和隔膜等组成。与传统的锂离子嵌入和脱出的反应机制不同，锂硫电池正极是一个16电子转换过程。目前普遍认可的反应机理如下：

① 放电时，正极中固相环状S_8转化为液相S_8，并进一步与锂离子反应生成可溶性长链Li_2S_8，发生固-液两相反应；

② Li_2S_8继续和锂离子经历两步还原反应，生成可溶性短链Li_2S_6和Li_2S_4，涉及液-液单相过程；

③ 生成的Li_2S_4在低电压（2.1V）区域继续被还原生成不溶的Li_2S_2和Li_2S，涉及液-固两相转变；

④ 最后生成的Li_2S_2会被进一步还原成Li_2S，涉及固-固单相反应。

由固相S_8到可溶的Li_2S_4的两个阶段共贡献419mA·h/g的比容量，发生在放电的高电压（2.4V左右）平台区。第三阶段中由液相Li_2S_4到固相Li_2S的过程贡献了1256mA·h/g的比容量，占总放电容量的75%，因此是影响电池性能的关键过程。图17-18（b）中给出了充放电曲线上多硫化物的变化过程。

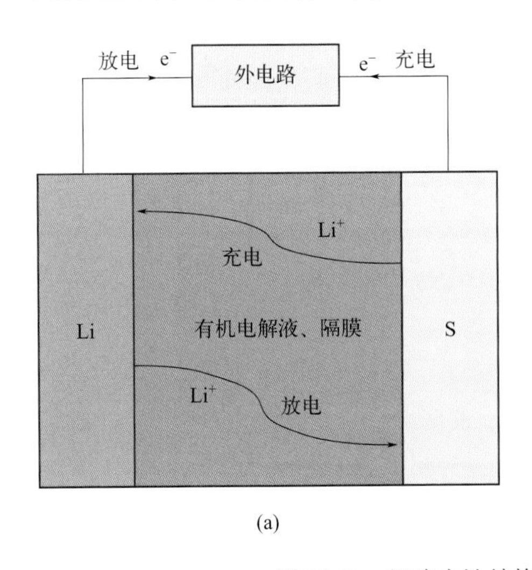

(a)

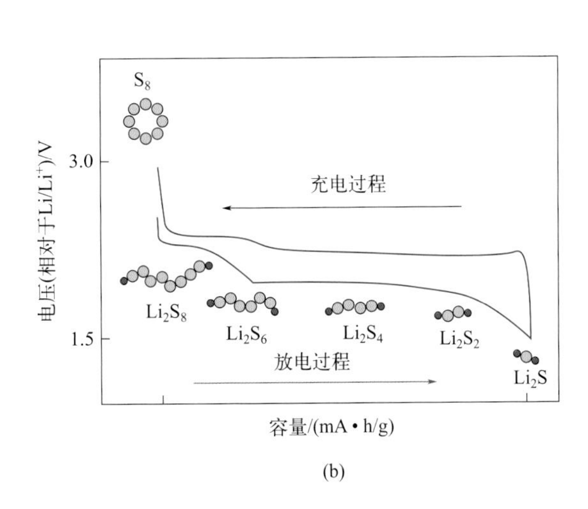

(b)

图17-18　锂硫电池结构（a）和充放电过程多硫化物转化（b）

虽然锂硫电池具有非常大的优势，但是锂硫电池缓慢的动力学反应过程和严重的穿梭效应阻碍了它的实际应用。锂硫电池的放电终产物Li_2S_2和Li_2S均具有较差的导电性，因此占容量大部分的液-固转变具有很高的活化势垒。固-固转变具有很高的电压极化，导致电池反应动力学过于迟缓。此外，绝缘层Li_2S_2/Li_2S会在电极表面形成钝化层，提前终止了放电过程，使电池的循环和倍率性能都受限。在电池循环过程中形成的长链多硫中间产物（Li_2S_x，$4 \leqslant x \leqslant 8$）会溶解在醚类电解液中，在浓度梯度和电场梯度的驱动下扩散到金属负极，并与金属锂发生化学反应而被还原为Li_2S_2和Li_2S，产物又会和后续扩散过来的长链多硫化物反应生成短链聚硫锂并再次扩散回到硫正极，并在正极被氧化为长链多硫化物，如此往复。这种多硫化物在正负极之间来回穿梭的过程便是造成锂硫电池循环性能快速下降的穿梭效应，它不仅仅消耗了正极的活性材料，也会导致负极锂金属被腐蚀，是目前限制锂硫电池发展的关键瓶颈问题。

17.3.4.4 液流电池

液流电池是一种利用循环流动的液态活性物质之间的氧化还原反应完成储能需求的电化学装置。图17-19是全钒液流电池结构示意图。充电时，正负极电解液由蠕动泵送进各自的反应室进行反应；放电时，电解液回到初始状态再循环回储液罐中。因此液流电池在理想状态下可反复进行充放电，完成电能和化学能的相互转换。得益于其独特的储能模式，液流电池拥有独特的优势：首先，液流电池的功率和容量受电堆中单电池个数和电极面积影响，因此电池设计有很大灵活度；其次，由于电极只提供氧化还原位置，不直接参与反应，没有传统电池相变、形态变化等问题，因此具有非常高的循环寿命；此外，该电池系统还具有安全性高、维护成本低、能量效率高等优点。

经过几十年不断的努力探索，液流电池技术发展成熟并且成功应用于大规模储能电站。目前已经陆续开发了$FeCl_2$/卤化锌、溴/锌、有机液流电池、全钒液流电池等等，其中全钒液流电池是目前发展最成熟、商业化程度最高的电池。在全钒液流电池中，正极电解液采用VO^{2+}/VO_2^+点对，负极电解液采用V^{2+}/V^{3+}点对，采用硫酸溶液作为电解质，通过添加必要的添加剂提高电解液的稳定性。

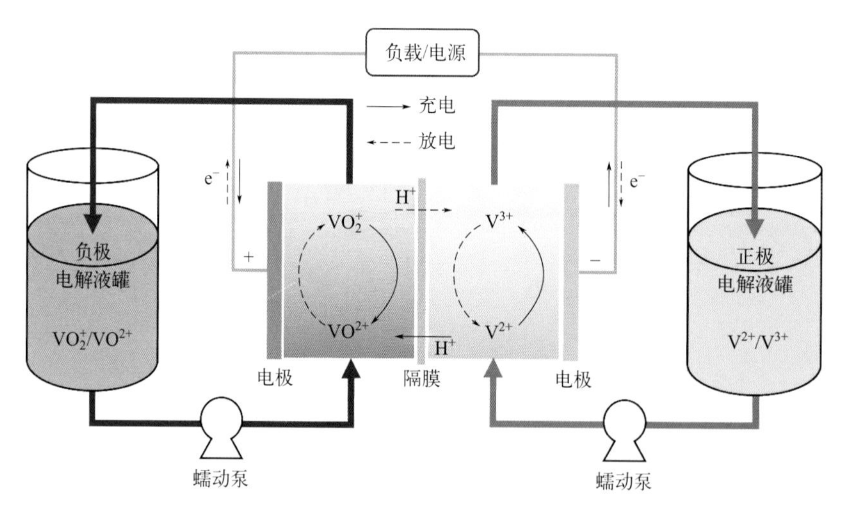

图17-19 全钒液流电池结构

17.4 环境材料

17.4.1 环境材料的定义

20世纪90年代初，日本学者山本良一等提出了“环境材料”（environmental conscious

materials，简称eco-materials）的概念。**环境材料**是赋予传统结构材料、功能材料以优异的环境协调性形成的材料，或直接可以净化、改善环境的功能材料。

从产业技术应用的角度出发，环境协调性材料及产品在满足性能要求的前提下，其特征主要包括功能性、环境协调性和经济性。其中，功能性要求材料具备卓越性能，满足各类需求；环境协调性是与外部环境保持一致，资源消耗最小化，避免污染，实现可循环再生；经济性即舒适性，使材料在实际应用中具有较高性价比，促进广泛使用。综合而言，环境材料致力于在满足人类需求的同时，将材料对环境的不良影响降到最低，推动社会向可持续方向发展。

17.4.2 环境材料的分类

环境材料的种类繁多，主要分为可再生材料、回收材料、低环境影响材料和可降解材料。

可再生材料是以可再生资源为原料制成的一类材料。植物纤维是其中的代表之一，通过对植物的利用，如大豆、玉米等，可以生产出可替代传统纤维的环保材料。植物纤维的制备过程，相比于传统材料的生产过程，往往能够降低能耗和污染。得益于某些植物在生长过程中吸收了大量的二氧化碳，可再生材料的使用能够减少温室气体的排放，达到净化环境的目的。

回收材料主要包括从废弃物中回收再利用的材料。再生纸是回收材料的一个成功例子。通过回收废纸并重新加工制作成纸张，可以减少对森林资源的需求，同时降低制浆过程中的能源消耗和环境影响，具有重要的实际应用意义。

低环境影响材料是指在其生命周期中产生的碳足迹、能耗和污染物排放等较低的材料。这类材料常常注重提高资源利用效率，减少对环境的负担。例如一些低碳建材，可使用再生金属或采用低能耗工艺生产的材料。

可降解材料是一类能够在自然环境中迅速分解或在特定条件下降解的材料，这类材料对于减少塑料污染和地球上的垃圾问题至关重要。生物降解塑料是一个典型例子，它可以在自然环境中迅速分解，减轻对生态系统的压力。因此，近年来生物降解塑料成为非常热门的一类环保材料，并展现出良好的应用前景。

17.4.3 生命周期评价

环境材料的生命周期评价（life cycle assessment，LCA）是一种全面而系统的方法，旨在评估材料从原材料采集、生产、使用到废弃的整个生命周期内对环境的影响。这种方法对于确定材料的可持续性、资源效率和环境友好性至关重要。LCA通常包括以下阶段：

① 原材料采集：评估从自然环境中提取原材料的影响，包括能源消耗、水资源利用、土地使用以及可能的生态破坏。这一阶段的分析有助于确定材料选择对生态系统的潜在影响。

② 生产阶段：考察材料的制造过程，包括能源消耗、排放物和废弃物的产生。对生产环节的评估有助于确定制造过程中的环境热点，从而引导生产者采取更环保的方法。

③ 使用阶段：考虑材料在实际使用中的性能，包括能效、维护需求和可能的环境影响。该阶段的评估有助于优化产品设计，提高使用效率，减少资源浪费。

④ 废弃与再循环：分析材料在生命周期结束时的处理方式，包括废弃和再循环。考虑

废弃物的处理方式，以及材料是否可以被有效回收和再利用，有助于评估材料的最终环境影响。

通过整合这些阶段的信息，LCA为制造商、设计者和政策制定者提供了洞察材料对环境综合影响的全面视角。这种方法有助于识别环境热点，指导材料的选择、生产和使用，以实现更加可持续的生产和消费。

在环境材料的LCA中，对可再生能源的使用、废弃物管理和循环利用的强调成为重要关注点。同时，推动技术创新和生产方式的改进也是减轻环境影响的关键因素。不断完善LCA方法，并将其纳入政策和产业标准的制定过程中，可以促使各方更加注重环境材料的全生命周期影响，推动整个社会向着更加可持续的方向迈进。

17.4.4 环境材料的应用

环境材料由于其卓越的环保性能和可持续特性，在多个应用领域展现了广泛的潜力。环境材料在建筑和建材行业中得到了广泛应用，主要包括使用可再生材料、节能材料和具有优异隔热性能的材料，以降低建筑物的能耗，提高能源效益。环境材料也用于包装行业。例如采用可降解的生物基塑料或具有高度可循环再生性的包装材料，有助于减少单次使用塑料的消耗，降低对环境的负担，这对塑料废弃物管理和生态系统保护具有积极的作用。

以可降解塑料为例，它能够在特定环境下通过生物降解或者光/热降解最终分解成二氧化碳、水等或其他天然物质，而不产生有害残留物。塑料的降解往往需要微生物的帮助，主要是通过酶与聚合物结合，通过催化作用将聚合物链逐渐水解、裂解成低分子量的化合物，如低聚物、二聚体和单体，最终回归到自然界。这个过程通常需要利用微生物产生的酶催化降解反应，其工作原理主要涉及酶的分泌、底物识别和结合、催化降解反应、分子链裂解、微生物吸收代谢以及产物释放。具体而言，细菌、真菌和藻类是能够有效降解聚合物的微生物，微生物分泌特定的酶并通过特定活性位点与废弃高分子材料结合，确保高度特异性的降解过程。进一步地，酶催化降解反应，引发废弃高分子材料的化学键断裂，包括水解、氧化、还原以及酯化等多种反应，生成低分子量的化合物。生成的小分子被周围微生物吸收，可作为能源和碳源，微生物通过代谢将有机废物完全降解为二氧化碳和水等无害产物。生物降解材料的降解过程见图17-20。

塑料的链长和主链组成等是影响塑料降解速率的主要因素。长碳链结构的聚合物，如聚丙烯，对生物降解表现出相对高的抵抗性。相反，含氧聚合物，如聚氨酯和聚对苯二甲酸乙二酯，由于其碳链中引入了杂原子，更容易受到光/热降解和生物降解的影响。这主要是由于氧原子具有较强的亲电性，容易与其他原子键合，因而更容易参与降解反应。此外，降解速率也与亲疏水性、结晶度和分子量密切相关。降解速率随亲水性的增加而增加。具有较高结晶度的聚合物，其分子链的有序排列程度较高，分子倾向于排列成有序的晶格结构，使水分、氧气等降解介质难以渗透到聚合物内部，从而抑制降解作用。从这个角度看，高分子量的聚合物由于其比表面积相对较低，降解速率较慢。目前，常用于降解的聚合物主要有聚乳酸、聚羟基脂肪酸酯、聚己内酯和聚乙烯醇这几类，根据它们的分子链大小和结构特性，可应用于不同的领域，如餐具、一次性用品、包装材料、纺织业、生物医药等。

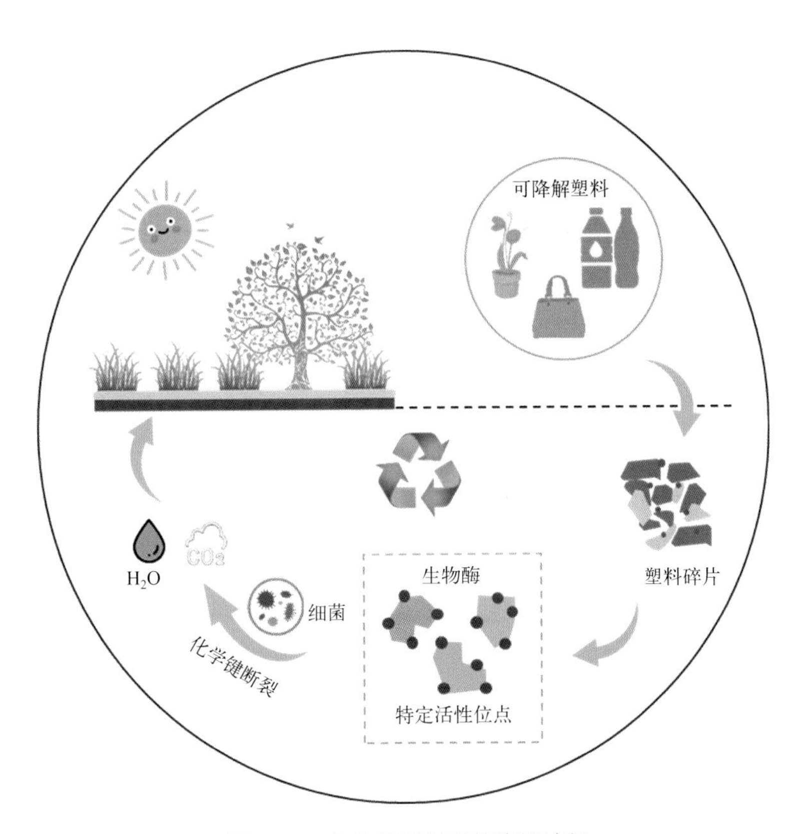

图17-20　生物降解材料的降解过程

在医疗领域，生物相容性好、可生物降解的环境材料成为医疗器械和植入物的理想选择。例如，聚己内酯是一种线型脂肪族热塑性聚酯，由ε-己内酯开环聚合形成。聚己内酯作为半晶性高分子，具有有序的结晶区域和无序的非晶区域，这种半结晶结构赋予其良好的柔性、优异的力学性能和耐久性。因此，聚己内酯用作生物降解材料，如手术缝合线、树脂绷带、骨科夹板等，其优异的生物相容性有助于减少对人体的刺激，而缓慢的降解速率则使其成为药物缓释载体的理想选择。

此外，环境材料在电子产品制造、生物医药、家具和纺织业等领域也有着广泛的应用。例如，由玉米淀粉等植物原料制造的聚乳酸材料，作为一种高度实用的可生物降解聚合物，其弹性模量在3000～4000MPa之间，拉伸强度为40～60MPa，断裂伸长率为2%～10%，熔点为176℃，而玻璃化转变温度在60～65℃。聚乳酸由于出色的可塑性、优异的力学性能、环保绿色特性以及对人体的高度安全性和可被组织吸收的特性，被广泛应用于一次性用品、包装材料、纺织业、生物医药等领域。聚羟基脂肪酸酯是一类由微生物通过发酵不同碳源合成的一种细胞内聚酯，是一种天然的热塑性高分子生物材料。它可以在微生物的作用下迅速分解为自然界的水和二氧化碳，这使其成为一种环境友好的替代材料，可用于餐具、一次性用品和玩具等，有助于减少塑料垃圾对环境的负面影响。聚乙烯醇由醋酸乙烯经聚合反应、醇解而制成，主要单体为1,3-丙二醇，卓越的水溶性、成膜性、化学稳定性和低毒性等特点，使其在多个应用领域中广受青睐。在涂料和胶黏剂制造中，聚乙烯醇作为水性涂料和胶黏剂的主要成分，展现了优越的黏附性，用于家具、纸张和标签等。

17.5 生物材料

17.5.1 生物材料的定义

生物材料（也称**生物医用材料**）是用来对生物体进行诊断、治疗、修复或替换其病损组织、器官或增进其功能的材料，已经成为当代材料学科的重要分支。生物材料是材料科学领域中正在发展的多种学科相互交叉渗透的领域，其研究内容涉及材料科学、生命科学、化学、生物学、解剖学、病理学、临床医学、药物学等学科。表17-10给出了生物材料发展涉及的学科。因此，发展生物材料需要具有不同领域的知识或者与不同领域的专家合作。

表17-10 生物材料发展涉及的学科

涉及学科	案例
材料科学与工程	材料科学涵盖对金属、陶瓷、高分子、复合材料以及生物材料等合成材料与天然材料的结构、性质及其相互关系的研究
生物学和生理学	细胞和分子生物学、解剖学、动物和人体生理学、组织病理学、实验外科学、免疫学等
临床医学	涉及所有临床专业及研究领域、包括牙科、神经科、妇产科、眼科、耳鼻喉科、整形外科、胸心血管外科、兽医学和外科学等

17.5.2 生物材料的发展历程

17.5.2.1 早期的生物材料发展

早期的外科手术，无论是否涉及生物材料，一般都易于因感染而失败。在使用生物材料的情况下，感染问题往往会更加严重，因为植入物会构建出人体免疫细胞无法进入的区域，这导致早期的生物材料发展缓慢。直到19世纪60年代，约瑟夫·李斯特（J. Lister）博士发明了无菌外科技术，令生物材料的广泛使用成为现实。最早成功的植入物以及大部分现代植入物多用于骨骼系统。骨板于20世纪初问世，用于帮助固定断裂的长骨。早期许多骨板由于机械设计不先进容易发生断裂，这归结于板材较薄致使应力集中于角落。此外，钒钢等材料虽具有良好的力学性能，但容易在体内发生腐蚀，从而对愈合过程造成不利影响。20世纪30年代引入不锈钢和钴铬合金后，骨折固定方面取得了较大突破，甚至进行了首次关节置换手术。随着聚合物的出现，生物材料得到快速发展。在第二次世界大战中，被聚甲基丙烯酸甲酯（PMMA）飞机舱盖碎片击伤的战机飞行员并没有因为体内存在碎片而出现不良的术后反应。此后，PMMA被广泛用于角膜和受损颅骨的置换。

17.5.2.2 第一代生物材料

生物材料的快速发展是在20世纪50年代之后，目前生物材料的研究和发展受到细胞和分子生物学、化学、材料科学与工程等学科的推动和指导。第一代生物材料大约可以认为是从20世纪50年代或60年代开始。其目标是实现功能特性的适当组合，达到充分匹配被替代组织的功能特性，同时不对宿主产生有害反应的目的。第一代生物材料主要由已有的、广泛可得的工业材料组成。实际上这些材料不是专门为医疗应用开发的，之所以选择它们，是因为它们具有符合预期临床应用的物理特性，并且具有生物惰性（即它们在宿主组织中引起的反应最小），从而被认为具有生物相容性。广泛使用的弹性聚合物硅橡胶就是一个典型的例子。

17.5.2.3 第二代生物材料

第二代生物材料是从那些早期生物材料的基础上发展起来的，旨在与植入组织之间发生可控反应，以诱导预期的治疗效果。在20世纪80年代，这些生物活性材料被广泛应用于骨科和牙科手术中，包括各种生物活性玻璃和陶瓷等复合材料。它们也应用在设备中，例如充血性心力衰竭患者使用的左心室辅助装置HeartMate®。这种心脏辅助设备具有纹理完整的聚氨酯表面，可限制表面血栓形成或凝血反应，以最大限度地降低凝血碎片脱落进入血液的风险。第二代生物材料用于医疗器械的另一个例子是药物洗脱血管内支架，它已被证明可以显著限制球囊血管成形后再狭窄（血管关闭）。

第二代生物材料还包括可吸收生物材料的开发，其降解速率可根据要求进行调整。由于外来可降解物质最终会被宿主降解为可溶性、无毒的产物，所以在植入部位和宿主组织间没有明显的界面。自20世纪60年代以来，由聚乙醇酸（polyglycolic acid，PGA）组成的可生物降解缝合线一直在临床中使用。对最有效的给药方案和最小化全身毒性的需求刺激了新型可植入聚合物和创新控制系统的发展，比如用于药物输送和基因治疗的材料。此外，新的基于蛋白质和核酸的药物（不能以经典药片形式服用）也对新技术提出了要求，借助生物材料系统可以将药物、活性蛋白和其他大分子递送到需要药物的部位。生物材料使用密集的受控药物递送领域现在能够一次性或持续地以高度精确的剂量将各种药物靶向肿瘤、病变血管以及肺泡等部位。生物材料的缓释机制已被开发用于递送生长因子，以诱导血管形成和其他生物反应。此外，纳米颗粒递送系统和微机电系统（micro electro mechanical system，MEMS）的发展为精准控制剂量开辟了新的途径。

17.5.2.4 第三代生物材料

第三代生物材料是快速发展的前沿技术，其目标是支撑和刺激功能性组织的再生。纵观整个人类历史，医生或治疗师实际上是没有能力使因疾病或创伤而失去的组织和器官再生的，医生的作用是缓和病情——缓解症状而不能真正治愈。现在，随着组织工程和再生医学的进步，用活体组织进行真正的替代似乎已成为可能。生物材料在快速发展的组织工程和再生治疗领域中发挥着关键作用。组织工程是一个宽泛的术语，描述了生物医学和工程科学交界处的一组工具，这些工具利用活细胞（或干细胞）帮助组织形成或再生，从而进行治疗或诊断。

近些年中国自主创新的生物再生材料发展非常迅速，硬脑膜、硬脊膜、口腔修复膜等生物再生材料已有产品陆续上市，本土品牌的市场占有率也在逐年提高，例如正海生物科技公司的软组织修复系列产品口腔修复膜、冠昊生物公司的生物型硬脑（脊）膜补片、迈普再生医学科技公司的可吸收再生氧化纤维素止血产品等。随着科技的持续发展，未来生物材料的种类和应用范围将持续扩大，会更有效地服务于人类健康。

17.5.3 生物材料的分类

17.5.3.1 按照材料的属性分类

生物材料作为生物医学应用的基石之一，种类繁多，生物相容性差异也较大。按照材料属性可将生物材料分为无机非金属材料、高分子材料和金属及合金材料三大类（图17-21）。高分子材料通常按材料属性又可以分为人工合成高分子材料（聚氨酯、聚酯、聚酰胺、聚乳酸、其他医用合成塑料和橡胶等）、天然高分子材料（如胶原蛋白、纤维素、壳聚糖、丝蛋白等）。表17-11给出了按属性分类的代表性生物材料的应用案例以及优劣比较。下面对这几类材料进行具体说明。

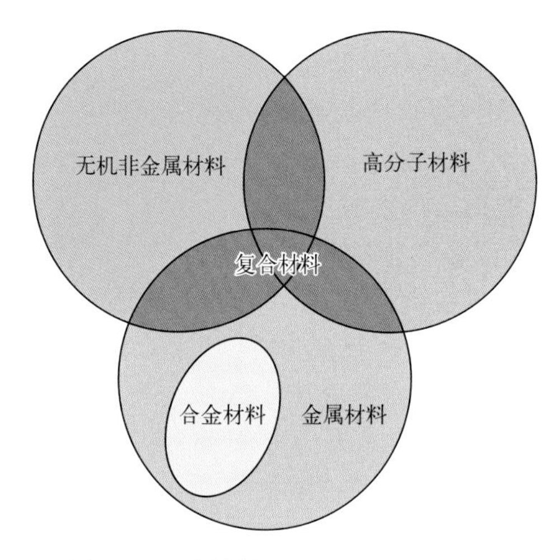

图17-21 生物材料按照来源属性分类

① 无机非金属材料。又可分为生物活性和生物惰性陶瓷。生物活性陶瓷可被分解，生物惰性陶瓷的主要作用是构建接触界面并保持该界面的稳定。

② 高分子材料。包括人工合成高分子材料和天然高分子材料。天然高分子材料通常具有较好的组织相容性。可以根据需求设计并合成医用高分子材料，通过合理设计使其具备所需的力学性能并提高其生物相容性。

此外，高分子医用材料又可根据其在生物体内的稳定性分为不可降解型高分子材料和可降解型高分子材料。可降解型高分子材料通常是指线型脂肪族聚酯、甲壳素、聚氨基酸等。这些材料受生物体内环境的影响，其结构会逐渐被破坏，并且降解产物可被生物体无害化吸收之后排出体外。临床上的主要用途是设计药物载体、控制药物释放以及设计非永久性植入体。不可降解型高分子材料在生物环境中可以保持长期稳定，同时不会发生交联、降解、物理磨损或化学反应。此外，不可降解型高分子材料还应该具有良好的力学性能。其主要用途是人工膜、人体软组织和硬组织修复替代材料、人造器官、管腔产品等。

③ 金属及合金材料。金属材料是人类历史上最早使用的植入材料之一，早在公元前400年至公元前300年，人们就已经开始使用金属来修复牙缺损。铂丝因其对组织的刺激性较小，早在1829年就已得到验证并逐渐被应用于医学领域。不锈钢材料的使用在20世纪初逐渐形成并确立相应的标准。仅仅经过了20余年，传统的不锈钢已经发展到302型不锈钢，并得到广泛应用。到20世纪50年代，耐腐蚀的316L型不锈钢已经问世。然而这些不锈钢

类的材料在实际临床应用中都面临生物相容性差的问题。为解决这一问题，研究人员开发了生物相容性好的钴基合金材料，但依然存在离子溶出的问题，可能导致组织损伤和植入物松动。直到20世纪90年代，钛合金的诞生以及在临床上的成功应用，才为金属材料的进一步开发提供了新的方向。目前，临床上使用的合金材料主要包括不锈钢、钴铬合金、钛合金、钴铬镍合金和镍钛形状记忆合金等，这些合金材料被广泛应用于制造骨、关节和各种支架材料。其中，镍钛合金因其独特的智能记忆功能和良好的生物相容性，已成为当前医学领域常用的金属材料之一，在骨科、心血管外科等领域有广泛应用，并被认为是最具发展前景的医用金属材料。

④ 复合材料。通常由两种或两种以上材料复合而成。复合材料集成了金属、陶瓷或高分子材料，其目的是利用各类材料的特性和优点来获得性能优异的材料，其主要用途是人体器官的替换或组织修复。根据组成基材可以分为金属、陶瓷、高分子基复合材料，例如可用作生物传感器的聚合物材料和碳纤维增强生化玻璃。

⑤ 杂化材料。由非生物材料和生物材料组成的复合体，包括合成材料和生物材料的复合体，以及上述材料和生物细胞的复合体。

⑥ 生物衍生材料。是一种非生物活性材料，其结构和功能类似天然组织，可用于制作人工心脏瓣膜等。

表17-11 按属性分类的生物材料应用案例以及优劣比较

材料	优势	劣势	应用案例
聚合物（尼龙、硅橡胶、聚酯、聚四氟乙烯等）	弹性好、易于加工制造	不牢固、随时间推移而变形、可能降解	血管、髋臼、耳、鼻等以及其他软组织用的缝合线
金属及合金（钛及其合金、钴铬合金、不锈钢、金、银、铂等）	强度高、韧性强、延展性好	可能被腐蚀、密度大	关节置换、骨板和螺钉、牙根植入物、起搏器和缝合线
陶瓷［氧化铝、磷酸钙盐（包括羟基磷灰石）等］	生物相容性好，惰性、抗压性强	易碎、弹性差、难以制造	髋关节置换的股骨头、牙科和整形外科植入物的涂层
复合材料（碳-碳、钢丝或纤维增强骨水泥等）	强度高、可量身定制	难以制造	关节植入物、心脏瓣膜

17.5.3.2 按照材料的生物活性分类

按照材料的生物活性，生物材料又可以分为生物惰性材料和生物活性材料。生物惰性材料是指一类在生物环境中能够保持稳定，不发生或仅发生微弱化学反应的生物医学材料，主要是惰性生物陶瓷类和医用金属及合金类材料。由于现实中不存在完全惰性的材料，因此生物惰性材料在机体内也只是基本上不发生化学反应。

生物活性材料是指那些具有生物学活性或与生物系统相互作用的材料。生物活性材料可以用于制造人工器官、修复组织、促进骨生长以及控制药物释放等领域。例如，人工髋关节和膝关节中使用的金属和陶瓷材料以及心血管支架上涂敷的药物涂层都属于生物活性材料的典型应用。另外，生物活性材料也包括具有生物降解性质的植入物，如聚乳酸（PLA）、聚乙醇酸（PGA）、聚己内酯（PCL）以及它们的共聚物制成的手术缝合线。这些材料可以在体内被生物降解，减轻患者治疗期间或二次手术时的痛苦。

17.5.3.3 按照材料对血液成分的影响分类

根据材料与血液接触后对血液成分、性能的影响状态可将生物材料分为血液相容性材料和血液不相容性材料。血液相容性材料与血液接触时，不引起凝血及血小板黏着凝聚，没有破坏血液中有效成分的溶血现象。

17.5.3.4 按照材料对机体细胞的亲和性和反应情况分类

根据材料对机体细胞的亲和性和反应情况，可将生物材料分为生物相容性材料和生物不相容性材料。生物相容性是指材料在与生命体组织接触时展现出的一种性能，一般是指材料在生物体内这一动态变化的环境中，能耐受并适应人或者动物体内系统作用而保持相对稳定，不被排斥和破坏的生物学特性。生物材料植入人体后，对特定的生物组织环境产生影响和作用，而生物组织对生物材料也会产生影响和作用，两者的循环作用一直持续，直到达到平衡或者植入物被去除。

17.5.4 生物材料的应用

生物材料主要应用在医学领域，也广泛应用于组织中的细胞生长、临床实验室中分析化验血液中蛋白的实验、生物技术使用的或处理反应的仪器设备、调节动物生殖能力的植入材料以及诊断基因阵列的仪器设备中。值得注意的是，在医学应用中，生物材料很少作为孤立的材料被使用，而是更普遍地被集成到装置或者植入物中。例如，化学纯的钛金属本身是生物材料，加工成型的钛金属和高分子结合在一起就构成了人工髋关节。表17-12～表17-14分别列举了生物材料在解决实际问题领域的应用案例、在器官水平上的应用案例以及在人体系统中的应用案例。

表17-12 生物材料在解决实际问题领域的应用案例

实际问题领域	应用案例
替代病变或者损坏的部件	人工髋关节、肾透析机
协助治疗	手术缝合线、骨板和螺钉
提高功能	心脏起搏器、人工晶状体
纠正功能异常	心脏起搏器
纠正美容问题	乳房增大成形术、隆颏术
诊断辅助	探头、导管
治疗辅助	导管、排尿管

表17-13 生物材料在器官水平上的应用案例

器官	应用案例
心脏	心脏起搏器、人工心脏瓣膜、全人工心脏
肺	充氧机
眼	角膜接触镜、人工晶状体
耳	人工镫骨、人工耳蜗
骨	骨板、髓内钉
肾	肾透析机
膀胱	导管、支架

表 17-14　生物材料在人体系统中的应用案例

人体系统	应用案例
骨骼	骨板、全关节置换
肌肉系统	缝合线、肌肉刺激器
循环系统	氧气机
呼吸系统	人工心脏瓣膜、血管
皮肤	缝合线、烧伤敷料、人造皮肤
泌尿系统	导管、支架、肾透析机
神经系统	脑积水引流管、神经刺激器
内分泌	微囊胰岛细胞
生殖系统	乳房增大成形术、其他美容替代物

习题

1. 什么是热电器件？列举两个重要应用。

2. 硅基太阳能电池的核心结构和工作原理是什么？

3. 什么是智能材料？请列举三个智能材料的例子。

4. 描述形状记忆合金的工作原理。

5. 简述消费电池、动力电池、储能电池的电化学性能差别。

6. 钠离子电池与锂离子电池在电化学性能方面存在哪些差别？

7. 为了实现理想的下一代储能电池，需要考虑哪些因素？

8. 生物降解材料在自然环境中的分解速度受到哪些因素的影响？

9. 说明聚己内酯的降解原理，以及常见的降解方法。

10. 在PP、PLA、尼龙-6这三种材料中，哪种材料具有最快的生物降解速度？

11. 什么是生物惰性材料？是否有绝对的生物惰性材料？

12. 按照材料的属性，生物材料大致可以分为几类？

第18章 材料与社会

社会的进步与人类主动利用各种材料改善生存环境密切相关。材料学家的使命不仅仅是把大自然的恩赐改造成对人类更为有用的材料，或者设计出具有新功能的材料，还应该思考材料的制造、使用、再生的全生命周期过程对社会的影响。人类享受着新材料为生活带来的便利，与此同时，新材料与环境的作用又反过来影响着人类社会。例如，由于居住环境改善，人口急剧增加，根据《世界人口展望2022》，2022年末全球人口达到80亿，而1930年的世界人口仅为20亿。更多人口也意味着需要消耗更多自然资源和更多材料，如何保持社会的可持续发展成为全人类面对的共同课题与挑战。

本章将从“人与自然生命共同体”的视角，阐述原料的丰度与纯度、工艺的效率与能耗、材料的使用寿命、材料与可持续发展等内容，深度解析材料与社会的关系，分析我国“双碳”目标对未来材料的设计、制造、使用、循环的全生命周期的影响。

18.1 原料的丰度与纯度

18.1.1 丰度与供求平衡

地球上共有90多种天然元素。图18-1给出了地壳中各种元素的相对含量，即丰度。从图中可以看出，地壳中较为丰富的元素包括O、Si、Al、Fe、Ca、K、Mg、Ti，它们的丰度总计约为98.5%，其余元素丰度均不超过0.1%；部分贵重金属的丰度往往不超过0.00001%，其中主要是银，金和铂的丰度还要低得多，而过渡金属Ir的丰度仅为银的万分之一。贵金属之所以价格昂贵，不仅因为其稀有性，更在于它们在新材料领域扮演着重要角色。例如，Ag在半导体工业常被用于各种封装材料，Au作为导电层，Pt和Ir则大量应用于各种催化材料。

天然元素大多存在于矿石中，以氧化物、硫化物和碳酸盐的形式存在，而且大多不纯，所以需要对矿石进行分选与有用元素的提取。矿石中有用组分的含量也被称为矿石的品位。矿种不同，矿石品位采用的单位也不同。大多数金属矿石（如铁、铜、铅、锌等矿石）的品位以其中金属元素的质量分数表示；有些金属矿石的品位则以其中金属氧化物（如WO_3、

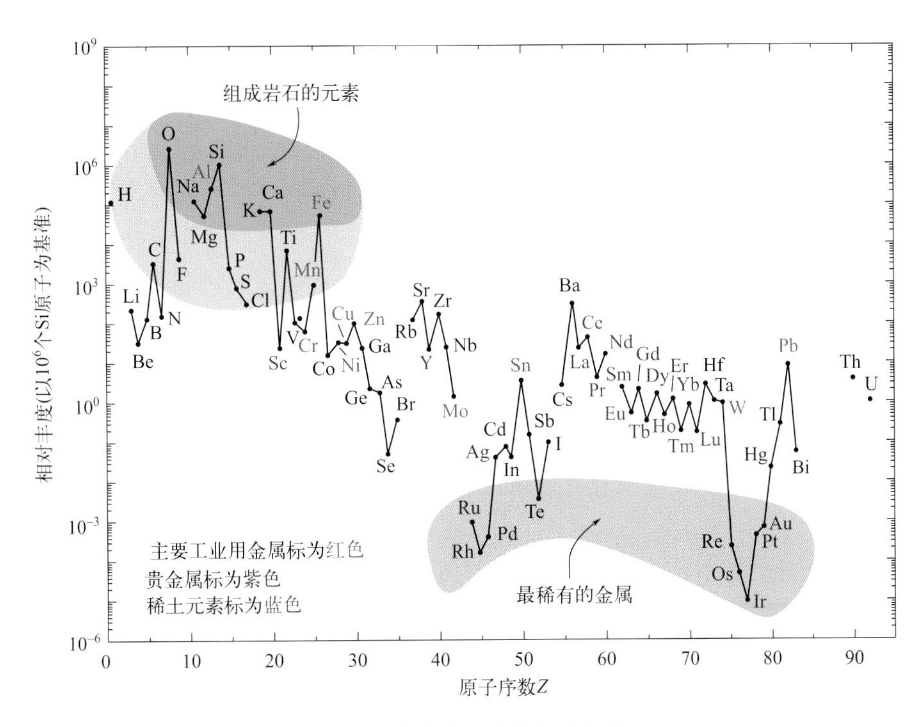

图18-1 地壳中元素的相对丰度

V_2O_5等）的质量分数表示；大多数非金属矿物原料的品位以其中有用矿物或化合物的质量分数表示，如云母、石棉、钾盐、明矾石等；贵金属（如金、铂）矿石的品位以g/t为单位；原生金刚石矿石的品位以mt/t（或克拉/吨，记作carat/t）表示；砂矿品位一般以g/cm^3或kg/m^3表示。以铁矿石为例，南非、印度平均品位超过60%，俄罗斯、伊朗平均品位在50%～60%之间，澳大利亚、瑞典、巴西平均铁矿石品位在40%～50%之间，中国铁矿石平均品位仅34.5%，远低于全球铁矿石平均品位46.6%。通常，从矿石中提取金属的成本（C）反比于矿石的品位（G），即

$$C \propto 1/G \tag{18-1}$$

这就是我国需要从国外大量进口高品位铁矿石的原因。

按照现代学科划分，对矿石进行分选与加工属于矿业工程，而对有用元素的提取则属于冶金工程的范畴。全球矿产量也直接制约工业界所需材料的生产量，因此从材料与社会的角度值得我们关注。矿物储量是可以利用先进技术合法开发并具有经济效应的矿藏量（R），通常可以理解为地球上已经勘探到的矿物总量。矿藏量受到技术、经济、法律等因素的影响，比如改进提炼技术可以让原本不具备经济价值的贫矿变得可以利用，可以使R增加；同时受到政策的影响，比如某国政策变动使得原本可开采的矿石变为不可开采，因此R也会减少。对于某一资源，已知年消耗量（P），可以利用下式计算静态储备时间：

$$t_{ex,s} = \frac{R}{P} \tag{18-2}$$

值得注意的是，在实际中P不是一个固定值，它可能会随着时间变化，如果年增长率为r（%），可以进一步计算动态储备时间：

$$t_{ex,d}=\frac{1}{r}\ln\left(\frac{rR}{P}+1\right) \tag{18-3}$$

例如，2024年，美国地质调查局（USGS）数据显示，世界的铜储量为10亿吨，铜的年产量约为2200万吨，并以约2%的速率增加，因此可以计算出其静态和动态储备时间分别约为45年和32年。

天然的资源不仅有限，地域分布也不均匀，成为地方特色经济发展的基础。例如内蒙古白云鄂博的稀土矿、辽宁鞍山的铁矿、安徽铜陵的铜矿等，其中安徽铜陵的铜文化源远流长，是中国青铜文化的发祥地之一。铜的采冶始于商周，绵延3000余年而未曾中断。天然矿藏的地域分配不均匀，对全球的供应平衡有重要影响，也成为世界地缘政治的重要因素。通常，矿物储量丰富的国家在全球贸易中也被称为集中供应链国家。如果集中供应链国家出现政治动荡、经济危机、暴乱或者大规模政策改变的情况，该资源的国际市场将出现失衡。

近年来，国际局势错综复杂，各国政府通常会把部分矿石资源列为战略性物资。表18-1中列举了2010年美国能源部认定的战略性元素。在常规工程用元素中，铜具有优异的导电性能，在国民经济中的重要地位是其他元素不可替代的；钛具有密度低、比强度高、无生物毒性等特点，因此在航空航天和人工关键领域同样具有不可替代的作用。近年来，我国加强了对关乎国家经济发展安全的重要战略物资的出口管制，例如电子工业所需要的Ge和Ga、新能源领域的石墨。2023年12月21日，商务部和科技部联合发布了关于公布《中国禁止出口限制出口技术目录》的公告，禁止出口部分将“稀土的提炼、加工、利用技术”列入其中，具体涉及稀土萃取分离工艺技术、稀土金属及合金材料的生产技术、稀土硼酸氧钙制备技术，以及钐钴、钕铁硼、铈磁体制备技术。

表18-1 美国能源部认定的战略性元素及其分布

元素	关键性用途	主要储藏地
常规工程用元素		
Cu	所有电机行业中必不可少的导电元素	加拿大、智利、墨西哥
Mn	钢铁工业中必不可少的合金元素	南非、俄罗斯、澳大利亚
Nb	微合金钢、高温合金、超导体	巴西、加拿大、俄罗斯
Ta	移动电子设备中的超小型电容器、微合金钢	澳大利亚、中国、泰国
V	高速工具钢、微合金钢	南非、中国
Co	钴基高温合金、微合金钢	赞比亚、加拿大、挪威
Ti	高强耐腐轻合金	中国、俄罗斯、日本
Re	高性能涡轮机	智利
电子工业用元素		
Li	锂离子电池，飞机用Al-Li合金	俄罗斯、哈萨克斯坦、加拿大
Ga	砷化镓光伏器件、半导体	加拿大、俄罗斯、中国
In	透明导体、InSb半导体、发光二极管	加拿大、俄罗斯、中国
Ge	太阳能电池	中国

续表

元素	关键性用途	主要储藏地
	铂系元素	
Pt	化学工程和汽车尾气用催化剂	南非、俄罗斯
Pd	化学工程和汽车尾气用催化剂	南非、俄罗斯
Rh	化学工程和汽车尾气用催化剂	南非
	稀土元素	
La	高折射率的玻璃、储氢材料、电池电极、相机镜头、混合动力汽车	中国、日本、法国
Ce	催化剂、Al合金中的微量元素	中国、日本、法国
Pr	稀土磁铁、激光器	中国、日本、法国
Nd	稀土永磁体、激光器	中国、日本、法国
Pm	核电池	中国、日本、法国
Sm	稀土磁铁、激光、中子捕获器、微波激射器	中国、日本、法国
Eu	红、蓝荧光粉，激光器，水银灯	中国、日本、法国
Gd	稀土类磁铁、高折射率的玻璃或石榴石、激光、X射线管、计算机存储器、中子捕获器	中国、日本、法国
Tb	绿色磷光体、激光、荧光灯	中国、日本、法国
Dy	稀土磁铁、激光器	中国、日本、法国
Ho	激光器	中国、日本、法国
Er	激光器、钒钢	中国、日本、法国
Yb	红外激光、高温超导	中国、日本、法国
Lu	石油工业中的催化剂	中国、日本、法国

18.1.2　纯度与高纯物质

矿石中通常含杂质很多，以铁矿石为例，常见的杂质元素包括硫、磷、砷、钾、钠、氟等。硫在矿石中主要以黄铁矿（FeS_2）形式存在，也有的以黄铜矿（$CuFeS_2$）或硫酸盐［如石膏（$CaSO_4 \cdot 2H_2O$）、芒硝（$Na_2SO_4 \cdot 10H_2O$）和重晶石（$BaSO_4$）等］状态存在；磷在矿石中一般以磷灰石［$Ca_5(PO_4)_3X$，X为F、Cl、OH等］状态存在，也有的以蓝铁矿［$Fe_3(PO_4)_2 \cdot 8H_2O$］状态存在；钾、钠常存在于霓石、钠闪石、云石中；砷在一般铁矿石中很少，但在褐铁矿中比较常见，以毒砂（FeAsS）或其他氧化物（As_2O_3、As_2O_5）的形态存在。天然铁矿石经过破碎、磨碎、磁选、浮选、重选等工序逐渐选出含铁较高的铁氧矿物或碳酸铁矿物。将金属铁从含铁矿物中提炼出来的工艺过程主要有高炉法、直接还原法、熔融还原法。以高炉炼铁为例，将铁矿石（铁氧矿物）与焦炭、石灰石按一定比例混匀送至料仓，然后送至高炉，从高炉下部吹入1000℃左右的热风，使焦炭燃烧产生大量的高温还原性气体CO，加热炉料并使其发生化学反应。在1100℃左右铁矿石开始软化，1400℃熔化形成铁水与液体渣，分层存于炉缸，然后进行出铁、出渣作业。通过矿物还原得到的生铁通常也含有大量杂质元素，还需要进一步冶炼，以提高纯度。原料的纯度指原材料中所含目标元素或化合物的纯度，通常以百分数表示，或者用N表示。

例如，纯度为99%的原料，记为2N，表示其中含有99%的目标化合物，而剩下的1%可能是杂质或其他化合物。

随着材料工业的发展，高纯原料或高纯物质的制取也成为制约新材料发展的技术瓶颈。半导体工业的兴起，成为高纯物质研究迅猛发展的原始动力，世界各国都投入了大量的人力物力开展高纯物质制备、分析测试以及应用方面的研究工作。以硅为例，工业硅又称金属硅，是由石英和焦炭在电热炉内冶炼成的产品，纯度为2N，其主要杂质为铁、铝、钙等。为了进一步获取更高纯度的多晶硅，比如冶金级（5N ～ 6N）、太阳能级（6N ～ 9N）、半导体级（> 9N），还需要进行化学提纯，具体方法包括三氯氢硅（$SiHCl_3$）氢还原法、硅烷（SiH_4）热分解法、四氯化硅（$SiCl_4$）氢还原法和二氯二氢硅（SiH_2Cl_2）还原法等。三氯氢硅氢还原法于1953年由德国西门子公司发明，因此又被称为西门子法。该方法具有产量大、质量高、成本低等优点，因此是目前最主要的提纯金属硅的技术。该技术主要利用硅与盐酸之间的化学反应，硅与盐酸在加热条件下反应生成三氯氢硅，即

$$Si + 3HCl \xrightarrow{280\sim300^\circ C} SiHCl_3 + H_2 \tag{18-4}$$

在该反应过程中，不与盐酸发生反应的杂质将被去除；反应产物$SiHCl_3$是无色透明的油状液体，易于挥发和水解，在空气中剧烈发烟，有刺激味道。随着硅纯度的提高，硅的价格也急剧增加。

18.2 材料的能耗与碳排放

人工材料的出现，加速了人类改造环境的进程，也让原本不适合人类生活的地方变得可以居住，使得人口快速增长。与此同时，人工材料的大量使用造成大量化石能源的消耗，并排放出海量的温室气体CO_2，成为全人类都必须关注的重大议题。

20世纪末的三次石油危机，让人们认识到了自然资源的供需矛盾，也让人类开始关注更加高效使用化石能源，以及在人工材料的运输、生产、使用过程中的节能增效。为了更好地讨论材料制备过程中所消耗的能量，这里介绍一个量化物理量，**隐焓能**，即隐含的能源消耗，记为H_m，定义为每生产单位质量（或单位体积）的材料所消耗的能量，常用单位有MJ/kg、kW・h/kg。2006年，国际标准ISO 14040首次规定了隐焓能的基本测量方式。

这里以铝的隐焓能为例，说明影响隐焓能的主要因素。铝的隐焓能值为200 ～ 220MJ/kg，该值远高于从氧化铝还原为铝所需的自由能值（热力学上所需最低能量）。影响铝生产的隐焓能的主要因素包括：①提炼过程的热力学效率很低，一般都低于50%；②提炼的铝锭的使用率并不是100%，报废的部分从百分之几到20%不等；③生产铝锭所需原料本身也有能耗，如交通运输需要消耗能量；④冶炼工厂的照明、维护等的耗能需要考虑；⑤冶炼厂房建造时的能耗也需要折算进铝锭生产的隐焓能中。值得注意的是，材料的冶炼和加工可以选择不同的工艺，其能耗会有很大的不同。

图18-2是说明隐焓能的又一个例子。在生产高分子材料PET（聚对苯二甲酸乙二醇酯，俗称涤纶树脂）颗粒的过程中，从原料到加工再到运输过程，都伴随着能耗，因此总的隐焓能需要考虑各种能源消耗的累加。

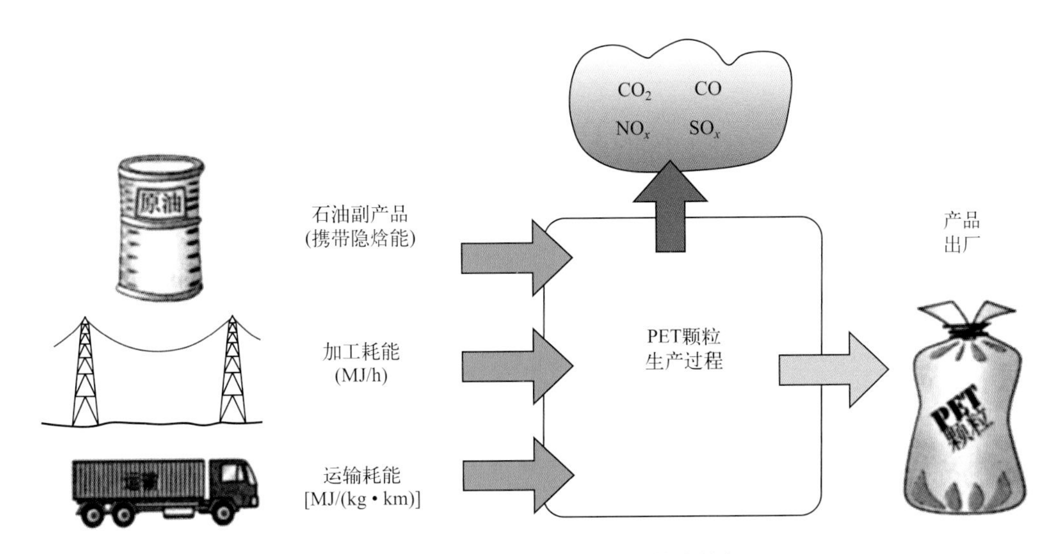

图 18-2 PET 颗粒不同生产环节的隐焓能

图 18-2 还显示了 PET 生产过程中会产生多种气体。其中，**二氧化碳排放量**，简称**碳排放量**，是每生产单位质量（或单位体积）的材料向大气排放的二氧化碳量，常用单位有 kg/kg、kg/m^3。2023 年 3 月 20 日，联合国政府间气候变化专门委员会（Intergovernmental Panel on Climate Change，IPCC）发布了《气候变化 2023》（AR6 Synthesis Report: Climate Change 2023），以近 8000 页的篇幅详细阐述了全球温室气体排放不断上升造成的全球变暖所导致的毁灭性后果。200 年前，法国物理学家约瑟夫 · 傅里叶（Joseph Fourier）在研究太阳对地面的辐射和地面辐射之间的能量平衡时，发现大气能够吸收太阳的辐射，从而加热大气，也就是温室效应。大气中二氧化碳、甲烷、水蒸气等是主要的温室气体，它们首先会吸收地球的红外辐射，然后释放所吸收的能量，将周围的空气和它下面的地面加热。尽管温室气体在大气中仅占很小一部分，但其所产生的温室效应为地球创造了孕育生命的至关重要的条件。然而，人类人为制造的温室气体会打破平衡、导致灾难。世界气象组织（World Meteorological Organization，WMO）于 2023 年 11 月 15 日发布的温室气体数据显示，2022 年主要温室气体的全球大气年平均浓度达到历年新高，二氧化碳（CO_2）为（417.9 ± 0.2）×10^{-6}，甲烷（CH_4）为（1923 ± 2）×10^{-9}，氧化亚氮（N_2O）为（335.8 ± 0.1）×10^{-9}，分别为工业化前（1750 年前）水平的 150%、264% 和 124%。

虽然我们无法控制大气中水蒸气这一重要温室气体的浓度，然而我们可以控制二氧化碳和其他温室气体的浓度。为了评价各种温室气体对气候变化影响的相对能力，人们采用了一个被称为**全球增温潜能值**（global warming potential，GWP）的参数。GWP 是一种物质产生温室效应的一个指数，反映了一定时间范围内，各种温室气体的温室效应对应于相同效应的二氧化碳的质量（表 18-2），可以表示为

$$\text{某气体的二氧化碳当量} = \text{该气体排放量} \times \text{其相应的GWP} \tag{18-5}$$

选择二氧化碳作为参照气体是因为其对全球变暖的影响最大。例如，甲烷的 20 年 GWP 值为 72，表示 1t 甲烷排放在 20 年内捕获的热量是 1t 二氧化碳的 72 倍。

表 18-3 给出了部分材料初次生产的一些生态数据，包括隐焓能和碳排放量。贵金属之所以价格昂贵，一定程度上也反映在其隐焓能上。

表18-2 各种温室气体不同时间跨度的全球增温潜能值

气体名称	20年	100年	500年
二氧化碳	1	1	1
甲烷	72	25	7.6
一氧化氮	275	296	156
一氧化二氮	289	298	153
一氟三氯甲烷	11000	10900	5200
二氟一氯甲烷	5160	1810	549
六氟化硫	16300	22800	32600
三氟甲烷	9400	12000	10000
四氟乙烷	3300	1300	400

表18-3 常见材料隐焓能和碳排放量

材料	隐焓能/（MJ/kg）	碳排放量/（kg/kg）
金属		
球墨铸铁	16～20	1.4～1.6
低碳钢	25～28	1.7～1.9
不锈钢	81～88	4.7～5.2
铜合金	56～62	3.5～3.9
铝合金	200～220	11～13
镁合金	300～330	34～38
钛合金	650～720	44～49
贵金属		
Ag	1.3×10^3～1.55×10^3	95～105
Ir	2×10^3～2.2×10^3	157～173
Pa	5.1×10^3～5.9×10^3	404～447
Rh	13.5×10^3～14.9×10^3	1000～1200
Au	240×10^3～265×10^3	140000～159000
Pt	257×10^3～284×10^3	140000～155000
塑料		
丙烯腈-丁二烯-苯乙烯共聚物（ABS）	3.6～4.0	—
尼龙（聚酰胺，PA）	7.6～8.3	—
聚乙烯（PE）	2.6～2.9	—
聚酯（涤纶）	2.8～3.2	—
聚乳酸（PLA）	3.4～3.8	—
聚环氧树脂	6.8～7.5	—
酚醛树脂	3.4～3.8	—
丁基橡胶	6.3～6.9	—
无机材料		
混凝土	1.0～1.3	0.09～0.12
钠钙玻璃	10～11	0.7～0.8
氧化铝	49.5～54.7	2.67～2.95

18.3 产品的寿命与材料的失效

在第1章中，我们把有用的物质称为“材料”，当一个物品不再有用的时候，我们则称之为“废品”。材料从有用变为无用的原因各有不同。一节干电池电能耗尽，也就意味着其失去有用价值。可充电电池可以反复使用，但也会有寿命终结的时候。我们从超市提东西回家用的塑料袋，其作为有用物品的价值可能仅体现在从超市到居住的地方，然后就不得不被抛弃于垃圾堆。对于电池而言，我们希望其寿命能够越长越好，塑料袋却因为难以降解成为环境问题。因此，我们需要了解哪些因素决定了材料的寿命，以及它们与材料循环使用的关系。

18.3.1 产品的寿命

随着社会的发展，人们决定是否舍弃某一材料，往往并不像对待塑料袋那样简单，而是取决于产品的价值或者功能，一个产品通常是由多种材料按照特定的设计集成在一起的。一个电吹风失去价值而被舍弃，有可能是因为电阻丝加热坏掉难以修复，也有可能仅仅是因为用太久，想换个更时尚的。英国材料学家阿什比（M. F. Ashby）将产品的使用寿命细分为以下几类：

① 实际寿命，其终端为产品无法通过实惠的修补被重新使用的那一刻。例如能量耗尽的纽扣电池。

② 功能寿命，其终端为产品的功能消失的那一刻。例如失去加热功能的电吹风。

③ 技术寿命，其终端为产品的功能被新型产品替代的那一刻。例如被手机取代的寻呼机。

④ 经济寿命，其终端为产品的功能被更有经济效应的新型产品所替代的那一刻。例如LED灯替代白炽灯。

⑤ 法定寿命，其终端为新的标准、指令和法规限制该产品继续使用的那一刻。例如汽车的强制报废，根据我国的《机动车强制报废标准规定》，汽车报废有两条重要原因：经修理和调整仍不符合机动车安全技术国家标准对在用车有关要求的；经修理和调整或者采用控制技术后，向大气排放污染物或者噪声仍不符合国家标准对在用车有关要求的。

⑥ 时尚寿命，其终端为新的市场口味或者审美观改变而将产品淘汰的那一刻。例如不时髦的手机或衣服。

延长产品的使用寿命不仅是一个技术问题，更是一个经济和社会问题，减少资源浪费已经成为21世纪人类不得不面对的重大议题。

18.3.2 材料的失效

就材料科学与工程专业而言，我们常常聚焦于产品中材料的实际寿命，或者说是材料在服役过程中失效（第8章）。任何一种材料在执行其功能时，都会承载一定的力学载荷。当载荷超出材料能承受的极限时，就会使其改变尺寸，发生无法自动回复的塑性形变。常见的力学失效包括磨损、变形、断裂等。在环境介质中服役的材料还有可能因化学作用而发生破坏，这种现象称为腐蚀。还有一类失效，比如随着服役次数的增加，电池容量逐渐减少，就属于衰减失效的范畴。在金属材料中，衰减失效的诱因包括蠕变损伤、辐照损伤、疲劳致脆、组织退化等。磨损、变形、断裂、腐蚀、衰减也被称为材料的五大失效机制。下面介绍几个著名的材料失效造成的惨痛案例。

①“自由轮”战舰的断裂。美国工程师亨利·凯泽采用全新的全焊接船体建造方法以代替传统的铆接，大大提高了造船效率，为英国制造了大量“自由轮”战舰。二战期间，美军生产了2751艘“自由轮”战舰，其中400艘出现裂纹，145艘发生灾难性断裂。由于焊接工人缺乏经验，一些焊缝质量不好，存在类裂纹缺陷。大部分断裂起始于甲板舱门四角应力集中的部位，冲击试验表明“自由轮”所用钢材韧性较差。

②“挑战者”号航天飞机事故。1986年1月28日，“挑战者”号航天飞机右侧固体火箭助推器上一个O型硅胶密封圈因气温低失去弹性，导致硬化脆裂，密封失效。这进一步导致固体火箭助推器中的高压高热气体泄漏，点燃了外部燃料罐中的燃料，最终使得燃料舱结构失效，在高速飞行中解体。

③ 三星Note7手机电池爆炸致飞机起火。2016年10月5日美国西南航空公司旗下一架航班号为994的客机发生火灾，起因是一部三星Note7手机冒烟起火，所幸全部乘客和机组人员及时疏散，并没有造成伤亡。Note7手机是该公司同年8月初推出的旗舰机型。2016年三星手机的市场占有率为21.2%，远高于排名第二的苹果（14.6%）和华为（9.5%）。然而，电池失效所导致的爆炸起火对于三星手机是致命的，同年10月10日三星公司对外宣布暂停Note7的生产。

目前国际学术界形成共识，各种材料失效造成的经济损失占到各国GDP（国内生产总值）的2%～4%。以我国为例，2021年和2022年的GDP分别是114.36万亿元和121.02万亿元。若以4%估算，这两年的经济损失分别是4.57万亿元、4.84万亿元，损失是巨大的。材料失效不仅造成重大的经济损失，还引起人员伤亡，是社会稳定安全的重要影响因素。因此，材料科学工作者不仅需要重视材料设计，制造出物美价廉的产品，还需要重视材料在服役过程中的寿命问题。

18.4 废品的处置与循环

因受到不同寿命约束，产品失去使用价值，成为废品。根据废品再利用的方便程度与经济效应，这里将废品的几种处置方式分成三类进行论述，包括二次直接使用与二次工程化利用、分类后的原料回收与再利用、不得已的填埋与燃烧。

18.4.1 二次直接利用与二次工程化利用

由于消费观念不同，不同人眼中同一件产品的时尚寿命往往会有很大差异。在一些人眼里已经成为废品的产品，在其他人看来可能具有可用价值，因而可以二次直接利用，从而催生了活跃在我们身边的二手车市场、二手书市场、旧货市场等。互联网平台的出现，对于延长部分产品或者材料的寿命具有重要的推动作用。可以被二次直接利用的产品或材料，其特点在于主要功能尚在，因此可以在市场中流通到可以继续发挥其功能的地方。

相对于二次直接利用，废品的二次工程化利用指从产品中回收尚可直接利用的零部件。

例如一辆报废的汽车，其中的发动机、转向器、变速器、前轴和后轴、车架等都是具有较高工程化利用价值的零部件。据统计，2021年我国报废汽车的回收拆解量达到250万辆，同比增长了21%。然而，这个拆解量不足保有量（3亿辆）的1%，远低于发达国家7%左右的水平。

二次工程化利用适用于设计更新频率不太高或者生产技术演变进程缓慢的产品，如飞机、汽车等。过快的技术更新，可以为人类带来新的生活体验，但是也会对社会造成资源浪费。

18.4.2 原料回收与再利用

每年有数以百万计的电气和电子设备因产品损坏而报废或因过时而被丢弃。这些电子废品很难以二次直接利用或二次工程化利用的方式再次利用，因此被视为电子垃圾。电子垃圾中的常见物品包括计算机、手机和大型家用电器，以及医疗设备。根据世界经济论坛报告，固体废物的2%由电子垃圾组成，但最终倾倒在垃圾填埋场的有害垃圾中，有70%都是电子垃圾。一件复杂的电子产品一般含有16或者17种元素，最多可达60种，超过元素周期表118种元素的一半，包括很多可回收的金属元素，也有很多对生物体有害的元素。例如，计算机元件中含有砷、汞和其他有害元素，手机原材料中更是含有砷、镉、铅等元素以及其他多种持久性和生物累积性的有毒物质。我国广东省汕头市的贵屿镇曾是美国、欧洲、日本流入我国的电子垃圾的主要去处之一。20世纪90年代末，贵屿镇空气中充满了烧焦的电线和皮革的味道，逼仄的街道里随处可见堆积如山的线圈、电池和手机屏幕。狭小的手工作坊紧密相连，操作间里的工人熟练地将各种电子废品分类、拆解、熔炼、酸洗。随着经济的发展，我国对环境保护更加重视，我国已经于2021年1月1日起禁止以任何方式进口固体废物。

从电子垃圾中回收各种贵重金属一直受到全球工业界的重视。20世纪80年代末期，日本学界提出了开发都市矿山、建设循环社会的倡议。为了保护环境、有效利用资源，20世纪末以来日本政府逐步制定了《资源有效利用促进法》《促进循环社会形成基本法》等一系列法律法规，大力促进循环社会的建设。日本第一部专门针对电子垃圾的法律于1998年出台，2001年正式实施，该法通常被简称为《家电回收利用法》。该法的出台和实施意在减少资源废弃，最大限度地回收可以再利用的零部件和材料，其中明确规定，空调、电视机、冰箱和洗衣机等四类家用电器必须回收利用，家电制造商、销售商以及消费者三方均有回收、循环利用废弃家电并承担费用的义务。从2017年4月1日开始，日本用两年时间在全国收集了约78985吨小家电和621万部旧手机，从中提炼出32千克纯金、3500千克纯银和2200千克纯铜。东京奥运会的所有奖牌均来自这些回收提炼的金属。值得注意的是，从电子垃圾中回收各种贵重金属虽然在技术上可行，但是同样受到经济因素的制约。

基于动力电池的新能源汽车是中国制造崛起的标志性产业。动力电池是新能源车中的关键技术，其中关键材料的循环再利用也得到了我国的重视。2020年1月2日，我国工业和信息化部出台《新能源汽车废旧动力蓄电池综合利用行业规范条件（2019年本）》和《新能源汽车废旧动力蓄电池综合利用行业规范公告管理暂行办法（2019年本）》，明确提出了动力电池的梯次利用和再生利用。梯次利用是指将容量衰减的动力电池用于大规模储能，而再生利用是通过工艺技术回收电池中的镍、钴、锰、铜、铝、锂等金属，再将这些材料循环利用。

动力电池关键材料的回收工艺主要包括物理法、化学法和燃烧法。物理法回收是通过一系列物理手段，对废旧动力电池内部的电极活性物质、集流体和电池外壳等成分进行破碎、筛选、分离、精细粉碎和分类，筛选出有用的原料，经过材料修复直接循环利用。化学法回收是将废旧电池拆解预处理后溶于酸碱溶液中，萃取出部分有价值金属元素，再经过离子交换法和电沉积等手段，提取出剩余有价值金属。化学法能够最大程度地回收有用贵金属，但需要对废液进行处理以避免污染。燃烧法涉及将电池内芯与焦炭、石灰石混合，经还原焙烧，得到金属锂、钴、镍、铝等组合成碳合金，然后进一步深加工得到所需金属；电解质中的氟、磷等被固化在炉渣中，可用于建筑材料或混凝土的添加剂。目前，已经有相当数量的中国企业正从事上述相关技术策略的动力电池关键材料回收再利用。

当前，全球每年从新废（生产、锻造和制造等消费前环节）和旧废（消费后报废产品）金属废料中回收约6.3亿吨钢铁、2057万吨铝、870万吨铜。全球18种金属的废弃阶段回收率（再生金属占产生金属废料总量的比重）可超过50%，这18种金属包括铁、铝、铜、钴、铬、金、铅、锰、铌、镍、钯、铂、铼、铑、银、锡、钛、锌，其中铁、铝、铜、铌、铅的二次资源供应占比（再生金属占金属总供应量的比重）超过50%，其余13种金属的二次资源供应占比为25% ～ 50%。从总量来看，我国金属回收（包括回收进口废料）占全球较大比例，2019年回收约2.4亿吨钢铁、607万吨铝、215万吨铜、237万吨铅和140万吨锌。

材料回收利用也反过来影响着市场的供需平衡。假设某材料使用Δt年后其中一部分（比例为f）成为废料。如果成为废料的当年被回收利用，则它的回收率也为f。考虑材料的消费随着时间增加，而废料的回收总是滞后于消费，因此废料回收对于现时的贡献也会随着时间而递减。设材料在时间为t_0时的消费量为C_0，而消费量以每年r_c的速率增长，则t^*时的材料消费量为

$$C = C_0\exp(r_c \times \Delta t) \tag{18-6}$$

在$\Delta t = t^* - t_0$时间段的总回收量为

$$R = fC_0 \tag{18-7}$$

则废品回收量与材料的市场消费量之比为

$$\frac{R}{C} = \frac{f}{\exp\left(r_c \times \Delta t\right)} \tag{18-8}$$

R/C的值可以衡量某材料回收对该材料供应的贡献。简单来说，废料回收的贡献随f值的增加而增加。如果产品寿命很长，或者消费量增长很快，废料回收的贡献就会下降。

每个产品中都含有多种不同的材料，同一种材料又可用于制作不同的产品，因此一种材料在不同的产品中将会有不同的Δt_i和f_i。设该材料在不同产品中的用量占总消费量的比例为s_i，则从不同产品中回收该材料对该材料的总供应的贡献为

$$\frac{R_i}{C} = \frac{s_i f_i}{\exp(r_{c,i} \times \Delta t)} \tag{18-9}$$

举一个实际回收的例子。某材料同时用来制造一个小产品和大产品，各占产品材料总量的25%。小产品的销量以每年10%的速度稳定增加，其使用寿命为20年，成为废品后的

回收率$f=1$；而大产品的销量增长缓慢，每年仅为1%，平均寿命4年，回收率$f=0.5$。利用上式可以计算得到

$$\text{小产品：}\quad \frac{R_i}{C}=\frac{s_i f_i}{\exp(r_{c,i}\times\Delta t)}=\frac{0.25\times1}{\exp(0.1\times20)}=3.4\%$$

$$\text{大产品：}\quad \frac{R_i}{C}=\frac{s_i f_i}{\exp(r_{c,i}\times\Delta t)}=\frac{0.25\times0.5}{\exp(0.01\times4)}=12.0\%$$

因此，从上述大产品中回收该材料对于该材料的现时供应的贡献更大，这是因为制造经久耐用的产品可以减少对原材料的需求，但同时也减少了回收废料的可用量。

18.4.3 填埋与燃烧

填埋与燃烧主要涉及城市居民生活所产生的垃圾，如儿童玩具、废弃图书和报纸、包装纸、塑料袋、厨房残余等，以及部分无法完全通过原料回收再利用的垃圾。

填埋是人类最早使用的处理各种废弃天然材料与生活垃圾的一种方式，这些材料或垃圾源于自然再回归自然，成为植物生长所需的肥料。目前，大多数垃圾仍然以填埋的方式处理，然而填埋需要占用大量土地。自工业革命以来，人类对材料的消耗飞速增长，如果材料消耗按照每年3%的速度继续增加，那么在未来25年内人类消耗的材料将相当于工业革命以来近300年的总和。如果将这些废品都填埋起来，地球将面临巨大压力。目前，在一些欧洲小国已经出现可用于填埋的土地越来越少的难题。垃圾填埋的困境也同样出现在我国。据统计，改革开放以来，我国城市生活垃圾以每年8%～10%的速度递增，许多城市的垃圾处理现状令人担忧，全国约有70%的城市陷入“垃圾围城”的窘境。

对废品进行筛选后进行可控的燃烧，可以减少对填埋土地的需求，同时还可以利用部分废热。在垃圾燃烧前需要对可燃物和不可燃物进行分离，这一过程需要依赖较为复杂的机械或者大量人力。垃圾燃烧的热回收效率约为50%，回收后的热再被用来发电的效率约为35%。在我国，焚烧无害化处理设施数量呈现逐年上升趋势，2011年焚烧设施为109座，2020年达到463座，增加了3.2倍。

其他无害化处理（堆肥、资源化利用等）设施数量也呈现逐年上升趋势，个别年份出现下降现象，2011年其他无害化处理设施为21座，2013年下降至19座，随后逐年增加，到2020年其他无害化处理设施为180座，相较2013年增加了8.5倍。

值得注意的是，城市垃圾填埋或燃烧并非完美的解决方案。与农耕文明时期的生活垃圾不同，现代城市垃圾中含有大量的塑料等人工材料，直接填埋需要上百年才能降解。微塑料通过地下水进入食物链的风险不容忽视，电子产品中泄漏的有毒金属对土壤和水资源的污染问题则更为紧迫。垃圾焚烧设施必须配有烟气处理设施，以防止重金属、有机污染物等排入环境中。

18.5 材料优选与社会可持续发展

对于同一种材料，材料学家与产品设计师的视角可能会有很大不同。前面用了大量篇幅介绍材料的性能，材料学家首先会从材料的性能能够满足应用需求的角度出发考虑选材。

本小节则从工业产品设计师的角度讨论材料的优选。

18.5.1 生态审计

生态审计是对产品整个生命周期中的能源需求和二氧化碳排放量进行的系统评估，它涉及原料的生产、产品的加工制造、运输发配、产品使用、废品处理等几个阶段。生态审计的目的在于找出产品在生命周期中能耗和碳排放占主导地位的阶段，为后续的材料优选提升产品经济价值和社会价值提供依据。

图18-3是一个PET饮料瓶的生态审计过程的框架图。这款名为Alpure的一次性饮料瓶由PET瓶身和聚丙烯瓶盖组成，容量1L，瓶身40g，瓶盖1g。瓶子主要用来装法国阿尔卑斯山的矿泉水，然后由14吨卡车运送到550km以外的伦敦销售，其间会经过2天的冷藏，所有饮料瓶使用后都会被回收利用。从最终生态审计可以看出，PET饮料瓶的生产过程在整个产品生命周期能耗和碳排放中占主导地位。如果要降低负面生态影响，可以考虑以下措施：①将饮料瓶做得更薄，该措施已被我国矿泉水公司采用；②改变运输方式，采用更为节能的卡车。

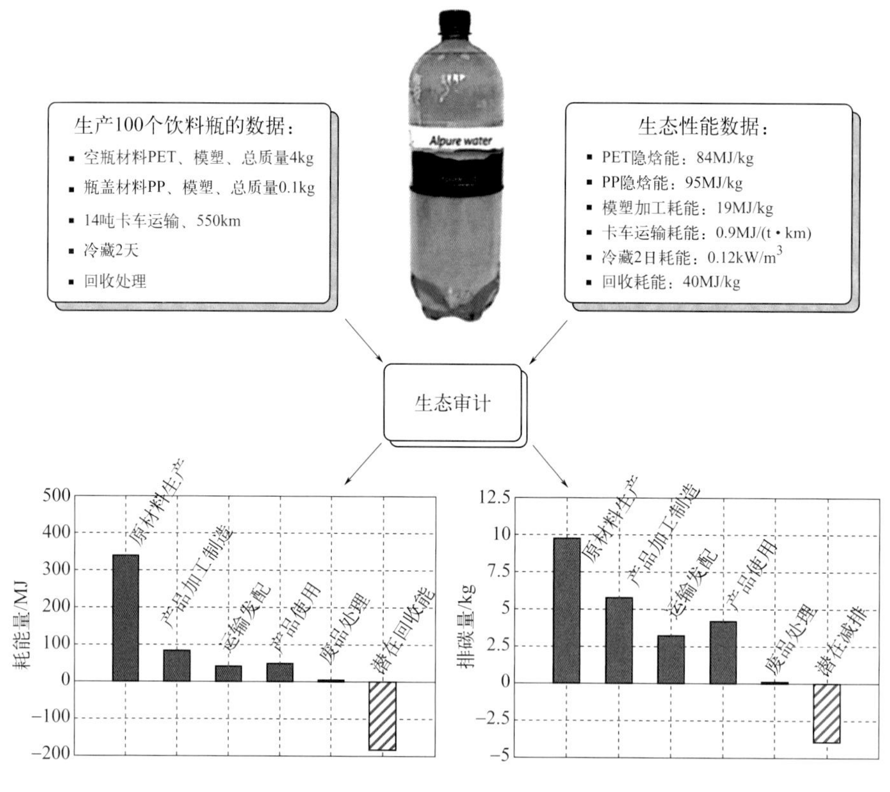

图18-3 PET饮料瓶的生态审计过程的框架

18.5.2 材料优选

材料优选是指在符合产品要求的前提下，寻求其设计方案与可能用于制造产品的材料之间的最佳匹配。材料优选的过程通常包括以下几步。①翻译：将设计需求转换成“约束条件”和“目标”，以便使用相关的材料数据库；②筛选：删除那些无法满足约束条件的材料；③排序：基于成本、能耗、碳排放等标准对材料进行打分排序；④文献查阅：深入调查备选材料的历史背景和应用现状，研究各类场景中的使用方法，并探索如何将这些材料融入新的设计方案中。材料优选过程中，精准地翻译产品设计过程中的约束条件和目标至关重要，约束条件通常以材料的特定属性为上下限，而目标通常需要考虑成本、重量、体积、可加工性能等因素。此外，还需要可以为设计师提供更改设计空间的自由变量。

下面以一个头盔面罩的设计为例简要介绍材料优选的过程。

第一步，翻译。面罩必须透明以保证清晰的视野；面罩通常被设计为弧形，从而为使用者提供正面和侧面的保护；面罩还应该具有较高的抗冲击能力，避免破裂伤人。因此，材料的约束条件可以设置为透明和可弯折塑形，而材料的目标则可以定为寻找具有高断裂韧性的材料。

第二步，筛选。根据透明和可弯折塑形条件排除金属，金属可弯折塑形但不透明。最后，筛选出来一些透明和可弯折塑形的高分子材料，如聚碳酸酯、聚苯乙烯、玻璃等。

第三步，排序。将经过筛选后的材料，按照我们的目标，根据断裂韧性从高到低排序，如表 18-4 所示。整体而言，高分子材料具有比玻璃更好的断裂韧性，其中聚碳酸酯断裂韧性最佳，达到了 3.4MPa · $m^{1/2}$。

第四步，文献查阅。对表 18-4 中排名前三的材料聚碳酸酯（PC）、醋酸纤维素（CA）、聚甲基丙烯酸甲酯（PMMA）进行文献调研。聚碳酸酯材料通常用于安全罩、镜片、灯具、防护头盔、防弹层压板；醋酸纤维素材料通常用于眼镜架、镜片、护目镜、工具手柄、电视屏幕保护层、汽车方向盘等；聚甲基丙烯酸甲酯则常用于驾驶舱檐篷、飞机窗口、容器、手柄、汽车尾灯、透镜、安全眼镜等。

综上所述，这三种材料都有用于防护镜的历史，聚碳酸酯材料还被用于防护头盔，充分说明其保护性能，因此是面罩的最佳材料。

在这个例子中，应用目标是单一的，容易排序。当存在多个目标时，我们还需要应用折中的方法去解决目标冲突，达到平衡。例如，根据经验和判断，给每个约束条件和目标分配适当的权重因子，再进行筛选和排序。

表 18-4　满足透明和可弯折塑形条件的候选材料

材料	平均断裂韧性 K_{IC}/(MPa · $m^{1/2}$)
聚碳酸酯（PC）	3.4
醋酸纤维素（CA）	1.7
聚甲基丙烯酸甲酯（PMMA）	1.2
钠钙玻璃	0.6
硼硅玻璃	0.6

18.5.3　材料使用效率

材料使用效率（η_m）是衡量某一材料是否被浪费的重要量化指标，正如前面提到的，塑料袋和电子垃圾的丢弃使得大量的高分子材料和贵金属材料无法被再次利用，相应的其 η_m 值较低。自工业革命以来，原料生产—产品制造—产品使用—产品废弃的开环模式导致产品在第一生命周期结束后就被丢弃，导致巨大浪费。将某种材料加工成某一产品或产品部件时常常会产生下脚料，因此材料使用效率可以定义为某一材料使用量 M_p 与供给量 M_s 的比值，即

$$\eta_m = M_p/M_s \tag{18-10}$$

该定义与产率类似，可以应用于生产的任何特定步骤，也可以应用于整个生产系统。

材料使用效率除了作为较大时间尺度和地域尺度下某一材料是否被有效使用的度量，也可用于比较某一材料在同类产品中的微观使用效率，即提供相同服务，使用的材料越少，则材料使用效率越高。例如，我们可以利用 η_m 度量冰箱中钢板的使用效率。假设冰箱A的容量为0.35m³，质量为65kg；冰箱B的容量为0.28m³，质量为60kg；两者都由钢板制成。由于冰箱的功能是提供冷藏空间，因此我们可以用单位冷藏空间需要的材料质量定义材料的微观使用效率 η_m，单位为kg/m³。通过计算可得冰箱A的 η_m 为186kg/m³，而冰箱B为214kg/m³，因此冰箱A的钢板使用效率高于冰箱B。

18.5.4 社会可持续发展

提高材料的使用效率对于社会的可持续发展至关重要。社会的可持续发展关系到全人类，需要大家通力合作，作为材料科学家和工程师，则应该有改变世界的使命感和担当。

图18-4给出了提高材料使用效率的各种途径。从材料技术的角度，材料科学家和工程师可以为保护我们共同的家园做出诸多贡献，包括但不限于以下几个方面。

（1）提高原料的提炼效率

目前，全球约有20%的能量消耗被用于各种产品原料的提取和精炼过程。传统的克罗尔法提取金属钛的隐焓能约为580MJ/kg，1995年剑桥大学学者提出一种新方法，即FFC法（Fray-Farthing-Chen法），将Ti的提炼能耗降低20%。按照2022年的钛产量952万吨计算，新方法可以节能116MJ/kg，则总节能量为 1.1×10^9GJ。稀土是重要的战略资源，北京有色金属研究总院（现中国有研科技集团有限公司）在稀土提炼方法改进方面做出了重要贡献。经过徐光宪院士等老一辈科学家几十年的艰苦努力，我国稀土分离化学与工程研究取得长足进步，在稀土采掘、冶炼、分离提纯方面占据领先地位，建立了完整的稀土资源利用产业链，成为全球稀土储量最大、产量最大和出口量最大的国家。

（2）研发新材料

新材料的研发可以提高资源利用效率，减少对有限资源的依赖。例如，研发高强度钢材可降低建筑用钢的需求，在满足同等承载功能的同时，使用更少的材料，实现材料使用效率的提升。新材料可以降低对环境的负面影响，例如，研发可降解或可回收材料可以减少废弃物的产生，减轻对环境的污染。换句话说，提高材料的使用效率不仅在于减少材料消耗，更重要的是减少材料废弃后对环境的负面影响。新材料还可以提高能源利用效率，降低能源消耗。例如，研发高效的太阳能电池材料可以提高太阳能的转换效率，减少对传统能源的依赖，而新型的热电材料可以帮助人们更有效地利用环境废热。

（3）开发新工艺

通过特定的工艺将原料转变成具有特定形状的有用物体，成为简单的产品或者复杂产品的一个零部件。这些工艺都需要消耗能量，材料的使用效率也各不相同。以加工一个金

属零件为例，可以采用熔融工艺，但其缺点是将金属加热到熔融状态需要消耗大量能量，浇注过程中也会产生很多废料。固体工艺中的车削加工能耗相对较少；而对于结构复杂且小型的构件，基于3D打印的粉末工艺更有性价比。在芯片领域，新兴的纳米压印工艺有望打破传统光刻技术的垄断，实现更为快速和具有更高材料使用效率的集成电路制造。

（4）原料回收再利用

金属的回收再利用对于降低金属采矿和原生生产的能耗与碳排放至关重要。例如，通过矿石转炉炼制钢的单位能耗是废钢电炉生产钢的2.5倍，因此每回收1吨废钢可节约1.4吨铁矿石和740kg煤炭，同时减少1.5吨二氧化碳排放，全球每年回收6.3亿吨废钢相当于减少9.45亿吨碳排放。相比原铝生产，废铝循环利用能够减少95%的能源消耗，因此每回收1吨废铝可减少16吨二氧化碳排放，全球每年回收2057万吨废铝相当于减少3.29亿吨碳排放。值得注意的是，铝的回收废料因含有诸多杂质而不易分离，特别是当Si含量高于13%时，容易导致二次成形失败。因此，从方便原料回收再利用的角度，应该尽量设计低合金成分的金属材料。然而，近年来出现了高熵合金，这对未来原料回收再利用提出了新的技术挑战。此外，怎样在海量的电子垃圾中尽可能多地回收所有的贵重金属，仍然是一个亟待新技术突破的领域。

尽管从追求材料某一单独性能的角度，材料科学家可以不受任何约束地设计各种具有复杂成分和复杂结构的元器件，然而从社会生态的角度，我们应该倡导简约的材料设计理念，确保所有元素都能实现快速、低成本的回收与再利用。

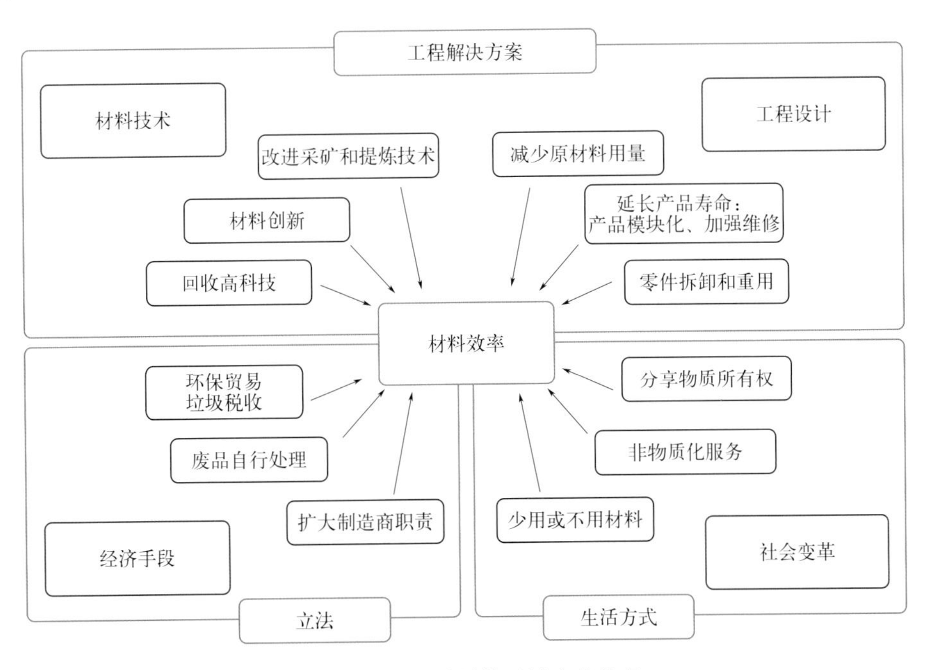

图18-4 提高材料使用效率的途径

回顾过去150年的历史，材料开发、使用和回收的策略还受到材料价格与人力成本价格差异的影响。在西方发达国家，人力成本价格高于材料，导致人们往往轻易丢弃废品材料。在发展中国家，比如我国和印度，金属和塑料的回收则有着较好的基础。人类生活在同一个地球村里，生活在历史和现实交汇的同一个时空里，任何一个国家都很难独善其身，下一代的材料科学家和工程师们需要通力合作，制造出更多环境友好的材料，运用材料优选的方法设计出新型产品，在满足人类日益增长的生活需求的同时，将人类活动对环境的影响降到最低。

习题

1. 稀土被众多国家视为重要的战略资源。请查阅资料，调查1～2种重要的稀土元素，说明其在地壳中的丰度、在各国的分布情况，以及在我国的储备情况。

2. 为什么太阳能级多晶硅比半导体级多晶硅的市场价格低?

3. 什么是金属的隐焓能？它与金属形成氧化物、碳酸盐、硫化物所需要的自由能有什么不同?

4. 什么是生态审计？其目的是什么?

5. 查阅资料，简述我国“双碳”目标与材料之间的关系。

习题参考答案（二维码）

参考文献

[1] 陶杰, 姚正军, 薛烽. 材料科学基础[M]. 2版. 北京: 化学工业出版社, 2018.
[2] 赵杰. 材料科学基础[M]. 3版. 北京: 高等教育出版社, 2021.
[3] Callister Jr W D, Rethwisch D G. 材料科学与工程导论: 第9版[M]. 陈大钦, 孔哲, 译. 北京: 科学出版社, 2017.
[4] 毛卫民. 材料与人类社会[M]. 北京: 高等教育出版社, 2014.
[5] Ashby M F. 材料与环境[M]. 张葵, 译. 上海: 上海交通大学出版社, 2016.
[6] 潘金生, 仝健民, 田民波. 材料科学基础[M]. 修订版. 北京: 清华大学出版社, 2011.
[7] 余永宁. 材料科学基础[M]. 2版. 北京: 高等教育出版社, 2012.
[8] 刘智恩. 材料科学基础[M]. 3版. 西安: 西北工业大学出版社, 2007.
[9] Shackelford J F. Introduction to Materials Science for Engineers[M]. 8th ed. London: Pearson, 2014.
[10] Francis L F. Materials Process: A Unified Approaches to Process of Metals, Ceramics and Polymer[M]. San Diego : Academic Press, 2016.
[11] Schaffer J P, Saxena A, Antolovich S D, et al. The Science and Design of Enginering Materials[M]. 2nd ed. New York : McGraw-Hill, 1999.
[12] Maier J. Physical Chemistry of Ionic Materials: Ions and Electrons in Solids[M]. England: John Wiley &Sons Ltd., 2004.
[13] 付华, 张光磊. 材料性能学[M]. 2版. 北京: 北京大学出版社, 2017.
[14] 钟群鹏, 赵子华. 断口学[M]. 北京: 高等教育出版社, 2006.
[15] Smallman R E, Ngan A H W. Modern Physical Metallurgy[M]. 8th ed. Oxford: Elsevier, 2014.
[16] 杨世铭, 陶文铨. 传热学[M]. 4版. 北京: 高等教育出版社, 2006.
[17] Poter D A, Easterling K E, Sherif M Y. 金属和合金中的相变[M]. 陈冷, 余永宁, 译. 3版. 北京: 高等教育出版社, 2013.
[18] Sze S M, Ng K K. Physics of Semiconductor Devices[M]. 3rd ed. Hoboken: John Wiley & Sons, 2007.
[19] Blundell S. Magnetism in Condensed Matter[M]. Oxford: Oxford University Press, 2001.
[20] Kittel C. Introduction to Solid State Physics[M]. 8th ed. Hoboken: John Wiley & Sons, 2005.
[21] Fowles G R. Introduction to Modern Optics[M]. 2nd ed. New York: Dover Publications, 1989.
[22] Jackson J D. Classical Electrodynamics[M]. 3rd ed. Hoboken: John Wiley & Sons, 1998.
[23] 赵建林. 高等光学[M]. 北京: 国防工业出版社, 2002.
[24] 赵凯华. 新概念物理教程-光学[M]. 北京: 高等教育出版社, 2004.
[25] Fox M. Optical Properties of Solids[M]. Oxford: Oxford University Press, 2010.

[26] Neamen D A. Semiconductor Physics and Devices: Basic Principles[M]. 4th ed. New York: McGraw-Hill, 2012.

[27] 徐祖耀, 江伯鸿, 杨大智, 等. 形状记忆材料[M]. 上海: 上海交通大学出版社, 2000.

[28] 陈晓峰, 翁杰, 憨勇, 等. 生物医学材料学性能与制备[M]. 北京: 人民卫生出版社, 2021.

[29] 徐晓宙, 高琨. 生物材料学[M]. 北京: 科学出版社, 2016.

[30] 王远亮, 蔡开勇, 罗彦凤, 等. 生物材料学[M]. 重庆：重庆大学出版社，2020.

[31] 尹光福, 张胜民. 生物材料的生物相容性[M]. 北京：科学出版社，2023.

[32] Wong J, Bronzino J D. Biomaterials[M]. Boca Raton: CRC Press, 2007.

[33] Ratner B D, Hoffman A S, Schoen F J, et al. Biomaterials Science: An Introduction to Materials in Medicine[M]. Waltham: Academic Press, 2013.

[34] Lanza R, Langer R Vacanti J. Principles of Tissue Engineering[M]. 5th ed.Waltham: Academic Press, 2020.

[35] Zhang G Q, Wang H, Guo J, et al. Ultra-low sintering temperature microwave dielectric ceramics based on Na_2O-MoO_3 binary system[J]. Journal of the American Ceramic Society, 2015, 98(2): 528-533.

[36] Zhang G Q, Guo J, Wang, H. Ultra-low temperature sintering microwave dielectric ceramics based on Ag_2O-MoO_3 binary system[J]. Journal of the American Ceramic Society, 2017, 100(6): 2604-2611.

[37] Yuan X F, Xue X, Wang H. Preparation of ultra-low temperature sintering ceramics with ultralow dielectric loss in Na_2O–WO_3 binary system[J]. Journal of the American Ceramic Society, 2019, 102(7): 4014-4020.

[38] Hao J Y, Guo J, Ma C S, et al. Cold sintering of Na_2WO_4 ceramics using a Na_2WO_4-$2H_2O$ chemistry[J]. Journal of the European Ceramic Society, 2021, 41(12): 6029-6034.

[39] Wang Y F, Cui J, Yuan Q B, et al. Significantly enhanced breakdown strength and energy density in sandwich-structured barium titanate/poly(vinylidene fluoride) nanocomposites[J]. Advanced Materials, 2015, 27(42): 6658-6663.

[40] Yuan Q B, Yao F Z, Cheng S D, et al. Bioinspired hierarchically structured all-inorganic nanocomposites with significantly improved capacitive performance[J]. Advanced Functional Materials, 2020, 30(23): 2000191.

[41] Dong J F, Li L, Qiu P Q, et al. Scalable polyimide-organosilicate hybrid films for high-temperature capacitive energy storage[J]. Advanced Materials, 2023, 35(20): 2211487.

[42] Pan Z Z, Li L, Wang L N, et al. Tailoring poly(styrene-co-maleic anhydride) networks for all-polymer dielectrics exhibiting ultrahigh energy density and charge-discharge efficiency at elevated temperatures[J]. Advanced Materials, 2023, 35(1): e2207580.

[43] Dong J F, Li L, Niu Y J, et al. Scalable high-permittivity polyimide copolymer with ultrahigh high-temperature capacitive performance enabled by molecular engineering[J]. Advanced Energy Materials, 2024, 14(9): 2303732.

[44] Qian S X, Geng Y L, Wang Y, et al. A review of elastocaloric cooling: Materials, cycles and system integrations[J]. International Journal of Refrigeration, 2016, 64: 1-19.

[45] Zhang Z W, Ouyang Y L, Cheng Y, et al. Size-dependent phononic thermal transport in low-dimensional nanomaterials[J]. Physics Reports, 2020, 860: 1-26.

[46] Li N B, Ren J, Wang L, et al. Phononics: Manipulating heat flow with electronic analogs and beyond[J]. Reviews of Modern Physics, 2012, 84(3): 1045-1066.
[47] Zhao D L, Qian X, Gu X K, et al. Measurement techniques for thermal conductivity and interfacial thermal conductance of bulk and thin film materials[J]. Journal of Electronic Packaging, 2016, 138(4): 040802.
[48] Swartz E T, Pohl R O. Thermal boundary resistance[J]. Reviews of Modern Physics, 1989, 61(3): 605-668.
[49] Chen J, Xu X F, Zhou J. et al. Interfacial thermal resistance: Past, present, and future[J]. Reviews of Modern Physics, 2022, 94(2): 025002.
[50] Xu X F, Chen J, Zhou J, et al. Thermal conductivity of polymers and their nanocomposites[J]. Advanced Materials, 2018, 30(17): 1705544.
[51] Yu N F, Genevet P, Kats M A, et al. Light propagation with phase discontinuities: Generalized laws of reflection and refraction[J]. Science, 2011, 334(6054): 333-337.
[52] Cao W, Bu H, Vinet M, et al. The future transistors[J]. Nature, 2023, 620: 501-515.
[53] Green M A, Dunlop E D, Yoshita M, et al., Solar cell efficiency tables (Version 63)[J]. Progress in Photovoltaics: Research and Applications, 2024, 32(1): 3-13.
[54] Zhang Q H, Deng K F, Wilkens L, et al. Micro-thermoelectric devices[J]. Nature Electronics, 2022, 5: 333-347.
[55] Tang Y T, Zhao Y N, Liu H. Room-temperature semiconductor gas sensors: Challenges and opportunities[J]. ACS Sensors, 2022, 7(12): 3582-3597.
[56] Wen R T, Granqvist C G, Niklasson G A. Eliminating degradation and uncovering ion-trapping dynamics in electrochromic WO_3 thin films[J]. Nature Materials, 2015, 14(10): 996-1001.
[57] Wang S C, Jiang T Y, Meng Y, et al. Scalable thermochromic smart windows with passive radiative cooling regulation[J]. Science, 2021, 374(6574): 1501-1504.
[58] Valentine J, Zhang S, Zentgraf T, et al. Three-dimensional optical metamaterial with a negative refractive index[J]. Nature, 2008, 455(7211): 376-379.
[59] Zhang J, Yao Y Y, Sheng L, et al. Self-fueled biomimetic liquid metal mollusk[J]. Advanced Materials, 2015, 27(16): 2648-2655.
[60] Wu F X, Maier J, Yu Y. Guidelines and trends for next-generation rechargeable lithium and lithium-ion batteries[J]. Chemical Society Reviews, 2020, 49(5): 1569-1614.
[61] Zhang X Q, Zhao C Z, Huang J Q, et al. Recent advances in energy chemical engineering of next-generation lithium batteries[J]. Engineering, 2018, 4(6): 831-847.
[62] Shen X, Zhang X Q, Ding F, et al. Advanced electrode materials in lithium batteries: Retrospect and prospect[J]. Energy Material Advances, 2021, 2021: 1205324.
[63] Ye Z Q, Jiang Y, Li L, et al. Rational design of MOF-based materials for next-generation rechargeable batteries[J]. Nano-Micro Letters, 2021, 13(1): 203-300.
[64] Janek J, Zeier W G. Challenges in speeding up solid-state battery development[J]. Nature Energy, 2023, 8: 230-240.
[65] Chen R S, Li Q H, Yu X Q, et al. Approaching practically accessible solid-state batteries: Stability issues related to solid electrolytes and interfaces[J]. Chemical Reviews, 2020, 120(14): 6820-6877.
[66] Gao Z H, Sun H B, Fu L, et al. Promises, challenges, and recent progress of inorganic solid-state

electrolytes for all-solid-state lithium batteries[J]. Advanced Materials, 2018, 30(17): 1705702.
[67] Fan L, Wei S Y, Li S Y, et al. Recent progress of the solid-state electrolytes for high-energy metal-based batteries[J]. Advanced Energy Materials, 2018, 8(11): 1702657.
[68] Wang L Q, Snihirova D, Deng M, et al. Sustainable aqueous metal-air batteries: An insight into electrolyte system[J]. Energy Storage Materials, 2022, 52: 573-597.
[69] Timofeeva E V, Segre C U, Pour G S, et al. Aqueous air cathodes and catalysts for metal-air batteries[J]. Current Opinion in Electrochemistry, 2023, 38: 101246.
[70] Chen Q R, Lyu Y G, Yuan Z Z, et al. Organic electrolytes for pH-neutral aqueous organic redox flow batteries[J]. Advanced Functional Materials, 2022, 32(9): 2108777.
[71] Jiao Y, Zheng Y, Jaroniec M, et al. Design of electrocatalysts for oxygen- and hydrogen-involving energy conversion reactions[J]. Chemical Society Reviews, 2015, 44(8): 2060-2086.
[72] Jiang F, Li T, Li Y J, et al. Wood-based nanotechnologies toward sustainability[J]. Advanced Materials, 2018, 30: 1703453.
[73] Ma S Q, Webster D C. Degradable thermosets based on labile bonds or linkages: A review[J]. Progress in Polymer Science, 2018, 76: 65-110.
[74] Kirchain Jr R E, Gregory J R, Olivetti E A. Environmental life-cycle assessment[J]. Nature Materials, 2017, 16: 693-697.
[75] Lambert S, Wager M. Environmental performance of bio-based and biodegradable plastics: The road ahead[J]. Chemical Society Reviews, 2017, 46: 6855-6871.
[76] Kim M S, Chang H, Zheng L, et al. A review of biodegradable plastics: Chemistry, applications, properties, and future research needs[J]. Chemical Reviews, 2023, 123(16): 9915-9939.
[77] Liu L C, Xu M J, Ye Y H, et al. On the degradation of (micro)plastics: Degradation methods, influencing factors, environmental impacts[J]. Science of the Total Environment, 2022, 806: 151312.
[78] Hench L L, Pollak J M. Third-generation biomedical materials[J]. Science, 2002, 295: 1014-1017.
[79] Kong H J, Mooney D J. Microenvironmental regulation of biomacromolecular therapies[J]. Nature Reviews Drug Discovery, 2007, 6(6): 455-463.
[80] Whitehead K A, Langer R, Anderson D G. Knocking down barriers: Advances in siRNA delivery[J]. Nature Reviews Drug Discovery, 2009, 8(2): 129-138.
[81] Paschos N K, Brown W E, Eswaramoorthy R, et al. Advances in tissue engineering through stem cell-based co-culture[J]. Journal of Tissue Engineering and Regenerative Medicine, 2015, 9(5): 488-503.
[82] Gao J M, Yu X Y, Wang X L, et al. Biomaterial-related cell microenvironment in tissue engineering and regenerative medicine[J]. Engineering, 2022, 13(6): 31-45.